ÉTUDES

PATHOLOGIE ET DE CLINIQUE

RECHERCHES EXPÉRIMENTALES

DU MÊME AUTEUR

Traduction du Traité de pathologie et thérapeutique spéciales de Friedberger et Fröhner. 2 vol. grand in-8°. En collaboration avec M. Ries.

Traitement chirurgical du cornage chronique provoqué par l'hémiplégie laryngienne chez le cheval, avec 18 figures.

La castration du cheval cryptorchide, avec 11 figures.

L'ovariotomie chez la jument et chez la vache, avec 11 figures.

La tuberculose du chien, avec 16 figures.

Les exercices de chirurgie hippique a l'école d'Alfort, avec 56 figures.

Maladies du nez, des cavités nasales, des sinus, de la poche gutturale et de l'oreille (Texte allemand). Extrait du Traité international de chirurgie et d'obstétrique vétérinaires de Bayer et Fröhner.

Traité de thérapeutique chirurgicale des animaux domestiques. 2 vol. grand in-8° avec 536 figures. En collaboration avec M. Almy.

7280-99. — Corbeil. Imprimerie Ed. Crété.

P.-J. CADIOT

HOPITAUX DE L'ÉCOLE D'ALFORT

ÉTUDES DE PATHOLOGIE ET DE CLINIQUE

RECHERCHES EXPÉRIMENTALES

Avec 65 figures dans le texte

ET 4 PLANCHES EN CHROMOTYPOGRAPHIE

La plupart dessinées par G. NICOLET

BIBLIOTHÉCAIRE A L'ÉCOLE D'ALFORT

PARIS

ASSELIN ET HOUZEAU

LIBRAIRES DE LA FACULTÉ DE MÉDECINE

et de la Société centrale de médecine vétérinaire

PLACE DE L'ÉCOLE-DE-MÉDECINE

1899

Ce livre contient : 1° les relevés statistiques de mon SERVICE D'HOPITAL *et des* OPÉRATIONS *pratiquées par moi ou sous ma direction, du 15 octobre 1897 au 15 octobre 1898 ; — 2° une partie des* LEÇONS *que j'ai faites aux hôpitaux dans le cours de ces dernières années ; — 3° un* RECUEIL DE FAITS CLINIQUES *où sont résumées des observations concernant des malades hospitalisés ou amenés à la consultation ; — 4° des* ÉTUDES DE PATHOLOGIE EXPÉRIMENTALE ET COMPARÉE *faites en collaboration avec MM. Gilbert et Roger, professeurs agrégés à la Faculté de médecine de Paris.*

La publication du TRAITÉ DE THÉRAPEUTIQUE CHIRURGICALE DES ANIMAUX DOMESTIQUES *m'a empêché de mettre à exécution, à la date prévue, le projet que je réalise aujourd'hui. Aussi me suis-je trouvé dans l'obligation de mentionner sous forme de notes les travaux récents et les faits nouveaux se rapportant à quelques points étudiés dans mes leçons.*

En dépit de ses imperfections, j'espère que ce compte rendu de notre labeur quotidien aux hôpitaux d'Alfort ne sera pas sans intérêt pour les vétérinaires praticiens.

Je dois mes remerciements à MM. Almy et Breton, pour le concours qu'ils m'ont successivement prêté en supportant avec moi la lourde charge du service de chirurgie et de clinique ; je les adresse aussi aux élèves qui ont été attachés à ce service: je les réitère à MM. Asselin et Houzeau pour leur accueil toujours bienveillant ainsi que pour le soin avec lequel ils ont édité ce volume, et à M. Nicolet, l'habile artiste que nous envient les auteurs vétérinaires étrangers.

P.-J. CADIOT.

ÉTUDES

DE

PATHOLOGIE ET DE CLINIQUE

I

HÔPITAL ET POLICLINIQUE

Dans les Écoles vétérinaires françaises, les professeurs de pathologie externe et de pathologie interne sont chargés, outre l'enseignement des matières et la direction des travaux pratiques de leur chaire respective, d'un service d'hôpital et de la consultation. Chacun des services d'hôpital comprend des chevaux, des chiens, des chats et des oiseaux, indifféremment des sujets atteints de maladies externes ou internes. Ainsi que la consultation, ces services sont permanents ; ils fonctionnent pendant les vacances comme durant l'année scolaire.

A Alfort, le nombre des chevaux qui nous sont adressés pour entrer à l'hôpital est souvent de beaucoup supérieur à celui des places dont nous disposons. Aussi y a-t-il depuis longtemps, au voisinage de l'École, des « pensions de chevaux » où sont laissés, par leurs propriétaires, les malades qui ne peuvent être admis dans nos services. Ces animaux sont amenés à la policlinique, examinés, opérés et pansés comme ceux de nos infirmeries. A certaines époques de l'année, principalement pendant l'hiver, nous avons ainsi, tant à l'École que dans ces pensions, un effectif de 80 à 100 malades.

Le personnel de chacune des deux chaires de pathologie et clinique est celui de toutes les autres : il se compose du professeur et d'un répétiteur ou chef de travaux.

Statistique du service de M. le Pr Cadiot pendant l'année 1897-98.

(15 Octobre 1897 — 15 Octobre 1898.)

MALADIES.	CHEVAUX ANES et MULETS.	CHIENS.	CHATS.
I. — Tête.			
Kyste sébacé de la fausse narine.	1		
Plaie pénétrante du chanfrein.	1		
Sinusite purulente.	6		
Tumeur des sinus.	1		
Catarrhe nasal parasitaire (linguatules).		1	
Gingivite.		3	
Papillomes de la muqueuse buccale.		1	
Nécrose partielle des maxillaires.	3	1	1
Tumeurs malignes »	2	1	
Fistule dentaire.	1	1	
Carie dentaire.	3		
Entropion.		6	
Kératite.		5	
Plaie pénétrante de l'œil.	1		
Panophtalmie.		1	
Catarrhe et ulcère de l'oreille.		25	1
Méningo-encéphalite.	1	3	
Épilepsie.		3	
Pharyngite.	3	1	
II. — Cou.			
Plaies.	1	1	
Abcès.	2	3	
Affections de la nuque.	8		
Nécrose du ligament cervical.	4		
Phlébite de la jugulaire.	2		
Cornage chronique (hémiplégie laryngienne).	7		
III. — Thorax.			
Plaies des parois thoraciques.	1	2	
Plaies du garrot.	2		
A reporter.	50	58	2

MALADIES.	CHEVAUX ANES et MULETS.	CHIENS.	CHATS.
Report	50	58	2
Abcès du garrot.	3		
Nécrose »	6		
Abcès profond de l'ars	2	1	
Plaie profonde »	2		
Nécrose du sternum	1		
Bronchite	2	5	1
Adénopathie bronchique		7	
Broncho - pneumonie et pneumonie franche.	6	1	
Emphysème	3		
Pleurésie	1	7	
Péricardite		3	
Myocardite	3		
Endocardite chronique	4	2	

IV. — Abdomen et Queue.

	CHEVAUX ANES et MULETS.	CHIENS.	CHATS.
Plaies	3	5	
Abcès des parois abdominales. . .	1	2	1
Hernie inguinale chronique. . . .	1	8	
Hernie » aiguë	1		
Hernie ombilicale		6	1
Hernie ventrale.	1	1	
Gastro-entérite	4	5	2
Obstruction intestinale.	4	6	
Torsion du gros côlon.	1		
Péritonite	1		
Ascite		5	
Helminthiase.		4	
Néphrite		2	
Cystite.		1	
Affections de la prostate. . . .		3	
Paraphimosis.		1	
Tumeurs du pénis.	1	3	
Paralysie »	1		
Atrophie »	1		
Cryptorchidie.	9		1
A reporter.	112	136	8

MALADIES.	CHEVAUX ANES et MULETS.	CHIENS.	CHATS.
Report	112	136	8
Tumeur du testicule	2	3	
Funiculite et botryomycome du cordon (champignon)	6		
Vaginite		1	
Tumeurs du vagin	1	1	
Métrite		5	1
Renversement de la matrice		5	
Parturition dystocique		5	
Tumeurs des mamelles		13	
Fistule anale		5	
Renversement du rectum		2	
Eczéma et ulcère de la queue		5	

V. — Membres.

MALADIES.	CHEVAUX ANES et MULETS.	CHIENS.	CHATS.
Plaies de l'épaule	2	1	
Contusion »	2	2	
Abcès profond de l'épaule	3		
Cors de l'épaule	2		
Entorse »	1		
Fracture du scapulum		1	
Myosite des extenseurs de l'avant-bras	1		
Synovite bicipitale	1		
Plaie du coude		1	
Fracture »	1		
Arthrite »	1		
Luxation »		2	
Hygroma »	2	2	
Paralysie du radial	3		
Kyste séro-sanguin de l'avant-bras	1		
Tumeur » »		1	
Arthrite du genou	1		
Hygroma »	2		
Hydropisie de la gaine carpienne	2		
Plaie du boulet	1		
Entorse »	4		
Hygroma »	1		
A reporter	152	191	9

MALADIES.	CHEVAUX ANES et MULETS.	CHIENS.	CHATS.
Report.	152	191	9
Synovite traumatique de la gaine grande sésamoïdienne.	1		
Hydropisie » . . .	6		
Effort de tendons (nerf-férure) . . .	17		
Bouleture.	5		
Suros	8		
Plaies du paturon et de la couronne.	4		
Crevasses » .	6		
Dermatite gangreneuse (javart cutané).	5		
Lymphangite.	5		
Éléphantiasis.	1		
Fracture des phalanges.	1	2	
Écrasement du pied.		2	
Abcès profond de la cuisse.	1		
Plaie profonde de la cuisse. . . .	2	1	
Fracture du fémur.		2	
Hydarthrose fémoro-rotulienne . . .	3		
Arthrite sèche » . .	2	3	
Pseudo-luxation rotulienne	1		
Tumeur de la jambe.		1	
Arthrite du jarret.	3		
Éparvin.	13		
VI. — Pied.			
Traumatismes plantaires.	22		
Traumatismes coronaires (nécrose du bourrelet, javart encorné). . . .	6		
Seime compliquée.	8		
Nécrose du fibro-cartilage (javart cartilagineux).	23		
Bleime.	13		
Enclouure.	3		
Encastelure	8		
Maladie naviculaire.	6		
Contusion des tissus sous-cornés. . .	4		
Brûlure du tissu velouté (sole brûlée).	1		
Dermatite végétante (crapaud). . .	3		
Fourbure	7		
A reporter. . . .	340	202	9

1*

VII. — Maladies générales, infectieuses et parasitaires.

MALADIES.	CHEVAUX, ANES et MULETS.	CHIENS.	CHATS.	OISEAUX.
Report.	340	202	9	
Maladie typhoïde.	10			
Pneumonie contagieuse.	23			
Anasarque.	3			
Tétanos.	5			
Hémoglobinurie.	3			
Rhumatisme musculaire.	3	2		
Surmenage	3			
Maladie du jeune âge et affections consécutives (paraplégie, chorée et tics).		42		
Lymphadénie.		1	1	
Sarcomatose.	1			
Tuberculose		13	1	14
Botryomycose.	4			
Acné contagieuse.	1			
Eczéma.	4	58	3	
Gale sarcoptique.	2	12	2	
Gale psoroptique	1			
Gale folliculaire.		7		
Dermatite phlegmoneuse.		5		
TOTAUX PAR ESPÈCE.	403	342	16	14
TOTAL GÉNÉRAL.		775		

Statistique des malades présentés à la Consultation (1).

	CHEVAUX ANES et MULETS.	CHIENS.	CHATS.	OISEAUX.	BOVINS.	OVINS.	CAPRINS.	PORCINS.	TOTAUX MENSUELS.
15-30 octobre 1897.	171	140	25	3					339
Novembre 1897.	342	230	13	14					599
Décembre 1897.	349	172	16	22					559
Janvier 1898.	255	180	26	22					483
Février »	307	177	11	9					504
Mars »	353	299	21	6					679
Avril »	435	251	19	18					723
Mai »	396	240	30	12					678
Juin »	329	293	19	5					646
Juillet »	681	594	36	16					1327
Août »	678	622	13	17	3		2	5	1340
Septembre »	598	542	28	8	1	4		20	1201
1-15 octobre 1898.	328	240	22	16			2	6	614
Totaux par espèce.	5222	3980	279	168	4	4	4	31	
Total général.									9692

(1) Cette statistique comprend : 1° les animaux présentés à la consultation les mardi, jeudi et samedi de chaque semaine, du 15 octobre 1897 au 15 juillet 1898 ; 2° la totalité de ceux qui ont passé à la policlinique du 15 juillet au 15 octobre, — période pendant laquelle M. Almy et moi avons dû assurer ce service.

Les jours de consultation de chacun des professeurs de clinique ne sont pas portés à la connaissance des personnes qui nous amènent des malades ; nulle part il n'en est fait mention : il en résulte que la plupart de ceux-ci sont examinés tantôt par l'un, tantôt par l'autre des consultants, et que, très souvent, des sujets traités dans nos hôpitaux, ramenés ensuite, sont présentés à un chef de service qui ne les connaît pas. C'était pour remédier dans la mesure du possible à cet inconvénient et à d'autres, que j'avais demandé, il y a plusieurs années déjà, que les jours de consultation des deux professeurs de clinique fussent indiqués sur l' « *Avis qui sert d'instruction aux propriétaires d'animaux traités dans les Hôpitaux ou conduits à la consultation.* »

Statistique des opérations pratiquées par MM. Cadiot et Almy ou sous leur direction pendant l'année 1897-98.

OPÉRATIONS.	CHEVAUX ANES et MULETS.	CHIENS.	CHATS.
I. — Tête.			
Ablation de tumeurs des lèvres et du nez. . . .	3	1	
Curettage des os du nez (nécrose)	2		
Ablation de tumeurs de la bouche.	1	5	
Opération de la grenouillette		4	1
Curettage des maxillaires (nécrose)	3	2	
Opérations dentaires (repoussement de molaires) . .	7		
Trépanation des sinus. . .	14	1	
Trépanation des cavités nasales	1	1	
Ablation de l'œil	2	9	
Opération de la cataracte.		2	
Opération de l'entropion. .		17	
Hyovertébrotomie. . . .	2		
Ponction d'abcès sous-parotidiens.	4		
Petites opérations diverses.	19	24	4
II. — Cou.			
Ponction d'abcès profonds de l'encolure.	2		
Ablation de botryomycomes.	2		
Ablation de tumeurs . . .		7	3
Opération du mal de nuque.	4		
Opération du mal d'encolure.	9		
A reporter.	75	73	8

OPÉRATIONS.	CHEVAUX ANES et MULETS.	CHIENS.	CHATS.
Report.	75	73	8
Ligature de la jugulaire. . .	2		
Drainage » . .	4		
Laryngotomie exploratrice.	2		
Cricoïdectomie partielle. . .	3		
Aryténoïdectomie simple ou avec ablation de la paroi interne du ventricule laryngien	8		
Trachéotomie	34		
Opération de la trachéocèle.	7		
Œsophagotomie		1	
Petites opérations diverses.	10	8	2

III. — Thorax.

Opération du mal de garrot	10		
Ablation de botryomycomes.	3		
Opération de la nécrose du sternum	1		
Thoracentèse	4	6	
Ponction du péricarde. . .		4	
Petites opérations diverses.	8	6	2

IV. — Abdomen.

Paracentèse.	1	19	
Ponction du cæcum . . .	15		
Ponction du côlon. . . .	1		
Kélotomies	3	16	
Réduction du rectum prolabé et suture anale en bourse.	1	5	
Opération de la fistule à l'anus.	1	7	
Ablation de tumeurs de l'anus.	1	4	
Laparotomie exploratrice.		1	
Uréthrotomie		3	
A reporter . . .	194	153	12

OPÉRATIONS.	CHEVAUX ANES et MULETS.	CHIENS.	CHATS.	PORCINS.
Report.	194	153	12	
Castration de mâles phanér-orchides	79	3	17	10 (1)
Castration de mâles cryptor-chides.	11		1	
Ablation de testicules néopla-siques	3	4		
Opération du champignon (botryomycome du cordon).	9			
Ablation du fourreau. . .	1			
Ablation de tumeurs du fourreau et du pénis . .	6	11		
Amputation du pénis. . .	5	1		
Ablation de tumeurs mam-maires.		39		
Ovariotomie.	8		1	21 (1)
Réduction de l'utérus pro-labé.		6		
Ablation de tumeurs du va-gin et de la vulve . . .	2	26		
Clitoridectomie	7			
Périnéorrhaphie	2	1		
Accouchement dystocique.		17		
Petites opérations diverses.	18	30	7	

V. — Queue.

Ablation de tumeurs. . .	2	3		
Amputation.	7			

VI. — Membres.

Ponction d'abcès profonds de l'épaule	5	2		
Curettage du scapulum . .	2	1		
Ablation de botryomycomes de l'épaule.	2			
A reporter . . .	363	297	38	34

(1) Ces animaux de l'espèce porcine ont été castrés pendant la période de vacances du service de Pathologie bovine et Clinique obstétricale (août, septembre et première quinzaine d'octobre).

OPÉRATIONS.	CHEVAUX ANES et MULETS.	CHIENS.	CHATS.	PORCINS.
Report.	363	297	38	31
Curettage du radius . . .	1			
Ablation de l'hygroma du coude	1	1		
Curettage de l'ilium . . .	2			
Desmotomie rotulienne . .	3			
Ténotomie cunéenne . . .	21			
Ténotomie plantaire simple.	7			
Ténotomie plantaire double.	2			
Ponction de la gaine carpienne suivie d'injection iodée.	2			
Ponction de la gaine tarsienne suivie d'injection iodée	2			
Ponction de la gaine grande sésamoïdienne	5			
Cautérisation de l'épaule.	3			
Cautérisation du genou (vessigon articulaire et vessigon carpien).	7			
Cautérisation du grasset. .	8			
Cautérisation du jarret (éparvin, courbe, vessigons) .	74			
Cautérisation des tendons.	52			
Cautérisation du canon (suros)	9			
Cautérisation du boulet. .	10			
Cautérisation du paturon et de la couronne	22			
Névrotomie du médian. .	15			
Névrotomie du cubital. .	1			
Névrotomie du sciatique. .	2			
Névrotomie plantaire métacarpienne.	16			
Névrotomie plantaire phalangienne.	31			
A reporter. . . .	659	298	38	31

OPÉRATIONS.	CHEVAUX ANES et MULETS.	CHIENS.	CHATS.	PORCINS.
Report.	659	298	38	31
Ablation de tumeurs des membres.	9	11		
Petites opérations diverses.	63	9		
VII. — Pied.				
Opération complète du clou de rue.	16			
Opération partielle » .	4			
Sésamoïdectomie.	1			
Opération du javart cartilagineux (ablation complète ou partielle du fibro-cartilage).	61			
Opération du javart encorné.	8			
Opération de la seime. . .	11			
Opération de la bleime. .	28			
Opération de la dermatite végétante (crapaud) . .	5			
Opération de la dermatite nécrotique diffuse . . .	6			
Résection de phalanges. .		7		
Petites opérations diverses.	32	9		
TOTAUX PAR ESPÈCE.	903	334	38	31
TOTAL GÉNÉRAL. .		1306		

II

I. — Sur les kystes dentaires de la région temporale.

Vous avez vu à la consultation, il y a quelques jours, un cheval qui présentait à la région temporale, un peu en avant et au-dessous de l'oreille, une tumeur molle, fluctuante, indolente, que plusieurs d'entre vous ont considérée comme un simple kyste, que d'autres ont prise pour un abcès froid. Au sujet de la nature de cette tumeur ainsi que du traitement qui devait lui être opposé, le propriétaire du cheval avait reçu des avis différents, et c'est précisément cette divergence d'opinions qui l'a décidé à nous l'amener.

En raison du siège et des caractères de la tumeur, j'ai tout de suite pensé qu'il devait s'agir d'un *kyste dentaire* ou *denti-fère* développé dans le temporal, lésion dont vous n'observerez peut-être pas d'autre exemple dans le courant de cette année. Aussi, je ne veux pas laisser passer l'occasion qui m'est offerte de vous parler de cette singulière anomalie, dont la nature est déterminée depuis longtemps déjà, mais qui passe encore souvent méconnue, bien qu'on en ait relaté de nombreux cas.

Dans toutes les espèces animales, on a rencontré des kystes dentaires au sein de divers organes, particulièrement dans les glandes génitales — ovaire, testicule — et en quelques régions, surtout à la tempe, à la base de l'oreille, au front, dans les sinus. Ces kystes ont été distingués en *kystes dentaires* et en *radiculo-dentaires* : dans ces derniers, très rares, c'est la racine de la dent qui est saillante à l'intérieur du kyste, tandis que dans ceux de la première variété, qui sont fréquents, c'est la couronne de la dent qui proémine dans le kyste, — peu importe que celle-ci soit temporaire ou permanente. Il ne suffit pas qu'il y ait une dent incluse pour qu'il se produise un kyste dentaire ; on rencontre en effet de ces dents autour desquelles il ne s'en est pas développé, et il est des kystes dans lesquels la dent incluse ne fait pas saillie à l'intérieur de la poche ; elle est enfouie sous sa paroi.

Diverses théories ont été émises pour expliquer la pathogénie de ces kystes. La plus vraisemblable est celle que M. Malassez a développée dans son étude sur les débris épithéliaux paradentaires. Cet auteur en explique la genèse par la persistance de quelque débris épithélial au voisinage de dents incluses : ils seraient dus à l'irritation produite par l'évolution de celles-ci. Les kystes dans lesquels on trouve plusieurs dents se sont développés au voisinage de dents incluses très rapprochées l'une de l'autre ou contiguës, lesquelles ont fait irruption dans la cavité kystique.

Je laisse de côté l'histoire générale de ces anomalies et leur pathogénie ; je veux vous en parler surtout au point de vue clinique, et m'en tenir aux kystes dentaires de la région temporo-auriculaire, qui sont de beaucoup les plus communs et les plus intéressants pour le praticien. Leur degré de fréquence est établi par une statistique déjà ancienne de Lanzillotti et Generali : elle en accuse 68 cas sur un ensemble de 75 observations publiées dans les journaux vétérinaires.

C'est, je crois, Mage-Grouillé qui, dans la *Correspondance* de Fromage de Feugré, en a publié le premier fait authentique. Sur une pouliche de trois ans et demi, il ponctionna une collection liquide développée entre la salière gauche et l'oreille correspondante. Au fond de la cavité, il trouva, implantée dans la paroi cranienne, « une sorte de cheville osseuse » qu'il extirpa. C'était une molaire volumineuse et irrégulière ; elle mesurait 6 centimètres de longueur sur 9 de circonférence.

Sous le nom de *dégénérescence éburnée de ia partie osseuse du temporal*, Rodet relata, en 1827, dans le tome IV du *Recueil*, un second exemple de dent hétérotopique.

L'année suivante, Bénard en signale un nouveau cas dans le même journal et rectifie le diagnostic de Rodet. Vous trouverez dans un rapport de Goubaux, communiqué à la *Société centrale de médecine vétérinaire*, en 1853, l'indication des principaux faits publiés à cette date. Parmi les travaux plus récents relatifs à cette question, il faut citer un article de Macorps, inséré dans les *Annales de médecine vétérinaire* de l'année 1860, et le mémoire de Lanzillotti et Generali, paru en 1873 dans la *Gazzetta veterinaria*.

Notre dernière observation peut se résumer en quelques mots. Cheval de quatre ans, acheté en Beauce il y a une quinzaine de jours, par un marchand qui ne s'est pas aperçu de l'existence de la tumeur. Un matin, cet homme a remarqué, sur la tempe gauche de son cheval, une tuméfaction du volume d'un petit œuf. N'ayant pu être exactement renseigné sur la nature et la gravité de cette tumeur, il nous a amené l'animal. A l'examen de la lésion, il était aisé de reconnaître qu'il ne s'agissait pas d'un abcès. La tumeur était uniformément molle, fluctuante, froide et indolore. Sa situation en avant de l'oreille et au-dessus de l'arcade zygomatique, sa nette délimitation, l'absence de phénomènes phlegmasiques et la perception, à l'intérieur, d'une saillie de consistance osseuse indiquaient suffisamment sa nature : nous avions affaire à un kyste dentaire. — Le propriétaire ne voulut pas courir les risques du traitement. Son parti fut vite pris : « Avec un beau bridon et une queue de renard, on ne verra rien ; l'acheteur viendra vous trouver! »

En octobre dernier, j'ai opéré un poulain de deux ans, porteur d'une fistule ouverte à 1 centimètre en avant de la base de l'oreille. Cette fistule, oblique d'arrière en avant et longue d'environ 10 centimètres, aboutissait sur une sorte d'éminence osseuse dénudée, prise par les uns pour une exostose, par les autres pour un îlot de nécrose. L'animal couché et la fistule débridée en avant, le doigt percevait une saillie de consistance osseuse, arrondie, irrégulière à son sommet, lisse sur son contour : c'était une dent hétérotopique. Avec le davier de Farabeuf, je la saisis et je cherchai à l'ébranler ; je parvins facilement à la détacher ; elle avait l'aspect d'une petite molaire. Un peu en arrière, il y en avait une autre que j'arrachai sans plus de difficulté. — Les cavités laissées par l'ablation de ces dents étaient arrondies, régulières et en partie tapissées par une membrane de consistance fibreuse. L'hémorrhagie fut insignifiante. On curetta ces cavités et on les tamponna avec de la gaze. Le pansement fut renouvelé au bout de quarante-huit heures et plusieurs fois dans la suite. Au bout d'un mois la plaie était cicatrisée.

En 1888, j'ai vu un autre cas de cette affection pour lequel l'intervention a été également simple et la guérison rapide. Vers la mi-septembre, on présenta à la consultation un cheval de dix ans, atteint d'une vieille fistule préauriculaire à bords dépilés, indurés, d'où s'échappait un peu de pus grisâtre, de bonne nature, sans odeur fétide. Introduite dans cette fistule, la sonde s'arrêtait sur une surface osseuse dénudée ; en variant quelque peu les manœuvres, la main percevait la sensation d'un corps dur, mobile, comme séquestré. Après avoir débridé la fistule, je pus, avec une pince à bec-de-corbin, saisir ce corps et l'extraire : c'était une petite molaire complètement détachée, retenue dans son alvéole par sa racine un peu plus volumineuse que sa couronne. Je ruginai les parois de la cavité et je détergeai la plaie avec une solution phéniquée forte ; elle suppura pendant plusieurs semaines, sans doute parce qu'il existait quelque altération osseuse ; mais elle finit par cicatriser.

Fig. 1. — Fistule préauriculaire produite par une dent hétérotopique.

Le kyste dentaire de la région temporale apparaît ordinairement pendant les premières années de la vie, au cours même de la période de dentition. Au début, il consiste en une tumeur molle, étalée ou hémisphérique, indolore ou peu sensible, dont les dimensions varient entre celles d'une noix et celles d'un œuf. Parfois il persiste longtemps avec ces caractères ; d'autres fois — et c'est le cas le plus commun — la peau s'ulcère vers son centre ou en un point quelconque de sa surface, le contenu du kyste s'écoule : la lésion devient fistuleuse.

En général, l'orifice de la fistule est situé sur la partie latérale du crâne, un peu en avant de l'oreille, à quelques centimètres de la base de la conque, souvent au niveau même du cartilage scutiforme ; il peut avoir une situation un peu plus antérieure, être plus rapproché de la ligne médiane ou de l'apophyse zygomatique ; quelquefois on le trouve à la base de l'oreille, ou près du bord libre du pavillon, plus ou moins haut sur celui-ci. Dans le fait de Rodet et dans plusieurs autres, la fistule, qui s'ouvrait assez haut sur la conque, avait son fond au voisinage de la crête zygomatique. Cette plaie est tantôt entourée d'une couronne de granulations, tantôt creusée à fleur de peau, plus souvent située au fond d'un étroit infundibulum produit par le retrait des parois de la fistule. Dans la plupart des cas, la région est tuméfiée ou indurée sur une surface plus ou moins étendue ; mais quand la lésion est ancienne, la tuméfaction ou l'induration qui existaient dans les premiers temps peuvent être presque entièrement effacées.

Le trajet fistuleux a une étendue variable ; souvent il n'a pas plus de 2 à 3 centimètres de profondeur, mais parfois il mesure 6, 8, 10 centimètres. La sonde que l'on y introduit aboutit sur une surface osseuse dénudée, rugueuse ; la sensation est celle que donne une portion d'os nécrosée encore adhérente aux parties voisines ; parfois on distingue une saillie irrégulière, entourée d'une légère dépression circulaire ; en quelques cas, comme dans l'une de nos observations, le corps sur lequel butte la sonde est mobile. Quels qu'en soient du reste le siège et les caractères, la fistule donne issue à un pus liquide, grisâtre, plus ou moins abondant, inodore ou fétide, qui agglutine les poils du voisinage, qui forme parfois, sur la joue ou la région parotidienne, une large traînée semée de grumeaux jaunâtres.

Ainsi fistulisée, la lésion peut subsister pendant des années, sans éprouver de modifications notables. On remarque seulement que la suppuration est faible ou abondante suivant les périodes. Chez quelques sujets, la sécrétion est presque tarie à certains moments et la fistule réduite à un très petit calibre, sinon cicatrisée ; ensuite une poussée inflammatoire survient, la suppuration augmente et la fistule se rétablit ou une autre s'ouvre au voisinage. Dans les cas anciens, on peut voir, autour de la plaie, des cicatrices de fistules oblitérées.

A côté des faits de dents hétérotopiques multiples, il en est d'autres dans lesquels plusieurs kystes dentaires se sont développés successivement, et ont donné lieu chacun à une fistule. — Dans le cas de Rodet, après l'extraction d'une première

dent, une autre apparut. — Le quatorzième sujet traité par Macorps fut opéré deux fois, à trois mois d'intervalle ; chaque fois
on lui enleva une dent. Un peu plus tard, une nouvelle tumeur
fluctuante se manifesta, provoquée par la sortie d'une troisième
dent. Toutefois, la récidive n'est signalée que dans un petit
nombre d'observations.

Dans la règle, ces lésions n'entraînent ni troubles fonctionnels, ni phénomènes généraux, mais les exceptions ne manquent pas. Deux malades traités par Macorps et Gamgee présentèrent de la difficulté de la mastication et de l'amaigrissement,
troubles qui ne disparurent qu'après l'extraction de la dent. —
On a observé des accidents beaucoup plus graves lorsque la dent
refoule la dure-mère, saille à l'intérieur du crâne et comprime
l'encéphale. Bay a relaté un intéressant cas de ce genre. Il a vu
succomber en vingt-quatre heures, avec les symptômes de la méningo-encéphalite, un cheval atteint depuis longtemps d'une
tumeur non fistuleuse de la région temporale, et qui n'avait
jamais manifesté aucun trouble pouvant être rapporté à cette
lésion. A l'autopsie, il constata une néoproduction cranienne
d'apparence osseuse, qu'un examen plus attentif montra formée
de quatre dents molaires, dont les deux inférieures étaient en
saillie au niveau de la selle turcique et comprimaient des régions
intolérantes de l'encéphale. — M. Barreau a publié l'histoire d'un
cheval qui, atteint d'une ancienne fistule temporale, manifesta
de la difficulté de la mastication, s'amaigrit et présenta des signes
non douteux de lésions encéphaliques. On sacrifia le malade.
Dans le crâne, on trouva une sorte de « néoformation osseuse »
hémisphérique, développée sur la portion écailleuse du temporal
et l'aile correspondante du sphénoïde.

Les particularités anatomo-pathologiques qu'offrent ces lésions,
même dans leurs formes bénignes, varient beaucoup. Suivant les
cas, ce sont celles des kystes dermoïdes, des abcès, des fistules
récentes ou anciennes. — Très généralement le kyste ne renferme qu'une seule dent ; s'il y en a deux, trois, quatre ou un
plus grand nombre, elles peuvent être distinctes ou soudées, confondues. Ces dents ont d'ordinaire l'aspect et les attributs des molaires ; quelquefois elles se rapprochent davantage des incisives ;
elles sont prismatiques, pyramidales ou arrondies ; la plupart sont
fort irrégulières. Leur composition ne diffère pas essentiellement
de celle des dents normales : on y trouve l'ivoire, l'émail et le cé-

ment associés en proportion variable; habituellement c'est l'ivoire qui prédomine.

Le degré de fixité de ces dents est très variable : en certains cas, vous l'avez vu par l'une de nos observations, l'extraction en est facile; dans d'autres, l'opération est laborieuse, longue et non sans danger. Sur un poulain de deux ans, Degive, après avoir enlevé une première dent, perçut une tumeur éburnée plus profondément implantée, formée de plusieurs petites dents incomplètement soudées; l'ablation de cette tumeur ouvrit la cavité cranienne; son extrémité profonde reposait directement sur la dure-mère.

Lorsqu'on est prévenu de la nature de ces kystes et de ces fistules de la région temporo-auriculaire, on ne commet pas de méprise. Sans doute il est possible que des tumeurs kystiques banales se développent là comme partout ailleurs, que des fistules y apparaissent et soient entretenues par une nécrose osseuse ou cartilagineuse; mais ce sont des accidents infiniment plus rares que ceux liés aux aberrations dentaires.

Dans plusieurs observations relatées sous le titre de *nécrose du cartilage scutiforme* — celle de Martin, entre autres, — et dans quelques-unes dont les auteurs ont cru, comme Rodet, à une altération inflammatoire de l'os temporal, il s'agissait d'accidents provoqués par des dents hétérotopiques. Avant l'intervention, si le *diagnostic* est parfois hésitant entre une anomalie dentaire et une nécrose osseuse, la première hypothèse est de beaucoup la plus probable. — Quand la tuméfaction entoure la base de l'oreille et remonte plus ou moins sur le pavillon, elle éveille l'idée d'une nécrose du cartilage conchinien; on peut s'y tromper à première vue. Mais l'exploration de la région et le sondage de la fistule fournissent des indications précises.

Quel est le *pronostic* de ces lésions? Je vous ai dit que leur durée était longue, qu'elles pouvaient persister pendant des années; j'ajoute qu'elles sont très rebelles aux moyens thérapeutiques qu'on leur oppose ordinairement. La lésion, tumeur ou fistule, déprécie l'animal qui en est atteint; quand il y a écoulement de pus, celui-ci souille les environs de la plaie, et souvent l'animal répand une odeur fétide que l'on perçoit en entrant dans l'écurie; vous avez vu que des complications surviennent parfois; enfin si l'intervention est ordinairement suivie de succès, elle peut aussi entraîner des accidents de la dernière gravité.

Comme *traitement*, on a conseillé la ponction du kyste ou le débridement de la fistule, et les injections escharotiques ou la cautérisation des parois du kyste. Ce sont là des moyens insuffisants. La guérison ne peut être obtenue rapidement que par l'extraction de la dent et la destruction de la paroi du kyste.

En général, l'opération est simple et sans danger. Le cheval couché, on enlève le licol et l'on fait tenir ferme la tête dans l'extension. Une fois la région préparée, on débride la fistule ou l'on fait sur la tumeur kystique une incision cruciale, et par la dissection des lambeaux on découvre la dent. Souvent celle-ci est peu adhérente ou même mobile ; on l'enlève aisément avec de fortes pinces, un ciseau à froid ou le davier de Farabeuf, ensuite on curette le kyste. — Quand elle est profondément implantée, si sa couronne ne donne pas prise, on peut arriver à l'ébranler à l'aide du repoussoir et du maillet. Mais il est des cas où l'on doit, pour la mobiliser, creuser autour d'elle un sillon au moyen du ciseau ou d'une gouge à lame étroite. Toujours alors il importe d'agir prudemment, à petits coups ; autrement on risquerait de fracturer le crâne, d'endommager les méninges et le cerveau. Il est indispensable aussi de s'entourer de précautions antiseptiques. — Même correctement conduite, l'opération expose à diverses complications : — à la nécrose d'une partie de la paroi alvéolaire contusionnée durant l'extraction, — à la fracture de la caisse si la dent touche à l'oreille moyenne, — à la méningo-encéphalite si sa partie profonde est contiguë à la dure-mère.

Dans les cas où l'intervention est jugée périlleuse, mieux vaut relever l'animal avec sa dent crânienne que de courir les risques d'accidents mortels. Il ne serait permis de passer outre que si cette dent provoquait des troubles graves par compression de l'encéphale.

II. — Collection purulente des sinus et carie dentaire

Pendant les années 1896 et 1897, nous avons trépané, dans le service, 18 chevaux atteints de *collection purulente des sinus*. Relativement à la nature ou à la cause de la maladie, ces dix-huit cas se répartissent ainsi : *sinusites simples*, 4 ; *sinusites provoquées par des tumeurs*, 5 ; *sinusites d'origine dentaire*, 9.

Le petit nombre des cas de collection purulente simple est vraiment frappant. Cela tient peut-être en partie à ce que nous avons surtout, dans nos écuries, les cas que nos confrères estiment peu favorables; mais je crois que la proportion des sinusites secondaires est en réalité plus forte qu'on ne l'admet généralement. Outre la carie dentaire et les tumeurs proprement dites, on peut du reste avoir affaire à une dégénérescence myxomateuse diffuse de la muqueuse des sinus.

Pour les *sinusites d'origine néoplasique*, dans tous les cas il s'agissait de tumeurs malignes ou inopérables. Je me suis borné à trépaner et à assurer le diagnostic.

Pour les *sinusites odontogènes*, le traitement a consisté d'abord en une double trépanation maxillaire et frontale, puis en l'agrandissement de l'orifice inférieur et en l'ablation, par repoussement, de la molaire malade. Après détersion des cavités, nous tamponnions l'orifice alvéolaire avec de la gaze et de l'ouate ; ce pansement était renouvelé toutes les vingt-quatre heures ou chaque deux jours ; les sinus étaient nettoyés et irrigués comme lors de collection purulente simple. — Les résultats thérapeutiques ont été bons : sur 9 chevaux ainsi traités, 6 étaient guéris au bout d'un mois à six semaines.

Le conduit alvéolaire ne se répare pas avec une égale facilité sur tous les sujets : chez certains, il ne se comble qu'avec lenteur ; chez d'autres, il s'oblitère assez vite, — et ces différences se remarquent chez des animaux de même âge ou à peu près. Voici un fait où l'occlusion de ce conduit a été particulièrement rapide.

En novembre 1896, j'ai dû pratiquer sur une jument de sept ans le repoussement des troisième et quatrième molaires supérieures gauches. Le large orifice de communication entre la bouche et le sinus fut tamponné à la gaze et à l'ouate ; le pansement fut d'abord renouvelé quotidiennement pendant une semaine, puis tous les deux jours pendant les trois semaines suivantes. Au bout de ce temps, l'alvéole de la troisième molaire était presque comblé ; dans celui de la quatrième, on pouvait encore introduire le petit doigt. Dix jours plus tard, il ne persistait qu'un étroit trajet ; les aliments ne passaient plus dans le sinus ; la jument pouvait quitter l'hôpital. Vers la fin de janvier, on nous informait que la guérison était parfaite.

Au commencement de juin de la même année, un de mes confrères de Seine-et-Marne m'avait adressé un cheval atteint de *collection purulente double* d'origine dentaire. Du côté droit, l'affection était provoquée par la carie de la troisième molaire, et du côté opposé par la carie de la quatrième. Nous fîmes d'abord, à droite, la trépanation et le repoussement de la molaire malade. Au bout de cinq semaines, avec les soins dont je viens de parler, la cavité alvéolaire était oblitérée. — Nous pratiquâmes alors la même opération à gauche ; les suites furent aussi favorables que pour la première ; toutefois, l'occlusion de l'alvéole se fit un peu plus lentement ; elle ne fut complète que dans le courant de la huitième semaine. — Les souffrances et les troubles de la mastication, causés par la carie et par les deux opérations, avaient entraîné un amaigrissement très accusé ; mais le malade reprit peu à peu de l'embonpoint : deux semaines après la seconde intervention, son poids était de 642 kilos ; quinze jours plus tard, il pesait 649 kilos, et au bout d'un mois, 660 kilos.

Un autre cheval, sur lequel j'avais repoussé la quatrième molaire gauche, quitta le service alors que l'orifice bucco-sinusal était encore largement béant. On le négligea. Des aliments s'accumulèrent dans les sinus ; le jetage devint de nouveau abondant et horriblement fétide. Au bout de deux mois, on nous le renvoya très amaigri. Les sinus étaient remplis de matières alimentaires et de pus. Les parois de la brèche alvéolaire étaient recouvertes d'une pseudo-muqueuse blanchâtre, fibreuse, dont le bourgeonnement n'était plus à espérer. Je me décidai à l'occlure avec de la gutta-percha. — Le cheval couché sur la table,

la bouche fut maintenue entr'ouverte par un spéculum, et la
langue modérément tirée à droite, de manière à dégager les
arcades molaires gauches. On nettoya soigneusement le sinus
et la cavité alvéolaire, puis on les assécha avec des tampons
d'ouate. Deux fragments de gutta-percha, ramollis dans l'eau
à 45°, furent poussés par le sinus dans l'alvéole, où je les

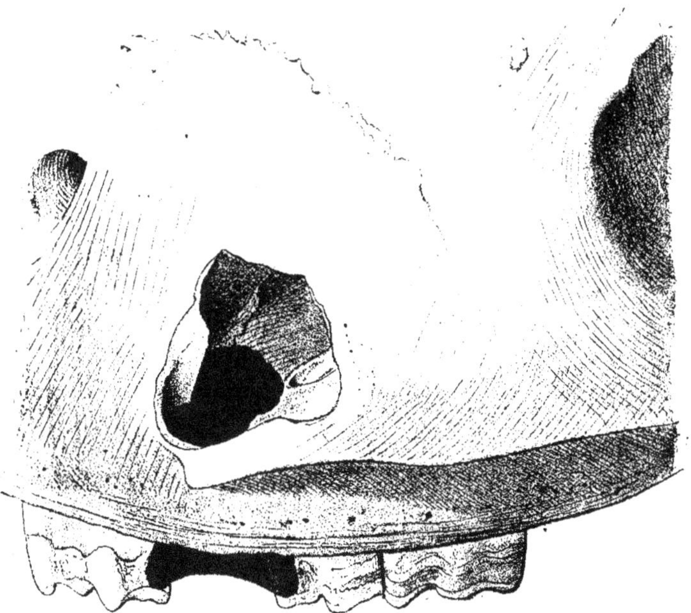

Fig. 2. — Occlusion par une pièce de gutta-percha d'une brèche bucco-sinusale
consécutive au repoussement d'une molaire.

serrai avec l'index gauche, engagé dans le sinus, et l'index droit
introduit par la voie buccale, entre la troisième et la cinquième
molaires. J'eus soin d'étaler un peu la partie supérieure de la
pièce sur la paroi du sinus, au pourtour de l'orifice alvéolaire, et
sa partie inférieure sur les deux molaires voisines, ainsi que vous
pourrez le voir au laboratoire de chirurgie sur une mâchoire que
j'ai préparée (*fig.* 2 et 3). Afin de hâter le durcissement de la
gutta, on l'irrigua d'eau froide pendant quelques minutes, par
la bouche et par le sinus. Celui-ci fut ensuite tamponné à la
gaze. On renouvela ce pansement les jours suivants. Un suintement s'établit autour de la partie supérieure du bouchon de

gutta, mais l'écoulement, très faible, n'exhalait plus d'odeur
fétide. On laissa libre l'orifice de trépanation, qui se rétrécit peu
à peu. L'état de ce cheval fut très amélioré. Lorsqu'il quitta
l'École une semaine plus tard, il n'avait plus qu'un léger jetage
et la plaie de trépanation suppurait à peine.

Cet opéré nous a été ramené au bout de six mois. Il se nourrissait bien et son état d'embonpoint était devenu excellent. Le
naseau gauche n'était souillé que d'un peu de jetage muco-puru·
lent, n'exhalant pas d'odeur fétide. Au niveau de la plaie de

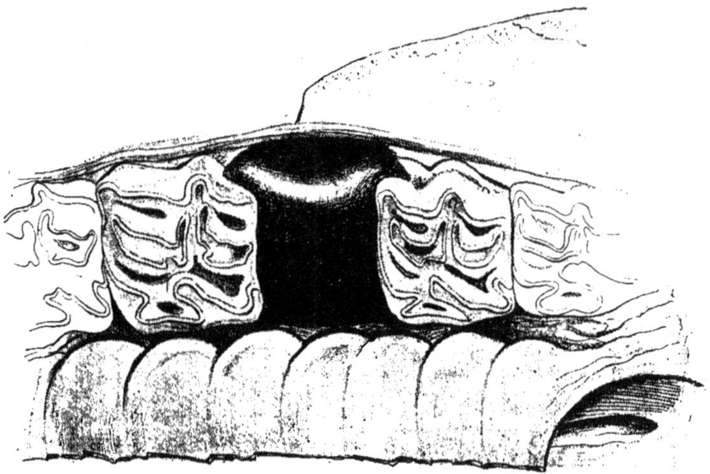

Fig. 3. — Occlusion d'une brèche bucco-sinusale. Face inférieure de la pièce.

trépanation existait une étroite fistule donnant un peu de pus
blanchâtre, sans fétidité. Examinée par la voie buccale, la pièce
de gutta-percha n'avait subi aucun déplacement ; elle continuait
à faire parfaitement son office. En somme, l'intervention a donné
un résultat très avantageux, car, avant l'occlusion de l'alvéole, les
sinus étaient continuellement remplis de matières putréfiées, et
le cheval répandait une odeur repoussante.

Pour les trois cas de sinusite simple, la guérison a été facilement obtenue : dans deux, elle a eu lieu en moins d'un mois ;
pour l'autre, au cours de la cinquième semaine.

Dans l'un de ces cas, la collection purulente remontait à quatre mois. Le malade — un cheval entier, âgé de huit ans — jetait du naseau gauche. L'écoulement, faible au repos, abondant pendant l'exercice, était blanchâtre, grumeleux, fétide. Il n'y avait pas trace de lésion traumatique, pas de déformation ni de sensibilité de la région des sinus. La cavité buccale n'exhalait pas de mauvaise odeur; il n'y avait point d'altérations dentaires. La glande, du volume d'une noix, était superficielle, molle, mobile et indolente.

Le cheval couché, je fis la trépanation du sinus maxillaire inférieur gauche; il en sortit une assez grande quantité de pus blanc jaunâtre, très fétide. La cavité nettoyée, je fis largement communiquer les deux sinus maxillaires; puis, au moyen d'un foret, je pratiquai une contre-ouverture nasale au niveau de la partie la plus déclive du sinus maxillaire inférieur. Matin et soir, le malade fut pansé comme nous avons l'habitude de le faire, par la détersion des sinus avec une solution antiseptique chaude et le tamponnement de l'orifice de trépanation. Au bout d'une semaine, l'écoulement par la plaie de trépanation et par le naseau gauche était déjà moins abondant que les premiers jours; il continua à diminuer graduellement. Dans le courant de la quatrième semaine, on cessa l'occlusion provisoire de la plaie. Quelques jours plus tard, le cheval pouvait être remis à son maître.

En général, les cas rebelles sont ceux où la muqueuse est épaissie, bourgeonneuse, frappée de dégénérescence polypoïde. — Parfois la persistance de l'écoulement tient à la disposition anatomique du petit sinus maxillaire, — à ce que celui-ci se prolonge de plusieurs centimètres au-dessous de l'extrémité de l'épine zygomatique, c'est-à-dire du point où généralement est pratiquée la trépanation de ce sinus; du pus séjourne dans la partie inférieure de la cavité et y entretient l'inflammation de la muqueuse. Il arrive aussi que ce sinus présente un compartiment profond fort spacieux, où s'accumule l'exsudat purulent et où, sous cette influence, la sécrétion morbide de la muqueuse se prolonge. C'est pour les cas de ce genre qu'est avantageuse la perforation de la paroi interne du sinus, pratiquée, comme je viens de le dire, au niveau du méat inférieur de la cavité nasale. Avec le foret que vous m'avez vu employer, cette perforation est d'exécution facile. On doit veiller seulement à ce que l'ouverture soit bien faite à la hauteur du méat, et non au niveau de la portion interne du grand sus-maxillaire : si on la pratiquait trop bas. l'instrument pénétrerait dans la voûte palatine.

La nécessité de tamponner les orifices de trépanation, pour en éviter le rétrécissement et l'occlusion avant l'arrêt de la suppuration, est encore une condition défavorable à la cure, parce que, dans l'intervalle des pansements, le pus est retenu dans les sinus. On y obvie en fixant dans ces orifices des tubes de bois pourvus d'un pas de vis sur leur face externe et s'y adaptant exactement. On peut, dans le même but, employer des boutons à rebords ou de petites canules en métal ou en gutta-percha.

Il me reste à vous parler de celui de nos opérés qui a succombé. C'était un cheval entier, de gros trait, âgé de douze ans, entré dans le service vers le milieu de mars 1896. Depuis longtemps déjà, il jetait du naseau droit; l'écoulement était fétide au point que les charretiers finirent par refuser de conduire l'animal. Celui-ci était en mauvais état, maigre, épuisé; il se coucha aussitôt entré dans son box. Par le naseau droit s'écoulait un jetage purulent d'odeur repoussante. Il n'y avait pas de déformation des sinus, et les ganglions sous-glossiens étaient peu tuméfiés. — A l'examen de la bouche, on constata que le cheval « faisait magasin » des deux côtés, surtout à droite; la quatrième molaire inférieure droite dépassait les autres de plus d'un centimètre. Après avoir appliqué un spéculum, on reconnut que la molaire supérieure correspondante était cariée. Nous avions affaire à une sinusite purulente d'origine dentaire.

L'intervention fut la suivante. Le malade convenablement assujetti, je réséquai d'abord la portion de la quatrième molaire inférieure qui dépassait le niveau des autres; je pratiquai ensuite, sur la paroi externe du sinus maxillaire inférieur, avec le trépan, trois orifices tangents, et je fis sauter les bandes de tissu osseux intermédiaires. Introduit dans le sinus détergé, le doigt percevait la racine de la dent cariée. Celle-ci fut refoulée avec le repoussoir et le maillet; la couronne était presque entièrement détruite, la racine peu endommagée. Le sinus et la plaie alvéolaire furent lavés à l'eau crésylée tiède, puis tamponnés à la gaze.

Le lendemain et les jours suivants, on renouvela le pansement. Le cheval ne consommait qu'une partie de sa ration, mais la température ne dépassait la normale que de quelques dixièmes de

degré ; je ne m'en inquiétai pas autrement. Toutefois, comme les
crottins étaient rares et coiffés, je prescrivis l'administration quotidienne d'une dose de 150 grammes de sulfate de soude. — Le
troisième jour, le malade expulsa des excréments ramollis; mais
l'appétit laissait toujours à désirer. Le surlendemain, nous trouvâmes l'état fort aggravé. Très abattu, l'animal ne touchait pas
à ses aliments; les régions du grasset et de l'olécrâne étaient le
siège de tremblements; la respiration et la circulation étaient
accélérées, le pouls était petit, à peine perceptible ; la muqueuse
oculaire était légèrement injectée. La percussion et l'auscultation de la poitrine ne révélaient rien d'anormal. Le thermomètre
accusait une hyperthermie de 1°5. A l'exploration rectale, on
trouva la vessie vide; profondément et à droite, on perçut une
masse volumineuse, dure, un peu pâteuse cependant et qui cédait
sous la pression des doigts; la palpation du flanc droit semblait
indiquer que cette masse dure était formée par le cæcum bourré
d'aliments. On chercha à vaincre l'obstruction par des lavements
répétés et par des injections d'un mélange de pilocarpine et d'ésérine. L'animal rejeta quelques crottins. Dans la journée il prit
un peu de lait; mais le mal empira, et la mort arriva le lendemain, précédée de symptômes dénonçant de vives douleurs abdominales.

A l'autopsie, on trouva des aliments épanchés dans le péritoine
et une déchirure de la partie postérieure de la base du cæcum.
Ce réservoir était distendu par une masse énorme de matières
durcies; le tassement était surtout considérable au niveau de la
crosse. La déchirure était entourée d'une large zone hyperhémiée, ecchymosée, — signe certain qu'il s'agissait bien d'une
lésion *ante mortem*.

Depuis longtemps ce sujet souffrait de carie dentaire et masti-
quait difficilement ses aliments; ceux-ci ont fini par se feutrer,
par se tasser dans le cæcum.

Je tenais à vous rappeler l'histoire de ce cheval, parce qu'elle
comporte un enseignement : quand, au cours du traitement des
sinusites d'origine dentaire, surviennent de l'inappétence, des
troubles généraux graves, il faut se garder de rattacher toujours
ceux-ci au trauma opératoire ; il faut se souvenir que les affections
dentaires chez le cheval, chez les vieux sujets surtout, lorsqu'elles
se prolongent, exposent fort à l'obstruction du gros intestin; —
il faut songer à l'*obstruction cæcale*.

III. — **Sur les a ections des cornets chez le cheval.**

Nous avons perdu, il y a peu de jours, un cheval à l'autopsie duquel vous avez vu les lésions de la *nécrose des cornets*. En vous parlant de cette affection, je compléterai ce que j'ai dit dans mes leçons de pathologie chirurgicale sur les *maladies des cavités nasales*.

Chez le cheval, les cornets sont sujets à diverses affections spéciales, primitives ou secondaires, dont on n'a donné jusqu'à présent que des descriptions incomplètes et passablement confuses.

Les rares observations cliniques publiées sur ces affections se rapportent : 1° à l'*hypertrophie avec éburnation des cornets* ; 2° à des *tumeurs* de ces organes ; 3° à leur *dégénérescence muqueuse* ; 4° à l'*empyème* des cavités qu'ils forment et à leur *nécrose*.

Chez certains chevaux, le *catarrhe nasal chronique* donne lieu à un épaississement considérable de la pituitaire et à une hypertrophie des deux cornets ou du supérieur seulement. Cette hypertrophie est quelquefois générale, plus souvent partielle. La muqueuse, hyperplasiée, est chagrinée, tomenteuse, ordinairement pâle et ferme, parfois rougeâtre et moins consistante. Le cornet ethmoïdal, hypertrophié et dur, forme une masse polypeuse, conique ou cylindrique, qui comprime les parties voisines, atrophie le cornet inférieur et remplit plus ou moins complètement la cavité nasale correspondante. Parfois, comme dans un fait de Stockfleth, il a la dureté de l'os ou de l'ivoire. Il peut acquérir de telles dimensions qu'il refoule, en dedans, la cloison médiane, — en haut, l'os sus-nasal, — en dehors, la paroi externe des sinus, dans lesquels il pénètre. Toujours il y a un jetage muco-purulent plus ou moins abondant et quelquefois fétide. — Le rétrécissement de la cavité nasale gêne la respiration et donne lieu à un bruit anormal, — sifflement ou ronflement. Plus tard, le chanfrein se déforme, se bombe du côté du mal, par le refoulement de la paroi supérieure de la cavité nasale et des sinus.

Il est exceptionnel que le cornet soit hypertrophié dans sa

partie antérieure, au point d'être apparent lorsqu'on écarte les ailes du nez; mais souvent avec le doigt on peut sentir la tumeur. Quand celle-ci est limitée à la partie supérieure du cornet, elle ne peut être reconnue que par le cathétérisme ou par l'examen rhinoscopique, et pour la différencier des néoplasies vraies qui peuvent être développées là, il faut recourir à l'étude histologique du tissu morbide.

Bien que dans la plupart des cas l'hypertrophie des cornets soit le résultat d'une inflammation chronique de la muqueuse nasale, la seule intervention recommandable, la seule qui ait donné des résultats, c'est *l'ablation du cornet malade.*

L'opération peut être faite de deux manières. Dans la première, on arrache le cornet par le naseau, à l'aide d'une longue et solide pince ou d'une érigne pointue. Höyer, qui s'est servi une fois de ce dernier instrument, dut s'y reprendre à plusieurs reprises pour enlever la totalité du cornet malade. L'hémorrhagie fut peu abondante et l'opéré guérit.

L'autre procédé opératoire, conseillé par Jessen, consiste à ouvrir largement, avec le trépan, le plafond de la cavité nasale, et à extraire le cornet par cette ouverture. L'ablation peut ainsi être faite plus régulière, plus complète, et si l'hémorrhagie est abondante, il est facile de la tarir par la cautérisation et le tamponnement. C'est par ce procédé que Jessen a guéri quatre sujets. Il a réussi également entre les mains d'autres vétérinaires.

Quelle que soit la technique suivie, l'ablation du cornet hypertrophié ne donne pas toujours la guérison. Dans une partie des cas, surtout lorsque l'affection est ancienne, des fongosités se développent au niveau de la plaie d'excision, et au bout de peu de temps la cavité nasale est de nouveau obstruée.

Des *néoplasmes* de nature diverse peuvent se développer sur les cornets. Chez le cheval, ceux que l'on y rencontre le plus ordinairement sont les *polypes muqueux* ou *fibreux,* — des *myxomes* ou des *fibromes* dont l'évolution est en général assez lente. Au début, les symptômes qu'ils provoquent sont ceux du coryza chronique avec jetage unilatéral muco-purulent, quelquefois strié de sang. Plus tard, comme dans l'affection précédente, la respiration est gênée, l'inspiration en particulier est plus ou moins bruyante, l'animal s'ébroue fréquemment, et ces troubles sont d'autant plus accusés que la tumeur est plus volumineuse.

On rencontre de ces polypes, qui, nés sur la base de l'un des cornets ou sur l'ethmoïde, s'étalent dans la cavité nasale, habituellement le long du plancher ou du méat moyen, et, refoulant les cornets, arrivent jusque près du naseau ; d'autres proéminent dans le pharynx et causent des troubles de la déglutition ; d'autres encore, à l'instar des polypes naso-pharyngiens de l'homme, poussent des prolongements en tous sens, entament les os, comblent les sinus. Cette dernière variété, commune chez le chien, est exceptionnelle chez le cheval ; mais un polype bénin, devenu volumineux, peut refouler la cloison, les cornets et les sus-nasaux, obstruer complètement la cavité nasale et déformer la face. — Les *sarcomes*, beaucoup plus rares que les polypes, se propagent au squelette du nez et acquièrent d'ordinaire rapidement de grandes dimensions. — Quant aux *épithéliomes pavimenteux* ou à *cellules cylindriques*, également rares, ils ne tardent pas à retentir sur les lymphatiques, à provoquer dans les ganglions sousglossiens une adénopathie métastatique.

Le traitement est limité aux tumeurs bénignes, — aux polypes. On a relaté quelques exemples de guérison spontanée : la tumeur a fini par être expulsée ; elle a été rejetée sous l'influence des ébrouements ou de la toux. Il ne faut pas compter sur une pareille terminaison. On doit tenter l'ablation de la tumeur, en procédant comme je viens de le dire à propos de la masse formée par le cornet supérieur hypertrophié.

Sous le nom de *dégénérescence muqueuse des cornets*, Sand a décrit, chez le poulain, une affection de ces organes, des os du nez et de la face, dont les manifestations rappellent celles de l'hypertrophie inflammatoire des cornets et des tumeurs des cavités nasales.

Elle s'accuse par un jetage muco-purulent ordinairement unilatéral, par une tuméfaction diffuse d'un côté de la face, dans la région du nez et des sinus, et par des bruits anormaux de la respiration dus à l'obstruction partielle des fosses nasales. Au niveau de la tuméfaction, les os de la face sont amincis, papyracés ou ramollis, et laissent percevoir de la fluctuation. En général, ces phénomènes sont observés d'abord dans la région des sinus maxillaires, ensuite sur le sinus frontal. Si, à la faveur d'une ponction pratiquée sur le centre de la tuméfaction, on introduit une sonde dans les sinus, l'instrument pénètre de tous côtés dans un tissu qui ne lui offre aucune résistance.

Quand l'affection est bilatérale, la gêne respiratoire peut être telle qu'il faille recourir à la trachéotomie pour conjurer l'asphyxie.

Sand insiste sur ce point, que les altérations anatomiques constatées chez les sujets atteints de cette affection sont très spéciales, différentes de celles de l'hypertrophie inflammatoire des cornets et de l'empyème des sinus. Ce qui est surtout frappant, c'est l'agrandissement des sinus et de la partie des cornets qui entre dans leur constitution ; c'est la destruction des parois osseuses des sinus et de.la lame papyracée des cornets, ou plutôt la substitution au tissu osseux d'un tissu muqueux gorgé de liquide ; c'est enfin l'accumulation d'un exsudat séreux dans les sinus, dont l'orifice de communication avec la cavité nasale a disparu.

L'étiologie de la maladie est obscure. Elle paraît débuter toujours dans le jeune âge. Parfois elle a une marche rapide ; dans d'autres cas, au contraire, elle est chronique, évolue très lentement et ne cause de troubles fonctionnels qu'au bout d'un certain nombre d'années.

Le *traitement* est celui de l'inflammation catarrhale de la muqueuse des sinus : trépanation, drainage et injections antiseptiques. Sand affirme que chez les sujets où l'affection est récente, ces moyens suffisent d'ordinaire pour l'arrêter et donner la guérison.

Longtemps la *collection purulente des cornets* et *leur nécrose* ont été considérées comme des accidents de nature morveuse. Un certain nombre de faits, la plupart récents, ont appris qu'elles peuvent représenter une affection purement locale, consécutive tantôt à une phlegmasie aiguë de la pituitaire ou à la carie des dernières molaires, tantôt à une action traumatique qui a porté soit sur le chanfrein, soit directement sur les cornets dans la profondeur des cavités nasales.

Je n'avais pas eu encore l'occasion de constater, à l'autopsie, la nécrose des cornets en tant qu'affection essentielle, et je m'étais mainte fois demandé si, dans les quelques cas publiés, on n'avait pas eu affaire à une complication de la rhinite hypertrophique ou de la maladie de Sand, quand, la semaine dernière, nous en avons vu l'exemple dont j'ai parlé en commençant. Voici le fait.

Dans l'après-midi du 4 mai, un de mes confrères m'adressait une jument de douze ans, malade depuis une quinzaine de jours. L'affection s'était annoncée par du jetage; on avait cru d'abord à une légère angine. Le jetage avait persisté à droite; il était devenu abondant et fétide.

Le 3 mai, l'état de la malade s'aggrava subitement : fort abattue, elle avait peine à conserver l'attitude quadrupédale et ne touchait pas à ses aliments. On la transporta à l'École.

A son arrivée, on put la maintenir debout quelques instants en la soutenant à l'aide de barres. Bientôt on dut la laisser s'étendre sur la litière. Son état comateux, les phénomènes paralytiques, la diminution de la sensibilité générale, le myosis, indiquaient l'atteinte des méninges et de l'encéphale ; d'autre part, le jetage fétide qui s'écoulait par le naseau droit et la légère tuméfaction des ganglions sous-glossiens faisaient présumer l'existence d'une affection suppurative des sinus ou des cornets. La température était à 38°5; on comptait 60 pulsations et 36 respirations par minute. — Je pratiquai successivement le cathétérisme du conduit naso-pharyngien et la trépanation. La cavité nasale droite était libre, non rétrécie, et les sinus correspondants ne contenaient pas de pus. Comme diagnostic probable, je m'arrêtai à une nécrose des volutes ethmoïdales, compliquée de méningo-encéphalite. — Je prescrivis des irrigations boriquées chaudes dans la cavité nasale, et je remis au lendemain l'examen rhinoscopique, qui devait permettre de préciser le diagnostic.

Dans la soirée, la température s'abaissa de 1° ; les muqueuses prirent une teinte rouge violacé ; le coma fut entrecoupé d'accès convulsifs et de contractures. La malade succomba le lendemain matin.

A l'autopsie, on trouva, comme lésions secondaires, celles de l'infection purulente, notamment de nombreux abcès métastatiques pulmonaires. Les altérations primitives formaient un large foyer occupant les cornets, l'ethmoïde et la partie antéro-inférieure du crâne. Dans les régions postérieures de la cavité nasale droite, la pituitaire était fortement hyperhémiée et infiltrée. Près de sa base, le cornet maxillaire était détruit sur une surface à peu près égale à celle d'une pièce de deux francs, un peu plus étendue dans le sens antéro-postérieur que dans l'autre ; autour de cette brèche, la muqueuse était tuméfiée, noirâtre, sauf en arrière, où on la trouvait semée de points mortifiés, recou-

verte d'un exsudat purulent; en avant, le cornet était rempli de
pus caséeux, putride. Au niveau de la lésion du cornet maxillaire,
le cornet ethmoïdal présentait un ilot de nécrose, où la muqueuse était amincie, jaune grisâtre, recouverte de pus sanguinolent. Les voûtes ethmoïdales droites, de teinte rouge
foncé, étaient ecchymosées par places ; vers leur base, la muqueuse apparaissait partiellement nécrosée. Les sinus ethmoïdal
et sphénoïdal renfermaient du pus fétide. Dans la région comprise
entre le bord postérieur du sphénoïde et le bord supérieur de la
lame criblée de l'ethmoïde, la dure-mère était épaissie, jaunâtre
ou verdâtre suivant les points, partout souillée de pus, et la
cavité arachnoïdienne contenait un exsudat fibrineux, surtout

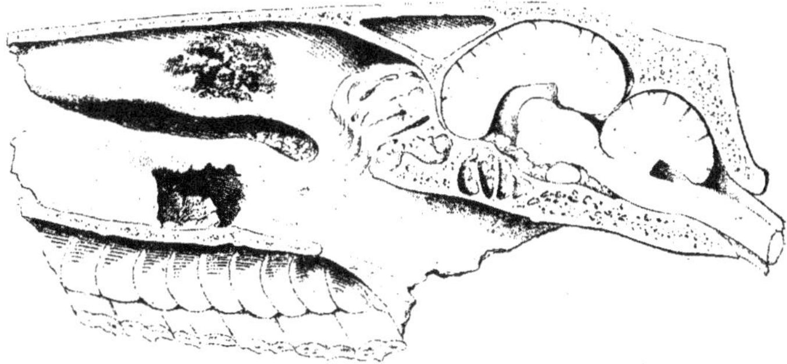

Fig. 4. — Nécrose des cornets.

épais au voisinage de la selle turcique. Immergée dans le pus,
la glande pituitaire était ramollie, en partie détruite.

Examiné au point de vue bactériologique, le pus recueilli dans
le foyer de nécrose des cornets montrait des micro-organismes
divers, mais surtout des streptocoques en files plus ou moins longues, la plupart en courtes chaînettes, des staphylocoques et un
petit bacille offrant bien l'aspect du « bacille de la nécrose » de
Bang. Le pus des abcès pulmonaires était également polymicro-
bien, avec prédominance du streptocoque. Quant à l'exsudat
intracranien, on n'y trouvait que le streptocoque sous forme de
chaînettes courtes, la plupart de trois à six articles.

Chez ce malade, les phases du processus ont été les suivantes:
Au début, inflammation aiguë de la muqueuse des cornets et des
voûtes ethmoïdales; ensuite nécrose partielle de ces organes et

inflammation suppurative des sinus ethmoïdal et sphénoïdal.
Des volutes, la suppuration s'est propagée aux méninges par les
trous de la lame criblée de l'ethmoïde, au niveau de la fossette
ethmoïdale droite. En même temps que s'accomplissait, de proche
en proche, cette extension du processus aux méninges, les agents
pyogènes ont fait irruption dans les voies de la circulation veineuse et déterminé ainsi l'infection purulente.

Dans le tome XI du *Journal de médecine vétérinaire mili-
taire*, Delamotte a relaté un fait qui offre avec le précédent
une certaine analogie relativement à la nature des lésions.
Ce fait a trait à un mulet qui, un matin, sans aucun symptôme
précurseur, fut pris tout à coup d'une abondante épistaxis en
même temps qu'il rejetait à flot, par la bouche, un sang noir,
mousseux, répandant une odeur de putréfaction. Une heure et
demie après le début de l'hémorrhagie, l'animal mourut saigné
et asphyxié. — A l'autopsie, avec l'obstruction des bronches par
du sang et les lésions de l'asphyxie, on trouva gangrenée la
muqueuse des volutes ethmoïdales ; jaune verdâtre, ramollie, elle
exhalait une odeur fétide.

Le plus souvent la nécrose des cornets reste assez longtemps
localisée à ces organes et s'accuse par un jetage fétide unilatéral,
par de la gène respiratoire due au rétrécissement de la cavité
nasale, par une adénopathie sous-glossienne de petites dimensions et par une tuméfaction de la base du chanfrein. Elle s'est
comportée ainsi dans les faits de Sand, de Möller et de Fröhner.
Les trois observations relatées par ce dernier auteur sont intéressantes au point de vue thérapeutique. Les voici en ce qu'elles
ont d'essentiel.

Dans la première, il s'agit d'une jument de six ans, sur
laquelle on constatait, à droite, un jetage abondant, jaunâtre,
fétide, une tuméfaction des ganglions de l'auge avec adhérence
de la peau, de l'hyperhémie de la pituitaire et, vers la base du
sus-nasal, un gonflement douloureux, circonscrit, où la percussion donnait un son mat. Les lésions occupaient la partie profonde
de la cavité nasale ; l'examen de celle-ci, pratiquée à l'aide du
rhinoscope simple, ne permit pas de les constater. Le sus-nasal
trépané, on reconnut que le cornet supérieur était partiellement
nécrosé. On réséqua la portion mortifiée, puis on fit des pansements antiseptiques, — des irrigations créolinées et des tam-

ponnements à la gaze iodoformée. La guérison fut obtenue en
trois semaines.

La seconde observation a trait à une jument de douze ans,
qui présentait à peu près les mêmes symptômes que la précédente. A noter seulement que le jetage était bilatéral et le chanfrein tuméfié à gauche, vers la base du sus-nasal. — On trépana
cet os ; on réséqua la portion nécrosée du cornet ethmoïdal et
l'on pansa comme dans le cas précédent. La guérison fut obtenue
en quinze jours.

Le sujet de la troisième était un cheval de neuf ans, atteint de
nécrose du cornet ethmoïdal gauche. Il subit la même opération
que les deux premiers malades. Au bout de dix jours, il fut
remis à son propriétaire. Trois semaines plus tard la guérison
était complète.

Je dois ajouter qu'en d'autres cas le résultat n'a pas été
aussi heureux. Parfois le jetage a persisté beaucoup plus longtemps. Pour l'un des malades de Möller, la nécrose récidiva et
l'on dut renoncer à la cure. Vous avez vu que l'on doit compter
aussi avec des complications rapidement mortelles.

Les faits que je viens de citer et l'observation que j'ai rapportée
établissent l'existence, chez le cheval, d'une affection spéciale
consistant en la nécrose partielle des cornets ou de l'un d'eux,
affection qui s'exprime par des signes cliniques en permettant
le diagnostic, qui tantôt reste longtemps localisée à ces organes,
tantôt s'accompagne vite de complications, affection enfin dont le
traitement comporte la trépanation de la cavité nasale, l'ablation de la portion nécrosée des cornets et des pansements antiseptiques.

IV. — **Tumeurs des sinus et cancer de la mâchoire supérieure**.

Vous avez vu récemment dans le service un malade atteint d'une tumeur des sinus et des os de la face, pour laquelle j'ai refusé d'intervenir. Je désire aujourd'hui vous donner les motifs de mon abstention, et pour cela vous entretenir des *néoplasmes des sinus*.

Pour être beaucoup moins fréquents que l'inflammation catarrhale de la muqueuse, — que la simple sinusite, — les néoplasmes des sinus ne sont cependant pas très rares. J'en ai recueilli d'assez nombreux cas, bien différents les uns des autres quant à la nature des lésions et à leur gravité.

Dans les sinus du cheval, on rencontre des *kystes*, des *myxomes*, des *fibromes*, des *sarcomes*, des *épithéliomes*.

Je vais vous citer des faits cliniques qui vous donneront une idée de la symptomatologie, de la marche, du pronostic de ces diverses tumeurs, et vous montreront dans quelles limites se meut l'intervention opératoire.

Voyons d'abord les *kystes*.

En 1893, un cheval percheron, de sept ans, fut présenté à la consultation, parce que depuis deux mois il jetait du naseau gauche. Le jetage était épais, grumeleux, fétide. Une petite glande multilobulée et dont les parties constituantes étaient mobiles les unes sur les autres, existait dans l'auge, du côté correspondant. La table externe des sinus, légèrement soulevée, était sensible à la percussion; celle-ci dénotait en outre une matité bien accusée. Nous conclûmes à l'existence d'une sinusite purulente. Une ponction d'essai confirma le diagnostic. Le malade fut laissé en traitement dans le service.

La trépanation faite, nous trouvâmes dans le sinus maxillaire inférieur, avec une assez grande quantité de pus, plusieurs petites tumeurs molles, développées sur la muqueuse. Dans les sinus frontal et maxillaire supérieur, la muqueuse était simplement épaissie par l'inflammation. Les dents étaient normales, le maxillaire n'était pas envahi; la cloison qui sépare les deux sinus maxillaires n'était pas détruite. Avec la pointe du bistouri, j'incisai une de ces tumeurs; il s'en écoula un peu de liquide visqueux : il s'agissait de kystes développés dans la muqueuse, sans doute aux dépens des glandules qu'elle renferme. J'agrandis suffisamment l'ouverture du sinus maxillaire inférieur et je pratiquai l'abrasion de la muqueuse; je passai à sa surface la lame du thermocautère, puis le cheval fut traité comme un malade atteint de sinusite banale : drainage, lavages bi-quotidiens des cavités avec une solution antiseptique légère, ensuite injections astringentes. Au bout d'un mois, je supprimai le drain; la plaie inférieure, tamponnée pour éviter sa fermeture trop rapide, permit de continuer les injections quelque temps encore. L'animal fut remis en service. Quelques semaines plus tard, la guérison était complète.

Ces kystes muqueux des sinus ne sont pas communs. Du moins, on n'en a relaté qu'un très petit nombre de faits.

Non moins rares sont les *kystes dentaires*, dont M. Liautard a fait connaître l'intéressant exemple que voici. A la suite de l'influenza, une jument de seize ans jette abondamment, présente une petite glande et, sur le côté droit du chanfrein, une légère tuméfaction. Un vétérinaire américain crut à l'existence de la morve. M. Liautard, après avoir examiné attentivement la malade, ne partagea pas l'avis de son confrère et déclara qu'il s'agissait d'une simple collection des sinus. Les dents étaient indemnes; il n'y avait pas de lésions buccales. — On trépana le sinus maxillaire inférieur; on y trouva trois kystes dentaires renfermant chacun un corps dur, mobile, de la consistance de l'émail, — une dent rudimentaire semblable à celles que l'on rencontre dans les kystes de la région temporale. L'extraction de ces dents et l'ablation des kystes n'offrit aucune difficulté. En quelques semaines, la guérison fut obtenue.

Ce premier groupe comprend des lésions qui restent confinées dans les sinus, et ne s'accusent d'ordinaire que par les symptômes de l'inflammation suppurative de ces cavités, laquelle vient les compliquer au bout d'un certain temps.

Les *myxomes* et les *polypes fibreux* représentent deux autres variétés de tumeurs des sinus, plus communes et plus graves que les précédentes, excepté lorsqu'elles sont récentes, limitées à l'un de ces diverticules. Les polypes fibreux offrent en général plus de gravité que les myxomes. Les uns et les autres partent ordinairement de l'ethmoïde ou du plancher des sinus ; ils s'accroissent assez rapidement, soulèvent les parois osseuses, particulièrement l'externe, envahissent parfois la cavité nasale correspondante et peuvent y prendre un développement considérable, donner lieu à des symptômes spéciaux, gêner la respiration, provoquer un fort bruit de cornage, même la mort par asphyxie. — M. Trasbot a publié une curieuse observation de ce genre. Elle a trait à une jument qui, depuis six mois, avait à gauche un jetage intermittent, muco-purulent, strié de sang à certains moments. On soupçonna une tumeur des sinus. Le jetage devint de plus en plus abondant, les ganglions de l'auge se tuméfièrent, et le sujet en arriva à corner fortement pendant le travail. Un nouvel examen ne révéla rien, ni dans les régions antérieures des cavités nasales, ni dans la bouche. Le bruit de cornage devint plus intense ; finalement il se produisit au repos, à l'écurie. Des troubles de la déglutition apparurent ; la salive s'écoulait abondante de la cavité buccale. Un matin, on trouva cette bête morte dans son box. — L'autopsie donna l'explication de ces singuliers phénomènes. La tumeur, née sur l'ethmoïde, était formée de deux parties bien distinctes : l'une comblait partiellement le sinus frontal sans contracter aucune adhérence avec les parois de ce sinus ; l'autre, longeant le cornet supérieur, dans la cavité nasale, avait acquis un fort développement ; elle avait franchi l'orifice guttural des fosses nasales, traversé le pharynx, et dans les derniers temps, son extrémité avait atteint le larynx ; accidentellement engagée dans celui-ci, elle en avait provoqué l'occlusion et déterminé la mort. — L'étude histologique de cette tumeur montra qu'il s'agissait bien d'un myxome. Étant donnée son étroite base d'implantation sur l'ethmoïde, l'excision en eût été facile.

M. Labat a relaté un cas de polype des sinus, avec ablation suivie de succès. Le cheval était âgé de huit ans. Les sinus maxillaire supérieur et frontal du côté gauche étaient le siège d'une tumeur polypeuse qui en avait déformé la paroi. On enleva sur la table externe du sinus maxillaire supérieur une lame triangulaire dont les bords mesuraient 7, 9 et 10 centimètres. La tumeur, qui s'insérait sur le plancher de cette cavité, put être extirpée en totalité. La brèche pratiquée à l'os était réduite des deux tiers au bout de deux mois, mais elle ne se combla pas entièrement. — Beaucoup de praticiens ont également opéré avec succès des fibromes et des myxomes des sinus.

Les faits que j'ai recueillis me portent à considérer comme assez rares les *sarcomes* des sinus. Nous en voyons cependant de temps à autre des exemples. Nombre d'entre vous se souviennent sans doute d'un cheval qui a fait l'objet d'une leçon clinique l'année dernière, et dont je conseillai l'abatage, parce qu'il était atteint d'un sarcome du maxillaire supérieur et des sinus. Lorsqu'on nous amena ce cheval, il présentait sur la face, à gauche, une tumeur dure, diffuse, à peine sensible et sans retentissement ganglionnaire ; un jetage purulent s'écoulait par le naseau gauche. A l'examen de la cavité buccale, on ne voyait qu'un léger soulèvement de la muqueuse de chaque côté de la ligne des molaires. Ce cheval était vieux, usé ; on le sacrifia. — L'autopsie montra que les sinus du côté gauche étaient en grande partie remplis par la tumeur.

Je me borne à signaler les *tumeurs mélaniques* et les *tumeurs mycotiques* que l'on peut exceptionnellement rencontrer dans les sinus.

J'arrive à une forme extrêmement grave de *tumeurs secondaires* de ces cavités : je veux parler des *épithéliomes*. L'histoire de quelques malades va vous fixer sur les symptômes et la malignité de ces tumeurs.

Vers la fin de l'année dernière, un cheval de dix ans nous était présenté par une personne qui l'avait acheté quelques jours auparavant. On avait remarqué que la joue était tuméfiée, que l'animal jetait du naseau gauche, qu'il mangeait difficilement, et l'on avait cru qu'il se trouverait bien d'un coup de rabot.

L'état général du sujet était assez bon ; cependant on constatait un certain degré d'abattement, de tristesse, et la physionomie accusait la souffrance. L'attention était surtout attirée par un jetage caillebotté, fétide, et par des filaments de salive qui s'échappaient de la bouche. A l'examen de celle-ci, il fut aisé de reconnaître la nature de l'affection ; elle était malheureusement toute différente de celle à laquelle le propriétaire avait pensé. Une large tumeur existait dans la cavité buccale, développée sur la voûte palatine, le long de l'arcade molaire gauche ; elle était légèrement

en saillie sur la muqueuse, ce qui permettait de distinguer nettement ses limites en avant, où elle s'avançait sur le plafond de la
bouche, jusqu'au niveau de la deuxième molaire. — D'autres
particularités pouvaient être notées en écartant les mâchoires avec
le spéculum et en éclairant le fond de la bouche. Les dernières
molaires gauches, partiellement recouvertes par des bourgeons
néoplasiques, en dedans et en dehors, étaient déjà branlantes. La
saillie formée par la tumeur n'était très prononcée qu'au voisinage
des molaires ; sur la plus grande partie de la voûte palatine, elle
était à peine appréciable : la muqueuse paraissait simplement
recouverte d'une sorte de membrane granuleuse. — La cavité nasale
gauche était déformée ; son plancher était bombé, refoulé par la
tumeur. Celle-ci avait débuté à l'intérieur du maxillaire ; elle
s'était surtout développée dans la bouche et dans les sinus. Un
autre symptôme important existait : on trouvait dans l'auge une
double adénopathie qui trahissait la nature du néoplasme. Les
ganglions sous-glossiens du côté gauche formaient une masse
bosselée, très dure, du volume d'un œuf, adhérente aux tissus
profonds. Ceux du côté droit avaient les dimensions d'un œuf de
pigeon ; ils étaient de même inégaux et fort durs. — Le diagnostic
épithéliome du maxillaire n'offrait aucune difficulté. L'animal
était incurable. Invité à nous le laisser quelque temps, le propriétaire préféra le remmener et le revendre. Nous ne le revîmes pas.

Voici une autre observation analogue, qui date de 1891.
Un cheval de douze ans fut présenté à la consultation avec ces
renseignements : il y a environ trois mois, on s'est aperçu que le
chanfrein était tuméfié ; le gonflement s'est accusé peu à peu ; la
mastication est devenue pénible, et un jetage de mauvaise odeur
s'est montré au naseau droit.

Sur la face droite du chanfrein existait une tuméfaction diffuse, de consistance ferme, peu douloureuse, ne dépassant pas,
en haut et en arrière, l'extrémité antérieure de l'épine maxillaire. Les ganglions sous-glossiens du côté correspondant étaient
affectés ; on trouvait dans l'auge une glande dure, bosselée,
mobile sous la peau, mais très adhérente aux parties profondes.
Du naseau droit s'écoulait un jetage grisâtre, fétide. Dans la
cavité nasale, en écartant les bords de l'orifice, on voyait une
tumeur de couleur grisâtre, qui la remplissait intérieurement et
s'avançait assez loin en avant, entre les cornets. A l'examen de

la cavité buccale on constatait, sur la voûte palatine, le long de l'arcade molaire droite, une tumeur rougeâtre, bourgeonnante, qui, vers le milieu de la bouche, occupait près de la moitié du palais. Le sillon gingival externe était partiellement comblé par des végétations et des matières alimentaires putréfiées. Le spéculum, engagé entre l'arcade et la joue, accusait une grande mobilité de plusieurs molaires, dont les alvéoles avaient certainement leurs parois détruites.

Bien que la tuméfaction du chanfrein fût relativement peu prononcée, vous voyez que les désordres étaient considérables. Le diagnostic *tumeur incurable du maxillaire* était évident. — L'examen microscopique d'un fragment de tissu néoplasique excisé sur la voûte palatine, au niveau de la deuxième molaire, confirma ce diagnostic. Il s'agissait d'un *épithéliome pavimenteux lobulé*. — Peu après, l'animal fut sacrifié. Nous pûmes nous procurer la tête et nous rendre compte de l'étendue des lésions. La tumeur avait détruit la presque totalité du maxillaire supérieur, la portion antérieure du palatin et une partie des cornets; elle comblait le tiers moyen et une partie du tiers supérieur de la cavité nasale droite ainsi que les deux sinus maxillaires. Les troisième et quatrième molaires étaient complètement détachées; les deuxième, cinquième et sixième tenaient à peine. Les lésions ganglionnaires étaient bien spécifiques; leurs caractères étaient ceux de la tumeur.

Le cas que nous venons d'observer concerne un cheval hongre, âgé d'environ quinze ans, sur lequel on a remarqué, il y a six mois, au niveau du maxillaire supérieur gauche, une tuméfaction qui s'est graduellement accentuée. Un vétérinaire consulté a cru qu'il s'agissait d'une lésion traumatique et a prescrit un traitement qui n'a pas donné de résultat. La tuméfaction s'est lentement accrue et la mastication est devenue difficile; du naseau gauche s'exhalait une odeur fétide. Ces derniers phénomènes existaient depuis deux mois environ lorsque le malade fut amené à la consultation.

Ce qui frappait au premier examen, c'était l'asymétrie de la face. Les muscles de la joue étaient atrophiés : la saillie du masséter, si nettement accusée à l'état normal, était effacée; le plat de la joue paraissait excavé. Au niveau de l'os maxillaire supérieur, entre l'épine zygomatique et le trou sous-orbitaire, on remarquait une tumeur du volume du poing, uniformément dure, excepté en son milieu, où la peau, ulcérée, donnait passage à des bourgeons

fongueux. L'exploration était douloureuse et provoquait de vives
réactions. — Du naseau gauche s'écoulait un jetage grumeleux
et fétide, dont l'abondance augmentait par l'exercice. — Les ganglions de l'auge étaient hypertrophiés, un peu indurés et douloureux,

Fig. 5. — Epithéliome pavimenteux du maxillaire. — Coupe transversale des os de la face en avant de la cinquième molaire.

mobiles sous la peau. Une odeur fétide s'échappait de la bouche. Celle-ci entr'ouverte, on apercevait, à gauche, une destruction assez étendue de la muqueuse : de chaque côté de l'arcade molaire, la gencive était couverte de végétations. Le spéculum permit de reconnaître que les deuxième, troisième et cinquième molaires étaient mobiles, implantées en tissu mou. A leur niveau, étaient accumulés des aliments putréfiés. La quatrième molaire était tombée, sa place était occupée par des bourgeons néoplasiques. — On coucha le sujet et on l'anesthésia pour faire une exploration plus

complète. Trois coups de trépan donnés sur la face, au centre de
la tumeur, autour de la plaie, ouvrirent une large brèche qui
permit de reconnaître la destruction de la plus grande partie du
maxillaire et de sentir les racines des molaires dont les alvéoles
avaient perdu leur paroi osseuse. On enleva les deuxième et
quatrième molaires.

Le diagnostic était facile. Nous avions affaire à une tumeur
qui avait envahi la plus grande partie de l'os maxillaire supérieur, qui comblait les sinus et avait perforé la voûte palatine.
L'examen microscopique montra qu'il s'agissait encore d'un
épithéliome pavimenteux.

L'animal fut sacrifié. Aucune tumeur secondaire n'existait dans
les viscères. L'os maxillaire supérieur était presque complète-

ment détruit. La première molaire était encore assez solidement
fixée, mais la cinquième et la sixième cédèrent à une légère traction. Le néoplasme saillait à peine sur la voûte palatine, laquelle
était cependant envahie dans toute sa moitié gauche, depuis son
bord postérieur jusqu'au niveau de la première molaire.

Vous voyez que ces trois observations sont presque semblables : il n'y a entre elles de différences qu'au point de vue du
siège et de l'étendue des lésions. Elles ont trait à des tumeurs de
même nature, de même origine, — à des épithéliomes qui débutent dans l'épaisseur du maxillaire. Il est des tumeurs épithéliales qui ont pour point de départ les muqueuses de la bouche, du
nez ou celle des sinus ; mais elles sont rares chez le cheval.
Celles que l'on rencontre le plus ordinairement en ces régions ont
bien le maxillaire pour siège primitif ; elles se développent sans
doute au niveau et aux dépens des débris épithéliaux paradentaires,
ainsi que le soutient M. Malassez pour les tumeurs similaires de
l'homme. A un moment donné, sous l'influence de causes indéterminées jusqu'à présent, les cellules qui constituent ces îlots proli-
fèrent anormalement et forment, au sein de l'os, une tumeur qui
se fait jour soit dans la bouche, soit dans les sinus, le plus souvent dans la première et dans ceux-ci en même temps ; peu à
peu, le cancer détruit les parois de ces cavités et les alvéoles
dentaires. Parfois il creuse dans l'os une cavité spacieuse tapissée
de bourgeons épithéliaux ; c'est le *cancer térébrant du maxillaire*.
Même dans le cas où l'affection est reconnue de bonne heure, au
moment où la muqueuse buccale s'ulcère, par exemple, ou quand
la déformation du chanfrein commence, déjà le maxillaire a subi
une destruction étendue dans son corps ou sa région alvéolaire.

Gardez-vous de porter le pronostic des tumeurs de la région
des sinus d'après le volume de la tuméfaction ou le bombement
de la face. Tandis que ces épithéliomes du maxillaire, à peine
apparents, sont de la dernière gravité, des tumeurs bénignes développées sur la muqueuse des sinus peuvent faire effort contre
la table externe de ces cavités, l'amincir, la soulever et la per-
forer, ainsi que la peau. Ces tumeurs bénignes peuvent être
opérées avec succès : on anesthésie l'animal, on ouvre largement
les cavités envahies — le plus souvent les deux sinus maxillaires
— et l'on pratique, en une ou plusieurs séances, l'ablation totale
du néoplasme, en arrêtant l'hémorrhagie par le tamponnement ou

avec le cautère. Mais lors de tumeurs vraiment malignes, de telles opérations ne sauraient être préconisées dans notre chirurgie. Le praticien qui tient à ne pas compromettre sa réputation ne doit point en user.

Pour ces tumeurs, enfin, il convient, chez les animaux comme chez l'homme, de réserver l'épithète de *malignes* à celles qui ont une évolution rapide, qui envahissent les tissus voisins, — os et parties molles, — à celles qui se propagent aux lymphatiques, à celles qui, en un mot, ont les allures des processus infectieux.

Je résumerai ainsi les indications pratiques qui découlent de cet entretien :

Les tumeurs développées sur la muqueuse des sinus et qui n'ont altéré les os qu'en les soulevant ou en exerçant sur eux une pression permanente et prolongée sont curables ; elles doivent être extirpées si l'animal vaut les frais de l'intervention.

Lorsqu'il s'agit d'un néoplasme envahissant qui a partiellement détruit les parois des sinus ou atteint les alvéoles dentaires, sans cependant retentir sur les ganglions, presque toujours on est en présence d'un *ostéo-sarcome* ; il n'y a qu'à s'abstenir.

Et quand on a affaire à une tumeur avec métastase ganglionnaire, c'est une tumeur épithéliale maligne, souvent inopérable, toujours récidivante si l'on en essaie l'ablation.

V. — **Sur le traitement chirurgical du cornage chronique.**

Un jour de la semaine passée, M. L...., demeurant à Paris, 12, place Vendôme, a présenté à la consultation un de ses chevaux, atteint de cornage chronique, en demandant si l'on consentirait à pratiquer sur cet animal l'opération faite dans le courant de l'année dernière à la jument de son voisin M. D..... Il vous a dit que celle-ci, atteinte de cornage intense qui la rendait inutilisable avant l'opération, faisait actuellement un bon service, et que M. D.... avait été très satisfait du résultat de l'intervention. — Je n'étais pas de consultation ce jour-là ; mais plusieurs d'entre vous se rappelèrent la jument dont parlait M. L..... L'opération demandée était l'*aryténoïdectomie*.

Voici en peu de mots l'histoire de la corneuse dont on nous confirmait la guérison.

Il s'agit d'une jument anglo-normande, fort remarquée au concours hippique de 1893, où elle obtint un premier prix d'attelage. Achetée vers la fin du concours par M. D..., elle fit un bon service de coupé jusqu'en 1895. Pendant l'hiver de 1895-96, elle contracta une pneumonie ; lorsqu'elle reprit son travail, on constata qu'elle cornait. On la traita sans succès par l'iodure de potassium. Le cornage s'accentua au point que la bête, même utilisée à une allure modérée, tomba plusieurs fois dans les brancards. M. D... prit l'avis de plusieurs vétérinaires. Un consultant lui déclara que le mal était incurable et qu'il lui fallait se débarrasser de sa jument. M. D... objecta qu'il y tenait beaucoup, qu'il avait entendu parler d'une opération par laquelle on avait quelquefois réussi à rendre utilisables des chevaux corneurs, sans leur appliquer de tube....... Il lui fut répondu que l'opération ne réussissait pas 1 fois sur 100.

Ainsi renseigné, M. D... vint me trouver un matin, à l'École, et me demanda si je consentirais à opérer sa jument. Après l'avoir exactement fixé sur la valeur du traitement chirurgical du cornage, je lui proposai de faire d'abord « la petite opération » et, en cas d'insuccès, de pratiquer l'autre, — ce qui fut accepté.

Le 18 janvier, je fis la *cricoïdectomie partielle*. Remise en service le 8 février, la jument cornait au même degré qu'avant l'intervention. — Ramenée le 5 mars, je lui enlevai l'aryténoïde gauche. Elle reprit son travail au commencement de mai; depuis lors, elle l'a continué sans interruption. Elle fait entendre seulement, de temps à autre, quelques quintes de toux sèche. Au trot, elle ne corne plus. Il faut la lancer à une allure très accélérée pour percevoir un léger bruit anormal, d'ailleurs sans importance, car il n'est accompagné d'aucun malaise, d'aucune gêne de la fonction respiratoire (1).

Ce n'est pas là un fait exceptionnel. Depuis les premiers résultats que j'ai publiés en 1890, nombre de mes opérés ont été, les uns guéris, les autres améliorés. En ces derniers mois, on nous en a ramené plusieurs chez lesquels, depuis un an, dix-huit mois, deux ans, la guérison s'est maintenue.

Ces résultats sont déjà intéressants au point de vue de la chirurgie du larynx : ils montrent que des traumatismes pénétrants et étendus de cet organe se réparent facilement, sans s'accompagner de complications du côté du poumon; ils montrent que des plaies intralaryngiennes avec perte de substance peuvent se cicatriser sans entraîner de rétrécissement du conduit. Obtenus dans le traitement d'une affection considérée comme absolument incurable, ils sont encourageants, car, si les revers sont encore fréquents, nous savons éviter divers accidents auxquels exposait l'opération, telle qu'on la pratiquait lorsque j'en ai entrepris l'étude. Remarquez qu'il ne s'agit pas d'une de ces nouveautés chirurgicales permises seulement depuis l'avènement de l'antisepsie. Ici, le progrès a été réalisé par le perfectionnement de la technique.

Je vous ai parlé des expériences faites par Günther, il y a déjà plus d'un demi-siècle, dans le but d'arriver à la guérison du cornage chronique. Je vous ai entretenus aussi des recherches de Möller et de Fleming, que j'ai résumées dans mon travail de 1891 (2). Parmi les différentes interventions proposées par ces vété-

---

(1) Le 20 octobre dernier, M. D... est venu me donner des nouvelles de sa jument. Même pendant les journées les plus chaudes de cette année et de l'année dernière, elle a fait sans corner le même service que ses deux autres chevaux.

(2) CADIOT, *Traitement chirurgical du cornage chronique lié à l'hémiplégie laryngienne chez le cheval.*

rinaires, il en est une dont l'efficacité est incontestable et qui
mérite la préférence sur toutes les autres. Cette intervention est
l'*aryténoïdectomie*.

Sur la grande majorité des corneurs que j'ai eu à traiter, c'est
l'*aryténoïdectomie* simple que j'ai pratiquée, suivant le manuel
décrit dans mon travail et dans notre *Traité de thérapeutique
chirurgicale*. J'ai apporté quelques modifications à l'outillage et à
la technique. Pour éviter sûrement tout accident dû à la compression de la muqueuse trachéale, j'ai remplacé l'ampoule de caoutchouc adaptée à la canule et qui occlut la trachée, par de la gaze
plissée, fixée sur la canule au moyen de deux ligatures. Je ne sectionne, avec la paroi inférieure du larynx, que le premier cerceau
de la trachée. J'incise la muqueuse laryngienne le long des bords
supérieur et postérieur de l'aryténoïde, un peu en deçà de ces
bords. Comme pansement, je place de champ, dans le larynx,
deux tampons de gaze rectangulaires, aplatis, que je fixe en les
traversant par quelques-uns des fils de la suture musculaire.
J'enlève le pansement et la canule au bout de vingt-quatre
heures; je laisse la trachée libre et la plaie exposée, en maintenant, les premiers jours, les bords de celle-ci écartés, à l'aide de
deux fils passés en son milieu, dans les couches musculaire et
cutanée, et noués au bord supérieur de l'encolure. — Tout en
ménageant le plus possible la muqueuse le long des bords supérieur et postérieur de l'aryténoïde, j'ai varié quelque peu — sans
grand bénéfice, je dois le dire — le manuel de l'ablation de ce
cartilage. Sur certains sujets, j'ai conservé une mince bandelette
de la muqueuse qui garnit le bord antérieur de ce cartilage; sur
quelques autres, dont le larynx était particulièrement étroit, j'ai
fait, au niveau du bord inférieur de l'aryténoïde, une excision un
peu plus large portant sur la muqueuse et la partie supérieure
de la corde vocale; sur d'autres encore, j'ai enlevé avec des pinces
emporte-pièce la plus grande partie de l'angle articulaire de
l'aryténoïde. Outre cette dernière modification, je considère
comme des précautions très importantes de limiter, autant
qu'on le peut, l'étendue de la plaie d'excision faite à la muqueuse
laryngienne; — de ne pas s'égarer vers l'origine de l'œsophage
lorsqu'on détache la face supérieure de l'aryténoïde; — de ne
blesser ni l'aryténoïde conservé, ni les cordes vocales.

Avec un peu d'habitude, les manœuvres que comporte l'aryténoïdectomie sont d'une facile exécution, même sans recourir à

l'anesthésie. Mais ces manœuvres ne sauraient être effectuées correctement et avec la sûreté nécessaire par une main inhabile ou inexpérimentée.

Dans les cas où la réparation de la plaie résultant de l'ablation de l'aryténoïde se fait régulièrement, quand le bourgeonnement n'est pas excessif, la cicatrice exubérante, l'entrée du conduit laryngien demeure élargie ; le résultat thérapeutique est bon. Dans ces cas heureux, voici comment les choses se passent. Aux quatre bords de la plaie laissée par l'ablation de l'aryténoïde, la muqueuse est loin d'être également mobilisable. On ne peut réunir par une suture les bords supérieur et inférieur de cette plaie, tandis qu'il est facile d'en affronter étroitement les bords antérieur et postérieur, sans dissection, sans déchirure, et cela parce que la lèvre antérieure est très mobile, parce qu'on peut aisément la faire glisser jusqu'à la lèvre postérieure en recouvrant ainsi toute la plaie. Quand, abandonnée à elle-même, celle-ci granule dans toute sa surface, la rétraction du tissu inodulaire se fait sentir bien plus sur la lèvre antérieure que sur les autres ; c'est la première surtout qui restaure le trauma, et quand la réparation s'est accomplie régulièrement, sans néoformation excessive, l'orifice supérieur du larynx est et demeure nettement concave à gauche, en sa moitié supérieure, au niveau du champ opératoire ; dans ces conditions, la corde vocale ne peut être ni poussée, ni tirée vers la ligne médiane ; elle est fixée dans la situation qu'elle occupe ou légèrement tirée en dehors.

Malheureusement nos opérés ne se laissent pas faire volontiers. Il est impossible de suivre la marche de la plaie, d'en surveiller la cicatrisation, de réprimer au besoin les granulations volumineuses qui peuvent s'y développer, afin d'obtenir une cicatrice plate, — condition essentielle de la disparition ou de l'atténuation du cornage.

On a cherché à élargir plus amplement le passage en excisant, avec l'aryténoïde, la corde vocale seule ou cette corde et la paroi interne du ventricule laryngien. Ce sont là des interventions déjà vieilles. — L'ablation de l'aryténoïde et de la corde vocale — l'opération qu'a préconisée Fleming — ne vaut pas, à beaucoup près, la simple aryténoïdectomie. J'ai pu m'assurer mainte fois que le bénéfice cherché par l'ablation de la corde vocale est illusoire. La plaie muqueuse est beaucoup plus

étendue, et c'est surtout en sa partie inférieure, à la place de
la corde enlevée, qu'elle devient facilement végétante et la cicatrice exubérante.

Reste l'aryténoïdectomie complétée par l'ablation de la paroi
interne du ventricule laryngien. Cette opération a l'avantage
d'élargir le conduit dans toute sa hauteur, sans augmenter sensiblement la surface de la plaie d'excision. On l'a délaissée
parce que la plupart des chevaux qui l'avaient subie succombaient à la pneumonie de déglutition. J'ai pu éviter celle-ci en
alimentant mes opérés comme il est d'usage pour ceux qui ont
été aryténoïdectomisés, et en les entourant des mêmes soins post-
opératoires.

Voici comment je procédais. Je commençais par faire l'aryténoïdectomie suivant la technique ordinaire, sans suturer les
bords de la plaie. J'explorais ensuite le ventricule laryngien avec
l'index; au moyen des ciseaux droits, dont l'une des branches
était introduite dans ce ventricule, j'en sectionnais verticalement
dans toute sa hauteur la paroi interne. Je saisissais avec des pinces
le lambeau antérieur et, à l'aide des ciseaux courbes, je l'excisais
partiellement, en ménageant le cartilage épiglottique. Je fixais de
même le lambeau postérieur recouvert de la corde vocale et je
l'enlevais de bas en haut avec le bistouri boutonné. — On pansait
comme pour l'aryténoïdectomie. Les soins consécutifs étaient les
mêmes.

Cette opération ne m'a donné que de mauvais résultats thérapeutiques.

Des diverses interventions préconisées, l'aryténoïdectomie est
non seulement celle qui expose le moins aux complications
possibles, c'est aussi la seule qui donne des succès durables.

Sans doute, comme toutes les opérations hardies, comme toutes
les innovations chirurgicales dirigées contre des maladies répu-
tées incurables, l'aryténoïdectomie a ses revers et ses périls;
mais la preuve est faite, *archifaite*, qu'elle permet de rendre
utilisables aux divers services, nombre de chevaux corneurs con-
damnés à la trachéotomie. C'est là une vérité contre laquelle ne
peuvent rien les mensurations anatomiques ajoutées aux para-
logismes des contempteurs de cette intervention.

Ainsi qu'à beaucoup d'autres moyens thérapeutiques, il ne faut pas trop lui demander, et ceux-là sont vraiment bien exigeants, qui, après avoir toute leur vie proclamé l'absolue incurabilité du cornage chronique laryngien, lui reprochent l'incertitude et la faible proportion de ses succès, — comme si, au lieu d'avancer quelque peu à tàtons, il était préférable de s'arrêter!

Il serait, je pense, superflu d'insister, et je termine en répétant avec Lanzillotti :

È indubitato che molti caralli sono quariti!

VI. — **Sur la hernie inguinale aiguë**.

Le mois dernier, un cheval de notre service a dû subir le même jour deux opérations graves, dont l'une rendue nécessaire par un accident survenu bien inopinément. Un matin, nous l'avions assujetti en position décubitale pour remédier à des lésions nécrotiques des tissus sous-cornés provoquées par une enclouure. Le soir, nous avons dû le coucher à nouveau : il avait une *hernie inguinale étranglée*, — hernie certainement produite par les violentes réactions auxquelles il s'était livré pendant notre première intervention. L'histoire de ce cheval est intéressante à un double titre. Vous allez en juger.

On nous l'amena à la consultation le 16 avril. parce qu'il boitait du membre antérieur droit, et pour nous faciliter le diagnostic, on nous raconta que l'animal était tombé la veille sur le côté droit, qu'avant cette chute il n'avait pas la moindre feinte, enfin que la claudication s'était manifestée immédiatement après.

Ce fut précisément son conducteur habituel qui nous le présenta. Aussi ajouta-t-il qu'il avait trouvé l'épaule sensible, que pour lui c'était là le siège du mal, et que le maréchal, déjà consulté, « avait dit la même chose ». Nous avions ainsi, pour nous guider, l'opinion de deux connaisseurs.

J'examinai ce cheval devant vous. Je vous montrai que les différentes sections du membre étaient exemptes de lésions récentes pouvant donner l'explication de cette boiterie, et que l'épaule, en particulier, n'était ni tuméfiée, ni endolorie : les velléités de défense un peu plus accusées de ce côté, quand on explorait comparativement les deux régions scapulo-humérales, devaient tenir à une légère application révulsive, peut-être aussi aux manœuvres — pressions et tractions — effectuées par les deux compères. Mais la percussion du pied fournissait un signe important : en frappant de légers coups de brochoir sur le pourtour du sabot, au voisinage du fer, l'animal *comptait*, sur le pied opposé, des chocs de même intensité ne provoquaient aucune réaction. Pendant la déferrure, surtout lorsque je soulevai avec les tricoises la branche interne du fer, l'animal manifesta de nouveaux signes d'endolorissement du pied. Mêmes phénomènes quand, avec les pinces, je comprimai le pourtour du pied, l'un des mors de l'instrument appliqué sur la paroi, l'autre sur la sole. Le quartier et talon internes surtout étaient fort sensibles. Avec la rénette, je creusai là un sillon au niveau de la zone commissurale : l'action de l'instrument provoquait des mouvements de retrait ; le trajet du dernier clou n'était pas en bon lieu, la corne apparut bientôt jaunâtre, infiltrée ; enfin un peu de pus grisâtre nous fixa sur la nature de l'accident : le cheval avait été *encloué*.

J'amincis *à pellicule* le talon interne — sole, barre, arc-boutant et partie postérieure du quartier — au niveau de la lésion, afin d'atténuer la compression subie par les tissus vulnérés ; j'agrandis un peu la brèche solaire, je fis un lavage antiseptique de la cavité purulente formée par le décollement, et, comme nous en avons l'habitude pour les affections de cette sorte, le pied fut enveloppé d'une épaisse couche d'ouate de tourbe trempée dans une solution de sulfate de cuivre à 5 p. 100.

Immédiatement après cette intervention, le cheval souffrait moins et la claudication avait diminué. Dans la soirée et les jours suivants, l'enveloppement ouaté fut tenu humide par des arrosages avec la solution cuprique ; l'état resta à peu près le même. Mais le 20, au matin, la boiterie était forte et le pied agité par des lancinations : des complications existaient ; il fallait intervenir plus activement.

Le quartier aminci, le cheval fut couché sur le côté droit et le pied malade entravé en position croisée au-dessus du jarret. Au niveau du point où avait pénétré le clou vulnérant, j'enlevai, dans toute la hauteur de l'ongle et sur une largeur de cinq à six centimètres, la couche cornée masquant les tissus que je supposais nécrosés. Dans son tiers inférieur, le tissu feuilleté, épaissi, infiltré, rouge vif, n'était qu'enflammé ; mais entre cette partie et la cutidure, un îlot de gangrène apparaissait, large comme une pièce de 2 francs environ, avec une teinte noire tachetée de points grisâtres. J'enlevai cette portion mortifiée du podophylle, mettant à découvert, en haut la plaque scutiforme, en bas une étroite surface appartenant à la troisième phalange. J'excisai une mince couche cartilagineuse offrant déjà une teinte vert pâle ; je curettai l'os, dont la couche superficielle était infiltrée de pus ; ensuite la plaie fut irriguée avec la solution de sublimé à 1 p. 1000, saupoudrée d'iodoforme, enfin recouverte d'un pansement ouaté. Opération et pansement avaient duré environ une demi-heure.

Relevé, le cheval marchait bien plus facilement qu'avant l'opération ; le pied n'était plus agité, les douleurs lancinantes avaient cessé. — On le reconduisit dans son box. Tout de suite il se mit à manger. Il était alors 10 heures et demie.

A 1 heure de l'après-midi, on vint me prévenir que l'opéré manifestait des signes de coliques assez vives. Quelques-uns d'entre vous avaient constaté une différence notable dans les caractères qu'offraient les deux cordons testiculaires, mais ils ne croyaient pas à une hernie inguinale aiguë. Ils doivent se rappeler que je n'explorai pas deux fois ces organes pour affirmer l'existence de la hernie. Tandis que le cordon gauche était bien descendu, bien dégagé, et que les doigts en percevaient nettement les différentes parties, le droit était rétracté, volumineux, comme gonflé ; on n'en pouvait plus distinguer les deux parties principales — le faisceau vasculaire et le canal déférent ; au premier toucher, la main reconnaissait que la vaginale distendue renfermait, avec le cordon, une anse intestinale gonflée par l'étranglement. Les caractères cliniques étaient tels que le diagnostic s'imposait.

Le cheval fut couché sur le côté gauche, anesthésié au chloroforme, et le membre postérieur droit porté dans l'abduction, fixé par deux plates-longes, selon la manière habituelle. Quelques essais de taxis n'ayant rien donné, je dus, après avoir préparé la région, faire l'opération de la hernie inguinale étranglée, — la *kélotomie*.

Je vous en rappelle les actes essentiels : incision large du scrotum et du dartos suivant l'axe de la tumeur herniaire ; — énucléation de la masse formée par les enveloppes profondes, la gaine et son contenu, énucléation effectuée au niveau du tissu conjonctif sous-dartosien et prolongée aussi haut que possible ; — ponction de la gaine vaginale en arrière, au point où son feuillet pariétal est contigu à la glande testiculaire ; — débridement du fond de la gaine parallèlement au grand axe du testicule et dans toute l'étendue de celui-ci ; — les lèvres de la gaine saisies à l'aide de pinces à larges mors, incision du collet *en dehors*, au moyen du bistouri boutonné; — lavage à l'eau bouillie de l'intestin ectopié et réduction en commençant par les parties supérieures de l'anse; — réapplication de la gaine sur le cordon, torsion de ces parties, application d'un casseau courbe, enfin ablation du testicule par section du cordon effectuée à un centimètre au-dessous du casseau.

Chez ce cheval, l'anse intestinale herniée, située comme à l'ordinaire en avant et en dedans du cordon, mesurait environ 25 centimètres; assez fortement congestionnée et distendue, ses parois étaient infiltrées, mais fermes, résistantes, sans éraillure; leur déchirure n'était pas à craindre en procédant avec précaution. — Un premier débridement ne m'ayant pas donné assez de jour, je réintroduisis l'index gauche dans la gaine, jusqu'au collet, et je fis une nouvelle incision. Bien que le détroit fût suffisamment élargi, l'intestin ne rentrait qu'avec difficulté. Je fis mettre le cheval en position dorso-costale, et tandis que l'un d'entre vous exerçait par la voie rectale des tractions sur les prolongements de l'anse ectopiée, je recommençai le taxis. En quelques minutes la réduction était achevée.

Le débridement peut être rendu difficile par la situation, en dehors du cordon, de l'anse herniée. Alors il faut procéder avec grand soin pour éviter la blessure de celle-ci. L'année dernière, nous avons opéré un bubonocèle de ce genre, qui remontait à douze heures. Limitée à la moitié supérieure du trajet inguinal, l'anse était située en avant et en dehors du cordon. Je dus m'y reprendre à plusieurs reprises pour faire le débridement : il y avait danger de blesser l'intestin, fort distendu par des gaz. La réduction fut aisée, et le sujet guérit presque sans réaction fébrile.

Je reviens à notre dernier opéré. Lorsqu'on le reconduisit dans son box, il était encore assoupi, hébété, titubant. Peu à peu les troubles consécutifs à la chloroformisation se dissipèrent. Dans la soirée, il consomma sa ration et ne manifesta aucun symptôme inquiétant. A huit heures, la température était à 38°.

Les jours suivants, l'état général fut aussi satisfaisant que possible. Il n'y eut qu'une fièvre traumatique modérée; la température ne dépassa pas 39°,5. L'appui du pied opéré était bon; il n'y avait pas de lancinations. Traitée par des irrigations au Van Swieten, la plaie inguinale suppura peu et l'œdème ne dépassa pas les dimensions qu'il atteint habituellement à la suite de la castration. On enleva le casseau le sixième jour.

La réparation des deux traumas opératoires s'est effectuée sans complication, sans incident d'aucune sorte. Le 17 mai notre malade a quitté l'hôpital. Quelques jours après, il était remis en service.

Cette observation vous montre que les traumatismes qui intéressent le fibro-cartilage du pied peuvent se réparer rapidement, sans complication. Longtemps on a enseigné que la nécrose de ce cartilage dans ses régions moyenne ou antérieure, ou même sa mise à découvert sur une large surface par l'ablation du podophylle gangrené, nécessitaient l'opération complète du javart. Vous voyez que la règle comporte des exceptions : sur notre blessé, le cartilage a été largement dénudé en avant ; sa couche superficielle se présentait avec la nuance verdâtre de la nécrose, et l'excision partielle a suffi : ce cartilage s'est cicatrisé comme la membrane tégumentaire qui le recouvre. — Il y a quelques années déjà, j'ai relaté des faits établissant que les traumatismes du pied avec lésion des fibro-cartilages peuvent, par la seule ablation des parties infectées ou mortifiées, se cicatriser sans complication nécrotique ultérieure. Et ce résultat peut être obtenu, quel que soit le point où la plaque scutiforme est vulnérée ou sphacélée. C'est surtout dans les opérations pratiquées sur le pied du cheval que nous pouvons tirer de sérieux bénéfices des procédés chirurgicaux modernes. — de l'antisepsie et de l'enveloppement ouaté.

Mais là n'est pas le point essentiel sur lequel je veux appeler votre attention. Ce que je tiens à faire ressortir aujourd'hui, c'est la possibilité du grave accident qui est survenu à notre cheval pendant que je l'opérais pour ses lésions du pied, c'est la possibilité de la *hernie d'abatage*. Il s'agit là, heureusement, d'un accident rare ; encore faut-il savoir qu'il peut se produire, afin de le reconnaître et d'y remédier en temps utile.

Cet accident est le second cas que j'observe sur des blessés de mon service. En janvier 1889, j'en ai vu un premier exemple sur un cheval opéré du clou de rue au membre antérieur gauche et couché sur le côté droit. Chez lui, la hernie se produisit à gauche. Elle s'accusa comme d'habitude par des coliques, et fut diagnostiquée à la troisième heure. Faite hâtivement et dans de bonnes conditions, l'opération réussit.

Il n'en est pas toujours ainsi. Quand les malades ne sont pas suffisamment surveillés, il se peut que la hernie ne soit reconnue que trop tard, ou même que les souffrances provoquées par l'étranglement intestinal soient rapportées à l'opération qui a été faite, et que leur véritable cause ne soit révélée que par l'autopsie. J'ai observé, ici même, il y a sept ou huit ans, un cas de ce genre sur un cheval opéré à l'École et reconduit ensuite chez son propriétaire, qui habitait au voisinage. On s'aperçut bien que cet animal avait des coliques, mais comme il ne marchait qu'avec une grande difficulté, on le traita à domicile en lui faisant ingurgiter force breuvages. On ne songea pas un seul instant à la hernie.

Je termine en formulant la proposition qui se dégage de ces faits : Quand un cheval a été assujetti en position décubitale pour subir une opération, s'il présente des signes de coliques dans les heures qui suivent, songez à l'existence possible d'une hernie ; examinez comparativement les deux régions inguinales, et tant que les souffrances persistent, surveillez l'état de ces régions.

VII. — Abcès profond de l'aine à la suite de la castration.

Pendant les vacances, nous avons opéré un cheval dont le cas est fort instructif au point de vue clinique et offre des singularités qui demandent quelques explications.

D'origine anglaise, ce cheval est âgé de cinq ans. Il a été châtré dans les premiers jours de mai, — il y a par conséquent plus de cinq mois. La castration a été faite par les casseaux et suivant le procédé dit *à testicules couverts*. Les plaies se sont cicatrisées lentement, celle de gauche ne s'est pas entièrement fermée ; une fistule a persisté là, qui a fait croire à l'existence d'une funiculite ou plus vulgairement d'un « champignon ». Un vétérinaire, consulté pour cette fistule, prescrivit d'abord des injections antiseptiques dans la plaie ; au bout d'un mois, voyant qu'elles n'avaient donné aucun résultat, il coucha le sujet, explora les régions inguinales, ne perçut pas d'induration du cordon gauche, et conseilla de temporiser, de continuer quelque temps encore les injections. Bientôt de nouveaux symptômes apparurent ; la marche devint embarrassée, le membre postérieur gauche, un peu œdématié, n'était porté en avant qu'avec difficulté et en décrivant un mouvement d'abduction. L'appétit était conservé ; néanmoins l'animal s'amaigrit et perdit le lustre de son poil. M. Weber eut l'occasion de l'examiner ; il fut frappé de la gêne fonctionnelle de l'extrémité postérieure gauche, et bien que la tuméfaction de l'aine fût peu accusée, l'écoulement purulent peu abondant, il émit l'opinion qu'une nouvelle intervention chirurgicale était nécessaire. Le cheval entra dans mon service le 27 août.

Je n'avais qu'une partie de ces renseignements lorsque, deux jours plus tard, je fis coucher ce cheval, pensant qu'il s'agissait d'un simple champignon, plus ou moins haut situé sur le cordon. La région inguinale était, je viens de vous le dire, peu tuméfiée ; mais on y trouvait une induration diffuse qui s'étendait, en avant, sur la paroi abdominale, jusqu'au delà de l'ouverture du fourreau. Après avoir débridé la fistule en avant et en arrière, avec le bistouri guidé sur la sonde cannelée, je ne trouvai qu'une cavité purulente de dimensions à contenir un œuf tout au plus, cavité située en contre-bas de la fistule. J'incisai la couche fibreuse qui recouvrait le trajet inguinal et j'explorai l'entrée de celui-ci, sans y rien constater d'anormal. La fistule et l'abcès ne pouvaient expliquer la gêne dans les mouvements du membre correspondant, ni l'œdème de ce dernier. L'induration diffuse des environs de la plaie donnait l'impression d'un néoplasme, et un moment je me crus en présence d'un cas analogue à celui que nous avons récemment observé sur un malade de notre écurie IV : je veux parler de ce cheval qu'un confrère de la Marne m'avait adressé et qui était atteint d'une tumeur épithéliale fistulisée, développée dans la région de l'aine et propagée loin en avant dans la paroi abdominale.

Arrivé au moment où j'élargissais le trajet fistuleux, M. Weber examina la région, explora la fistule, la petite cavité purulente, mais il ne trouva pas là l'explication des phénomènes observés antérieurement. Nous décidâmes néanmoins de ne pas faire immédiatement une exploration plus profonde. — Je curettai les parois de l'abcès, j'excisai une parcelle de tissu morbide pour en faire l'examen microscopique, puis je lavai la plaie avec une solution antiseptique, et l'animal fut relevé. Dans la soirée, on irrigua à plusieurs reprises la plaie opératoire avec la liqueur de Van Swieten. L'étude histologique du tissu excisé montra que la lésion était de nature inflammatoire, du moins au point où ce tissu avait été prélevé. Il ne s'agissait donc pas d'un cas analogue à celui que je viens de rappeler.

Le lendemain, l'état général du malade était le même que les jours précédents. Les environs de la plaie étaient un peu œdémateux. Voulant me rendre compte de l'état de la région inguinale supérieure et de la portion intra-abdominale du cordon, je fis assujettir le cheval debout, les membres postérieurs entravés, et je pratiquai l'exploration rectale. Je trouvai dans la zone prépubienne, au niveau de l'anneau inguinal gauche, une sorte de tumeur diffuse, arrondie, assez régulière dans sa surface, plus large que les deux mains réunies et dont la saillie était au moins égale à celle du poing. Cette tumeur était indolente ou à peu près et uniformément dure; les doigts n'y trouvaient aucun point fluctuant. Le cordon qui émergeait de cette tumeur était à peine tuméfié. — Ces caractères ne sont pas ceux du champignon abdominal : dans cette affection, en effet, les environs de l'anneau inguinal sont en général peu tuméfiés, tandis que le cordon est volumineux et dur.

La funiculite étant ainsi éliminée, en face de quelle affection nous trouvions-nous? Il ne pouvait s'agir que d'une tumeur ou d'un abcès. L'absence de douleur à la pression, la dureté uniforme et l'état quelque peu bosselé de la surface de la tumeur portaient à croire plutôt à un néoplasme qu'à un abcès. D'autre part, l'engorgement du membre postérieur correspondant et la gêne notée dans ses mouvements s'expliquaient, dans une hypothèse comme dans l'autre, par l'étendue même du mal.

Averti des constatations que j'avais faites et de la gravité de l'affection, le propriétaire du cheval me laissa toute liberté d'intervenir à nouveau, si je le croyais utile. Les jours suivants, l'état de la région inguinale demeura stationnaire; mais la tuméfaction du membre s'accrut graduellement, la température oscillait entre 38°,5 et 39°,3 ; de plus, il y avait de l'abattement et de l'anorexie.

Le 5 septembre, après avoir exploré la tumeur par le rectum et reconnu que ses caractères étaient les mêmes qu'au moment du premier examen, je fis coucher le cheval sur le côté droit et porter le membre postérieur gauche dans l'abduction, autant que le permettait l'engorgement de cette extrémité. La région inguinale et ses environs furent savonnés à l'eau tiède, puis irrigués au Van Swieten. — Avec le bistouri, j'agrandis la plaie suivant l'axe de l'anneau inguinal, en divisant la nappe de tissu induré qui recouvrait celui-ci sur les commissures; quelques vaisseaux qui donnaient assez abondamment furent oblitérés par des pinces hémostatiques. Arrivé dans le trajet inguinal, je l'élargis en dilacérant le tissu conjonctivo-fibreux qui en comblait la partie inférieure; vers le milieu de sa hauteur, sans avoir trouvé trace du cordon, je fus arrêté par une cloison tendue obliquement de haut en bas, d'avant en arrière, cloison bombée en son milieu et à travers laquelle je perçus nettement la fluctuation. Avec l'index de la main gauche, perpendiculairement appliqué sur la partie centrale de cette cloison, je la perforai d'un coup : immédiatement un flot de pus blanchâtre, crémeux, s'échappa par l'anneau inguinal inférieur. Je me servis du bistouri pour agrandir la perforation, en incisant la partie inférieure de la cloison. La cavité purulente était vaste, étendue surtout dans le sens de l'interstice inguinal ; elle ne contenait pas 4 litres de pus, comme l'a écrit celui d'entre vous qui a été chargé d'observer ce malade, mais certainement au moins 2 litres.

La poche fut détergée par un lavage avec une solution créolinée tiède à 2 p. 100. L'hémorrhagie, qui d'abord avait été assez forte, ne tarda pas à s'arrêter. Un gros drain fut placé dans le trajet inguinal, son extrémité supérieure engagée dans la cavité de l'abcès ; puis les lèvres de l'incision furent rapprochées par quatre points de suture, dont l'un passé à travers les parois du drain, à 5 centimètres de son extrémité inférieure.

Relevé, l'animal parut fort soulagé, ce que l'on conçoit sans peine. Reconduit dans son box, il se mit tout de suite à manger. Dans la soirée, on fit à la faveur du drain deux lavages de la cavité purulente.

Le lendemain, l'état général était très amendé. L'animal n'avait rien laissé de sa ration ; l'appui était ferme sur le membre encore œdématié ; la température ne dépassait la normale que de quelques dixièmes de degré.

Les jours suivants, l'amélioration s'est vite accentuée. Le membre engorgé a peu à peu diminué de volume. Ainsi que dans la plupart des cas de plaie infectée de la région inguinale, un gonflement œdémateux assez fort s'est développé autour du trauma opératoire, sans d'ailleurs offrir aucun caractère inquiétant. Comme traitement, on a simplement continué les injections antiseptiques dans la cavité de l'abcès.

Jusqu'au 13 septembre, la suppuration persista abondante et l'œdème péritraumatique volumineux, mais les autres symptômes, en particulier l'infiltration séreuse du membre et la gêne dans les mouvements de celui-ci, s'atténuent de plus en plus. — Le 18, la tumeur intra-abdominale était limitée au cordon, très dure, de forme conique, régulière, lisse à sa surface.

De cette date au 30 septembre, la plaie se rétrécit graduellement, ses environs s'affaissèrent par résorption de l'exsudat interstitiel, et la sécrétion purulente diminua de jour en jour.

Le 8 octobre, jour où notre opéré a quitté l'hôpital, la plaie n'avait plus que 6 à 7 centimètres de longueur, ses bords étaient à peine tuméfiés, la suppuration presque tarie. Par l'examen comparatif des régions inguinales supérieures, on notait seulement la persistance, au niveau de l'anneau inguinal, d'une étroite zone

indurée, et une consistance plus ferme du cordon sur une longueur de quelques centimètres.

A la suite de la castration faite par les procédés ordinaires, on
observe parfois des abcès sous-dartoïques dont la pathogénie est
bien connue. Ils surviennent soit par le fait de la cicatrisation
trop rapide de l'une des plaies opératoires — cicatrisation qui
s'accomplit alors que l'inflammation suppurative n'est pas éteinte
dans les tissus sous-jacents, — soit par la rétention d'un corps
étranger, de l'une des ficelles qui assujettissaient les branches
des casseaux, par exemple. Mais les abcès profonds de l'interstice
inguinal, dans lesquels le pus resté enclos pendant plusieurs mois,
comme dans le cas que nous venons d'observer, sont des plus
rares.

Indépendamment de l'intérêt qu'il présente à cet égard, ce fait
clinique comporte un enseignement que vous ne devez pas
oublier. Mainte fois je vous ai montré que dans les affections
traumatiques du pied du cheval, quand les troubles fonctionnels
indiquent, par leur intensité, de graves désordres locaux, et
que la membrane tégumentaire sous-cornée, une fois découverte, paraît seulement enflammée au niveau du trauma, il faut
délibérément inciser cette membrane pour chercher au-dessous
d'elle le foyer morbide principal. La même ligne de conduite est
à suivre pour les maladies des autres régions, plus particulièrement de celles dont la constitution anatomique est complexe.
Quand les lésions locales que l'on y rencontre dans les couches
superficielles ne rendent pas compte des troubles fonctionnels
et généraux qui ont motivé l'intervention chirurgicale, il faut
perquisitionner au delà, il faut en explorer la profondeur. Avec
des souvenirs anatomiques exacts, une technique prudente et des
précautions antiseptiques, le sondage de ces régions est une
opération innocente.

VIII. — **Sur la hernie diaphragmatique.**

On nous a présenté jeudi, à la consultation, un cheval atteint
de coliques depuis près d'une semaine et dont l'état s'était brusquement aggravé durant la dernière nuit qu'il a passée dans son
écurie. Au moment où nous l'avons examiné, il était dans un
état très grave : profondément déprimé, chancelant, titubant, il
avait déjà le facies grippé; le pouls était effacé, la respiration
très accélérée, dyspnéique. La percussion du thorax accusait
de la submatité dans le tiers inférieur, et au-dessus une résonnance tympanique. A l'auscultation, on entendait, des deux
côtés du thorax, dans le tiers supérieur, le murmure respiratoire
exagéré, — à la limite de cette partie et du tiers moyen, un léger
souffle tubaire profond, — dans les régions inférieures, un bruit
de liquide et des borborygmes. Les battements du cœur étaient
très affaiblis et l'on voyait un faux pouls veineux aux deux jugulaires.

L'anamnèse, l'état angoissant du sujet, la discordance si
marquée des mouvements des côtes et du flanc, mais surtout
les signes fournis par l'auscultation, me conduisirent au diagnostic *hernie diaphragmatique*. Pour l'établir avec une absolue certitude, je fis la toilette de la région costale gauche vers sa partie
inférieure, et je me disposais à pratiquer la thoracentèse avec
l'aspirateur de M. Dieulafoy, quand tout à coup le malade s'affaissa
et mourut après quelques convulsions. — L'autopsie confirma le
diagnostic que j'avais porté : nous trouvâmes une hernie diaphragmatique ancienne avec une très large déchirure et des lésions
vraiment considérables. Beaucoup d'entre vous, absents ce jour-
là, n'ont vu ni le malade, ni les désordres constatés à l'ouverture du cadavre. Comme il s'agit d'une affection très rare, dont
nous ne rencontrerons sans doute pas d'autre exemple dans le
courant de cette année, M. Darras va vous donner lecture de l'observation qu'il a recueillie.

Cheval hongre, âgé de douze ans, utilisé au service du trait rapide.
Le 11 octobre, dans la matinée, ce cheval, bien portant jusque-là, pré-

senta des symptômes de coliques : le facies anxieux, il grattait le sol, portait vers son flanc droit des regards inquiets, indiquant par là le siège de ses souffrances. Ces troubles se dissipèrent au bout de quelques heures. Ils reparurent dans la nuit du 16 au 17 octobre : le malade se roula, se débattit, en proie à des douleurs violentes. Le 17, au matin, ayant refusé sa nourriture, il fut envoyé à l'École. Il y arriva couvert de sueur, très abattu, les yeux continuellement fixés sur son flanc droit. La face était grippée, les naseaux dilatés, les extrémités et les oreilles froides, les muqueuses cyanosées. La respiration était à 32, discordante ; le pouls très faible, incomptable; les jugulaires offraient un pouls veineux très net.

L'exploration rectale ne révéla rien d'anormal. Le cathétérisme de la vessie ne donna qu'une petite quantité d'urine.

A la percussion de la poitrine, on constata, des deux côtés, de la submatité dans la moitié inférieure. A l'auscultation, le murmure vésiculaire était exagéré dans la partie supérieure des deux lobes pulmonaires. Vers la région moyenne, surtout à gauche, on entendait un léger souffle tubaire, et dans le tiers inférieur, un bruit de liquide particulièrement accusé à gauche. On crut d'abord à de la péricardite. Mais après avoir examiné attentivement le malade, M. Cadiot, percevant un bruit de clapotement et des borborygmes, porta le diagnostic *hernie diaphragmatique*. Dans le but de le préciser, il résolut de faire la thoracentèse. L'animal succomba au moment où l'on allait pratiquer la ponction.

Autopsie. — Dans la cavité abdominale, on constate des traces de péritonite sur le gros côlon, le jéjunum et l'iléon. Le diaphragme présente, en sa partie supérieure et à gauche, une large ouverture qui a livré passage à une masse considérable de viscères abdominaux, masse dans laquelle on distingue l'estomac et des anses intestinales. Des matières alimentaires souillent ces viscères.

La cavité thoracique contient une assez grande quantité de liquide jaunâtre, d'odeur acide, qui tient en suspension des parcelles d'aliments. Le poumon gauche, congestionné en ses parties antérieure et inférieure, emphysémateux dans presque toute son étendue, est refoulé dans la gouttière vertébrocostale. Au-dessous et en arrière, la rate, presque tout entière dans le thorax, apparaît normale ; sa base est tournée vers l'abdomen, sa pointe en avant et un peu en bas. Entre le poumon, le péricarde, le diaphragme, la rate et les parois costales, existe une masse volumineuse, verdâtre, constituée par le grand épiploon rempli d'aliments. En arrière, entre le sac épiploïque, la rate et le diaphragme, on observe deux masses intestinales distinctes : l'une, supérieure, formée par une portion du petit côlon, longue de 30 centimètres et recouverte par l'épiploon; l'autre, inférieure, logée dans l'angle formé par le diaphragme et la paroi costale gauche, constituée par plusieurs anses vides appartenant au jéjunum, et formant une longueur totale d'environ 4 mètres et demi.

Plus profondément, sous la rate et le petit côlon, on trouve l'estomac flasque, vide, appliqué contre la colonne vertébrale, le cul-de-sac droit en avant, la petite courbure tournée vers la gouttière vertébro-costale, la partie du sac gauche voisine du cardia, appuyée sur le bord droit de la déchirure diaphragmatique, disposition qui empêchait les matières alimentaires de remonter dans l'œsophage. D'ailleurs, le cardia avait subi un mouvement de torsion hélicoïdal qui s'opposait aussi au vomissement. Le cul-de-sac droit est le siège, sur la grande courbure, d'une large déchirure, mesurant environ 35 centimètres dans son grand axe. Les bords de cette déchirure sont minces, hémorrhagiques; elle intéresse la muqueuse sur une longueur de 25 centimètres, et se prolonge de 10 centimètres du côté du pylore, sur la musculeuse et la séreuse. Ces deux dernières tuniques se sont rétractées transversalement, formant autour de l'ouverture de la muqueuse une marge rouge foncé. Par cette ouverture est sortie une masse considérable d'aliments, qui a soulevé le grand épiploon.

La déchirure qui a permis le passage des viscères abdominaux dans la cavité thoracique occupe surtout la partie gauche et inférieure du diaphragme. De forme elliptique, elle mesure 36 centimètres dans son grand axe et 15 dans l'autre. Ses bords sont lisses, fibreux dans la plus grande partie de leur longueur; le bord droit, épais, rigide, rectiligne, est

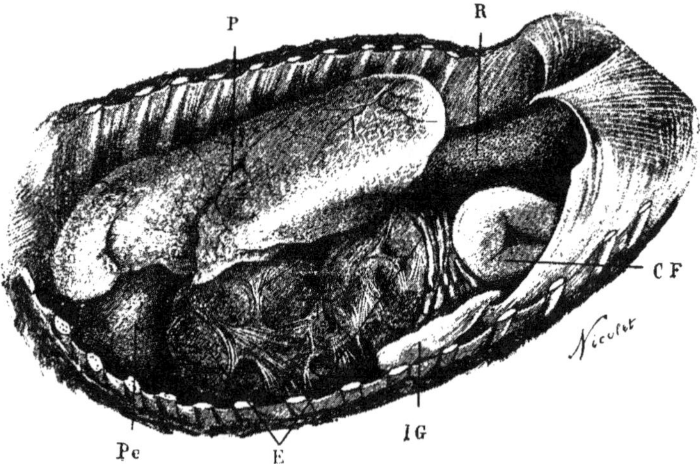

Fig. 6. — Hernie diaphragmatique. — E. épiploon ; Ig, anse d'intestin grêle ; Cf, côlon flottant ; R, rate ; P, poumon ; Pe, péricarde.

oblique de haut en bas, de gauche à droite, son extrémité supérieure est située à 5 centimètres de l'ouverture œsophagienne; le bord gauche, concave, très épais en haut, mince dans le reste de son étendue, est partout fibreux excepté vers son centre, où il apparaît injecté, hémorrhagique. Au milieu de la déchirure est tendue une bride fibreuse, résistante, de la grosseur d'un crayon ordinaire.

Par cette large ouverture, qui date certainement de plusieurs mois, l'estomac et la rate ont été projetés dans la cavité thoracique, en décrivant un mouvement de rotation d'arrière en avant et de gauche à droite, mouvement qui a eu pour axe le cardia, et qui a permis au cul-de-sac droit de l'estomac de s'avancer fort loin dans le thorax.

Le poumon droit, congestionné et emphysémateux comme le gauche, est adhérent aux côtes dans sa portion postérieure. Ici encore, on trouve des matières alimentaires qui ont traversé le médiastin postérieur, dont il ne reste que des traces. Le péricarde contient environ un litre de liquide grisâtre.

La déchirure diaphragmatique existait depuis longtemps : l'état fibreux de ses bords en fait foi. La hernie, d'abord constituée sans doute par quelques anses d'intestin grêle et l'épiploon, n'avait causé que peu de gêne à l'animal, puisque les premiers signes de coliques n'ont été observés que six jours avant la mort. Une indigestion stomacale a dû être le premier acte des troubles graves qui ont précédé la fin ; la hernie de l'estomac s'est vraisemblablement produite à la faveur des mouvements violents auxquels l'animal s'est livré dans la nuit du 16 au 17 octobre. Dans la position qu'il avait prise, l'estomac ne pouvait recevoir d'aliments ; son ouverture œsophagienne était hermétiquement close.

En résumé, ce cheval est mort d'une rupture de l'estomac, complication de la hernie dont il était atteint depuis quelque temps déjà, ainsi qu'en témoigne l'état des bords de la perforation diaphragmatique. La déchirure de l'estomac a dû se produire peu après la hernie de cet organe.

Comment une semblable hernie peut-elle se constituer? Quelle est la cause première de la déchirure du diaphragme ?

Un certain nombre de faits publiés dans le courant du dernier demi-siècle permettent de répondre à ces questions. Dans ces faits, l'accident s'est produit sous l'influence d'efforts violents, de contractions énergiques des muscles abdominaux, pendant le travail ou sur des animaux assujettis en position décubitale. Tantôt c'est un cheval qui, attelé à un véhicule lourdement chargé et obligé de déployer une force considérable, s'arrête tout à coup, se plaint, s'affaisse et meurt asphyxié, ou survit quelques jours en présentant des signes de coliques et une forte dyspnée ; tantôt c'est un animal abattu et entravé pour subir une opération, qui, après s'être débattu avec énergie, présente les mêmes symptômes alarmants et meurt rapidement ou au bout de peu de jours. — Dans l'un et l'autre cas, la nécropsie montre une déchirure du diaphragme occupant d'ordinaire la partie aponévrotique de la cloison, déchirure large, récente, à bords sanglants, par laquelle les viscères abdominaux ont fait irruption dans le thorax. Les pressions exercées sur la cloison diaphragmatique par les organes abdominaux, que poussait en avant la contraction musculaire, ont surmonté la résistance de cette cloison. La plénitude des réservoirs intestinaux, de l'estomac en particulier, favorise la rupture. — Les hernies chroniques qui se sont produites à la faveur d'une large ouverture de la partie centrale de la cloison reconnaissent le même mécanisme ; mais, dans cette variété, les symptômes du début se sont peu à peu atténués, et les désordres, tout en persistant, deviennent compatibles avec la vie.

Les traumatismes qui portent sur la région costale, au niveau de l'insertion du diaphragme, et les fractures des dernières côtes sont encore des causes assez fréquentes de hernie diaphragmatique. En ces cas, l'ouverture est le plus souvent de petites dimensions et *périphérique*, creusée dans la partie musculaire de la cloison. Lors de fracture d'une ou de plusieurs côtes, produite au moment d'une chute ou par l'action d'un corps mousse mû avec une grande force, souvent, bien que la peau résiste ou soit à peine excoriée, les abouts osseux, brusquement refoulés, déchirent en un point la zone musculaire du diaphragme, et par cette déchirure l'un des organes de la cavité abdominale peut s'engager dans le thorax. En général, la hernie suit de près le traumatisme et la déchirure ; elle peut aussi se faire plus tard, lorsque les bords de cette déchirure s'étant cicatrisés à distance, la cloison diaphragmatique reste percée d'une ouverture anormale qui n'a plus aucune tendance à se fermer.

L'entrée des organes abdominaux dans le thorax, à la faveur de l'un des orifices normaux que présente le diaphragme, est assez rare. Elle ne peut guère avoir lieu que par l'orifice œsophagien plus ou moins agrandi.

Je ne veux que signaler la *hernie congénitale*, variété plus rare encore que la précédente. L'ouverture anormale du diaphragme résulte ici d'un arrêt de développement de la cloison.

Dans ces diverses formes de hernie diaphragmatique, l'intestin et l'épiploon sont les organes que l'on trouve le plus souvent dans le thorax : une étroite déchirure permet leur passage. L'ectopie de l'estomac et de la rate, celle du petit côlon, celle d'une partie du foie ou de l'une des courbures du grand réservoir côlique sont moins communes, et elles exigent une ouverture de plus grandes dimensions, comme chez notre cheval, où l'estomac, la rate, tout l'épiploon, une longue anse d'intestin grêle et une du petit côlon avaient pénétré dans la poitrine. — Pour peu que la perforation diaphragmatique soit large, on y rencontre plusieurs organes, dont la situation est variable : une anse d'intestin grêle et une partie de l'épiploon peuvent se loger entre les deux lobes pulmonaires ; des portions considérables des mêmes organes ou du petit côlon s'étalent sur le plancher du thorax, soit dans l'une ou l'autre plèvre, soit le plus souvent dans les deux, le médiastin postérieur ne leur opposant qu'une résistance vite surmontée.

Quelle que soit la variété de la hernie, celle-ci est toujours dépourvue de sac : les organes ectopiés sont directement en rapport avec la plèvre ; aussi, dans les hernies d'ancienne date, y a-t-il assez communément des adhérences entre ces organes et la plèvre costale, pulmonaire ou le médiastin. On peut trouver dans les plèvres et le péritoine une certaine quantité de sérosité ; mais les épanchements abondants sont rares en dehors des complications d'engouement ou d'étranglement.

Très variables sont les dimensions et les formes de l'ouverture diaphragmatique. Ses bords sont rouges, ecchymosés, enflammés, dans les hernies récentes ; épaissis, plus ou moins fibreux, dans les hernies anciennes.

Les *symptômes* des hernies diaphragmatiques varient beaucoup suivant qu'elles sont *récentes* ou *anciennes*, et selon le *volume des organes* qui ont fait irruption dans le thorax.

Les *hernies récentes massives* s'accusent par des coliques souvent violentes ; la physionomie du malade est anxieuse, les yeux sont grands ouverts, les naseaux dilatés à l'extrême ; la respiration est fortement dyspnéique, discordante ou soubresautante. — Lorsque les organes herniés ne forment qu'un petit volume, les troubles sont beaucoup moins alarmants et moins significatifs ; on note seulement de l'abattement, de la tristesse, de l'inappétence et des coliques légères ; la respiration est peu modifiée ; en général, cependant, elle est courte et l'expiration entrecoupée.

Les *hernies chroniques massives* s'accompagnent du syndrome de la pousse ; par le travail, les malades sont vite essoufflés, hors d'haleine. On a remarqué que les sujets atteints de hernie unilatérale se couchent toujours sur le côté correspondant. — Si le volume des parties ectopiées est faible, l'affection ne s'exprime par aucun phénomène bien appréciable tant que la circulation des matières ou du sang se fait librement dans ces parties, et les malades peuvent continuer longtemps encore à faire leur service habituel sans manifester de troubles sérieux. Nombre d'observations en témoignent. Ces hernies silencieuses sont les plus exposées à l'engouement et à l'étranglement, parce que l'orifice diaphragmatique y est presque toujours de petites dimensions. Possibles à toutes les diaphragmatocèles anciennes, ces complications sont dénoncées par l'ensemble des symptômes qui appartiennent à l'occlusion intestinale.

Cette première catégorie de troubles provoqués par les hernies diaphragmatiques se résume donc en ceci : coliques, angoisse, dyspnée, discordance, soubresaut ou entrecoupement du flanc.

Quand la hernie est soupçonnée, l'auscultation et la percussion fournissent des données qui peuvent conduire au diagnostic, à la condition toutefois qu'une notable partie de l'intestin ou l'estomac aient pénétré dans le thorax. Appliquée sur les régions inférieures de la poitrine, l'oreille perçoit des borborygmes et des bruits de liquide, les uns et les autres très nets, souvent forts et donnant cette impression qu'ils ont leur source dans des parties de l'intestin contiguës à la paroi thoracique ou sises au niveau de la région auscultée. Je dois vous prévenir que des bruits analogues, mais plus sourds, plus lointains et d'origine *abdominale*, peuvent être entendus au cours des affections aiguës de poitrine, lorsqu'il y a épanchement pleural ou hépatisation pulmonaire. — Dans le reste de la cavité thoracique, on perçoit d'ordinaire le murmure vésiculaire renforcé, et parfois, vers le milieu ou le tiers inférieur, un léger souffle tubaire.

La percussion dénote, dans la partie inférieure du thorax, une zone de matité ou de submatité avec ou sans bruit tympanique ; dans les régions plus élevées, la résonnance est normale. Lors de hernie récente ou compliquée, la percussion peut provoquer de la douleur que le malade traduit par des plaintes ou en cherchant à se soustraire à l'exploration.

Dans les cas où les phénomènes fournis par l'auscultation et la percussion ne sont pas assez caractéristiques pour conclure, vous avez, dans la *ponction exploratrice*, un dernier moyen qui peut assurer le diagnostic ; je dis qui *peut*, car lorsque le trocart ou l'aiguille ne donne pas écoulement à du liquide provenant de l'estomac ou de l'intestin, cela tient parfois à ce que l'instrument n'a pas pénétré dans leur intérieur, bien qu'ils soient ectopiés, et le résultat est forcément négatif s'il s'agit d'une hernie de l'épiploon, ou de la rate.

Si le diagnostic est possible, vous voyez que l'on rencontre des cas où il est extrêmement difficile, où il ne faut se prononcer qu'avec grande réserve. Sur notre malade, des borborygmes et un bruit de glouglou s'entendaient loin en avant avec des caractères nettement révélateurs, et la ponction que je me proposais de faire aurait dissipé les doutes que vous pouviez avoir ; nous aurions vu sortir un peu de ce liquide grisâtre, mêlé de parcelles alimentaires, que la rupture de l'estomac avait déversé dans les deux plèvres.

Le *pronostic* est de la dernière gravité. Les hernies massives tuent en quelques jours, souvent même en peu d'heures, parfois plus rapidement encore. La mort peut survenir presque instantanément : l'accident se produisant pendant le travail, l'animal devient tout à coup très oppressé, gémit, titube, s'affaisse et succombe. La plupart des hernies compatibles avec la vie se compliquent tôt ou tard et entraînent aussi des désordres mortels, — ordinairement l'étranglement et la .gangrène des organes ectopiés, quelquefois la rupture de l'intestin ou de l'estomac, comme sur le sujet que nous avons observé. Le pronostic est encore assombri par l'impuissance de la thérapeutique.

Peu d'affections, en effet, ont un traitement plus pauvre. Les moyens proposés sont, les uns sans aucune efficacité, les autres dangereux ou impraticables. Voyons ces moyens.

La hernie est reconnue et elle est récente ; elle date de quelques jours, de la veille, ou elle s'est produite il y a quelques heures seulement. Que faire ? Si l'abatage n'est pas décidé, quelques auteurs conseillent les moyens ordinairement usités dans le traitement des coliques, en particulier la saignée et les révulsifs. Mieux vaut laisser le malade tranquille, calmer ses douleurs par la morphine et le chloral, et le nourrir d'aliments liquides, — de barbotages et de lait. Les phénomènes inflammatoires dissipés, si la masse herniée n'est pas trop volumineuse, si les dimensions et la configuration de la déchirure ne favorisent pas l'étranglement ou l'engouement, l'animal peut continuer à vivre et être utilisé à un service n'exigeant pas d'efforts violents. Les observations de Crépin, de Rossignol, de Husson, de Legrand et d'autres en font foi.

Lorsqu'il y a étranglement, on ne peut conjurer la mort que par une intervention chirurgicale consistant à réintégrer dans l'abdomen les organes herniés. Bouley a proposé cette intervention : Puisque, dit-il, en pareil cas la mort est certaine, pourquoi ne pas courir la seule chance qui se présente de l'éviter ? — Elle consisterait à introduire la main dans le ventre par le flanc gauche, et, par des tractions exercées sur les viscères déplacés, à effectuer la réduction. Ce ne serait là, du reste, qu'une opération palliative.

L'ouverture anormale du diaphragme restant béante, la hernie se reproduirait à peu près fatalement avec les mêmes dangers de complications.

Quant à la cure radicale, à l'occlusion de la plaie diaphragmatique après réduction, on l'estime jusqu'à présent irréalisable chez les grands animaux.

IX. — Blennorrhée du chien.

Sur les chiens amenés à la consultation et sur ceux traités dans
notre infirmerie pour les maladies les plus diverses, vous avez
souvent observé un écoulement préputial qui, à première vue,
semble offrir une réelle analogie avec l'écoulement blennorrha-
gique de l'homme. En ce moment, parmi les 25 chiens de mon
service, 8 en sont atteints, et à toutes les époques de l'année vous
pourrez vous assurer que les cas en sont à peu près aussi nombreux. Il s'agit donc là d'une affection très fréquente. Elle sera
l'objet de notre entretien d'aujourd'hui.

On a désigné cette maladie sous les noms de *blennorrhée*, de
gonorrhée, d'*échauffement*. La première expression, sous laquelle
Renault l'a mentionnée dans le *Recueil* de 1834, est celle qui lui
convient le mieux, parce qu'elle ne préjuge en rien la nature de
de l'affection. Celle de gonorrhée éveille davantage l'idée d'une
analogie entre cet écoulement et celui de la blennorrhagie. De
même le mot *échauffement* est impropre, car l'écoulement préputial peut apparaître sur des sujets très calmes, très froids, sans
avoir été précédé d'une violente excitation génésique ou du coït,
surtout d'intromissions répétées du pénis dans le vagin.

Presque toujours localisée à la muqueuse du prépuce et à celle
qui recouvre la base de la verge, la forme commune de cette
affection est un catarrhe chronique — une *balano-posthite* —
qui, même à son début, s'accompagne bien rarement de phénomènes inflammatoires appréciables. Quelques auteurs croient
que la maladie est habituellement limitée au tégument du
fourreau, mais celui de la verge est aussi affecté, particulièrement
au niveau et en arrière du renflement pénien.

Ce catarrhe donne lieu à une sécrétion muco-purulente plus ou
moins abondante, en général faible, qui vient sourdre à l'orifice
du fourreau et agglutine les poils qui en garnissent l'entrée.
Excepté quand l'animal vient d'uriner, mais le matin surtout, ces
poils sont souillés de muco-pus verdâtre, grisâtre ou blanc jaunâtre, visqueux, tantôt assez consistant, tantôt séreux, qui, par

sa dessiccation, peut former de petites croûtes fixées à la base des poils et sur le pourtour de l'ouverture préputiale. On juge de l'abondance de la sécrétion en exerçant d'arrière en avant, le long du fourreau, une légère pression avec les doigts : la plus grande partie du muco-pus déposé sur les muqueuses préputiale et pénienne est poussée au dehors. Si l'on dégage la verge, on la trouve enduite de ce muco-pus, dont on peut facilement recueillir une certaine quantité en passant à sa surface la spatule de la sonde.

A de très rares exceptions près, la muqueuse uréthrale est indemne. On peut effectuer des pressions d'arrière en avant sur toute l'étendue de la portion libre du pénis et le long de son bord inférieur, là où est situé le conduit uréthral, sans faire sourdre, par l'orifice de celui-ci, la moindre gouttelette de pus. Les mictions sont faciles et point douloureuses, signes qui indiquent encore l'intégrité de la muqueuse de l'urèthre. Mais si dans la blennorrhée du chien l'urèthre est très généralement sain, cependant on rencontre de loin en loin des cas où le processus s'est étendu à toute la surface du pénis et à une courte portion du conduit uréthral : alors, la compression de celui-ci, effectuée d'arrière en avant, amène à l'extérieur un peu de muco-pus verdâtre. — La muqueuse qui recouvre la verge et le prépuce est parfois un peu injectée au début, notamment au niveau du renflement pénien et du cul-de-sac, ensuite l'hyperhémie disparaît, et la membrane reprend son aspect habituel, bien que la sécrétion morbide persiste. Avec le temps, il peut s'y développer de petites granulations d'origine lymphatique, dont les dimensions ne dépassent guère celles d'un grain de mil; quand la muqueuse est ainsi modifiée, les pressions exercées sur elle sont parfois un peu douloureuses.

Il n'y a pas de troubles de l'état général ni de complications locales ou en dehors de la sphère génitale. La maladie ne provoque pas de réaction fébrile; du moins elle paraît bien être d'emblée apyrétique dans tous les cas. Vous remarquerez seulement que la plupart des sujets, lorsqu'ils sont couchés, semblent éprouver une sensation de prurit qui les pousse à se lécher le bout du fourreau.

La blennorrhée survient dans des circonstances variables et reconnaît des causes multiples. Très commune pendant le jeune âge, elle apparaît d'ordinaire au cours de la maladie, et elle est rencontrée surtout chez les chiens qui, atteints de celle-ci, présentent à la peau du ventre des lésions exanthémateuses. Elle coexiste quelquefois avec diverses autres affections éruptives. A tous les âges, elle est fréquente sur les sujets atteints de maladies cutanées aiguës ou chroniques, parasitaires ou dyscrasiques. On peut l'observer sur les animaux les mieux entretenus, en même temps qu'une éruption eczémateuse, — ce qui l'a fait considérer par quelques-uns comme une détermination de l'arthritisme. On n'a pas manqué d'accuser le coït répété, surtout lorsqu'il a lieu entre des mâles de grande taille et des petites femelles. De longue date, on a aussi incriminé la contagion ; mais on ne l'a démontrée ni par des faits cliniques, ni par l'expérimentation. Déjà Renault et Delafond essayèrent vainement de communiquer la maladie du chien au chien. Ils recueillirent du muco-pus et le déposèrent sur la muqueuse du prépuce ou de la verge ; même en assurant la pénétration de ce muco-pus par des frottements ou par l'inoculation, toujours le résultat fut négatif.

J'ai fait à plusieurs reprises des tentatives de transmission de la blennorrhée à des mâles et à des femelles. Mais, que le pus fût déposé à l'entrée du fourreau et sur le pénis ou dans le conduit vulvo-vaginal, puis étalé sur la muqueuse soit par des frottements, soit par des pressions exercées sur l'étui préputial ou les lèvres de la vulve, ces tentatives ont toujours échoué. Je n'ai obtenu non plus que des insuccès en déposant le muco-pus sur l'œil ou dans le cul-de-sac conjonctival. Toutefois, et bien que l'affection soit rare chez la chienne, de ces résultats expérimentaux je ne conclurai pas qu'elle ne se transmet jamais par l'acte sexuel. Vraisemblablement l'exsudat dont le pénis est enduit peut devenir virulent, infectant, sous l'influence de conditions favorisantes jusqu'à présent indéterminées.

L'examen bactériologique de cet exsudat y décèle des microbes banaux, — surtout des microcoques isolés ou des streptocoques, quelquefois des staphylocoques et diverses bactéries. Par les souillures auxquelles sont exposés l'orifice préputial lorsque le chien est couché, et le pénis durant les tentatives de *coït à faux*, dont beaucoup de jeunes chiens sont coutumiers, on s'explique sans peine cette diversité des germes trouvés dans l'exsudat.

La durée de la blennorrhée varie beaucoup selon le genre de vie des malades et les soins dont ils sont l'objet. Chez les jeunes chiens de luxe qui en sont atteints au moment de la gourme, habituellement elle est traitée, et d'ordinaire elle disparaît en quelques semaines. Chez les animaux négligés, mal pansés, mal entretenus, elle persiste de longs mois, même pendant plusieurs années, avec des alternatives de diminution et d'augmentation de l'exsudat. En général facile à guérir quand elle est récente, elle devient tenace, rebelle avec le temps, et alors on ne peut en avoir raison que par un traitement régulièrement suivi et assez long-temps continué.

Indépendamment de cette forme bénigne de la blennorrhée, on peut exceptionnellement observer chez le chien une inflammation aiguë de la muqueuse du prépuce et du pénis, quelquefois propagée à la première portion de l'urèthre, et qui s'accompagne d'un écoulement gris verdâtre assez abondant, d'un vif prurit, de douleur au moment des mictions. Lorsque le malade est couché, il se lèche continuellement le fourreau, plus ou moins tuméfié et chaud. Abandonnée à elle-même, cette affection peut se compliquer d'adénite inguinale et de phlegmon diffus du prépuce. Comme Siedamgrotzky et Müller, j'en ai vu des exemples. Je crois que cette variété de blennorrhée et ses complications sont produites par un des micro-organismes que l'on rencontre dans la première, mais dont la virulence s'est exaltée. Dans le pus d'un abcès du fourreau, j'ai trouvé des streptocoques dont les éléments étaient disposés en courtes chaînettes.

Le *diagnostic* de la blennorrhée du chien, sous ses deux formes chronique et aiguë, n'offre aucune difficulté. Dans les rarissimes cas où la portion terminale de l'urèthre est atteinte, l'examen de l'urine rejetée vers la fin de la miction permet d'éliminer les affections des organes génito-urinaires. Développés sur le pénis ou sur le tégument interne du prépuce, les polypes donnent lieu à un écoulement sanguinolent ; en général ils bossellent le fourreau ; même quand ils sont peu volumineux ou profondément situés, pour être tout de suite fixé on n'a qu'à dégager la verge jusqu'à sa base, en tirant le fourreau en arrière. — Vous devez être avertis que vous pourrez rencontrer des cas de « blennorrhée traumatique », causée par quelque corps étranger accidentellement engagé dans le fourreau, — par un fétu de paille, un épi ou une barbe de graminée, une brindille de bois, — plus rarement par une ligature qu'un imbécile malfaisant ou un enfant a appliquée sur le pénis.

Le *traitement* comprend des moyens locaux communs à tous

les cas, et pour plusieurs catégories de malades un traitement interne approprié à l'état général de ceux-ci.

Pour nettoyer le fourreau et la verge, il convient d'abord de faire, dans le premier, pendant quelques jours, des injections avec une solution boriquée chaude. Celle-ci maintenue dans le fourreau par l'occlusion, avec les doigts, de l'orifice préputial, on malaxe doucement l'étui dans toute sa longueur, pendant quelques instants, afin de détacher les mucosités qui adhèrent à la muqueuse. On remplace ensuite l'acide borique par le sublimé à 1 p. 1000-2000, le sulfate de zinc à 1 p. 100, l'alun cristallisé ou le tanin à 2-3 p. 100. Il suffit de faire une injection quotidienne ou même chaque deux jours. Si l'écoulement se tarit vite, on continuera quelque temps encore ces injections ; lorsqu'on les cesse trop tôt, il reparaît : le matin, on voit à l'orifice du fourreau une goutte de muco-pus dont le volume augmente les jours suivants. Même pour les blennorrhées anciennes, il est rarement nécessaire d'employer le nitrate d'argent au 1/30ᵉ ou au 1/100ᵉ. La solution de sublimé à 1 p. 1000 est préférable.

Contre la forme aiguë de la blennorrhée, on aura recours au même traitement, de préférence aux injections boriquées ou sublimées. En outre, on appliquera sur la région préputiale une compresse antiseptique humide maintenue par un bandage.

Pour les jeunes chiens, on aura souvent à instituer une médication interne nécessitée par la gourme ou quelqu'une de ses complications. Pour les autres, il sera parfois avantageux de prescrire — suivant leur âge, leur tempérament, leur état d'embonpoint — les alcalins ou les arsenicaux, l'iodure de potassium ou l'iodure de fer.

X. — **Amputation du pénis chez le cheval.**

J'ai reçu dans mon service il y a quelques jours un cheval auquel, tout à l'heure, je vais faire l'*ablation du pénis*. Je profite de cette circonstance pour préciser les indications de l'opération, pour examiner les procédés divers qui peuvent être mis en œuvre et vous dire celui que vous devez préférer.

D'une façon générale, les affections graves du pénis sont assez rares chez le cheval. On n'y observe guère que des *tumeurs* et la *paralysie*, encore désignée improprement sous le nom de *paraphimosis*.

Les tumeurs épithéliales — les *cancroïdes* — naissent presque toujours à la partie inférieure de la verge, sur la face antérieure ou la couronne du gland. Elles débutent par un nodule induré, qui s'étend plus ou moins rapidement en surface et en profondeur, s'ulcère et sécrète un pus grisâtre, strié de sang. Tantôt l'ulcère s'agrandit et creuse le gland, tandis que l'induration s'étend peu à peu sur le pénis ; tantôt le processus est surtout hypertrophique ; des fongosités saignantes masquent l'ulcère, la suppuration est abondante, des hémorrhagies se produisent à certains moments ; la miction est quelquefois gênée. La partie inférieure de la verge, densifiée, indurée, douloureuse, forme en avant du fourreau une masse irrégulière qui peut atteindre le volume d'une tête d'enfant.

Les *sarcomes* sont beaucoup plus rares que les épithéliomes. Dans les quelques observations publiées, il s'agissait de néoplasmes développés vers la base du fourreau et propagés à la verge.

Indépendamment de ces tumeurs malignes, je dois mentionner les néoformations verruqueuses qui se développent aussi sur la tête du pénis, acquièrent parfois de fortes dimensions, peuvent comprimer le tube uréthral, provoquer de la dysurie ou même de l'ischurie. Ces *papillomes* ont des caractères particuliers, qui permettent de les distinguer des épithéliomes et des sarcomes. En général multiples, fermes, durs, blanchâtres, d'une égale consistance dans toute leur masse, ils respectent les tissus sous-tégumentaires et conservent indéfiniment leur aspect, sans s'ulcérer. Quelquefois très nombreux, ils peuvent devenir confluents et, par l'énorme développement de leur trame conjonctive, former des tumeurs fibreuses de dimensions considérables. La transformation des papillomes en cancroïdes, en néoplasmes envahissants, admise par quelques auteurs, semble établie par plusieurs bonnes observations. Pour eux, toutefois, ordinairement l'excision suffit, à moins qu'ils ne soient très nombreux ou que, difficilement opérables, ils ne provoquent des troubles mictionnels.

La *paralysie du pénis* peut survenir à la suite de violentes contusions de cet organe ou du périnée. Il est des cas où les antécédents du sujet n'apprennent rien sur sa genèse : on l'a vue plusieurs fois apparaître d'emblée sur des chevaux vieux ou épuisés. Le plus souvent elle est secondaire, consécutive à certaines maladies infectieuses parmi lesquelles il faut citer en première ligne la pneumonie contagieuse et la fièvre typhoïde. Parfois elle semble avoir succédé à de simples coliques.

Il n'y a point paraphimosis, car le pénis n'est nullement étranglé à sa base par le fourreau. D'autre part, la persistance de la sensibilité des tissus péniens et les mouvements actifs que l'on observe encore à l'organe, dans certains cas, témoignent que la paralysie n'est pas toujours complète. — Les recherches anatomo-pathologiques faites dans le but d'éclairer la nature de cette affection n'ont révélé jusqu'à présent que des lésions accessoires du corps caverneux, du tissu conjonctif sous-cutané et des principaux troncs veineux. Dans le corps caverneux, on trouve un épaississement considérable des cloisons fibreuses servant de parois aux aréoles que traverse le sang, en passant des ramifications artérielles dans les canaux veineux ; cette altération, surtout accusée dans la portion inférieure du pénis, survient sans doute par le fait de la stase sanguine. Le tissu conjonctif sous-cutané est d'abord le siège d'une infiltration séreuse énorme qui s'accompagne vite d'induration ; ferme, lardacé, il oppose une assez grande résistance au bistouri. Quant aux veines principales qui sillonnent ce tissu, elles sont oblitérées par des caillots anciens, fermes, stratifiés. — De telles lésions laissent obscure la pathogénie de l'affection. Il se peut que celle-ci soit le résultat de troubles dus à des extravasations sanguines déterminées par un trauma, ou à des hémorrhagies, à des phlébites, survenues au cours de quelque maladie infectieuse. Mais très généralement, comme la plupart des autres paralysies locales qui relèvent des infections — de la pleuro-pneumonie contagieuse notamment, — elle est de nature toxique, provoquée par une lésion de la moelle ou des nerfs péniens.

Quoi qu'il en soit de sa nature et de ses causes, la paralysie pénienne une fois constituée s'accuse par des symptômes objectifs qui, d'ordinaire, s'accentuent graduellement. La verge est plus ou moins pendante, son volume est augmenté, sa surface est marquée de bourrelets et de sillons transversaux qui en occupent toute la périphérie ou une partie seulement. L'infiltration de la couche conjonctive sous-tégumentaire augmente peu à peu, cette couche et la peau s'indurent, les plis s'effacent, et avec le temps la verge peut atteindre des dimensions cinq à dix fois supérieures à son volume normal. Alors elle représente une lourde masse cylindrique, ballante pendant la marche, et dont la partie supérieure, recouverte par le tégument étalé du fourreau, se continue sans délimitation nette avec le scrotum. — Quand les animaux sont conservés en cet état, sous l'influence des irritations auxquelles le pénis est incessamment exposé, sans doute aussi par suite de troubles trophiques, le tégument s'ulcère ou se sphacèle par places, particulièrement aux régions inférieures. Chez un de nos opérés, vous avez vu sur la tête du gland, en avant et près de son contour, un ulcère des dimensions d'une pièce de deux francs, produit par la mortification d'un lambeau de peau, ulcère dont les parois étaient tapissées de granulations atones et qui a persisté jusqu'au jour de l'intervention.

Dans quelques cas, la paralysie de la verge guérit naturellement : l'infiltration dont les tissus péniens sont le siège diminue peu à peu et disparaît. Mais beaucoup plus souvent elle persiste, même lorsqu'on lui oppose un traitement rationnel. Les mouchetures ou l'ignipuncture et les douches en pluie, les frictions irritantes, la compression répétée avec une bande de caoutchouc, l'électricité et les érections provoquées : voilà les principaux moyens auxquels on a eu recours. Les plus usités sont les mouchetures, les pointes de feu et l'hydrothérapie. Sur la périphérie de la masse tuméfiée, on fait dix à quinze perforations étroites avec le bistouri ou le cautère ; au besoin, on arrête l'hémorrhagie par des aspersions froides, et les jours suivants on donne trois ou quatre douches en pluie, de cinq à dix minutes. Vous avez été témoins de leur efficacité sur quelques malades, et de leur impuissance chez le plus grand nombre.

Lorsque ce traitement échoue, on peut utiliser les sujets en protégeant le pénis à l'aide d'un fourreau de cuir fixé à l'avaloire et maintenu par une ou plusieurs courroies passant sur la région lombaire. Mais ce protecteur est gênant, et les frottements de la verge sur ses parois rigides favorisent la production, puis l'extension des lésions cutanées dont je viens de parler.

Dans les cas où la paralysie est ancienne, comme lors de tumeur maligne, il faut pratiquer l'*amputation du pénis*.

S'il s'agit d'un néoplasme, l'excision, pour donner une guérison durable, doit être faite sur une portion saine de la verge, un peu au-dessus de la limite supérieure de la tumeur. Quand on intervient pour un cas de paralysie, on coupe la verge entre le milieu et le tiers supérieur.

Voyons les différents procédés opératoires.

L'amputation par la *ligature* est vieille de plus d'un siècle. Huzard l'appliqua avec succès sur un cheval atteint d'énormes papillomes du gland. Il introduisit dans le canal de l'urèthre un tube métallique dont les parois étaient creusées, près de l'extrémité libre, de deux trous permettant de l'immobiliser à l'aide de bandes nouées sur la région lombaire ; vers la partie moyenne de la verge, il appliqua une ficelle cirée dont l'anse fut graduellement réduite jusqu'à mortification de la portion pénienne sacrifiée. Dès le huitième jour, ce résultat était obtenu. On acheva la section d'un coup de bistouri.

Les avantages qu'offre le *lien élastique* employé comme moyen d'exérèse l'ont fait préférer avec raison aux vieilles ligatures. On choisit un tube ou un fil plein, de calibre proportionné à celui de la verge ; après avoir placé une sonde métallique dans l'urèthre, un aide saisit un bout du fil ; on tend celui-ci à un degré suffisant, on fait trois ou quatre tours circulaires sur le pénis, à la hauteur où celui-ci doit être coupé, et l'on arrête les deux chefs avec un bout de soie ou de ficelle serré sur l'entre-croisement. L'action de cette ligature se continue jusqu'à complète division des tissus étreints. Si elle a été bien appliquée, il n'y a qu'à en attendre les effets, sans intervenir d'une façon quelconque pour augmenter la constriction. Le fil coupe peu à peu les tissus après en avoir affaissé les vaisseaux et provoqué leur oblitération ; il n'y a pas d'hémorrhagie et la suppuration est faible. — Dans un cas relaté par M. Labat, la section ne fut complète que le onzième jour. Sur un cheval opéré ainsi dans le service en 1889, elle était achevée le neuvième jour.

Quelle que soit la nature du lien employé, la section s'accomplit assez lentement. Aussi a-t-on recommandé des procédés plus rapides et qui mettent cependant à l'abri des hémorrhagies.

L'amputation immédiate a été plusieurs fois effectuée avec le *cautère cultellaire* chauffé à blanc. L'introduction dans le canal d'une sonde métallique favorise les manœuvres. Deux serviettes mouillées recouvrent les parties supérieure et inférieure de la verge, laissant à nu le champ opératoire. Un aide saisit la tête du pénis et tend modérément celui-ci. On trace une première raie circulaire au point où la section doit être faite, puis, avec des cautères de rechange portés à une température convenable, on coupe graduellement les tissus jusqu'à section complète. — L'*anse galvanique* a été utilisée par M. Nocard. Avec cet instrument, l'opération se fait d'un trait en une dizaine de minutes. — Quelques praticiens se sont servis de l'*écraseur*. En coupant le pénis avec une suffisante lenteur, l'écoulement sanguin est insignifiant. Le corps caverneux opposant à la chaîne une grande résistance, on était parfois obligé d'achever la section au couteau ; dans plusieurs cas, la chaîne s'est brisée sur le pénis, et l'on a dû recourir à la ligature. M. Trasbot a conseillé l'usage d'un petit écraseur, que l'on fixe sur la verge après avoir introduit une sonde dans le canal, et dont on raccourcit quotidiennement l'anse au moyen d'une clef filetée s'engrenant avec la chaîne.

L'excision simple avec le bistouri est un moyen expéditif, mais dangereux : des hémorrhagies abondantes sont à craindre, même lorsque les principaux vaisseaux sont oblitérés par des ligatures ou des pinces. Barthelémy y eut recours pour un cheval dont le pénis avait été frappé de paralysie à la suite de la fièvre typhoïde. Il se borna à faire l'amputation pure et simple, sans prendre aucune précaution hémostatique, sans lier les artères ni cautériser le moignon. Pendant les jours qui suivirent, un écoulement sanguin assez abondant se produisit au moment des mictions. L'opéré perdit une grande quantité de sang — une « cinquantaine de livres » ; — néanmoins, dès le dixième jour il put reprendre son service.

Tous les procédés d'ablation que je viens de passer en revue exposent à une grave complication apparaissant d'ordinaire dans le courant du troisième mois qui suit l'opération. Je veux parler du rétrécissement de la partie inférieure de l'urèthre. La rétraction du tissu cicatriciel développé sur le moignon a pour effet de réduire d'abord, puis d'occlure plus ou moins complètement l'orifice du conduit uréthral. Cet accident serait surtout à redouter lorsque la verge a un fort volume au point où l'amputation est faite, par conséquent lors de paralysie. Dès qu'il existe à un certain degré, l'émission de l'urine est difficile ; elle s'écoule en jet mince, intermittent, et finit par sortir goutte à goutte. Alors des coliques apparaissent ; les animaux peuvent succomber à une rupture de la vessie, si l'on n'agrandit pas rapidement les dimensions de la partie coarctée de l'urèthre. Le moyen le plus simple de remédier à l'accident, c'est d'introduire dans le canal les mors des pinces à pansement ou de fortes pinces à forcipressure, et d'en écarter les branches en les retirant : le tissu de cicatrice se déchire ; la béance de l'orifice est momentanément rétablie. Mais les mêmes phénomènes de rétraction se reproduisent, et avec eux la difficulté de la miction. Une nouvelle intervention est nécessaire ; à force de la répéter, les parois du conduit s'indurent sur une plus grande longueur : elle finit par devenir insuffisante. Il faut alors pratiquer l'uréthrotomie périnéale ou sacrifier le sujet.

Le rétrécissement de l'urèthre peut être évité en employant l'un des deux procédés suivants.

Le premier consiste à exciser avec le bistouri ou le thermocautère et sur une même ligne les tissus péniens, sauf l'urèthre, qui est sectionné 2 centimètres plus bas, après avoir été isolé par une dissection bien conduite. Cette sorte de tube uréthral artificiel est ensuite divisé verticalement et transversalement, de manière à former quatre languettes que l'on fixe sur la surface d'amputation, chacune par un point de suture.

Dans l'autre, emprunté à la chirurgie de l'homme, où il avait
d'abord été pratiqué par Richet et Ricord, puis modifié heureusement par M. Guyon, on fait, immédiatement au-dessus de la
ligne d'exérèse et sur la face inférieure de la verge, une excision
en V renversé portant sur la peau, puis sur les couches sous-
jacentes — cordons suspenseurs, bulbo-caverneux et tissu érec-
tile ; — on sectionne transversalement l'urèthre au niveau de la
base du A, on le débride
sur sa face inférieure dans
toute la portion décou-
verte, et l'on en suture les
bords à ceux de la plaie
cutanée ; — ensuite, ou
bien on coupe le pénis au
même point que l'urèthre
et on ligature ou l'on forci-
presse les principaux vaisseaux ; ou bien, ce qui est
préférable au point de vue
hémostatique, on appli-

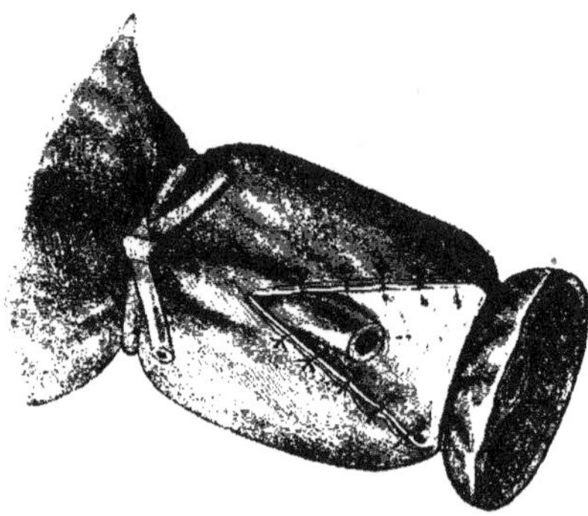

Fig. 7. — Amputation du pénis.

que au niveau de la base de la plaie une ligature élastique, et
l'on ampute à quelques centimètres au-dessous.

C'est ce dernier mode opératoire que j'emploie exclusivement
aujourd'hui. Voici comment je procède.

L'animal couché sur le côté gauche, le membre postérieur droit
est porté et maintenu par une plate-longe sur l'épaule correspondante, comme pour la castration ; on désinfecte le pénis, les régions abdominale postérieure et scrotale.

Après avoir introduit un cathéter dans l'urèthre, à une profondeur de 25 à 30 centimètres, un aide entoure d'une serviette
la partie libre du pénis, et exerce sur cette partie une traction
modérée. Un autre aide, placé en arrière du sujet, tire modérément vers le périnée la peau de la base de la verge. On applique
sur celle-ci une ligature hémostatique.

Un peu au-dessus du point où je veux amputer, je fais à la
peau, sur la face inférieure de l'organe, deux incisions partant
de la ligne médiane, divergentes en bas et écartées de 3 à 4 centimètres à leur terminaison ; je les réunis à leur base par une
autre, transversale, et j'enlève le triangle de peau ainsi délimité.
L'excision des tissus sous-jacents, couche par couche, dans le

champ de cette plaie, découvre l'urèthre. J'ouvre celui-ci à la
partie inférieure de la plaie, par une section transversale; je
retire le cathéter; j'engage dans la portion découverte du canal,
à la faveur de l'ouverture qui vient d'y être pratiquée, la sonde
cannelée, rainure dirigée vers la face inférieure du conduit, et
avec le bistouri je divise l'urèthre sur la ligne médiane dans
toute sa partie découverte. J'en achève ensuite la division transversale; puis je réunis, par des points à la soie, chaque lèvre de
la muqueuse à la lèvre correspondante du tégument pénien. Je
termine l'opération en appliquant, au niveau même de la base
de la plaie, quatre ou cinq tours d'un lien de caoutchouc très
tendu; ce lien arrêté par un bout de fil, je tranche le pénis d'un
coup à quelques centimètres au-dessous.

Pendant plusieurs années, après avoir préparé comme je viens
de le dire l'orifice uréthral, je sectionnais la verge avec le bistouri, puis j'oblitérais, par des ligatures ou par des pinces, les
principales artérioles. Mais des hémorrhagies abondantes se produisaient pendant plusieurs jours, sous l'influence des demi-érec-
tions qui avaient lieu au moment des mictions.

Avec le procédé que je préconise, il y a, pendant quelques jours,
à l'extrémité du pénis, un îlot de tissus mortifiés. On évite tout
accident infectieux par des irrigations antiseptiques. L'eschare
tombe, avec la ligature, du sixième au dixième jour. Alors le
moignon est d'ordinaire assez fortement tuméfié, mais le gonflement et l'œdème ne tardent pas à diminuer. La plaie suppure peu;
elle est recouverte d'une couche granuleuse qui se densifie, se
rétracte, et la peau s'avance peu à peu sur l'extrémité pénienne,
tirée par le tissu inodulaire. Vers la fin du troisième mois, il ne
reste là qu'une étroite cicatrice. — Du côté de la plaie muco-
cutanée, lorsque les fils tiennent et que la muqueuse ne se coupe
pas, les lèvres affrontées se réunissent rapidement; le plus souvent la muqueuse se divise sur quelques-uns des fils: d'un côté et
de l'autre, elle s'écarte de la peau; sur les tissus exposés se développent des végétations, qui deviennent parfois assez saillantes et
obstruent partiellement le méat. Il n'y a pas à s'en inquiéter. Le
bourgeonnement s'arrête bientôt; la régression des granulations se
produit comme sur l'extrémité du pénis, et la rétraction cicatricielle a ici pour effet de ramener la muqueuse vers la peau: la
première est tirée en dehors, rapprochée du tégument, et l'ouverture uréthrale reprend, pour la conserver définitivement, la

disposition que lui avait donnée l'opérateur. Dans les deux cas, par conséquent, le résultat final est le même : quand l'action chirurgicale a été bien conduite, la coarctation de l'ouverture uréthrale est sûrement conjurée. Chez nos mutilés, une fois dissipés les phénomènes inflammatoires, l'émission de l'urine se fait avec la même aisance que chez les sujets pourvus de leur tube uréthral.

Sur cinq chevaux opérés dans le service depuis deux ans, aucun n'a été atteint de rétrécissement consécutif, et pour ceux amputés de 1890 à 1895, sauf les hémorrhagies, les résultats ont été non moins satisfaisants.

Quand vous aurez à couper le pénis du cheval, n'hésitez pas à donner le choix à l'opération que vous allez voir exécuter. Elle exige un peu plus de temps et de soins que ses rivales, mais sa supériorité sur elles est hors de discussion.

XI. — **Sur la paralysie radiale chez le cheval**.

Je désire aujourd'hui vous entretenir des cas de paralysie
radiale que nous avons traités dans le cours de la présente année
scolaire, et vous montrer que cette paralysie se présente sous des
aspects cliniques multiples, qu'il importe de bien connaître si
l'on ne veut pas s'exposer à de regrettables méprises.

Notre dernier sujet atteint de paralysie radiale est encore
dans le service. C'est un cheval percheron, âgé de neuf ans,
dont l'unique tare est un vessigon tarsien de moyennes dimensions. Vous l'avez, j'en suis sûr, suivi attentivement depuis son
entrée, car son histoire est des plus intéressantes. Quand on nous
l'a présenté, un soir de la semaine passée, il était en route pour
l'abattoir. Un empirique exerçant en Seine-et-Oise lui avait
appliqué, la veille, un feu en raies sur le jarret. Le cheval s'était
violemment débattu ; relevé, il n'appuyait plus du membre antérieur droit. L'empirique ayant déclaré que l'animal s'était fracturé une phalange et que l'accident était incurable, le propriétaire avait vendu son cheval à un boucher de Paris, pour la
somme de 100 francs, en se réservant toutefois de le faire passer
par l'École, où il serait examiné et où l'on déciderait si réellement
il était incurable.

Ce cheval a pu descendre de voiture assez facilement. Le pied
du membre soi-disant fracturé appuyait sur le sol par la pince,
et à la flexion du genou, du boulet et du coude, à la flexion
outrée de celui-ci pendant la marche, nous reconnûmes tout de
suite que l'animal était atteint de *paralysie radiale*. La région
phalangienne, comme les autres sections du membre, ne présentait d'ailleurs aucun signe de fracture. Je rassurai le propriétaire. Le marché fut rompu. — On improvisa un appareil de soutien sur lequel fut placé le malade. Le traitement consista en un
simple massage de l'épaule, du bras et de l'avant-bras, surtout
des extenseurs de celui-ci et du métacarpe. Au bout de quarante-
huit heures, l'amélioration était déjà très manifeste. Actuellement — huit jours à peine se sont écoulés depuis l'accident —

la guérison est complète, si complète qu'il n'y a plus la moindre
irrégularité de l'allure, et qu'il serait impossible à un observateur
non prévenu de dire quel membre a été frappé de paralysie.

Vous avez vu dans mon service trois autres chevaux atteints de
cette affection.

Au commencement de mars dernier, on nous a laissé en traitement une jument de sept ans, atteinte de paralysie du nerf
radial gauche, dont la cause est restée indéterminée. Frappée
d'une pneumonie deux mois auparavant, cette jument avait
repris son service sans manifester aucun signe de troubles consécutifs à son affection pulmonaire. Un matin, on la trouva mar-
chant à trois jambes : l'appui sur le membre antérieur gauche
était impossible. Le charretier qui la conduisait la veille déclara
qu'elle n'avait ni glissé, ni tombé.

Au repos, l'attitude anormale du membre antérieur gauche
était frappante : les jointures étaient fléchies, les muscles extenseurs de l'avant-bras affaissés; le coude paraissait abaissé et la
pointe de l'épaule effacée. Par suite de la flexion du boulet, le
sabot ne reposait sur le sol qu'en pince. — Pendant la marche,
les phénomènes précédents s'accentuaient au moment de l'appui :
le membre s'affaissait sous le poids du corps ; le sommet de l'olécrâne descendait très bas; le boulet, fortement fléchi, arrivait
presque au niveau du sol. La sensibilité était conservée dans
toutes les régions. Il était aisé de reconnaître que la paralysie
intéressait surtout les extenseurs de l'avant-bras, du canon et
des phalanges. Il s'agissait d'une paralysie radiale, sans doute
causée par une glissade à l'écurie.

On fit une friction irritante sur les groupes musculaires inner-
vés par le radial, et l'on administra chaque jour à l'intérieur
8 grammes d'iodure de potassium. Pendant la première semaine,
il n'y eut pas la moindre amélioration. On fit une seconde application irritante. Au commencement de la troisième semaine, bien
que la marche fût encore très pénible, on commença à promener
la malade matin et soir. La première fois, elle n'avançait qu'avec
une grande difficulté ; chaque jour on augmenta le trajet parcouru.
Un mieux sensible se manifesta bientôt. Dans l'espace de huit
jours, l'amélioration s'accentua d'une façon remarquable ; la jument
boitait encore, mais le membre fléchissait à peine au moment de
l'appui. La guérison fut obtenue complète en un mois.

En novembre 1897, nous avons traité une jument de quinze ans, atteinte de paralysie du radial immédiatement après avoir fait une chute. Attelée à une voiture à deux roues sur laquelle était hissée une vache, cette jument butta et tomba en avant ; détclée et relevée, on s'aperçut que l'appui s'effectuait très difficilement sur le membre antérieur droit. L'accident s'étant produit au voisinage de l'École, la blessée y fut amenée.

Le membre antérieur droit n'appuyait que par la pince ; le boulet et le genou étaient fléchis ; l'angle scapulo-huméral était anormalement ouvert et le coude abaissé. La face interne de l'extrémité supérieure de l'avant-bras était le siège d'un gonflement du volume du poing, peu douloureux, sans fluctuation ni crépitation sanguine. A certains moments, les muscles olécrâniens étaient agités de légers tremblements. La sensibilité n'était amoindrie dans aucune région. La température et les grandes fonctions étaient normales.

La jument fut placée sur l'appareil de suspension. Plusieurs fois par jour on massa les extenseurs du membre paralysé. On donna à l'intérieur une dose quotidienne de 10 grammes d'iodure de potassium et de 150 grammes de sulfate de soude. Les trois premiers jours, la tuméfaction de l'avant-bras resta stationnaire. Le lendemain, nous trouvâmes la malade abattue, à bout de longe, appuyée sur l'appareil ; la région du coude était fort tuméfiée, dure, peu sensible à la pression ; l'engorgement s'étendait sur les muscles de l'avant-bras. L'appétit était conservé et la température normale.

Les cinquième et sixième jours, la tuméfaction de la partie supérieure de l'avant-bras augmenta en saillie et en surface ; elle donnait à la main la sensation d'un liquide épanché entre les plans musculaires. Au bout de quarante-huit heures, elle commença à diminuer ; mais les troubles fonctionnels persistaient à peu près aussi accusés que le premier jour. Dans le courant de la deuxième semaine, l'état général s'amenda graduellement ; on ajouta à la médication une dose quotidienne de 60 grammes de bicarbonate de soude. — Le quinzième jour, l'appareil de suspension fut retiré. Libre dans son box, l'animal appuyait un peu du membre malade. L'amélioration fut rapide à dater de ce moment. Les mouvements d'extension devinrent peu à peu plus sûrs, plus amples. Au commencement de la quatrième semaine, les derniers troubles avaient disparu, et la jument était rendue à son propriétaire.

En même temps que la malade précédente, nous avons eu dans le service un cheval chez lequel la paralysie du nerf radial droit était survenue pendant une opération de bleime. Pour cette intervention, on avait couché l'animal à droite et entravé le membre antérieur droit en position croisée au-dessus du jarret. Très vigoureux, il s'était débattu violemment pendant l'opération. Relevé, il n'appuyait plus du membre antérieur droit. On fit sur les régions supérieures de ce membre une application de vésicatoire. — Au bout de quelques jours, aucune amélioration n'étant obtenue, le cheval fut transporté à l'École.

Au repos, le membre malade, à demi-fléchi, touchait le sol par la pince seulement. L'angle scapulo-huméral était très ouvert, l'épaule affaissée, la pointe de l'olécrâne abaissée. Sur l'épaule, le bras et l'avant-bras, la peau était dépilée, tuméfiée, suintante, enflammée par la friction faite sur ces parties. La sensibilité était conservée dans toute la hauteur du membre. Pendant la marche, celui-ci n'était porté en avant qu'avec difficulté; il s'affaissait au temps d'appui.

Le traitement consista en la suspension, en des lotions phéniquées sur les régions scapulaire, humérale et antibrachiale, pour hâter la cicatrisation de la plaie cutanée résultant de la vésication, et en l'administration quotidienne de 15 grammes d'iodure de potassium. — La plaie du pied fut recouverte d'un pansement ouaté; elle se cicatrisa rapidement.

Durant une semaine, l'état du membre paralysé ne s'amenda point. Tous les jours on sortit l'animal quelques instants et l'on fit une séance de massage. Pendant la seconde semaine, on ne nota non plus aucune amélioration.

On cessa la suspension, le traitement ioduré, et l'animal fut promené matin et soir pendant vingt minutes; au début de l'exercice surtout, la marche était fort pénible et le mouvement d'extension du membre presque nul. — Le mieux n'apparut qu'au bout d'un mois. Alors le malade sortit de son box plus volontiers que les jours précédents; pendant la marche, à certains moments le membre affecté était porté assez nettement dans l'extension. L'amyotrophie s'accentuant, on fit une injection de 10 centimètres cubes d'une solution de sulfate de vératrine à 1 p. 100, que l'on renouvela huit jours plus tard. Durant deux semaines encore, il n'y eut que très peu d'amélioration; ensuite elle s'accentua assez vite. Bientôt l'appui se fit de plus en plus ferme sur le membre malade; pendant la marche, celui-ci était franchement porté dans l'extension. Les derniers troubles ne disparurent qu'au commencement du troisième mois.

Observée surtout chez le cheval, rare chez les autres animaux, la *paralysie du radial* a été longtemps confondue avec les affections articulaires, osseuses ou musculaires de l'épaule et du bras. C'est à tort qu'à l'étranger on attribue à Günther le mérite d'en avoir le premier, en 1866, donné une exacte description dans sa *Myologie*. Goubaux, en son *Mémoire sur les paralysies locales*, paru dans le *Recueil de médecine vétérinaire* il y a juste un demi-siècle, a en effet précisé les caractères de la *paralysie complète* et de la *paralysie incomplète du nerf huméral postérieur*. Depuis cette date, on en a relaté un assez grand nombre de faits.

Dans le membre antérieur, le radial est par excellence le nerf de l'extension. Il se distribue aux muscles olécrâniens et antibrachiaux antérieurs; il anime les cinq extenseurs de l'avant-bras, l'extenseur antérieur du métacarpe, les deux extenseurs des phalanges et, par une branche qui se dirige en arrière au niveau de l'arcade cubitale, le muscle fléchisseur externe du métacarpe. Il commande l'extension de l'avant-bras sur le bras, du métacarpe sur l'avant-bras et des phalanges sur le métacarpe. — En raison même de sa situation, de son trajet, de ses rapports, le radial est exposé à la compression et aux actions traumatiques; il est bien plus fréquemment le siège de lésions que les autres nerfs du membre antérieur. — On croit avoir constaté quelques cas de paralysie radiale double d'origine centrale. Mais presque toujours il s'agit d'une *paralysie périphérique unilatérale*.

L'*étiologie* comprend des facteurs multiples, parmi lesquels le traumatisme occupe la première place. Les contusions de l'épaule ou du bras, les coups de pied, les coups de timon, les heurts de l'épaule contre les jambages des portes, les écarts, les glissades, les chutes, sont autant de causes susceptibles de provoquer cette paralysie. La *compression prolongée*, dans les cas où le membre se trouve dans une attitude anormale ou forcée, en est la condition de beaucoup la plus commune. On l'observe plus particulièrement comme accident de l'abatage, lorsque le cheval a été assujetti longtemps en position croisée ou simple, et surtout quand, dans cette circonstance, il s'est livré à de violentes réactions. En général, c'est bien au membre qui reposait sur le sol que la paralysie est constatée. — pas toujours cependant, contrairement à l'assertion de Goubaux et de plusieurs autres auteurs : l'accident survient parfois au membre qui est en position superficielle; j'en ai vu un exemple. Au cas où l'on intervient pour une affection d'un membre antérieur, il se peut que l'akinésie se produise au membre malade, ou à son congénère, indemne avant l'abatage.

On a publié quelques faits de paralysie radiale survenue indépendamment de toute action traumatique, soit pendant le travail, soit à l'écurie. On admet que le radial peut se paralyser à la suite d'efforts considérables des muscles qu'il innerve; mais dans les cas de ce genre, ou le nerf est lésé, ou il s'agit de paralysie myopathique, de polymyosites occasionnées par le surmenage. Quant aux paralysies développées à l'écurie, elles peuvent être la conséquence d'une glissade, d'un effort fait par l'animal pour reprendre l'attitude debout, d'une attitude vicieuse dans le décubitus. — La paralysie rhumatismale ou *a frigore* et celle d'origine infectieuse ou toxique sont rares.

La coexistence de la paralysie radiale avec la fracture de la première côte — fracture qui peut être l'effet d'une chute ou d'une glissade — a été rencontrée dans maintes autopsies. Hunting, s'appuyant sur plusieurs faits dans lesquels on avait constaté une fracture du premier arc costal, a émis l'opinion que la paralysie radiale était vraisemblablement toujours la conséquence de cette lésion osseuse, — conjecture infirmée par l'anatomie pathologique. Dans la généralité des cas, on ne trouve pas de fracture costale à l'autopsie des chevaux atteints de cette paralysie. Ce qui est vrai seulement, c'est que la fracture de la partie supérieure de la première côte s'accompagne ordinairement de paralysie radiale, en raison des rapports de voisinage du nerf radial et du foyer fractural.

La paralysie radiale s'accuse très généralement par des troubles fonctionnels qui permettent de la reconnaître ; mais le tableau clinique est loin d'être toujours également expressif. Tantôt les symptômes sont très accentués, alarmants, et donnent aux connaisseurs, ainsi qu'aux profanes, l'impression qu'il s'agit d'un accident d'une extrême gravité, le plus souvent d'une fracture, comme dans le cas que nous venons d'observer ; tantôt ils sont peu prononcés, frustes, et leur signification ne peut être reconnue qu'en procédant à un examen attentif du boiteux. Aussi convient-il de distinguer une *paralysie complète*, une *paralysie incomplète* et une *paralysie partielle*.

Dans la *paralysie complète*, si le cheval est au repos, ordinairement toutes les articulations du membre affecté — sauf celle de l'épaule — sont fléchies. En raison de l'inertie des muscles olécrâniens et brachiaux antérieurs, le bras est étendu, redressé sur l'épaule, l'angle scapulo-huméral est anormalement ouvert, le coude abaissé. L'avant-bras est fléchi sur le bras par l'action du coraco-radial ; le métacarpe et les phalanges sont également fléchis par l'action des muscles antibrachiaux postérieurs. Le genou, fortement porté en avant, atteint et souvent dépasse la verticale abaissée de la pointe de l'épaule. Le sabot appuie par la pince, quelquefois par sa face antérieure. A certains moments, il se peut que le pied repose sur le sol par la totalité de la région plantaire, en avant de la ligne d'aplomb, et que la déviation des rayons osseux soit peu accusée. — Lorsque les sections du membre sont fléchies, pour rétablir l'attitude normale on n'a qu'à exercer sur la face antérieure du genou, avec la paume de la main, une pression suffisante pour contre-balancer l'action des muscles fléchisseurs.

Pendant la marche, à chaque pas, l'épaule et le bras sont plus ou moins portés en avant, et le membre exécute un mouvement de totalité ; mais, par le défaut d'extension des rayons inférieurs, le pas est très raccourci ; à la moindre velléité d'appui, les rayons osseux fléchissent, l'épaule et le bras s'abaissent brusquement, et l'animal, pour éviter une chute, précipite l'appui du pied congénère. Si l'allure est plus rapide, il saute à trois jambes, à la manière des chevaux atteints d'une affection douloureuse d'un membre mettant celui-ci dans l'impossibilité de remplir son rôle de colonne de soutien.

Dans la *paralysie incomplète*, qui n'est qu'un stade d'amélioration de la paralysie complète ou qui se montre telle dès le début, l'attitude du membre au repos est la même que dans la forme précédente ; mais plus fréquemment le pied appuie par toute la face plantaire. Durant la marche, les troubles sont moins accusés, et au lieu de se manifester à chaque pas, ils ne se produisent qu'à des intervalles dont la durée varie avec le degré de la paralysie, la rapidité de l'allure, selon aussi que le sol est régulier ou inégal. Le port du membre en avant n'a lieu qu'avec une certaine lenteur; le pas est raccourci; le pied, traîné ou rasant le sol, heurte les moindres obstacles et le membre fléchit.

Dans les *paralysies partielles*, la plupart des muscles auxquels se distribue le radial ont conservé leur aptitude fonctionnelle; les troubles sont beaucoup moins apparents. En général, l'attitude du membre au repos est normale. Pendant la marche, il est franchement porté en avant; le pas a son ampleur ordinaire; l'appui a lieu sans flexion des rayons osseux. Au trot, on constate une légère claudication avec projection plus ou moins prononcée de l'épaule et du bras *en avant*, sans déviation en dehors comme lors de paralysie du nerf sus-scapulaire.

Même dans les cas d'akinésie complète, la *sensibilité cutanée* est d'ordinaire normale ou à peine amoindrie, — phénomène attribué à une inégale susceptibilité des fibres motrices et des fibres sensitives, celles-ci étant supposées moins vulnérables que les autres, mais dû sans doute à l'innervation collatérale, à des suppléances qui s'exercent par les nerfs voisins. Parfois la sensibilité à la douleur est nettement diminuée. On rencontre des chevaux sur lesquels les faces antérieure et externe de l'avant-bras sont analgésiées. — De même que les modifications de la sensibilité, les troubles vaso-moteurs semblent rares. Une sudation abondante et localisée aux régions correspondant aux muscles paralysés est signalée dans quelques faits. Je n'ai jamais constaté de refroidissement de la peau. — On n'observe pas non plus de tuméfaction, excepté dans les cas où l'action traumatique a provoqué, au point où elle s'est exercée, une hémorrhagie, une infiltration sanguine des tissus sous-cutané et musculaire, qui s'accuse à l'extérieur par un gonflement circonscrit ou diffus, comme sur notre second malade, et dans ceux où la paralysie est d'origine musculaire, où elle relève de l'hémoglobinurie ou du surmenage.

Toutes les « paralysies radiales », en effet, ne sont pas neurogènes, ainsi qu'on l'admet généralement; il en est qui relèvent de lésions musculaires. A l'autopsie de chevaux surmenés qui avaient présenté les troubles de la paralysie radiale complète, Fröhner a trouvé indemne le nerf radial, tandis que les muscles qu'il anime étaient gonflés, infiltrés, jaunâtres; leurs fibres avaient perdu leur striation et subi la dégénérescence granuleuse. Dans cette variété de l'affection, on observe, avec les symptômes de la paralysie, ceux de la myosite aiguë.

La *marche* des paralysies radiales est subordonnée à leur cause, à la gravité des lésions du nerf et des tissus voisins; mais comme il est impossible d'apprécier ces lésions, on ne peut rien formuler de précis à son sujet. Tantôt les troubles s'atténuent dès le lendemain et la guérison est obtenue au bout de quelques jours; plus souvent ils persistent sans décroître pendant plusieurs semaines, puis l'amélioration survient, et ordinairement elle s'accentue vite. — La durée moyenne de ces akinésies est d'un mois à six semaines. Ce qu'il importe de savoir, c'est que *la guérison est la terminaison à peu près constante de la paralysie radiale simple et unilatérale.* Un relevé de soixante et quelques observations accuse seulement deux cas incurables, soit une proportion de 3 p. 100. Pour les cas de longue durée, l'amyotrophie qui survient à un certain moment assombrit un peu le pronostic. La promenade favorise la guérison; mais il faut se garder de remettre trop vite les animaux à un service fatigant : la récidive a été quelquefois constatée, et toujours elle a été fatale. — Je dois ajouter que cette paralysie est très grave en deux circonstances : 1° quand elle est double, parce que le cheval est alors condamné à conserver longtemps la position décubitale; 2° quand l'animal ayant été maintenu couché pour une opération faite à un membre antérieur, l'autre membre est frappé de paralysie pendant l'abatage. En ce cas, si le cheval ne peut s'appuyer sur le pied opéré, il est évidemment en grand danger de mort.

Le *diagnostic* ne présente quelque difficulté que pour la paralysie partielle; encore l'examen attentif du sujet permet-il de l'établir si l'on sait que, dans la généralité des cas de cette sorte, lorsque le cheval est exercé au trot, il y a, outre la boiterie, une projection de l'angle scapulo-huméral *en avant*, à chaque appui du membre sur le sol. Prévenus, vous ne confondrez pas cette sorte de secousse de la pointe de l'épaule avec sa *déviation en dehors*, signe qui dénonce la paralysie du nerf sus-scapulaire avant l'amyotrophie du sous-épineux. — Les symptômes de la paralysie radiale complète ont, à première vue, quelque chose d'effrayant, et l'on s'explique que les propriétaires, les maréchaux, les empiriques, pensent tout de suite à une *fracture* du bras ou des phalanges. Le diagnostic différentiel est trop simple pour que je m'y arrête. La fracture du coude, les myosites de l'hémoglobinurie et du surmenage sont également exprimées par des manifestations nettement révélatrices.

La paralysie radiale étant dans la plupart des cas un accident de l'abatage, on doit s'efforcer de la prévenir. Pour cela, on s'attachera à abréger autant que possible la durée de l'assujettissement en position décubitale ; on préférera à l'entre-croisement la fixation du membre antérieur sur le postérieur correspondant ; afin d'atténuer la violence des réactions, on ne négligera pas l'application du tord-nez. Dans la pratique courante, l'anesthésie n'est pas utilisée pour les opérations de pied, non plus que pour la généralité des autres, et en chirurgie vétérinaire, notamment au point de vue de la prophylaxie de l'affection dont je parle, l'adverbe *cito* de l'antique précepte n'a rien perdu de son importance. Plus rapide sera l'exécution des actes opératoires, moins on aura à compter avec la paralysie radiale.

Le *traitement curatif* est celui des autres paralysies périphériques. Il comprend le massage des régions akinésiées, les douches froides, les injections hypodermiques locales de vératrine ou d'eau salée, l'électricité et l'administration d'iodure de potassium ou de salicylate de soude.

Pour les cas de paralysie complète, l'usage de l'appareil de suspension, continué pendant huit à quinze jours, est souvent avantageux. En général, le massage et les douches froides ou une application vésicante légère et un peu d'exercice suffisent. Dès que la contractilité reparaît aux muscles atteints, habituellement l'amélioration s'accentue vite par l'exercice : il n'y a qu'à promener l'animal pendant un quart d'heure à vingt minutes, matin et soir, et à le laisser en liberté dans un box. L'électricité, en particulier les courants faradiques, constituent un moyen peu pratique et d'ailleurs rarement usité. Pour aucun de nos malades nous n'y avons eu recours. Le salicylate de soude n'est indiqué que si l'on a quelque raison de croire le rhumatisme en cause. Je prescris l'iodure de potassium dans le but de provoquer la résorption des éléments nouveaux développés dans le foyer traumatique, éléments dont l'évolution à l'état de tissu stable ne serait pas toujours sans inconvénient pour le cordon nerveux intéressé.

On a conseillé des interventions plus complexes, mais presque toujours on s'en tient aux moyens précédents.

La paralysie radiale, je le répète en terminant, tend naturellement vers la guérison. Le traitement qu'il convient de lui opposer — traitement simple, facilement applicable partout — peut se formuler en trois mots : *massothérapie, hydrothérapie, kinésithérapie.*

XII. — **Sur le traitement de l'éparvin.**

Dans l'une de nos précédentes séances, je vous ai dit que l'*éparvin*, comme la plupart des autres exostoses d'origine mécanique ou traumatique produites par les violents efforts de locomotion ou par des actions contondantes, donne lieu à une boiterie pendant sa période de développement. Ordinairement l'on y remédie d'abord par le repos et les frictions vésicantes sur la face interne de la base du jarret. Il est des sujets chez lesquels, par ces moyens, on arrive assez vite à faire disparaître la claudication. Mais dans le plus grand nombre des cas elle persiste, à peu près également accusée à tous les moments ou avec des rémittences.

L'anatomie pathologique a donné l'explication de cette persistance de la boiterie de l'éparvin. Celui-ci est l'expression non seulement d'une ostéo-périostite limitée à la couche superficielle des os intéressés, mais de lésions articulaires. Depuis longtemps tous les vétérinaires sont d'accord sur ce point. La question encore en litige actuellement est celle-ci : dans ce processus complexe, quels sont les phénomènes morbides initiaux? quelle est la lésion primitive? Au début, le mal est-il localisé aux surfaces d'insertions ligamenteuses, et faut-il considérer comme secondaires les altérations des jointures tarsiennes inférieures? — ou bien l'éparvin naît-il au sein des articulations tarsiennes, et la tumeur osseuse qui apparaît au bout d'un certain temps n'est-elle que l'effet de l'extension au périoste d'une phlegmasie articulaire? — ou bien, enfin, l'inflammation des jointures et celle du périoste sont-elles de même date et évoluent-elles simultanément? Ces différentes opinions ont été soutenues.

Récemment, Aronsohn a fait des recherches dont les résultats ont été, comme ceux de Goubaux et de M. Barrier, favorables à la doctrine de «l'extériorité» de l'éparvin. Selon cet auteur, le mal commence par une périostite due à l'hyperextension des ligaments tarsiens internes et des brides tendineuses du fléchisseur du métatarse; l'arthrite qui survient aux jointures tarsiennes inférieures serait toujours secondaire (1).

(1) Depuis le mémoire d'Aronsohn, paru en 1893, la pathogénie de l'éparvin a été l'objet d'importants travaux dus à Eberlein, à MM. Joly et Barrier. En voici les conclusions :

Pour Eberlein, « la première lésion de l'éparvin est une ostéoporose, une ostéite raréfiante, intéressant, dans l'immense majorité des cas, les cunéiformes et le métatarse ; — à cette ostéite raréfiante succède bientôt une ostéite condensante ; — conjointement, il se déclare sur les cartilages articulaires correspondants une chondrite avec prolifération des cellules cartilagineuses et dégénérescence de la substance fondamentale, ce qui amène tôt ou tard l'ankylose des articulations en question. Souvent aussi, mais pas dans tous les cas, l'inflammation passe à l'articulation ou bien directement de l'os au périoste des petits os tarsiens, et y provoque une périostite ossifiante avec formation d'exostoses à la face interne de la rangée inférieure du jarret. Les lésions qu'on observe sur les tissus entourant le tarse sont secondaires ».

Pour M. Joly, ce qu'on appelle et ce qu'on traite sous le nom d'éparvin désigne un processus pathologique complexe qui correspond successivement :

« En première phase : à une arthrite sèche des articulations tarsiennes inférieures, d'où l'éparvin-arthrite.

« En seconde phase : à une ankylose des articulations enflammées, d'où l'éparvin-ankylose.

« En troisième phase : à une exostose localisée, de par la constitution anatomique du jarret, au côté interne de la base de l'articulation, d'où l'éparvin-exostose.

« En quatrième phase : la maladie a débordé les articulations tarsiennes inférieures et envahi le pourtour des articulations tarso-métatarsienne et tarsiennes supérieures, d'où l'éparvin cerclant. »

L'auteur fait observer que ces quatre phases de la maladie ne se succèdent pas d'une façon régulière et synchrone dans toute l'étendue du jarret ; que, au contraire, elles se chevauchent par zones de plus en plus étendues, une zone ayant terminé sa seconde ou sa troisième phase quand la voisine subit seulement les premières atteintes de l'affection.

Pour M. Barrier, « l'éparvin consiste essentiellement en une arthrite sèche, chronique, en général ankylosante et déformante, qui débute dans les articulations de la partie inféro-interne du jarret et tend à se propager aux supérieures, de bas en haut et de dedans en dehors.

« L'évolution du processus morbide qui constitue l'éparvin correspond successivement à l'apparition des lésions ci-après :

« 1° Un effort de l'appareil desmeux de la surface ou de la profondeur des petites jointures tarsiennes ;

« 2° Une ostéite et une ostéo-périostite, d'abord raréfiantes, puis condensantes, des pièces osseuses atteintes ou des pièces osseuses voisines qui reçoivent des percussions locomotrices insuffisamment amorties ;

« 3° Une ankylose périphérique, parfois non déformante, mais d'ordinaire végétante, puis cerclante ;

« 4° Une arthrite sèche, aboutissant soit à une ankylose centrale très solide, soit à une déformation progressive ostéoporeuse, engrenante ou éburnée des surfaces articulaires malades ».

CADIOT. — Pathol. et Clin.   7

Je crois que sur cette question de la pathogénie de l'éparvin, comme d'ailleurs pour celle de beaucoup d'autres affections, il ne faut point tomber dans l'exclusivisme : parce que la réalité d'un élément étiologique ou d'un processus est démontrée, ce n'est pas une raison suffisante pour rejeter absolument ceux dont l'influence est plus difficile à mettre en lumière. Les conditions de la genèse de l'éparvin sont assurément multiples. La conformation défectueuse du jarret, le traumatisme fonctionnel, les distensions ligamenteuses y jouent les rôles principaux, et l'état constitutionnel des sujets, les qualités du tissu osseux — par conséquent l'hérédité, — ne sont pas des facteurs négligeables.

On ne s'explique ni pourquoi, ni comment, les os qui forment les assises inférieures du jarret, les synoviales interposées entre eux, les ligaments qui les réunissent, seraient à l'abri des processus morbides capables de retentir sur les systèmes osseux, séreux et fibreux, — à l'abri des facteurs étiologiques d'origine microbienne, par exemple.

Quoi qu'il en soit, tant que l'inflammation n'est pas éteinte dans le périoste, dans les os ou les jointures intéressés, la boiterie est constatée. Une autre cause de la persistance de la claudication, c'est le dérangement mécanique, c'est la gêne apportée par la tumeur osseuse dans le fonctionnement du jarret, — troubles qui ont peut-être moins d'importance qu'on ne l'admet généralement et qui ne sont d'ailleurs point constants. On voit souvent des chevaux dont les jarrets sont déformés par de volumineux éparvins et qui ne boitent pas. Il est du reste assez rare que l'éparvin gêne le fonctionnement de l'arthrodie tibio-astragalienne.

La principale condition de la disparition de la boiterie de l'éparvin, c'est l'extinction de la phlegmasie développée ou propagée dans les articulations tarsiennes inférieures, — c'est l'ankylose de ces jointures. Même quand on intervient peu après le début du mal, il ne faut point espérer dériver l'inflammation ou l'arrêter dans son cours. Le traitement doit tendre à précipiter l'évolution du processus, à hâter l'ankylose : ainsi l'on peut abréger la durée de la période douloureuse, et sans doute diminuer le champ des altérations.

Pour les vieux éparvins et pour ceux qui, relativement récents, donnent lieu à une boiterie que n'ont pu faire cesser les vésicants ou le feu superficiel, quel est le traitement de choix ?

Parmi les interventions proposées, trois sont de beaucoup supérieures aux autres et permettent habituellement de satisfaire aux indications qui se présentent ; ce sont : la *cautérisation pénétrante*, la *ténotomie cunéenne*, la *périostotomie*.

Le *feu en pointes pénétrantes* est aujourd'hui le traitement le plus répandu, et quand il est appliqué énergiquement, quand la pointe rouge pénètre dans l'exostose, on en obtient souvent de bons résultats. — De même la *section de la branche cunéenne*, faite à ciel ouvert, suivant le procédé ancien, a donné assez de succès pour que divers opérateurs l'aient proclamée supérieure à la cautérisation. — La meilleure thérapeutique est précisément celle qui associe ces deux opérations ; c'est elle que j'emploie presque exclusivement. Avec la pointe fine du cautère Paquelin ou un bout d'aiguille à tricoter de moyen calibre adapté au Bourguet, je pénètre d'un seul coup dans l'exostose ; j'applique vingt, trente, quarante pointes semblables, en dépassant un peu l'aire de la tumeur ; pour les éparvins volumineux ou anciens, je donne un deuxième, quelquefois un troisième coup de cautère à chaque pointe ; ensuite je sectionne simplement la branche cunéenne ou j'en excise une courte portion.

Les nombreuses observations que j'ai recueillies en ces dernières années établissent que, par ce traitement, la boiterie de l'éparvin a disparu dans les deux tiers environ des cas pour lesquels il a été mis en œuvre. Je ne crois pas qu'il y ait contre l'ostéo-arthrite tarsienne une autre intervention directe aussi efficace. Le seul reproche qu'on puisse lui adresser, c'est qu'elle laisse une marque plus ou moins apparente.

La cautérisation pénétrante, employée aujourd'hui par un grand nombre de praticiens, produit des effets immédiats beaucoup plus intenses et des résultats thérapeutiques meilleurs que le vieux feu superficiel — fût-il appliqué en suivant scrupuleusement les règles de la technique, — et il ne demande pas, à beaucoup près, un temps aussi long. — On peut encore abréger la durée de l'opération. Au lieu de couvrir de pointes rapprochées toute la surface de l'éparvin, on peut se borner à en appliquer seulement quelques-unes, trois ou quatre, cinq ou six, suivant le diamètre de la tumeur osseuse ; on peut les appliquer sur le cheval assujetti debout, un tord-nez à la lèvre supérieure et un membre antérieur levé. L'année dernière, à la Clinique chirurgicale de Berlin, Fröhner, qui a traité ainsi cinquante-neuf éparvins, dit avoir obtenu de très bons résultats. Vous saisissez les avantages de ce procédé : aucun des inconvénients de l'assujettissement en position décubitale et grande économie de temps, car l'opération ne demande que quelques minutes. — A la vérité, la cautérisation pénétrante du jarret s'est quelquefois compliquée d'arthrite, mais cette complication est devenue d'une exceptionnelle rareté avec l'emploi des cautères à pointe très fine. On la conjure plus sûrement en opérant sous le couvert de l'asepsie, comme vous nous l'avez vu faire quelquefois. On coupe les poils et l'on rase la peau sur toute l'étendue de la tumeur osseuse ; on désinfecte le champ opératoire, on applique le feu, enfin on recouvre de collodion iodoformé la surface cautérisée.

La *périostotomie*, pratiquée aseptiquement, suivant les indications de Peters, a sur le traitement précédent l'avantage de ne laisser aucune trace. Avec un fort bistouri boutonné à tranchant convexe, on entame l'exostose en plusieurs points, à la faveur d'une étroite ponction transversale faite à sa base et au niveau de son axe vertical. — Je n'ai pas actuellement assez de faits personnels pour dire ce que vaut cette opération, diversement jugée par les auteurs qui ont écrit à son sujet. Mais elle a donné des succès, elle aussi, et l'on y peut recourir surtout pour les chevaux de luxe.

Dans une partie des cas où la tumeur de l'éparvin est ancienne, volumineuse, diffuse, principalement lorsqu'elle est sise ou étendue en avant, vers le pli de la jointure, la cautérisation, même répétée, et la section de la branche cunéenne sont inefficaces ou elles ne donnent que de médiocres résultats : la boiterie persiste, tantôt rémittente, moins accusée après un certain temps d'exercice qu'au sortir de l'écurie, tantôt à peu près également prononcée à chaud et à froid. C'est pour ces cas rebelles que l'on a conseillé la double *névrotomie du sciatique* et du *tibial antérieur*, branche profonde du *sciatique poplité externe*.

Ce traitement de l'éparvin rebelle, par la névrotomie, est basé sur les données anatomiques suivantes. Arrivé au niveau de la pointe du calcanéum, le *nerf grand sciatique* se divise en deux branches, — les nerfs plantaires interne et externe. En arrière de l'articulation du jarret, le nerf plantaire externe abandonne un rameau assez volumineux qui s'engage sous le tendon du fléchisseur profond des phalanges, et donne plusieurs filets dont les uns

se ramifient à la surface de la jointure, dont les autres pénètrent
dans celle-ci. — Le *nerf tibial*, parvenu au niveau de l'extrémité
inférieure du tibia, abandonne, au-devant du jarret, plusieurs
divisions qui pénètrent dans l'articulation.

La névrotomie du grand sciatique est faite au lieu où on la pratique habituellement, — à un travers de main au-dessus de la
pointe du jarret. Vous en connaissez la technique.

Pour la névrotomie du tibial, le lieu d'élection est *au côté*

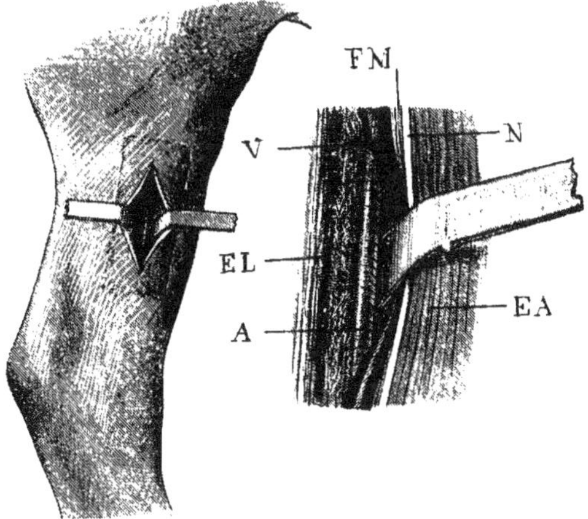

Fig. 8 et 9. — Névrotomie du tibial antérieur. — EA, extenseur antérieur des
phalanges; EL, extenseur latéral; FM, portion musculaire du fléchisseur du métatarse; N, nerf tibial; V, veine tibiale; A, artère tibiale. (L'opération doit être
faite un peu plus près du jarret que ne l'indique la figure 8.)

externe de la partie inférieure de la jambe, à peu près à la même
hauteur que pour la première.

Le nerf tibial antérieur est situé à la face profonde de l'extenseur antérieur des phalanges, entre ce muscle et la mince portion
musculaire du fléchisseur du métatarse, laquelle le sépare de
l'artère tibiale et de sa volumineuse veine satellite, vaisseaux
qui reposent directement sur la face antérieure du tibia, où ils
sont entourés d'une épaisse couche de tissu conjonctif.

Voici le manuel de cette névrotomie.

La région préparée, on incise la peau et l'aponévrose jambière
sur une longueur de 6 à 7 centimètres, au niveau du bord externe
du muscle extenseur antérieur des phalanges. On écarte ce muscle

de l'extenseur latéral, puis de la couche musculaire du fléchisseur du métatarse, sur la face antérieure duquel on découvre bientôt le nerf tibial. On en excise un lambeau de 2 à 3 centimètres. On ferme la plaie par quelques points cutanés, avec ou sans drainage. — L'opération est facile. Il importe toutefois de l'effectuer méthodiquement, de prendre les précautions nécessaires pour ne pas blesser la veine tibiale, qui soulève fortement la couche musculaire du fléchisseur du métatarse dès que l'extenseur antérieur des phalanges est porté en avant.

Cette double névrotomie a donné des succès dans des cas où la boiterie de l'éparvin avait résisté à tous les autres moyens. Bosi a fait connaître six résultats favorables, et Fröhner d'autres plus récents. Mais elle n'est pas innocente : elle expose à des troubles trophiques de l'extrémité, à des accidents de sphacèle et à la chute de l'ongle.

Je résumerai ainsi le traitement de l'éparvin : Au début, quand le mal est encore latent, essayez du repos prolongé et des vésicants ; — plus tard, quand l'éparvin est patent, appliquez un feu en pointes pénétrantes et, lorsque l'exostose est volumineuse, coupez la branche cunéenne ; — au cas où le résultat serait insuffisant, répétez la cautérisation ; — enfin, si la cautérisation réitérée échoue, la névrotomie des sciatiques est un dernier moyen auquel, si l'on vous demande d'épuiser les ressources de l'art, vous auriez tort de ne pas recourir.

La notion de l'hérédité de certaines conditions organiques qui favorisent le développement de l'éparvin, conduit à la seule indication prophylactique applicable dans la pratique : — à exclure de la reproduction les animaux atteints de cette tare et dont les jarrets sont particulièrement défectueux.

XIII. — Sur l'opération du clou de rue.

Depuis le commencement de l'année, je vous ai entretenus
à plusieurs reprises de la thérapeutique des *traumatismes de la
région plantaire du pied* chez le cheval. Je vous ai indiqué les
moyens que vous devrez employer de préférence dans les cas
de blessures récentes et de traumas compliqués de chacune des
zones conventionnellement établies en cette région plantaire.

Je reviens aujourd'hui sur le traitement du clou de rue grave
de la zone moyenne, pour étudier avec quelques détails deux
modifications qui peuvent être apportées à la technique de l'opération complète, et vous en montrer les bénéfices.

Je vous rappelle les principales indications de cette intervention : traumas pénétrants compliqués de nécrose étendue et
profonde de l'aponévrose plantaire, ou de synovite purulente de
la petite gaine sésamoïdienne.

L'opération complète du clou de rue, telle que la préconisa
André, telle que l'ont décrite Bouley et M. Trasbot, consistait :
1° en l'excision large du coussinet plantaire ; 2° en la section
transversale de l'aponévrose plantaire au niveau du bord postérieur de l'os naviculaire, prolongée de chaque côté jusqu'aux
apophyses rétrossales ; 3° en l'ablation de la portion terminale de
cette aponévrose ; 4° enfin en la rugination des surfaces osseuses,
— de la face inférieure de l'os naviculaire et de la partie de la
troisième phalange sur laquelle s'insère ladite aponévrose.

En 1879, M. Nocard recommanda de conserver l'insertion de
l'aponévrose sur la troisième phalange, en y pratiquant, au niveau du bord postérieur du sésamoïde, d'une lacune latérale à
l'autre, une incision perpendiculaire à la ligne médiane du pied,
et en donnant aux deux extrémités de cette incision, de la lacune
à la crête semi-lunaire, une disposition courbe ou concave en
avant. Ainsi l'on évite le retrait du moignon tendineux. — Le
tissu du coussinet plantaire bourgeonnant plus vite que celui
de l'aponévrose, il était d'usage de faire une excision très large
de ce coussinet, en le sectionnant loin en arrière, à la limite de

son tiers moyen et de son tiers postérieur. ou même dans celui-ci, et suivant une direction oblique d'arrière en avant.

Il y a quelque dix ans, j'ai montré que *la rugination de la surface d'insertion de l'aponévrose est un acte opératoire superflu*, et que, sous un pansement antiseptique, le tissu fibreux conservé sur la phalange, loin de se nécroser, comme on le prétendait, se vascularise rapidement et se recouvre de granulations, ainsi que les autres tissus de la plaie. Même dans les cas où la nécrose a frappé une portion de l'extrémité de l'aponévrose, vous m'avez toujours vu limiter à cette seule portion l'excision de la couche fibreuse et la rugination de l'os.

Lorsque l'on conserve ainsi le revêtement fibreux de la phalange sur toute la surface d'insertion du perforant, l'opération est simplifiée — la rugination étant un temps délicat, qui expose à la blessure du ligament interosseux ; — les dangers de complications d'arthrite sont moindres, et la partie antérieure de la plaie se comble plus rapidement que quand la crête semi-lunaire a été curetée.

Mais en raison de l'obliquité du plan de section du coussinet, notamment lorsque la portion nécrosée de l'aponévrose atteint ou dépasse quelque peu en arrière le bord postérieur du sésamoïde, la plaie opératoire est fort large, quelquefois vraiment effrayante par son étendue en surface ; et quand la cicatrisation s'opère sans incident, elle exige toujours beaucoup de temps ; elle n'est complète qu'au bout de six semaines à deux mois. La plupart des opérés ne peuvent reprendre leur service qu'après une très longue immobilisation.

Quel que soit le siège de la nécrose aponévrotique ou de la blessure pénétrante de la petite sésamoïdienne, on peut abréger la durée de la réparation de la plaie opératoire, par conséquent de la période de chômage qu'entraîne l'intervention, *en ménageant le plus possible le coussinet plantaire*, en réduisant au minimum, par une section perpendiculaire à la surface de la région plantaire, même un peu oblique d'avant en arrière, la perte de substance de cet organe. Avec l'antisepsie et le tamponnement à la gaze, vous éviterez les inconvénients qui ont fait prescrire l'exérèse « en entonnoir » des tissus vulnérés. Vous entrevoyez les avantages de cette manière de faire : comblement plus prompt de la plaie opératoire ; aire moins étendue de la cicatrice, dont l'hyperesthésie est parfois l'unique cause de la persistance de la boiterie; en un mot, guérison plus rapide et plus complète.

Ces avantages, vous les avez constatés sur un certain nombre de nos opérés. Je vous rappelle l'histoire du plus récent.

Le 15 mars dernier entrait dans le service une jument de gros trait, âgée de sept ans, atteinte depuis trois semaines d'un clou de rue de la région moyenne du pied postérieur gauche. Le clou avait pénétré perpendiculairement dans la lacune interne, non loin de la limite des zones moyenne et postérieure. Un vétérinaire avait aminci la sole autour de la plaie, débridé et désinfecté celle-ci, puis il l'avait recouverte d'un pansement à l'iodoforme. Malgré cette intervention, la plaie se compliqua; la boiterie devint très forte vers la fin de la deuxième semaine. Cinq ou six jours plus tard, on nous envoya la blessée.

Lorsqu'elle nous fut présentée, le pied postérieur gauche appuyait à peine; le membre, fort tuméfié en ses régions inférieures, était agité par des douleurs lancinantes. La plaie plantaire donnait écoulement à du pus synovial; autour de cette plaie et dans un rayon de 3 centimètres, le tissu velouté découvert était tuméfié, végétant. Il s'agissait d'un clou de rue compliqué d'inflammation suppurative de la petite gaine sésamoïdienne, probablement aussi de nécrose de l'aponévrose plantaire.

Nous aurions pu étendre l'amincissement, débrider la fistule, puis employer les bains et les pansements antiseptiques. Mais ce traitement offrait peu de chances de succès. Évidemment l'opération était préférable; elle fut décidée pour le lendemain.

Je la pratiquai suivant la technique habituelle, en y apportant toutefois la modification dont je viens de parler. La dessolure faite, je sectionnai le coussinet suivant un plan perpendiculaire à sa surface, afin d'en conserver la plus grande partie. L'aponévrose plantaire découverte fut divisée transversalement, un peu en avant du bord postérieur de l'os naviculaire, et réséquée en la ménageant sur ses côtés. Le clou avait porté sur la facette interne du sésamoïde, où il avait déterminé une étroite érosion et un foyer d'ostéite. Avec la curette, je ruginai la face inférieure de l'os et j'évidai légèrement ce dernier au niveau du point blessé. La portion excisée de l'aponévrose était nécrosée autour de la fistule; sur le moignon, il restait un point grisâtre où les fibres étaient un peu ramollies, *suspectes*; mais sur toute la ligne d'insertion, la portion terminale de l'aponévrose était indemne ; elle fut conservée en entier; je ne touchai pas à la phalange.

Après avoir irrigué la plaie avec une solution tiède d'acide phénique à 2 p. 100, la partie de l'extrémité tendineuse où l'on voyait un point douteux fut écouvillonnée à la teinture d'iode, ainsi que la partie évidée du sésamoïde, et le trauma saupoudré d'iodoforme, puis tamponné à la gaze. Pour éviter la rétention et l'accumulation des sécrétions dans le cul-de-sac postérieur de la gaine, j'eus soin d'y engager la gaze, en soulevant le bout de l'aponévrose. Enfin je fis l'emmaillotement ouaté, comme il est d'usage dans mon service après toutes les opérations graves du pied.

Relevée, la jument appuyait mieux du membre malade et paraissait moins souffrir qu'avant l'opération. Le soir, le thermomètre montait à 39°3. Le lendemain, le pied ne reposait sur le sol que par la pince ; il était le siège de douleurs lancinantes ; mais l'habitus était satisfaisant, la fièvre modérée, et la plus grande partie de la ration fut consommée. Durant la première semaine, l'état resta à peu près le même, toutefois avec tendance à l'amélioration. La température ne dépassa pas 39°3. — Le huitième jour, l'appui était plus ferme ; il n'y avait plus de lancinations. On leva le pansement. La couche de gaze adhérait à la partie profonde de la plaie ; pour la détacher, on immergea le pied dans la solution phéniquée chaude. La plaie ne recélait qu'un peu de sécrétion rougeâtre ; elle avait fort bon aspect ; déjà elle était partout bourgeonneuse, excepté au niveau du sésamoïde et du moignon du perforant, où cependant la granulation se préparait. Après détersion, elle fut recouverte d'un nouveau pansement ouaté.

Le dixième jour, l'état de la blessée était excellent. Elle n'avait plus de fièvre. L'appui commençait à se faire sur le membre souffrant. — Le quatorzième jour, on renouvela le pansement. La couche de gaze était humide; la plaie, qui contenait un peu de pus, était totalement recouverte de granulations. On appliqua au pied un fer mince, creusé de quatre étampures, et un pansement avec éclisses.

A partir du dix-huitième jour, l'amélioration s'accentua rapidement. L'opérée boitait encore au pas, mais l'appui se faisait de plus en plus ferme. On commença à la promener matin et soir. Une semaine plus tard, la plaie était aux trois quarts comblée,

et la boiterie à peine accusée au pas. La jument aurait pu —
vingt-quatre jours après l'opération complète du clou de rue —
être remise à un petit service. Elle ne quitta l'hôpital qu'une semaine plus tard. Alors, à l'allure du pas, la boiterie était à peine
perceptible.

Sans doute on peut objecter qu'il s'agissait d'une blessure
plantaire d'un membre postérieur, et que le clou de rue est
plus grave, que la guérison exige un temps plus long aux pieds
antérieurs. Mais deux mois après cette intervention, j'ai opéré
de la même manière un autre cheval atteint, au membre antérieur droit, d'un clou de rue ancien, également compliqué de
nécrose de l'aponévrose et de synovite purulente. Le résultat
a été aussi heureux que dans le cas précédent, et la durée du
traitement n'a pas été beaucoup plus longue. Ce cheval, en effet,
a repris son travail au bout de cinq semaines. Peu après, la
claudication qui existait encore à ce moment a complètement
disparu.

La conservation de la plus grande partie du coussinet plantaire
n'a pas seulement l'avantage d'abréger la durée de la cicatrisation de la plaie opératoire ; elle a aussi celui de réduire le
volume et l'étendue en surface de la plaque inodulaire. Or, je
le répète, parfois celle-ci reste longtemps anormalement sensible,
endolorie, et la boiterie persiste, bien qu'il n'y ait ni périostose,
ni forte induration de la couronne. Plus vous conserverez de coussinet plantaire, moins large sera la cicatrice, et plus sûr, plus
complet le résultat thérapeutique.

Sur ce premier point, une remarque encore : Il n'est pas
toujours nécessaire de sectionner le coussinet plantaire perpendiculairement à l'axe du pied, comme vous le faites sur les sujets
qui servent aux exercices pratiques de chirurgie. Pour éviter
une trop large excision, pour réduire dans la mesure du possible
l'étendue de la brèche, il est permis de déroger à la règle, et si la
fistule occupe, dans l'une des lacunes latérales, un point assez
éloigné de l'extrémité antérieure de la fourchette de chair, si la
nécrose est limitée à une moitié de l'aponévrose ou si elle siège
au voisinage de l'un de ses bords, on doit donner à l'incision
transversale de l'aponévrose et du coussinet une direction plus
ou moins oblique relativement à l'axe antéro-postérieur du pied,
de manière à enlever la totalité de l'eschare tout en conservant,
du côté opposé, une plus grande partie de ces organes. Le bout

de l'aponévrose soulevé avec la spatule d'une sonde ou une lame mousse quelconque, il est aisé d'enlever le revêtement cartilagineux du sésamoïde en se servant d'une lame boutonnée ou de la pointe de la sauge manœuvrée avec précaution. Dans la pratique donc, il est parfois avantageux de déroger aux règles du manuel opératoire classique ; on doit l'adapter à la diversité des cas, et faire de préférence des ablations qui se rapprochent, quant à l'étendue, de l'opération partielle.

Avec l'antisepsie, la chirurgie du pied chez le cheval peut et doit devenir plus conservatrice. Pour les blessures compliquées de la région plantaire en particulier, il convient de chercher à réduire le plus possible l'étendue du trauma opératoire.

Voyons maintenant le traitement des nécroses de l'aponévrose plantaire qui siègent à la limite des zones moyenne et postérieure, qui occupent dans cette aponévrose une partie voisine de la région des culs-de-sac synoviaux du creux du paturon. Ces nécroses sont très généralement consécutives aux bleimes suppurées, ou à l'action de corps vulnérants qui ont pénétré dans la zone moyenne suivant une direction oblique en haut et en arrière. Quand on intervient pour de semblables lésions, souvent l'excision de la totalité de l'eschare exposerait à l'ouverture des culs-de-sac des synoviales articulaire et grande sésamoïdienne. Ceux d'entre vous qui ont assisté à mes opérations de clou de rue savent comment je procède en pareille circonstance. Après avoir fait l'ablation de ce qui peut être enlevé sans blesser ces synoviales, j'établis une contre-ouverture dans le creux du paturon. Celui-ci préparé, les poils coupés et la peau désinfectée, j'introduis la feuille de sauge au fond de la plaie, du côté où j'ai dû laisser un point nécrosé ou douteux, et au niveau même de celui-ci, je la pousse d'avant en arrière et de bas en haut, entre l'aponévrose et le coussinet plantaires, en longeant la première, jusqu'à ce que l'instrument sorte au-dessus du bulbe du coussinet ; au besoin, j'agrandis le trajet par un débridement sur la sonde cannelée ; puis j'y passe une épaisse mèche de gaze, j'imprègne de teinture d'iode la portion suspecte de l'extrémité tendineuse et j'applique un premier pansement avec ou sans fer. Si le bout du perforant ne granule pas dans toute sa largeur, si l'exfoliation du tissu nécrosé n'a pas lieu, le drainage permet d'agir ultérieurement en faisant des injections antiseptiques par l'orifice du creux du paturon. Vous avez pu suivre, il y a quelques mois, deux blessés ainsi traités qui ont guéri sans nouvelle intervention. Voici, brièvement, l'observation du premier de ces sujets.

Au commencement de septembre dernier, nous avons reçu un cheval atteint, au membre postérieur droit, d'un clou de rue de la zone moyenne et déjà opéré à deux reprises par le vétérinaire qui nous l'adressait.

Complètement soustrait à l'appui, le membre blessé était le siège de fréquentes lancinations. A l'examen du pied, on voyait la plaie opératoire faite dans le coussinet plantaire; de son fond, fistulisé, s'écoulait un pus abondant, grisâtre, visqueux. L'aponévrose était nécrosée et la gaine transformée en cavité suppurante.

Le jour même, je pratiquai l'opération complète. La nécrose remontait loin dans le perforant et je ne pus, sans risquer la blessure des culs-de-sac synoviaux, enlever la totalité de l'eschare. Je fis une contre-ouverture dans le creux du paturon, j'irriguai la plaie avec un liquide antiseptique, je drainai à la gaze; puis, avec le bout de la sonde, garni d'ouate, j'imprégnai de teinture d'iode la partie de l'extrémité tendineuse où j'avais dû laisser une parcelle de tissu nécrosé, et je la recouvris d'une couche d'iodoforme; enfin je fis l'emmaillotement du pied.

Les quatre jours suivants, l'opéré accusa de vives souffrances; il resta couché la plus grande partie du temps et prit peu d'aliments; la fièvre était assez forte, la température oscillait de 39°3 à 39°9.

Le cinquième jour, on renouvela le pansement. Je changeai la gaze drainante, je retouchai avec la teinture d'iode le point nécrosé du tendon et j'appliquai un nouveau ouaté. Dès le lendemain, l'état s'amenda : l'appétit devint meilleur, la fièvre s'atténua, et l'on ne vit plus que de rares lancinations. Le mieux s'accentua les jours suivants; peu à peu le cheval commença à appuyer du membre souffrant. Le pansement fut laissé à demeure jusqu'à la fin de la deuxième semaine. A cette date, la plaie était granuleuse dans la presque totalité de sa surface; seul, l'os naviculaire offrait encore un petit point aride. La gaze changée, on appliqua un pansement avec fer, et l'on fit quotidiennement par la fistule des injections antiseptiques. Dans la suite, on renouvela le pansement chaque semaine et l'on réduisit peu à peu le volume de la mèche.

Au bout d'un mois, l'appui était bon, la suppuration de la fistule

était devenue très faible; je supprimai le drainage. A partir de
ce moment, le cheval fut promené tous les jours. Lorsqu'il quitta
l'hôpital, au commencement de la sixième semaine, la boiterie
était à peine appréciable à l'allure du pas.

Le second blessé est entré dans le service un peu avant la
sortie du précédent, après avoir été, comme lui, traité sans succès
pendant quelque temps par un confrère qui nous l'a adressé.

Lorsque je l'examinai, ce cheval accusait de vives souffrances
et appuyait à peine du membre antérieur droit. Celui-ci levé,
on apercevait, dans la lacune interne, près du talon, une plaie
fistuleuse donnant issue à du pus caillebotté et fétide. Le pied
fut paré à fond, nettoyé par immersion dans un bain de sublimé,
puis enveloppé d'ouate de tourbe, dont les premières couches
avaient été trempées dans un liquide antiseptique.

Je dus faire l'opération complète, un peu plus large du côté
interne, en donnant à la section transversale du coussinet et de
l'aponévrose une direction oblique en arrière et vers le talon interne. Il restait néanmoins quelques points suspects sur le bout
du tendon. Je fis une contre-ouverture dans le creux du paturon; je drainai à la gaze; je pansai à la teinture d'iode et à
l'iodoforme.

Les phénomènes consécutifs furent à peu de chose près semblables à ceux observés dans le premier cas. La fièvre se prolongea
un peu plus longtemps; durant la première semaine, la température se maintint à 39°5; l'opéré ne consommait qu'une partie
de ses aliments, le membre était soustrait à l'appui, ses mouvements saccadés accusaient de fréquentes lancinations. Un peu
plus tard, malgré le drainage, un phlegmon se développa dans
le coussinet plantaire. Néanmoins, vers le quinzième jour le pied
appuyait; l'amélioration s'accusa ensuite rapidement. Dans le
courant de la quatrième semaine, on appliqua un fer léger et un
pansement à éclisses. Au bout de quelques jours l'appui était
assez ferme; on commença à promener le cheval. Enfin le drainage fut supprimé le trentième jour. Une semaine plus tard,
l'animal était en état de reprendre un service au pas.

Vous vous rappelez un autre opéré sur lequel, en cherchant
à enlever la totalité de l'eschare, j'ouvris l'une des synoviales,
— sans doute la grande sésamoïdienne : un flot de synovie
jaillit du fond de la plaie et je dus arrêter là l'excision. Je pansai

comme dans les cas précédents : la complication que je redoutais ne se produisit pas. Mais c'est là une issue sur laquelle on peut d'autant moins compter, que la blessure de la synoviale est faite en territoire infecté et par un instrument souillé.

Pour terminer, j'ajouterai qu'indépendamment de tout accident opératoire, ces cas où la nécrose remonte loin dans l'aponévrose plantaire sont en général très graves. Au point de vue économique, le traitement n'est à conseiller ou à entreprendre que pour une partie d'entre eux, — ceux notamment où il s'agit d'un animal de prix, ou d'un de ces sujets pour la conservation desquels il n'y a pas d'hésitation, malgré les frais, la longue durée du traitement et l'incertitude du résultat.

XIV. — **Sur la névrotomie plantaire**.

Vous me voyez souvent pratiquer sur des boiteux de mon service la névrotomie plantaire, au-dessous ou au-dessus du boulet, suivant le siège et l'étendue des lésions auxquelles je me propose de remédier. Je fais la névrotomie basse lorsque ces lésions sont limitées aux régions postérieures du pied; je réserve l'autre pour celles qui intéressent les régions antérieure, latérales ou la totalité de l'organe, ainsi que pour les affections de la couronne ou du paturon. Je veux, ce matin, appeler votre attention sur les avantages et les inconvénients de ces opérations, après avoir précisé un point controversé de leur historique.

La *névrotomie plantaire* a été conçue et effectuée d'abord par Moorcroft, professeur au Collège vétérinaire de Londres. C'est tout au commencement de ce siècle — au cours de l'année 1801 — que Moorcroft fit ses premières expériences sur la section des nerfs plantaires. Il ne publia le résultat de ses recherches que dix-huit ans plus tard. Il est hors de doute que Sewell n'est pas l'inventeur de cette opération, mais il contribua à la répandre en Angleterre et montra par de nombreux faits les bénéfices que l'on en peut tirer. Moorcroft pratiquait indifféremment la section ou l'excision au-dessus ou au-dessous du boulet. Sewell recommandait la névrotomie au-dessous du boulet, afin de conserver un certain degré de sensibilité dans les tissus du pied. Blaine préconisa la névrotomie haute et double contre les formes. Coleman et Goodwin étudièrent aussi la névrotomie et relatèrent un certain nombre d'observations à l'appui de son efficacité.

Percivall en avait donné une bonne description dans ses *Lectures*, que Narcisse Girard analysa en 1824, dans le tome I du *Recueil de médecine vétérinaire*. A partir de cette époque l'opération fut pratiquée en France. Elle y eut des débuts assez difficiles. Dans les discussions dont elle fut l'objet, elle rencontra des adversaires résolus, parce que, dans la période d'essai, elle avait donné non seulement des résultats contradictoires, mais d'assez nombreux accidents. Renault, Delafond, Leblanc et Bouley en précisèrent les indications.

La névrotomie est une opération palliative. Sauf de rares exceptions, elle ne guérit point; elle n'a d'influence directe ni sur les lésions, ni sur les processus morbides pour lesquels on la pratique; mais en anéantissant la sensibilité dans les territoires où sont cantonnés ces lésions et ces processus, elle diminue ou elle fait complètement disparaître la boiterie pour un temps indéterminé, et permet ainsi l'utilisation des sujets. — La durée de ses effets est extrêmement variable : tantôt la boiterie reparaît au bout de quelques mois, tantôt après des années seulement; il se rencontre des cas — lorsque, par exemple, il s'agit d'altérations définitivement constituées, arrivées à leur complet développement, produites par une phlegmasie éteinte, — où elle ne se reproduit pas.

Au point de vue pratique, les névrotomies sont de bonnes opérations quand on sait en établir les indications et en faire un judicieux emploi. Si elles ne rendaient point de signalés services, elles seraient depuis longtemps abandonnées, parce qu'elles ne laissent pas d'exposer à des accidents redoutables.

Je ne ferai que signaler la faiblesse permanente du membre névrotomisé, premier reproche adressé à l'opération. A la suite de la névrotomie, a-t-on dit, les mouvements de locomotion sont moins sûrs; l'animal est sujet à butter et à s'abattre. Il faut convenir que cela se voit ; mais, quoi qu'on en ait dit, même à la suite de la névrotomie haute cela ne se voit que dans une faible partie des cas. Deux vétérinaires militaires, MM. Jacoulet et Comény, qui ont pu suivre longtemps des chevaux de troupe par eux opérés, ont relaté des faits montrant que, très généralement, la névrotomie n'enlève au cheval de selle ni la sûreté de la marche, ni la solidité de l'appui. — J'ai moi-même recueilli nombre d'observations dont les résultats thérapeutiques ont été excellents. Il y a six ans, j'ai névrotomisé du membre antérieur droit, au-dessous du boulet, une jument d'origine anglaise qui a fait depuis cette époque un bon service de selle, sans que l'on ait noté la moindre hésitation dans les actions du membre. — Je revois de temps à autre un cheval auquel j'ai fait, il y a quatre ans, la névrotomie basse au membre antérieur gauche. Il a été remis droit; depuis lors il n'a pas boité, et il n'a rien perdu de la sûreté de ses allures.

Un autre inconvénient beaucoup plus grave des névrotomies, c'est le danger de voir survenir, aux tissus dans lesquels se ramifie le nerf coupé, des *lésions inflammatoires* et des *phénomènes trophiques* précoces ou tardifs, aboutissant à la chute du sabot ou à la rupture des tendons fléchisseurs des phalanges. Bien qu'une foule d'accidents de ce genre n'aient pas été relatés, la liste de ceux qu'on a fait connaître serait longue.

Sewel, qui pratiqua d'abord la névrotomie double au-dessus du boulet, constata de nombreux accidents précoces qui l'amenèrent à abandonner ce procédé et à faire exclusivement la névrotomie basse. — Rabouille, sur sept opérés, eut deux cas de décollement du sabot. — Renault, Beugnot, Delafond, Verheyen, Lafosse, opérant comme les auteurs précédents, au-dessus du boulet, observèrent le même accident. — Stanley n'en accuse que deux cas sur une centaine d'opérations, et chaque fois la complication eut pour cause provocatrice un traumatisme du pied.

M. Nocard, de 1880 à 1886, a fait environ un millier de névrotomies sans un seul accident; c'est, à beaucoup près, la plus belle série connue. — M. Comény, qui a souvent pratiqué la névrotomie haute et double, n'a jamais observé, lui non plus, de désordres consécutifs sur ses opérés.

Benjamin et Redon ont relaté l'histoire d'un cheval sur lequel, à la suite de névrotomie haute et double, ils virent apparaître une périostose du paturon, un ulcère cutané rebelle et d'autres accidents qui nécessitèrent l'abatage. — Sur l'un des opérés de M. Jacoulet, il survint, deux mois après l'opération, une inflammation des tissus du doigt avec tuméfaction énorme et ulcération superficielle de la peau. — M. Trasbot, sur un cheval atteint de formes volumineuses qui avaient résisté au feu, fit sans succès la névrotomie basse et double; il se décida à couper les nerfs plantaires au-dessus du boulet. Trois jours après cette dernière opération, la couronne était fortement tuméfiée et le sabot partiellement décollé. — Ayant à traiter un cheval atteint de formes, Palat fit d'abord la névrotomie haute du côté de l'exostose la plus volumineuse, et quinze jours plus tard, de l'autre côté. L'animal put reprendre son service et le faire régulièrement pendant plus d'un an. Dans le courant du quinzième mois, on constata de la tuméfaction de la couronne et un décollement qui nécessitèrent l'abatage. — Hendrickx a relaté trois cas de chute du sabot à la suite de la névrotomie haute. Dans l'un de ces cas, l'accident ne se produisit qu'au bout de plus de quatre ans. — Delamotte et Brocheriou, après avoir fait successivement la névrotomie au-dessous et au-dessus du boulet sur une jument atteinte de maladie naviculaire, virent se développer des formes cartilagineuses qu'ils traitèrent par la cautérisation. Six semaines plus tard, le sabot se décollait.

Tous ces faits sont relatifs à des *déchaussements* consécutifs à la névrotomie haute et double. Mais ces accidents peuvent également se produire à la suite de la section d'un seul nerf plantaire au-dessus du boulet.

Voici une photographie qui montre les désordres survenus

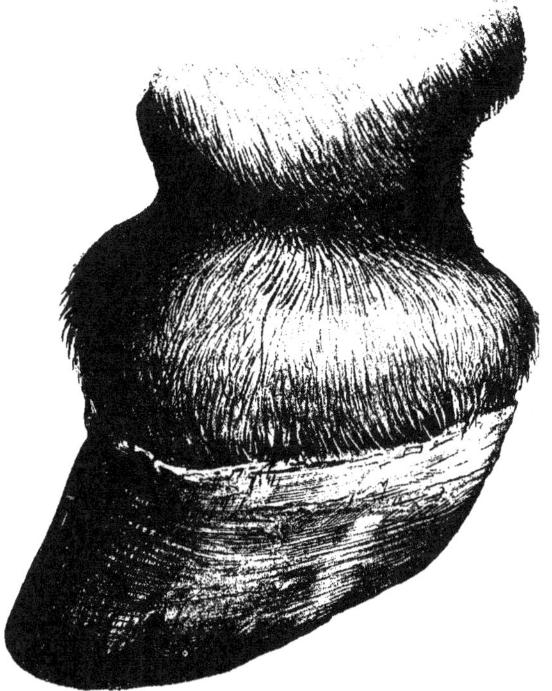

Fig. 10. — Gangrène humide du pied à la suite de la névrotomie plantaire au-dessus du boulet.

au pied antérieur gauche d'un cheval auquel j'ai coupé, il y a deux ans, le nerf plantaire externe au-dessus du boulet. Il existait, de ce côté, une volumineuse forme cartilagineuse. Après un repos de cinq semaines, la boiterie avait disparu et l'animal pouvait reprendre son service.

Il y a environ six mois, la claudication s'est de nouveau manifestée ; peu à peu la couronne a augmenté de volume ; néanmoins le cheval a pu travailler jusqu'au commencement de ce mois. A cette date, la boiterie étant devenue très forte et la tuméfaction de la couronne ayant considérablement augmenté, le sujet a été laissé en traitement à l'École.

Le membre antérieur gauche était soustrait à l'appui, demi-fléchi et agité par des lancinations. Dans ses régions inférieures, à partir du milieu de l'avant-bras, il était très engorgé. La région coronaire était le siège d'un gonflement diffus, dense, chaud, un peu douloureux à la pression. Cette tuméfaction, qui occupait toute la couronne, était particulièrement accusée du côté externe : là, le biseau était ramolli, détaché du bourrelet, et celui-ci était enflammé, très volumineux. Tout le quartier externe était décollé. Le long de la commissure plantaire, la corne était ramollie, jaunâtre. L'exploration minutieuse du pied ne décelait pas de traumatisme récent.

L'animal fut traité par l'irrigation continue. Les jours suivants, le décollement de la paroi s'étendit en avant, jusqu'à la pince. Le mal était incurable. Le sujet fut livré à la boucherie.

A la dissection du pied, on trouva la peau et le tissu conjonctif sous-cutané très épaissis et indurés ; le bourrelet avait sa largeur doublée ; dans toute l'étendue du quartier externe, la muraille était décollée. La branche postérieure du nerf plantaire externe était atrophiée. Sur une coupe verticale, les synoviales articulaires et la petite gaine sésamoïdienne apparaissaient enflammées, injectées, infiltrées ; la synovie, peu abondante, était rougeâtre. Le petit sésamoïde montrait les lésions de l'ostéite raréfiante ; sa face inférieure était dépouillée de son revêtement cartilagineux, sa couche corticale en voie d'exfoliation, son tissu hyperhémié, friable.

Le ramollissement et la rupture des tendons fléchisseurs sont également des complications possibles de la névrotomie plantaire. Mais on les a surtout observés dans les pieds atteints de maladie naviculaire : ils paraissent devoir être rapportés en partie à l'extension de celle-ci, en partie aux troubles trophiques qu'entraîne l'opération. Renault, Beugnot, Rabouille, sont les premiers auteurs qui les ont signalés en France. Sur deux sujets névrotomisés par Rabouille, la rupture des tendons entraîna l'affaissement du boulet : la région digitée était horizontale, l'appui se faisait par les talons et le boulet. Sur tous deux, on trouva les tendons altérés dans leur portion phalangienne et le perforant complètement rupturé près de son insertion sur le troisième phalangien. — Bouley, Goubaux, MM. Jacoulet, Mollereau, et beaucoup d'autres ont observé des faits analogues. Mais, je le répète, ces lésions sont signalées dans des cas où la névrotomie a été faite pour cause de maladie naviculaire, et si l'opération a pu favoriser leur développement, elle n'en est évidemment pas entièrement responsable.

La marche des lésions traumatiques qui intéressent les tissus d'un pied névrotomisé est variable. Bouley a écrit que l' « inflammation cicatrisante » s'effectuait normalement dans les parties soustraites par la névrotomie à l'influence du système cérébro-spinal. Il n'en est cependant pas toujours ainsi. Vous avez vu récemment un cheval névrotomisé pour une volumineuse forme cartilagineuse externe, atteint ensuite d'un javart interne, sur lequel l'inflammation traumatique consécutive à l'ablation du fibro-cartilage a suivi une marche spéciale. La plaie est devenue torpide ; elle ne s'est cicatrisée que très lentement, la couronne et le paturon ont acquis d'énormes dimensions, et une forte boiterie a persisté, qui a rendu l'animal inutilisable.

Les observations que je viens de citer, d'autres publiées par les vétérinaires étrangers, d'autres encore recueillies par les chirurgiens de l'homme, témoignent que si la suppression de l'influence nerveuse ne paraît pas exercer sur les phénomènes intimes de la nutrition une action immédiate évidente, elle peut entraîner, surtout quand viennent s'adjoindre d'autres causes, dont les unes sont connues — les traumatismes, les infections, — et les autres indéterminées, des lésions à évolution rapide ou lente, de nature inflammatoire ou gangreneuse, hypertrophique ou atrophique. Dans le champ de distribution du nerf coupé, aucun organe, aucun tissu n'est à l'abri de ces lésions. On les a constatées notamment dans la peau, le tissu conjonctif, les os, les articulations, et si l'on n'en connaît encore qu'incomplètement la pathogénie, des traumatismes ultérieurs ne paraissent pas nécessaires à leur production.

Il est démontré qu'à la suite des résections nerveuses les éléments spécialisés de l'about périphérique subissent des altérations régressives aboutissant à leur destruction, et que la régénération se fait par une sorte de bourgeonnement des fibres du bout central. Cette reconstitution du nerf explique la réapparition de la boiterie dans nombre de cas, à la suite de l'opération, et la cessation de cette nouvelle boiterie lorsque l'on pratique à nouveau la névrotomie au-dessus du point où l'on a opéré la première fois. Déjà Stanley relate un exemple de ce fait. Il renévrotomisa au bout de deux ans, au-dessus des cicatrices laissées par les plaies opératoires, un cheval qu'il avait remis droit une première fois, et fit disparaître la boiterie.

Mais cette régénération, qui est constante quand on n'a pas réséqué une partie trop longue du nerf, qui se produit plus ou moins facilement suivant l'étendue de la portion excisée, est toujours assez imparfaite. C'est à cette régénération incomplète que doivent être rapportés les résultats avantageux définitifs des névrotomies et les accidents éloignés auxquels elles exposent. Mieux que toutes les autres interprétations, elle explique les succès durables des résections nerveuses. Ils sont dus à ce que la sensibilité ne peut reparaître qu'atténuée dans les tissus au sein desquels on l'a momentanément éteinte. Quant aux accidents consécutifs, trophiques ou autres, leur pathogénie est dominée par la même cause.

Je ne terminerai pas sans vous faire remarquer que, somme toute, les complications graves des névrotomies sont assez rares, et, tout en comptant avec elles, on ne discute plus la valeur pratique de ces opérations. La névrotomie plantaire a donné trop de bons résultats pour qu'on ne la recommande pas. Sans doute, elle n'est qu'une sorte d'*ultima ratio*; mais avant d'abandonner les boiteux dont l'état n'a pas été amélioré ou ne l'a pas été suffisamment par les moyens d'abord mis en œuvre, on doit user de cette dernière ressource.

XV. — **Névrotomie du médian et du cubital.**

Nous avons en ce moment dans le service un cheval sur lequel nous avons pratiqué successivement la *névrotomie du médian* et celle du *cubital*. Je veux aujourd'hui vous parler de ce cheval et des deux opérations auxquelles nous avons dû successivement recourir.

Il y a un peu plus d'un mois — c'était l'un des premiers jours de mai, — M. H..., camionneur à Paris, nous présentait à la consultation un cheval boulonnais, âgé de dix ans, boiteux depuis longtemps du membre antérieur droit. Celui-ci était le siège, en ses régions inférieures, de lésions chroniques des tissus osseux, articulaires et tendineux. L'examen du membre révélait l'existence d'une nerf-férure ancienne et d'un vessigon carpien induré, d'une périostose phalangienne et de deux formes cartilagineuses, l'interne un peu plus volumineuse que l'autre ; en outre, la colonne digitée n'avait plus son obliquité normale : elle offrait cette déviation, ce redressement qui caractérise le premier degré de la bouleture. Sur le tendon et la couronne, on voyait les traces d'un feu en pointes. A l'exploration du membre, on constatait un léger endolorissement des tendons, surtout dans leur partie supérieure, au niveau de la bride carpienne. — La boiterie, déjà nettement accusée au pas, était forte au trot.

M. H..., en nous amenant son cheval, pensait que nous réappliquerions le feu sur le tendon et sur les exostoses phalangiennes. Je lui déclarai que la cautérisation ne donnerait pas de résultat : elle ne pouvait assurément avoir raison de ces lésions chroniques multiples ; elle ne pouvait provoquer en elles de modifications assez profondes pour faire cesser la boiterie ; mais, comme l'animal en valait la peine, je proposai la *névrotomie du médian*, et devant vous je légitimai cette intervention, qui fut acceptée.

Le 6 mai, après avoir fait appliquer aux deux pieds de devant, dont les talons étaient rétrécis, des fers à éponges minces, je pratiquai cette névrotomie suivant la technique habituelle. Le cheval couché sur le côté droit, le membre antérieur gauche fut entravé sur le canon du membre postérieur correspondant. Le lacs tiré en arrière, on appliqua une plate-longe sur le canon du membre antérieur droit, lequel, désentravé ensuite, fut porté en **avant et maintenu par deux aides à l'aide de la plate-longe. — En procédant ainsi, la face interne du membre est bien dégagée ; si l'on a soin de se placer en avant du poitrail, près de l'encolure, on peut exécuter facilement et en toute sécurité les différents actes opératoires. Je ne les décris pas ; vous les connaissez. — Quand l'incision est bien faite au lieu d'élection, une fois l'aponévrose antibrachiale ouverte, assez souvent le nerf apparaît tout de suite sous l'aspect d'un cordon aplati, blanchâtre, qui tend à s'engager, à faire saillie entre les lèvres de la boutonnière aponévrotique. Sur notre cheval, il en fut ainsi ; l'opération ne demanda que quelques minutes. — Lorsque le nerf se dérobe, ordinairement il suffit, pour l'amener au niveau de l'incision, de modifier quelque peu la position du membre : pour cela, les aides n'ont qu'à augmenter ou à diminuer la traction exercée sur celui-ci. — Vous savez que chez certains sujets l'opération est rendue assez difficile par une disposition anormale des veines radiales ; mais cela est rare. — Je reviens à notre opéré.

Après avoir excisé un bout de nerf long de 2 centimètres, je plaçai dans la plaie une mèche de gaze drainante sur laquelle je réunis la peau par deux points de suture.

Relevé, le cheval paraissait boiter un peu moins qu'avant l'opération. — Le lendemain, on coupa les points de suture, on enleva la gaze, puis la plaie fut pansée à découvert par des lotions antiseptiques. Vers la fin de la deuxième semaine, elle était cicatrisée. Malheureusement le résultat thérapeutique était mauvais ; la claudication persistait trop accusée pour que le cheval pût être remis en service.

Peters et d'autres après lui ont montré que la seule névrotomie du médian peut faire disparaître des boiteries causées par des lésions bilatérales, c'est-à-dire occupant les deux côtés de l'une des régions inférieures d'un membre ou cerclant lesdites régions. Ces résultats sont expliqués par la prépondérance du médian dans l'innervation des parties situées au-dessous du genou, prépondérance due aux deux branches qui se détachent de ce nerf au niveau du carpe et de la partie moyenne du métacarpe, pour former, avec le cubital, le nerf plantaire externe. —Vous avez vu, dans le service, des chevaux atteints d'affections chroniques diverses — ténosite, suros, osselets, formes cartilagineuses, périostose phalangienne, — dont la claudication a disparu ou a beaucoup diminué après la section du médian.

Mais il est des sujets chez lesquels les sensations douloureuses provoquées par les lésions sises au côté externe du membre, voire au côté interne — ici en raison de la récurrence nerveuse, — ne sont qu'atténuées, non éteintes, et alors la boiterie subsiste, plus ou moins forte. C'est précisément dans ces cas que l'on peut, à l'exemple de Vennerholm, faire utilement la *névrotomie du cubital.*

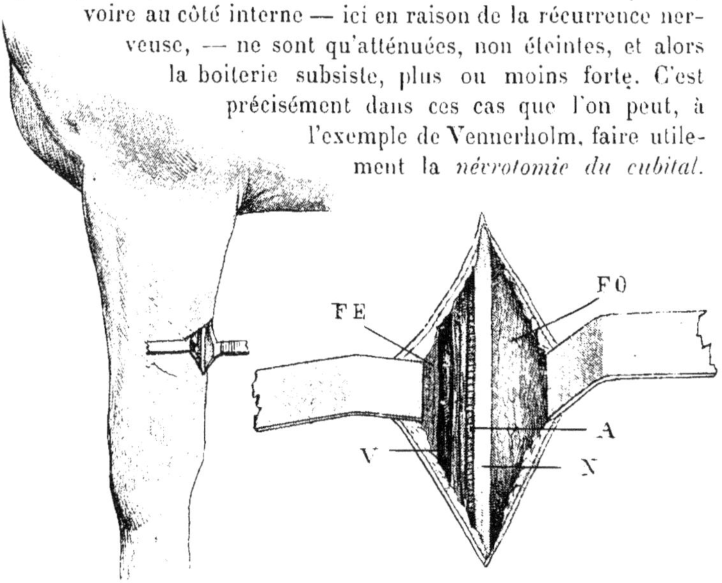

Fig. 11 et 12. — Névrotomie du cubital. — FE, fléchisseur externe du métacarpe; FO, fléchisseur oblique; N, nerf cubital; A,V, artère et veine cubitales.

Pour notre cheval, la claudication persistant intense après la cicatrisation de la plaie, il était indiqué d'y recourir.

Dans toute la hauteur de l'avant-bras, le *nerf cubito-cutané*, accompagné de l'artère et de la veine cubitales, est situé entre les muscles fléchisseur oblique et fléchisseur externe du métacarpe, immédiatement sous le fascia qui les réunit. Avec la pulpe des doigts, on perçoit facilement l'interstice musculaire qui fixe la ligne d'opération.

Pour effectuer celle-ci, on couche le cheval sur le côté opposé au membre malade ; ce dernier, laissé dans l'entravon, est tendu au moyen de deux plates-longes : l'une, fixée sur la partie supérieure du canon, est tirée en arrière ; l'autre, serrée sur la couronne, est tirée en avant. Deux aides, chargés du lacs, immobilisent le patient.

L'opérateur doit se placer en avant de la partie supérieure de la région antibrachiale. Le lieu d'élection est à 10-15 centimètres au-dessus du genou.

Sur notre cheval, la région préparée, M. Almy a fait, au lieu qui vient d'être précisé, une incision cutanée de 3 à 4 centimètres ; il a divisé ensuite la couche cellulaire sous-cutanée, l'aponévrose antibrachiale et le fascia qui unit la couche aponévrotique des deux muscles.

Avec les pinces et le bistouri, il a incisé, dans le sens de la plaie, la couche conjonctive qui enveloppe le nerf, en évitant de blesser la veine et l'artère cubitales, surtout celle-ci, qui est accolée au premier.

Le nerf isolé, il l'a coupé à l'angle supérieur de la plaie et en a excisé un bout long de 3 centimètres. — La plaie nettoyée, il en a réuni les bords cutanés par trois points de suture.

Le résultat de cette seconde opération a été satisfaisant. Relevé, le cheval ne boitait plus à l'allure du pas. — La plaie s'est cicatrisée par première intention. Actuellement, l'opéré est promené matin et soir. Exercé au trot, il ne manifeste plus qu'une légère claudication. Cet animal est utilisé au service du gros camionnage. Il peut dès maintenant recommencer à travailler.

Nous recommanderons de surveiller l'état du pied et des sections inférieures du membre opéré. Il faut compter, en effet, avec des troubles trophiques et avec les accidents de sphacèle dont je vous ai parlé à propos de la névrotomie plantaire métacarpienne.

Vous ne nous verrez pas souvent pratiquer cette double résection nerveuse. Même la seule névrotomie du médian n'est pas sans inconvénients sérieux. Elle doit être réservée, je vous l'ai dit, pour remédier aux affections chroniques *anciennes* des extrémités antérieures, et — surtout s'il s'agit d'animaux de prix — après avoir vainement mis en œuvre les autres moyens thérapeutiques, principalement la cautérisation.

On n'a pas suivi le conseil de ce savant qui la prônait pour toutes les nerf-férures non guéries au bout de six semaines. Il eût conduit à une véritable débauche de névrotomies.

XVI. — Lymphangite et abcès multiples à staphylocoques chez le cheval.

Dans mes leçons de *Pathologie chirurgicale*, en vous exposant la doctrine moderne de la pyogénie, je vous ai dit que les suppurations que nous observons chez nos malades sont l'œuvre de microbes divers, parmi lesquels les staphylocoques blanc, doré. et le streptocoque occupent le premier rang; les autres espèces pyogènes s'y rencontrent beaucoup plus rarement. Ces microbes parviennent dans les tissus par des voies multiples. Le plus souvent ils y arrivent à la faveur d'un traumatisme cutané ou muqueux. Vous savez que des solutions de continuité fort étroites, masquées par les poils, que des effractions imperceptibles leur servent fréquemment de portes d'entrée. Tantôt leur action se borne à susciter un abcès local; d'autres fois ils progressent dans les voies de la lymphe et déterminent une angioleucite, parfois un abcès ganglionnaire proche ou éloigné, suivant la disposition des vaisseaux blancs de la région. Il est des cas où ils pénètrent dans la grande circulation, où ils sont roulés par le sang et créent des désordres variables suivant leur malignité, leur degré de virulence. C'est par ce mécanisme que le streptocoque et les staphylocoques produisent les abcès métastatiques de la pyémie, par lui aussi que le microbe de la gourme détermine la plupart des abcès qui se développent au cours de cette infection.

Nous avons observé dans le service deux chevaux chez lesquels les staphylocoques ont provoqué, vraisemblablement en se comportant ainsi, des abcès en différentes régions.

Il y a quelques mois, sur un cheval percheron, âgé de sept ans, qui avait subi l'opération du javart cartilagineux au membre antérieur droit, nous avons vu apparaître à ce membre, le quatrième jour qui a suivi l'intervention, un engorgement fort accusé, surtout au-dessous du genou, engorgement qui s'est propagé à l'avant-bras et nous a fait craindre un abcès profond de cette région. Des bains antiseptiques tièdes, suivis de pansements à l'iodoforme, ont éloigné tout danger de complication immédiate; la plaie opératoire a marché régulièrement vers la cicatrisation, en même temps que diminuait peu à peu la tuméfaction de l'extrémité.

Il ne restait rien de cette lymphangite lorsque, quinze jours plus tard, nous constatâmes un certain nombre de petits abcès disséminés sur l'encolure, les côtes et les membres. — De quelle nature étaient ces abcès? Bien qu'il n'y eût aucun signe clinique pouvant éveiller l'idée du farcin, l'animal fut soumis à l'épreuve de la malléine. Le résultat fut celui que j'avais prévu : il n'y eut pas de réaction locale et la température ne s'éleva que d'un demi-degré. — Nous avions recueilli, avec les précautions d'usage, du pus qui servit à l'examen bactériologique et à des ensemencements. Le microscope y décela quelques rares staphylocoques, et les tubes de gélatine ensemencés donnèrent une culture pure de staphylocoque blanc.

Traitées par des injections de sublimé, les cavités purulentes se comblèrent rapidement. Il ne s'en produisit pas d'autres. L'état général du sujet était excellent, et, pour expliquer ces abcès multiples, je ne vois pas d'autre hypothèse plausible que l'infection du sang par l'un des microbes pyogènes qui ont pullulé dans la plaie du pied et provoqué la lymphangite. On peut objecter à cela le temps écoulé entre la phase aiguë de celle-ci et l'apparition des abcès. Mais des faits bien étudiés établissent que des lésions suppuratives secondaires peuvent se produire après un temps beaucoup plus long. Beaucoup d'autres microbes que les staphylocoques peuvent d'ailleurs devenir fort bruyants après être demeurés silencieux pendant des semaines, des mois, même des années.

La seconde observation n'est pas moins intéressante que la précédente et témoigne, comme elle, que le staphylocoque blanc peut être l'unique facteur de collections purulentes secondaires se développant loin du foyer primitif.

Une jument percheronne, âgée de quinze ans, atteinte au paturon antérieur gauche d'une phlegmasie gangreneuse circonscrite de la peau — d'un javart cutané, — entra dans le service le 6 décembre 1895. L'eschare était éliminée et la plaie paraissait en bonne voie de cicatrisation quand apparurent les signes d'une lymphangite diffuse, étendue à la totalité du membre :

la tuméfaction était énorme, très vive la sensibilité, très grande
la gêne dans les mouvements. Un premier abcès se forma à
la face interne du genou, qui s'ouvrit spontanément. Les jours
suivants, la plaie du paturon avait moins bon aspect; elle sécrétait un pus abondant; ses bords étaient tuméfiés et douloureux.
Puis l'engorgement envahit les parties supérieures du membre,
s'étendant jusqu'à l'épaule. Bientôt on remarqua sur la face
interne de l'avant-bras, une dépilation linéaire partant de la plaie
du genou. Sur cette ligne, qui correspondait au trajet des lymphatiques enflammés, il s'est développé successivement cinq
abcès sous-cutanés que nous avons ponctionnés. Tout près de la
pointe de l'épaule existait aussi une saillie dépilée circulaire,
mesurant quelques centimètres de diamètre, produite par un
autre abcès superficiel.

La plaie du genou, de forme circulaire, du diamètre d'une
pièce de deux francs, se recouvrit de bourgeons fermes, de
bonne apparence; ses bords étaient légèrement en saillie sur
la peau voisine; son centre était creusé d'une fistule qui
aboutissait dans un conduit sous-cutané longeant très exactement la zone dépilée dont je viens de parler. Le pus qui s'en
écoulait était blanchâtre, mal lié, un peu visqueux comme en
tous les cas d'écoulement purulent ayant sa source dans les canaux ou les ganglions lymphatiques. L'engorgement œdémateux
des sections inférieures du membre était relativement peu
accusé. La plaie du paturon mesurait encore 6 à 7 centimètres
dans le sens transversal et un peu plus d'un centimètre dans
l'autre.

Ces plaies n'avaient point le caractère ulcéreux; elles n'étaient
pas accompagnées d'induration prononcée; la traînée lymphatique en était également exempte. D'autre part, l'animal n'avait
eu aucune maladie depuis des années et son état général était
excellent.

Pour faire l'examen bactériologique du pus de cette lymphangite, je ponctionnai un abcès de la face interne de l'avant-bras
et, avec une pipette stérilisée, je recueillis un peu de ce pus,
que j'ensemençai sur gélatine et sur pomme de terre. A la température de la salle, il se développa des colonies de staphylocoque blanc.

Les attributs cliniques de ces lésions n'étaient pas ceux que
présentent habituellement les accidents de la morve. Une injec-

tion de malléine ne provoqua qu'une réaction insignifiante. — Après la ponction des abcès, le traitement consista en des injections antiseptiques faites dans les fistules. Le 16 décembre, l'engorgement et les plaies du membre antérieur gauche offraient toujours les mêmes caractères.

Le 18, nous constatâmes, à la face externe de la cuisse droite. un peu en arrière et au-dessus de la rotule, une tuméfaction chaude, sensible, œdémateuse, au centre de laquelle nous perçûmes bientôt de la fluctuation. Elle fut ponctionnée aseptiquement. Je recueillis du pus qui servit à des ensemencements. Toutes les cultures donnèrent encore des colonies du même staphylocoque. — L'animal fut soumis à un traitement interne consistant à additionner quotidiennement les boissons, le matin, de 50 grammes de bicarbonate de soude, et le soir, de 10 grammes de sulfate de quinine.

Le 20 décembre, nous aperçûmes, au niveau des extenseurs de l'avant-bras droit, un gonflement chaud, douloureux, annonçant la formation d'un abcès en cette région. Le lendemain, une bosse d'œdème s'observait au-dessous du coude, et l'exploration de la tumeur inflammatoire décelait une fluctuation profonde. On ponctionna l'abcès. Avec le pus, on inocula les mêmes milieux qu'avec celui prélevé à l'abcès de la cuisse. Le staphylocoque blanc était le seul micro-organisme présent.

Enfin, huit jours plus tard, une nouvelle collection purulente se forma sur la face droite de l'encolure, produite encore par le même microbe que les précédentes.

Guéri de ses plaies et de sa lymphangite, le cheval quitta l'hôpital et fut remis à son service habituel. On ne nous le ramena pas. Mais au bout de quelques mois on nous apprit qu'il n'avait pas eu d'autres phlegmons. Il s'était entièrement débarrassé de ses staphylocoques.

XVII. — Sur les tuberculoses externes du chien et du chat.

Vous savez que les chiens tuberculeux peuvent rejeter des matières bacillifères par le nez, par l'anus et par l'urèthre. Je vais vous montrer aujourd'hui que certains d'entre eux sèment le virus par des lésions externes dont on méconnaît la spécificité, lésions qui peuvent persister longtemps et d'où s'écoule du pus quelquefois riche en bacilles. Je veux parler des plaies et des fistules tuberculeuses. C'est la région cervicale qui en est le siège électif. Je les ai constatées sur quatorze malades : douze fois elles occupaient un point variable du bord antérieur du cou ; une fois il s'agissait d'une fistule de la paroi thoracique, et une fois d'une plaie péri-articulaire.

Pour mettre en évidence le danger qu'elles peuvent offrir au point de vue de la contagion, il me suffira de vous citer brièvement trois des observations que j'ai recueillies.

Le 21 mai 1895, on amena à la consultation un caniche âgé de deux ans, appartenant à M. V..., avenue du Maine, à Paris. Au commencement de mars de la même année, ce chien avait eu un abcès à la partie supérieure du cou. Au lieu de se cicatriser, la plaie de ponction était devenue ulcéreuse, et l'animal avait beaucoup maigri.

Lorsque j'examinai ce malade, la partie antérieure du cou était le siège d'un large ulcère, à bords amincis, décollés, souillés de pus grisâtre, à fond granuleux, creusé de plusieurs fistules aboutissant sur le larynx et l'origine de la trachée. A l'aspect cachectique de ce chien et aux caractères de la plaie je songeai immédiatement à la tuberculose. L'examen bactériologique du pus y décela de nombreux bacilles.

Ce caniche vivait dans l'appartement de ses maîtres. Pendant deux mois, sa lésion du cou, prise pour une plaie banale, a été traitée sans succès par toutes sortes de moyens, y compris la suture.

Le 23 juillet 1895, une fillette apportait à la consultation une petite chienne appartenant à M. L..., rue de Charenton, à Paris.

Depuis environ six semaines, cette chienne présentait, sur la face antérieure de la partie moyenne du cou, deux plaies fistuleuses. Durant le trajet de Paris à Alfort, l'enfant avait bandé le cou du chien avec son mouchoir de poche ; c'est aussi avec ce mouchoir qu'elle essuyait devant nous le pus qui s'écoulait des plaies.

Les caractères de celles-ci, l'émaciation de la malade, la dyspnée, éveillaient l'idée de la tuberculose. Avec du pus, je fis des préparations sur lamelles. Toutes étaient semées de bacilles.

Cette bête fut abandonnée et conservée dans l'écurie du service de chirurgie. Cinq mois plus tard elle succomba à la tuberculose généralisée. Les fistules ne s'étaient pas cicatrisées.

Le 16 mai dernier, M. M..., habitant rue Saint-Martin, à Paris, amenait à la consultation un griffon de quatre ans, atteint depuis trois mois d'une plaie ulcéreuse sise à la limite du cou et de la gorge. Longue de 3 centimètres et large de 2, elle avait ses bords décollés, érodés, recouverts de croûtes et de pus sanguinolent. 10 centimètres au-dessous de cette lésion, on découvrit une étroite fistule masquée par les poils agglutinés. — Comme sur les sujets dont je viens de parler, le pus de ces lésions contenait des bacilles en grand nombre.

Jusqu'au jour où il a été conduit à Alfort, ce chien a couché dans un coin de l'unique chambre constituant le logis de M. M..., de sa femme et de leur enfant.

Ces plaies tuberculeuses de la région cervicale sont d'origine lymphatique. Un seul exemple en a été publié avant mes recherches, et l'auteur, Müller (de Dresde), a cru à une lésion cutanée primitive. J'ai pu en suivre l'évolution sur plusieurs sujets. Elle est bien celle des adénites tuberculeuses suppurées de l'homme et offre trois stades principaux :

1° L'adénopathie ;

2° L'abcès ganglionnaire ou péri-ganglionnaire ;

3° L'ulcération de la peau.

Quand ces lésions sont définitivement constituées, quand

déjà elles datent de quelques semaines, en général elles se pré-

Fig. 13 et 14. — Ulcères tuberculeux du cou.

sentent avec les attributs suivants : plaies circulaires, ovalaires ou irrégulières; bords dépilés, déchiquetés ou amincis et décollés; fond rougeâtre, anfractueux, tapissé de bourgeons atones et parsemé de granulations jaunâtres; trajets fistuleux aboutissant sur la trachée ou sur la ligne des vaisseaux adjacents. — De ces plaies s'écoule un pus grisâtre ou sanguinolent, toujours virulent, quelquefois riche en bacilles.

Leur nature n'étant point reconnue, ces lésions sont traitées comme des plaies simples; elles continuent à suppurer. Sur quelques sujets, l'ulcère cutané se rétrécit; sur d'autres, il s'élargit peu à peu; tantôt des abcès se développent au voisinage et s'ouvrent à l'extérieur, provoquant ainsi de petites plaies qui peuvent se réunir à la première; tantôt la peau, décollée sur une large surface, est vite creusée d'ulcérations multiples. Les couches musculaires et conjonctives traversées par la fistule sont enflammées, indurées, confondues. A la dissection, on y trouve des granulations et des tubercules caséeux. Les ganglions rétro-pharyngiens et cervicaux sont toujours affectés : ou ils sont hypertrophiés, enflammés, marqués sur les coupes de taches jaunâtres formées par des granulations, ou ils constituent de petites tumeurs du volume d'un haricot, d'une noisette, dont le centre est ramolli, purulent. Deux fois j'ai vu les ganglions cervicaux reliés entre eux par des lymphangites noueuses aboutissant aux ganglions trachéo-bronchiques.

Les muqueuses qui forment le domaine des groupes ganglionnaires dont la fonte purulente entraîne ces ulcères fistuleux sont rarement le siège de lésions bacillaires. Trois fois seulement j'en ai constaté : dans un cas, une ulcération tuberculeuse de l'amygdale gauche; dans un autre, un tubercule sous-muqueux du pharynx, et dans le troisième un ulcère de la muqueuse du larynx.

Malgré l'absence habituelle de lésions révélant le lieu de pénétration des bacilles, ces ulcères tuberculeux du cou sont le résultat d'une auto-inoculation réalisée sur les muqueuses pharyngienne, laryngienne ou nasale, par les produits virulents provenant du poumon et incomplètement expectorés, projetés dans le pharynx ou dans la partie postérieure des cavités nasales. Sur mes 12 malades atteints d'ulcère tuberculeux du cou, 10 avaient les poumons très gravement affectés, partiellement détruits par des cavernes. On sait, d'autre part, que la pharyngite catarrhale est une affection assez commune chez le chien. Dans ces conditions, l'auto-inoculation se conçoit facilement : la muqueuse pharyngienne normale ou dépourvue de son épithélium et enduite de muco-pus virulent est pénétrée par les bacilles, lesquels atteignent ensuite les ganglions voisins. Les pressions exercées par le collier attisent l'inflammation des ganglions envahis, favorisent la suppuration des tissus péri-ganglionnaires, puis l'ulcération du tégument. Telle est la véritable pathogénie des ulcères tuberculeux du cou chez le chien.

Chez le chat aussi, on peut observer des lésions tuberculeuses externes, closes ou ouvertes. Aux très rares cas de ce genre dont il a été fait mention, je veux ajouter les deux suivants.

Dans les premiers jours d'avril 1895, on apporta à la clinique une chatte de sept ans, malade depuis quelque temps et déjà très amaigrie. On avait noté surtout des troubles de l'appareil respiratoire, — de l'oppression, des quintes de toux et un peu d'écoulement nasal à certains moments. Bien que l'appétit fût parfois capricieux, la malade consommait d'ordinaire la plus grande partie des aliments qu'on lui donnait. Elle appartenait à une personne qui toussait depuis longtemps, se croyait « asthmatique », mais présentait bien le facies tuberculeux. Environ six semaines auparavant, on avait remarqué à la partie supérieure du cou une plaie suppurante. Située près de l'origine de la trachée, cette plaie, de forme circulaire, mesurant à peine un demi-centimètre de diamètre, à bords amincis, décollés, était continuée profondément par un trajet fistuleux, qui aboutissait sur la face gauche de la trachée. Elle sécrétait un pus grisâtre dans lequel l'examen bactériologique décelait des bacilles. Nous ne pûmes obtenir l'abandon de cette chatte. Elle ne nous fut pas ramenée.

Un an plus tard, en mai 1896, on présenta à la consultation un chat âgé de trois ans, encore vigoureux et en assez bon état, atteint depuis cinq à six mois d'une plaie ulcéreuse du nez et de la face.

Je conservai ce malade quelque temps dans le service. De forme arrondie, occupant toute la région dorsale du nez, une partie de la face et du front, mesurant près de 4 centimètres de diamètre, cette plaie, avec ses bords indurés, taillés à pic, et son fond grisâtre, assez régulier, avait bien les apparences d'un cancroïde ulcéré. Cependant, on y remarquait quelques granulations jaunâtres, et en certains points de sa périphérie, sous le tégument décollé, on apercevait de la matière caséeuse. Par les deux narines salies, croûteuses, s'écoulait un jetage grisâtre, purulent. Les ganglions sous-glossiens étaient un peu hypertrophiés. Il s'agissait là d'une lésion de nature tuberculeuse, et d'une lésion très virulente : les bacilles existaient en quantité

Fig. 15. — Ulcère tuberculeux du nez.

considérable dans l'écoulement nasal, dans le pus et dans la matière caséeuse de la plaie.

A l'autopsie, nous trouvâmes une adénopathie mésentérique précæcale du volume d'une noix, dure, criant sous le scapel, offrant sur la coupe des points caséeux, d'autres crétacés, — quelques tubercules dans le foie, de nombreux foyers caséeux dans les poumons, des adénopathies trachéo-bronchique, rétropharyngienne et sous-glossienne.

L'ulcère du nez n'avait pas seulement détruit les parties molles qui recouvrent les os de la région ; ceux-ci étaient envahis. Ramollis, friables, érodés par places, ils étaient comme infiltrés de matière caséeuse. La paroi supérieure des cavités nasales n'était cependant perforée qu'en un point, — à la limite du sus-nasal et du sus-maxillaire gauche, à égale distance de l'œil et du bout du nez ; là existait un orifice de communication avec la cavité nasale gauche, orifice que l'on n'avait pas remarqué pendant la vie. Autour de l'ulcère et dans une zone d'un centimètre de large, le derme cutané et le tissu conjonctif sous-jacent présentaient sur les coupes des points jaunâtres correspondant à des granulations ramollies. Dans l'épaisseur du bout du nez, on trouva des lésions analogues. — Au voisinage de la perforation, en particulier sur les cornets, la pituitaire était épaissie, ulcérée par places, sertie ailleurs de fines granulations ; l'épaississement de la muqueuse était surtout prononcé vers les narines, dont la lumière était fort rétrécie.

Il est probable que l'ulcération des tissus du nez a été secondaire à un foyer bacillaire développé sur la pituitaire et propagé aux cornets, puis aux sus-nasaux ; l'extension du processus à la peau a été favorisée par les frottements et les grattages. Il est possible aussi qu'il y ait eu inoculation directe du tégument par l'action des griffes.

XVIII. — **Sur un cas de sarcomatose.**

Pendant le mois qui vient de s'écouler, vous avez pu suivre dans le service un cheval atteint d'une forme de sarcomatose assurément rare et qui, par ses caractères cliniques, se distingue des variétés décrites jusqu'à présent chez les animaux. Sur notre malade, la sarcomatose s'est traduite par des tumeurs de toutes dimensions, développées en grand nombre dans le tissu cellulaire sous-cutané et dans les interstices musculaires, sans envahissement de la membrane tégumentaire, sans retentissement ganglionnaire, comme c'est la règle pour les sarcomes, et, du moins jusqu'aux derniers jours, sans troubles graves dénonçant l'existence de néoplasmes viscéraux.

Les sarcomes ont une prédilection marquée pour le tissu conjonctif ; ils peuvent se rencontrer partout où existe ce tissu, conséquemment dans tous les organes. La plupart ont une assez grande tendance à la généralisation ; celle-ci, qui s'opère par la voie veineuse, est souvent des plus irrégulières : tantôt les tumeurs secondaires sont développées en grand nombre dans presque tous les viscères, tantôt on n'en trouve que dans quelques-uns. C'est le poumon qui est envahi le plus fréquemment ; c'est lui qui l'est d'ordinaire au plus haut degré quand l'infection est partout répandue. — Des cas se rencontrent cependant où l'extension des sarcomes est systématique. La néoplasie peut se propager presque exclusivement dans les os, dans la peau ou dans le tissu conjonctif sous-cutané, et constituer des variétés morbides à caractères cliniques et anatomo-pathologiques particuliers.

Il y a quelque trente ans, Kaposi a fait connaître, sous le nom de *sarcomatose cutanée*, un type morbide observé sur l'homme et caractérisé par des tuméfactions circonscrites de la peau, par des plaques saillantes, des tubercules aplatis, isolés ou confluents, dont la structure est celle du sarcome. On rencontre une affection analogue chez les animaux : c'est elle que M. Trasbot a décrite à l'article *Sarcome* du *Dictionnaire*, sous le titre *Variété verru-*

queuse. Chez les équidés, dit M. Trasbot, cette variété est localisée aux surfaces où la peau est fine : autour des yeux, du nez, de la bouche, des oreilles, au fourreau, aux mamelles, à la face interne des membres ; parfois elle envahit les régions abdominale, thoracique et cervicale inférieure. Les tumeurs peuvent se présenter sous deux aspects différents : sous la forme de verrues faisant corps avec la peau et plus ou moins en saillie à sa surface, ou sous celle de globes logés dans le tissu conjonctif sous-cutané ; mais ces deux formes sont toujours réunies sur le même sujet. Le tissu de ces néoplasmes est gris pâle, sans marbrures, plus ferme, plus dense que celui des autres sarcomes et composé exclusivement de cellules fusiformes. Jamais on n'y trouve de cellules rondes.

Tels n'étaient pas les caractères cliniques et anatomiques du type morbide que nous avons observé. Chez notre cheval, le tégument tout entier était indemne ; les tumeurs étaient dispersées dans le tissu conjonctif sous-cutané et intermusculaire ; quelques-unes seulement adhéraient à la peau, sans la pénétrer. L'autopsie a montré qu'il existait en outre des lésions viscérales ou profondes, plus nombreuses que nous ne l'avions supposé. Ce sont même ces lésions qui se sont produites les premières ; celles du tissu conjonctif sous-cutané se sont développées en dernier lieu ; mais nous n'avons pas saisi de rapport étroit entre les tumeurs sous-cutanées et les autres au point de vue de leur genèse, pas de lésions vasculaires expliquant la généralisation.

Le malade succomba au commencement de la sixième semaine qui suivit son entrée dans le service. On va vous rappeler son histoire. Par sa nécropsie, vous verrez qu'il était digne de mourir.

Cheval hongre, hollandais, âgé de douze ans environ, en assez bon état. Envoyé à l'École parce qu'il porte, en diverses régions, des tumeurs sous-cutanées. La plus volumineuse est développée sur la face droite de la poitrine, au niveau des quatrième, cinquième et sixième côtes, un peu au-dessus de la ligne du coude ; de forme hémisphérique, elle mesure près de 15 centimètres de diamètre. Une autre, à peu près de mêmes dimensions que la précédente, est sise immédiatement en avant de l'angle cervical du scapulum. Une troisième, du volume d'un œuf de poule, se remarque sur la face gauche du thorax, vers le milieu de sa hauteur, au niveau de la sixième côte. Du même côté, dans la région la plus déclive du thorax et au niveau de la douzième côte, on trouve un nodule du volume d'une noix. A gauche encore, sur la treizième côte, existe une tumeur de la grosseur d'un œuf de pigeon. — Toutes offrent à peu de chose près les mêmes caractères : elles sont fermes au toucher, un peu rénitentes, indolores, nettement circonscrites, mobiles sous la peau et sur les parties profondes ou peu adhérentes aux tissus adjacents.

La température, la respiration et la circulation sont normales. L'urine est riche en sédiments, surtout en sels calcaires (carbonate et phosphates de chaux). Pas d'albumine, pas de glycose, pas de pigments biliaires. Pas de modification dans la proportion de l'urée.

Le sang est normal. Le dénombrement des globules donne les chiffres suivants :

> Globules rouges.........   5 602 875 par millimètre cube.
> Globules blancs.........   5 864   —
>   Proportion............   1 p. 955

Ce cheval nous a été envoyé par un confrère qui a cru à des abcès froids. Mais les abcès froids sous-cutanés sont moins nettement délimités que ne l'étaient ces tumeurs; leur évolution est plus rapide; généralement la peau adhère à leur surface et la palpation y accuse de la douleur; enfin on les rencontre le plus souvent aux régions qui supportent les harnais. Une ponction exploratrice faite au centre des deux plus grosses tumeurs donna un résultat négatif.

Nous nous sommes demandé s'il ne s'agissait pas de tuberculose. Il n'y avait pas d'adénopathies à l'entrée de la poitrine, ni dans l'aine, ni sous la voûte lombaire. Dans l'hypothèse de la tuberculose, ces tumeurs auraient dû être accompagnées, quelques-unes du moins, de lymphangites et d'adénites spécifiques, comme dans le cas dont je vous ai parlé récemment. Nous avons néanmoins précisé ce point du diagnostic par l'épreuve de la tuberculine, par l'examen bactériologique et par l'inoculation.

Nous avons enlevé une des tumeurs développées sur le côté droit de la poitrine. Elle était aplatie, circulaire, formée d'un tissu blanc jaunâtre, peu résistant. A l'examen microscopique, nous l'avons trouvée surtout constituée par des cellules rondes à gros noyaux; on n'y voyait ni follicules tuberculeux, ni cellules géantes, et l'examen bactériologique n'y a pas décelé de bacilles. — Un morceau de la tumeur, broyé dans de l'eau stérilisée, fut injecté dans le péritoine de deux cobayes. — Le lendemain, nous avons fait sur la face gauche de l'encolure une injection hypodermique de 30 centigrammes de tuberculine. Elle n'a été suivie d'aucun phénomène réactionnel appréciable : pas d'hyperthermie, pas d'accélération notable des grandes fonctions; rien, — qu'une très légère tuméfaction locale. Nous avons conclu à l'existence des néoplasies sarcomateuses.

J'ajoute, pour n'avoir pas à y revenir, que le résultat de l'inoculation fut négatif. Sacrifiés au bout de cinq semaines, les deux cobayes ne présentèrent à l'autopsie aucune lésion tuberculeuse ni sarcomateuse.

Il ne fallait point songer à l'extirpation de ces tumeurs. Je prescrivis l'administration quotidienne de 8 grammes d'iodure de potassium, puis de 1 gramme d'acide arsénieux, — traitement qui ne donna aucun résultat.

Écoutez maintenant la suite de l'observation :

Quelques jours après l'entrée de ce cheval dans le service, de nouvelles tumeurs apparurent en diverses régions, ensuite d'autres se manifestèrent successivement.

Exercé au trot, l'animal se montrait tout de suite essoufflé ; il était incapable de travailler. Son état de faiblesse s'accentuait à mesure que le nombre et le volume des tumeurs devenaient plus considérables.

Dans le courant du premier mois, l'état général s'aggrava peu ; la température ne dépassa pas 38°,4. Le malade laissait tous les jours une partie de sa ration ; la plupart du temps il était triste, somnolent ; la respiration était courte et de plus en plus accélérée.

Huit jours plus tard, un nouvel examen du sujet révéla les phénomènes suivants :

État général plus mauvais ; émaciation musculaire plus accusée, ossature plus apparente ; poil piqué, œdème des régions inférieures des membres ; systoles cardiaques précipitées et fortes. Température 38°,6 ; Pulsations 80 ; Respirations 30. — On comptait une cinquantaine de tumeurs. Toutes les anciennes avaient augmenté de volume. Les principales tumeurs nouvelles étaient éparses aux diverses régions. On remarquait :

Sur le *côté gauche du tronc*, deux néoplasmes du volume d'un gros œuf de poule, situés en arrière de l'épaule, vers le milieu de la hauteur des côtes ; — trois tumeurs plus petites, aplaties, immédiatement sous-cutanées, dont une en arrière de l'acromion, une autre dans la région précordiale, la troisième au passage des sangles, près de la ligne médiane ; — neuf tumeurs du diamètre d'une pièce d'un franc à celui d'une pièce de cinq francs, qui formaient un chapelet le long de l'hypocondre ; — quatre tumeurs semblables au niveau de la partie fuyante du flanc ; — dans la région inguinale, surtout le long du bord supérieur de la face interne de la cuisse, on percevait une traînée de tumeurs dont quelques-unes avaient le volume d'un œuf de pigeon, et de nombreux nodules disséminés dans le tissu conjonctif.

Sur le *côté droit*, quelques petits noyaux au voisinage du volumineux néoplasme situé en avant du scapulum ; — le long de l'hypocondre, une dizaine de tumeurs aplaties, disposées en chapelet ; — dans la partie fuyante du flanc, à 15 centimètres au-dessous de l'angle de la hanche, une tumeur de la grosseur d'un œuf de poule ; — dans l'aine et à la face interne de la cuisse, de nombreux nodules durs, isolés ou agglomérés ; immédiatement au-dessous de l'anneau inguinal, une tumeur difficilement explorable à cause de son siège profond, mais dont les dimensions paraissaient volumineuses.

Sur le membre antérieur gauche, à la face interne de l'avant-bras, une tumeur sous-cutanée du diamètre d'une pièce de deux francs. Rien au membre droit; rien non plus à la tête ni dans les deux tiers supérieurs de l'encolure.

Il n'y avait pas d'hypertrophie des ganglions sous-lombaires; l'exploration rectale ne décelait qu'une tumeur des dimensions d'un œuf, située au bord antérieur de l'ilium gauche, à la hauteur de la crête ilio-pectinée.

La température ne dépassait la normale que de quelques dixièmes. Les systoles cardiaques étaient précipitées, tumultueuses; le premier bruit était fort; le deuxième était remplacé par un souffle diastolique.

Peu de jours après cet examen, un matin, alors que le malade semblait dans le même état que les jours précédents et avait pris une partie de ses aliments, une aggravation soudaine se produisit. On le trouva étendu sur le sol, le faciès angoissé, la respiration très accélérée, dyspnéique, les muqueuses cyanosées. On ne put le relever qu'avec beaucoup de difficulté. Presque aussitôt il se laissa retomber et se débattit violemment. La dyspnée devint de plus en plus intense, le corps se couvrit de sueur, les extrémités se refroidirent et la mort arriva.

Autopsie. — Lésions de l'asphyxie : muqueuses cyanosées; tissu musculaire rouge foncé; tissu cellulaire sous-cutané sillonné de capillaires gorgés d'un sang noirâtre, liquide, qui rougit et se coagule rapidement au contact de l'air; viscères congestionnés; taches ecchymotiques dans les poumons, dans les sillons du cœur et sous l'endocarde.

Les altérations de la sarcomatose étaient plus généralisées qu'on ne l'avait supposé pendant la vie. Les tumeurs existaient en très grand nombre. Quelques-unes étaient globuleuses; la plupart étaient aplaties, un peu plus épaisses au centre qu'à la périphérie. Leurs dimensions variaient depuis celles d'un pois jusqu'à celles d'une tête d'enfant. Toutes étaient nettement circonscrites; toutes étaient développées dans le tissu conjonctif, la plupart dans la couche sous-cutanée, quelques-unes sous les séreuses et dans les interstices musculaires. Les coupes pratiquées dans les muscles n'en ont décelé aucune dans le tissu musculaire lui-même. La plupart de ces tumeurs, notamment celles de petites dimensions ou de formation récente, n'avaient suscité aucune modification dans les tissus environnants; d'autres avaient provoqué dans ces tissus une réaction inflammatoire qui se traduisait par de la sclérose ou une ébauche de coque fibreuse; d'autres encore étaient entourées d'un exsudat gélatineux, tremblotant, jaunâtre ou hémorrhagique. Leurs caractères physiques et leur structure variaient suivant leur ancienneté : — les plus petites ou les plus récentes étaient molles, friables, formées d'un tissu homogène, blanchâtre; — d'autres, plus grosses, plus consistantes, offraient une teinte grisâtre vers leur centre; — dans les plus volumineuses, on distinguait trois zones concentriques : une périphérique, formée de tissu friable et de nuance claire comme celui des néoplasies récentes; une moyenne, grisâtre; enfin une centrale, jaune clair, à contours irréguliers, formée par des éléments nécrobiosés. Beaucoup de ces néoplasmes présentaient, dans leur couche superficielle, de fines ecchymoses.

Dans le membre postérieur gauche, entre la portion charnue du court adducteur de la jambe, le pectiné et les adducteurs de la cuisse, on en trouva une du poids de 1 700 grammes; au-dessus de l'épaule droite, sous le trapèze cervical et le rhomboïde, une autre pesant 720 grammes; en arrière de cette épaule, entre le grand dentelé et le grand dorsal, une autre dont le poids dépassait 600 grammes.

On en a compté une cinquantaine entre les muscles du bras droit et le grand dentelé; une trentaine sous l'épaule gauche. Elles étaient très nombreuses dans les pectoraux, les muscles abdominaux et les régions costales.

A l'ouverture de l'abdomen, on fut frappé par l'abondance de la graisse qui existait encore sous la voûte lombaire, autour des reins et dans le bassin. On n'y trouva qu'une seule tumeur, — celle qui avait été reconnue par le toucher rectal, au bord antérieur de l'ilium gauche. Il n'y en avait point dans le foie, la rate, les reins, la vessie, non plus que dans les parois de l'estomac et de l'intestin. La dissection des psoas en montra quelques-unes dans les interstices de ces muscles.

Les plèvres contenaient un peu de liquide jaune citrin ; elles ne présentaient ni tumeurs, ni granulations. Le poumon gauche n'offrait que des lésions d'hypostase. Les coupes faites dans le poumon droit mirent à découvert, vers sa partie moyenne, quatre tumeurs blanchâtres, récentes, friables, du volume d'une noix, autour desquelles on ne voyait aucune lésion congestive ou inflammatoire.

Le péricarde renfermait un peu de liquide citrin ; ses deux feuillets étaient normaux ; entre l'externe et le médiastin existaient, disséminées dans du tissu adipeux, une vingtaine de petites tumeurs aplaties.

Le cœur offrait des lésions remarquables. Le myocarde paraissait légèrement hypertrophié, ramolli, jaune pâle. Toutes les valvules étaient déformées par de petites tumeurs aplaties, biconvexes, développées dans leur épaisseur ; les plus grosses avaient le diamètre d'une pièce de cinquante centimes, et les plus petites celui d'un pois. En général plus rapprochées de la ligne d'insertion que du bord libre, elles étaient surtout épaisses dans les sigmoïdes aortiques ; ce sont elles qui, entravant le jeu des valvules, déterminaient le souffle diastolique perçu dans les derniers jours de la vie. Toutes étaient constituées par un tissu friable, blanc grisâtre, avec un fin piqueté hémorrhagique.

Enfin, à la base du cœur, existait une grosse lésion qui explique, et la terminaison fatale, et sa soudaineté. Il y avait là, à cheval sur la bifurcation de l'aorte primitive, étroitement appliquée sur ses deux branches, une tumeur volumineuse, longue de 20 centimètres, haute de 13, épaisse de 7, du poids de 1 200 grammes, entourée d'un certain nombre de petits néoplasmes satellites, disséminés dans une nappe conjonctive qui l'enveloppait. Cette tumeur, qui avait envahi la couche adventice de l'aorte, était intimement soudée à la tunique moyenne ; on ne pouvait séparer ces parties avec la sonde ; il fallait recourir au bistouri ; toutefois, sur les coupes, la ligne de démarcation apparaissait très nette : le tissu néoplasique, blanc grisâtre, tranchait sur la teinte jaunâtre de la paroi artérielle. Sur ces coupes, on distinguait également dans le tissu de la tumeur les trois zones sus-mentionnées : tissu mou et rosé à la périphérie ; tissu plus dense, grisâtre dans la partie moyenne ; îlots jaunâtres, à bords irréguliers au centre ; les deux premières étaient marquées de nombreux points hémorrhagiques. — Les pneumogastriques étaient englobés dans la couche superficielle de cette tumeur.

Les ganglions lymphatiques sous-glossiens et trachéo-bronchiques étaient les seuls qui fussent un peu hypertrophiés ; mais leurs altérations ne relevaient point de la sarcomatose. — Rien aux ganglions sous-lombaires, inguinaux et pré-pectoraux, qui, cependant, collectaient la lymphe des régions où abondaient les tumeurs. Rien non plus dans les centres nerveux.

Quatre jours avant la mort, le dénombrement des globules du sang avait accusé 4 562 750 hématies et 12 918 leucocytes par millimètre cube, soit une proportion de 1 globule blanc pour 353 globules rouges. La généralisation du processus sarcomateux avait donc entraîné une leucocytose assez accentuée.

Voilà, très exactement relatée avec les détails qu'elle comporte, cette curieuse observation.

J'ai dit qu'à l'œil nu et au microscope ces tumeurs offraient les caractères du sarcome. Mais de quelle variété de sarcome s'agissait-il? Vous savez qu'on en a distingué quatre principales : 1° le *sarcome encéphaloïde* ou *globo-cellulaire*, formé de cellules rondes, à noyaux volumineux, à protoplasma peu abondant, et de vaisseaux à minces parois embryonnaires; 2° le *sarcome fasciculé* ou *fuso-cellulaire*, constitué par des cellules allongées, fusiformes, et par des vaisseaux dont la structure est la même que dans les précédentes ; 3° le *sarcome myéloïde* ou à *myéloplaxes*, néoplasme du tissu osseux, dans lequel prédominent de grandes cellules multinucléées semblables aux myéloplaxes de la moelle osseuse ; 4° enfin le *sarcome mélanique*, — la tumeur des chevaux blancs, — dans lequel les cellules sont remplies de granulations pigmentaires grises ou noires.

Les tumeurs trouvées sur notre malade n'appartiennent à aucune de ces formes du sarcome. Elles sont constituées par des cellules de volume inégal, la plupart arrondies, quelques-unes irrégulières, et par des vaisseaux sans parois différenciées, mais on y constate en outre un réticulum plus ou moins épais selon les points examinés des coupes et l'âge des tumeurs. Dans les néoplasmes jeunes, toutes les cellules sont rondes, le réticulum est délicat, peu abondant, pourtant très net sur les coupes traitées au pinceau. Dans les tumeurs plus volumineuses et plus anciennes, plus consistantes, un certain nombre de cellules sont irrégulières ou fusiformes, et le réticulum, plus abondant, forme en certains points d'étroites travées conjonctives. Par leurs caractères histologiques, ces tumeurs sont intermédiaires aux sarcomes et aux lymphadénomes; ce sont des *sarcomes lymphoïdes* ou *lymphadénoïdes*.

Il ne faudrait pas croire que tous les cas de tumeurs dermiques et hypodermiques multiples, plus ou moins généralisées ou localisées en certaines régions et disposées d'une façon irrégulière ou systématique, relèvent de la sarcomatose. La tuberculose peut donner lieu à un tableau clinique analogue. Je vous en ai cité un exemple. D'autres néoplasmes peuvent aussi se comporter de la même manière. Chez le cheval et chez le chien, on a signalé plusieurs cas de *fibromatose*.

Il y a quelques années, j'ai observé une chienne atteinte de nombreuses tumeurs fibreuses, dermiques et hypodermiques, occupant exclusivement les extrémités. Le début de l'affection remontait à plusieurs mois. On avait remarqué d'abord quelques petites tumeurs sur la tête et les membres: elles avaient augmenté de dimensions en même temps que d'autres étaient apparues. Au premier coup d'œil jeté sur la malade, l'attention était attirée par la présence, sur le pavillon de l'oreille droite. d'une tumeur large comme une pièce de cinq francs, à contours irréguliers, aplatie, excoriée, saignante en sa partie centrale. D'autres néoplasmes. développés dans le derme et le tissu conjonctif sous-cutané, existaient sur l'oreille gauche, sur le nez. les joues, la queue et les quatres membres. On en pouvait compter une centaine sur ces derniers. On n'en remarquait point aux diverses régions du tronc ni au cou.

Excepté celle de l'oreille droite, toutes ces tumeurs offraient à peu de chose près les mêmes caractères. Elles se montraient sous l'aspect de petites plaques arrondies, fermes, peu saillantes. indolores. Elles opposaient une assez grande résistance au scalpel: la surface des coupes était blanchâtre, sèche: même par la compression, on n'en faisait sourdre aucun liquide. A l'examen microscopique, elles présentaient les attributs histologiques du fibrome fasciculé.

La palpation, la percussion et l'auscultation ne décelaient rien d'anormal dans les organes abdominaux et thoraciques. L'urine était albumineuse. L'examen du sang révélait une constitution globulaire normale.

J'ai conservé cette malade pendant un certain temps. Elle se maintint d'abord en bon état, consommant toute sa ration et paraissant n'éprouver aucune souffrance; puis elle devint triste, perdit l'appétit, fut prise de vomissements, de diarrhée, s'affaiblit rapidement et succomba dans le marasme. — A l'autopsie, nous trouvâmes une dégénérescence kystique des deux reins. Il n'existait aucun néoplasme dans les viscères ni dans les divers tissus.

Chez cette chienne, les tumeurs étaient exclusivement localisées dans la peau et le tissu conjonctif des extrémités, — de la tête, des membres et de la queue.

Ces deux malades ont été soumis, pendant plusieurs semaines, aux médications iodurée et arsenicale, employées alternativement. Il n'est survenu aucune amélioration. J'ai maintes fois essayé ces médications chez d'autres animaux — chevaux et chiens — atteints de néoplasmes divers, ainsi que chez plusieurs sujets lymphadéniques. Jamais je n'en ai obtenu le moindre bénéfice.

III

PATHOLOGIE ET CLINIQUE MÉDICALES

XIX. — Sur l'endocardite aiguë du cheval.

L'inflammation aiguë de l'endocarde chez les animaux a été l'objet, depuis un demi-siècle, de travaux intéressants, parmi lesquels ceux de MM. Leblanc et Trasbot méritent une mention spéciale. On la considère encore généralement comme une affection très rare, et cela parce que, en raison des conditions dans lesquelles elle se développe habituellement, elle passe méconnue (1).

Les faits cliniques publiés à son sujet ont trait aux diverses variétés de la maladie : — à l'*endocardite primitive, traumatique* ou *a frigore*, et à l'*endocardite secondaire*, surtout à celle de nature rhumatismale. Chez le cheval, comme du reste chez les autres animaux, si l'endocardite primitive existe, elle doit être d'une exceptionnelle rareté ; je ne l'ai jamais rencontrée ; je n'ai observé que des cas d'endocardite aiguë secondaire, la plupart sur des sujets atteints de pneumonie ou pendant la convalescence. Je vais vous en citer deux exemples.

Dans le courant de l'hiver dernier, j'ai eu l'occasion d'examiner un pneumonique chez lequel l'affection pulmonaire s'est compliquée d'endocardite. Voici, en quelques mots, l'histoire de ce malade.

L'un des derniers jours de janvier, au repas du matin, il laissa

(1) En 1863, à la *Société centrale de médecine vétérinaire*, Colin contestait encore l'existence de l'endocardite et de la myocardite chez le cheval. Il déclarait n'avoir jamais observé de fausses membranes sur l'endocarde, ni d'insuffisance valvulaire. Il rapportait à « des déchirures partielles des fibres musculaires les taches blanches formées par du tissu cicatriciel », qu'il avait souvent rencontrées chez le cheval.

une partie de sa ration. On l'attela néanmoins, mais le charretier qui le conduisait remarqua qu'il ne tirait pas comme d'habitude ; il était somnolent, paraissait fatigué et s'arrêtait de temps à autre ; l'expiration était plaintive. Rentré à l'écurie, il ne prit qu'un peu de boisson ; il ne toucha pas à l'avoine. A ces symptômes s'ajoutèrent, le lendemain, de la toux et un léger jetage bilatéral. Un vétérinaire appelé constata l'existence d'une pneumonie au début, fit une saignée de 5 litres et prescrivit l'administration de tartre stibié et d'iodure de potassium. Jusqu'au septième jour, bien que les deux lobes pulmonaires fussent atteints, aucun phénomène alarmant ne survint. Le huitième, et du matin au soir, l'état du malade s'aggrava beaucoup. — J'examinai celui-ci le jour suivant, dans l'après-midi. Les signes d'hépatisation des deux lobes persistaient, et à l'auscultation du cœur, dont les battements étaient précipités et affaiblis, je perçus un souffle léger et doux couvrant le second bruit et le grand silence, — un souffle d'insuffisance aortique. — Les renseignements fournis sur les antécédents du sujet ne laissaient guère de doute sur la valeur clinique de ce symptôme. Tout en faisant des réserves cependant, — ce souffle pouvait tenir à une lésion valvulaire antérieure à la pneumonie ; on en constate sur des chevaux qui font encore un dur service ; — tout en faisant des réserves, dis-je, je déclarai que l'endocarde était enflammé, et que l'aggravation subite survenue dans l'état du malade était causée, en partie tout au moins, par cette complication. Quelques jours plus tard, l'animal succombait. — A l'autopsie, avec des foyers multiples de gangrène pulmonaire, on trouva les lésions d'endocardite aiguë que je mets sous vos yeux. Sur la face supérieure des lames de la mitrale et la face inférieure des sigmoïdes aortiques, principalement vers leur bord libre, vous verrez de petites végétations grisâtres, les unes assez fermes, les autres molles, friables. Vous remarquerez aussi que ces valvules sont un peu injectées, infiltrées, et qu'elles n'offrent point de lésions anciennes.

Il y a cinq ans, j'ai recueilli une autre observation semblable à la précédente quant à l'étiologie et à la localisation des lésions endocardiaques : — il s'agissait encore d'une endocardite valvulaire aortique survenue au cours de la pneumonie. Le malade a guéri, et si la preuve de l'atteinte des valvules aortiques n'a pu être faite comme pour le premier,

elle a été nettement établie par les phénomènes consécutifs : la
pneumonie s'est terminée par la résolution, mais l'endocardite
a fait des lésions chroniques. Après une courte convalescence, ce
cheval a repris son service. Un an plus tard, j'ai constaté chez
lui une insuffisance aortique nettement caractérisée par un fort
souffle diastolique. Il était porteur d'une lésion valvulaire qui ne
devait ni disparaître, ni régresser, et qui a fini par entraîner des
troubles dont je vous parlerai dans une de nos prochaines réunions.

On a relaté un assez grand nombre d'observations d'*endocardite
mitrale aiguë secondaire*. Vous ne lirez pas sans profit celles
que M. Trasbot a publiées dans les *Archives vétérinaires* des
années 1878 et 1880.

Si l'étiologie et la pathogénie de l'endocardite aiguë sont complexes, vous pouvez tenir pour certaine cette première donnée,
que l'affection est toujours secondaire, créée par les processus
toxi-infectieux, et cette autre, que, chez le cheval, elle relève bien
plus fréquemment des phlegmasies pulmonaires qu'on ne l'a admis
jusqu'à présent. Il est reconnu que l'endocarde est une séreuse
particulièrement sensible vis-à-vis des infections, une séreuse
facilement lésée par les microbes et par leurs toxines. Dans les
pneumonies — dans la forme contagieuse surtout — le poumon
est le siège d'une active pullulation microbienne. Les agents
infectieux qui pénètrent dans les vaisseaux pulmonaires encore
perméables n'ont qu'une courte étape à franchir pour atteindre
le cœur, et l'on sait qu'ils peuvent provoquer des accidents dans
les viscères les plus éloignés du poumon. En suspension dans le
sang, ils traversent nécessairement le cœur gauche; ils peuvent
s'arrêter sur l'endocarde, ils se fixent de préférence sur les irrégularités, les saillies, les replis de la séreuse, notamment sur les
valvules, où précisément l'on constate presque toujours les lésions
de l'endocardite aiguë. Cette localisation du processus sur les
lames valvulaires est évidemment due aux « quasi-traumatismes »
incessamment répétés qu'elles éprouvent par le fait même du
fonctionnement du cœur, les lames auriculo-ventriculaires, pendant la systole, et les sigmoïdes, pendant la diastole, se heurtant
et s'adossant vers leurs bords libres. On s'explique ainsi leur
facile vulnération en ces points et leur inoculation, quand elles
sont battues par un sang infectieux.

La gourme, la maladie typhoïde, les pneumo-entérites des fourrages, la morve, et en général tous les états morbides microbiens à localisation pulmonaire, ainsi que les infections chirurgicales, peuvent s'accompagner d'endocardite. — L'infection du sang peut d'ailleurs s'effectuer au niveau des lésions les plus variées de la peau et des muqueuses ; c'est dire que les portes d'entrée pour les agents pathogènes sont innombrables, tantôt ostensibles, tantôt d'une constatation malaisée. A l'autopsie d'un vieux cheval, M. Blanc a trouvé une endocardite ulcéreuse consécutive à une phlegmasie des voies biliaires : un observateur moins attentif aurait vu là un fait d'endocardite primitive ou *a frigore*.

Il est à remarquer que la localisation des lésions dans le cœur gauche est la règle, *même quand les agents infectieux pénètrent dans les veines de la grande circulation et arrivent d'abord dans le cœur droit*. — On explique de plusieurs manières cette prédominance de l'endocardite dans le cœur gauche. Les uns invoquent le fonctionnement plus actif de cette partie de l'organe et les frottements plus intenses qu'y subit la séreuse ; les autres, les qualités du sang que contient le cœur gauche, sa richesse en oxygène, favorable à l'activité des microbes *aérobies* rencontrés dans la généralité des endocardites. Chez le cheval, la prédominance des cas d'endocardite gauche tient vraisemblablement à la fréquence des phlegmasies pulmonaires, au cours desquelles la séreuse du cœur gauche est particulièrement exposée.

L'endocardite aiguë peut être provoquée par des microbes divers. Chez l'homme, où la question a été beaucoup mieux étudiée que chez les animaux, on a trouvé surtout, dans les lésions endocarditiques, des microcoques — staphylocoques, streptocoques, pneumocoques, gonocoques, — plus rarement le bacille d'Eberth, le coli-bacille, le bacille de Koch. MM. Gilbert et Lion y ont décelé un paracoli-bacille. Weichselbaum y a vu un microbe non encore signalé dans d'autres maladies. — Les mêmes espèces microbiennes ont été rencontrées dans les principales formes anatomiques de l'endocardite — la *végétante* et l'*ulcéreuse*. Les caractères des lésions semblent donc dépendre surtout du degré de virulence des agents infectieux. — Il y a enfin des endocardites *cryptogénétiques*, dont on n'a pu isoler jusqu'à présent les agents pathogènes. — Chez le cheval, dans les lésions de l'endocardite, Penberthy et Fuchs ont trouvé des microcoques. Dans un cas de tuberculose, j'y ai constaté le bacille de Koch.

L'inflammation de l'endocarde est une complication fréquente du rhumatisme ; elle en est une détermination au même titre que l'arthrite, la synovite, la pleurésie, la péricardite. Mais, en dehors de l'état pseudo-rhumatismal consécutif aux pneumonies, le rhumatisme aigu ne se voit guère chez le cheval, et les endocardites qui en relèvent sont moins communes que celles dont je viens de parler.

On est aujourd'hui d'accord sur l'extrême rareté de l'endocardite aiguë primitive, de celle que l'on a appelée endocardite *a frigore*. Le froid seul, pas plus qu'un traumatisme aseptique, ne peut la déterminer; son action doit être précédée ou accompagnée d'une autre influence pathogène dont le rôle est capital. — d'une intervention microbienne. Le froid agit ici comme dans la pneumonie *a frigore*, en diminuant la résistance de l'organisme, en favorisant l'infection, et les foyers latents de celle-ci sont nombreux ; elle pourrait même avoir lieu par la muqueuse inaltérée des voies respiratoires : des recherches expérimentales semblent avoir établi que divers microbes peuvent traverser l'épithélium pulmonaire, en dehors de toute lésion préalable, et passer dans la circulation sanguine par l'intermédiaire des voies lymphatiques.

On a prétendu que certaines substances thérapeutiques ou toxiques, administrées à l'intérieur, étaient capables de déterminer une phlegmasie aiguë de l'endocarde; il en serait ainsi pour la digitale, lorsqu'elle est donnée à fortes doses, par intermittences et pendant longtemps. Très certainement ces substances, elles aussi, ne sauraient que favoriser l'infection.

L'*endocardite traumatique*, consécutive aux lésions cardiaques provoquées par des corps vulnérants infectés, est surtout une maladie de laboratoire. — Parfois l'endocardite et la myocardite coexistent, et l'on a expliqué le développement de la première par l'extension, à la séreuse, de l'inflammation du muscle cardiaque, mais dans la généralité des cas de cet ordre, les tissus musculaire et séreux ont été atteints simultanément.

Selon sa nature, selon l'espèce ou la virulence des agents microbiens qui la déterminent, l'endocardite peut rester localisée, perdre vite son caractère infectieux, passer à l'état chronique et ne donner lieu qu'à des lésions fibreuses banales : — c'est l'endocardite qualifiée de *bénigne*, celle que l'on rencontre généralement chez le cheval; ou bien elle conserve son caractère originel, elle est infectieuse et infectante : — c'est l'*endocardite maligne*.

Il vous suffira de parcourir la symptomatologie que la plupart des auteurs tracent de l'endocardite du cheval pour vous convaincre que l'on attribue évidemment à cette maladie des troubles qui ne lui appartiennent pas, mais qui relèvent de l'infection dont l'inflammation de l'endocarde n'est qu'un accident. Un profond abattement, une anorexie absolue, une forte hyperthermie, la chaleur de la peau, l'accélération des grandes fonctions, de la dyspnée, la violence des systoles cardiaques, le frémissement cataire, le timbre métallique des bruits du cœur, parfois des douleurs abdominales; puis de l'arythmie cardiaque, des intermittences, du pouls veineux, un souffle au premier ou au second bruit; plus tard, des parésies ou des paralysies, de l'albuminurie et de l'ictère déterminés par des embolies viscérales; enfin l'adynamie et le collapsus : tels seraient les principaux symptômes provoqués par l'endocardite aiguë sous les diverses formes qu'elle est susceptible de revêtir.

La vérité est que la maladie passe généralement inaperçue, masquée par les troubles de la propathie. Quand elle existe comme affection primitive, les symptômes généraux qui l'accompagnent ne diffèrent guère de ceux qui surviennent au cours de beaucoup d'autres maladies viscérales. Elle n'a comme signes particuliers que ceux reconnus à l'auscultation du cœur, et le seul qui la révèle est le *souffle*.

Tantôt c'est un *souffle systolique* ayant pour siège l'orifice auriculo-ventriculaire gauche, souffle faible, doux, profond chez certains malades ; fort, vibrant chez d'autres, et alors, mais exceptionnellement toutefois, la main appliquée sur la région précordiale peut percevoir le « frémissement cataire », — phénomène qui, bien que signalé par tous les auteurs, est assez inconstant. Tantôt c'est un *souffle diastolique* produit par l'insuffisance aortique. Parfois enfin, on constate d'abord un souffle systolique, puis un souffle diastolique ; celui-ci apparaît habituellement après l'autre, — les lésions des valvules sigmoïdes étant postérieures en date à celles de la mitrale ou évoluant moins rapidement.

Chez certains malades, les systoles cardiaques se succèdent à intervalles réguliers, elles paraissent seulement un peu plus fortes qu'à l'état normal, et le pouls est ordinaire ou affaibli. Chez d'autres, le fonctionnement du cœur est irrégulier, et cette arythmie est plus ou moins prononcée ; les intermittences sont rares et toujours de brève durée. Dans la forme simple de l'endocardite aiguë, si les animaux sont laissés au repos, on n'observe pas de vraies palpitations, ni d'accès dyspnéiques : le myocarde n'étant intéressé que dans une très faible épaisseur, souvent ses lésions ne se traduisent à l'extérieur par aucun signe bien appréciable. Toutefois, l'insuffisance mitrale peut survenir ainsi, amenée par la faiblesse ou la parésie des piliers tenseurs des lames valvulaires.

Lorsque l'endocarde et le myocarde sont frappés simultanément, ou encore lorsqu'il y a endo-péricardite, le tableau symptomatique est plus compliqué. Les descriptions auxquelles j'ai fait allusion tout à l'heure s'appliquent surtout soit à l'endo-myocardite infectieuse, soit à l'endocardite précédée ou compliquée de troubles pulmonaires graves.

Dans l'*endocardite végétante*, lorsque les productions inflammatoires déposées sur les valvules sont volumineuses, c'est encore le même appareil symptomatique qui s'observe, mais plus accentué. Aux symptômes dénonçant les insuffisances mitrale et aortique s'en ajoutent habituellement d'autres qui accusent le rétrécissement de ces orifices. De plus, les chances d'embolies sont plus grandes que dans l'endocardite simple, et plus fréquents par conséquent les troubles dénonçant des oblitérations vasculaires viscérales. L'embolie cérébrale — rare chez tous les animaux — est suivie de mort rapide ou d'une paralysie plus ou moins étendue ; celle du rein entraîne de l'albuminurie et de l'hématurie ; celle de l'intestin provoque des coliques ; celle qui va échouer dans l'appareil artériel d'un membre donne lieu à une boiterie, quelquefois à des accidents gangreneux ; celles de la rate et de quelques autres organes ou tissus restent silencieuses.

Quant à l'*endocardite maligne, ulcéreuse* ou *septique*, elle est exprimée non seulement par les signes habituels tirés de l'auscultation, mais par des symptômes généraux extrêmement graves, analogues à ceux d'une infection ou d'une intoxication à marche rapide et dénonçant l'imprégnation de l'organisme par les agents pathogènes et leurs toxines. L'hyperthermie est intense, il y a une grande prostration, des frissons, des sueurs, de la diarrhée, de l'albuminurie, de l'hématurie, des coliques, des plaintes répétées, de la cyanose des muqueuses, une vive accélération de la circulation avec effacement du pouls, quelquefois des hémorrhagies. Les symptômes s'accentuent rapidement et la mort a lieu dans le collapsus. Mono- ou polymicrobienne, mais toujours hautement infectieuse, cette endocardite passe facilement méconnue pendant la vie.

Les *altérations* rencontrées sur l'endocarde des sujets atteints d'inflammation aiguë de cette séreuse sont assez diversifiées. A la lecture des observations « d'endocardite aiguë » relatées dans nos publications, on se convainc que, dans maints cas, les altérations constatées n'avaient pas la signification qui leur a été attribuée. Il est des faits publiés sous ce titre dans lesquels l'existence de l'endocardite n'est rien moins que démontrée, même par les lésions.

La rougeur diffuse de la séreuse, les ecchymoses, les taches noirâtres irrégulières, voire les petits grains fibrineux dont on l'a trouvée quelquefois semée, ne sont point des altérations suffisantes pour affirmer l'endocardite aiguë. La rougeur diffuse de la séreuse est le résultat de son imprégnation par la matière colorante des hématies détruites au cours de certains processus infectieux. On sait que les autres lésions se rencontrent assez communément sur les chevaux qui succombent après s'être violemment agités, surtout pendant les journées où la température atmosphérique est excessive. Elles peuvent également s'observer quand la mort a été précédée d'une agonie agitée, de mouvements violents qui ont persisté pendant de longues heures.

Dans la forme commune de l'endocardite aiguë, on trouve la séreuse épaissie ou soulevée par places, dépolie ailleurs, recouverte de petites végétations grisâtres ou rougeâtres, friables, coiffées ou non d'une couche fibrineuse, et marquée, au niveau de ces lésions ainsi qu'à leur pourtour, de fines arborisations vasculaires. Il n'y a pas autre chose. Ces lésions sont quelquefois étendues à une assez grande partie de l'endocarde; c'est sur les lames valvulaires qu'on les rencontre de préférence, et c'est là qu'elles sont toujours le plus accusées. Habituellement elles sont limitées au cœur gauche. Les valvules mitrale et aortiques sont tuméfiées, irrégulièrement épaissies, souvent parsemées de petites végétations sessiles, adhérentes à la membrane, faisant corps avec elle, les unes grisâtres, les autres colorées en rouge clair. Parfois très petites, très nombreuses, presque confluentes, elles donnent à la membrane un aspect chagriné. Sur la pièce que je vous présente, vous les verrez agminées à une petite distance du bord libre des lames. Assez souvent elles apparaissent d'abord sur la région vascularisée des valvules, puis s'étendent vers le bord libre ; dans les cas où elles prédominent sur le bord même des lames valvulaires, l'endocardite est dite *marginale*. — La coloration anormale résiste au lavage, et si l'on regarde les plaques de plus près, on y remarque, surtout à leur pourtour, de petits réseaux vasculaires ; mais on n'observe guère là les teintes rouge brun ou noirâtre, qui apparaissent si rapidement dans les inflammations des organes richement vascularisés. — La plupart de ces végétations sont recouvertes d'un dépôt fibrineux, en général peu adhérent; très bornée est l'exsudation qui peut se faire à leur surface. Leur abrasion met à nu des érosions superficielles de la séreuse.

On a cru d'abord que les néoformations endocarditiques étaient exclusivement fibrineuses. Elles sont constituées par des cellules embryonnaires et des leucocytes entre lesquels est interposée une petite quantité d'exsudat amorphe. A leur base ainsi qu'à leur pourtour, il y a dans l'endocarde une zone infiltrée des mêmes éléments; l'abondance de ceux-ci diminue à mesure qu'on examine des points plus éloignés des végétations. La persistance de l'épithélium à la surface de certaines plaques d'endocardite indique que le processus se déroule en partie dans la couche profonde de la séreuse; en général, la couche superficielle, soulevée d'abord, se détruit ensuite. Il n'y a pas ou il n'y a que très peu de sécrétion à leur niveau : l'endocardite aiguë est proliférante, non exsudative. — Lorsque les cordages valvulaires sont envahis ou que la portion de l'endocarde sur laquelle ils s'insèrent est intéressée, ils peuvent se rompre ou se détacher à leur insertion, — accident qui entraîne parfois brusquement une insuffisance mitrale. Quand la phlegmasie s'est propagée de la couche profonde de la séreuse au myocarde, elle y reste toujours limitée à une mince couche. Il est possible, je l'ai dit, que le muscle et la séreuse soient simultanément frappés, et au cours des infections ce complexus morbide survient plus fréquemment qu'on ne serait porté à le croire d'après le peu de faits qu'on en a publiés.

L'*endocardite végétante* ou *verruqueuse* est caractérisée par l'abondance et le volume des granulations qui se développent sur l'endocarde. La prolifération cellulaire et l'exode leucocytique plus actifs produisent rapidement de luxuriantes végétations, dont les caractères morphologiques sont des plus variés. C'est encore sur les valvules qu'on les trouve avec leur maximum de développement. Parfois elles représentent de volumineuses stalactites ramifiées, hérissées de prolongements coniques dont l'axe correspond au sens du courant sanguin; ceux fixés sur la valvule mitrale ont leur sommet inférieur dirigé vers le fond du ventricule; ceux des valvules sigmoïdes proéminent vers l'aorte. Ces néoformations massives ont les mêmes éléments constitutifs que les végétations limitées de l'endocardite simple. Habituellement elles sont constituées par une couche superficielle fibrineuse et une couche profonde organisée, faisant corps avec l'endocarde; on en trouve qui sont organisées dans la plus grande partie de leur épaisseur; on en rencontre aussi qui sont presque exclusivement fibrineuses. D'une façon générale, ces volumineuses néoproductions sont rares chez le cheval; on les rencontre plus fréquemment chez le chien. Non seulement elles rétrécissent les orifices au niveau desquels elles sont situées et provoquent ainsi des troubles fonctionnels, mais les embolies viscérales sont fort à craindre. Incessamment battus par le sang, les coagulums fibrineux qui recouvrent ces végétations peuvent se détacher, être transportés au loin, produire des infarctus dans les viscères et dans les différents tissus, — donner lieu, par conséquent, à des accidents très variables dans leurs manifestations et leur gravité. Sous l'influence d'une active pullulation microbienne ou de processus régressifs, il est possible que ces végétations se désagrègent, et qu'à un moment donné le sang en contienne d'innombrables fragments qui provoquent des embolies multiples, simples ou spécifiques, et quelquefois une septicémie à marche très rapide.

Dans l'*endocardite ulcéreuse*, plus rare encore que la précédente, la séreuse présente des pertes de substance, de véritables ulcérations, tantôt développées sur les parois ventriculaires, tantôt sur les valvules, le plus souvent sur la mitrale. Débutant sur l'endocarde et d'abord très limitées, ces ulcérations s'étendent plus ou moins vite en surface et en profondeur; elles perforent les valvules et les détruisent partiellement; celles qui apparaissent sur l'endocarde pariétal peuvent dépasser la couche profonde de celui-ci, ronger le myocarde et provoquer une sorte d'anévrysme aigu. Les complications viscérales par embolies sont fréquentes. Le sang, chargé de micro-organismes, d'amas cellulaires, de détritus provenant des ulcères, est profondément altéré. Souvent on rencontre les lésions de la pyémie ou de la septicémie.

Quand l'endocardite aiguë intéresse les valvules, le *diagnostic* est possible dès qu'elle s'accompagne d'un *souffle*. Localisée à l'endocarde pariétal ou déjà étendue aux valvules, mais ne provoquant pas encore d'*insuffisance*, elle est *indiagnosticable*. Encore faut-il ajouter qu'un souffle constaté sur un animal présentant des symptômes généraux alarmants, rapportés à l'endocardite aiguë, peut être dû à une cardiopathie d'ancienne date, — les troubles généraux relevant d'une autre affection, d'une pneumonie, par exemple. Dans nombre de cas, avant de se prononcer, il est nécessaire de procéder à un examen minutieux du malade et parfois de suivre pendant quelques jours l'évolution de l'affection.

L'endocardite aiguë est toujours d'un *pronostic* très grave. Si, chez le cheval, souvent elle ne tue pas, elle laisse des lésions non seulement irréparables, mais qui s'accentuent avec le temps, et d'autant plus vite que les malades, remis en service, sont astreints à un travail plus fatigant.

Le *traitement* est d'une médiocre efficacité. On a préconisé la saignée, les révulsifs, les dérivatifs ; on a recommandé d'administrer à l'intérieur la digitale, le salicylate de soude, l'iodure de potassium, les alcalins, les diurétiques.

Lorsque l'endocardite apparaît dans le cours d'une autre affection, d'une infection générale ou d'une maladie microbienne quelconque, elle constitue une complication menaçante, mais néanmoins c'est surtout contre l'état morbide primitif qu'il faut diriger l'action thérapeutique.

Croire que l'on puisse juguler l'endocardite aiguë par une médication plus ou moins complexe est une pure illusion. Même l'endocardite rhumatismale, à laquelle on oppose un agent doué de propriétés thérapeutiques spéciales, parcourt habituellement toutes ses phases et laisse sur l'endocarde des lésions ineffaçables. Ce que l'on peut faire seulement dans un certain nombre de cas, c'est atténuer l'intensité du processus inflammatoire localisé sur l'endocarde, c'est modérer le développement des néoproductions endocarditiques, et par conséquent réduire les dangers d'embolies et de thromboses viscérales. Encore ces résultats restent-ils assez problématiques.

Que l'endocardite aiguë soit primitive ou secondaire, on a l'habitude de recourir tout d'abord à la saignée et à la révulsion. On extrait de 4 à 6 litres de sang et l'on applique un large sinapisme sur la moitié inférieure du thorax ou un vésicatoire sur la face gauche, au niveau du cœur. Quelques auteurs disent avoir obtenu de bons résultats par l'irrigation continue de la région précordiale ou par des applications de glace.

A l'intérieur, les agents les plus recommandables sont le sulfate de quinine, donné en électuaire, à la dose de 10 à 20 grammes par jour, et dans la forme rhumatismale, le salicylate de soude à la dose de 20 à 40 grammes.

La digitale, empiriquement prescrite dans toutes les maladies du cœur, est ici véritablement utile s'il y a arythmie, si la myocardite coexiste avec l'endocardite ou si elle vient la compliquer; elle régularise l'action du myocarde et en relève la contractilité affaiblie. Au bout de quelques jours, on ajoute quotidiennement à la médication une dose moyenne d'iodure de potassium, agent qui, par ses propriétés antiplastiques, favorise la régression des éléments proliférés. — Si l'hyperthermie atteint un haut degré, on aura recours à l'antipyrine et aux lavements froids. Dans les cas où les phénomènes d'adynamie sont prononcés, on prescrira les excitants et les antiseptiques.

Dans ses *Leçons sur les antiseptiques*, M. Bouchard a montré les résultats que donne l'antisepsie interne dans le traitement d'un grand nombre d'affections microbiennes. Pour les endocardites infectieuses, l'intervention idéale consisterait en la destruction des agents pathogènes qui ont atteint l'endocarde. Les moyens dont nous disposons actuellement ne permettent pas de l'accomplir; mais nous pouvons, par les antiseptiques, arrêter ou entraver nombre de processus infectieux primitifs dont l'endocardite n'est qu'une complication.

XX. — **Sur l'insuffisance aortique chez le cheval.**

Hier, à la consultation, vous avez vu un cheval atteint d'*insuffisance aortique* très nettement caractérisée, et vous m'avez entendu faire ressortir les particularités que présentait ce malade. J'ai eu l'occasion d'observer un assez grand nombre de cas analogues. Aujourd'hui, en vous en citant quelques-uns, je désire vous entretenir de cette affection valvulaire et en préciser les signes diagnostiques.

Chez le cheval, l'insuffisance aortique est de beaucoup la plus fréquente des cardiopathies. On peut la rencontrer chez des animaux de tout âge, sans distinction de sexe ni de race; toutefois, la plupart des faits publiés ont été recueillis sur de vieux sujets, sacrifiés pour les travaux de médecine opératoire ou d'anatomie. C'est chez des chevaux de cette catégorie que M. Nocard et moi avons trouvé, sur 42 cas, 38 fois des lésions aortiques et 4 fois des lésions aortiques et mitrales.

Tantôt elle constitue une lésion isolée, tantôt les altérations sigmoïdiennes coexistent avec d'autres lésions endocarditiques ou avec l'athérome artériel. Chez l'homme, où cette dernière affection est très répandue, on a distingué une insuffisance aortique d'origine cardiaque, consécutive à l'endocardite, et une autre d'origine artérielle, liée à l'artério-sclérose. Chez le cheval, dans quelques cas, avec les lésions des valvules aortiques on trouve de l'athérome des troncs artériels; mais très généralement celui-ci fait défaut, et l'affection sigmoïdienne est simple ou accompagnée seulement d'autres lésions valvulaires.

A de rares exceptions près, elle est le reliquat de processus infectieux au cours desquels l'endocarde a été vulnéré par des micro-organismes en suspension dans le sang ou par leurs toxines; elle peut survenir ainsi consécutivement aux inflammations aiguës du poumon, surtout à la suite de la pneumonie contagieuse et de la maladie typhoïde. L'action pathogène du rhumatisme, état morbide qui, vous le savez, est rare chez le cheval, paraît s'exercer de la même manière. En médecine humaine, on sait depuis longtemps qu'il a, dans ses déterminations, une prédilection marquée pour l'endocarde et qu'il laisse des marques sur celui-ci. Le rhumatisme, a dit un célèbre clinicien, « lèche les jointures, la plèvre, les méninges même ; mais il mord le cœur ».

Quelle qu'en soit du reste la cause provocatrice, l'inflammation des valvules sigmoïdes revêt bientôt le type chronique et détermine une série de modifications matérielles qui aboutissent à l'insuffisance. Ces modifications se présentent avec des caractères anatomiques très diversifiés ; vous pourrez en juger par l'examen des pièces que je mets sous vos yeux. Tantôt les valvules sont simplement épaissies, rigides, ridées, recroquevillées ; tantôt elles offrent des pertes de substance qui leur

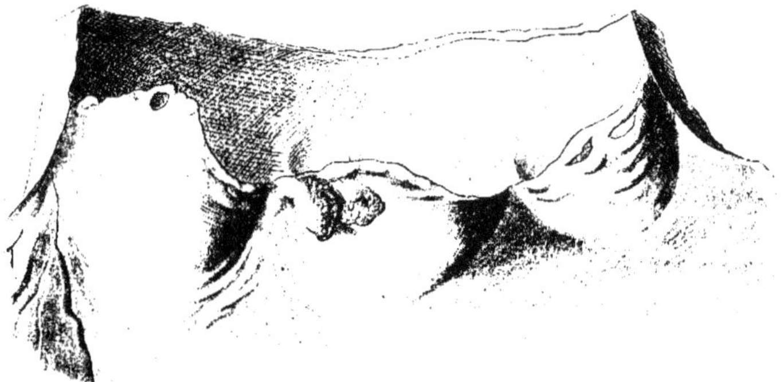

Fig. 16. — Endocardite chronique. Valvules aortiques.

donnent un aspect réticulé ou fenêtré ; dans certains cas elles portent des dilatations anévrysmales, en saillie sur la face cardiaque, et dont la paroi est intacte ou perforée ; dans d'autres encore, elles sont bourgeonneuses, hérissées de végétations pisiformes ou framboisées ; enfin elles peuvent avoir contracté des adhérences entre elles ou avec les tissus adjacents. D'ordinaire, ces lésions se remarquent inégalement accentuées sur les trois lames valvulaires ; quelquefois elles n'existent que sur une seule ; même en ce cas, elles peuvent être néanmoins très prononcées.

Toujours l'affrontement des lames valvulaires est incomplet ; entre leurs bords libres il y a un orifice de forme et de dimensions variables par lequel le sang reflue. Quand l'anneau aortique n'a pas été divisé, on peut aisément constater l'insuffisance : il suffit de placer le cœur en position verticale, après en avoir retranché le tiers inférieur, et de verser de l'eau dans l'aorte : les lames sigmoïdiennes ne s'affrontant plus exactement, le liquide fuit par l'hiatus intervalvulaire et passe dans le ventricule.

Avec ces altérations de l'orifice aortique, il existe habituellement un certain degré d'hypertrophie du ventricule gauche, laquelle est la conséquence de l'insuffisance et survient par un mécanisme des plus simples. Après chaque systole, le sang qui a été lancé dans le système aortique et devrait y être maintenu par l'occlusion des sigmoïdes, revient en partie dans le ventricule, en raison de l'insuffisance de ces dernières ; ce sang reflué s'ajoutant à celui qui vient de l'oreillette, deux faits anormaux se produisent successivement : le ventricule se dilate à l'excès, puis se contracte avec une énergie plus grande, proportionnelle à la quantité de sang qu'il renferme et à la diminution de la tension artérielle dans l'arbre aortique. Or, cette contraction plus active du ventricule gauche se répète environ 50 000 fois par vingt-quatre heures. L'hyperkinésie finit par amener l'hypertrophie. Celle-ci permet au cœur de suffire, pendant un certain temps du moins, au surcroît de besogne que lui impose la lésion orificielle ; mais, à la longue, la période d'asystolie arrive ; le myocarde surmené faiblit, il subit des lésions dégénératives dont l'évolution progressive est fatale. — L'hypertrophie cardiaque peut atteindre d'assez fortes proportions : tandis que le poids moyen du cœur sain est d'environ 1/125ᵉ du poids du corps, celui du cœur atteint de lésions aortiques avec insuffisance est assez souvent de 1/100ᵉ, 1/80ᵉ de ce poids. — Plus rares sont les altérations scléreuses avancées du myocarde, et cela parce que la plupart des malades sont sacrifiés avant qu'elles aient eu le temps de se produire. J'en ai vu cependant ici un certain nombre de cas ; je vous en parlerai dans une prochaine leçon.

L'insuffisance aortique est dénoncée par deux signes principaux : 1° par un *souffle diastolique* ayant son maximum d'intensité à la base du cœur ; 2° par un *pouls fort*, facilement perceptible à toutes les artères explorables.

Le souffle commence dès le début de la diastole, couvre le second bruit et une partie ou la totalité du grand silence ; il commence immédiatement après le petit silence, au moment où les valvules sigmoïdes sont revenues à leur position horizontale, et se prolonge jusqu'au premier temps de la révolution cardiaque suivante, jusqu'au choc précordial produit par la systole ventriculaire. J'ai dit qu'il était accusé au maximum à la base du cœur ; il s'entend aussi, atténué, en bas jusqu'à la pointe, et plus rarement, en haut, sur le tronc aortique. Le timbre de ce souffle n'a rien de fixe : habituellement il est doux et aspiratif ; quelquefois il est rude, râpeux ou musical. J'ajoute qu'il n'y a aucun rapprochement étroit à établir entre ces modalités du bruit et l'âge, le degré ou les particularités des lésions valvulaires.

Les modifications du pouls sont dues à l'énergie de la contraction ventriculaire et à la faible tension du sang dans le système aortique : l'ondée abondante lancée dans celui-ci soulève brusquement, et bien au delà de la mesure normale, les parois des artères de la grande circulation, puis celles-ci s'affaissent aussitôt par suite du reflux de l'ondée dans le ventricule, — ce qui a fait dire que la pulsation est fuyante ou rétrocédante. Le pouls est aisément perçu par le doigt à tous les canaux artériels explorables ; mais on ne peut le *voir* qu'exceptionnellement : la « danse des artères » de Corrigan est assez rare chez les animaux. On n'en trouve dans nos publications qu'un petit nombre d'exemples, le plus intéressant relaté par Polansky. A ces faits, j'en puis ajouter plusieurs, dont un, observé ici même dans le courant de cette année. Il va vous être rappelé brièvement.

Obs. I. — Cheval hongre, âgé d'environ quatorze ans.

Depuis quelques semaines il laisse une partie de sa ration, s'essouffle et se fatigue vite pendant le travail. L'examen des appareils digestif et respiratoire ne révèle rien d'anormal. A l'auscultation du cœur, on perçoit, des deux côtés, mais plus nettement à gauche, un souffle rude, à timbre métallique, souffle diastolique couvrant tout le grand silence, presque aussi accusé à la pointe qu'à la base, s'entendant encore au-dessus de celle-ci et en arrière, jusqu'au niveau de la partie moyenne du thorax. Le premier bruit et le petit silence sont normaux ; le second bruit est effacé.

La circulation artérielle est profondément troublée. Tâté à la glosso-faciale, le pouls est très fort. On peut le prendre facilement à toutes les artères superficielles : temporale, massétérine, auriculaire postérieure, glosso-faciale, radiale, coccygienne, collatérale du canon, digitale. A la partie inférieure des gouttières jugulaires et à chaque systole, on voit un soulèvement de la peau, produit par le pouls carotidien. Aux petites artères superficielles, mais surtout aux temporales et aux collatérales du canon, on observe une sorte de bondissement à chaque pulsation ; il y a une véritable « danse des artères ». L'exploration de l'aorte accuse seulement la violence des pulsations ; pas de souffle.

Ce malade nous fut présenté avec ces seuls commémoratifs :

« Depuis quelque temps, il mange moins bien que d'habitude
et se fatigue au moindre effort. » Après un coup d'œil jeté dans
la cavité buccale et sur la conjonctive, j'explorai le pouls à la
glosso-faciale ; il était fort, bondissant. A l'auscultation du cœur,
je perçus un souffle rude, à timbre métallique, couvrant le
second bruit et le grand silence, souffle qui s'entendait maximum
à la base du cœur; on le percevait aussi, atténué, vers la pointe,
et le long de l'aorte sur une hauteur d'environ 20 centimètres.
Ce cheval avait une insuffisance aortique. Jusqu'ici l'observation n'a rien que de très ordinaire. Mais en examinant de nouveau le pouls à la glosso-faciale, mon regard s'étant porté vers
l'articulation temporo-maxillaire, je vis l'artère temporale battre
fortement, au moment où la glosso-faciale soulevait mes doigts ;
à chaque pulsation, ce phénomène se reproduisait: de même
aux autres artères superficielles, surtout aux deux carotides,
dans la partie inférieure des gouttières jugulaires, et aux collatérales du canon. Ce jour-là, je ne pus faire qu'un examen
rapide du malade, et on ne nous le ramena pas.

Voici encore, très résumées, trois observations analogues
prises parmi celles que j'ai recueillies dans le service ou à la
consultation :

Obs. II. — Cheval entier, âgé de dix ans.

En nous le présentant, le propriétaire nous donne les renseignements suivants : Il est mou au travail, s'essouffle vite, s'arrête en gravissant les
montées.

A l'auscultation du cœur, on constate une modification remarquable des
bruits: le premier est fort, prolongé, avec tendance au dédoublement ; le choc
précordial est violent ; après le petit silence, on perçoit un souffle qui
remplace le deuxième bruit et se prolonge pendant tout le grand silence; ce
souffle diastolique est doux, surtout fort au niveau de la base du cœur; il
diminue à mesure que l'oreille est appliquée en un point plus inférieur du
thorax, dans la zone apexienne.

Les pulsations sont en nombre normal. L'artère est tendue, le pouls très
fort, bondissant, légèrement dicrote. L'œil peut compter le nombre des pulsations. A chacune de celles-ci, la peau est soulevée sur le trajet de l'artère
temporale.

On perçoit très facilement le pouls à l'artère digitale. Vers le milieu de la
croupe, de chaque côté, on voit les pulsations de l'artère fessière.

L'auscultation de l'aorte postérieure ne permet d'entendre aucun bruit
anormal. Il y a du pouls veineux aux jugulaires. L'animal est emphysémateux.

Obs. III. — Cheval hongre, âgé de douze ans.

Depuis quelque temps déjà ce cheval a peu d'appétit ; il laisse une partie
de son avoine. Au dire du conducteur, il ne s'arrête pas pendant le travail,
mais il a un fort battement de flanc.

A l'auscultation du cœur, on perçoit un souffle couvrant le deuxième bruit et le grand silence. Ce souffle est surtout accusé dans la zone basilaire. On note, en outre, des intermittences se répétant régulièrement chaque trois systoles et dont la durée est de trois à quatre secondes. Pouls fort, bondissant, avec des intermittences chaque trois pulsations ; on le voit à la transversale de la face, au point où cette artère passe sous le relief du maxillaire.

Obs. IV. — Jument, âgée de quinze ans environ.

Depuis huit jours, cette jument, qui a d'ordinaire un excellent appétit, mange lentement et laisse une partie de sa ration.

L'examen clinique ne révèle rien du côté de l'appareil digestif. A l'auscultation du cœur, on entend un souffle fort, rude, prolongé, auquel succède un bruit normal que l'on croit tout d'abord être le second bruit du cœur ; mais, au moment où se produit le bruit normal, l'oreille éprouve nettement la sensation du choc systolique. Ce qu'on est porté à prendre pour le second bruit est donc en réalité le premier. On entend successivement le premier bruit, le petit silence, enfin le souffle qui couvre le deuxième bruit et se prolonge pendant tout le grand silence.

Le pouls est très fort. On n'observe pas le bondissement des artères. Avec un stéthoscope appliqué sur la carotide vers la partie inférieure de l'encolure, on croit entendre un souffle diastolique. A l'auscultation de l'aorte, on ne perçoit aucun bruit anormal.

On peut dire que chez les chevaux atteints d'insuffisance aortique, le pouls est presque toujours fort. Vous le trouverez quelquefois d'ampleur normale, mais rarement affaibli. Il suffit de réfléchir un instant aux modifications apportées dans l'hydraulique du cœur par l'insuffisance aortique pure, pour comprendre que le pouls ne peut pas être affaibli tant que le myocarde fonctionne activement.

L'insuffisance aortique provoque encore d'autres symptômes, mais qui ne lui sont pas particuliers. Comme toutes les cardiopathies, elle s'accompagne tôt ou tard de troubles fonctionnels dont les plus importants sont l'essoufflement rapide, la dyspnée, des souffrances qu'accuse la physionomie anxieuse, des phénomènes vertigineux. Lorsque les animaux sont conservés assez longtemps, on observe des troubles de la petite circulation, — de la congestion passive du poumon par insuffisance mitrale due à la dilatation du ventricule gauche, à l'élargissement mécanique de l'orifice auriculo-ventriculaire, et plus tard des congestions passives d'autres viscères, des accidents liés à l'asystolie dégénérative, à l'épuisement du cœur. Mais on rencontre peu de chevaux chez lesquels le processus est parvenu à son dernier stade ; en général, dès que les malades deviennent incapables d'être utilisés comme moteurs, c'est-à-dire de déployer des efforts énergiques et soutenus, on les sacrifie.

La mort subite par arrêt du cœur ne s'observe guère chez les chevaux atteints d'insuffisance aortique. Cela peut arriver cependant. Je vais vous en citer un exemple. Il y a cinq ou six ans, un de mes confrères me demanda d'examiner un vieux cheval de labour, qu'il considérait comme « poussif »; cet animal s'essoufflait vite au travail, surtout dans les montées et pendant les temps chauds, mais la toux n'était pas celle de l'emphysème. A l'auscultation du cœur, je reconnus l'existence d'une insuffisance aortique nettement accusée par un souffle diastolique fort, de timbre musical. En raison surtout des symptômes rationnels notés depuis quelque temps déjà, je formulai un pronostic grave. Ce cardiaque put être utilisé encore pendant trois ans; plusieurs fois il s'affaissa, mais il se relevait bientôt, se remettait peu à peu, et après vingt-quatre heures de repos, reprenait son petit service. Enfin, un jour, attelé à la charrue par un temps chaud, il tomba dans le sillon et mourut en quelques instants.

Le *diagnostic* de l'insuffisance aortique est facile. Les deux symptômes sur lesquels j'ai insisté — le souffle diastolique et le pouls bondissant — sont absolument caractéristiques. Dans certains cas, *lorsque le choc du cœur est affaibli et le souffle très fort et prolongé, on peut prendre celui-ci pour un souffle systolique.* J'ai eu maintes fois l'occasion de relever cette erreur. Pour l'éviter, on n'a qu'à faire trotter l'animal pendant quelques instants; le choc précordial devient très manifeste, et il n'y a plus aucun doute que le souffle est diastolique. — Les commémoratifs utiles peuvent faire défaut. Il est des sujets qui portent vaillamment leurs lésions valvulaires et leur insuffisance; ils travaillent comme auparavant, sans éprouver de dyspnée, sans défaillance; ce n'est que plus tard que les troubles fonctionnels attirent l'attention. — On ne peut confondre l'insuffisance aortique avec aucune autre cardiopathie. Chez le cheval, l'insuffisance des sigmoïdes pulmonaires est d'une extrême rareté, et le pouls, plutôt petit, est tout différent de celui de l'insuffisance aortique.

Le *pronostic* est grave, non pas que l'affection crée des dangers immédiats, qu'elle amène la mort à bref délai; mais généralement elle ne permet plus au cheval de fournir la somme d'efforts exigés pour les travaux auxquels on l'utilise. Habituellement les animaux qui en sont atteints passent en des mains de moins en moins généreuses, plus exigeantes; il en est qui s'amaigrissent rapidement, d'autres s'entretiennent assez longtemps en bon état : chez tous, la vigueur, la résistance à la besogne diminuent chaque jour davantage, et lorsqu'ils sont devenus incapables de faire un service, on les livre au boucher ou à l'équarrisseur. La plupart sont vendus et revendus plusieurs fois avant d'être sacrifiés. — Vous pourrez en voir qui nous seront présentés à des intervalles de quelques semaines, après avoir changé de maître. En 1890, j'en ai connu un qui fut ainsi amené à la consultation trois fois dans l'espace d'un mois ; peu après, nous le revîmes encore, cette fois parmi les sujets destinés aux exercices de chirurgie.

Comme toutes les autres altérations valvulaires chroniques, celles des sigmoïdes qui provoquent l'insuffisance aortique sont incurables. Le *traitement* est purement palliatif. Ses principaux agents sont les iodures de potassium et de sodium, donnés pendant des périodes de deux à trois semaines, et, quand apparaissent les phénomènes de la période asystolique, la digitale et les diurétiques.

XXI. — **Sur l'insuffisance mitrale chez le cheval.**

Nous avons en ce moment, dans notre écurie IV, un cheval
atteint d'*insuffisance mitrale* de date déjà ancienne et dont les
signes cliniques, nettement accusés, ne pouvaient laisser aucun
doute sur le pronostic que nous avions à porter. Bien que ce
cheval soit incurable, on a consenti à nous le laisser quelques
jours. J'ai appelé tout particulièrement votre attention sur lui.
Profitant de la circonstance qui m'est offerte, je vais ce matin
vous parler de l'endocardite chronique mitrale et vous en rapporter une intéressante observation.

On peut résumer ainsi les principaux symptômes que présente
notre malade. Souffle systolique fort, perceptible des deux côtés
du thorax sur une aire étendue, et qui a son maximum d'intensité vers la partie moyenne du cœur, souffle qui s'entend
aussi très nettement en appliquant l'oreille sur les muscles olécrâniens ; pouls artériel faible, irrégulier, intermittent ; intermittences cardiaques alternant avec deux ou trois systoles précipitées
et de force inégale ; enfin essoufflement, dyspnée après quelques
instants d'exercice. — Avec ces données, le diagnostic est facile.
Nous sommes en présence d'une *insuffisance mitrale* ancienne,
pour laquelle le stade de compensation est fini, et qui est compliquée d'altérations du myocarde.

L'endocardite chronique mitrale est moins fréquente chez le
cheval que l'insuffisance aortique. Son *étiologie* est celle de
toutes les altérations valvulaires. Sauf de rares exceptions, elle
est la conséquence d'une endocardite aiguë survenue au cours
d'une maladie infectieuse. Chez les solipèdes, vous le savez, ce
sont les pneumonies, la gourme et la maladie typhoïde qui,
presque toujours, donnent naissance à l'endocardite aiguë et aux
altérations valvulaires.
Le processus inflammatoire dont la mitrale est le siège y détermine des altérations qui la rendent *insuffisante* : les lames
s'épaississent irrégulièrement, puis se rétractent, se ratatinent
et cessent d'être conniventes. Les modifications anatomiques

11**

éprouvées par la mitrale chroniquement enflammée sont moins diversifiées et toujours moins profondes que celles des sigmoïdes aortiques : les foyers de dégénérescence, les végétations, les anévrysmes, les perforations, les déchirures partielles, y sont exceptionnels ; de même les adhérences d'une lame valvulaire à la paroi ventriculaire. Abstraction faite d'un cas de déchirure de la valve principale, de deux autres où il existait une petite dépression anévrysmale de cette valve, et de quelques exemples de rupture d'un ou de plusieurs ligaments valvulaires, je n'ai jamais rencontré que des lésions scléreuses, — de l'épaississement, une plissure et une rétraction plus ou moins prononcés des valves de la soupape auriculo-ventriculaire.

Mais les particularités anatomiques que peuvent offrir les lésions mitrales n'ont pas grande importance ; ce qui influe sur les phénomènes consécutifs, sur l'intensité des désordres qui vont se produire et sur la rapidité de leur succession, c'est le degré de l'insuffisance. Celle-ci créée, la série des troubles vasculaires commence. Quels sont ces troubles?

La valvule mitrale obturant incomplètement l'orifice auriculo-ventriculaire quand la systole cardiaque se produit, le sang contenu dans le ventricule gauche, chassé par la contraction du myocarde, fuit par deux issues : 1° par l'ouverture aortique normale; 2° par l'orifice anormal auriculo-ventriculaire résultant de l'insuffisance de la mitrale. A chaque systole cardiaque, une partie de la masse sanguine, qui devrait passer dans l'aorte, fuit par l'hiatus auriculo-ventriculaire et rentre dans l'oreillette gauche. Le premier effet de ce reflux de l'ondée sanguine, c'est la dilatation de l'oreillette distendue, laquelle, ayant sa tâche accrue, s'hypertrophie pour surmonter l'obstacle apporté à la circulation. Pendant une période de durée variable, qu'on appelle le *stade de compensation*, les choses en restent là, et la lésion initiale ne donne lieu à aucun trouble fonctionnel permettant de la soupçonner. — A l'autopsie de chevaux morts accidentellement ou emportés par une maladie interne quelconque, on trouve parfois des lésions de la mitrale assez accentuées pour déterminer une insuffisance, et qui, pendant la vie, sont demeurées absolument muettes. Jusqu'au dernier moment, ces chevaux ont pu faire le service auquel on les utilisait.

Voici un fait d'insuffisance mitrale compensée, observé sur un animal mort d'une rupture de l'estomac.

Un cheval percheron, âgé de dix ans, employé depuis des années
à un service pénible, cheval dont l'état général avait toujours
été satisfaisant et la santé bonne, fut amené à l'École pour
une surcharge stomacale à laquelle il succomba. — A l'autopsie,
outre une déchirure de l'estomac, nous trouvâmes le cœur volumineux. L'oreillette gauche, fort dilatée, avait ses parois épaissies.
Le ventricule gauche ouvert, nous constatâmes des lésions mitrales anciennes : la valve antérieure et la valve gauche étaient
peu altérées; le feston principal, épaissi, rétracté, portait à son
extrémité droite une végétation irrégulière, fibreuse; la valve
droite, ratatinée, présentait près de son bord libre un large îlot
scléreux. Le cœur droit était normal. — Ces lésions mitrales
provoquaient assurément une insuffisance; cependant, le sujet
qui en était atteint a pu faire régulièrement, jusqu'au jour de
sa mort, un service à l'allure du trot. Chez cet animal, bien que
les altérations mitrales fussent déjà anciennes, elles étaient
compensées. La suractivité de l'oreillette gauche suffisait à vaincre
l'obstacle résultant de la lésion valvulaire, et à empêcher l'apparition des symptômes rationnels pouvant révéler cette lésion.

En général, cette phase de l'insuffisance mitrale où la régur-
gitation du sang ne retentit que sur l'oreillette gauche n'est pas
de longue durée. Bientôt les veines pulmonaires s'engouent et se
dilatent; la stase gagne de proche en proche les capillaires pulmonaires, les branches de l'appareil artériel de la petite circulation
et le ventricule droit. A son tour, celui-ci se distend avec ou sans
hypertrophie de ses parois; puis, par le fait de l'insuffisance tricuspide qui survient plus tard, l'oreillette droite subit les mêmes
modifications. Ces troubles circulatoires se propagent aux veines
de la grande circulation, au système porte, aux capillaires généraux et aux canaux artériels à sang rouge. La tension augmentée
dans ceux-ci retentit enfin sur le ventricule gauche, qui, surchargé, se dilate et s'hypertrophie à un certain degré.

Tel est le cycle des troubles provoqués par l'insuffisance mitrale.
Le cœur en est le point de départ; c'est sur lui aussi qu'ils retentissent en dernier lieu. Mais il est bien rare qu'ils puissent se
dérouler en entier chez les animaux de travail. Habituellement
ceux-ci sont sacrifiés dès qu'ils sont devenus incapables de travailler, c'est-à-dire dès que la stase du sang dans les capillaires pulmonaires provoque des troubles respiratoires graves.
Voyons cependant les altérations qui surviennent au poumon

d'abord, puis dans les autres viscères lorsque la stase les atteint.

Les effets de la dilatation des vaisseaux pulmonaires et du ralentissement du cours du sang dans leur intérieur ne tardent pas à s'accentuer. Les capillaires deviennent variqueux, leurs parois s'affaiblissent ; les éléments qui les constituent sont atteints dans leur nutrition ; la congestion de la muqueuse bronchique s'ajoute à la distension des capillaires pulmonaires pour diminuer la capacité des voies de l'hématose, pour produire la dyspnée. Le plasma sanguin filtre à travers les parois vasculaires amincies ; il s'épanche en partie dans les alvéoles, en partie dans le tissu pulmonaire lui-même. Avec le temps, l'œdème pulmonaire augmente ; il peut s'y ajouter, par places, de l'induration et des noyaux de pneumonie lobulaire. La surface respiratoire se trouve ainsi considérablement diminuée, — d'où l'hématose très imparfaite et la dyspnée.

Dès que la stase se produit dans le système veineux général, les congestions viscérales commencent, bientôt accompagnées de transsudation dans les cavités splanchniques et d'œdème des régions déclives.

En raison de sa situation à proximité du cœur, de la richesse et de la disposition de son appareil vasculaire, le foie est le premier viscère affecté. La stase dans la veine cave postérieure retentit d'abord sur les veines sus-hépatiques, puis sur les capillaires et sur les vaisseaux périlobulaires. Dans un premier stade, les altérations sont simplement congestives : le foie est très volumineux, gorgé de sang ; les coupes, à l'œil nu, offrent un aspect marbré : sur un fond clair sont disséminés une foule de petits points noirâtres. Tous les lobules se présentent avec le même aspect anormal : leur partie centrale, de nuance sombre, est formée par l'orifice agrandi de la veine intralobulaire ; leur zone périphérique est blanchâtre ou blanc grisâtre. C'est à cette modification si particulière éprouvée par le tissu hépatique — constante dans les maladies anciennes du cœur — que l'on a donné le nom de *foie cardiaque* ou de *foie muscade*. — Le microscope montre une dilatation des veines intralobulaires, l'ampliation des capillaires et une compression plus ou moins prononcée des trabécules hépatiques dans tout le champ des lobules. — A une période plus avancée, des lésions inflammatoires s'ajoutent aux précédentes. Examiné à l'œil nu, le foie est encore volumineux, consistant, tacheté. Le microscope décèle des lésions scléreuses diffuses, périsus-hépa-

tiques et périportales : les parois des veines intralobulaires sont
épaissies et comme garnies d'une doublure conjonctive; les
espaces portes sont un peu agrandis par une légère hyperplasie
de même nature, laquelle, avec le temps, peut s'étendre à toute
la périphérie des lobules. Déformées d'abord par la dilatation
des capillaires hépatiques, puis comprimées par cette double
néoformation intra- et périlobulaire, les cellules hépatiques sont
frappées de dégénérescence graisseuse. — La congestion hépatique d'origine cardiaque peut-elle, chez le cheval, aboutir à
la déchirure du foie? On l'a dit, et l'on en a cité quelques
exemples. Dans les autopsies qu'il m'a été donné de faire, j'ai toujours trouvé le foie simplement congestionné ou ferme, consistant,
plus ou moins cirrhotique; et pour les cas où cet organe s'est
rupturé chez des chevaux atteints d'affections du cœur, on peut
se demander s'il n'était pas le siège de lésions dégénératives
particulières existant à côté de celles provoquées par les troubles
circulatoires. C'est là un point qui n'a pas été étudié.

Pour être beaucoup moins prononcées que celles du foie, les
lésions éprouvées par l'intestin et l'estomac n'en sont pas moins
évidentes. La muqueuse de ces organes se congestionne passi-
vement dès que la circulation porte est entravée ; la musculeuse,
parésiée, fonctionne moins activement ; un catarrhe gastro-intes-
tinal peut se développer. — Comme le foie, la rate est d'abord le
siège d'une simple congestion passive; ensuite l'inflammation s'y
développe, provoquant une néoformation conjonctive et des altérations scléreuses. La capsule s'épaissit par places ou se recouvre
de petites houppes fibreuses.

Atteints à leur tour par la stase dans la veine cave, les reins
ne présentent au début et pendant un certain temps que des
lésions congestives. Ils sont un peu plus volumineux et de
couleur plus foncée qu'à l'état normal; déjà, à ce moment, le
microscope peut y déceler une prolifération de l'épithélium qui
tapisse les tubes droits. Plus tard, la néphrite interstitielle provoque, çà et là, l'atrophie des tubes urinifères et la formation
de bandes scléreuses dont la rétraction produit à la surface
de l'organe des sillons irréguliers, circonscrivant de petites
saillies mamelonnées de dimensions inégales. Sur les coupes
faites dans ce *rein cardiaque*, les corpuscules de Malpighi appa
raissent injectés, légèrement en saillie ; en certains points, le
tissu est sclérosé, d'aspect lardacé, blanchâtre.

Un moment arrive où tous les organes, y compris l'encéphale et la moelle, et tous les tissus vasculaires ressentent les effets de la distension du système veineux général. Mais les troubles dus à la stase du sang dans les centres nerveux — à l'hydropisie, à l'œdème, à l'inflammation des méninges, — les scléroses généralisées et les lésions cutanées sont des accidents ultimes, n'apparaissant qu'à longue échéance. — L'ascite, l'hydrothorax, l'hydropéricarde, sont d'ordinaire trop peu prononcés pour être reconnus pendant la vie. Quant aux modifications éprouvées par le sang lui-même — à l'hypoglobulie, aux altérations du plasma, — elles appartiennent également au groupe des troubles éloignés. Elles s'accentuent lentement et conduisent à la *cachexie cardiaque*.

Que l'endocardite mitrale chronique succède à une phlegmasie aiguë ou qu'elle revête ce caractère dès l'origine, toujours son début est muet. Quand déjà la valvule mitrale est altérée, rétractée, *insuffisante*, aucun trouble spécial n'attire l'attention, *si l'insuffisance est compensée*.

Le terme de cette période silencieuse arrive avec l'engouement du poumon. Alors les malades s'essoufflent vite au travail et manifestent des troubles habituellement rattachés à la *pousse*. Beaucoup ne sont présentés au vétérinaire qu'à un stade avancé, lorsque déjà existe un ensemble de phénomènes assez suggestifs pour faire naître l'idée d'une lésion du cœur. Souvent les renseignements donnés suffisent d'ailleurs pour éveiller cette idée. En présence d'un sujet offrant les apparences de la santé et pour lequel est fournie cette anamnèse banale : — vigueur diminuée, ardeur moindre au travail, sudation et essoufflement vite provoqués par des efforts même modérés, décubitus dès la rentrée à l'écurie, inappétence ou appétit capricieux ; — quel que soit l'âge du malade, si ces troubles existent depuis un certain temps, on doit songer à une affection du cœur.

Les deux principaux signes de l'insuffisance mitrale sont un *souffle systolique* et la *faiblesse*, la *petitesse du pouls*. — A l'auscultation du cœur, on perçoit un souffle qui commence avec la systole, couvre le petit silence et finit avec le second bruit ; celui-ci et le grand silence sont ordinairement normaux. Ce souffle peut s'entendre non seulement dans la région du cœur, à la base, à la partie moyenne et vers la pointe de l'organe, mais encore dans la zone péricardiaque, sur une aire assez étendue. C'est évidemment une erreur de dire qu'il a son maximum d'intensité à la pointe : produit par le reflux du sang du ventricule gauche dans l'oreillette, il a pour siège l'orifice auriculoventriculaire situé à 3 centimètres environ au-dessous de l'orifice aortique et à 15-20 centimètres de la pointe. Le lieu où il est perçu le plus nettement correspond à l'échancrure du lobe pulmonaire gauche ou à la zone mésocardiaque. — A l'instar du souffle aortique, il est très variable comme force et comme timbre ; ses particularités dépendent du degré de l'insuffisance, de l'existence ou de l'absence de végétations développées sur les lames valvulaires ; elles peuvent du reste offrir quelques modifications à des intervalles plus ou moins rapprochés, — la configuration des bords valvulaires se modifiant avec l'évolution du processus. J'ai suivi un cheval chez lequel le souffle a été d'abord doux, puis dur, vibrant. De même que pour les souffles diastoliques, les modalités de timbre des souffles systoliques ne correspondent point à des variétés rigoureusement déterminées d'altérations valvulaires. Ce que l'on peut dire seulement, c'est que les souffles doux dénoncent, en général, des insuffisances légères ou très larges, et les souffles rudes, forts, des insuffisances d'intensité moyenne.

Le pouls de l'insuffisance mitrale contraste avec celui de l'insuffisance aortique. Tandis que dans celle-ci les pulsations artérielles sont fortes, bondissantes, dans la première elles sont faibles, souvent presque effacées, incomptables. Au moment où se produit la systole ventriculaire, une partie du sang renfermé dans le ventricule gauche fuit par l'orifice mitral : l'aorte ne reçoit qu'une faible ondée sanguine, la paroi artérielle est à peine soulevée, le pouls est invariablement petit. Il n'offre aucune autre modification pendant une assez longue période de l'affection. Mais quand la lésion valvulaire a retenti sur le myocarde, les phénomènes d'arythmie apparaissent : les systoles cardiaques et les pulsations deviennent d'abord inégales ; plus tard, on note des intermittences alternant avec des séries de battements normaux. Sur un malade dont je vais parler, vous avez pu constater ces troubles de la circulation qui dénoncent l'atteinte du myocarde ou une complication *cardiaque* de l'affection mitrale.

Les autres manifestations qui surviennent sont la conséquence des stases viscérales. La congestion passive du poumon provoque de l'oppression, de la dyspnée, de la toux, et plus tard de la bronchorrhée. Chez certains sujets, des troubles réflexes se produisent par la voie du pneumogastrique : l'irrégularité de l'appétit ou l'anorexie complète, de la tristesse, de la somnolence, de l'abattement. Les transsudations dans les grandes séreuses, les œdèmes des régions déclives, le catarrhe intestinal, l'ictère, l'albuminurie, n'apparaissent qu'à une époque avancée.

Il nous est rarement donné, je le répète, d'observer des chevaux atteints d'endocardite chronique mitrale accompagnée de ces accidents dus à la stase dans les veines de la grande circulation ; ils ne sont pas conservés assez longtemps pour que ces troubles éloignés se produisent. Nous en avons cependant vu l'été dernier un exemple que je veux vous rappeler.

Au mois de juin, un fermier de Bonneuil nous présenta un cheval qu'il avait acheté l'année précédente et qui, pendant des mois, avait eu les apparences d'une assez bonne santé ; mais depuis six semaines environ son embonpoint avait considérablement diminué ; l'animal aurait perdu plus de 50 kilos dans cet espace de temps. Un jour, on avait remarqué une tumeur œdémateuse sous le poitrail ; on ne s'en était pas autrement inquiété, et le cheval, attelé à un lourd camion, avait dû aller de Bonneuil à Maisons-Alfort. Pendant le trajet, il s'était arrêté fréquemment, à bout d'haleine, et avait été roué de coups par la brute qui le conduisait. Rentré à l'écurie, il s'était couché sans toucher à ses aliments.

Le lendemain matin, on l'amena à la consultation. Il était très amaigri, très abattu ; les muqueuses, la conjonctive notamment, étaient pâles. La respiration était accélérée et irrégulière ; il y avait un soubresaut bien accusé ; mais la toux était forte, sonore, elle n'avait rien de commun avec celle de l'emphysème.

A la percussion de la poitrine, la résonance était atténuée dans le tiers inférieur, surtout à gauche. A l'auscultation, le murmure respiratoire était affaibli. Au cœur, dont les battements étaient précipités, on entendait deux souffles, l'un systolique, l'autre diastolique, et des intermittences irrégulières dont la durée était d'une ou de deux pulsations. Quelques systoles étaient véritablement bondissantes et ébranlaient la paroi thoracique. Le pouls était petit, inégal, intermittent. A l'exploration de l'aorte postérieure, on percevait des pulsations de force iné-

gale, dont le nombre était celui des systoles cardiaques — 70 à
76 par minute. Toutes les systoles cardiaques donnaient lieu à une
pulsation aortique ; mais les plus faibles n'avaient aucune action
pulsatile sur les artères périphériques. Les jugulaires, volumineuses, étaient le siège de pulsations synchrones aux battements
du cœur. La tumeur œdémateuse du poitrail avait presque disparu. — La température était normale. L'urine ne contenait ni
albumine ni sucre.

Ces symptômes, la fréquence des lésions du cœur gauche
chez le cheval, l'absence du signe artériel de l'insuffisance aortique, — du pouls de Corrigan, et les phénomènes dyspnéiques qui
survenaient après quelques minutes d'exercice dénonçaient une
endocardite mitrale ancienne avec insuffisance ; d'autre part, le
souffle diastolique, le pouls veineux très accusé et les œdèmes
indiquaient la dilatation du cœur droit, le reflux et la stase du
sang dans les vaisseaux de la grande circulation.

Je conservai ce cardiaque pour vous permettre de suivre pendant quelque temps la marche du mal. Au bout d'une semaine,
les membres postérieurs s'engorgèrent. La face inférieure de
l'abdomen et du poitrail présenta un œdème assez volumineux.

L'animal fut sacrifié. Voici les principales lésions trouvées à
l'autopsie :

La cavité abdominale renfermait quelques litres de sérosité
jaunâtre, limpide, sans flocons fibrineux. L'appareil veineux de
la grande circulation était ectasié. Sur presque toute sa surface,
mais particulièrement le long de ses vaisseaux, le gros côlon
présentait un abondant œdème sous-séreux. Le foie était très
volumineux ; sur les coupes, on voyait, bien accusées, les lésions
du foie cardiaque. Les autres viscères abdominaux, notamment
les reins et la rate, étaient gorgés de sang.

Les plèvres contenaient 5 à 6 litres de sérosité semblable
à celle collectée dans le péritoine. — Le poumon était noirâtre,
lourd, congestionné ; son tissu, œdémateux par places, était
dense, sclérosé ailleurs. — Le cœur était énorme ; le cœur
droit surtout avait acquis un volume considérable ; ses cavités
étaient fort élargies ; l'oreillette avait près de quatre fois sa
capacité normale. L'oreillette gauche aussi était très dilatée,
et les parois du ventricule correspondant, un peu hypertrophiées,
offraient par places des îlots de sclérose. Les lames de la mitrale,
plus particulièrement la principale, étaient épaissies, raccourcies,

froncées, de consistance presque cartilagineuse en quelques
points.

La *marche* de l'état morbide créé par les lésions mitrales est
fatalement progressive. Que l'insuffisance se complique ou non
de rétrécissement, les troubles circulatoires augmentent peu à
peu ; les symptômes qui en sont l'expression s'accentuent ; les
phénomènes généraux deviennent de plus en plus alarmants,
jusqu'au moment où la mort arrive.

L'issue de l'endocardite mitrale chronique étant fatale, comment la mort survient-elle ?

Les lésions mitrales tuent en général lentement. Parmi les
organes, tous gravement atteints, deux — le cœur et le poumon
— fonctionnent encore activement. — Frappé le premier, surmené depuis le début, enfin surchargé par le fait de la tension
artérielle augmentée à la dernière période de l'affection, le
cœur continue à battre, luttant toujours contre le « barrage vasculaire » sans cesse grandissant et dont les effets retentissent en
dernier lieu sur le ventricule gauche. — Les mouvements du
thorax, eux aussi, continuent ; mais la surface respiratoire utile se
réduit de plus en plus : l'œdème, l'inflammation, des oblitérations
capillaires multiples, ne laissent comme champ de l'hématose
qu'un petit nombre d'alvéoles pulmonaires. Un sang toxique
achève ce qui survit aux désordres provoqués par les troubles
mécaniques. Le cœur, déjà épuisé, s'arrête par les progrès de
l'asphyxie.

Aux périodes avancées des affections mitrales, la mort peut
avoir lieu rapidement par un autre mécanisme. En raison même
de la lenteur de la circulation, il arrive que des coagulations se
produisent dans les canaux artériels d'organes essentiels à la vie :
c'est ainsi que les malades peuvent succomber en peu de jours, en
peu d'heures, voire en peu d'instants, soit à la thrombose des
coronaires, soit à une thrombose ou à une embolie de l'artère
pulmonaire. — La mort subite est plus rare que dans l'insuffisance aortique.

Le *diagnostic* de l'insuffisance mitrale n'offre guère de difficulté chez le cheval. L'insuffisance tricuspide, beaucoup moins
commune, est presque toujours amenée par la dilatation du cœur
droit, consécutive aux affections pulmonaires chroniques, surtout

à l'emphysème ancien, — à la *pousse outrée*. Elle s'accompagne vite d'un fort pouls veineux, et le souffle systolique tricuspidien, en général plus doux, moins prolongé, s'entend plus en avant que le souffle mitral. Avec un peu d'habitude, aucune confusion n'est possible entre celui-ci et le souffle diastolique de l'insuffisance aortique. Quant au souffle présystolique, provoqué par le rétrécissement mitral, il est d'une extrême rareté.

Ce que je vous ai dit de la marche de l'affection vous a fixés sur le *pronostic*. Il est de la plus haute gravité. Pas d'amélioration possible, pas même d'arrêt dans l'évolution des lésions cardiaques et des accidents qui en constituent le cortège. Vous avez vu que les irrégularités du cœur et du pouls ont une signification pronostique mauvaise. Quand elles apparaissent, le cœur a éprouvé une deuxième atteinte, ou dans sa musculature, ou dans son appareil nerveux.

La *thérapeutique* de l'insuffisance mitrale n'offre pour nous qu'un médiocre intérêt. Dès que la lésion n'est plus *compensée*, le propriétaire du malade s'en débarrasse ; celui-ci est sacrifié ou il passe en d'autres mains.

Lorsque l'affection est reconnue à son stade *eusystolique*, les diverses médications conseillées sont inutiles. Ce qu'il conviendrait de lui opposer à cette période, c'est le repos, l'exercice modéré, une bonne hygiène, — moyens inapplicables pour les animaux de travail.

A la période *asystolique* seraient indiqués les agents capables de mettre le cœur à la hauteur de sa tâche. Alors la digitale est utile. Mais administrée avant l'heure où son indication est établie, c'est-à-dire tant que la lésion mitrale est compensée, la digitale est plutôt nuisible : elle active inutilement le jeu du cœur, fatigue le myocarde et pourrait à la longue y provoquer des lésions régressives. Selon les circonstances, on doit lui associer le bromure et l'iodure de potassium ou de sodium pour combattre l'asthme cardiaque et les scléroses, — les purgatifs et les diurétiques si l'on veut lutter contre les œdèmes et les hydropisies.

XXII. — **Sur les myocardites.**

Chez les animaux, en particulier chez le cheval, les *inflam-mations du myocarde*, la *myocardite aiguë* et la *myocardite chronique*, sont plus fréquentes qu'on ne serait porté à l'admettre d'après le petit nombre d'observations qu'on en a publiées. Il faut reconnaître que les données acquises actuellement à leur sujet laissent encore fort à désirer, surtout au point de vue clinique : et cela, je dois vous le dire tout de suite, parce que les myocardites ne s'accusent pas par des manifestations aussi expressives que l'endocardite et la péricardite ; parce que, dans nombre de cas, étant de simples trouvailles d'autopsie, on n'a guère fait autre chose qu'en décrire sommairement les lésions.

Les pièces que je mets sous vos yeux sont séparées en deux groupes : les unes, qui offrent les altérations de la myocardite aiguë, proviennent de chevaux morts de maladies infectieuses diverses, la plupart de pneumonie contagieuse ; les autres, qui présentent les lésions de la myocardite chronique, ont été presque toutes recueillies à l'autopsie de sujets ayant servi aux exercices pratiques de chirurgie.

Parmi ces pièces, il en est deux sur lesquelles vous pouvez voir, tels que nous les rencontrons d'ordinaire chez le cheval et hautement accusés, les caractères anatomo-pathologiques de ces deux grandes variétés de la myocardite.

Voici d'abord le cœur d'un cheval mort au onzième jour d'une pneumonie contagieuse, compliquée de gangrène des deux lobes. Très volumineux — son poids dépassait 4 kilos, — il est atteint de *myocardite aiguë diffuse*. Il est maculé de larges taches jaunes, irrégulièrement distribuées, mais occupant surtout le ventricule et l'oreillette gauches. Sur le ventricule gauche, vous remarquez, partant du sillon vasculaire, une large zone de dégénérescence graisseuse, zone mesurant de 4 à 8 centimètres suivant les points, et dont la teinte jaunâtre tranche nettement sur celle des parties adjacentes. Les coupes faites dans la paroi et la cloison sont multicolores, de teinte brunâtre, rouge, gri-

sâtre ou jaunâtre suivant les points; on y voit en outre de
petits foyers hémorrhagiques. Plusieurs larges îlots de dégénérescence occupent toute l'épaisseur de la paroi ventriculaire.
Le péricarde et l'endocarde sont à peine touchés. Les appareils
valvulaires ne sont le siège d'aucune lésion appréciable à l'œil

Fig. 17. — Cœur d'un cheval mort de pneumonie contagieuse. Myocardite aiguë.

nu. — L'examen microscopique a révélé les lésions de la myocardite aiguë diffuse. Même aux points où le myocarde était le
moins altéré, ses fibres étaient frappées de dégénérescence
granuleuse.

Sur cette autre pièce existent des lésions avancées de *myocardite chronique*. Modérément hypertrophié, ce cœur est parsemé
d'îlots blanchâtres, irréguliers, plus ou moins en dépression, les

uns isolés, les autres réunis par d'étroites bandes de même nuance, taches dont les plus larges se remarquent sur le ventricule gauche, ici encore principalement au voisinage des sillons vasculaires. Les coupes pratiquées dans la paroi de ce ventricule y montrent de semblables îlots blanchâtres, d'aspect fibreux, étoilés, isolés ou réunis. En ces points, le myocarde est sclérosé; les éléments musculaires ont disparu, atrophiés par le tissu fibreux ou frappés de dégénérescence granuleuse. Il existe, en outre, des altérations anciennes des sigmoïdes aortiques.

Aiguës ou chroniques, les inflammations du myocarde sont ordinairement diffuses, étendues à la plus grande partie du muscle, dans beaucoup de cas inégalement accusées sur le cœur gauche et sur le cœur droit; en général, c'est le premier qui est le plus atteint. Tantôt on les rencontre comme affections isolées, sans altérations concomitantes de l'endocarde ni du péricarde; plus souvent la myocardite coexiste avec l'endocardite ou l'endo-péricardite, fait qui trouve son explication dans la pathogénie habituelle des affections du cœur, dans l'atteinte simultanée, par un même agent infectieux ou toxique, du muscle et des séreuses qui le revêtent.

La MYOCARDITE AIGUË a été divisée en *primitive* et *secondaire*. A la première, on a assigné comme causes le *froid*, le *surmenage* ou le *traumatisme*. — En dehors de l'infection ou du rhumatisme, il n'y a pas de myocardite *a frigore* : profondément situé dans le thorax, le cœur est l'un des organes les moins susceptibles à l'action du froid; celui-ci ne peut que favoriser l'entrée en scène des agents capables de léser le myocarde. — Quelques faits ont paru établir la réalité, chez l'homme, de lésions du myocarde et de l'endocarde survenues à la suite d'efforts excessifs et prolongés. Cette cause est aussi signalée pour les animaux moteurs, pour le cheval en particulier; mais bien que ce dernier soit le plus surmené de tous les animaux, on n'observe pas chez lui de myocardites exclusivement dues au travail excessif. De récents travaux ont précisé la pathogénie de cette myocardite par hyperkinésie du muscle cardiaque. Il faut aujourd'hui la concevoir autrement qu'on ne l'a fait dans le passé : le surmenage ne provoque pas directement l'inflammation du myocarde; il ne fait que diminuer la résistance de celui-ci vis-à-vis des germes pathogènes. C'est là un point établi par les recherches bactério-

logiques de ces dernières années, surtout par celles de M. Roger.
Les myocardites du surmenage rentrent donc, elles aussi, dans
le groupe des myocardites infectieuses.

Quant aux violences extérieures qui atteignent le thorax
au niveau du cœur, elles ne peuvent entraîner la myocardite
que si elles font plaie pénétrante ou si le myocarde est mé-
diatement vulnéré, et si la lésion qu'il a éprouvée se complique
d'infection.

Chez le cheval, je n'ai observé la myocardite aiguë que
comme *affection secondaire*. Je n'en ai vu les lésions que sur
des sujets qui ont succombé à des maladies toxi-infectieuses,
chez lesquels, par conséquent, la myocardite s'est ajoutée à la
maladie principale. Les pneumonies, la maladie typhoïde, la
gourme, l'hémoglobinurie, les pyémies, les septicémies et d'autres maladies microbiennes peuvent s'en accompagner, soit que
les agents pathogènes, dispersés partout à la faveur des voies
du sang, arrivent dans le myocarde par les canaux artériels
coronaires et s'y arrètent, embolisant des territoires plus ou
moins étendus, soit plutôt que ces agents, cantonnés loin du
cœur, sécrètent des toxines qui, véhiculées par le sang, lèsent
le myocarde. M. Charrin a produit des myocardites chez les
animaux, par l'injection de cultures filtrées, débarrassées de
tout élément vivant. Mais qu'elles soient *infectieuses* ou *toxiques*,
ces myocardites relèvent de processus microbiens.

Il est toutefois des myocardites diffuses ou en foyers, limitées
à la couche profonde ou à la couche superficielle du muscle, qui
résultent de la propagation à celui-ci d'une phlegmasie d'abord
localisée à l'endocarde ou à l'épicarde. Elles démontrent que la
loi de Stokes, sur l'extension des processus inflammatoires
des membranes muqueuses aux muscles sous-jacents, est vraie
aussi pour les séreuses.

Les *altérations* éprouvées par le myocarde atteint d'inflammation aiguë diffuse sont en général nettement accusées, très
apparentes au premier coup d'œil, mais moins que sur cette
pièce, où elles sont vraiment remarquables. A l'ordinaire,
le cœur est plus ou moins augmenté de volume, dilaté, flasque,
décoloré. Tantòt sa surface est presque uniformément pàle,
grisâtre ou feuille morte; tantòt elle est parsemée de taches
jaunâtres de dimensions et de forme variables, la plupart irré-

gulières, à contour découpé, généralement plus nombreuses et plus larges sur les ventricules. Sous l'épicarde et sous l'endocarde, on peut voir de petits foyers hémorrhagiques. Les sections faites dans le myocarde donnent des coupes ternes, d'aspect mat, où le tissu musculaire apparaît à peine infiltré et de même nuance qu'à la surface de l'organe : sur le fond, plus ou moins décoloré, sont disséminés des taches gris jaunâtre et quelques ilots ou points noirâtres, — celles-là correspondant à des foyers de dégénérescence, et les autres à des hémorrhagies.

A l'examen microscopique, on constate des lésions inflammatoires et d'autres dégénératives. Un plus ou moins grand nombre de fibres musculaires apparaissent gonflées et légèrement granuleuses ; elles ont un aspect fusiforme ; leur striation est moins nette qu'à l'état normal ou déjà presque complètement effacée. Comme lésions interstitielles, il y a surtout de l'hyperhémie et une infiltration leucocytique. Plus tard, les fibres touchées, frappées de dégénérescence granulo-graisseuse ou vitreuse, sont dissociées, plus ou moins remplies de fines granulations ou fragmentées ; on peut voir les lésions de l'endartérite oblitérante ou de la périartérite et une abondante infiltration cellulaire. En général, ces lésions sont diffuses, inégalement distribuées, et parfois, à côté des fibres dégénérées, on en trouve qui sont restées saines ou se montrent à peine altérées.

Dans la *myocardite purulente*, l'incision du myocarde met à découvert de petits abcès disséminés dans l'épaisseur du muscle. Ce sont généralement des abcès métastatiques développés là à la suite d'embolies, comme dans les autres viscères. Ils peuvent aussi être la conséquence directe de l'inflammation infectieuse du myocarde ; alors on n'en rencontre pas dans les autres organes. Le tissu qui avoisine ces abcès est fortement hyperhémié, infiltré, ramolli. Ceux qui siègent superficiellement peuvent s'ouvrir à l'intérieur du cœur ou dans le péricarde. On a publié des exemples de perforation complète de la cloison interventriculaire par des abcès développés dans son épaisseur.

D'une manière générale, les *symptômes* de la myocardite aiguë sont ceux de l'affaiblissement du cœur. Cependant, au début, il y a presque toujours des phénomènes d'excitation, une phase d'éréthisme : le cœur bat plus vite et plus fort ; parfois les systoles sont violentes, précipitées, tumultueuses ; le pouls est accéléré et fort; la respiration est courte, dyspnéique.

Du jour au lendemain, les troubles locaux se modifient et leur signification, douteuse jusque-là, se précise. Les battements du cœur se ralentissent, s'affaiblissent et assez souvent deviennent irréguliers, intermittents. Peu à peu le premier bruit diminue d'intensité au point d'être à peine perceptible ; tantôt le second reste normal, tantôt il s'atténue également. Chez quelques malades, on entend un léger souffle systolique dû à l'inertie des muscles papillaires. La percussion provoquerait parfois de la douleur ; à une période avancée, elle pourrait, dit-on, dénoter un élargissement de la matité précordiale ; mais ce sont là des données surtout théoriques et dont il est malaisé de se rendre compte. Comme les systoles cardiaques, le pouls s'affaiblit, devient irrégulier, intermittent. Quant aux autres troubles fonctionnels engendrés par la myocardite, ils sont en général peu accusés durant les premières périodes de la maladie, et celle-ci étant presque toujours secondaire, on ne peut les différencier de ceux provoqués par l'état infectieux dont la lésion du myocarde n'est qu'une complication. Mais toujours ces derniers, notamment la dyspnée, sont aggravés par la myocardite.

Contrairement à ce que l'on serait porté à croire tout d'abord, étant donné le rôle physiologique si important du muscle cardiaque, la myocardite aiguë se termine dans un assez grand nombre de cas par la guérison. Celle-ci est la règle pour les formes légères qui accompagnent les états infectieux. — La résolution se produit lentement. Peu à peu le cœur prend de l'activité, la force de ses contractions augmente, les bruits reparaissent avec leurs caractères normaux. Cliniquement, la guérison est complète, et si la restauration anatomique est imparfaite, le mal ne laisse que peu de traces. Dans une partie des cas, la myocardite ne fait que s'atténuer, — elle passe à l'état chronique.

La mort peut survenir à toutes les périodes, tantôt brusquement, par syncope, tantôt moins rapidement, par asphyxie. Quand elle va se produire par asphyxie, la dyspnée augmente, la physionomie exprime une profonde anxiété, le choc précordial devient imperceptible, le pouls s'efface, une sueur froide couvre le corps ; enfin les malades, prostrés, titubants, s'affaissent sur le sol et succombent dans le collapsus algide. — Pendant la convalescence, la mort est le fait de la dégénérescence granuleuse ou vitreuse du myocarde. — Lors de myocardite purulente, si un abcès s'ouvre sur l'endocarde, la mort est amenée par infection purulente ou par embolie cérébrale. Dans la gourme, on observe des cas de ce genre. — Quand la myocardite coexiste avec une maladie infectieuse qui a donné lieu à des localisations sur le poumon, le rein, les centres nerveux, les lésions de ces organes ont leur part dans l'issue fatale.

Le *diagnostic* de la myocardite aiguë est difficile. Beaucoup de maladies infectieuses s'accompagnent de troubles circulatoires pouvant donner le change pour une myocardite qui n'existe pas. D'autre part, certains signes locaux de la myocardite s'observent aussi dans la péricardite ; toutefois, quand on a assisté à l'évolution de celle-ci, d'autres phénomènes ont été constatés qui permettent la différenciation, et quand l'épanchement péricardique est abondant, la matité précordiale et l'effacement des bruits du cœur sont beaucoup plus accentués que dans le cas de myocardite.

Le *pronostic* est grave d'une façon générale. La myocardite aiguë peut entraîner brusquement la mort ; c'est elle qui tue nombre de chevaux pneumoniques. Vous avez vu qu'elle peut aussi se prolonger sous la forme chronique et, à échéance variable, mettre les animaux hors de service.

Ainsi que pour la plupart des autres cardiopathies, le *traitement* n'a pas grande efficacité. Il ne faut pas espérer, par des agents thérapeutiques, enrayer le processus qui se déroule dans le myocarde. Bien souvent d'ailleurs, l'attention du praticien est exclusivement portée sur la maladie primitive. Si la myocardite est reconnue ou soupçonnée, l'intervention doit répondre à une double indication : combattre la faiblesse du cœur et relever les forces du malade.

Comme alimentation, on doit insister sur les barbotages, le thé de foin, le lait ; si le sujet ne prend rien, on donnera du bouillon de viande par la voie rectale. La médication proprement dite comprend les excitants — l'alcool, le vin, le café, — les injections hypodermiques de caféine, de strychnine, d'éther, et la digitale si la myocardite est secondaire à la pneumonie. On peut encore utiliser la révulsion en appliquant un sinapisme sur les deux faces du thorax, au niveau du cœur, ou la réfrigération de la région précordiale.

A l'inverse de la myocardite aiguë, la MYOCARDITE CHRONIQUE existe fréquemment à l'état d'affection isolée, indépendante de toute autre maladie actuelle ou associée seulement à des lésions des séreuses cardiaques. Elle aussi passe souvent méconnue, parce qu'elle ne s'accuse que par des troubles fonctionnels assez vagues et par des phénomènes locaux dont la véritable signification n'a pas été suffisamment précisée. On n'hésite pas à affirmer l'existence d'une maladie de cœur qui se révèle par un souffle ; on reste dans le doute lorsque, à l'examen d'un sujet offrant des symptômes qui paraissent dus à une affection du cœur, ce souffle fait défaut. Et cependant, quand, outre ces symptômes, on note certaines modifications des bruits — des faux pas, des arrêts momentanés ou des intermittences, — dans la plupart des cas le malade est atteint d'une lésion du cœur qui, pour être lente dans sa marche, insidieuse dans ses manifestations, n'en est pas moins extrêmement grave. Le plus souvent, en effet, il s'agit d'une *phlegmasie chronique du myocarde*.

En général, la myocardite chronique succède à la forme aiguë : le processus inflammatoire développé dans le myocarde y persiste atténué et y détermine lentement des altérations dégénératives qui s'accusent plus tard par des troubles fonctionnels. — En certains cas, elle se constitue d'emblée et indirectement, causée par des lésions cardiaques ou pulmonaires qui donnent lieu à une congestion passive et permanente du myocarde. — On a admis qu'elle pouvait être provoquée directement par la suractivité fonctionnelle du cœur, par le surmenage. Pour les animaux moteurs, pour les chevaux de la plupart des services, rien n'est plus ordinaire que le surmenage, mais ce que produit surtout celui-ci, c'est l'hypertrophie du cœur avec ou sans dilatation de ses cavités. La myocardite due à cette seule cause y est des plus rares, — si elle s'y observe. Celle que l'on y rencontre ordinairement est la conséquence soit de la forme aiguë, soit de lésions valvulaires ou d'une gêne circulatoire retentissant sur le muscle cardiaque, l'obligeant à un fonctionnement plus actif, qui entraîne d'abord son hypertrophie et y provoque tôt ou tard les altérations de la myocardite dégénérante. Dans ces cas, la suractivité fonctionnelle n'est pas seule en cause; il s'y adjoint une congestion passive permanente du myocarde par le fait de l'entrave apportée à la circulation. Sous cette double influence.

des troubles apparaissent dans le muscle, qui portent sur ses fibres et sur le sarcolemme. Celui-ci, irrité d'une manière permanente, répond par une active prolifération, par l'hyperplasie, tandis que les éléments musculaires subissent la dégénérescence granuleuse, perdent leur striation, leur contractilité, et finalement disparaissent, étouffés par la néoformation conjonctive. De même que les lésions orificielles dont elle est la conséquence, on rencontre le plus habituellement cette myocardite au cœur gauche. — La myocardite consécutive à l'emphysème pulmonaire, particulièrement accusée au cœur droit, survient par un mécanisme analogue. En raison de la stase et de la tension augmentée dans l'arbre artériel pulmonaire, la circulation cardiaque est entravée, le sang, s'écoulant difficilement par les veines coronaires, le myocarde est encore congestionné : la condition est donnée pour que les mêmes lésions dégénératives et hyperplasiques surviennent. — Mais presque toujours, je le répète, la myocardite chronique diffuse est un épisode tardif d'une maladie infectieuse, au cours de laquelle le cœur a été touché; elle est le dernier terme de l'inflammation du myocarde.

On rencontre parfois des myocardites *partielles, superficielles,* développées par contiguïté de tissus, par l'extension au myocarde d'une inflammation d'abord localisée sur le péricarde ou l'endocarde. Très rares chez le cheval, les exemples en sont communs chez le chien.

Exceptionnellement la myocardite peut reconnaître pour cause la présence de sclérostomes dans l'une des artères coronaires. J'ai relaté l'observation d'un âne atteint de myocardite chronique, dont l'artère coronaire gauche, thrombosée, était le siège, près de son origine, d'un anévrysme contenant une dizaine de ces parasites.

Les *altérations anatomiques* qu'offre le myocarde frappé d'inflammation chronique sont le résultat de deux facteurs que l'on trouve toujours associés, mais dont les effets peuvent exister à tous les degrés et sont le plus souvent inégalement accusés. Dans la plupart des cas, la lésion dominante est la prolifération du tissu conjonctif interstitiel, — la *sclérose* du myocarde; dans d'autres, c'est la *dégénérescence granulo-graisseuse* des fibres musculaires.

Quand le myocarde est surtout frappé dans ses éléments contractiles, le cœur se présente ordinairement avec son volume habituel; il est seulement plus mou, plus flasque; il peut d'ailleurs avoir subi une hypertrophie préalable. Quand l'affection est de date récente, la couleur des coupes faites dans son épaisseur est jaune rougeâtre, marquée de taches ou de stries plus claires. Examinées au microscope, les fibres ont perdu leur striation, elles sont plus ou moins infiltrées de granulations protéiques, fragmentées, partiellement détruites. Souvent il y a en outre une légère hyperplasie conjonctive. — Ces lésions, inégalement distribuées, sont disséminées dans les deux cœurs, mais surtout dans l'épaisseur de la cloison et de la paroi du ventricule gauche. On les trouve parfois peu accusées en certains points, très prononcées et déjà anciennes dans d'autres. Il est des cas où la néoformation conjonctive est très réduite et où le processus paraît consister essentiellement en une simple dégénérescence granulo-graisseuse des fibres musculaires.

Dans la *myocardite fibreuse* ou *scléreuse*, de beaucoup la plus commune, le cœur est hypertrophié, normal comme volume ou plus ou moins atrophié. Lorsqu'il a ses dimensions augmentées, l'hypertrophie n'est point l'effet de la myocardite; elle est antérieure à celle-ci et résulte de la suractivité fonctionnelle du myocarde, nécessitée par un obstacle au libre cours du sang. Sa surface est marquée de dépressions irrégulières, correspondant à des portions du myocarde qui ont subi la transformation fibreuse et au niveau desquelles le tissu scléreux s'est rétracté. — La sclérose est plus ou moins profonde, plus ou moins diffuse. Généralisée, elle est toujours d'origine vasculaire; elle résulte d'une prolifération cellulaire qui a eu son point de départ dans les tuniques des petits vaisseaux, et s'est propagée, de proche en proche, au tissu interfasciculaire, provoquant une néoformation fibreuse qui comprime, enserre et détruit les fibres musculaires. Cette cardio-sclérose est tantôt *périartérielle*, liée à l'*artério-sclérose*; tantôt *périveineuse*, consécutive à la stase qu'entraînent les affections valvulaires à leur dernier stade et caractérisant ce que M. Huchard a appelé, chez l'homme, le « cœur cardiaque ». — A l'examen microscopique, on distingue des îlots, des bandes, des travées de tissu fibreux, plus ou moins larges, ramifiés, anastomosés, qui isolent les faisceaux musculaires; beaucoup de ceux-ci, comprimés par ces îlots et ces travées, ont éprouvé des lésions régressives ou ont disparu.

Les altérations de la myocardite coexistant avec l'endocardite ou la péricardite et développées *par propagation* sont quelquefois étendues à toute la couche corticale du muscle : dans une épaisseur de quelques millimètres, celui-ci offre, suivant le stade et la forme du processus, une coloration rougeâtre, jaune pâle ou blanchâtre ; là, les fibres musculaires sont en état de régression granulo-graisseuse ou atrophiées par un tissu néoformé, par des travées conjonctivo-fibreuses. — Au lieu d'être ainsi généralisées à toute la surface du myocarde, les lésions sont assez souvent circonscrites. Dans l'endocardite valvulaire, on les trouve habituellement localisées au voisinage des orifices auriculo-ventriculaires ou artériels : le processus s'étend de la base des valvules dans la zone adjacente du muscle et peut, à la longue, donner lieu ainsi à la myocardite dite *annulaire* ; il est possible qu'il se propage aux piliers, par l'intermédiaire des cordages valvulaires, et aboutisse à la transformation fibroïde des muscles papillaires. De même lors de péricardite, on rencontre quelquefois une myocardite secondaire localisée en certains points de la couche superficielle du muscle.

Au niveau d'un îlot de myocardite à prédominance fibreuse ou graisseuse, il peut se développer un *anévrysme partiel chronique* : affaiblie en ce point, la paroi ventriculaire cède sous la pression du sang et subit à la longue une dilatation sacciforme.

Étant données l'importance fonctionnelle de l'organe atteint et les graves altérations dont je viens de faire l'exposé, il semblerait que le processus chronique développé dans le myocarde dût provoquer des manifestations bruyantes l'accusant d'une manière évidente. Mais bien souvent, au contraire, le mal évolue silencieusement durant de longs mois, des années même, ses actes se succédant d'ordinaire avec une grande lenteur. Lorsque la myocardite se constitue d'emblée à l'état chronique, les animaux peuvent encore être utilisés longtemps à leur besogne habituelle ; et quand elle succède à la forme aiguë, ils reprennent leur service après la convalescence de celle-ci.

Dans l'un et l'autre cas, un moment arrive où l'affection, *latente* jusque-là, provoque des troubles qui, généralement, ne passent pas inaperçus. Ce que l'on observe d'ordinaire, c'est le complexus symptomatique de la *pousse*, c'est surtout de la *dyspnée*. Au travail, les malades ont le coup de collier moins franc ;

ils sont vite essoufflés ; les battements du cœur sont plus forts, tumultueux ; la main, appliquée sur la région précordiale, peut percevoir de véritables palpitations. Certains sujets s'arrêtent subitement pendant le travail, en proie à des souffrances qui sont parfois rapportées à des coliques. Mais chez les animaux, l'*angor pectoris* semble être rare ; j'en dirai autant du vertige, de la lipothymie et de la syncope. — A cette première période, que l'on a qualifiée d'*irritative*, même lorsque les malades sont au repos on peut constater des palpitations et une accélération du pouls.

Avec le temps, la dyspnée augmente pendant le travail, elle se montre par accès, et les troubles circulatoires se modifient : le pouls devient faible, ralenti, intermittent. Non seulement il n'y a plus de palpitations, mais les systoles sont moins fortes qu'à l'état normal ; comme les pulsations artérielles, elles peuvent être ralenties, inégales, entrecoupées d'intermittences. A l'auscultation, les bruits du cœur sont perçus plutôt *atténués* dans la myocardite granulo-graisseuse ; *prolongés*, accompagnés d'un roulement ou *dédoublés*, dans la myocardite scléreuse coexistant avec l'hypertrophie du ventricule gauche. Ni dans l'une ni dans l'autre de ces formes de l'inflammation chronique du myocarde, on ne perçoit de souffle, à moins qu'il n'existe en même temps une lésion valvulaire, ou un défaut de tension des lames auriculo-ventriculaires, par akinésie des muscles papillaires. La percussion dénoterait, en certains cas, une augmentation de la matité cardiaque, due au relâchement des parois du cœur, à la dilatation de ses cavités dans la myocardite granulo-graisseuse, à l'hypertrophie du ventricule gauche dans la myocardite fibreuse ; mais, comme dans la forme aiguë, ce symptôme est difficilement appréciable.

Si les animaux sont conservés, à ces phénomènes, qui vont toujours en s'accentuant, aux troubles respiratoires et gastriques d'ordre réflexe qui peuvent survenir, s'ajoutent plus tard ceux qui sont la conséquence du ralentissement de la circulation, de l'épuisement du cœur : la stase vasculaire, l'engouement du poumon et des autres viscères, les hydropisies, les œdèmes. enfin tous les accidents formant le cortège de la cachexie cardiaque. — La myocardite dégénérante marque la phase terminale de la série des désordres provoqués par les lésions valvulaires : les accidents qui se succèdent au cours de la maladie ont eu pour point de départ une altération de l'endocarde; ils aboutissent à la dégénérescence du myocarde.

Les myocardites corticales ou partielles ne suscitent que des troubles beaucoup moins prononcés et de plus vague signification. Chez le cheval, elles ne s'accusent quelquefois par des intermittences du cœur.

La myocardite chronique a toujours une *marche* très lente. Elle dure des années, en s'accentuant graduellement, avec ou sans arrêts momentanés. Jamais elle ne rétrocède. Si les animaux étaient conservés jusqu'à la fin, celle-ci arriverait dans la cachexie, ou à l'improviste, par syncope ou par rupture du cœur. — L'âne dont j'ai cité l'observation fut trouvé mort dans sa stalle, sans avoir été arrêté un seul jour, sans même avoir présenté de troubles respiratoires sérieux, encore que sa myocardite fût doublée de lésions des sigmoïdes aortiques entraînant une insuffisance. — Chez tous les animaux, la rupture du cœur est exceptionnellement rare. Elle peut se produire cependant sous l'influence d'une vive excitation, — pendant le travail, au moment d'une chute ou d'un violent effort : le cœur se contracte avec une énergie excessive, la pression intracardiaque augmente brusquement; la paroi musculaire, altérée, cède au point le plus affaibli, le plus souvent sur l'un des ventricules, au niveau d'un anévrysme ou d'un foyer de dégénérescence.

Le *diagnostic* des myocardites chroniques est entouré de grandes difficultés. Dans toutes les espèces animales, il expose fort à l'erreur, et l'on ne doit le porter qu'avec circonspection. On sera mis sur la voie par les commémoratifs, par les symptômes rationnels, notamment par les accès de dyspnée qui surviennent pendant le travail chez la plupart des malades. On appréciera l'ensemble des phénomènes cardiaques; on tiendra compte surtout des signes perçus à l'auscultation, à l'exploration du pouls, et l'on éliminera les autres affections capables de provoquer les troubles fonctionnels observés.

Le *pronostic* est très grave. Si la maladie n'est pas immédiatement menaçante, elle finit toujours par mettre hors de service les animaux qui en sont atteints, et elle conduit plus ou moins rapidement à la mort ceux qui ne sont pas sacrifiés.

Le seul *traitement* utile consisterait à agir sur les lésions myocardiques par la médication iodurée, et à stimuler les fibres cardiaques qui ont échappé à la destruction. A cet effet, il conviendrait de s'adresser aux excitants et aux toniques du cœur, — à la noix vomique ou à ses dérivés, au café ou à la caféine. Mais les malades présentant les symptômes de la pousse et la myocardite restant dans l'ombre, on a généralement recours à l'arsenic, quelquefois à la digitale.

XXIII. — Sur l'ossification des oreillettes du cœur.

Je vais vous parler ce matin de l'*ossification de l'oreillette droite* du cœur, lésion quelquefois rencontrée chez le cheval, non signalée dans la plupart des ouvrages classiques, mais dont on trouve un certain nombre d'observations dans les publications périodiques françaises et étrangères.

En voici un exemple. Cette pièce que je mets sous vos yeux a été recueillie à l'autopsie d'un poney, par M. Barillot, vétérinaire à Paris. C'est l'oreillette droite du cœur fort agrandie, presque complètement ossifiée ; sa portion antérieure est très épaissie et entièrement osseuse ; le plafond ne l'est qu'en partie ; on y remarque des îlots arrondis et irréguliers de tissu spongieux, dont les dimensions sont comprises entre celles d'un pois et celles d'une pièce de cinquante centimes ; presque tous sont plus ou moins en saillie sur les deux faces de l'oreillette.

Dans le *Compte rendu des travaux de l'École d'Alfort* pendant l'année scolaire 1836-1837, Rénault a mentionné, en ces termes, un cas de ce genre recueilli sur un cheval morveux dont l'âge n'est pas indiqué : L'oreillette droite, considérablement augmentée de volume, pesait 2 livres ; elle était épaissie et ossifiée dans les neuf dixièmes de son étendue ; les fibres musculaires qui entraient dans sa constitution avaient été comprimées et atrophiées par la néoformation osseuse. Sur la surface convexe de l'oreillette, cette lésion présentait la dureté et la résonnance de l'os. Elle était moins avancée à l'intérieur, où elle avait l'aspect et la consistance du cartilage. L'ossification cessait brusquement à la jonction de l'oreillette avec le ventricule ; elle s'arrêtait également à la partie supérieure, là où s'abouchent les veines caves. Celles-ci, à leur confluent, formaient une poche accidentelle, à paroi musculaire, faisant continuité à celles de l'oreillette et paraissant avoir suppléé cette dernière dans ses fonctions. Les autres parties du cœur étaient saines. — Renault ajoute que des faits d'ossification partielle du cœur, surtout

des oreillettes, ont déjà été constatés chez l'homme et chez les
animaux.

En 1840, Bouley jeune communiqua à l'*Académie de médecine*, au nom de Barthélemy, vétérinaire à Paris, une observation
d'hypertrophie du cœur avec ossification complète de l'oreillette
droite, observation recueillie sur un cheval de six ans. Acheté
depuis cinq mois, ce cheval n'avait pu faire un service régulier ;
il ne toussait pas, mais il s'essoufflait vite par le moindre travail ;
la respiration, tout en restant régulière, était bientôt extrêmement accélérée et dyspnéique. On pensa qu'il s'agissait de
troubles qui disparaîtraient par le repos et le régime du vert.
L'animal fut envoyé dans une ferme de la banlieue, où il
resta deux mois. A son retour, on le remit en service ; son état
ne s'était nullement amélioré, et au bout de peu de temps le
malade succomba à une pneumonie. — A l'autopsie, on trouva,
avec des lésions pulmonaires récentes et anciennes, le cœur
hypertrophié et l'oreillette droite ossifiée, fixée au péricarde par
des brides fibreuses ; la capacité de cette oreillette était au moins
doublée ; ses parois, épaisses de 3 à 4 centimètres, étaient complètement ossifiées.

Dans cette communication, Bouley rappelle l'observation
de Renault, cite un cas d'ossification complète d'une oreillette
du cœur, trouvé par Barthélemy aîné sur une vache atteinte de
pommelière, et un autre d'ossification partielle de l'un des ventricules, constaté par Riquet sur le cheval. Il fait remarquer que
l'ossification des oreillettes du cœur est une lésion qui doit être
regardée comme extrêmement rare, puisque Girard et Rigot ne
se rappellent pas en avoir rencontré un seul exemple sur les
sujets qu'ils ont fait sacrifier à Alfort, pour les travaux de chirurgie et d'anatomie, durant une période de près de quarante
ans.

Dans le fait de Godwing, il s'agit d'un cheval dont l'âge n'est
pas mentionné, cheval qui présenta, à plusieurs reprises, des
symptômes inquiétants rapportés à une « affection du foie compliquée de difficulté dans la circulation ». On dut l'abattre. —
L'autopsie révéla l'existence d'une péricardite fibrineuse ; l'oreillette était cartilagineuse dans la plus grande partie de son plafond et ossifiée dans sa portion antérieure.

Sur les nombreux chevaux qu'il a autopsiés à Alfort de 1848
à 1863, Colin a trouvé deux fois l'oreillette droite complètement

ossifiée, et assez souvent il y a vu des îlots plus ou moins larges de tissu osseux.

Le cheval dont l'observation a été communiquée en 1884 par Chuchu, à la *Société centrale de médecine vétérinaire*, était âgé de huit ans. Depuis trois ans qu'il appartenait à une compagnie de transports. il avait toujours fait un bon service, sans présenter aucun symptôme de maladie. En dehors de toute cause apparente. il présenta des signes d'affaiblissement et dut être laissé au repos une semaine. Un moment il sembla rétabli ; mais bientôt il rentra à l'infirmerie, avec des plaques d'œdème en diverses régions et un fort engorgement des membres postérieurs, symptômes qui firent craindre d'abord l'anasarque, puis la morve quand survint un sarcocèle. On opéra celui-ci. Avec du pus puisé dans la queue de l'épididyme, on inocula un cobaye ; le résultat fut négatif. — Le malade s'affaiblit de plus en plus et dut être abattu. — A l'incision du péricarde, on trouva les lésions de la péricardite fibreuse. Le cœur était volumineux ; les ventricules étaient fort agrandis et leurs parois amincies. L'oreillette droite était blanchâtre et dure ; sa cavité était rétrécie : ses parois étaient ossifiées dans presque toute leur surface ; elle pesait 1 800 grammes.

Dans le cas de Véret, il s'agit d'un cheval de troupe, âgé de dix-sept ans, mort des suites d'une fracture. — A l'autopsie on trouva « une calcification de l'oreillette droite ».

Je passe sous silence quelques autres observations relatées à l'étranger ; elles n'ajouteraient rien d'intéressant à ce qu'apprennent les précédentes.

Revenons au cheval chez lequel M. Barillot a trouvé la pièce qu'il nous a adressée. Son histoire peut être résumée en quelques mots : Poney acheté à Londres en octobre 1895, atteint d'une maladie de poitrine peu après son arrivée à Paris. Au bout d'une quinzaine de jours, il entra en convalescence et fut envoyé pendant trois semaines au vert de l'île Saint-Denis.

Avant sa maladie, ce poney était très énergique et avait de belles allures ; en raison même de ces qualités, il avait été payé un prix assez élevé. — Rentré chez son maître, il n'avait plus ni sa vigueur, ni sa vitesse ; mou au travail, à l'écurie il était triste, apathique, se tenait à bout de longe ; les extrémités étaient froides. Le 5 janvier, on remarqua une tuméfaction œdémateuse sous-thoracique. Mon confrère, appelé aussitôt, examina attentivement l'animal et conclut à l'existence d'une pleurésie, tout en notant certains signes d'une affection du cœur. Le traitement institué resta infructueux. Deux jours plus tard, le poney succomba.

A l'autopsie, on trouva, avec un épanchement abondant dans les plèvres, le cœur hypertrophié et les parois de l'oreillette droite épaissies, dures, ossifiées dans la plus grande partie de leur surface. Il s'agissait bien d'une ossification du myocarde auriculaire : les coupes offraient les attributs caractéristiques du tissu osseux, — des lamelles osseuses concentriques et des ostéoplastes.

L'ossification des oreillettes s'observe le plus communément chez les animaux âgés, mais on peut la rencontrer aussi sur des sujets relativement jeunes. Le poney dont je viens de parler n'avait que cinq ans. Particularité bien curieuse, presque toujours *l'oreillette droite est seule altérée*; même lorsqu'elle est complètement ossifiée, l'oreillette gauche est en général indemne.

Les causes de cette singulière altération du myocarde auriculaire sont inconnues. Chez la plupart des chevaux où on l'a constatée, il existait soit d'autres lésions du cœur, soit de la péricardite, de l'emphysème, de la morve ou de la tuberculose, et la cavité de l'oreillette droite était fort agrandie, sans doute par suite d'une insuffisance tricuspide.

Limitée à une partie de l'oreillette, n'occupant que le plafond ou le cul-de-sac de celle-ci, par exemple, l'ossification ne cause pas de symptômes appréciables, elle est toujours une surprise d'autopsie ; mais lorsqu'elle est étendue à la plus grande partie ou à la totalité de l'oreillette, quand surtout cette dernière est dilatée et l'orifice auriculo-ventriculaire plus ou moins élargi, des troubles surviennent qui permettent de soupçonner l'existence d'une affection du cœur : — il y a de la dyspnée, des palpitations, du pouls veineux, plus tard de l'œdème froid du thorax et des extrémités. Même lorsque ces troubles existent, le diagnostic précis est impossible. Ce que l'on peut reconnaître seulement, c'est que la cause de ces troubles est au cœur.

Les divers agents thérapeutiques auxquels on pourrait recourir seraient d'ailleurs d'une égale impuissance. Il n'y a point de traitement efficace.

XXIV. — Intermittences du cœur chez le cheval.

Depuis dix jours, nous avons dans notre écurie VI un cheval atteint de pneumonie en voie de résolution, chez lequel, le jour même où il est entré, l'auscultation a révélé des *intermittences cardiaques vraies*, certainement antérieures à l'affection pulmonaire. J'ai appelé votre attention sur ce malade et sur les caractères de ses intermittences. Permettez-moi aujourd'hui de revenir sur cette variété d'arythmie cardiaque, qui est commune chez le cheval, et au sujet de laquelle vous ne trouverez que peu de renseignements dans les Traités et les publications périodiques.

A l'état normal, en dehors des influences qui peuvent retentir sur lui, le cœur bat avec une parfaite régularité : chez un animal d'une espèce quelconque, il se contracte un même nombre de fois dans des laps de temps égaux. Mais ses bruits ne se présentent pas toujours avec une pureté et une homogénéité absolues. Chez le cheval notamment, il n'est pas rare de constater des modifications de l'intensité et du timbre de ces bruits, ainsi qu'une tendance au dédoublement de l'un ou de l'autre. Pour vous en convaincre, vous n'avez qu'à ausculter les malades traités ici pour les affections les plus diverses.

Le fonctionnement du cœur est sujet à toute une série de troubles, les uns dus à des causes banales et éphémères, les autres provoqués par des altérations de l'organe lui-même ou des nerfs qui l'animent. Le nombre de ses contractions peut être modifié, accru ou diminué, par de nombreux états pathologiques. Parfois ses battements sont ralentis, — il y a *bradycardie*; plus souvent ils sont accélérés, — il y a *tachycardie*. L'un des deux bruits perçus à chaque révolution du cœur peut être dédoublé ou remplacé par un souffle. On peut constater l'inégalité de force des systoles cardiaques et des pulsations artérielles. Dans tous ces cas, généralement la régularité du rythme du cœur et du pouls est conservée ; les pulsations se succèdent à intervalles égaux.

Mais il est des animaux chez lesquels les systoles cardiaques et les pulsations artérielles, égales ou inégales en force, ne se succèdent plus régulièrement. A des intervalles plus ou moins rapprochés, il y a suspension complète de l'activité du cœur pendant un court espace de temps, ou affaiblissement de ses contractions, et dans les deux cas absence d'une ou de plusieurs pulsations artérielles. Ces troubles caractérisent les deux variétés d'intermittences cardiaques signalées chez l'homme par Laennec. Dans les *intermittences vraies*, il semble bien qu'il y ait réellement arrêt momentané du cœur, suspension complète de ses contractions. Dans les *intermittences fausses*, après un certain nombre de révolutions cardiaques normales comme force, il y a une systole faible, avortée, qui ne retentit pas sur les artères, qui ne donne pas lieu à un soulèvement de leur paroi : le pouls seul est alors réellement intermittent. Ces phénomènes représentent donc une variété d'arythmie dans laquelle la succession si régulière des pulsations cardiaques ou artérielles est interrompue. — Tandis que dans l'*arythmie proprement dite* les pulsations sont irrégulières ou inégales et les temps de la révolution cardiaque allongés ou raccourcis, dans le cas d'intermittences, le cœur bat d'ordinaire normalement en dehors des arrêts. On peut d'ailleurs trouver celles-ci combinées avec la première.

Je ne veux que signaler les intermittences fausses, ordinairement observées au cours d'affections du cœur et de quelques autres viscères. Chez les malades qui les présentent, le pouls est non seulement intermittent, mais encore irrégulier, inégal, souvent presque imperceptible.

Chez les sujets atteints d'*intermittences vraies*, à l'auscultation du cœur, on perçoit une succession de battements ordonnés et égaux en force, suivie d'un long silence coïncidant avec un repos anormalement prolongé du cœur, puis une nouvelle série de pulsations bien rythmées à laquelle succède un nouveau silence, et toujours ainsi. En dehors de ces suspensions qui, de temps à autre et plus ou moins périodiquement, viennent rompre la série, le cœur fonctionne régulièrement. — La fréquence des arrêts est très variable : tantôt séparés par des espaces de temps inégaux, ils se répètent chaque deux à dix, douze, quinze pulsations; tantôt, se succédant à des intervalles égaux, ils se produisent toujours après un même nombre de pulsations, en général de deux à six suivant les malades. Il est des chevaux chez lesquels les pauses sont rythmées d'une façon vraiment remarquable; chez d'autres, la périodicité est sujette à des variations : sur un même sujet on peut trouver, dans le cours d'une journée, les intermittences régulières à certains moments, irrégulières à d'autres. **Dans** quelques rares cas, les séries de pulsations sont séparées par de longues intermittences qu'interrompt un faux pas.

La durée des arrêts est le plus souvent en rapport inverse du nombre des pulsations sériées. Elle correspond ordinairement à une ou deux révolutions cardiaques; parfois elle est plus courte ou elle se prolonge au delà. — Sur un cheval observé par Siedamgrotzky, les systoles cardiaques, au nombre de seize à vingt seulement par minute, isolées ou associées par deux, trois ou quatre, étaient séparées par des arrêts dont la durée correspondait à deux, trois ou quatre pulsations. A l'autopsie de ce cheval, on trouva une hypertrophie du cœur avec dégénérescence du myocarde. — Il y a quelques mois, nous avons vu à la policlinique un cheval chez lequel les systoles se faisaient par séries de trois, quatre ou cinq, séparées par des pauses dont la durée correspondait à deux révolutions cardiaques.

Quelle que soit la durée des séries de pulsations et celle des arrêts, la première contraction qui a lieu après l'intermittence est presque toujours plus forte que les autres; quelquefois, notamment quand l'animal vient d'être exercé, elle est violente, semblable à une palpitation, et habituellement la seconde contraction est précipitée, elle se fait à plus bref intervalle que les suivantes.

Parfois les diverses causes susceptibles d'augmenter l'activité cardiaque n'exercent pas ou n'exercent que peu d'influence sur les intermittences. Si, pour provoquer une accélération des battements du cœur, on fait trotter quelques instants un cheval qui en présente, il se peut qu'elles continuent à se produire suivant leur mode habituel; mais, en général, les intermittences notées au repos diminuent de fréquence ou disparaissent momentanément sous l'influence de l'exercice. — Nous avons examiné le mois dernier un malade chez lequel l'arythmie cardiaque offrait ce caractère. Il s'agissait d'un cheval de cinq ans, acheté depuis six mois. Après avoir fait d'abord un bon service, il était devenu moins résistant, s'essoufflait vite et ne pouvait plus suffire qu'à grand'peine à un travail modéré. Ces phénomènes étaient notés depuis environ deux mois. L'état général était bon ; à l'examen du flanc, l'expiration était nettement entrecoupée. L'auscultation du cœur révélait, après des séries de quatre ou cinq battements, des intermittences dont la durée correspondait à une ou deux pulsations. Les deux bruits cardiaques n'étaient pas normaux ; le premier était prolongé et le second dédoublé. Au bout de quelques minutes d'exercice, les intermittences disparaissaient, les battements se succédaient à des intervalles réguliers. Mais, après quelques instants de repos, les arrêts se reproduisaient, d'abord rares, ensuite de plus en plus fréquents.

Au cours de ces dernières années, j'ai constaté des intermittences vraies, de date certainement ancienne, sur plusieurs chevaux qui n'avaient jamais présenté de symptômes pouvant faire présumer une affection du cœur, et qui étaient traités dans le service pour des maladies externes. Je vais vous en citer deux cas.

En 1895, nous avons eu dans nos infirmeries un cheval atteint de clou de rue, chez lequel on nota des intermittences du pouls et des arrêts du cœur, ceux-ci et les autres, il va sans dire, sans aucun lien causal avec le traumatisme. A l'auscultation du cœur, on entendait des séries de trois à six pulsations, séparées par des silences dont la durée, uniforme, était celle d'une pulsation. La première systole de chaque série était brusque, bondissante, immédiatement suivie de la seconde beaucoup plus faible, puis d'autres plus fortes. Les violentes réactions provoquées par l'opération et la fièvre traumatique qui survint ensuite n'eurent aucune influence sur l'état du cœur. A la sortie de l'animal, cet état était le même qu'au moment de l'entrée : même périodicité, même durée des arrêts. Avant l'accident pour lequel on nous a amené ce cheval, on n'avait remarqué aucun trouble, aucune manifestation de nature à faire soupçonner l'arythmie cardiaque. Au dire du charretier qui le conduisait, il se montrait même plus ardent, plus vif que les chevaux en compagnie desquels il était attelé.

En 1894, nous avions déjà constaté des troubles analogues sur un cheval de trait léger, âgé de dix ans, qu'on nous avait envoyé du département de Maine-et-Loire, pour une boiterie causée par un éparvin. Ce cheval, très énergique et très vite, n'avait jamais présenté de symptômes de cardiopathie. L'élève qui en était chargé me signala des intermittences du pouls et du cœur, dont la durée était d'une ou de deux révolutions, et qui se produisaient après un nombre de pulsations qui variait de trois à dix; séries longues et séries brèves se succèdaient d'une façon des plus irrégulières.

L'*étiologie* des intermittences cardiaques est complexe, et leur pathogénie offre encore plus d'un point obscur. Dans certains cas où on les a observées indépendamment de toute altération organique manifeste, on les a attribuées au surmenage ou à des troubles digestifs. Mais, exception faite pour celles qui sont dues à l'administration de doses excessives de digitale, elles représentent bien un symptôme commun à quelques maladies du cœur. La myocardite surtout, aussi l'endocardite et la péricardite peuvent s'en accompagner. En dernière analyse, elles paraissent relever toujours soit d'une atteinte primitive ou secondaire du myocarde, soit d'un trouble concomitant de l'appareil nerveux du cœur. C'est parce qu'elles sont d'ordinaire subordonnées à la myocardite que l'on constate, en même temps que les intermittences, d'autres signes — assourdissement, roulement, dédoublement des bruits. — qui permettent de reconnaître ou tout au moins de soupçonner l'affection du myocarde.

Des intermittences passagères, vraies ou fausses, régulières ou irrégulières. apparaissent fréquemment au cours de diverses infections, lorsque le cœur est lésé par les agents infectieux ou par leurs toxines. Bien souvent j'ai noté des intermittences dans le décours des pneumonies. Les praticiens qui ont l'habitude d'ausculter le cœur de leurs pneumoniques ont certainement fait la même remarque. J'ai relaté dans le *Bulletin de la Société centrale de médecine vétérinaire* de l'année 1894 un exemple de ces intermittences métapneumoniques. Je vous en rappelle un autre tout récent.

Au commencement de décembre dernier, j'ai reçu dans mon service un cheval de six ans, atteint d'une pneumonie aiguë au troisième jour. La maladie a été de gravité moyenne, plutôt bénigne. La température n'a pas dépassé 40°5 et la défervescence s'est produite le sixième jour. — Tous les matins, après m'être rendu compte de l'état du poumon, j'auscultais le cœur. Pendant la résolution. — le dixième jour de la pneumonie, — je constatai des intermittences : des pauses, dont la durée était celle d'une révolution cardiaque, se produisaient après des séries de six à dix systoles, normales comme force et comme rythme. Les jours suivants, elles devinrent plus fréquentes ; on en percevait une chaque quatre ou cinq pulsations, puis, au bout d'une semaine, on ne les constata plus qu'après des séries régulières de huit à dix battements. Elles n'ont plus subi de modifications jusqu'au départ du malade. J'ajoute que celui-ci n'avait pas reçu de digitale.

En général éphémères, quelquefois durables ou définitives, ces intermittences surviennent d'ordinaire chez des pneumoniques qui ont présenté, au début de la maladie, d'autres troubles cardiaques : une vive accélération et une grande force des systoles ou des modifications des bruits.

Les intermittences du cœur sont de gravité variable, subordonnée à de multiples conditions, mais surtout à leur fréquence, à leur ancienneté, à l'existence ou à l'absence d'autres troubles cardiaques. Récentes, observées pendant le cours ou la convalescence des maladies aiguës, il y a de grandes chances qu'elles disparaissent rapidement et sans retour. Anciennes et quelle que soit l'affection primitive qui leur a donné naissance, généralement, je l'ai dit, elles sont l'expression de lésions du myocarde ou de l'appareil nerveux du cœur ; elles comportent un pronostic réservé. Si elles n'impliquent nécessairement l'existence d'aucune affection organique, d'aucune altération matérielle du cœur, chez la grande majorité des sujets où on les constate, celui-ci est lésé dans son muscle ou dans ses nerfs. Certains chevaux qui en présentent peuvent faire encore pendant des années un assez dur service ; ils n'en sont pas moins touchés dans l'un de leurs organes les plus essentiels.

Le *traitement* doit être celui des myocardites ; ses principaux agents sont les iodures de potassium ou de sodium et la digitale. Contre les intermittences anciennes, son action est à peu près toujours nulle ; il ne saurait avoir d'efficacité que s'il est institué à une époque assez rapprochée du début de l'arythmie.

Pour un malade dont les intermittences, qui avaient lieu chaque trois ou quatre pulsations, étaient survenues à la suite de la gourme, je prescrivis l'iodure de potassium à la dose de

10 grammes par jour, dose qui fut portée ensuite à 15 grammes. Ce traitement ne fut commencé que près de trois mois après la guérison de la gourme; on le continua pendant six semaines, avec deux interruptions de huit jours, et l'on utilisa le cheval à un travail n'exigeant pas de violents efforts. Au bout de deux mois, l'auscultation du cœur révélait encore des intermittences, mais plus espacées, séparées par des séries de six, huit, dix pulsations. Elles s'éloignèrent de plus en plus et finirent par disparaître.

XXV. — **Sur la péricardite du chien**.

Dans l'espace de quelques mois, de nombreux cas d'*hydropisie péritonéale* chez le chien se sont offerts à votre observation,
et j'ai pu vous montrer que, dans cette espèce, l'ascite est très
généralement liée à la tuberculose, à la péricardite ou à l'endocardite valvulaire. C'est là une donnée dont il importe de tenir
grand compte pour formuler le pronostic et instituer le traitement. Vous vous expliquez pourquoi, quand il s'agit de ces chiens
« à gros ventre », je ne me borne pas, comme on l'a fait pendant si
longtemps et ainsi que beaucoup le font encore aujourd'hui, à
évacuer le liquide collecté dans le péritoine, puis à prescrire le
vin scillitique ou d'autres remèdes internes analogues. Pour ces
malades, je ne néglige jamais de faire l'examen du cœur par la
palpation, la percussion, l'auscultation. Toujours aussi je les
soumets à l'épreuve de la tuberculine.

Il ne suffit pas, en effet, pour être fixé sur le degré de gravité
de la maladie, pour décider si le sujet doit être traité ou s'il est
incurable, de reconnaître que l'ascite est sous la dépendance de
la péricardite, car, je vous l'ai dit encore dans l'un de nos précédents entretiens, chez le chien la péricardite est souvent de
nature tuberculeuse. Quand, chez des animaux de cette espèce
atteints de péricardite avec épanchement, la tuberculine provoque une forte réaction, elle dénonce la nature bacillaire de l'affection péricardique. Et si l'absence de réaction ne permet pas
d'éliminer sûrement la tuberculose, du moins les probabilités
sont grandes que celle-ci n'est pas en jeu et que la guérison peut
être obtenue. C'est sur ce dernier point que je veux insister
aujourd'hui. Je vous rappelle d'abord l'observation d'un malade
atteint de péricardite et d'ascite, guéri par la ponction du
ventre et du péricarde.

Vers le milieu d'avril dernier entrait dans le service un beau
chien de montagne, âgé de trois ans, malade depuis une quinzaine de jours, et qui, jusque-là, avait toujours été en bonne
santé. Il a eu sans doute l'affection du jeune âge, mais si légère

qu'on ne s'en est pas aperçu. Au commencement d'avril, on remarqua que ce chien n'avait plus sa gaieté habituelle ; l'appétit devint capricieux, puis se perdit ; le ventre augmenta de volume : la marche était pénible, causant vite de l'essoufflement.

Lorsqu'il fut soumis à notre examen, ce malade présentait tous les signes extérieurs d'une affection viscérale grave. Indépendamment de son état de maigreur et de faiblesse, trois choses attiraient immédiatement l'attention : l'accélération des mouvements respiratoires, le volume du ventre et une nappe d'œdème sous-thoracique. Les dimensions de l'abdomen étaient accrues surtout en ses régions inférieures ; celles-ci étaient mates à la percussion et l'on y percevait de la fluctuation dénonçant un épanchement ascitique. La respiration était accélérée, courte, suspirieuse ; elle s'effectuait de 35 à 40 fois par minute ; les déplacements, les efforts, la marche, provoquaient de l'oppression. — A l'auscultation du thorax, le murmure vésiculaire ne s'entendait nettement, de chaque côté, que dans la moitié supérieure des lobes pulmonaires. On percevait à peine le choc systolique. Les bruits normaux du cœur étaient très obscurs, lointains, étouffés. — Exploré à la fémorale, le pouls, très faible, battait environ 130 fois à la minute. Aux jugulaires, on voyait un pouls veineux très net. La température était de 39°2.

Le jour même, nous pratiquâmes la paracentèse et nous retirâmes du ventre 2 litres de liquide séreux, légèrement teinté en rouge. — Dans la soirée et le lendemain, on soutint le malade en lui donnant du lait à la cuillère, et on lui administra 15 centigrammes de calomel. — La tuberculine ne suscita aucune réaction.

Le jour suivant, bien que la fièvre fût légère (la température n'était plus que de 38°9), l'état était devenu plus alarmant. Le volume du ventre, réduit après la ponction, augmentait de nouveau, et l'œdème thoracique était un peu plus étendu. On ne percevait plus ni l'impulsion du cœur, ni ses bruits ; le pouls était plus faible encore que la veille, le pouls veineux était aussi plus accusé. On comptait 45 respirations par minute ; l'oppression était de plus en plus grande et la mort menaçante. — Après la visite du matin, je fis, avec l'aspirateur et une fine aiguille, la ponction du péricarde au niveau du cinquième espace intercostal, à environ six centimètres au-dessus de la ligne du sternum. Je retirai près de 200 grammes de liquide légèrement coloré en rouge, comme celui extrait de l'abdomen la veille.

Le malade fut immédiatement soulagé. Sa physionomie n'avait plus la même expression d'anxiété; la dyspnée était moindre, la respiration plus libre. Dans la soirée et la nuit, il prit du lait à plusieurs reprises.

Le lendemain, le mieux s'accentuait. Le matin, la température était à 38°6, la respiration à 27, le pouls à 112. On percevait le choc du cœur; on entendait les deux bruits normaux; il n'y avait plus de pouls veineux. — Je prescrivis une application de pommade stibiée sur la région précordiale. On continua le régime lacté.

En peu de jours, les troubles qui existaient encore s'atténuèrent rapidement. Au bout d'une semaine, l'appétit et la gaieté étaient revenus. Nourri de viande, de riz et de lait, le convalescent reprit vite des forces et de l'embonpoint. Deux semaines après la seconde opération, lorsqu'il fut remis à son maître, il était à peu près complètement guéri.

Quand on a dû pratiquer la ponction du péricarde chez le chien, les suites de l'intervention sont loin d'être toujours aussi heureuses, soit que l'on ait affaire à une péricardite de nature tuberculeuse, soit que l'affection péricardique ait donné lieu localement ou dans quelques viscères, le foie entre autres, à des lésions définitives ou qui ne sauraient rétrocéder que lentement. Mais pour certaines péricardites à évolution lente, dont le début est déjà relativement ancien, la guérison rapide est possible. Voici un fait qui en porte témoignage.

Dans le courant d'août 1896, un braque de quatre ans, malade depuis près de six semaines, fut amené à la consultation. D'ordinaire très gai, très caressant, ce chien était devenu triste, recherchait la solitude, restait continuellement couché et touchait à peine à ses aliments. Parfois il accompagnait encore son maître, mais la marche provoquait vite de l'essoufflement, et de temps à autre il s'arrêtait, anhélant.

Au moment où on nous le présenta, son état de maigreur et le volume de son ventre fixaient l'attention. La palpation de l'abdomen décelait un épanchement ascitique abondant. La respiration était accélérée, pénible; l'inspiration était lente, prolongée, l'expiration rapide. A l'auscultation, le murmure

vésiculaire était à peu près perçu comme à l'état normal dans la
moitié supérieure des deux lobes pulmonaires ; leur partie inférieure était silencieuse. Appliquée sur la paroi thoracique
gauche, au niveau du cœur, la main ne percevait pas le choc
systolique ; à l'auscultation, on distinguait à peine les deux
bruits normaux, très assourdis. La percussion décelait une zone
de matité cardiaque bien plus étendue d'avant en arrière et
dans le sens vertical qu'à l'état physiologique. Les limites de la
zone mate étaient sensiblement les mêmes, que la percussion fût
pratiquée sur l'animal immobilisé dans l'attitude quadrupédale
ou maintenu debout sur son train de derrière. Le pouls était
accéléré, très faible et inégal. Aux deux jugulaires, dans leur
moitié inférieure notamment, on voyait un fort pouls veineux.
On comptait par minute 120 pulsations et 36 respirations. La
température était à 39°. — Je portai le diagnostic *péricardite
compliquée d'ascite* et probablement de nature tuberculeuse. —
Une injection de tuberculine ne provoqua pas de réaction.

Le troisième jour, je pratiquai successivement, avec l'aspirateur et en prenant les précautions aseptiques d'usage, la *paracentèse* et la *ponction du péricarde*. Je retirai lentement du ventre
un litre et demi d'exsudat séreux, grisâtre, et du péricarde
350 centimètres cubes de liquide offrant les mêmes caractères.
— On fit ensuite sur la paroi thoracique gauche, au niveau du
cœur, dans une aire à peu près égale à celle de la paume de
la main, une friction de pommade stibiée, et l'on appliqua un
bandage de corps. Comme nourriture, on donna au malade du
lait et un peu de viande crue.

L'intervention avait procuré un soulagement immédiat. — Le
lendemain, on ne comptait plus que 30 respirations et 100 pulsations par minute ; les mouvements respiratoires s'effectuaient
plus librement et l'appétit revenait : l'animal consomma un demi-
litre de lait et de la viande. Les jours suivants, son état s'amé-
liora graduellement.

Aucun incident n'entrava la guérison ; nous n'eûmes pas à
répéter la ponction : le liquide laissé dans le péricarde et dans
le péritoine se résorba. Quand, un mois plus tard, le chien
fut remis à son maître, il était guéri. Il avait recouvré tout
son appétit ; il était gai, marchait, trottait sans éprouver de
dyspnée ; le choc et les bruits du cœur étaient redevenus perceptibles comme à l'état normal. Nous avons su, quelque

temps après, que ce chien avait récupéré son embonpoint et ses forces.

Je ne m'en tiendrai pas à la narration de ces deux faits. Je veux vous signaler les principales variétés de la péricardite du chien et vous enseigner ce que l'expérience m'a appris à leur sujet.

Très généralement *secondaire*, amenée tantôt par la tuberculose, tantôt par une autre maladie infectieuse, — la pneumonie, le rhumatisme, la maladie du jeune âge, — la péricardite est quelquefois *primitive*, déterminée par le froid ou par un traumatisme. — Vous rencontrerez rarement la péricardite traumatique ; vous aurez plus souvent l'occasion de voir des péricardites pour lesquelles on incrimine un refroidissement. Ainsi que pour la pleurésie, la pneumonie, l'endocardite, celui-ci n'est pas l'unique facteur de la maladie ; il agit en suscitant des troubles généraux, des phénomènes congestifs, qui favorisent, rendent possible l'infection du péricarde par des microbes venus d'un organe voisin ou éloigné, à la faveur des voies de la circulation. Certes, la péricardite *a frigore* est rare, et peut-être ne survient-elle que sur des sujets prédisposés par leur état constitutionnel, mais l'existence de cette variété de l'affection est indiscutable. Vous l'observerez surtout chez des chiens hydrophiles, qui aiment à se baigner, chez ceux qui chassent dans les marais, ou sur des sujets qui, par malveillance, ont été jetés à l'eau un jour où le temps était froid.

Au mois de mars 1895, nous avons autopsié un petit caniche chez lequel la péricardite exsudative avait été provoquée par des bains prescrits pour combattre une affection cutanée. Huit jours après le début de ce traitement, l'animal avait tout à coup manifesté des troubles assez graves, qui furent rapportés à une pleurésie. On cessa les bains et on traita le sujet pour son affection de poitrine ; mais les moyens mis en œuvre furent impuissants ; la mort arriva le dixième jour. — Le cadavre nous fut apporté. La plèvre et le poumon étaient sains. Il y avait une péricardite aiguë exsudative avec collection abondante d'un liquide un peu rougeâtre, légèrement fibrineux, dans le dépôt duquel nous trouvâmes quelques streptocoques ; il ne contenait pas de bacilles de Koch, et dans aucun organe il n'existait de lésions tuberculeuses.

Chez le chien, la *péricardite exsudative* se présente sous les types aigu et chronique. Toujours c'est par des signes rationnels qu'elle attire l'attention.

La *forme aiguë* s'annonce par de l'anorexie, de la faiblesse, une accélération de la respiration, de l'anxiété, de la dyspnée, et par un mouvement fébrile avec une hyperthermie qui peut atteindre 1°5 à 2°.

Elle est bientôt accusée par des signes physiques qui permettent de la reconnaître. Tout au début, on pourrait, à l'auscultation, percevoir un bruit de frottement produit par les mouvements rythmiques des deux feuillets péricardiques dépolis, desquamés; mais il nous est rarement donné de constater ce bruit éphémère, — d'ailleurs inconstant, car il se peut que l'épanchement commence avec la maladie. A ce stade initial, tantôt il y a encore des palpitations, observées particulièrement si le malade marche ou fait des efforts; tantôt la percussion provoque de la douleur.

Dès que le péricarde contient une certaine quantité de liquide, le cœur est refoulé en haut et un peu en avant, d'autant plus que l'épanchement est plus abondant. Le sac péricardique se distend surtout vers sa base, en soulevant les lobes pulmonaires qui sont poussés vers les gouttières vertébro-costales, beaucoup moins toutefois que dans la pleurésie. Alors, à la palpation de la région précordiale, on note l'affaiblissement ou la disparition du choc cardiaque. A l'auscultation, les bruits normaux, — nettement perçus à l'état physiologique, même chez les très petits sujets, — sont assourdis, éloignés, étouffés ou complètement effacés. Tant que le cœur n'est que faiblement comprimé, le pouls conserve ses caractères; mais dès que le premier subit une forte pression, le pouls devient petit, fuyant, irrégulier, parfois presque imperceptible, incomptable.

La compression des oreillettes — les parties du cœur qui s'affaissent le plus facilement — entrave le cours du sang, provoque la cyanose, le faux pouls veineux des jugulaires, et la dyspnée mécanique par la stase pulmonaire. Les phénomènes d'oppression observés au début sont sans doute d'origine réflexe, causés par la douleur dont le péricarde enflammé est le siège.

Abandonnée à elle-même, la péricardite aiguë peut entraîner la mort assez rapidement, quelquefois en moins d'une semaine. Elle peut aussi, mais exceptionnellement, se terminer par la guérison : l'épanchement se résorbe ; les symptômes s'atténuent peu à peu et disparaissent. Dans une partie des cas, elle passe à l'état chronique.

La variété de péricardite à laquelle on a donné l'épithète d'*hémorrhagique* et qui est caractérisée par un épanchement rougeâtre, sanglant, se rencontre assez communément chez le chien. Au cours de ces deux dernières années, j'en ai recueilli cinq cas : trois fois la phlegmasie péricardique était d'origine tuberculeuse, et dans l'un de ces cas, il n'y avait pas d'autre localisation bacillaire ; deux fois elle existait comme affection spéciale, indépendante de la tuberculose. — L'hémorrhagie qui se produit au cours de la maladie a sa source dans les néo-membranes très vasculaires et très fragiles, développées sur les feuillets, notamment vers la base du cœur, dans le repli de la séreuse. — Cette forme est toujours très grave. Les cinq sujets sur lesquels nous l'avons constatée ont succombé rapidement. — En 1894, on nous a apporté le cadavre d'une chienne morte de péricardite hémorrhagique avec épanchement péritonéal abondant, chienne à laquelle, un an auparavant, nous avions fait la paracentèse abdominale pour une ascite qui a paru guérie pendant dix mois. Dans ce cas encore, nous ne trouvâmes pas de lésions tuberculeuses et l'inoculation de l'exsudat resta stérile.

Assez souvent, au lieu d'avoir cette évolution bruyante, la péricardite est *chronique* d'emblée. Son début est insidieux, sa marche lente ; elle reste méconnue jusqu'à ce que l'épanchement soit assez abondant pour occasionner de la dyspnée et de l'essoufflement. Alors, à l'examen méthodique du malade, on perçoit, comme dans la forme aiguë, les signes fournis par l'auscultation et la percussion. — A une période plus avancée, avec l'aggravation des symptômes rationnels, surviennent de l'anorexie, de l'affaiblissement, de l'amaigrissement et de l'œdème des membres, — accidents ultimes que vous avez constatés sur plusieurs malades.

On observe aussi chez le chien des cas de *péricardite sèche*, simple ou tuberculeuse, aboutissant à des adhérences multiples des deux feuillets du sac péricardique ou à la *symphyse cardiaque*. Dans cette forme, les troubles fonctionnels sont habituellement peu marqués, et parfois la maladie n'est reconnue qu'à l'autopsie. Même dans les premiers temps, la pression digitale exercée au niveau des espaces intercostaux de la région précordiale ne provoque pas de douleur manifeste. Le seul signe constant est le bruit de frottement, qui persiste d'ordinaire pendant un temps assez long, — bruit systolique ou diastolique, isochrone à la révolution du cœur, ce qui permet de le différencier du frottement pleurétique, isochrone aux mouvements respiratoires. Quand déjà des adhérences sont constituées, la palpation peut révéler l'affaiblissement ou même la disparition du choc du cœur. Vous avez constaté ce dernier phénomène sur un chien tuberculeux abattu il y a quelques semaines, et à l'autopsie duquel nous avons trouvé une symphyse complète. — Plus tard, on peut observer les accidents de la symphyse cardiaque compliquée de dégénérescence du myocarde : — de la cyanose, de la dyspnée, de l'ascite, de l'œdème des membres.

En général, quand le vétérinaire est appelé à examiner un chien atteint de péricardite exsudative, la maladie remonte déjà à quelque temps, parfois à plusieurs semaines, et à la condition de faire un examen complet du sujet, *de ne pas oublier le cœur*, il arrive au diagnostic par la constatation des signes que fournissent la palpation, la percussion et l'auscultation. Souvent c'est l'ascite qui frappe tout d'abord et met sur la piste. — Le diagnostic différentiel de la péricardite et de la pleurésie est en général facile. Dans la pleurésie avec épanchement modéré simulant celui de la péricardite, la zone de matité change avec l'attitude imposée au patient : si celui-ci est tenu debout sur ses membres postérieurs ou sur son séant, les bruits du cœur sont nettement perçus; on peut entendre le murmure vésiculaire et constater la résonnance de la partie supérieure du thorax, laquelle était silencieuse et mate lorsque les membres antérieurs appuyaient sur le sol.

La péricardite reconnue, il reste à déterminer si elle est ou non de nature tuberculeuse. La maigreur ou l'embonpoint du malade, les signes cliniques et les commémoratifs ne fournissent que des présomptions. Mais, dans la généralité des cas, la question sera résolue par une injection de tuberculine. Et dans ceux où cette dernière paraîtrait en défaut, vous pourriez recourir à l'inoculation, au cobaye, d'un peu de sérosité péricardique.

Ainsi que je l'ai dit en commençant, la plupart des malades
pour lesquels nous avons à intervenir sont atteints de péricardite
compliquée d'ascite. Si les symptômes de la première n'ont
rien de menaçant, on peut différer la ponction et chercher à
provoquer la résorption de l'exsudat par les révulsifs, les diurétiques, les purgatifs. J'ai l'habitude de faire sur la région
précordiale une friction de pommade stibiée, et pour empêcher
le malade d'y porter la langue, j'applique un bandage (*fig.* 18).
Je préfère ce moyen aux compresses froides et aux sinapismes.
— Avec le régime lacté, je prescris à l'intérieur le calomel ou le
bicarbonate de soude et la digitale.

Lorsque, malgré ces moyens, l'épanchement augmente, que

Fig. 18. — Bandage de poitrine.

les symptômes s'accentuent et deviennent alarmants, et dans le
cas où, au premier examen, l'état est menaçant, je pratique la
ponction du péricarde.

Voici comment je fais cette opération. Je prépare la région précordiale en coupant les poils et en rasant la peau un peu au-dessous
du centre de la zone de matité, sur une surface de quelques centimètres carrés, ensuite je lave à l'alcool et avec la solution de
sublimé à 1 p. 1000. — J'emploie de préférence l'aspirateur muni
d'un tube de caoutchouc et de l'aiguille n° 2, et je procède comme
vous l'avez vu pour notre dernier malade. Le vide fait dans le
corps de pompe, je passe l'instrument à un aide ; j'introduis la
pointe de l'aiguille au centre de la surface préparée, dans le
cinquième espace intercostal, à trois ou quatre travers de doigt

du bord inférieur du thorax. Une fois l'extrémité de l'aiguille
engagée dans la paroi thoracique, j'ouvre le robinet correspondant de l'aspirateur, puis je pousse très lentement l'aiguille,
devenue aspiratrice, jusqu'à ce que le liquide apparaisse dans
l'index du tube de caoutchouc. C'est donc le *vide à la main*,
pour employer l'expression de M. Dieulafoy, que l'on avance
à la recherche de l'épanchement. Ainsi la pénétration de l'aiguille
dans le péricarde est réduite au minimum, et avec une pointe
courte, les blessures du cœur, toujours refoulé en haut et
rapetissé, ne sont pas à craindre. D'autre part, en employant
une aiguille de petit calibre, la lenteur de l'écoulement met à
l'abri des accidents syncopaux. — A défaut d'aspirateur, la
ponction sera faite avec un fin trocart. — L'opération terminée,
on occlut la plaie par un enduit collodionné et l'on applique un
pansement ouaté.

Lorsque l'épanchement se reproduit et provoque la réapparition des troubles qui ont nécessité la ponction, il faut répéter
celle-ci. Alors, dans le but d'éviter une nouvelle récidive, on
peut, après évacuation de l'exsudat, injecter dans le péricarde
quelques grammes d'une solution iodée au tiers ou d'un autre
liquide antiseptique.

Les jours qui suivent, on soutient le malade par le lait, les
préparations lactées, le jus de viande ou quelques morceaux de
viande crue. Dès que l'appétit est revenu, on donne une alimentation substantielle et des toniques.

Quand la péricardite est compliquée d'ascite, généralement
j'évacue le liquide péritonéal par la ponction du ventre, mais
cela n'est pas toujours nécessaire. Une fois le péricarde vidé,
l'épanchement péritonéal tend à se résorber. On y aide par
les diurétiques.

Si le traitement échoue le plus souvent, c'est parce que, dans
la majeure partie des cas, la péricardite n'est qu'une détermination de la tuberculose. La ponction, suivie ou non d'injection
iodée, ne saurait produire qu'une amélioration éphémère. Même
dans le cas où le processus tuberculeux serait exclusivement
localisé au péricarde — j'en ai vu un exemple, — le liquide
se reproduirait, et le malade succomberait à l'un des accidents
de la péricardite ou aux progrès de la cachexie.

XXVI. — Sur les pneumonies du cheval.

Nous avons en ce moment dans nos infirmeries trois chevaux qui viennent d'être atteints de pneumonie. Cette coïncidence nous offre pour l'étude de cette maladie une occasion que je ne veux pas laisser échapper. Si vous avez bien examiné ces sujets, vous avez constaté de notables différences dans les symptômes qu'ils ont présentés et dans la marche de l'affection pulmonaire.

Le premier de ces malades, — un cheval hongre, âgé de neuf ans, — entré ici le 14 avril, avait sa pneumonie depuis trois jours. Il était très abattu, mais non indifférent à ce qui se passait autour de lui. Les conjonctives étaient safranées, la respiration et la circulation accélérées, le pouls fort et régulier ; aux deux naseaux, au droit surtout, on remarquait un peu de jetage jaunâtre, *rouillé*. La percussion dénotait de la submatité dans le tiers inférieur du poumon droit ; à l'auscultation, on y entendait du râle crépitant humide. La température était de 40° C.

On nous apprit que la veille du jour où il fut reconnu malade, ce cheval avait été attelé du matin au soir et avait reçu plusieurs averses.

Laissé tranquille après notre examen, le malade prenait volontiers du barbotage, du thé de foin et un peu d'avoine. — Voici le traitement qui fut institué : sinapisme sur la partie inférieure du thorax ; injection sous-cutanée de 200 grammes d'une solution de sel marin à 8 p. 1 000 ; 50 grammes de bicarbonate de soude. — Aliments solides ; 6 litres de lait ; barbotage, thé de foin et boisson tiède *ad libitum*.

Le lendemain, l'état général était à peu près le même. La respiration, la circulation, la température, n'avaient pas éprouvé de modifications notables. A l'auscultation, on entendait le souffle tubaire au niveau de la partie moyenne du lobe gauche. Dans le tiers supérieur de ce lobe et dans tout le lobe droit, le murmure vésiculaire était exagéré.

Le jour suivant, nous avons trouvé le malade sensiblement

mieux, plus éveillé. J'ai appelé votre attention sur le souffle tubaire, qui s'entendait, au milieu d'une zone absolument silencieuse, avec une netteté peu commune. L'appétit était bon. La température avait baissé d'un demi-degré.

Le quatrième jour — le septième de la maladie, — l'amélioration s'était accentuée, la vivacité et la gaieté revenaient. Le cheval consommait toute sa ration. La température n'était plus que de 38°,5. Avec le souffle affaibli, on entendait la crépitation de retour.

Ensuite nous vîmes les derniers troubles se dissiper, et le malade, convalescent, quitta le service. Il y était resté douze jours.

Ce premier cheval vous a présenté un remarquable exemple de l'évolution habituelle de la pneumonie, — un cas type de ce qu'on appelle la *pneumonie franche*.

Amené à l'École le 19 avril dans la soirée, le second malade — un cheval entier, âgé de cinq ans, — provenait d'une écurie où, les semaines précédentes, plusieurs chevaux avaient été atteints de pneumonie. Attelé le matin encore, il dut faire une course au petit trot. Il se montra moins ardent que de coutume, mais on rapporta sa mollesse à la fatigue, au travail plus dur exigé depuis quelques jours. Rentré à midi, il ne toucha pas à ses aliments, et l'on remarqua, avec de l'abattement, une accélération des mouvements respiratoires.

À six heures, au moment où nous l'examinâmes, il présentait des signes non douteux d'un état morbide grave, lequel, d'après les renseignements fournis, devait être une pneumonie. Très abattu, ce malade avait les conjonctives injectées; la bouche était sèche et chaude; le pouls battait 70 à la minute, la respiration était à 48 et la température à 40°,3. L'auscultation et la percussion du thorax ne révélaient aucun bruit anormal dans les lobes pulmonaires ni au cœur. On notait seulement une exagération du murmure vésiculaire et de l'impulsion du cœur.

Je prescrivis l'application d'un sinapisme sur le thorax et une friction sinapisée sur les membres, l'administration de 200 grammes d'eau-de-vie, de 15 grammes de sulfate de quinine et de 50 grammes de bicarbonate de soude. On présenta au malade, toutes les deux heures, des barbotages et du lait. Dans

la suite, nous avons eu recours aussi à la digitale, au calomel,
aux injections sous-cutanées de sérum et d'éther, enfin aux
lavements phéniqués froids.

Les deux jours suivants, la température se maintint entre
40°,5 et 41°; on compta de 35 à 40 respirations et de 70 à 80 pulsations par minute. Il y eut quelques quintes de toux et très peu
de jetage.

Le 22, la percussion accusait de la matité au niveau de la
partie inférieure des deux lobes pulmonaires, et à l'auscultation
on entendait de la crépitation humide. La zone de matité et de
crépitation augmenta les jours suivants, à droite surtout; la
respiration devint dyspnéique, l'expiration plaintive, les systoles
cardiaques étaient violentes et la fièvre persistait intense. — Tous
les après-midi, le malade, bien couvert, fut sorti de son écurie
et laissé quelques heures au plein air. — Les cinquième et
sixième jours, on perçut, à droite, un souffle tubaire léger et
profond, en même temps que la crépitation persistait, par
places, dans la partie inférieure des deux lobes. — Le huitième,
la température était encore à 40°. Elle commença à diminuer
le lendemain, mais les troubles généraux et locaux s'atténuèrent
plus lentement que sur le premier malade. Ils ne disparurent
complètement que le quatorzième jour.

Sur notre troisième sujet, l'affection s'est comportée à peu
de chose près comme chez le précédent : les deux poumons ont
été touchés, le gauche dans une plus grande étendue que l'autre;
il y a eu, pendant plusieurs jours, une forte oppression et des
troubles cardiaques ; la température s'est élevée jusqu'à 41°,4 :
la défervescence s'est produite le huitième jour : le douzième,
les grandes fonctions étaient revenues à leur état normal.

Bien que ces deux malades n'aient pas présenté de phénomènes révélant l'existence de lésions graves autres que celle
du poumon, ils ont été atteints de *pneumonie contagieuse*; ils
ont été contaminés dans leur écurie.

Durant ces derniers mois, vous avez pu voir un certain
nombre d'autres cas de pneumonie sporadique et de pneumonie
contagieuse. J'ai appelé votre attention sur les phénomènes particuliers qu'ont offerts nos malades. Je vous ai montré que,
presque toujours, dans la pneumonie franche, le foyer inflam-

matoire est vite révélé et limité, la marche régulière et typique, la défervescence nette et à date fixe, les complications rares, la convalescence courte, le pronostic bénin, la guérison presque constante ; que, généralement, dans la pneumonie contagieuse, la lésion pulmonaire, d'abord profonde, est envahissante ou à foyers multiples, la marche atypique ou traînante, la défervescence tardive ou hésitante, les complications nombreuses, la convalescence lente, le pronostic grave.

Peut-être les recherches de l'avenir établiront-elles l'identité de nature de ces deux affections — *l'unicité de la pneumonie du cheval*; — peut-être fourniront-elles la preuve que les pneumonies franche et contagieuse, bénigne et maligne, sont engendrées par un même microbe, dont la virulence s'atténue et s'exalte sous l'influence de conditions déterminées ou occultes. Mais jusqu'à présent, nous n'avons sur ces points que de vagues données, et bien qu'il soit parfois difficile, même impossible, par les seuls signes cliniques, de dire à quelle variété l'on a affaire, au risque de m'exposer à des redites, je crois plus profitable pour vous d'envisager séparément la *pneumonie franche, sporadique*, et la *pneumonie contagieuse*.

Voyons d'abord la première.

La *pneumonie aiguë sporadique*, encore appelée *pneumonie fibrineuse* ou *croupale*, est une affection commune chez le cheval. On explique cette fréquence, notamment pour les animaux utilisés au service du gros trait dans les grandes villes, par les intempéries auxquelles ces chevaux sont exposés, par le fonctionnement très actif du poumon pendant le travail, par la susceptibilité au froid que présentent la plupart de ceux qui sont entassés dans des écuries mal ventilées.

Tous les âges ne paient pas un égal tribut à la pneumonie. C'est sur les animaux jeunes, non entraînés, dont l'organisme est particulièrement sensible à l'influence des causes météorologiques, dont le poumon n'est pas encore habitué au fonctionnement actif, qu'on l'observe le plus souvent. C'est aussi chez eux et sur les sujets avancés en âge, arrivés à la période où l'organisme est en déchéance, qu'elle a le plus de gravité. On signale encore, comme conditions favorisantes, les locaux étroits, bas de plafond, mal aérés, la débilité, le lymphatisme, et diverses autres causes banales, que l'on retrouve invariablement au chapitre étiologique des principales maladies viscérales.

La grande cause occasionnelle de la pneumonie, c'est l'*action du froid*. A cet égard, les auteurs sont unanimes, et la maladie a été précisément appelée *pneumonie a frigore* en raison de sa cause déterminante la plus évidente. C'est pendant les quatre premiers et les trois derniers mois de l'année que nous en observons le plus grand nombre de cas. Elle est particulièrement fréquente pendant les périodes où se produisent les plus fortes oscillations thermométriques. — au commencement du printemps et en automne. Les changements brusques de température, les temps pluvieux, humides, paraissent avoir une plus grande influence que l'action prolongée et uniforme du froid. Le refroidissement peut être secondé par d'autres influences adjuvantes, notamment par la suractivité fonctionnelle du poumon. — La *répercussion* qui occasionne d'ordinaire la pneumonie serait surtout réalisée lorsque les animaux, pourvus de leur toison d'hiver et la peau en sueur, se trouvent subitement exposés à un courant d'air froid ou mouillés par une averse. Depuis que l'habitude du tondage s'est généralisée, les pneumonies, dit-on, ont diminué de fréquence. Il est pourtant des cas où la suppression de la toison paraît avoir été précisément la cause favorisante de la phlegmasie pulmonaire. Sur un de nos malades, la pneumonie s'est développée dix jours après le tondage, et l'animal n'avait été ni surmené, ni mouillé. De nombreux faits semblables ont été observés dans la cavalerie de la Compagnie des omnibus de Paris, où l'on a renoncé au tondage.

Longtemps on a cru que l'action du froid suffisait pour provoquer la pneumonie. A lui seul, il ne saurait la faire naître. Les insuccès constants que l'on avait dû enregistrer en essayant de provoquer expérimentalement la pneumonie étaient expliqués par une résistance spéciale de l'organisme, par l'absence des conditions qui prédisposent à la maladie. — Les recherches bactériologiques faites sur l'homme ont démontré l'existence d'un autre facteur étiologique, qui est la cause efficiente de la pneumonie. Elles ont établi que celle-ci est une maladie infectieuse, produite par la pénétration et la pullulation dans le poumon d'un microbe spécial, — le *pneumocoque*.

Les premiers travaux entrepris sur cette question datent de 1877. Quelques années plus tard, Friedländer trouva dans les foyers pneumoniques un bacille encapsulé qu'il considéra comme l'agent de la maladie. M. Talamon a reconnu que le microbe qui détermine celle-ci est un coccus se présentant sous la forme de petits grains allongés, isolés ou disposés en couples et pourvus d'une capsule, coccus qui se colore facilement par les couleurs d'aniline et par la méthode de Gram. Ce *pneumocoque* avait été signalé antérieurement par Pasteur dans la salive normale. C'est un hôte de la cavité bucco-pharyngée; on l'a aussi trouvé dans les fosses nasales, les trompes d'Eustache, même dans les bronches. Son champ d'action pathogène n'est d'ailleurs pas limité au poumon; il peut engendrer la pleurésie; il peut aussi pénétrer dans le sang et provoquer d'autres affections viscérales, — l'endocardite, la néphrite, la méningite, pour ne parler que des principales. L'injection dans le sang de cultures de ce pneumocoque donne naissance à des pneumonies avec ou sans pleurésie, à des endocardites, à des péricardites.

Constant dans la pneumonie de l'homme, il est la condition nécessaire du développement de cette affection. L'invasion du poumon est favorisée par le froid, mais celui-ci n'intervient que comme cause occasionnelle, en provoquant des troubles vasculaires ou cellulaires et en diminuant momentanément la résistance de l'organisme. — Le pneumocoque n'opère pas toujours seul; il est parfois accompagné du streptocoque ou des staphylocoques. Même quand la pullulation de l'agent ou des agents pathogènes est localisée au poumon, des désordres graves peuvent être produits dans d'autres viscères, organes ou tissus, par les toxines qu'élaborent ces agents, par des poisons solubles dont l'action nocive se fait sentir particulièrement sur le cœur et les reins.

La pneumonie franche du cheval est sûrement aussi une maladie infectieuse, mais son microbe n'est pas encore déterminé d'une façon certaine. Dans les foyers d'hépatisation, on a trouvé des germes divers, — entre autres un micrococoque qui n'est pas sans présenter une certaine analogie avec le pneumocoque de l'homme, et un diplo-streptocoque qui ne serait, d'après certains auteurs, qu'une forme atténuée du microbe de la pneumonie contagieuse.

Il est possible que, comme chez l'homme, le microbe qui la provoque acquière une virulence plus grande par son séjour dans un milieu favorable, dans le tissu pulmonaire enflammé, et que, possédant cette activité accrue, il puisse à lui seul déterminer la pneumonie chez les sujets exposés à l'infection. Celle-ci serait facilement réalisée par l'intermédiaire du jetage, qui renferme toujours en plus ou moins grande abondance les éléments de l'infection.

A cette doctrine de la *contagiosité* de la pneumonie franche, déjà soutenue par Cagnat en 1884, on oppose les innombrables cas où elle reste isolée, où malgré la cohabitation d'un pneumonique avec d'autres chevaux de tout âge, ceux-ci demeurent indemnes. On continue à considérer la *pneumonie contagieuse* et la *pneumonie franche* ou *a frigore*, comme des affections différentes, surtout parce que celle-ci n'a pas le caractère éminemment infectieux de la première, aussi parce qu'elle offre habituellement des attributs cliniques et anatomo-pathologiques particuliers. Toutefois, je le répète, il faut convenir que bien souvent, en présence d'un pneumonique, on ne saurait décider, par les seuls signes cliniques, à quelle forme l'on a affaire, et l'on sait aujourd'hui que l'hépatisation lobaire n'est pas un caractère anatomique propre à la pneumonie *a frigore* (1).

Nombre d'auteurs admettent qu'une première atteinte prédispose aux récidives. Cette opinion, issue certainement de la notion très répandue que le poumon envahi par l'inflammation reste plus ou moins taré, affaibli, n'est point confirmée par les faits cliniques. Non seulement je n'ai pas noté cette prédisposition, mais je crois, au contraire, qu'un cheval frappé antérieurement d'une pneumonie est moins exposé dans la suite à cette affection, et qu'il a acquis un certain degré d'immunité. Je crois qu'il faut considérer comme un indice de plus grande résistance, chez les sujets *bien guéris* de la pneumonie, les traces laissées par les sinapismes, les feux liquides ou le vésicatoire, et regardées par beaucoup de praticiens comme des stigmates de grave dépréciation. Et quand la maladie récidive, quand on l'observe sur des chevaux qu'elle a frappés une première fois, la seconde atteinte est presque toujours bénigne.

(1) Se basant sur les résultats de recherches bactériologiques, M. Lignières soutient que les pneumonies dites *sporadique*, *typhoïde* et *contagieuse* sont identiques, provoquées par les mêmes agents spécifiques, — par le *coccobacille* et le *streptocoque* de la gourme (*Voy. la note de la page* 232).

La pneumonie franche s'annonce par des troubles généraux, souvent par des frissons, bientôt accompagnés d'une élévation graduelle de la température. On remarque de légers tremblements; la plupart des malades sont tristes. abattus. courbaturés; l'appétit est diminué, la bouche est chaude et sèche; il y a de la constipation; la muqueuse oculaire est injectée ou de couleur jaunâtre; la peau est chaude, moite. Les mouvements respiratoires sont plus fréquents, parfois l'expiration est plaintive; souvent on note une oppression plus ou moins accusée et une toux sèche, pénible, profonde. La circulation est également accélérée; le pouls est plein et fort. Si l'on ausculte le poumon, on constate, à la partie inférieure de l'un ou de l'autre des lobes, quelquefois des deux, une atténuation du murmure vésiculaire; la percussion donne là une résonnance moins nette. Nos malades éprouvent sans doute. à cette première période, la sensation désignée chez l'homme sous le nom de *point de côté;* mais nous n'en pouvons juger que par la respiration suspirieuse observée chez certains d'entre eux.

Ces phénomènes s'accentuent peu à peu et, au bout de vingt-quatre à quarante-huit heures, d'autres surviennent. On observe aux deux naseaux un *jetage* rougeâtre ou *rouillé,* teinte due à la matière colorante du sang que contient l'exsudat pulmonaire. En se desséchant au pourtour des naseaux, le jetage forme des sortes de croûtelettes friables, dont la couleur rappelle celle du safran, du soufre ou de la rouille; en général, il persiste plus ou moins abondant pendant quelques jours. — Parfois un jetage sanguinolent est constaté dès que l'animal est reconnu malade.

L'auscultation décèle, dans la partie inférieure du poumon atteint, du *râle crépitant humide* bien accusé pendant l'inspiration et immédiatement après les quintes de toux; là, le plessimètre donne de la submatité ou une matité presque complète; dans la zone supérieure, inaltérée, le murmure vésiculaire est renforcé.

La pneumonie arrive à la *période d'état* ou *d'hépatisation* le quatrième ou le cinquième jour. L'hyperthermie persiste, la respiration et la circulation atteignent le maximum d'accélération qu'elles doivent présenter; à certains moments l'expiration est plaintive; le pouls est ordinairement fort, plein, quelquefois petit et mou; la toux est plus rare, le jetage a disparu, parce que l'exsudat collecté dans les alvéoles pulmonaires s'y est coagulé. —

A l'auscultation, on perçoit au niveau des grosses bronches et sur une surface variable, pendant l'inspiration et l'expiration ou seulement pendant la première partie de celle-ci, un bruit anormal, tantôt fort, tantôt faible et profond : c'est le *souffle tubaire*. Du côté correspondant, la partie inférieure du thorax est muette, ou l'on y entend des bruits abdominaux, transmis à l'oreille par le poumon densifié ; dans la région supérieure, là où le parenchyme pulmonaire est resté sain, le bruit vésiculaire est renforcé ; vers la limite de l'hépatisation, le râle crépitant persiste assez fréquemment. A la percussion, la matité est complète dans tout le territoire pulmonaire envahi.

C'est du quatrième au sixième jour que les phénomènes généraux sont le plus prononcés. Lorsque la pneumonie évolue régulièrement et que la terminaison doit être favorable, on observe, dès le septième jour, une atténuation de ces phénomènes, — la *crise pneumonique*. Le malade, plus éveillé que les journées précédentes, s'intéresse à ce qui s'accomplit autour de lui ; il a meilleur appétit ; la respiration est moins précipitée et moins pénible ; les pulsations sont moins nombreuses ; la température s'abaisse. La toux reparaît ou devient plus fréquente si elle a persisté ; le jetage se montre de nouveau, ordinairement muqueux, grisâtre, quelquefois strié de sang ou rouillé. La bouche est moins chaude ; les excréments sont moins secs, quelquefois il y a de la diarrhée. La sécrétion rénale augmente et élimine les produits toxiques accumulés à l'intérieur. Chez certains sujets, on observe de la sudation ; chez d'autres, de petits abcès sous-cutanés — des *abcès critiques* — apparaissent en diverses régions. — A l'auscultation, on perçoit le *râle crépitant de retour*, qui succède au souffle et se fait entendre graduellement, de haut en bas, dans toute la zone pulmonaire envahie, râle qui est bientôt remplacé par le murmure vésiculaire. De même la matité s'atténue peu à peu ; la sonorité est normale au bout de quelques jours.

Si l'on compare entre elles les courbes thermiques d'un certain nombre de cas de pneumonie franche sans complication, on voit que dans cette affection la température a une marche typique : elle commence à s'élever dès le début, atteint assez rapidement son fastigium, s'y maintient quelques jours avec de légères oscillations marquant la rémission matinale et l'exacerbation vespérale, puis, du cinquième au septième

jour, la défervescence se produit brusque et rapide. En quarante-
huit heures, souvent la température s'abaisse de 2 à 3 degrés.
Quand, par exception, elle tombe au-dessous de la normale, elle
ne tarde pas à y revenir.

La convalescence est courte. En général les animaux peuvent
être remis en service au bout d'une à deux semaines.

Telle est l'évolution habituelle de la pneumonie franche. Elle
a une marche naturelle cyclique : ses trois périodes — invasion,
état, résolution — se succèdent à délais déterminés. Abandonnée
à elle-même, si les malades sont tenus au repos dans de bonnes
conditions d'hygiène et dès le début, elle a presque toujours
cette évolution régulière.

Dans certains cas, la pneumonie ne parcourt pas toutes ses
phases ; elle s'arrête et rétrocède avant d'arriver à la période
d'état. La résolution commence hâtivement et la guérison est
prompte. C'est à cette variété que l'on a donné le nom de
pneumonie éphémère ou *abortive*. Vous en avez vu un exemple
sur un de nos malades : dans la partie inférieure du poumon
gauche, nous avons perçu de la crépitation humide qui a persisté
deux jours et a été remplacée d'emblée par le murmure vésiculaire.

Chez quelques pneumoniques, des complications surviennent.
Une congestion pulmonaire diffuse, l'œdème du poumon, la
myocardite, peuvent tuer en provoquant les phénomènes de
l'asphyxie. L'endocardite, la pleurésie, les synovites, les arthrites
et les autres localisations para- ou métapneumoniques sont moins
fréquentes que dans la pneumonie contagieuse.

La *suppuration* du parenchyme hépatisé, sans doute toujours
produite par une infection secondaire, streptococcique ou sta-
phylococcique, est une complication très rare. M. Trasbot n'en
a relevé que 7 cas sur un total de 168 observations personnelles.
Elle s'accuse par une aggravation brusque des symptômes : la
fièvre augmente, la température monte, la peau est chaude,
sèche ou mouillée de sueur suivant les moments. On peut
observer des phénomènes d'excitation, mais le plus souvent le
malade est profondément abattu, prostré. L'inappétence est
complète, la soif vive ; les battements du cœur sont forts, précipités, et le pouls de plus en plus faible ; la respiration, très

accélérée, est courte, tremblotante. A l'auscultation du poumon, on peut entendre un bruit de gargouillement ou le souffle amphorique ; la percussion donne la résonnance dite *bruit de pot fêlé* ; alors, souvent il y a un jetage purulent, grisâtre ou sanguinolent. Quand l'abcès s'ouvre dans une bronche, son contenu peut s'évacuer par la voie trachéale, la guérison est possible. Mais généralement les portions pulmonaires hépatisées s'infiltrent de pus, ou une pleurésie purulente se développe, et les malades succombent.

La *gangrène pulmonaire* n'est guère plus commune que l'abcédation. Sur un ensemble de 190 malades traités dans son service, M. Trasbot l'a constatée 12 fois seulement. Elle donne lieu à des symptômes généraux analogues à ceux de la suppuration pulmonaire et entraîne presque toujours rapidement la mort. Une hyperthermie intense avec de fortes oscillations, une profonde dépression des forces, la violence des battements du cœur, l'effacement du pouls, le refroidissement des extrémités, un jetage putride bilatéral, en constituent les signes dominants. — Il faut savoir que la fétidité du jetage n'est pas, comme beaucoup le croient, un signe certain de gangrène pulmonaire : elle peut résulter de la putréfaction de l'exsudat dans des bronchioles ectasiées.

Le passage de la pneumonie franche à l'*état chronique* est aussi une terminaison des plus rares. Quand elle a lieu, certains symptômes disparaissent ; mais la toux, le jetage, l'oppression persistent ; les animaux restent maigres, faibles, incapables d'efforts énergiques.

Voyons les altérations anatomiques de la pneumonie franche à ses diverses périodes.

Je vous ai dit que la maladie était habituellement localisée à un seul lobe, dont une partie plus ou moins considérable est envahie ; on ne l'y trouve jamais sous forme de foyers multiples irréguliers, comme cela se voit assez souvent dans la pneumonie contagieuse.

Durant le stade d'*engouement*, la portion malade du poumon est hyperhémiée, infiltrée, œdématiée. Elle apparaît tuméfiée, rouge foncé ou violacée ; son tissu est plus dense, plus ferme, moins élastique, moins crépitant qu'à l'état normal. Les coupes pratiquées dans sa trame sont lisses, d'un rouge livide ou marbrées ; elles laissent suinter une abondante sérosité rougeâtre, sanguinolente, spumeuse. On distingue encore la texture alvéolaire du poumon. — L'examen microscopique montre les vaisseaux capillaires dilatés, gorgés de sang ou rupturés ; l'exsudat s'est déversé en partie dans les alvéoles, dont l'épithélium est plus ou moins desquamé, qui sont remplis d'un liquide riche en leucocytes, en globules rouges, en cellules multinucléaires d'origine épithéliale ; l'autre partie est retenue dans les cloisons qui sont épaissies, infiltrées, œdémateuses.

Plus tard, au stade d'*hépatisation*, la portion pulmonaire affectée est plus fortement tuméfiée ; elle ne crépite plus ; sa couleur est plus foncée ; sa densité, sa compacité sont accrues, analogues à celles du foie ; son tissu est devenu friable, il se déchire facilement sous la pression du doigt et se réduit en une pulpe rougeâtre. — Les morceaux détachés du bloc hépatisé et jetés dans l'eau ne surnagent plus ; ils descendent lentement au fond du vase. — Les coupes présentent une teinte foncée, rouge brun ou noirâtre ; mais si on les examine de près, on voit que leur coloration n'est pas uniforme : sur un fond sombre, formé par le tissu pulmonaire enflammé, se détachent, comme enchassés dans ce tissu, des points blanc grisâtre, arrondis, correspondant aux nombreux petits exsudats contenus dans les alvéoles pulmonaires, exsudats coagulés et adhérents aux parois vésiculaires. Ces coupes sont moins lisses qu'à la période d'augment ; elles ont un aspect granuleux, dû à la saillie faite à leur surface par les coagulums fibrineux ; elles ne laissent plus sourdre de liquide, mais par le raclage on obtient, en petite quantité, de la sérosité sanguinolente qui tient en suspension de petits grumeaux opaques, blanchâtres. — On est porté à voir dans ces modifications d'aspect du parenchyme pulmonaire la conséquence d'altérations profondes de sa trame ; il n'en est rien cependant. L'examen microscopique ne révèle que les particularités suivantes : les infundibules pulmonaires sont obstrués par des caillots fibrineux dans lesquels sont englobés des leucocytes, des globules rouges, des cellules épithéliales et de grosses cellules migratrices renfermant des granulations fortement réfringentes ; assez souvent l'épithélium est en partie conservé ; de nombreux capillaires sont oblitérés, mais les travées alvéolaires, épaissies, infiltrées, sont habituellement peu endommagées.

Dans la pneumonie de l'homme, on trouve à peu près invariablement le pneumocoque au foyer pneumonique, quel que soit le stade de la maladie. Dans les lésions de la pneumonie lobaire franche du cheval, on a constaté divers microbes dont le rôle pathogène reste à déterminer.

Lorsque la *résolution* se produit, les exsudats alvéolaires libérés, détachés, se liquéfient, et le produit qui en résulte est éliminé par la voie des bronches, — c'est le jetage de la résolution ; l'hyperhémie s'efface, les travées alvéolaires récupèrent leurs caractères primitifs, le liquide qui les infiltre se résorbe, l'épithélium se réédifie dans les points où il a disparu, et le poumon peut bientôt reprendre ses fonctions dans un état d'intégrité à peu près parfaite.

A l'autopsie des malades qui succombent à la pneumonie, tantôt on constate les lésions de la congestion pulmonaire généralisée, de la pleurésie ou de la myocardite ; tantôt, au sein du tissu hépatisé, on trouve des foyers purulents ou gangreneux.

La *suppuration pulmonaire* se présente sous plusieurs aspects : en certains cas, on trouve de petits abcès disséminés dans une étendue variable de la masse hépatisée ; dans d'autres, il existe un ou plusieurs abcès de grandes dimensions, qui communiquent d'ordinaire avec les grosses bronches. Le pus est blanchâtre, crémeux, inodore, ou rougeâtre, lie de vin, d'odeur infecte.

La *gangrène* est le plus souvent caractérisée par la présence de petits îlots gris jaunâtre, qui parsèment la coupe de la portion hépatisée ; parfois elle est massive, étendue à un vaste territoire du lobe malade, et se présente avec des caractères différents : le tissu mortifié est mou, noirâtre, violacé, gris verdâtre ou déjà réduit en un détritus granuleux. Il n'y a ordinairement pas de démarcation nette à la périphérie de ces portions gangrenées ; elles restent en continuité avec le tissu hépatisé adjacent, lequel est peu à peu envahi par la nécrose.

Dans le cours de l'affection, les ganglions bronchiques se tuméfient ; mais jamais ils n'acquièrent un fort volume.

Le *diagnostic* de la pneumonie est facile. Généralement les sujets nous sont présentés le deuxième ou le troisième jour de la maladie. La somnolence, l'abattement, la *respiration accélérée*, pénible, plaintive à certains moments, la coloration jaunâtre de la muqueuse de l'œil, sont des signes qui mettent sur la voie. Bien souvent la pneumonie est dépistée par l'examen de la conjonctive et un coup d'œil jeté sur le flanc. Avec un peu d'habitude des choses de la clinique, on ne s'y trompe guère. Quand le jetage rouillé existe, il est pathognomonique. L'auscultation et la percussion révèlent des phénomènes qui indiquent la localisation et l'étendue de la phlegmasie.

Dans la *bronchite*, la toux est forte, quinteuse, le jetage muco-purulent, la respiration est moins accélérée, la fièvre moins vive. — Comparée à la pneumonie, au point de vue de sa fréquence, la *pleurésie* est exceptionnelle, et vous savez que les signes différentiels ne manquent pas. — Quant à l'endocardite aiguë primitive, vous avez de grandes chances de ne jamais la rencontrer.

Lorsque l'on connaît la marche ordinaire et les allures de la pneumonie, les complications sont soupçonnées peu après leur début. Chez un malade où la phlegmasie pulmonaire n'était pas en voie de résolution le neuvième jour, nous avons reconnu une pleurésie secondaire, la seule que nous ayons observée dans le courant de cette année.

Le *pronostic* de la pneumonie franche est sérieux, en raison de l'importance fonctionnelle de l'organe frappé ; mais, exception faite pour les vieux, les affaiblis, les emphysémateux, les cardiaques, cette pneumonie ne tue que par les complications dont elle peut s'accompagner : par une congestion diffuse des deux lobes, par l'œdème, la suppuration, la gangrène du poumon, ou par la myocardite.

Une thérapeutique rationnelle permet généralement de conjurer ces complications. La mortalité atteint à peine 5 p. 100.

Quand l'inflammation franche du poumon évolue régulièrement et dégagée de toute complication, elle tend en effet vers la résolution. Il importe toutefois d'intervenir à temps. Si la maladie n'est pas reconnue au début, elle peut être fort aggravée par le travail, par une marche accélérée ou prolongée.

On isolera le pneumonique dans un local bien aéré, dont la température restera modérée et régulière ; on le garantira du froid par des couvertures ; s'il a conservé de l'appétence pour les aliments ordinaires, on lui donnera à discrétion une nourri-

ture de bonne qualité, surtout des barbotages de farine d'orge
et du foin bien récolté, bien conservé, exempt de poussières; on
recommandera en tout temps les boissons tièdes ou au moins
dégourdies; l'eau froide peut être nuisible. — Si le malade mange
peu, si surtout il ne touche pas à sa nourriture, on doit prescrire
le lait. La plupart des chevaux le prennent tout de suite et en
ingèrent volontiers 6, 8, 10 litres par jour. Quelques-uns le
flairent, y portent les lèvres sans en déglutir même une gorgée,
et semblent avoir du dégoût pour cet aliment: il ne faut qu'un
peu de patience pour le leur faire accepter. On fait tenir la tête
du malade; on approche des lèvres le vase contenant le lait;
avec la main on en porte un peu dans la cavité-buccale; on répète
cette manœuvre en même temps qu'un aide fait plonger les
lèvres dans le liquide: le cheval ne tarde pas à déglutir, souvent il vide le récipient d'un trait, et dans la suite il vient lui-
même y puiser. — Mettre les pneumoniques à la diète, comme
le font encore quelques praticiens, est une faute: on doit au
contraire s'efforcer de les nourrir, de les soutenir avec les
aliments qu'on peut leur faire accepter.

En présence d'un premier cas de pneumonie, souvent il serait
téméraire d'affirmer que l'on a affaire à la forme sporadique et
de négliger toute mesure prophylactique. Toujours la pru-
dence commande d'isoler le malade, surtout si l'écurie contient
des jeunes chevaux.

Nous ignorons encore le traitement spécifique de la pneumonie. L'intervention médicale comprend des indications variables suivant les individus, l'intensité de la maladie et sa période,
selon le degré de l'hyperthermie et la prédominance de tels ou
tels symptômes.

La *saignée*, aujourd'hui revenue à la mode dans le traitement de la pneumonie de l'homme, n'a jamais été délaissée dans
celui de la pneumonie du cheval. Elle peut rendre de réels services par sa double action mécanique et chimique. Chez les animaux aussi, surtout à la période d'état de la pneumonie, *le
danger est le plus souvent au cœur*. Par suite des oblitérations
vasculaires produites dans la masse hépatisée, le cœur droit a
sa tâche fort augmentée: il peut fléchir et succomber à cette
tâche. Une saignée de 3 à 6 litres, selon le poids du sujet,
atténue les troubles circulatoires et soulage le myocarde, qui bat
plus à l'aise. Outre cette action purement mécanique, la saignée

en a deux autres non moins avantageuses. Chez les malades dont
le sang est profondément vicié par des poisons microbiens, avant
la crise elle exonère la circulation d'une proportion notable
de ces poisons, ainsi que l'établit la toxicité augmentée du
sérum, et si l'on a recours ensuite aux solutions minéralisées
dont je vais parler tout à l'heure, l'action de celles-ci est favorisée. Il est encore prouvé qu'elle active les processus d'oxy-
dation et que, par là, elle aide à l'élimination des poisons du
sang et des tissus. Mais prétendre que les émissions sanguines
puissent enrayer le processus infectieux lui-même, c'est évidemment en exagérer la puissance : jamais elles n'ont arrêté la pneumonie dans son cours, et il ne m'a pas paru qu'elles en abré-
geassent la durée.

Les *révulsifs* procurent presque toujours une amélioration,
surtout quand on y a recours hâtivement. On donne la préférence à la farine de moutarde, que l'on emploie sous forme de
sinapisme appliqué sur les parties inférieure et latérales du
thorax ; on peut faire, en outre, des frictions sinapisées sur les
membres ; il est mauvais d'étendre ces frictions à toute la
surface du corps. Le sinapisme est laissé en place plusieurs
heures ; l'huile essentielle qui se dégage provoque une vive irritation de la peau et une abondante infiltration dans la couche
conjonctive sous-cutanée. Dans les heures qui suivent, le malade
est moins abattu, moins oppressé ; les grandes fonctions sont
notablement ralenties ; parfois il y a un abaissement momentané de la température. Cette révulsion activerait aussi la
phagocytose et exercerait un appel sur les microbes cantonnés
dans le poumon. — L'huile essentielle de moutarde, en friction, a les mêmes effets que le sinapisme. — Dans les cas
où les révulsifs sont insuffisants, pour les pneumonies graves
dont la période d'état est tumultueuse ou se prolonge anormalement, beaucoup utilisent encore les vésicatoires et les feux
liquides. Non seulement l'efficacité de ces agents est médiocre,
douteuse, mais ils ont l'inconvénient d'incommoder le malade,
de gêner le praticien qui veut suivre la marche de la pneumonie ; souvent ils tarent, et ils ne sont pas innocents : on doit
craindre la résorption de produits irritants pour le rein. — Les
exutoires, dont on a également exagéré les vertus, sont moins
fréquemment usités qu'autrefois. On n'emploie plus guère que
les sétons au poitrail. Ces dérivatifs provoquent une phlegmasie

aiguë suppurative aux points où ils sont appliqués; ainsi que les injections sous-cutanées d'essence de térébenthine ou d'un autre liquide irritant, ils peuvent cependant, eux aussi, faire appel sur les germes; en outre, ils fournissent des indications pronostiques : si la suppuration s'établit bien aux sétons, la pneumonie est en bonne voie; le contraire est un signe fâcheux.

Comme dans les autres maladies infectieuses, les *solutions salines* ou *alcalines* exercent une action des plus salutaires. *La résistance de l'organisme à l'infection est proportionnelle au degré d'alcalinité du sang.* Or, celle-ci tend à fléchir; il faut la relever. Sur beaucoup de nos malades, vous m'avez vu employer, en injections sous-cutanées, diverses solutions minéralisées, mais surtout l'eau salée à 7-8 p. 1000, à la dose quotidienne de 200 à 500 grammes. Ces solutions modifient les plasmas; elles les alcalinisent et augmentent leurs propriétés bactéricides; elles activent également les sécrétions et l'élimination des toxines. — On peut également relever l'hémoalcalinité par le bicarbonate de soude, donné quotidiennement dans la boisson, à la dose de 50 à 100 grammes. C'est un *excellent médicament à tous les stades de la maladie.*

Les *stibiés* — l'émétique et le kermès, — empruntés jadis à la médecine de l'homme, ont, comme la saignée, des propriétés antiphlogistiques qui s'exercent d'une autre manière. On prescrit l'émétique à la dose de 6 à 10 grammes par jour, dans le barbotage; sous son influence, parfois l'oppression diminue et la circulation se ralentit. Mais la valeur thérapeutique de ces agents a été très surfaite.

L'*alcool* étendu d'eau, donné sous forme de trois-six, de rhum ou de vin, est employé aujourd'hui, non sans bénéfice, par beaucoup de vétérinaires. C'est un médicament d'épargne, un adjuvant des forces, un tonique que le malade prend volontiers dans les boissons ou en électuaire. Il a aussi une action antithermique. Je prescris fréquemment l'eau-de-vie à la dose de 100 à 200 grammes par jour. On peut la donner dès le début et jusqu'au moment où la résolution commence; on en varie les doses suivant les indications.

La *digitale* rend des services incontestables, surtout à la période d'état ou dès que la fatigue cardiaque commence. On l'administre en électuaire, à la dose de 3 à 6 grammes, pendant quelques jours. Elle est particulièrement indiquée quand la circulation est très accélérée et les pulsations faibles. Souvent on note bientôt des modifications du côté du cœur et des vaisseaux : les systoles cardiaques sont plus fortes. moins précipitées; le pouls devient également plus régulier et plus fort. Les doses de 8. 10, 12 grammes. données par quelques praticiens, sont excessives. Les effets cumulatifs de la digitale se font sentir sur le cœur. dont les fibres peuvent être frappées de dégénérescence graisseuse.

L'*iodure de potassium* a été administré à tous les stades de la maladie, à la dose de 6 à 12 grammes par jour. On lui a attribué des effets salutaires multiples : il agirait comme modérateur de la circulation, de la respiration, et aussi comme antithermique. Il n'est guère utile qu'à la période de résolution, pour susciter la régression des éléments néoformés dans les ganglions bronchiques, pour prévenir la compression atrophique du récurrent gauche, — l'une des causes du cornage chronique.

Le *salicylate de soude* peut rendre des services par ses propriétés antithermiques et antiseptiques. Il est préférable à l'acide salicylique, lequel est irritant pour la muqueuse gastro-intestinale. On en a surtout conseillé l'administration durant la période de résolution, afin de prévenir les synovites métapneumoniques.

Les *sels de quinine* — le sulfate et le bromhydrate — ont été employés dans ces derniers temps par beaucoup de praticiens. Ils abaissent momentanément la température et ralentissent la circulation : ils exercent une double action antithermique et tonique. Ils sont aussi recommandés pour les cas où l'on redoute les complications de suppuration ou de gangrène. On les donne en électuaire à la dose quotidienne de 6 à 15 grammes.

Le *sulfate de soude*, à la dose de 100 à 200 grammes, est utile pour activer les sécrétions intestinales et favoriser la libre circulation des matières dans le tube digestif. Durant les périodes d'augment et d'état, on le donnera, comme le bicarbonate, dans les boissons ou le barbotage.

Les lavements froids pour combattre la constipation et la fièvre, les lavements alimentaires si les malades ne mangent pas, les lavements antiseptiques si certains phénomènes présagent la suppuration ou la gangrène pulmonaire, sont encore des moyens qui ne doivent pas être négligés.

La *suppuration* et la *gangrène pulmonaires* sont, je l'ai dit, des complications presque toujours mortelles. Sans doute un abcès formé en plein tissu pulmonaire peut s'ouvrir dans une bronche, son contenu s'évacuer et sa paroi se cicatriser; il se peut aussi qu'un îlot de sphacèle soit éliminé par la même voie ou qu'il s'enkyste, et que, dans l'un et l'autre cas, les malades survivent. Mais ce sont là des exceptions, et le traitement a peu d'efficacité. — On soutiendra les forces du malade par le lait, le thé de foin, les boissons additionnées de liquides alcooliques. On utilisera les antiseptiques en fumigations, en injections intra-trachéales, sous-cutanées ou intraveineuses. Pour ces dernières, on peut employer les solutions iodées ou phéniquées. — L'injection directe des liquides antiseptiques dans les foyers gangreneux a été peu employée jusqu'alors chez le cheval. J'y ai eu recours plusieurs fois, sans résultat. — Quant à la ponction d'un foyer purulent ou gangreneux à travers la paroi costale, suivie de l'évacuation du contenu et du drainage de la cavité, elle serait une suprême ressource pour les cas où le poumon malade adhèrerait à la paroi costale.

XXVII. — **Sur les pneumonies du cheval** (suite).

En pathologie hippique, on désigne sous le nom de *pneumonie contagieuse* une forme de phlegmasie pulmonaire longtemps confondue avec la pneumonie franche et la pneumonie typhoïde. Il y a plus d'un demi-siècle déjà que l'on a signalé l'existence, chez le cheval, d'une affection pulmonaire de nature inflammatoire dont les allures ne sont pas celles de la pneumonie *a frigore*, et qui frappe en même temps un plus ou moins grand nombre de sujets. On l'a décrite sous les noms de *pneumonie bilieuse*, de *pneumonie adynamique* ou *ataxique*, de *pneumonie d'écurie*.

Vous trouverez dans les journaux vétérinaires des travaux déjà anciens se rapportant à cette affection ; mais les cas multiples de pneumonie qu'on y relate sont rattachés à l'influence de causes banales, particulièrement à l'action du froid s'exerçant sur un plus ou moins grand nombre d'individus placés dans des conditions d'hygiène, d'entretien et d'utilisation à peu près semblables.

Les notions positives acquises sur la pneumonie *contagieuse* ne remontent guère à plus de dix ans. Elles ont été établies par des observations cliniques et par des travaux de laboratoire. Chez nous, c'est Cagnat (de Saint-Denis), qui, en 1884, a fait connaître, dans les *Archives vétérinaires*, les premières observations dans lesquelles on voit nettement établie l'existence, chez le cheval, d'une phlegmasie pulmonaire contagieuse. Quelques années plus tard, MM. Benjamin et Brun en produisirent d'autres. En Allemagne, à la même époque, Siedamgrotzky et Dieckerhoff publiaient, chacun de son côté, une étude de cette affection. En 1887, Schütz isola et cultiva un micro-organisme qui lui parut en être l'agent spécifique. Depuis lors, les travaux la concernant se sont multipliés. MM. Chantemesse et Delamotte, Galtier et Violet ont trouvé dans ses lésions deux microbes qui leur ont paru différents de celui isolé par Schütz. MM. Cadéac et Leclainche en ont donné de bonnes monographies. M. Trasbot, qui la décrivait dans ses leçons sous le nom de *pneumonie d'écurie*, lui a consacré un savant article dans le tome XVIII du

Dictionnaire pratique de médecine et de chirurgie vétérinaires.
Enfin nous devons à plusieurs de nos confrères militaires l'histoire d'épidémies bien étudiées.

La pleuro-pneumonie contagieuse du cheval est le résultat de la pénétration et du développement dans l'organisme d'un agent pathogène spécifique. Tantôt le cheval est contaminé directement par un malade, tantôt la contagion se fait par un intermédiaire quelconque. En général, cette pneumonie s'observe dans les écuries populeuses où, pour les besoins du service, on introduit fréquemment quelques nouveaux sujets : l'un de ceux-ci est d'abord frappé ; huit à quinze jours plus tard un second est touché, et la maladie atteint successivement un plus ou moins grand nombre d'individus : — un tiers, la moitié, les deux tiers de l'effectif et quelquefois davantage : — 12 chevaux sur 15 dans l'une des observations de Cagnat ; 7 sur 9 dans l'une de celles que j'ai recueillies. L'épidémie peut se perpétuer de longs mois dans une même exploitation.

Elle affectionne particulièrement les agglomérations chevalines où s'opèrent de fréquentes mutations : les écuries des marchands, celles des grandes administrations, des dépôts de remonte, des quartiers de cavalerie, et les infirmeries vétérinaires. Une fois introduite dans ces milieux, elle peut y sévir longtemps à l'état enzootique, avec des assoupissements et des réveils, ces derniers survenant presque toujours après l'introduction de chevaux nouvellement achetés, — de recrues.

Elle frappe les animaux jeunes, les adultes et les vieux ; mais tous les âges n'en sont pas également tributaires. C'est sur les chevaux de quatre à huit ans, principalement sur ceux qui sont mis en service depuis peu, qu'on en observe le plus grand nombre de cas ; les animaux âgés y sont moins sujets. Au cours des enzooties de pneumonie, s'il est nécessaire d'introduire dans les locaux infectés de nouveaux chevaux pour combler les vides faits par la maladie, c'est à des animaux âgés qu'il faut donner la préférence : des chevaux jeunes seraient une proie sûre pour l'infection.

Dans des écuries où sévissait la maladie, j'ai vu rester indemnes, des chevaux d'un certain âge antérieurement atteints de pneumonie ; beaucoup de praticiens ont fait la même remarque. Il n'est pas douteux qu'une première atteinte ne confère, pour un temps variable, quelquefois pour la durée de la vie, une immunité qui s'atténue cependant et peut devenir nulle à la longue. Les faits de pneumonie récidivante, opposés à cette notion, ne l'infirment point : ils s'expliquent par la multiplicité des formes de pneumonie et par l'atténuation graduelle de l'immunité acquise.

La pneumonie contagieuse suscite chez les individus qu'elle frappe et qui survivent des modifications qui les rendent réfractaires ou peu sensibles à une nouvelle atteinte de la même infection : voilà ce qu'enseigne l'observation. Cagnat l'avait bien vu ; il en avait tiré une déduction importante au point de vue pratique ; il conseillait de préférence l'achat des chevaux dont le thorax était maculé de plaques glabres, vestiges des applications révulsives qu'avait nécessitées une pneumonie antérieure ; il conseillait juste le contraire de ce qui est généralement recommandé.

Quand on envisage comparativement la pneumonie contagieuse et la maladie typhoïde au point de vue de la subtilité de l'infection et de la rapidité de l'extension, on relève de notables différences. Ainsi que le font remarquer Friedberger et Fröhner, en général la diffusion de l'agent spécifique de la première est plus lente et son mode de propagation différent. Si dans quelques enzooties observées sur les chevaux de l'armée, la pneumonie contagieuse s'est manifestée en peu de jours sur 10, 20, 30 sujets, le fait est exceptionnel, tandis que dans le même laps de temps la maladie typhoïde peut atteindre plusieurs centaines d'animaux. Une autre différence signalée par les mêmes auteurs, confirmée par beaucoup de praticiens et récemment encore par M. Laporte, a trait au mode d'extension de l'infection : la pneumonie se propage irrégulièrement, par sauts, atteignant des sujets placés loin des malades, au lieu de se transmettre de ceux-ci à leurs voisins, puis successivement aux autres, *en suivant le rang*.

La transmission directe est le mode de contagion le plus rare. Celle-ci se produit surtout par une foule d'intermédiaires qui servent de vecteurs aux agents infectieux ; par l'air, les fourrages, les fumiers, les seaux, les barbotières, par les personnes elles-mêmes : — palefreniers, propriétaires ou vétérinaires. Dans une exploitation où j'ai pu étudier la pneumonie contagieuse sur un certain nombre de chevaux, la maladie a été communiquée à une jument isolée loin de l'écurie infectée, dans un local spécial, par une barbotière qui était restée quelque temps dans l'auge d'un pneumonique. Pour ne rien perdre, on avait donné à cette jument le son laissé par le malade !

Nombre de vétérinaires ont observé des enzooties de pneumonie contagieuse dans des écuries, sans qu'il y ait eu importation de l'infection par des sujets récemment achetés, et dans des villes ou des régions où la maladie n'existait pas en d'autres écuries. Dans ces cas, on a incriminé les locaux, surtout le sol : les agents infectieux y sommeilleraient ou y pulluleraient longtemps à l'état saprophytique, une fois qu'ils y ont été déposés ; ils pourraient ensuite, sous l'influence de conditions indéterminées, recouvrer leur virulence, leur activité première, et provoquer la réapparition de la maladie.

Le contage pénètre habituellement par les voies respiratoires, en suspension dans l'air inspiré, ou par la muqueuse digestive, avec les aliments et les boissons. Selon Schütz, ce contage serait une petite bactérie ovoïde, le plus souvent disposée en diplobactérie, dont il a fait connaître les caractères biologiques. Pathogène pour le cheval, le lapin, le cobaye, la souris, le pigeon, elle est sans action sur le porc et la poule. L'inoculation au cheval d'une culture de ce microbe reproduirait la maladie : si on la dépose au sein du parenchyme pulmonaire, en traversant la paroi costale et la plèvre avec une aiguille ou un trocart aseptiques, on voit, après quelques jours, apparaître les symptômes de la pneumonie contagieuse, laquelle évolue avec son allure, avec ses caractères ordinaires, entraînant dans le poumon des lésions nécrotiques, et dans les viscères des altérations dégénératives. A l'inverse du pneumocoque de l'homme, microbe délicat, éphémère, puisque parfois il disparaît dans des lésions ne datant que de peu de jours, la bactérie en question posséderait une assez grande résistance aux causes de destruction. Chez quelques-uns des sujets qui survivent à la pneumonie, elle pourrait conserver longtemps sa vitalité, pulluler dans des foyers de nécrose entourés d'une zone scléreuse, et quand ces foyers sont en communication avec les bronches, les bactéries incessamment rejetées entretiendraient pendant des mois la virulence du jetage. Les chevaux convalescents ou apparemment guéris dont le poumon renfermerait de telles lésions resteraient longtemps dangereux. C'est par eux que la maladie persisterait dans certains locaux, qu'elle serait parfois importée dans des écuries où elle n'a jamais sévi, et où les premiers cas sont naturellement attribués à l'action des vicissitudes atmosphériques.

Admise par quelques auteurs, la spécificité de ce microbe et le rôle que lui a attribué Schütz ont été contestés par d'autres, notamment par Hell et Baumgarten. En 1890, Hell a fait des recherches — cultures, coloration par le Gram, inoculations — sur les analogies et les différences qui peuvent exister entre ce microbe et plusieurs streptocoques. De ces recherches, Hell a conclu que par les procédés alors usités en bactériologie, on ne constatait aucune différence, aucun signe distinctif entre ledit microbe, d'une part, le streptocoque pyogène du cheval et le streptocoque de l'érysipèle de l'homme, d'autre part; — que ces espèces sont semblables au point de vue morphologique, biologique et quant à la manière dont elles se comportent dans les inoculations (1).

(1) Les récentes recherches de M. Lignières semblent établir que le microbe décrit par Schütz est le streptocoque de la gourme, et qu'il ne joue qu'un rôle secondaire dans l'étiologie des pneumonies du cheval. On le rencontre généralement dans les poumons des chevaux qui succombent à la pneumonie, mais non d'une façon constante. Le véritable microbe de la pneumonie serait le cocco-bacille typhique (du genre *Pasteurella*). Ce micro-organisme, qui végète en saprophyte dans les fourrages, les fumiers, les eaux, le sol, et devient pathogène sous l'influence de causes inconnues, revêt l'aspect de monocoques, de diplocoques et de petits bacilles arrondis aux extrémités. Ceux-ci représentent « la forme vraie du microbe; au moment de leur division, ils paraissent en diplocoques; quant aux monocoques, ils résultent de la séparation complète et récente des diplocoques ». Enfin, dans certaines conditions, ce microbe prend la forme de strepto-cocco-bacilles. — Aérobie, ne donnant pas de spores, il est tué en moins d'un quart d'heure par une température de 65°. — A la température de 20°, il cultive bien dans le bouillon peptone et sur gélatine. Il est pathogène pour le cobaye, le lapin, le cheval, et tue facilement ces animaux par l'inoculation sous-cutanée. M. Lignières l'a « rencontré dans des pleurésies, des pleuro-pneumonies dites infectieuses, *a frigore*, typhoïdes, gourmeuses, d'écurie, dans des broncho-pneumonies et des angines infectieuses ». Toutes ces affections ne seraient que des variétés de *Pasteurellose.*

« La pneumonie dite infectieuse est une manifestation du bacille typhique dans laquelle se produit une localisation pulmonaire, grâce surtout à l'association remarquable du streptocoque gourmeux. — Au moment où l'organisme est influencé par le bacille typhique, le streptocoque, si répandu partout, existe souvent déjà dans les premières voies respiratoires, sans d'ailleurs manifester toujours sa présence par des signes extérieurs. A la faveur de la dépression organique déterminée par le cocco-bacille, le streptocoque pullule dans les poumons, forme des foyers caséeux autour des bronches, puis envahit peu à peu le parenchyme, et plus ou moins complètement l'organisme tout entier.

« L'inoculation aux animaux sains de bacilles typhiques atténués doit les préserver, non seulement de la fièvre typhoïde, mais aussi de la pneumonie

Les *symptômes* de la pneumonie contagieuse ne constituent pas, dans tous les cas, le tableau uniforme qu'en ont tracé quelques auteurs. Parmi ceux auxquels on attache le plus d'importance, il en est qui sont susceptibles de variations, de modifications dans leur expression, leur intensité, et qui exposent par cela même à l'erreur le praticien qui ne tiendrait compte que des caractères typiques. A cette pneumonie, comme à la forme franche, on peut distinguer trois périodes : 1° début et augment ; 2° état ; 3° résolution, gangrène ou suppuration.

Le *début* de cette pneumonie, en général brusque, est toujours accusé par des phénomènes assez expressifs pour ne point passer inaperçus. Quelques malades restent assez gais, assez éveillés, et consomment une partie de leurs aliments ; mais la plupart sont tristes, abattus, se tiennent à bout de longe et ne touchent pas à leur ration. On peut observer des frissons, des tremblements, quelquefois des signes d'angine, de bronchite ou de légères coliques. Dans cette scène morbide qui commence, deux symptômes dominent hautement tous les autres ; ce sont l'*accélération de la respiration* et l'*hyperthermie*. Sauf de rares exceptions, les mouvements du flanc sont déjà fort accélérés, et c'est surtout ce phénomène qui attire l'attention ; on compte de 20 à 30 respirations par minute ; tantôt l'inspiration est assez ample, tantôt les mouvements des côtes sont très bornés. La température générale s'élève rapidement et atteint un haut chiffre ; bien souvent, dès que les animaux sont reconnus malades, elle est à 40°, 40°5, même 41°. Deux fois j'ai noté ce dernier chiffre au premier examen, sur des sujets qui, la veille, s'étaient comportés comme à l'ordinaire au travail et devant le râtelier. Dans maint cas où

de même nature, d'où l'emploi de la vaccination comme moyen prophylactique dans les services contaminés. — Quant aux malades, ils recevraient à la fois du sérum antityphique et antigourmeux. »

L'expérience n'a pas encore prononcé sur ces enseignements du laboratoire. Une première application du procédé d'immunisation avec le vaccin de la « pasteurellose équine » a cependant été faite à la Compagnie générale des voitures de Paris. En voici le résultat : « Du 4 octobre 1897 au 12 mai 1898, 5 007 chevaux ont été achetés ; tous les numéros impairs ont reçu deux vaccinations, tandis que les numéros pairs restaient comme témoins. Au 31 octobre 1898, 254 chevaux avaient succombé à des maladies de poitrine : 158 qui n'étaient pas vaccinés, soit une perte de 6,01 p. 100, et 96 qui avaient reçu deux vaccinations, soit une perte de 4,03 p. 100. 7 chevaux ont été tués par un vaccin insuffisamment atténué. »

les malades ont été bien observés dès le début, la température s'est élevée de 3 degrés en vingt-quatre heures.

La conjonctive est ordinairement injectée, rougeâtre, parfois elle a une nuance jaunâtre ; la muqueuse buccale est chaude, la langue saburrale. Les oreilles et les régions inférieures des membres sont froides. Si l'on déplace les malades, les mouvements paraissent pénibles ; quelquefois la démarche est titubante. Chez la plupart, la toux est profonde, quinteuse, accompagnée d'un peu de jetage muqueux, grisâtre, rouillé ou strié de filets de sang ; chez quelques-uns, il y a une légère hémorrhagie par les deux naseaux, qui peut se répéter plusieurs fois dans le cours de la maladie.

Très généralement l'auscultation et la percussion du poumon ne révèlent aucune modification des bruits pulmonaires ni de la sonorité thoracique. Les lésions débutant d'ordinaire dans la profondeur du poumon, dans les zones péribronchiques, le parenchyme pulmonaire est inaltéré dans les couches superficielles du lobe ou des lobes frappés, et les signes fournis par la percussion et l'auscultation sont tardifs. Vous avez fait cette remarque sur beaucoup de nos malades. — Mais il n'en est pas toujours ainsi. Chez quelques sujets, peu après l'apparition des premiers symptômes, on peut percevoir des signes stéthoscopiques divers : disparition du murmure vésiculaire ou crépitation. Sur un pneumonique qui provenait d'une écurie infectée, dès le troisième jour nous avons perçu le souffle tubaire à droite, et le son de percussion était mat de ce côté dans la moitié inférieure du thorax. Il faut être prévenu que les faits de ce genre, où les troubles révélés par l'auscultation et la percussion sont semblables à ceux de la pneumonie franche, se rencontrent encore assez communément, et cela parce que, comme dans cette dernière, les lésions pulmonaires peuvent être massives, *lobaires*, s'étendre presque d'emblée à toute l'épaisseur du poumon. — Si l'on porte l'oreille à la région précordiale, on perçoit les systoles cardiaques plus fréquentes, plus fortes, et les deux bruits normaux un peu renforcés ; le pouls est accéléré, plein, fort, ou déjà notablement affaibli.

Pendant le *stade d'augment*, les premiers symptômes s'accentuent ou présentent diverses modifications, et d'autres surviennent. Souvent la température dépasse 41°, avec des oscillations quotidiennes qui atteignent 1 degré et plus. — La respiration per-

siste fort accélérée et courte, quelquefois elle est un peu tremblotante. Sur nombre de malades, l'auscultation et la percussion
ne décèlent pas encore d'altérations pulmonaires : la crépitation
et la submatité n'apparaissent habituellement que le troisième
ou le quatrième jour; le souffle et la matité, vingt-quatre ou
quarante-huit heures plus tard. — La circulation est toujours
activée ; les systoles cardiaques sont violentes, les bruits du cœur
normaux ou modifiés dans leur intensité, quelquefois aussi dans
leur rythme; le pouls perd de sa force et de son ampleur. La conjonctive est jaune rougeâtre ou ictérique; quelquefois l'hyperhémie y est plus accusée et accompagnée d'une légère infiltration.
Beaucoup de sujets prennent encore le barbotage, le lait, et
consomment un peu de fourrage ; quelques-uns rejettent des
crottins secs, durs, coiffés; chez presque tous, la soif est vive,
la somnolence et la faiblesse s'accentuent, la démarche est vacillante, la queue flasque. Il est cependant des sujets qui se montrent peu abattus; sur certains chevaux entiers on observe des
érections.

Durant la *période d'état*, la plupart des symptômes précédents
subsistent. La respiration, de plus en plus accélérée, est pénible,
dyspnéique, quelquefois plaintive; elle devient discordante s'il y
a complication de pleurésie. Habituellement la toux et le jetage
disparaissent. Sur un de nos malades nous avons observé, à trois
reprises, un écoulement sanguin par les deux naseaux, dû bien
certainement à des hémorrhagies pulmonaires ; mais c'est là un
épisode rare. Le pouls est précipité, petit, faible ; on peut le
trouver irrégulier, intermittent; il y a quelquefois du pouls veineux. Ordinairement la température est stationnaire ; elle éprouve
seulement les oscillations quotidiennes précédemment indiquées;
elle peut s'élever jusqu'à 41°8, même à 42° (1); parfois elle est
fort irrégulière et subit des variations de 1 à 2 degrés dans une
même journée. — En général, dès le quatrième jour, les lésions
pulmonaires sont facilement reconnues; cependant, ainsi que
vous l'avez constaté sur un de nos malades, elles peuvent rester
silencieuses jusqu'au cinquième jour. — Il y a quelques mois.
un de mes confrères me demanda d'aller examiner un de ses
chevaux, gravement malade depuis plusieurs jours et qu'il

(1) M. Brun a noté ce dernier chiffre sur un malade qui a guéri. J'ai
recueilli un seul fait semblable, un seul aussi où la température s'est élevée
à 41°9.

croyait atteint d'endocardite. A l'auscultation, je perçus bien des troubles cardiaques, mais je constatai aussi, à droite, la disparition du murmure vésiculaire et un peu de crépitation en plusieurs points. Le diagnostic n'était pas douteux. Le lendemain, il y avait du souffle tubaire : la pneumonie était à son sixième jour.

Selon que la pneumonie est *lobulaire* ou *lobaire*, les phénomènes révélés par l'auscultation et la percussion sont assez différents. Lorsqu'elle revêt le type *lobaire*, les signes stéthoscopiques sont ceux de la pneumonie franche. — Quand elle est *lobulaire*, le murmure vésiculaire est remplacé en des zones multiples et circonscrites par le râle crépitant; mais si les foyers de pneumonie lobulaire deviennent confluents, les signes perçus sont ceux de l'hépatisation massive : il y a, d'un seul côté ou des deux, dans les régions inférieures, du souffle tubaire et une matité plus ou moins complète.

C'est à cette période que la *pleurésie* commence, si elle doit survenir. Elle évolue d'abord d'une manière insidieuse, et on ne la reconnaît que quand déjà l'épanchement est abondant. La matité bilatérale constatée dans une hauteur variable et limitée vers le milieu du thorax par une ligne horizontale, la disparition du murmure vésiculaire dans toute cette région, la perception du souffle tubaire, la discordance des côtes et du flanc, — surtout lorsque ces phénomènes coïncident avec une atténuation des symptômes rationnels de la pneumonie, comme vous l'avez vu sur l'un de nos derniers malades, — accusent la pleurésie avec une telle évidence que le diagnostic s'impose.

La *résolution* s'annonce par une atténuation des troubles généraux, par le retour de l'appétit, l'abaissement de la température, une polyurie plus ou moins abondante, et quelquefois par l'apparition, en diverses régions, d'*abcès critiques*. Elle est en général un peu plus tardive, plus traînante que dans la pneumonie franche. Comme dans celle-ci, le râle crépitant reparaît aux régions hépatisées, et peu à peu il est partout remplacé par le murmure vésiculaire. Pendant quelques jours, les malades ont une toux grasse, quinteuse, et un jetage muco-purulent bilatéral. Quand ils sont entretenus dans de bonnes conditions hygiéniques, les rechutes sont rares.

Terminaison redoutable et malheureusement assez fréquente,

la *gangrène* est directement provoquée soit par les pneumo-
bactéries, qui élaborent des toxines nécrosantes, soit par ces
éléments associés à d'autres micro-organismes : elle est mono-
ou polymicrobienne. Dès qu'elle est réalisée, les phénomènes
généraux s'aggravent encore : l'anorexie est absolue ; les battements du cœur sont tumultueux et le pouls très faible, effacé ;
la température se maintient à un haut chiffre avec de brusques oscillations ; un jetage grisâtre, contenant parfois des fragments de tissu nécrosé, s'écoule par les deux naseaux ; ce jetage
et l'air expiré exhalent une odeur putride. A l'auscultation,
on perçoit des bruits divers : du souffle tubaire et de la crépitation, du gargouillement, du souffle amphorique ou caverneux
et des râles sibilants. Le son de percussion est mat en certains
points, tympanique en d'autres ; quelquefois le bruit de pot fêlé est
bien accusé. — Avec les progrès de la gangrène et de l'intoxication produite par les poisons microbiens, les phénomènes généraux deviennent de plus en plus alarmants. Il y a des frissons, des tremblements, des sueurs ; les extrémités et la peau
sont froides, la faiblesse est extrême, la physionomie décompo-
sée. Épuisés, les malades s'étendent sur le sol, s'agitent plus ou
moins et ne tardent pas à succomber. Si la gangrène n'est pas mortelle dans tous les cas, très rares sont les sujets qui survivent.

L'*abcédation* du poumon survient comme complication propre ou elle accompagne la gangrène. On peut la soupçonner
quand, vers la fin de la période d'état, l'hyperthermie persiste
intense avec de fortes oscillations, accompagnée de frissons, de
tremblements, de sueurs, de plaintes et de signes d'adynamie.
Si les cavités purulentes restent closes, l'auscultation et la percussion ne fournissent aucune indication sûre ; mais si une ou
plusieurs de ces cavités communiquent avec les bronches, l'o-
reille peut percevoir un souffle caverneux ou du gargouillement ;
il y a résonnance tympanique ou bruit de pot fêlé à la percussion ; des naseaux s'écoule un jetage purulent d'odeur plus ou
moins fétide. — Sans être fatalement mortelle, la suppuration
pulmonaire, comme la gangrène, est d'une extrême gravité.

Parmi les complications extra-pulmonaires, il faut signaler en
première ligne la *myocardite*. L'inflammation du muscle cardiaque développée secondairement, au cours de la pneumonie
infectieuse, s'accuse cliniquement, je vous l'ai dit, par des troubles

du cœur et du pouls. Les systoles cardiaques sont d'abord violentes, palpitantes, puis elles deviennent de plus en plus faibles à mesure que les fibres musculaires sont en plus grand nombre frappées de dégénérescence graisseuse; souvent on note des intermittences. A l'auscultation, on peut entendre un dédoublement, un roulement ou un prolongement du premier bruit, exceptionnellement un léger souffle systolique ou diastolique; le pouls est irrégulier, intermittent, presque imperceptible.

De même que le myocarde, l'*endocarde* peut être lésé par les microbes en suspension dans le sang ou par les toxines provenant des foyers pulmonaires. Tantôt l'endocardite coexiste avec la myocardite, tantôt elle évolue isolément. Elle intéresse d'ordinaire les valvules — la mitrale ou les lames aortiques — et s'accuse habituellement par des signes stéthoscopiques qui permettent de la diagnostiquer. Mais au cours de la pneumonie on néglige trop souvent le cœur, et cette complication n'est même pas soupçonnée. Elle n'est reconnue que longtemps après, quand l'insuffisance valvulaire, produite par la rétraction des lames endommagées ou par les végétations développées près de leur bord libre, entraîne de graves troubles fonctionnels.

L'inflammation exsudative du *péricarde* est beaucoup plus rare que celle de l'endocarde. Elle s'exprime par les signes ordinaires de la péricardite avec épanchement. Quand celui-ci est faible, on ne le constate qu'à l'autopsie; lorsqu'il est abondant, on peut le reconnaître par la matité précordiale augmentée et par l'atténuation ou l'effacement des bruits cardiaques.

La *néphrite*, autre complication redoutable et assez fréquente, s'accuse par des coliques, de l'agitation, de la gêne dans les mouvements des membres postérieurs, quelquefois par de l'hématurie. L'urine renferme des hématies et des cylindres dans lesquels on peut constater des microbes. Quand cette néphrite est double, elle tue en général rapidement; parfois elle laisse dans le rein des lésions qui ne provoquent la mort qu'à longue échéance.

L'*entérite* se traduit par des coliques d'abord sourdes, qui deviennent ensuite assez vives, s'accompagnent d'une diarrhée abondante, quelquefois d'évacuations sanguinolentes.

La *méningo-encéphalite* est rare. Elle donne lieu à des phénomènes de surexcitation, à des convulsions, à des symptômes épileptiformes, qui alternent ou non avec des périodes de coma.

Elle est ordinairement mortelle et tue en peu de jours. Nous avons vu cette complication sur un malade qui a succombé brusquement à une hémorrhagie bulbaire.

On peut observer la *méningo-myélite* et diverses *paralysies toxiques*, entre autres celles du récurrent, du sciatique, de la vessie, du rectum, du pénis. La plus fréquente de ces paralysies est celle du pénis ; elle survient habituellement pendant la période de résolution ; en quelques jours, la verge peut devenir très volumineuse et complètement inerte.

La pneumonie contagieuse, comme la maladie typhoïde, entraîne parfois la *fourbure* ; tantôt celle-ci est générale, tantôt elle n'existe qu'aux pieds de devant ou à ceux de derrière. Certaines *paralysies* myopathiques, la *phlébite*, l'*anasarque* sont encore des accidents possibles. Enfin on peut rencontrer des sujets chez lesquels la maladie se complique d'*ophtalmie* ou de *surdité*.

Les phlegmasies secondaires des *synoviales articulaires* et *tendineuses* sont des accidents précoces ou tardifs. Parfois les synovites n'apparaissent que plusieurs semaines, voire plusieurs mois après la résolution de la pneumonie. Les plus communes sont celles des gaines grande sésamoïdienne, carpienne ou tarsienne. On en a longtemps expliqué le développement par la rétention, dans l'organisme, de produits nocifs résultant de la résorption des exsudats pulmonaires. Mais, comme les autres épiphénomènes métapneumoniques, elles sont déterminées par les agents infectieux ou par leurs poisons.

Les *altérations anatomiques* de la pneumonie contagieuse ne sont généralement pas limitées au poumon et à la plèvre. On rencontre fréquemment des lésions de l'intestin, du foie, des reins, du cœur, quelquefois des séreuses, des centres nerveux et d'autres organes.

Les poumons sont presque toujours gravement altérés ; parfois cependant ils ne sont frappés que dans une portion peu étendue. Sur celui de nos malades qui a succombé à des complications encéphaliques, nous n'avons constaté, au poumon, qu'une portion hépatisée ayant à peu près le volume des deux poings et occupant la partie antérieure du lobe droit. Selon Friedberger et Fröhner, il est possible même que dans l'infection dont la pneumonie est la détermination habituelle, on trouve le poumon indemne ; mais c'est là un fait très exceptionnel.

En général, les deux lobes sont partiellement envahis. Dans la plupart des cas, ils sont hépatisés en leur région antéro-inférieure sur une hauteur variable et ordinairement inégale. Assez souvent c'est la partie moyenne de l'un ou de l'autre des lobes qui offre les plus grosses altérations : l'hépatisation s'y étend plus haut qu'en avant et en arrière ; parfois la lésion est *centrale*, limitée à la portion voisine des grosses bronches, et la couche superficielle du poumon est indemne. — Les parties hépatisées se distinguent du reste des lobes par leur coloration foncée, noirâtre, par leur densité et leur compacité bien plus accusées, même quand les parties saines de l'organe sont plus ou moins hyperhémiées. Tantôt elles constituent une seule masse uniforme, tantôt elles présentent des reliefs et des dépressions rappelant un peu ce que l'on observe dans la maladie du jeune âge sur le chien. — Toujours il y a une adénopathie bronchique, simple ou double. Les ganglions sont tuméfiés et infiltrés.

Sur les coupes pratiquées dans les parties hépatisées, l'aspect varie avec l'âge des altérations, suivant aussi que la pneumonie est *lobulaire* ou *massive*.

Dans la première forme, là où le processus est récent, on remarque des îlots d'hépatisation noirâtres, arrondis ou irréguliers, séparés par des bandes de parenchyme moins enflammé, moins hyperhémié et encore perméable. Au niveau de ces îlots hépatisés, la coupe reste sèche ; ailleurs, elle laisse échapper en assez grande abondance, par les orifices bronchioliques et vasculaires, de la sérosité mousseuse ou sanguinolente. — Aux foyers où l'hépatisation est plus ancienne, la coupe est parsemée de points jaunâtres, grisâtres ou verdâtres ; elle a une teinte marbrée résultant du mélange de ces colorations, lesquelles sont caractéristiques de la gangrène pulmonaire ; on peut y trouver de petits îlots nécrosés en voie de délimitation ou déjà séparés des parties adjacentes et baignés dans un pus grisâtre ou sanguinolent. Les bronchioles et quelquefois les bronches sont enflammées.

Dans l'autre forme, les lésions sont étendues à la plus grande partie d'un lobe ou des deux. Le tissu non hépatisé, plus ou moins hyperhémié, assez dense mais non friable, rougit à l'air et laisse écouler en abondance une sérosité sanguinolente ; le bloc enflammé, ferme, lisse ou un peu grenu, offre des teintes variées : — au voisinage des parties congestionnées, c'est-à-dire dans la couche frappée en dernier lieu, la coupe est rouge foncé, avec des points et des lignes grisâtres ; — autour des bronches, vers le bord inférieur et l'extrémité antérieure du poumon, là où la phlegmasie est plus ancienne, la coupe a une coloration moins sombre ; elle montre toute une gamme de nuances allant du gris pâle au jaune brun ; souvent, sur un fond brunâtre sont disséminées de petites taches grises ou jaunes qui résultent de la section d'îlots nécrosés, tantôt encore en continuité avec le tissu voisin, tantôt en voie d'isolement et déjà infiltrés de pus. Qu'il y ait ou non suppuration, ces îlots nécrosés exhalent toujours une odeur fétide qui n'est pas constatée dans la zone simplement hépatisée. On peut enfin trouver des cavernes de toutes dimensions, depuis celles d'une noisette jusqu'à celles du poing et au delà. — La destruction du parenchyme pulmonaire est quelquefois très étendue. A l'autopsie d'un cheval qui a succombé le dixième jour, nous avons trouvé la partie antérieure du lobe droit creusée d'une caverne remplie de matière sanieuse. La plèvre, épaissie, très injectée, était soudée en dehors à la paroi thoracique sur une surface s'étendant de la deuxième à la septième côte, — en dedans au médiastin antérieur. Les organes que renferme celui-ci étaient noyés dans un exsudat abondant. Il existait en outre dans d'autres parties des deux poumons, particulièrement aux régions inférieures, des cavernes moins spacieuses, des abcès multiples renfermant un pus crémeux, et des foyers de nécrose. Toutes ces lésions étaient polymicrobiennes. L'examen bactériologique y décelait des streptocoques et des staphylocoques.

Sur les pièces provenant de notre dernier pneumonique, vous avez vu réunies les lésions des divers stades de la pneumonie contagieuse lobaire. A l'exception d'une bande de l'épaisseur du bras, qui en occupait le bord supérieur, tout le lobe gauche était envahi, de teinte noirâtre. Les coupes obtenues par des sections verticales étaient multicolores : — dans leur tiers inférieur, où le parenchyme était en voie de mortification ou déjà nécrosé par places, la coloration était jaune grisâtre, marbrée de lignes et d'îlots un peu plus foncés ; — dans le tiers moyen, le tissu était plus ferme, noirâtre, parsemé de quelques petites taches grises correspondant à des points mortifiés ; — dans le tiers supérieur enfin, où l'hépatisation était récente, le tissu pulmonaire offrait un aspect rappelant celui si particulier de la péripneumonie du bœuf : on y remarquait des travées grisâtres, d'épaisseur inégale, circonscrivant des îlots pulmonaires rouge pâle, rouge brun, rouge foncé ou noirâtres.

A l'examen microscopique, le parenchyme pulmonaire offre des lésions plus complexes que dans la pneumonie franche. Il faut signaler surtout l'altération plus prononcée des travées, l'hyperhémie plus intense, la diapédèse plus abondante des leucocytes qui s'accumulent dans les alvéoles et dans leurs parois, enfin les hémorrhagies considérables en de nombreux points des coupes examinées, hémorrhagies qui couvrent d'hématies des groupes lobulaires tout entiers, qui en déversent partout dans les cloisons, où, en raison de leurs effets, elles méritent bien le nom de *disséquantes*.

Toujours affectée secondairement, la *plèvre* présente les lésions d'une phlegmasie aiguë diffuse pseudo-membraneuse, exsudative ou purulente. Deux de nos malades atteints de cette complication sont morts : l'un a présenté les lésions de la pleurésie exsudative, l'autre celles de l'empyème. — A l'autopsie du premier, nous avons trouvé, dans les sacs pleuraux, environ vingt litres d'un liquide gris jaunâtre, tenant en suspension de fins flocons fibrineux. En ses régions inférieures, mais particulièrement sur son feuillet viscéral, la plèvre était recouverte d'une couche de fibrine ; celle-ci enlevée, la séreuse apparaissait dépolie, infiltrée, injectée, hérissée de fines granulations. — Chez l'autre, l'épanchement était rougeâtre, franchement purulent, riche en staphylocoques ; ensemencé sur gélatine, il a donné des cultures blanches et jaunes, liquéfiant le milieu nutritif.

Les autres altérations, inconstantes, résultent de la diffusion, par les voies du sang, des agents infectieux ou de leurs toxines. On peut les rencontrer dans la plupart des viscères et des tissus. Je ne m'arrêterai qu'aux principales.

Le *cœur* est souvent frappé. Dans certains cas, le myocarde est atteint de dégénérescence granuleuse : plus ou moins tuméfié et ramolli, il est ecchymosé par places, marqué de taches grisâtres ou jaunâtres sur la surface et sur les coupes ; à l'examen microscopique, ses fibres ne présentent plus la striation si nette de l'état normal, leur contour est irrégulier, leur substance infiltrée de fines granulations. — Si l'endocarde est enflammé, les valvules sont injectées et infiltrées ; quelquefois on y trouve, surtout près de leur bord libre, un semis de petites granulations jaunâtres, d'aspect fibrineux. C'est presque toujours dans le cœur gauche que ces lésions sont constatées. — Parfois le péricarde renferme un peu de liquide grisâtre; il est dépoli, recouvert d'une mince couche pseudo-membraneuse ou sillonné de fines arborisations vasculaires.

Le *foie* est volumineux, jaunâtre, friable, piqueté de petits foyers hémorrhagiques; les cellules hépatiques sont frappées de dégénérescence graisseuse. — La *rate* est tuméfiée ou bosselée; son tissu est congestionné et ecchymosé. — Dans les *reins*, on trouve les altérations de la néphrite diffuse. Sur les coupes, parsemées de fines ecchymoses, la couche corticale, dont l'aire semble agrandie, est fortement hyperhémiée; la couche médullaire a une teinte rougeâtre. Le microscope y décèle des embolies bactériennes et des lésions dégénératives des épithéliums. — La *muqueuse intestinale* est tantôt à peine lésée, tantôt fortement congestionnée, infiltrée, ecchymosée en certaines régions; l'épithélium est desquamé par places; les follicules clos sont hypertrophiés, quelquefois nécrosés.

Les altérations des *centres nerveux* consistent le plus souvent en une hyperhémie plus ou moins intense des méninges et de la substance nerveuse. Dans quelques cas les méninges renferment un exsudat sanguinolent, et parfois on trouve, disséminées dans le cerveau et le cervelet, de fines ecchymoses qui donnent à la matière nerveuse l'aspect *sablé*. J'ai vu cette lésion à l'autopsie de plusieurs sujets; elle a été notée par divers auteurs; elle est mentionnée dans deux des observations de Laporte. Sur le malade dont j'ai parlé tout à l'heure, nous avons trouvé, avec ces lésions de l'encéphale, deux foyers hémorrhagiques bulbaires.

Certains groupes musculaires peuvent offrir les lésions de la myosite aiguë; le microscope y révèle des modifications de structure analogues à celles du myocarde. — Dans les séreuses tendineuses et articulaires affectées, on trouve les altérations de la synovite ou de l'arthrite closes.

Le sang, qui charrie les éléments provocateurs de toutes ces lésions contingentes, est lui-même plus ou moins altéré. Sa coagulabilité ne paraît guère diminuée. On a noté seulement des modifications de forme d'un grand nombre d'hématies, qui sont crénelées, en voie de destruction, une augmentation numérique des globules blancs, la présence d'un ou de plusieurs microbes et la toxicité augmentée du sérum.

Lorsque la pneumonie infectieuse évolue régulièrement et se termine par la guérison, sa durée ne dépasse pas deux septenaires. En général, du dixième au quinzième jour, les malades entrent en convalescence, et ils sont en état de reprendre leur service une ou deux semaines plus tard.

Au lieu de se terminer par la résolution, la pneumonie peut passer à l'*état chronique*. Parfois quelques îlots de parenchyme nécrosé s'enkystent, s'entourent d'une zone d'induration, constituant ainsi des foyers qui peuvent communiquer avec les bronches et déverser dans celles-ci des agents infectieux, par lesquels la contagion s'opérerait facilement, — les sujets qui les répandent semblant à peu près guéris. A la vérité, ceux-ci ont souvent l'appétit capricieux, toussent, sont mous au travail, s'essoufflent vite; mais ces troubles sont mis sur le compte de la *pousse*. Ces lésions chroniques sont parfois le point de départ de complications pulmonaires ou pleurales aiguës mortelles. — Quelques observations tendent à établir que des foyers pneumoniques limités peuvent se constituer sans susciter de troubles appréciables, persister sous la forme chronique et entraîner à longue échéance des complications semblables.

Quand la maladie sévit dans une écurie où déjà elle a frappé un certain nombre de sujets, le *diagnostic* n'offre aucune difficulté. Parmi les troubles initiaux, deux sont particulièrement importants et significatifs: ce sont l'*hyperthermie* brusquement survenue et la vive *accélération de la respiration*. Un sûr moyen de reconnaître la maladie tout à son début, c'est de faire prendre quotidiennement, matin et soir, la température des sujets qui ont été exposés à l'infection. — En face de premiers cas frustes, on peut croire à la fièvre typhoïde; mais, sauf de rares exceptions, l'uniformité du tableau clinique observé sur tous les malades, du moins dans ses traits principaux, en particulier la constance de l'affection pulmonaire dont les symptômes dominent tous les autres, ne tarde pas à lever l'incertitude. — J'ai signalé la difficulté du diagnostic différentiel de la pneumonie infectieuse et de la pneumonie franche. Je ne saurais partager l'opinion des auteurs qui soutiennent que ces deux formes de l'inflammation

du poumon se présentent toujours avec des caractères nettement tranchés. Indépendamment de l'anamnèse, ce qui permet surtout la distinction lorsque les signes cliniques sont
insuffisants, c'est la contagiosité de la première, c'est la multiplicité des cas que l'on observe. On est fixé par la marche
de la maladie, — par son caractère contagieux ou sporadique.

Actuellement, le diagnostic différentiel de ces deux variétés
de pneumonie ne peut être établi avec certitude ni par l'examen
bactériologique, ni par les cultures.

Le *pronostic* de la pneumonie contagieuse est grave. La mortalité varie notablement selon les époques, les enzooties, et
suivant les conditions dans lesquelles se trouvent les animaux
atteints. Assez souvent ceux-ci succombent dans la proportion
de 10 à 20 p. 100. Vous avez vu que des affections secondaires
multiples viennent assombrir le pronostic. L'inappétence absolue,
l'hyperthermie se maintenant aux environs de 41° et le décubitus
sont des signes de mauvais présage. — Les épidémies de pneumonie ne sont pas également malignes pendant toute leur durée;
c'est dans la première moitié de celle-ci qu'il y a le plus grand
nombre de cas de mort, et cela surtout parce que les animaux
jeunes ou très susceptibles sont d'abord atteints. Les états morbides complexes formés par l'association de la pneumonie contagieuse et de la gourme ou de l'influenza sont particulièrement
graves.

Pour combattre cette pneumonie, on a préconisé de nombreux
agents thérapeutiques. Les plus usités sont les révulsifs, les antithermiques, les antiseptiques et les excitants. Le traitement
ayant avec celui de la pneumonie sporadique divers points communs, je n'insisterai que sur les indications spéciales.

La révulsion opérée par l'application d'un large sinapisme
sous le thorax et l'abdomen, par des frictions sinapisées sur les
membres, est toujours avantageuse. La saignée est spécialement indiquée dans les cas où l'oppression est forte, la dyspnée
menaçante. Par les injections sous-cutanées de solutions minéralisées et l'administration de bicarbonate de soude, on
relèvera l'hémoalcalinité et l'on activera l'élimination des
toxines. On cherchera à atténuer l'hyperthermie par le sulfate

de quinine (1), l'antipyrine, l'antifébrine, les lavements froids.

Comme antiseptiques, on peut employer le crésyl, l'acide phénique, le naphtol, le salicylate de soude. Si les malades laissent leur boisson, on peut administrer ces agents par la voie rectale. Pour réaliser dans la mesure du possible la désinfection de l'intestin, on peut encore utiliser soit le salicylate de soude, le benzoate ou le sous-nitrate de bismuth, à la dose de 5 à 10 grammes par jour, soit le calomel à la dose quotidienne de 0 gr. 20 à 1 gramme pendant la période aiguë de la maladie. — Les injections intra-trachéales antiseptiques, suivant la méthode de Lévi, ont donné des résultats encourageants.

Les liquides alcooliques sont généralement bien acceptés, et leur action salutaire est au moins égale à celle de la plupart des autres substances préconisées. Ils sont particulièrement indiqués, ainsi que l'acétate d'ammoniaque, lorsqu'il y a des symptômes d'adynamie. On donnera de préférence l'eau-de-vie, dans les boissons ou en électuaire, à la dose de 100 à 250 grammes. — On combattra l'atonie cardiaque par la digitale, par les injections sous-cutanées de caféine ou d'éther. S'il y a de la constipation, on rétablira la liberté du ventre par les purgatifs.

On soutiendra les pneumoniques par des aliments liquides, surtout par le lait, au besoin par des lavements alimentaires. Dans cette affection, les soins hygiéniques sont d'importance capitale. Il faut nourrir les malades; il faut les inciter, à de brefs intervalles, toutes les deux heures, toutes les heures même, le jour et la nuit, à prendre des aliments et de la boisson. S'ils refusent tout, on leur administrera, par la voie rectale, des décoctions de grains, du lait, du bouillon de viande. Les hommes préposés à ces soins peuvent, par leur assiduité et leur zèle, rendre de grands services. Fort importante aussi est la sur-

(1) M. Leblanc a récemment insisté sur l'efficacité des sels de quinine employés dans le traitement de la pneumonie contagieuse et de la maladie typhoïde. « Au début de ces affections, alors que la température monte brusquement à 40-41°, alors que les autres symptômes n'ont pas encore présenté la gravité qu'on observe les jours suivants si l'on est appelé tardivement, l'administration du sulfate de quinine à la dose *minimum* de 10 grammes, 5 le matin et 5 le soir, amène rapidement, et dans le plus grand nombre des cas, un abaissement de température notable et consécutivement une atténuation des symptômes graves. Au lieu d'une maladie durant des semaines, on voit la convalescence se prononcer vers le septième ou le huitième jour, et ne pas dépasser deux semaines. »

veillance attentive des sujets sains (appétit, habitude extérieure), qui permet de reconnaître la maladie à son stade initial.

C'est encore une bonne précaution de projeter dans le local, sur le sol et les murs, des antiseptiques volatils. A cet effet, on peut faire usage de l'essence de térébenthine, des solutions d'acide phénique ou de crésyl.

En ces dernières années, le traitement s'est enrichi de deux médications spéciales, — l'*hydrothérapie* et la *sérothérapie*.

L'hydrothérapie — déjà essayée à diverses reprises dans le courant de ce siècle — a été employée surtout en appliquant sur le thorax des compresses imbibées d'*eau froide*. Pour obtenir des effets plus intenses, Woronzow a eu recours à l'usage de la glace. En 1890, il a fait connaître les résultats qu'il avait obtenus en traitant par ce moyen 250 pneumoniques. Des sachets contenant de la glace divisée en petits fragments étaient appliqués sur le thorax et renouvelés plusieurs fois par jour pendant la période aiguë de la maladie. On donnait en outre aux malades une dose quotidienne de 50 à 100 grammes de sulfate de soude. Sur les 250 sujets ainsi traités, 10 seulement ont succombé, soit une mortalité de 4 p. 100, — proportion certainement très inférieure à la mortalité moyenne de la pneumonie contagieuse combattue par les moyens habituels (1).

Le *traitement sérothérapique* consiste à injecter sous la peau, pendant les périodes d'augment et d'état, du sérum provenant d'animaux guéris de la pneumonie. Comme vous nous l'avez vu faire, on recueille aseptiquement le sang dans des vases stérilisés ; le lendemain ou le jour suivant, on distribue le sérum dans des flacons stérilisés, d'une capacité de 50 à 100 centimètres cubes ; on l'injecte aseptiquement dans le tissu conjonctif souscutané de l'encolure. Tous les jours, on fait, alternativement sur l'une et l'autre face de cette région, au poitrail, au niveau des extenseurs de l'avant-bras, cinq à dix injections de 20 centimètres cubes. Le liquide se résorbe assez vite, sans provoquer d'abcès ni d'induration.

Tandis que Hell, Wittich et quelques autres vétérinaires n'ont obtenu avec ce sérum que des résultats nuls ou douteux, Töpper,

____

(1) Au cours d'une épizootie de pneumonie contagieuse qui a sévi sur les chevaux de la cavalerie du Bon-Marché, à Paris, M. Brun a obtenu de très bons résultats du traitement par la glace broyée, appliquée sur le thorax au moyen de sacs de caoutchouc.

Zschokke, Jensen, Jacquot, lui ont trouvé des propriétés immunisantes et curatives. Étant donnée l'immunité d'assez longue durée que confère une première atteinte de la maladie, durant la convalescence le sang doit contenir des substances antitoxiques. Mais pour tirer profit du sérum, il faut l'injecter quotidiennement à des doses de 100 à 250 centimètres cubes pendant les stades d'augment et d'état de la pneumonie.

Aux complications qui peuvent surgir dans le cours de la maladie, on doit hâtivement opposer un traitement approprié. Si l'on voit apparaître les signes de la suppuration ou de la gangrène pulmonaires, on insistera sur l'emploi des antiseptiques : lavements créolinés ou phéniqués, injections hypodermiques ou intraveineuses d'une solution phéniquée ou iodée. Je ne répète pas ce que j'ai dit à ce sujet en vous parlant des complications de la pneumonie sporadique.

La transmissibilité de la maladie par les divers modes de contagion commande l'isolement des pneumoniques dans un local éloigné de l'écurie occupée par les sujets sains, la désinfection de celle-ci et son entretien soigné, enfin l'affectation d'un palefrenier spécial pour les malades.

Au cas où la pneumonie contagieuse éclate dans des écuries populeuses, il y a toujours avantage à déplacer, à transférer assez loin les sujets frappés. Même lorsque ceux-ci sont immédiatement sortis de l'écurie commune et conduits dans une infirmerie à proximité, l'isolement peut être insuffisant, illusoire quant aux résultats qu'on en attend. D'autre part, — et de nombreux faits ne laissent aucun doute sur ce point, — le changement de milieu exerce très habituellement une influence favorable sur la marche de l'affection, lorsque les malades peuvent être conduits, dès le début et sans fatigue, dans un lazaret ou un vert hygiéniquement installés.

XXVIII. — **Sur la pleurésie chronique du cheval**.

Nous avons reçu la semaine dernière dans le service, où il n'a fait qu'un court séjour, un cheval de six ans, atteint de pleurésie chronique. On nous l'a amené parce qu'il s'essoufflait rapidement au travail et faisait entendre un léger bruit de cornage. Il venait d'être acheté. On s'était aperçu du bruit anormal de la respiration, mais l'on avait mis sur le compte de la pousse l'accélération et la difficulté des mouvements respiratoires.

Celui d'entre vous qui m'a présenté ce malade après un premier examen rapide, n'a pas reconnu, lui non plus, l'affection dont il était atteint. Vous avez vu comment je suis arrivé au diagnostic. Attentif à ce qui se passait autour de lui, ce cheval avait la physionomie d'un sujet plutôt en bonne santé, mais la respiration était notablement accélérée, la discordance du flanc et des côtes bien accusée; la matité était complète dans plus du tiers inférieur du thorax, et, de chaque côté, le murmure vésiculaire effacé dans toute cette région; de plus, vers la partie moyenne de la poitrine, on entendait le souffle tubaire. Ces symptômes suffisaient pour affirmer que ce cheval était atteint de *pleurésie chronique* ou d'*hydrothorax*. De ces deux expressions, encore usitées par beaucoup comme synonymes, la première implique l'idée d'une maladie locale, d'un épanchement pleural lié à un processus inflammatoire de la séreuse; celle d'hydrothorax s'entend d'une simple hydropisie, d'une collection pleurale non inflammatoire, provoquée par des causes mécaniques ou dyscrasiques, par des tumeurs, par quelque maladie du poumon, du cœur, du rein, ou par les états cachectiques. Or, aucune affection de ce genre n'existe chez notre malade. Son état général est bon, et, je le répète, il offre même à première vue les signes de la santé. Il ne s'agit donc pas d'hydrothorax, mais de pleurésie chronique. L'existence du cornage témoigne en faveur de l'origine inflammatoire de l'affection pleurale. Il est extrêmement probable, en effet, que la pleurésie et le cornage dépendent d'une même cause, — d'une pneumonie antérieure.

Voici les principaux symptômes notés à l'examen de ce cheval.

« Placé dans un box, le malade paraît un peu triste et somnolent; il reste immobile, la tête basse, les naseaux légèrement dilatés. La conjonctive est pâle, un peu infiltrée. L'artère glossofaciale est tendue, roulante sous le doigt; le pouls est petit; il y a une cinquantaine de pulsations par minute. La respiration est accélérée et discordante; on compte vingt-deux inspirations par minute. La toux est rare, petite, sèche. — La percussion est douloureuse : le sujet prend une attitude agressive, et si l'on fait maintenir la tête immobile, il se déplace sans cesse pour se soustraire à l'action du plessimètre. Des deux côtés, on trouve une égale zone de matité occupant près de la moitié inférieure du thorax et limitée par une ligne horizontale. — A l'auscultation, silence absolu dans toute cette zone, sauf vers la partie supérieure, sur une hauteur d'environ 20 centimètres, où l'on perçoit le souffle tubaire.

« Le rythme du cœur est normal ; les deux bruits sont assourdis. Pas d'infiltration séreuse sous-thoracique ni d'œdème des membres. La température est à 39°. L'urine laisse déposer une forte quantité de sédiments, mais elle ne contient ni albumine ni sucre.

« Les deux jours suivants, l'état est stationnaire. Si l'on entr'ouvre avec précaution la porte de son box, le cheval n'y fait aucune attention ; mais au moindre bruit il relève brusquement la tête. Excité, sa physionomie s'anime ; puis, au bout de quelques instants, il retombe dans la somnolence ou cherche dans sa litière quelques brins de foin. La température oscille de 38°8 à 39°3. »

Le propriétaire ne consentit pas à faire les frais d'une tentative de guérison. Il accepta toutefois que l'on pratiquât la thoracentèse pour extraire une partie du liquide qui entravait le fonctionnement du poumon, et cela dans l'espoir d'une amélioration momentanée. Nous retirâmes 10 litres de ce liquide. Le lendemain, le malade fut emmené.

Il y a quelques années, j'ai vu ici, à plusieurs reprises, un intéressant cas de pleurésie chronique sur un cheval atteint antérieurement de pleuro-pneumonie aiguë. Malgré l'emploi des mercuriaux *intus* et *extra*, celle-ci était passée à l'état chronique. Ce cheval fut acheté par un maquignon. Il était alors

un peu amaigri et s'essoufflait vite à l'exercice ; mais, au repos,
sauf un écoulement de salive, il ne présentait pas de phénomènes
morbides saillants, et son nouveau propriétaire put s'en débarrasser d'autant plus facilement que le ptyalisme — dû à l'action des mercuriaux — lui permettait de mettre sur le compte
de « pointes » ou de blessures de la bouche les légers troubles
que l'on pouvait remarquer. — Un acheteur fut vite trouvé, —
le cheval avait cinq ans et le prix était modique. Mais cet
acheteur s'aperçut, dès le premier jour, que l'animal manquait
d'appétit et s'essoufflait rapidement au travail ; il lui fit raboter
les dents, puis, voyant que l'état ne s'améliorait pas, il l'amena
à la consultation. Nous le fixâmes sur la nature de l'affection
de son cheval. Il le reconduisit au marchand. Celui-ci, comme il
arrive à peu près toujours en pareille circonstance, consentit à
un échange, avantageux pour lui, bien entendu, et non sans
avoir fait des difficultés. — Il put revendre ce malade successivement à deux autres personnes qui nous l'amenèrent à quelques
semaines d'intervalle. Nous le reconnaissions tout de suite à
sa robe noire, à sa large liste, et au ptyalisme qui continuait
toujours, entretenu par le marchand.

L'histoire de ces deux chevaux vous montre combien les
symptômes de la pleurésie chronique sont parfois peu accecentués,
même quand l'épanchement est considérable. Assez souvent les
apparences de la santé persistent. Ce que l'on peut remarquer
d'anormal dans l'habitus extérieur, c'est un peu d'abattement,
une impressionnabilité moindre, un certain degré de maigreur
et cet état particulier de la robe que l'on exprime en disant
que le poil est *piqué*. D'ordinaire l'appétit est conservé ; par
moments il est capricieux, irrégulier ; le fourrage surtout est
laissé en partie. La conjonctive est pâle ou terreuse et infiltrée ; le
pouls est modérément accéléré, normal comme force ou un peu
affaibli. L'hyperthermie est toujours faible et la courbe de température n'accuse que de légères oscillations. — Quelques
malades font entendre par intervalles une toux sèche, plus
sonore que celle de l'emphysème.

Pour peu que l'épanchement soit abondant, le travail détermine vite de la dyspnée : les malades s'arrêtent essoufflés,
oppressés ; ces phénomènes sont d'autant plus accusés que le
champ de l'hématose est plus réduit par l'exsudat. Il est des

sujets chez lesquels, au repos, même lorsque les plèvres renferment une assez grande quantité de liquide, le rythme de la respiration est peu troublé. Mais dans le plus grand nombre des cas, notamment dans ceux où l'épanchement est abondant, cette fonction est accélérée et la *discordance* frappante.

— — Vous avez tous remarqué que dans la respiration normale, aux temps d'inspiration et d'expiration, les mouvements des côtes et du flanc se font simultanément et dans le même sens : le flanc se déprime légèrement en même temps que les côtes s'abaissent ; il se bombe lorsqu'elles s'élèvent. On dit qu'il y a « discordance » quand le flanc se bombe alors que les côtes s'abaissent au temps d'expiration, et inversement. La discordance est un signe commun à diverses affections pleuro-pulmonaires et à quelques autres maladies très rares, — à la hernie diaphragmatique, par exemple. Lorsqu'elle est très accusée, elle dénonce presque toujours un épanchement pleurétique.

La percussion du thorax dénote l'existence d'une zone de matité bilatérale qui s'étend sur une plus ou moins grande hauteur, qui atteint et quelquefois dépasse la partie moyenne de la poitrine. Au-dessus de cette zone, la sonorité est normale ou tympanique.

A l'auscultation, le thorax est en général silencieux en ses régions mates ; au niveau de la partie supérieure de celles-ci, on entend le souffle tubaire, et au-dessus le murmure vésiculaire. Exceptionnellement, lors d'adhérences pleurales, on peut percevoir, au-dessous du niveau de l'épanchement, le souffle tubaire et un bruit de liquide, une sorte de clapotement produit par le choc de l'exsudat sur les brides symphysaires.

Ces phénomènes révélés par l'auscultation et la percussion existent presque toujours des deux côtés du thorax et dans une égale hauteur. Quelques faits cependant établissent que l'épanchement peut être localisé à l'un des sacs pleuraux ; il ne faut donc pas exclure d'emblée la pleurésie lorsque les signes tirés de l'examen du thorax indiquent l'unilatéralité de l'affection.

En général, les parois costales ne sont le siège d'aucune sensibilité anormale ; mais quand on y a fait des applications révulsives répétées, il se peut que les manœuvres de la percussion, voire de simples pressions exercées au niveau des espaces intercostaux, éveillent de la douleur, provoquent de l'agitation et des mouvements de défense. Chez certains sujets, la partie inférieure des parois thoraciques est légèrement œdématiée ; des pressions exercées avec la pulpe du doigt, au niveau des espaces intercostaux, permettent de reconnaître l'infiltration des tissus sous-cutanés.

Les troubles provoqués par la pleurésie chronique persistent d'ordinaire et s'aggravent avec une rapidité variable, lentement si les malades sont ménagés et bien entretenus, par à-coup si on les fait travailler, s'ils sont mouillés ou refroidis. La dyspnée augmente avec l'abondance de l'épanchement, la toux devient plus fréquente, l'amaigrissement et l'adynamie s'accentuent, les bruits du cœur et le pouls s'affaiblissent de plus en plus. — Si l'exsudat ne s'accroît que très lentement, les signes de la cachexie se dessinent ; les membres s'œdématient et les malades meurent d'épuisement. Dans le cas contraire, la respiration devient vite fort pénible ; debout, les membres écartés, les malades luttent contre la dyspnée, jusqu'à ce que, à bout d'haleine, ils tombent et meurent asphyxiés.

La pleurésie chronique du cheval peut cependant se terminer par la résolution. Chez quelques rares sujets, un moment arrive où l'épanchement s'arrête, reste quelque temps stationnaire, puis la résorption du liquide s'effectue graduellement. Les troubles généraux et les symptômes spéciaux s'atténuent ; l'appétit et la vigueur reviennent ; la respiration est moins accélérée, moins gênée ; la matité baisse, le souffle disparaît, le murmure vésiculaire se fait entendre de nouveau dans les régions inférieures de la poitrine. — La guérison est presque toujours incomplète ; le plus souvent il persiste une irrégularité des mouvements respiratoires, accompagnée ou non d'une petite toux sèche, analogue à celle de l'emphysème.

A l'*autopsie* des chevaux qui succombent à la pleurésie chronique, on trouve dans les plèvres une quantité plus ou moins abondante de sérosité claire, transparente ou un peu jaunâtre. avec ou sans dépôt fibrineux ; quelquefois l'exsudat est purulent. — La plèvre est irrégulièrement épaissie, blanchâtre, hérissée de villosités, recouverte par places de plaques fibreuses de toutes formes et de toutes dimensions ; souvent des adhérences existent entre les plèvres pulmonaire et pariétale, — costale ou diaphragmatique. Si la mort est survenue à la suite d'une poussée aiguë, ces néomembranes organisées sont recouvertes d'une couche de fibrine ou d'exsudat purulent.

La pleurésie chronique étant susceptible de guérison, quels sont les moyens à mettre en œuvre pour obtenir ou favoriser cette terminaison?

La plupart des médications internes préconisées contre la pleurésie n'ont pas grande efficacité. Dans la forme aiguë, le bicarbonate et le salicylate de soude donnés dans les boissons, et la pilocarpine ou l'arécoline, en injections sous-cutanées, paraissent être les agents les plus avantageux. Mais dans la forme chronique ils ont peu d'action.

Les révulsifs et les dérivatifs sont les moyens que les vétérinaires emploient avec le plus de confiance. Purgatifs, diurétiques chauds ou froids et surtout applications vésicantes sur les parois thoraciques ou cautérisation : telle est la formule du traitement habituellement institué.

Les frictions vésicantes réitérées, faites sur les deux côtés de la poitrine et dans toute la hauteur de l'épanchement, ont donné des succès. Chez les malades atteints de pleurésie récente qui se chronicise, elles agissent sans doute en activant la vascularisation des néomembranes, en multipliant ainsi les voies par lesquelles peut se faire la résorption de l'épanchement. Elles ont moins de prise sur la pleurésie ancienne, franchement chronique. Pour celle-ci, il faut leur associer la ponction du thorax. Beaucoup de praticiens ont relaté des faits de guérison définitive obtenue par ce traitement.

Outre qu'elles n'ont qu'une efficacité médiocre contre la pleurésie chronique, les frictions vésicantes ne sont pas sans inconvénient si l'on veut faire ensuite la thoracentèse : la dermatite purulente qu'elles provoquent rend difficile la désinfection au point où le thorax doit être ponctionné, elle expose par conséquent à l'infection de la plèvre. Quand on veut combiner ces moyens, il convient de faire d'abord la ponction, et plus tard, si l'on est obligé de la répéter, il importe de désinfecter soigneusement la région où le trocart doit être introduit.

La *thoracentèse* est incontestablement le moyen de traitement le plus rationnel et le plus efficace de la pleurésie chronique.

Les deux sacs pleuraux restant presque toujours en communication, il suffit de faire la ponction d'un côté pour évacuer la plus grande partie du liquide contenu dans le thorax. Si les orifices dont le médiastin postérieur est criblé étaient obturés, ce que l'on reconnaîtrait à la non diminution de l'épanchement du côté opposé à celui où l'opération a été faite, il faudrait ponctionner les deux plèvres.

Dans la pleurésie chronique, comme dans la pleurésie aiguë, la thoracentèse s'impose lorsque la dyspnée est intense et l'épanchement abondant. Très généralement ces deux phénomènes marchent de pair : la dyspnée est proportionnelle à la quantité de liquide collecté dans le thorax. Toutefois, la règle comporte quelques exceptions. Dans certains cas où l'épanchement est relativement peu abondant, la dyspnée est forte, causée surtout par des troubles pulmonaires ou cardiaques. Réciproquement, il est des sujets chez lesquels l'exsudat pleurétique est considérable, sans que la dyspnée soit intense. Vous rencontrerez des chevaux porteurs d'épanchements thoraciques doubles et abondants qui ne manifestent que les troubles ordinaires de la pousse. Pour ces cas, où l'on n'intervient guère chirurgicalement, la thoracentèse est cependant indiquée, malgré l'absence de phénomènes dyspnéiques alarmants lorsque les malades sont au repos. Tout épanchement pleural abondant peut en effet provoquer rapidement la mort par asphyxie.

Un de mes confrères me parlait dernièrement d'un cheval atteint de pleurésie métapneumonique, mort de cette manière dans le courant de la cinquième semaine. Ayant reconnu l'abondance de l'exsudat, il avait songé à faire la ponction ; mais la dyspnée ne paraissant pas inquiétante, il remit l'opération au lendemain. Le malade succomba dans la nuit.

Donc, *ce qui établit surtout l'indication de la thoracentèse, c'est l'abondance de l'épanchement.* Quand celui-ci atteint la partie moyenne du thorax, toute temporisation est dangereuse, il faut faire la ponction.

C'est une opération contemporaine des premiers temps de la médecine. Elle a été pratiquée sur l'homme par les Cnidiens et les médecins de Cos. On l'effectuait alors en incisant la paroi thoracique au niveau d'un espace intercostal ou en trépanant une côte. — Les hippiatres l'appliquèrent au traitement de la pleurésie du cheval, maladie qui ne peut guérir, dit Lafosse, « que par l'opération ». — A leur exemple, quelques vétérinaires du dernier siècle et du commencement de celui-ci ouvraient la plèvre avec le bistouri, en donnant un coup de pointe dans un espace intercostal. Ainsi faite, l'opération procurait un soulagement immédiat, mais l'infection de la séreuse et la pénétration de l'air dans le thorax entraînaient, chez la très grande majorité des malades, des accidents mortels.

Un premier progrès fut réalisé par la substitution du trocart au bistouri. Déjà Lafosse, dans son *Dictionnaire d'hippiatrique*, donne une sommaire description de la thoracentèse pratiquée avec le trocart. Il conseille de faire pénétrer l'instrument à la partie inférieure du septième ou du huitième espace intercostal, au niveau des cartilages costaux, de vider à peu près la moitié de l'eau contenue dans le thorax et d'injecter dans celui-ci des liquides « légèrement vulnéraires ». Il ajoute que le traitement est « presque toujours certain » quand l'hydropisie est d'origine inflammatoire.

Longtemps on s'est servi de trocarts trop volumineux ; les complications étaient très fréquentes, les succès rares. L'opération était presque abandonnée lorsque Saint-Cyr la réhabilita et montra les heureux résultats qu'elle peut donner, quand on se sert d'un trocart de petit calibre. Pour éviter la pénétration de l'air dans la poitrine, Reybard eut l'idée d'adapter à la canule du trocart une sorte de manchon de baudruche, qui permettait l'écoulement facile du liquide, mais dont les parois s'affaissaient et s'appliquaient étroitement au-devant de l'orifice de la canule dès que l'air tendait à pénétrer dans celle-ci. Malgré ces modifications successivement apportées à l'opération, elle n'était pas sans danger avant l'antisepsie. Si elle procurait une amélioration momentanée, souvent elle était bientôt suivie d'une aggravation de l'affection pleurale : l'épanchement devenait purulent, et les malades succombaient à l'empyème.

C'est grâce à l'antisepsie, un peu aussi à l'invention, par M. Dieulafoy, de l'appareil aspirateur, que la thoracentèse est devenue une opération inoffensive. Même si l'on ne dispose pas de cet appareil, on peut la pratiquer impunément avec le trocart de petit calibre, à la condition d'agir sous le couvert de l'asepsie. Introduire le trocart à la partie inférieure du septième ou du huitième espace intercostal, près de la veine de l'éperon, en un point où la peau est rasée et désinfectée, retirer la tige, laisser

s'écouler la quantité de liquide que l'on veut extraire, retirer ensuite la canule et occlure l'étroite perforation cutanée par une
couche de collodion iodoformé ou sublimé : voilà toute l'opération.

Avec l'aspirateur, la plaie faite aux parois thoraciques et le
danger d'infection de la séreuse sont réduits au minimum.
A cet appareil, dont les robinets sont préalablement fermés et
dans lequel le vide est fait, on adapte un tube de caoutchouc, puis
sur le bout de celui-ci on fixe une fine aiguille aseptisée par l'immersion dans un liquide désinfectant ou par le flambage. La
région préparée, on introduit l'extrémité de l'aiguille sous la
peau, au lieu d'élection, et l'on ouvre le robinet correspondant :
on pousse ensuite jusque dans la plèvre l'aiguille qui porte le
vide à son extrémité. Dès qu'elle est parvenue dans la cavité
pleurale, le liquide, aspiré, apparaît dans le corps de pompe.
— Ce procédé permettrait d'évacuer assez vite l'exsudat ; mais
il importe de régler l'aspiration et d'opérer avec une certaine
lenteur. Lorsque des caillots fibrineux nagent dans le liquide.
il arrive que l'aiguille s'obstrue de temps à autre par l'un de ces
caillots ; d'un coup de piston on refoule le grumeau, et l'écoulement recommence.

Il n'est pas nécessaire d'extraire la presque totalité du liquide
épanché, comme quelques-uns l'ont recommandé. Cinq à quinze
litres, suivant la taille des sujets et l'abondance de l'épanchement.
suffisent généralement. — Dans la suite, on fait une nouvelle
ponction s'il y a lieu. — Le reste de l'exsudat, quand il n'est
pas trop considérable, peut se résorber spontanément.

Il convient toutefois de favoriser cette résorption par les
alcalins, les diurétiques ou certains hypersécrétoires, plus particulièrement l'arécoline ou la pilocarpine. L'année dernière.
vous avez vu guérir dans le service un cheval atteint de pleurésie
métapneumonique, cheval ponctionné une seule fois, un mois
après le début de l'affection pleurale, puis traité par les alcalins
et les injections hypodermiques de pilocarpine, sans application
vésicante sur le thorax.

A la suite de l'opération correctement exécutée, on note toujours une amélioration de l'état général. La respiration surtout
devient plus facile et beaucoup moins accélérée. Le seul accident
réellement à craindre, quand on procède avec la lenteur voulue,
c'est la transformation purulente de l'épanchement. Vous l'éviterez en prenant les précautions aseptiques requises.

Sur un autre malade également atteint de pleurésie métapneumonique, nous avons eu, à la troisième ponction, un liquide manifestement purulent, qui n'était qu'un peu louche à la deuxième, et que vous avez pu croire purement séreux à la première ; mais le liquide ensemencé au moment de celle-ci contenait des germes pyogènes ; il était déjà purulent, caractère qui n'a fait que s'accentuer. La thoracentèse, en ce cas, ne saurait être rendue responsable de la purulence de l'exsudat.

Faite comme on doit la faire à notre époque, cette opération est innocente. Elle est toujours utile, et c'est encore ce que l'on a trouvé de plus efficace dans le traitement des pleurésies rebelles.

XXIX. — **Sur la maladie typhoïde du cheval**.

Nous avons reçu récemment dans le service huit chevaux atteints d'une maladie infectieuse qui sévit d'une façon presque permanente dans la Seine et les départements voisins, et dont les vétérinaires de cette région observent de véritables enzooties étendues à un plus ou moins grand nombre d'écuries. Je veux parler de l'affection désignée autrefois sous le nom de *gastro-entérite*, aujourd'hui par ceux de *maladie typhoïde*, de *fièvre typhoïde* ou d'*influenza*. C'est un état morbide propre au cheval, n'offrant rien de commun avec les affections de l'espèce humaine désignées par les mêmes expressions.

Le 21 mars dernier, cinq chevaux de l'écurie de M. A..., entrepreneur de transports, boulevard Soult, à Paris, tombaient subitement malades. Très abattus, ils ne touchaient plus à leurs aliments. Mon confrère M. Moret, appelé le lendemain, constatait sur eux des symptômes non douteux de fièvre typhoïde et les envoyait à l'École. Le 30 du même mois, trois nouveaux sujets de cette écurie nous étaient amenés, et dans l'intervalle plusieurs avaient été atteints.

Vous allez entendre un extrait des observations recueillies sur ces malades :

Obs. I. — Cheval entier, quatre ans, entré le 22 mars.

Symptômes. — Abattement et apathie extrêmes, paupières tuméfiées et closes, photophobie, conjonctive cyanosée ; bouche chaude, sèche, langue saburrale, liséré violacé sur les gencives; soif vive, appétit nul; systoles cardiaques précipitées et violentes, pouls petit, difficilement perceptible; 92 pulsations et 21 respirations par minute. Rien d'anormal à la percussion du thorax ; à l'auscultation, murmure vésiculaire fort dans toute la hauteur du poumon. Température, 41°3.

Traitement. — Sinapisme sous la poitrine et l'abdomen, friction sinapisée sur les membres ; alcool, digitale, salicylate de soude; lavements phéniqués (solution à 0,5-1 p. 100).

Le lendemain, les symptômes persistent à peu près aussi accusés ; cependant la température n'est plus que de 40°6; le pouls est toujours accéléré et faible; 18 respirations par minute. L'animal consomme une partie de sa ration.

Dès le 25, l'état du malade est très notablement amélioré. Le thermomètre ne monte qu'à 39°6. Le pouls est meilleur et moins accéléré que la veille. 16 respirations.

Les jours suivants, les symptômes s'atténuent graduellement. Le 29 mars, la guérison est complète.

Obs. II. — Cheval entier, quatre ans, entré le 22 mars.

Le malade est très déprimé, somnolent ; la tête est tenue basse ; la démarche est vacillante. L'animal est indifférent à ce qui se passe autour de lui ; les conjonctives sont rouge violacé ; les paupières sont tuméfiées, chaudes, très sensibles au toucher ; les gencives sont bordées d'un large liséré bleuâtre ; la muqueuse buccale est sèche ; la soif est très vive, l'anorexie complète. — Les battements du cœur sont tumultueux, le pouls filant ; il y a 82 pulsations et 20 respirations par minute. La température est à 40°8. Rien d'anormal à l'auscultation et à la percussion du thorax.

Le soir, la température est de 40°5 ; il y a 72 pulsations et 18 respirations. Les excréments sont mous.

Même traitement que pour le premier malade.

Le lendemain, l'état général est stationnaire. Température, le matin, 40°5 ; le soir, 40°8.

Les jours suivants, les symptômes s'atténuent, la température s'abaisse. Le 31 mars, l'animal est entièrement rétabli.

Obs. III. — Cheval entier, six ans, entré le 22 mars.

Cet animal a la même habitude extérieure que les précédents. Les paupières sont tuméfiées et sensibles, les yeux larmoyants ; la conjonctive, injectée et infiltrée, a une teinte acajou très prononcée. La bouche est chaude, la muqueuse gingivale violacée ; les crottins sont durs. La température est de 40°6. La circulation est très accélérée et le pouls difficilement perceptible ; on compte 90 pulsations et 20 respirations par minute.

Même traitement et 250 grammes de sulfate de soude.

Les trois premiers jours, l'état reste à peu près le même : température, 40°5 ; pulsations, 88 ; respirations, 18.

Même marche que sur les premiers malades.

Obs. IV. — Cheval entier, sept ans, entré le 22 mars.

Triste, courbaturé, l'animal demeure immobile dans un coin de son box ; les yeux sont pleureurs, les paupières tuméfiées, infiltrées, douloureuses ; la conjonctive a une teinte rouge acajou ; la cornée a perdu sa transparence, elle est cerclée à son pourtour d'une auréole jaunâtre ; la chambre antérieure renferme un dépôt simulant l'hypopyon. Ces symptômes sont particulièrement accusés à l'œil gauche. La bouche est chaude, sèche ; la langue saburrale ; les gencives sont bordées d'un liséré bleuâtre. Peu d'appétit, soif ardente. Température, 40°6 ; pulsations, 78 ; respirations, 22. — Même traitement que pour les deux premiers malades.

Le lendemain, on note une légère amélioration ; le cheval est moins abattu, il mange une grande partie de sa ration. Température, 39°8 ; pulsations, 80 ; respirations, 20. Les crottins sont petits, secs, luisants. On donne dans la boisson 250 grammes de sulfate de soude.

Le mieux s'accentue les jours suivants. La guérison est complète le septième jour, sauf le cercle cornéen qui n'est pas encore effacé.

Obs. V. — Cheval entier, six ans, entré le 22 mars.

On note les symptômes suivants : attitude indiquant une grande fatigue, physionomie somnolente ; yeux mi-clos, pleureurs, très sensibles à la palpation, paupières tuméfiées, conjonctive rouge violacé ; bouche chaude, pâteuse. — Le malade consomme la plus grande partie de son avoine, mais ne touche pas au fourrage ; la soif est vive. Les battements du cœur sont réguliers, le pouls est faible. Température, 39°7 ; pulsations, 56 ; respirations, 20.

Traitement. — Expectation.

Le lendemain, état général stationnaire. Le 24, amélioration qui s'accentue rapidement. Le 28, le cheval sort guéri.

Obs. VI. — Cheval entier, huit ans, amené à l'école le 30 mars. Malade depuis la veille.

Abattu, somnolent, il porte la tête basse ; les paupières sont tuméfiées, les yeux larmoyants, la conjonctive a une teinte rouge violacé ; la cornée est entourée d'un cercle œdémateux grisàtre ; la bouche est sèche, la langue chargée, le liséré des gencives bien marqué. Il y a de la constipation ; les crottins sont durs, enduits d'une couche de mucus. La température est de 40°1. On compte 75 pulsations et 19 respirations par minute. Le pouls est très petit.

Même traitement que pour le malade de l'observation III.

Guérison en huit jours.

Obs. VII. — Cheval entier, cinq ans. Reconnu malade le 29 mars. Amené à l'école le 30 dans l'après-midi.

Très abattu, il a une démarche titubante ; la faiblesse musculaire est telle que les rayons osseux fléchissent à chaque instant. Les oreilles et les membres sont froids.

Placé dans un box, l'animal reste immobile, la tête basse, les paupières presque complètement fermées, les larmes s'écoulent abondantes sur le chanfrein, la conjonctive a une teinte rouge violacé très accusée ; les gencives sont bordées par un liséré de même nuance, surtout bien marqué à la mâchoire inférieure. La température est de 41°3. On entend quelques quintes de toux forte et sèche. A l'auscultation, absence du murmure vésiculaire dans la partie inférieure des deux lobes pulmonaires où l'on perçoit quelques râles humides ; on compte 22 respirations par minute. La circulation est accélérée ; les systoles cardiaques sont fortes et bien rythmées ; le pouls est petit, filant, à 70. — Bien que paraissant fortement frappé, le malade prend volontiers quelques aliments ; les crottins sont normaux.

Même traitement que pour le malade de l'observation I. État stationnaire pendant quarante-huit heures.

Dès le troisième jour, l'amélioration est manifeste. Le bruit respiratoire normal a reparu aux points où on ne le percevait plus. Température, 40°1 ; respirations, 14 ; pulsations, 55. Le mieux s'accentue graduellement sans aucun incident. — Le 5 avril, l'animal a recouvré sa gaieté ; il consomme la totalité de sa ration ; le rein est souple, la conjonctive a une teinte jaunâtre. Température, 38° ; respirations, 15 ; pulsations, 40.

Le 8 avril, l'animal sort guéri.

Obs. VIII. — Cheval entier, six ans, entré à l'école le 30 mars.

Principaux symptômes : abattement très prononcé, somnolence, démarche chancelante ; paupières tuméfiées, mi-closes ; conjonctive hyperhémiée ; bouche chaude, langue saburrale, gencives bordées d'une étroite bande violacée. L'auscultation et la percussion du thorax ne décèlent rien d'anormal. Température, 40°2 ; respirations, 26 ; pulsations, 70 ; pouls difficilement perceptible aux artères périphériques.

Traitement. — Expectation. — L'animal consomme une partie de ses aliments.

Les 31 mars et 1er avril, état stationnaire.

Le 2 avril, le malade est moins abattu, les yeux sont moins larmoyants. La température n'est plus que de 39°3. Le sixième jour, la guérison est complète.

Voilà des exemples typiques de maladie typhoïde bénigne, à invasion subite, à marche rapide, et ne s'accompagnant d'aucune complication grave. Même sous cette forme, l'affection éclate brusquement et s'accuse bientôt par les trois symptômes qui la dénoncent nettement : la *stupéfaction*, une forte *hyperthermie*, la *coloration rouge foncé* ou *violacée de la conjonctive*. — Si vous avez bien observé et suivi ces malades, vous avez noté d'autres phénomènes morbides. Chez tous, la bouche était chaude et sèche, sa muqueuse était injectée, les gencives montraient le classique liséré rouge violacé. La plupart n'ont pas éprouvé de troubles intestinaux; ils expulsaient des crottins de consistance normale; trois ont été constipés les premiers jours; un seul a eu de la diarrhée; sur aucun la palpation de l'abdomen n'était douloureuse.

Du côté de l'appareil circulatoire, on constatait une forte accélération de la circulation, — jusqu'à 90 pulsations par minute, et la force des battements du cœur contrastait avec la faiblesse du pouls : celui-ci était petit, filant; sur quelques sujets, il était si faible les premiers jours qu'on pouvait à peine le compter. L'auscultation du cœur ne décelait aucun bruit anormal. — Il n'y avait qu'une faible augmentation des mouvements respiratoires et leur rythme n'était pas troublé. L'auscultation du poumon ne révélait pas autre chose qu'un peu d'exagération du bruit vésiculaire. Chez un malade cependant, les deuxième et troisième jours, on a perçu à la partie inférieure des deux lobes, surtout dans le gauche, des râles humides et une atténuation du murmure vésiculaire, phénomènes que nous avons rapportés à un état congestif de la partie inférieure du poumon. Cet animal est le seul qui ait eu quelques quintes de toux. — La peau du tronc et des sections supérieures des membres était chaude; la plupart des malades avaient les oreilles et les extrémités froides. Chez presque tous la fièvre était forte, la température s'est élevée au-dessus de 40°; chez plusieurs, elle a dépassé 41°.

Sur deux sujets, on a noté aux yeux des troubles particuliers. Outre l'épiphora, la coloration cyanosée et l'infiltration de la conjonctive, il existait des altérations cornéennes et intraoculaires. Sur ces malades et aux deux yeux, la vitre était entourée d'un cercle grisâtre, œdémateux, et sur l'un d'eux la chambre antérieure de l'œil contenait un exsudat, un dépôt simulant l'hypopyon de la fluxion périodique; ces troubles se sont dissipés en peu de jours. La photophobie qui existait au début n'a pas persisté plus de quarante-huit heures.

Il n'est pas survenu d'engorgements œdémateux des régions déclives des membres, ni de paralysie du pénis ou d'autres organes. Ce qui a été particulièrement remarquable dans tous ces cas, c'est l'atténuation rapide des symptômes, la résolution prompte et complète, la brève convalescence. Les animaux ont pu être remis en service peu après leur sortie de l'hôpital.

Il s'en faut que la maladie typhoïde se présente toujours avec ce caractère de bénignité, et lorsqu'elle prend une allure maligne, beaucoup de malades succombent à des complications intestinales, pulmonaires, cardiaques ou encéphaliques. Depuis qu'elle sévit à peu près en permanence, elle paraît avoir perdu de sa gravité, du moins d'une façon générale. On lui a imputé les nombreux cas de mort qui se sont produits en 1890 et 1891 dans plusieurs écuries populeuses de Paris et de la banlieue. Reste à savoir si la maladie qui a causé ces pertes était bien l'affection typhoïde pure. Dans les grands centres commerciaux et industriels, où les circonstances sont si favorables à l'éclosion et à la propagation des maladies contagieuses du cheval, plusieurs infections sévissent parfois simultanément dans les mêmes locaux. On peut y rencontrer, avec l'influenza, la gourme, la pneumonie contagieuse ou la pneumo-entérite des fourrages; j'en ai vu des exemples. Lorsque vous vous trouverez en face de ces associations morbides, vous verrez combien est parfois difficile la solution des problèmes que nous offre la pratique; combien les choses de la clinique sont plus compliquées que ne le laissent présumer les Traités de pathologie.

A l'autopsie des animaux qui succombent à la maladie typhoïde, on rencontre des altérations étendues à la plupart des organes : de la congestion, des ecchymoses, des infiltrations, des lésions dégénératives décelées par le microscope; mais les principales se remarquent sur les muqueuses des appareils digestif et respiratoire. — La muqueuse intestinale est hyperhémiée, tuméfiée, ecchymosée, desquamée par places; à l'incision, elle apparaît infiltrée d'un liquide qui suinte des surfaces de section et se coagule en les recouvrant d'une mince couche de consistance gélatineuse; souvent le tissu conjonctif sous-muqueux est gorgé d'un liquide grisàtre ou ambré. La muqueuse du cul-de-sac droit de l'estomac et quelquefois celle du pharynx offrent des altérations semblables. La tuméfaction des plaques de Peyer est fort inconstante, et jamais l'on n'observe leur nécrose ni leur ulcération, lésions caractéristiques de la fièvre typhoïde de l'homme. Jamais non plus on ne trouve, ni à ces plaques ni ailleurs, le bacille d'Eberth, — le microbe de la dothiénentérie. — La muqueuse respiratoire est affectée à un degré variable : souvent il n'y a que de la rougeur et une légère tuméfaction dans le larynx et les bronches; en quelques cas, les altérations pulmonaires prédominent : on rencontre de la pneumonie catarrhale ou fibrineuse, de l'œdème du poumon, avec ou sans épanchement pleural. — Les lésions du myocarde et de l'endocarde sont plus rares que dans la pneumonie. — Même quand des complications nerveuses sont survenues, les altérations de l'encéphale, de la moelle, des méninges, sont d'ordinaire peu accusées; bien souvent il n'y a qu'un peu d'injection des méninges et une légère infiltration des plexus; rarement la substance nerveuse, cérébrale ou médullaire, est ecchymosée ou ramollie. Lorsque la maladie s'est compliquée de fourbure, des lésions congestives plus ou moins intenses existent dans le tissu podophylleux.

Le sang et les organes altérés peuvent contenir des microbes divers, mais aucun de ceux qu'on a isolés jusqu'à présent ne peut être considéré comme l'agent spécifique de la maladie typhoïde. Cet agent est encore à trouver (1).

Le *diagnostic* de la fièvre typhoïde est facile. L'apparition soudaine et l'aggravation rapide des troubles généraux, la stupéfaction des malades et les symptômes oculaires en sont les éléments principaux. Les doutes que l'on pourrait conserver au début seraient vite dissipés par les effets de la contagion subtile du mal : de nouveaux sujets sont bientôt frappés en grand nombre; en

(1) M. Lignières a isolé et cultivé un microbe — le *cocco-bacille* — qu'il considère comme l'agent spécifique de la fièvre typhoïde du cheval.

« L'inoculation au cheval d'une culture de ce microbe » provoque « les symptômes les plus caractéristiques de la fièvre typhoïde ». — Convenablement atténué et inoculé à un animal sain, il ne causerait aucun accident grave et conférerait l'immunité. Par des inoculations vaccinales sur le cheval, on obtiendrait un sérum préventif et curatif. (*V. la note de la page 232.)

moins de quinze jours, la maladie peut atteindre la moitié, les deux tiers des animaux d'une écurie populeuse.

On doit la différencier de la *pneumonie contagieuse* et de la *pneumo-entérite des fourrages.*

On reconnaîtra la pneumonie contagieuse à la prédominance des symptômes pulmonaires, à l'accélération très prononcée de la respiration dès le début, aux phénomènes comateux moins accusés, à l'absence d'épiphora, à l'injection modérée ou à la couleur jaunâtre de la conjonctive et à l'extension lente de l'épidémie. Les cas embarrassants sont ceux où l'on a affaire à une infection mixte, où la fièvre typhoïde et la pneumonie contagieuse, par exemple, coexistent dans une même écurie.

La pneumo-entérite s'accuse habituellement par un appareil symptomatique assez alarmant ; mais, en général, le début est moins expressif et la contagion plus restreinte que dans la fièvre typhoïde ; les troubles oculaires sont moins prononcés et la conjonctive n'a pas la coloration violacée ou acajou. On examinera les aliments que consomment les animaux, — les fourrages et l'avoine ; s'ils ne sont pas vasés, poussiéreux ; s'ils ont été récoltés et conservés dans de bonnes conditions ; si leur couleur, leur aspect, l'arome qu'ils dégagent ne laissent pas à désirer ; si, en un mot, ils sont d'excellente qualité, on peut éliminer la pneumo-entérite. — Il est toujours aisé de différencier la maladie typhoïde d'avec l'angine ou la bronchite sévissant sur un plus ou moins grand nombre d'individus.

Le *pronostic*, généralement peu grave, varie suivant les époques, les saisons, les conditions dans lesquelles les animaux sont entretenus. Quand la maladie règne dans une région où on ne l'a pas observée depuis longtemps, elle y fait plus de victimes que dans les grandes villes, où elle sévit pour ainsi dire continuellement. Nous n'avons guère vu cette année que des cas bénins, à évolution régulière et rapide ; tous nos malades atteints de fièvre typhoïde simple ont guéri. Mais la mortalité est quelquefois assez forte ; ses chiffres extrêmes sont 1 et 15 p. 100 ; sa moyenne est de 3 à 5 p. 100. Les enzooties dans lesquelles les pertes se sont élevées à 25, 50, 60 p. 100 des malades n'étaient pas le fait de la fièvre typhoïde pure ; celle-ci était secondée par quelque autre infection.

Un point intéressant est de savoir si le virus de la fièvre

typhoïde possède des propriétés immunisantes, — si les animaux guéris sont à l'abri d'une nouvelle atteinte. A cet égard, l'observation enseigne que la maladie confère généralement l'immunité pour un laps de temps dont la durée moyenne serait de douze à quinze mois. En 1891, dans une écurie de vingt chevaux envahie par la maladie typhoïde, j'ai vu rester indemnes deux sujets qui en avaient été atteints dix mois auparavant.

On a cité des exemples d'immunité plus longue — de trois, cinq, six ans. Ce sont là des faits exceptionnels, — en admettant que l'expression de « fièvre typhoïde » ne leur ait pas été faussement appliquée.

Le *traitement* doit être avant tout hygiénique. Quand la maladie vient d'éclater dans une écurie, s'il n'y a encore que quelques malades, on les isolera et l'on procédera à la désinfection des stalles qu'ils occupaient ; on devra tenir le local bien aéré et très propre, nettoyer les rigoles, faire sur le sol et les murs des projections phéniquées, crésylées ou térébenthinées. On peut arriver ainsi à arrêter l'épidémie, mais la contagiosité de l'affection est trop grande pour que ces mesures réussissent souvent ; néanmoins il est prudent de ne pas les négliger. — Si l'affection est grave, surtout si déjà de nombreux sujets sont atteints, il faut conseiller le déplacement de tous les chevaux : la mise au pâturage lorsque la saison et le temps le permettent, le séjour au grand air, sous un hangar, tout au moins le changement de local et la complète désinfection de celui-ci. Beaucoup de vétérinaires qui ont eu recours à ces moyens, dans des cas d'enzootie typhoïde grave, ont vu s'arrêter la mortalité et la maladie.

Aux malades qui prennent volontiers les boissons, on doit donner souvent, dans la journée et dans la soirée, du barbotage, du thé de foin, du lait. Ce dernier est particulièrement avantageux ; la plupart des sujets le boivent avec avidité ; dans les cas graves, il les soutient et peut leur permettre de résister assez longtemps pour franchir la période dangereuse. — Comme je l'ai dit à propos des pneumonies, les malades qui ne se nourrissent pas devront être alimentés par la voie rectale.

Le traitement médical comprend des moyens variés, dont les principaux sont la saignée, l'application d'un large sinapisme sous le thorax et l'abdomen, et l'administration à l'intérieur de divers agents thérapeutiques.

On emploie habituellement le sulfate de soude — 100 à 200 grammes par jour, le bicarbonate de soude — 50 à 100 grammes, le salicylate de soude — 10 à 30 grammes, la digitale — 2 à 5 grammes, et les sels de quinine — 10 à 20 grammes. — Les troubles oculaires sont combattus par les fomentations tièdes et les collyres chauds à l'atropine, au crésyl ou à l'acide borique. — Si l'hyperthermie persiste intense, on a recours aux antipyrétiques et aux lavements froids, additionnés de 5 à 10 grammes d'acide phénique par litre. — Quand la fièvre typhoïde se complique de fourbure, il faut sans retard utiliser les hypersécrétoires, les injections hypodermiques d'arécoline ou de pilocarpine, et envelopper les pieds de compresses humides qui seront fréquemment arrosées d'eau froide.

Dans les diverses formes de la maladie typhoïde, les liquides alcooliques, l'eau-de-vie notamment, donnés à doses moyennes ou faibles, en électuaire, ou, ce qui est préférable, dans la boisson, sont avantageux. Vous avez été souvent témoins des bons résultats que nous en obtenons. On discute encore leur mode d'action sur l'organisme, mais que l'alcool subisse dans le sang une série de transformations, qu'il agisse sur le système nerveux ou sur la nutrition, peu importe ; ce que nous savons, c'est qu'il rend de réels services.

Pour six de nos malades, le traitement a consisté en l'application d'un sinapisme et en l'administration, dans les barbotages, de sulfate de soude, de bicarbonate de soude, de salicylate de soude et d'eau-de-vie. A plusieurs, j'ai fait donner aussi 2 à 5 grammes de poudre de digitale et des lavements phéniqués froids. Chez tous, la guérison est survenue très rapidement.

J'ai voulu vous montrer que dans la forme bénigne de la maladie la médication interne n'a qu'une importance secondaire ; j'ai laissé les deux autres patients aux prises avec elle, sans leur venir en aide d'une façon quelconque, me réservant d'intervenir s'il y avait lieu. Je n'ai pas eu à le faire : ces deux chevaux ont guéri aussi vite que les premiers.

XXX. — **Sur un cas d'angine gourmeuse.**

Nous venons de faire l'autopsie d'un cheval mort d'angine gourmeuse compliquée de paralysie du pharynx. Jusqu'à ces derniers jours, nous comptions sur une amélioration, nous espérions la guérison ; à aucun moment, la maladie n'avait provoqué de manifestations alarmantes, présageant une terminaison funeste ; elle n'a même pas donné lieu aux accidents ordinaires des angines gourmeuses de gravité moyenne. Elle offre, par cela même, un réel intérêt au point de vue clinique. L'histoire de ce malade sera l'objet de notre entretien d'aujourd'hui.

On le présenta à la consultation le 6 septembre. Agé de cinq ans, il venait d'être acheté. Il était depuis quatre jours seulement dans les écuries de la personne qui nous l'a fait conduire. Le matin et déjà la veille, il avait laissé la plus grande partie de sa ration ; il semblait fatigué, abattu ; la peau était chaude, l'œil injecté ; aux deux naseaux on constatait un jetage grisâtre, inodore, mêlé de parcelles alimentaires ; la salive, accumulée dans la bouche, s'écoulait abondante lorsque l'on introduisait la main dans cette cavité. La région de la gorge était douloureuse à la pression. Les ganglions sous-glossiens droits étaient peu tuméfiés ; ceux du côté gauche formaient une tumeur du volume d'une noix, entourée d'une zone d'œdème et dont le centre était obscurément fluctuant. Quelques petites papules perçues en différentes régions — notamment à l'encolure et sur les côtes, — l'âge du malade et ce renseignement qu'il venait d'être acheté nous firent immédiatement porter le diagnostic *pharyngite gourmeuse.* — Je ponctionnai l'abcès de l'auge ; du pus recueilli avec les précautions d'usage fut examiné ; il conte nait des *streptocoques* disposés en courtes chaînettes. Laissé en traitement à l'École, le malade fut placé dans mon service.

On va vous rappeler son histoire depuis ce moment jusqu'au jour de sa mort.

A son entrée à l'hôpital, le malade était abattu, indifférent à ce qui se passait dans son box. Il toucha à peine aux divers aliments qu'on lui présenta.

Par les deux naseaux s'écoulait un jetage grisâtre, mélangé de quelques parcelles alimentaires; par moments, des filaments de salive tombaient de la bouche; les conjonctives étaient rouge foncé. Le pouls, fort, battait 70 fois par minute; on comptait 32 respirations; la température était à 40°5. Le murmure vésiculaire était fort et s'entendait dans toute la hauteur des lobes pulmonaires. — Les ganglions de l'auge étaient tuméfiés; à gauche, on y percevait de la fluctuation. En diverses régions — à l'encolure, sur les côtes, les flancs, la croupe — on constatait une éruption papulo-vésiculeuse.

Traitement. — Ponction de l'abcès et injections d'eau iodée dans la cavité. Sinapisme appliqué sur les faces inférieure et latérales du thorax; frictions sinapisées sur la gorge et les membres. Alimentation habituelle, thé de foin et lait. Fumigations; 10 grammes de kermès; 150 grammes d'eau-de-vie; eau créolinée en lavements.

Jusqu'au 10 septembre, la température reste à 40°; les pulsations varient de 55 à 70, et les respirations de 22 à 30. — La toux est rare. A l'auscultation du poumon, on entend des râles muqueux; le murmure vésiculaire paraît cependant atténué dans le tiers inférieur des deux lobes. L'animal prend volontiers ses barbotages et, chaque jour, 10 litres de lait. — Continuation du kermès, de l'alcool, de la créoline. On ajoute à la médication une dose quotidienne de 10 grammes d'iodure de potassium.

Du 11 au 18 septembre, les mêmes troubles persistent. Toutefois, on note une légère amélioration qui s'accentue lentement. Certains jours, la température tombe à 39°, les pulsations à 45 et les respirations à 20. Par instants le malade essaye de manger du foin et de l'avoine; il mastique ces aliments, mais la déglutition des bols est très pénible; aussi, bien qu'il continue à prendre du barbotage, du thé de foin et du lait, l'amaigrissement se dessine. — Le 13, un foyer purulent développé dans l'auge, en arrière de celui déjà ouvert, est ponctionné. L'examen bactériologique du pus y décèle des streptocoques.

Le 19, l'état général est notablement meilleur et le jetage moins abondant que les jours précédents. La salive tombe encore de la bouche, mais lorsque le malade boit, l'eau est rejetée en moins grande quantité par les naseaux. — L'auge est toujours le siège d'une tuméfaction phlegmoneuse qui en occupe la moitié postérieure et s'étend sur le larynx. Un peu de foin donné à la main est mastiqué, non dégluti. A l'exploration de la gorge, on ne perçoit rien qui donne l'explication de la dysphagie : la région parotidienne n'est pas tuméfiée, elle n'est pas plus saillante qu'à l'état normal ; les pressions exercées sur elle ne causent qu'une douleur sourde; à peine l'animal cherche-t-il à l'éviter. — A l'épaule droite, dans le tissu conjonctif sous-cutané, sont développés trois petits abcès du volume d'une noisette. On en fait la ponction. — L'examen attentif de la cavité buccale, de son fond surtout et de la base de la langue, ne décèle rien d'anormal. — Rien non plus à l'exploration rectale. T. 38°8; R. 18; P. 40. — L'urine ne contient pas de glycose; on y trouve quelques pigments biliaires et des traces d'albumine.

Le 20, état général stationnaire. La verge est pendante et flasque. On note de légers signes d'iodisme, en particulier du larmoiement. L'iodure de potassium est supprimé.

Les deux jours suivants, les symptômes de la paralysie pénienne s'accentuent. L'amaigrissement fait aussi des progrès.

Le 23, l'état général est moins bon et la salivation plus abondante que les jours précédents. Le malade est plus abattu; il se tient à bout de longe, ne touche ni au barbotage ni au lait. — A huit heures, T. 39°3; R. 32; P. 54.

— Pas de matité thoracique ; pas de bruits anormaux à l'auscultation des poumons. Rien non plus du côté de la gorge, — à l'examen extérieur de cette région.

Les trois jours suivants, une légère amélioration se produit. La température oscille de 38°6 à 39° ; la respiration est plus calme. — Le malade refuse le lait ; il prend une partie de son barbotage, un peu de foin et d'avoine.

Le 27, dans la soirée, l'état s'aggrave. La température augmente de près d'un degré. Le choc précordial est violent, on le perçoit du côté droit de la poitrine. Quelques crottins rejetés sont enduits de fausses membranes sanguinolentes. — L'animal ne touchant pas à ses aliments, on lui administre 6 litres de lait en lavement. Le soir, il boit la partie liquide de son barbotage ; il est plus abattu que de coutume et se couche en décubitus latéral. On fait une injection sous-cutanée de 1 gramme de caféine.

Le 28, le cheval est debout, un peu moins prostré que la veille ; il mange quelques bouchées de luzerne fraîche. La déglutition paraît plus facile. T. 39° ; R. 30 ; P. 45. — Deux petits abcès développés à l'épaule gauche sont ouverts. Par la plaie de ponction du second abcès sous-glossien s'écoule du pus mêlé de salive : il y a une fistule de la sous-maxillaire gauche. Le soir, le cheval prend facilement 6 litres de lait. T. 39°2.

Le 29 septembre, au matin, l'animal boit 4 litres de lait ; il refuse les autres aliments. Il y a de la dyspnée ; l'expiration est entrecoupée. La percussion et l'auscultation ne fournissent aucun renseignement. La gorge et la région parotidienne sont insensibles aux pressions ; les muscles scapulaires sont le siège de légers tremblements. Le malade flageole sur ses membres antérieurs et prend par instants l'attitude du camper. Le cathétérisme de la vessie ne donne qu'une petite quantité d'urine. T. 38°9 ; R. 39 ; P. 48.

A midi, T. 39°3 ; R. 46 ; P. 75. La respiration est toujours dyspnéique ; les tremblements des muscles olécraniens augmentent d'intensité. Le cheval boit un peu de barbotage, puis se couche en décubitus sterno-costal. Il se relève au bout de quelques minutes la face grippée, et, reprend l'attitude du camper.

Vers 3 heures, après avoir bu quelques gorgées de barbotage, il s'affaisse sur sa litière. Dix minutes plus tard, il expire dans le calme.

Autopsie. — Rien dans le péritoine. Peu d'aliments dans l'intestin. Par places, la muqueuse de l'intestin grêle est congestionnée. L'estomac contient quelques litres de liquide ; ses parois sont rétractées, plissées. Le foie est volumineux, de nuance brun jaunâtre. — Les reins sont pâles sur la coupe ; le bassinet renferme un peu de liquide visqueux, jaunâtre.

Excepté un petit abcès dans la partie antérieure du lobe droit, les poumons sont normaux. Les ganglions bronchiques sont un peu tuméfiés. — Rien d'anormal dans les bronches ni dans la trachée.

Le cœur est en diastole. Le sang qui s'en écoule est liquide, noirâtre, mais se coagule rapidement.

Sur ses faces inférieure et latérales, la langue présente, en plusieurs points, des taches ecchymotiques au niveau desquelles la muqueuse est dépourvue d'épithélium. Sur sa face supérieure, on remarque, en maints endroits, un fort épaississement de la couche épithéliale. Des trous borgnes de Morgagni à l'entrée du pharynx, la muqueuse buccale ne présente rien d'anormal.

La muqueuse du pharynx est épaissie, de teinte violacée, ulcérée par places et parsemée de points blanchâtres correspondant à de petits abcès développés dans le tissu conjonctif sous-muqueux. De légères pressions en font sourdre un pus blanc jaunâtre, épais, qui exhale une odeur fétide.

Sur la face antérieure et à la base de l'épiglotte, la muqueuse est également épaissie, d'une couleur violacée. — Les cartilages aryténoïdes présentent un aspect analogue. — Par places, la muqueuse du pharynx est épaisse d'un centimètre ; son derme est hyperhémié, épaissi, infiltré de pus fétide. De même dans les muscles sous-jacents, épaissis, décolorés, blanchâtres, on trouve de nombreux petits abcès.

Les ganglions rétro-pharyngiens, du volume d'un œuf, sont creusés de foyers purulents, quelques-uns assez larges, remplis tous de pus crémeux, blanchâtre, fétide.

Ce cheval a donc succombé à une angine phlegmoneuse diffuse développée au cours de la gourme. Parmi les localisations de celle-ci, la pharyngite est une des plus communes et des moins redoutables. Elle se traduit, comme les autres variétés d'angine, par de la dysphagie, par un jetage bilatéral plus ou moins chargé de matières alimentaires et le rejet d'une partie de l'eau de boisson, par de la tuméfaction et une sensibilité anormale de la région de la gorge. Généralement, dans l'angine gourmeuse, le gonflement de la gorge est assez accusé, l'espace intermaxillaire est comblé en sa région postérieure par une nappe d'œdème consécutive à l'inflammation des ganglions de l'auge, lesquels ne tardent pas à s'abcéder. Dans le plus grand nombre des cas, on n'a à intervenir chirurgicalement que pour ponctionner les collections purulentes qui surviennent dans l'auge, et au bout de quinze jours, trois semaines ou un mois au plus, les animaux sont guéris.

Les formes graves de l'angine gourmeuse sont celles qui s'accompagnent d'abcès développés dans la profondeur de la région gutturale, au niveau des ganglions sous-parotidiens ou rétro-pharyngiens. Les symptômes fonctionnels sont alors très accentués, souvent inquiétants ; parfois la tuméfaction de la gorge et des régions parotidiennes est énorme. Si l'on veut conjurer des accidents qui peuvent être rapidement mortels, il faut au plus vite donner issue au pus, en procédant comme je vous l'ai indiqué dans une précédente leçon, et ainsi que je vous l'ai montré récemment encore sur un cheval atteint d'une collection sous-parotidienne qui contenait trois quarts de litre de pus.

Quand l'écoulement du pus se fait librement, la tuméfaction qui accompagne ces abcès se résout d'ordinaire assez vite. A moins de s'en tenir trop longtemps à l'expectation, il est exceptionnel que, pour conjurer l'asphyxie, l'on soit obligé de pratiquer la trachéotomie provisoire. Toutefois, si des ponctions exploratrices multiples ne permettaient pas de découvrir un foyer purulent profond et que la dyspnée fût intense, il ne faudrait pas hésiter à faire cette opération, très simple chez le cheval, toujours inoffensive, qui apporte un soulagement immédiat et supprime une cause d'aggravation de l'angine.

Chez notre malade, la phlegmasie pharyngienne n'a eu à aucun moment cette allure menaçante. C'est à peine si nous avons noté du gonflement de la gorge et un peu de douleur provoquée par les pressions digitales exercées sur cette région. L'abcédation de l'auge a été le seul accident de voisinage.

La persistance des troubles fonctionnels au delà du quinzième jour et l'absence de lésions locales pouvant en donner l'explication m'ont fait supposer l'existence d'une paralysie du pharynx. Même quand les phénomènes inflammatoires sont relativement légers, cette paralysie peut survenir ; maintes observations en font foi. — Au mois de février dernier, nous avions dans le box II de notre écurie IV une jument de cinq ans chez laquelle la paralysie pharyngienne était précisément survenue comme complication d'une gourme bénigne. La cautérisation en pointes — le traitement recommandé par les auteurs, — et l'iodure de potassium à la dose quotidienne de 10 à 15 grammes jusqu'à apparition des signes d'iodisme, médication suspendue et reprise deux fois, ne donnèrent pas de résultat. Nous n'obtînmes pas plus de succès en pratiquant l'hyovertébrotomie des deux côtés, intervention qui a cependant quelquefois réussi, et qui peut avoir une action autrement efficace que la cautérisation.

Pour le cheval dont vous venez d'entendre l'histoire clinique, j'eus l'idée d'y recourir, mais je différai l'opération, espérant toujours voir se dessiner une amélioration. Chez lui, l'hyovertébrotomie n'aurait pu que favoriser l'ouverture des abcès rétropharyngiens. Même en admettant que ce résultat eût été obtenu, nous n'aurions pas sauvé notre malade. Les lésions les plus graves, celles qui ont entraîné la mort, avaient leur siège dans les parois mêmes du pharynx. Nous ne pouvions exercer sur elles aucune action énergique, aucune intervention salutaire.

Néanmoins, je n'hésite pas à formuler cette conclusion :

Lors de paralysie pharyngienne consécutive à la gourme ou à une angine phlegmoneuse de nature quelconque, si les moyens classiques ont échoué, on doit, avant d'abandonner le malade, proposer l'*hyovertébrotomie*.

XXXI. — **Sur la tuberculose du cheval**.

Un jour de cette semaine, on nous a présenté à la consultation un cheval normand, hongre, âgé de huit ans, qui, nous a-t-on dit, fut atteint il y a six mois d'une « fluxion de poitrine » dont il paraissait guéri, lorsque, au commencement du mois dernier, il retomba malade sans cause apparente. Son état s'aggrava peu à peu, malgré les médications auxquelles il fut soumis.

Cet animal était très amaigri ; son habitude générale dénonçait une maladie consomptive ; la respiration, peu accélérée, était pénible. Je ne pus en faire qu'un examen incomplet ; mais l'exploration du thorax ayant révélé l'existence, dans les deux lobes pulmonaires, d'altérations étendues, diffuses, je vous ai dit que cette constatation, la chronicité du mal et l'état cachectique du sujet éveillaient l'idée de la *tuberculose*.

J'ai obtenu que ce malade fût laissé dans le service. L'un de vous a noté, dans la soirée, les principaux symptômes qu'il présentait. Voici un résumé de l'observation qu'il a recueillie :

« La muqueuse buccale est pâle et donne à la main une sensation de froid ; même sensation à la palpation des diverses régions du tronc et des extrémités. — La conjonctive est blanchâtre, un peu infiltrée. Le pouls, petit, irrégulier, bat de 50 à 55 fois par minute. — La respiration est accélérée, pénible, entrecoupée ; on compte une vingtaine d'inspirations par minute. A l'auscultation du poumon, on perçoit, à la partie inférieure des deux lobes, une atténuation du murmure respiratoire ; dans la région moyenne, des râles crépitant, sibilant et caverneux ; dans la partie supérieure, le murmure vésiculaire renforcé. La percussion donne, dans les zones supérieure et moyenne, une résonnance normale ; dans la partie inférieure, de la submatité. La palpation de l'abdomen et l'exploration rectale ne fournissent aucun renseignement. — La partie antérieure de la région sternale est œdématiée. — Les mictions sont fréquentes et abondantes. Dans la soirée, la litière est humide ; il s'en dégage une forte odeur urineuse. Le malade a consommé une partie de sa ration. »

Je me proposais de soumettre ce cheval à l'épreuve de la tuberculine, mais il succomba dans la nuit.

Autopsie. — « Dans la cavité abdominale, les reins et les capsules surrénales sont les seuls organes altérés. A l'incision des premiers, des tubercules apparaissent disséminés dans les deux couches du parenchyme. — Les capsules surrénales sont hypertrophiées et montrent sur la coupe plusieurs petits tubercules jaunâtres, ramollis, dont la matière contient des bacilles. A la partie antérieure de la région sous-lombaire, on trouve, accolé au diaphragme, un ganglion des dimensions d'une grosse noisette, purulent à son centre.

« Dans la cavité thoracique, les lésions sont autrement considérables. Les deux poumons sont volumineux, denses, fermes au toucher ; leur surface est parsemée de points et de petites taches blanc grisâtre ; la palpation décèle, dans leur couche superficielle, des granulations dures et quelques petits îlots de consistance fibreuse.

« Les coupes obtenues par des sections verticales offrent une assez grande diversité d'aspect, suivant qu'on les considère dans la partie antérieure ou postérieure des lobes et qu'on en examine les régions supérieure ou inférieure. Dans la partie antérieure des deux lobes, on remarque de fines granulations grisâtres dont les dimensions sont comprises entre celles d'un grain de sable et celles d'un grain de mil ; confluentes en certains points, elles forment de petites lignes ou d'étroites bandes irrégulières, de teinte claire qui tranche nettement sur la couleur foncée du tissu adjacent, inaltéré, dont les vaisseaux sont simplement gorgés de sang. Sur ces premières coupes, on n'observe aucun foyer de ramollissement. — Vers la base des lobes et dans leur tiers supérieur, il y a aussi quelques territoires peu étendus où le poumon a conservé ses caractères physiologiques ; là, les coupes offrent le même aspect que les précédentes ; dans le reste de leur surface elles montrent de très nombreux tubercules miliaires, non ramollis, confluents en beaucoup de points, séparés dans d'autres par du tissu pulmonaire hépatisé ou sclérosé. Sur certaines coupes qui se présentent avec un fond grisâtre et la consistance du tissu scléreux de la pneumonie chronique, on constate une infinité de granulations blanchâtres ou jaunâtres, des tubercules ramollis, agminés en certains points, des cavernes irrégulières, plus ou moins spacieuses, quelques-unes atteignant 5 centimètres de diamètre et qui contiennent un pus riche en bacilles ; plusieurs de ces cavernes ont leur paroi recouverte d'une sorte d'exsudat jaunâtre, diphtéroïde. Quelques coupes présentent encore des taches irrégulières, gris verdâtre, correspondant à des îlots de tissu nécrosé. Dans la plupart des gros canaux bronchiques, la muqueuse est enflammée et épaissie.

« Les ganglions bronchiques droits forment plusieurs petites tumeurs du volume d'une amande. Les ganglions bronchiques gauches sont réunis en une masse de la grosseur d'un œuf, dont le centre est creusé d'une cavité remplie de pus visqueux, jaune verdâtre.

« Immédiatement en avant du diaphragme, sous la colonne vertébrale, on trouve quelques ganglions hypertrophiés, du volume d'une noisette, purulents au centre. Dans le médiastin postérieur, le ganglion sus-œsophagien est également tuméfié et abcédé. La chaîne des ganglions œsophagiens et les vaisseaux lymphatiques qui les relient sont indurés. »

Chez le cheval, comme dans les autres espèces, les altérations de la tuberculose sont tantôt généralisées, tantôt et plus souvent localisées aux viscères thoraciques ou abdominaux. L'analyse des faits publiés tant en France qu'à l'étranger montre que, sous le rapport de la fréquence relative de ces altérations, les organes le plus souvent frappés se rangent dans l'ordre suivant : poumon, ganglions bronchiques, ganglions mésentériques et sous-lombaires, ganglions médiastinaux, rate, foie, plèvre, péritoine, intestin. La proportion des cas de tuberculose pulmonaire est d'environ 70 p. 100 ; pour les ganglions mésentériques, sous-lombaires et la rate, elle est de 40 p. 100 ; pour le foie, la plèvre et le péritoine, de 20 p. 100 ; pour l'intestin, de 15 p. 100. — La pleurésie a été constatée dans le cinquième des cas. L'ascite est plus rare.

La tuberculose du rein, commune dans certaines espèces, chez le chien notamment, paraît être exceptionnelle chez le cheval. De même le péricarde et le cœur, les os, les muscles et les autres tissus sont rarement atteints. Je n'ai relevé que deux cas de tuberculose de l'endocarde, deux du péricarde, deux des os et un de la mamelle. — Dans l'une de ses observations, Mauri relate des lésions tuberculeuses des ganglions pharyngiens, des muqueuses pharyngienne, trachéale, et de l'endocarde. — Wolstenholme dit avoir constaté plusieurs cas de tuberculose de l'encéphale, mais sans fournir la preuve qu'il s'agissait bien de lésions bacillaires. — L'ossification de l'oreillette droite du cœur est notée une fois, à titre de lésion contingente, à côté de lésions pulmonaires avec cavernes.

Les lésions des organes thoraciques, celles du poumon particulièrement, ne se présentent pas toujours, il s'en faut bien, avec les caractères que nous leur avons trouvés chez notre malade. Parfois les lobes pulmonaires sont farcis de granulations miliaires récentes, telles que vous en pourrez voir sur cette autre pièce. De teinte blanchâtre ou jaunâtre, denses, dures, sans ramollissement central, ces granulations sont disséminées dans tout le poumon, isolées les unes des autres sur la plus grande partie de la surface des coupes, confluentes en certains points, mais formant là encore de petits tubercules fermes, non ramollis. En général, le parenchyme pulmonaire dans lequel elles sont comme enchâssées, a conservé sa coloration et sa consistance normales.

Dans d'autres cas, la matière tuberculeuse semble s'être développée en quantité considérable dans la trame du poumon, sans y provoquer de phénomènes inflammatoires aigus. Voici un spécimen de cette sorte d'*infiltration tuberculeuse*. En jetant un coup d'œil sur ces tranches de poumon, vous y verrez, couvrant presque toute leur surface, les lésions tuberculeuses sous la forme de conglomérats blanchâtres, très denses, de contour irrégulier, reliés les uns aux autres par des travées de même aspect, de même nature, dirigées dans tous les sens, s'enchevêtrant et circonscrivant des portions de parenchyme pulmonaire rosé ou rougeâtre, qui paraît inaltéré ou seulement hyperhémié. Vous remarquerez aussi que ces lésions sont particulièrement massives vers les régions supérieures des lobes. — A l'examen bactériologique, nous n'y avons constaté que de très rares bacilles, que le frottis ou les coupes fussent traités par les méthodes d'Ehrlich, de Ziehl ou de Kühne. — Dans cette forme et dans la précédente, le poids des deux lobes pulmonaires peut s'élever jusqu'à 40 kilos et au delà.

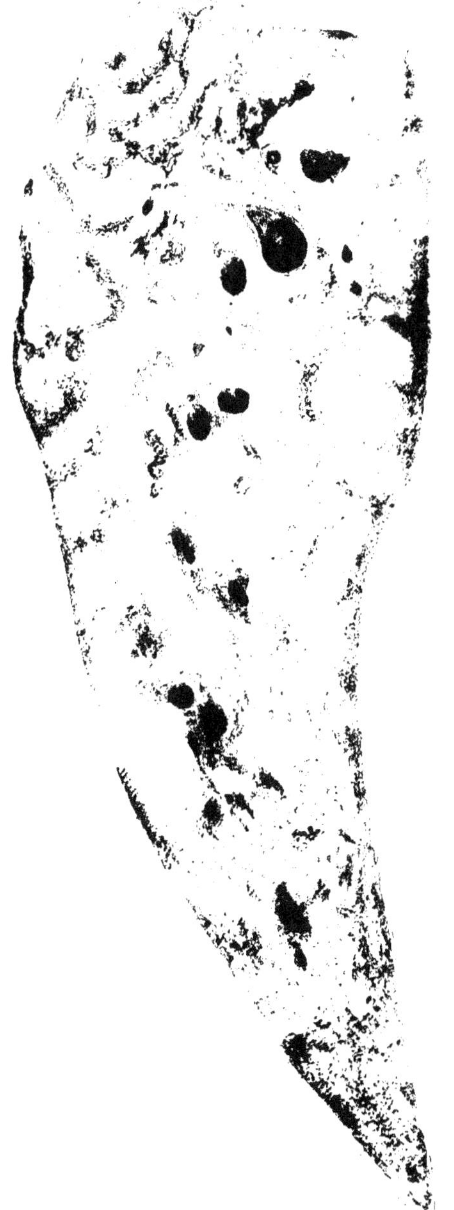

Fig 19. — Infiltration tuberculeuse du poumon. Coupe du lobe droit.

Enfin il est des lésions pulmonaires qui, macroscopiquement, offrent les caractères du *sarcome*. Voici des coupes du poumon d'un cheval de douze ans, sacrifié pour les exercices de chirurgie, sur lesquelles vous constaterez cette disposition des lésions. Les deux poumons étaient bosselés par places, déformés par des tumeurs sphériques développées surtout vers leur bord supérieur. Cinq d'entre elles — trois dans le lobe droit, deux dans le gauche, — avaient le volume du poing de l'homme et se traduisaient à l'extérieur par de fortes bosselures de la surface de ces lobes. — Régulièrement arrondies et facilement énucléables, ces tumeurs sont constituées par de petites masses globuleuses, offrant sur les coupes une teinte gris pâle ou un peu jaunâtre, avec quelques rares foyers de ramollissement; entre ces figures annulaires existent, par places, surtout vers la périphérie, des bandes ou des travées de tissu fibreux blanchâtre, plus dense, plus ferme que la substance des lobules. — Ces masses tuberculeuses ne sont recouvertes que d'une mince couche fibreuse; à leur pourtour, on ne remarque ni lésions inflammatoires aiguës, ni sclérose; le tissu pulmonaire qui les entoure immédiatement est d'aspect normal, sauf en quelques points où l'on trouve des tubercules du volume d'un grain de chènevis à celui d'une noisette. Une seule est enveloppée d'une couche de 1 à 2 centimètres de tissu pulmonaire infiltré de granulations. — Parmi les îlots tuberculeux de moyennes et de petites dimensions, il en est qui offrent les mêmes caractères macroscopiques que les précédents; d'autres se montrent parsemés de points jaunâtres, correspondant à des granulations ramollies; d'autres encore sont marqués de petites taches brunâtres, irrégulières. — Remarquablement riches en cellules géantes, ces lésions ne contiennent guère plus de bacilles que les précédentes. On n'en trouve que sur une partie des coupes.

Les ganglions trachéo-bronchiques forment des tumeurs quelquefois très volumineuses, denses, fermes, de consistance fibreuse uniforme, ou ramollies, caséeuses, ou partiellement calcifiées, tumeurs qui englobent la partie terminale de la trachée et l'origine des bronches. Exceptionnellement, ces lésions peuvent être constatées à l'autopsie de sujets dont les poumons sont sains. Nielsen a relaté un curieux fait de ce genre.

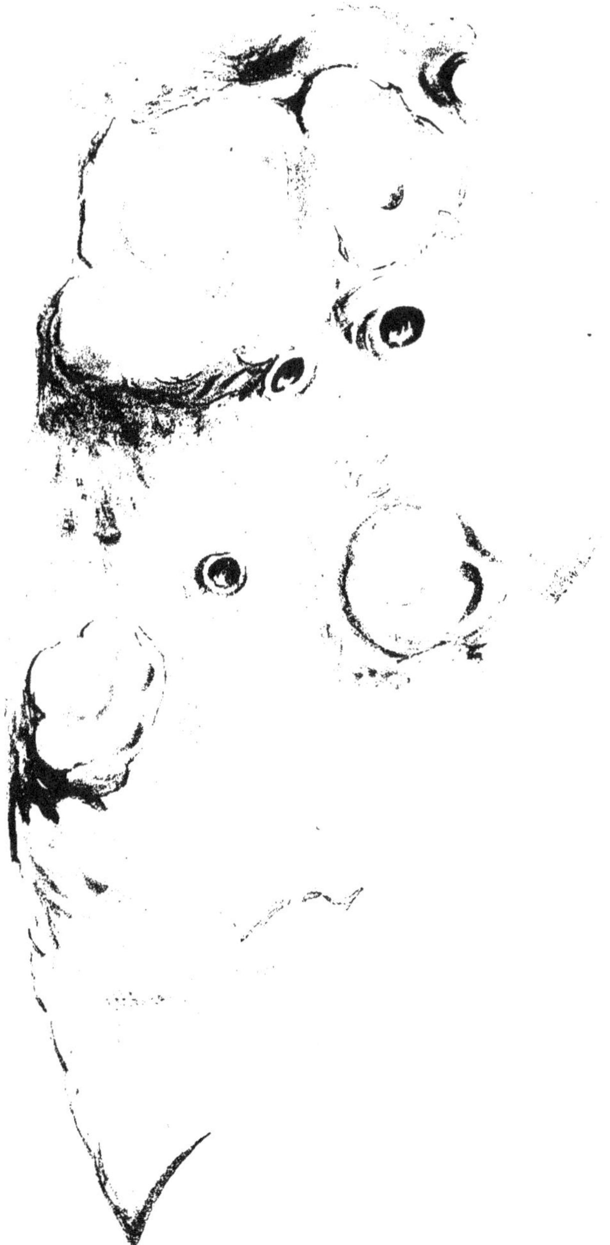

Fig. 20. — Forme sarcomateuse de la tuberculose pulmonaire. Coupe du lobe
gauche.

La tuberculose des séreuses est moins commune que chez le bœuf; elle revêt le même aspect et à peu de chose près les mêmes caractères que dans cette dernière espèce : tantôt on trouve des granulations et des tubercules en grand nombre, tantôt aussi un épanchement grisâtre ou sanguinolent. Elle est habituellement circonscrite à la plèvre ou au péritoine. Rares sont les lésions du péricarde, de l'endocarde et des méninges.

Dans la tuberculose dite *abdominale*, les ganglions sous-lombaires sont transformés en tumeurs énormes dont l'ensemble constitue une masse bosselée, couvrant la partie terminale de l'aorte et l'origine de ses divisions, occupant quelquefois toute la voûte dorso-lombaire, depuis le diaphragme jusqu'au bassin, et se prolongeant dans cette dernière cavité. Ces tumeurs, uniformément consistantes à leur surface, offrent souvent, sur les coupes, des foyers caséeux et parfois des points calcifiés. Assez fréquemment leur poids atteint 25, 30 kilos, et ce dernier chiffre peut être dépassé. — Les ganglions mésentériques sont aussi plus ou moins hypertrophiés, caséeux ou en partie calcifiés. — Dans l'intestin, on peut constater des ulcérations ou des tubercules. — Le foie et la rate, toujours plus volumineux qu'à l'état normal, sont tantôt criblés de fines granulations, tantôt bosselés, couverts de tumeurs blanchâtres de la grosseur d'une noix à celle d'une tête d'enfant, uniformément denses, de la consistance du sarcome ou partiellement calcifiées, celles de la rate surtout. La forme commune de la tuberculose splénique ne peut être différenciée de la sarcomatose et de la lymphadénie que par l'examen bactériologique et l'inoculation. — En même temps que des lésions abdominales anciennes et considérables, on trouve ordinairement les poumons remplis de granulations et de tubercules (1).

L'assertion de quelques auteurs concernant l'absence de calcification au sein des lésions de la tuberculose équine est inexacte. Cette altération est en effet relatée dans nombre d'observations. J'ajoute que la dégénérescence athéromateuse et la calcification des parois de l'aorte primitive et de l'aorte postérieure sont assez fréquentes chez les chevaux tuberculeux.

---

(1) Des recherches bactériologiques et expérimentales ont conduit M. Nocard à cette conclusion, que la forme pulmonaire de la tuberculose du cheval se rattache à la tuberculose humaine, et la forme abdominale à la tuberculose aviaire.

Quand l'infection s'est opérée par les voies respiratoires, les lésions peuvent être circonscrites aux organes de la cavité thoracique, — poumon, ganglions trachéo-bronchiques et médiastinaux, plèvre, péricarde ; — mais le plus souvent on rencontre également des altérations dans les viscères abdominaux, notamment dans les ganglions mésentériques et la rate. Lorsque les bacilles ont pénétré par l'intestin, les organes abdominaux, particulièrement les ganglions mésentériques, le foie, la rate et le péritoine, quelquefois l'intestin lui-même, sont le siège de lésions plus anciennes et en général plus considérables que celles rencontrées dans la cavité thoracique. — Préciser la porte d'entrée du virus n'est pas toujours chose aussi facile qu'on serait porté à le croire : on se basera principalement sur le volume et l'ancienneté des lésions qu'offrent les organes de l'abdomen et ceux du thorax, sur l'existence ou l'absence de foyers de dégénérescence au sein de ces lésions. Quand on rencontre de la tuberculose pulmonaire récente avec des altérations considérables et anciennes des viscères abdominaux, le virus a sûrement pénétré par l'intestin ; mais lorsque les lésions pulmonaires, de date ancienne, contiennent des foyers de dégénérescence, comme les lésions abdominales, il peut être embarrassant de décider si elles sont primitives ou secondaires.

L'évolution de la tuberculose du cheval est généralement lente, insidieuse, accompagnée seulement de troubles communs à maintes affections viscérales chroniques. De la faiblesse qui s'accentue peu à peu, des signes de fatigue et des sueurs au moindre travail, de l'anorexie intermittente ou une diminution de l'appétit, des accès fébriles, enfin l'amaigrissement : telles en sont d'ordinaire les premières manifestations.

Lorsque le poumon est envahi à un certain degré, on observe les symptômes de la broncho-pneumonie chronique ou de la pousse : une toux quinteuse, de la dyspnée, une accélération des mouvements respiratoires avec entrecoupement ou soubresaut de l'expiration, et un jetage muqueux ou muco-purulent, quelquefois strié de sang ou fétide. A l'auscultation, on entend d'ordinaire le murmure vésiculaire dans toute la hauteur des lobes, tantôt atténué, tantôt renforcé par places ; on peut percevoir des râles crépitants ou sibilants, mais le souffle tubaire est rare. La percussion dénote la persistance de la résonnance, parfois

de la submatité ou de la matité circonscrite à des zones peu
étendues. Plus tard, il est des sujets chez lesquels on perçoit,
à l'entrée du thorax, sur les côtés de la trachée, la tumeur
formée par les ganglions trachéo-bronchiques hypertrophiés. —
La tuberculose pulmonaire à évolution rapide peut, au premier
examen, donner le change pour la pneumonie, ou pour la pleuro-
pneumonie si elle est accompagnée d'épanchement pleural.

La tuberculose *abdominale* est parfois à peu près complètement muette jusqu'au moment de la mort. En quelques cas,
les lésions développées dans certains viscères provoquent des
coliques; celles de l'intestin s'accusent par les symptômes de
l'entérite chronique avec diarrhée colliquative, sanguinolente
s'il y a des ulcérations de la muqueuse. Lorsque la bacillose est
soupçonnée, l'exploration rectale permet très généralement de
percevoir les tumeurs sous-lombaires.

Chez quelques sujets, des adénopathies spécifiques peuvent
apparaître à l'extérieur, en diverses régions, surtout dans l'auge
et en avant du poitrail. Celles de l'auge ont maintes fois été
prises pour des « glandes de morve ». — Ehrhardt a suivi un
malade qui présenta d'abord des symptômes d'angine avec
tuméfaction des ganglions de l'auge, malade que l'on considéra
pendant un certain temps comme suspect de morve et qui, au
bout de trois ans, succomba à la tuberculose généralisée. — Sur
un cheval dont Johne a relaté l'observation, il existait en avant
du poitrail, au niveau des ganglions prépectoraux, une tumeur
simulant un abcès froid. On l'enleva. La plaie ne se cicatrisa
point. Peu après, il survint de l'amaigrissement, de la faiblesse, puis des symptômes accusant des lésions du poumon et
des viscères abdominaux. La nature de l'affection ne fut reconnue qu'à l'autopsie. — Röbert a publié un fait à peu près semblable. — Des tumeurs ganglionnaires multiples et bilatérales
peuvent, au premier abord, faire croire à l'adénie.

A une période variable de l'affection, mais le plus ordinairement à un stade déjà avancé, on constate, chez la grande majorité
des malades, une polyurie abondante sur laquelle M. Nocard a
appelé l'attention il y a quelque dix ans, dans une *Étude clinique de la phtisie tuberculeuse du cheval*. Alors la cachexie
arrive vite; à l'action du poison tuberculeux s'ajoute une *phti-
surie* par excès de sécrétion de l'urine. Celle-ci contient une
forte proportion d'urée et d'acide urique.

La marche de la tuberculose du cheval est habituellement très lente. Aussi certains malades continuent-ils à travailler pendant de longs mois ou même des années, maigrissent peu et ne manifestent pas de troubles fébriles. Les altérations peuvent rester longtemps localisées aux ganglions abdominaux; mais quand les sujets ne s'affaiblissent pas graduellement, un moment arrive où, par l'irruption des bacilles dans la circulation veineuse, l'infection se généralise. Alors on observe des symptômes fébriles; la température rectale s'élève jusqu'à 40°-40°5, et l'amaigrissement fait de rapides progrès. Parfois les membres postérieurs s'œdématient.

Chez le cheval aussi, la tuberculose peut revêtir des formes insolites, qui sont prises pour d'autres affections, qui ne suggèrent même pas l'idée de cette infection, tant elles sont différentes des types classiques. Je vais vous en citer deux exemples recueillis dans le service.

Le premier a trait à un cheval de huit ans, présenté à la consultation en avril 1889, par un entrepreneur de transports qui le possédait depuis trois ans. Sur ce cheval, on remarquait à la surface du corps, en plusieurs régions, des tumeurs indolentes, de consistance fibreuse, de dimensions variées, tumeurs dont les plus volumineuses avaient le diamètre d'une pièce de deux francs et l'épaisseur du petit doigt. Développées les unes dans la peau, les autres dans le tissu conjonctif sous-cutané, elles étaient accompagnées d'adénopathies; en quelques régions, les plus grosses étaient reliées aux ganglions par des cordons lymphangitiques.

On nous laissa ce malade pour nous permettre de l'examiner plus complètement. L'exploration rectale ne révéla rien d'anormal. La température oscillait entre 39° et 39°5. Il n'y avait pas de polyurie; l'urine était légèrement albumineuse. La constitution globulaire du sang n'était pas modifiée; la proportion des hématies et des leucocytes était normale. — On excisa l'une des tumeurs sous-cutanées pour l'étudier au point de vue histologique. La structure était celle du sarcome. — Repris par son propriétaire et remis en service, ce cheval se montra de plus en plus faible. Au trot, on remarquait une difficulté croissante de la respiration et un fort bruit de cornage. — Quelques tumeurs s'affaissèrent, disparurent, et d'autres se développèrent en grand nombre.

Devenu incapable de travailler, ce malade fut sacrifié. — A l'autopsie, on trouva, avec les nombreuses tumeurs de la peau et du tissu conjonctif sous-cutané, une infiltration néoplasique et scléreuse de certains groupes musculaires, notamment des adducteurs des membres postérieurs et des fessiers superficiels, des nodules dans le foie, dans la rate, et une hypertrophie des ganglions sous-lombaires. — L'examen bactériologique montra que ces lésions étaient bien de nature tuberculeuse, mais elles étaient très pauvres en bacilles.

Jusqu'à présent, on n'a publié, chez le cheval, que deux cas de tuberculose dermique et hypodermique. Excepté les lymphangites et les adénites, le tableau symptomatique est celui de la sarcomatose sous-cutanée, affection également fort rare, qui a fait l'objet de l'un de nos précédents entretiens.

L'autre fait que je veux rappeler est des plus instructifs au point de vue clinique. Le voici brièvement.

Au commencement de mai dernier, nous avons reçu dans l'écurie IV, un cheval boulonnais, entier, âgé de sept ans, en très bon état, acheté en 1894, et qui a fait un excellent service pendant près de deux ans, — jusqu'en février 1896. On avait remarqué seulement qu'il avait les bourses volumineuses. La tumeur scrotale augmenta de dimensions et finit par causer de la gêne de l'arrière-main. On envoya ce cheval à l'École pour l'opération de la castration.

A l'examen de la région testiculaire, on constata l'existence d'une phlegmasie chronique du testicule droit et de ses enveloppes. L'animal n'ayant pas réagi à la malléine, on fit la castration de ce côté. Le testicule, triplé de volume, fut enlevé avec l'écraseur ; il était peu altéré dans son parenchyme, la tête de l'épididyme avait le volume d'une orange, son tissu était blanchâtre, sclérosé ; le cordon était sain, hors son revêtement séreux qui était couvert de granulations rougeâtres, du volume d'un grain de mil à celui d'un petit pois. On considéra ces granulations comme des productions inflammatoires banales.

L'œdème traumatique fut assez abondant ; mais il se résorba bientôt, et la plaie parut se cicatriser régulièrement.

A la demande du propriétaire, quinze jours après la première castration on enleva l'autre testicule, aussi avec l'écraseur. Ses dimensions étaient augmentées d'un tiers environ ; dans la vaginale, on avait trouvé un peu de liquide citrin ; le cordon était légèrement tuméfié, son feuillet séreux était en partie recouvert de granulations, comme celui du testicule droit.

Les jours suivants, l'état général fut assez bon ; l'opéré conserva tout son appétit. Cependant la réaction fébrile était forte ; la température s'éleva jusqu'à près de 40°. L'œdème scrotal

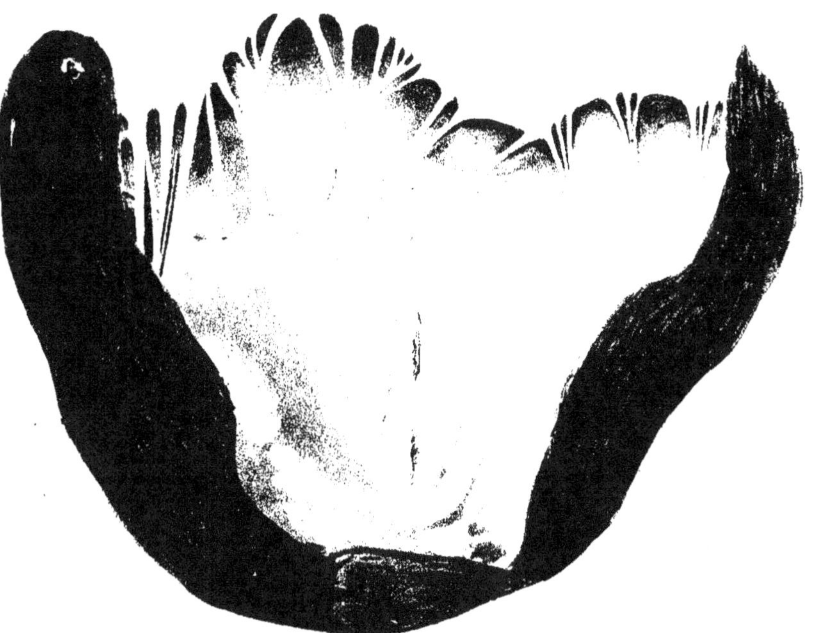

Fig. 24. — Endocardite tuberculeuse chez un cheval. Ventricule gauche.

fut abondant. Cet état persista pendant une semaine, sans modification appréciable, sauf un peu d'amaigrissement. — Un matin, on trouva l'animal mort dans sa stalle. La veille, il avait consommé toute sa ration, et celui d'entre vous qui en était chargé n'avait rien remarqué d'alarmant.

A l'autopsie, on reconnut que le cheval avait succombé à la tuberculose. Les cordons étaient tuméfiés, indurés, farcis de granulations. De nombreux tubercules existaient dans le foie, la rate, les poumons, les ganglions sous-lombaires et bronchiques, sur le péritoine, la plèvre et le péricarde. — La muqueuse intestinale, celle du gros côlon surtout, était parsemée d'ulcérations. La plupart de ces lésions étaient très riches en bacilles. — Le cœur offrait des altérations remarquables. Dans le ventricule gauche, sur de larges surfaces, l'endocarde était épaissi, plissé, recroquevillé (*fig.* 21). L'examen histo-bactériologique y décela des follicules tuberculeux avec de rares bacilles. Un peu au-dessous de l'orifice aortique, on voyait, développé dans le myocarde, un abcès tuberculeux du volume d'une noix, dont le pus contenait de nombreux bacilles.

Avec une émulsion préparée en écrasant dans de l'eau stérilisée un morceau d'un ganglion sous-lombaire et un îlot tuberculeux de l'épiploon, j'inoculai, dans le péritoine, un chien, un lapin, deux cobayes et deux poules. Le chien, le lapin et les cobayes devinrent tuberculeux. Les poules résistèrent.

Quand on sait les différents modes d'expression de la tuberculose chez les équidés, il est rare que quelque manifestation du complexus symptomatique ne mette pas sur la voie du diagnostic, et très généralement celui-ci, éclairé par l'auscultation, la percussion, l'exploration rectale, la palpation des zones ganglionnaires, est établi avec certitude par l'examen bactériologique, l'injection de tuberculine ou l'inoculation.

Les signes cliniques suffisent pour différencier les adénopathies de la tuberculose d'avec celles de l'adénie : ces dernières, en effet, toujours nombreuses, généralisées, sont bilatérales et de volume sensiblement uniforme pour une même paire de ganglions.

L'injection d'une dose de 30 centigrammes de tuberculine provoque chez les chevaux tuberculeux une réaction qui atteint habituellement son maximum vers la quinzième heure, avec une hyperthermie de 2 à 3 degrés. Dans l'écurie du service de chirurgie, vous pourrez voir un cheval d'expérience devenu tuberculeux à la suite d'une double injection intrapéritonéale et sous-cutanée de matière tuberculeuse d'origine canine, cheval chez lequel la tuberculine provoque, depuis plus d'un an, des réactions thermiques de 1° à 2°5.

A l'heure actuelle, il n'est pas de traitement de la tuberculose chez les grands animaux : le diagnostic entraîne l'abatage. Ce qui importe pour le vétérinaire, c'est d'en connaître les formes cliniques et les caractères anatomo-pathologiques.

Bibliographie de la tuberculose du cheval.

TRASBOT, Tuberculisation miliaire chez un cheval. *Bullet. de la Soc. centr. de méd. vét.*, 1878, p. 491. — MAURI, La phtisie tuberculeuse chez le cheval. *Revue vét.*, 1881, p. 148. — LUSTIG, Ein Fall von Phtisis pulmonum beim Pferde. *Hannov. Jahresbericht*, 1882-83, p. 63. — TRASBOT et NOCARD, Sur la tuberculose du cheval (diag. bactériologique. *Bullet. de la Soc. centr. de méd. vét.*, 1884, p. 469. — SCHINDELKA, Tuberculose beim Pferde. *Oesterr. Vierteljahrsschrift*, 1884, p. 38. — CSOKOR, Miliartuberculose der Lungen u. der Milz. Tuberculose des Darms u. der Gekrösdrüsen beim Pferd. *Ibid.*, 1885, p. 51. — NOCARD, Contribution à l'étude clinique de la phtisie tuberculeuse chez le cheval. *Recueil de méd. vét.*, 1885, p. 49. — WOLFF u. HÄNDEL, Tuberculose bei Pferden. *Berlin. Archiv.*, 1885 p. 101. — LEONHARDT, Tuberculose beim Pferd. *Ibid.*, p. 93. — BRISSOT, Un cas de Tuberculose chez le cheval. *Recueil de méd. vet.*, 1886, p. 419. — HUMBERT et NOCARD, Un cas de tuberculose primitive du poumon chez le cheval. *Bullet. de la Soc. cent. de méd. vét.*, 1887, p. 123. — AGERTH, Beitrag zur Tuberculose des Pferdes. *Thiermédicin Rundschau*, 1887, p. 334. — EHRHARDT, Miliartuberculosis beim Pferd. *Schweizer Archiv.*, 1887, p. 20. — JOHNE, Zur Pathogenese der Tuberculose beim Pferde. *Sächs. Bericht*, 1887, p. 52. — LEHNERT, Tuberculose bei einem Pferde, wahrscheinlich übertragen vom Rinde. *Ibid.*, 1888, p. 56. — HUMBERT, Note sur l'histoire de la tuberculose chez le cheval. *Recueil de méd. vét.*, 1888, p. 432. — THOMASSEN, Note sur la tuberculose chez le cheval. *Ibid.*, p. 656 et 784. — SCHINDELKA, Ein Fall von Tuberculose beim Pferde. *Oesterr. Zeitschr. für wissenschäftl. Veterinärkunde*, 1888, p. 69 ; Ein Fall von Tuberculose beim Pferde. *Ibid.*, 1889, p. 109. — SCHORTMANN, Ein interessanter Fall von Pferdetuberculose. *Deutsche Zeitschrift für Thiermed.*, 1889, p. 339. — Beitrag zur Tuberculose des Pferdes. *Militär Veterin. Zeitschrift*, 1889, p. 79. — COOKE, A case of equine tuberculosis. *Veterinary Journal*, 1890, p. 114. — LORENZ, Ein Fall von Tuberculose beim Pferde. *Militär. Veter. Zeitschrift*, 1890, p. 114. — RESER, Tuberculose beim Pferde. *Thiermedicin Rundschau*, 1890, p. 157. — FALLKNER, Two cases of equine tuberculosis. *Journal of comparative Pathol. and Therap.*, 1891, p. 65. — TAILBY, A case of equine tuberculosis. *Ibid.*, p. 66. — MAC FADYEAN, A case of congenital tuberculosis. *Ibid.*, p. 149 ; — Equine tuberculosis, *Ibid.* p. 383. — WOLSTENHOLME a. KELINACH, A case of equine tuberculosis. *Ibid.*, 1892, p. 166. — HAFNER, Tuberculose beim Pferd. *Bad. Mittheil.*, 1892, p. 119. — LUCET, Sur un cas de tuberculose généralisée chez le cheval. *Recueil de méd. vét.*, 1892, p. 149. — SIEDAMGROTZKY, Tuberculose bei Pferden. *Sächs. Bericht*, 1892, p. 19. — LIEBENER, Tuberculose bei einem Pferde. *Berlin. Archiv.*, 1893, p. 906. — MINETTE, Un cas de tuberculose généralisée chez la jument. *Bullet. de la Soc. cent. de méd. vét.*, 1893, p. 504. — NOCARD, Un cas de tuberculose chez le cheval. *Ibid.*, 1893, p. 567. — RÖBERT u. RÖGER, Tuberculose beim Pferd. *Sächs. Bericht*, 1893, p. 92. — DISC, Tuberculose beim Pferd. *Militär Vet. Zeitschrift*, 1894, p. 211. — JOHNE, Primäre Tuberculose der Bugdrüsen mit folgender generalisirung beim Pferde. *Sächs. Bericht*, 1894, p. 66. — NIELSEN, Tuberculose chez un cheval. *Maanedskrift de Copenhague*, 1893-94, p. 150. — ELLIOT, Tuberculosis in the horse. *The Veterinary Journal*, 1895, p. 242. — MUTTUN, Tuberculosis of horse. *Ibid.*, p. 246. — FENTZLING, Tuberculose bei einem Pferde. *Deutsche thierärztl. Wochenschrift*, 1894, p. 405. — SCHLAKE, Ein Fall von Tuberculose bei einem Pferde. *Militär Veterin. Zeitschrift*, 1895, p. 356. — ANDERTON, Tuberculosis in the horse.

The Veterinary Journal, 1896, p. 100. — CHAMBERS, Tuberculosis in the horse. *Ibid.*, 1896, p. 100. — CARTWRIGHT, Tuberculosis of horse. *Ibid.*, p. 336. — MAC FADYEAN, Equine tuberculosis. *Journal of comparative Pathol. and Therap.*, 1896, p. 190. — NOCARD, Le type abdominal de la tuberculose du cheval est d'origine aviaire. *Bullet. de la Soc. centr. de méd. vét.*, 1896, p. 248 ; Ganglions tuberculeux simulant une glande de morve. *Ibid.*, 1897, p. 629. — SCHWERDTFEGER, Ein Fall von Tuberculose beim Pferde. *Militär Veterin. Zeitschrift*, 1896, p. 311. — BEHRENS, Tuberculose beim eigenen Pferde. *Berlin. thierärztl. Wochenschrift*, 1897, p. 330. — CADÉAC et MOROT, Tuberculose pulmonaire du cheval. *Journ. de méd. vét.*, 1897, p. 518. — JOHNE, Ein Infectionsversuch mit Tuberculose bei einem Esel. *Deutsche Zeitschr. für Thiermed.*, 1897, p. 360. — PLEINDOUX, Tuberculose abdominale sur un mulet. *Journ. de méd. vét.*, 1898, p. 338. — NOCARD et BLANC, Sur la tuberculose de l'âne. *IV° Congrés pour l'étude de la Tuberculose*, 1898. — PORTET, Un cas de tuberculose chez le cheval. *Revue vét.*, 1899, p. 73.

XXXII. — **Sur la tuberculose du chien**.

Parmi les chiens entrés dans le service la semaine dernière, il en est deux sur lesquels nous avons porté le diagnostic *tuberculose*. Nous en avons obtenu l'abandon. Tous deux étaient atteints de lésions pulmonaires; ils pouvaient semer le virus tuberculeux dans les lieux où ils vivaient.

Je vous rappelle d'abord l'histoire du premier.

C'était un beau caniche de deux ans, qui accompagnait tous les soirs son maître au cabaret, où parfois le séjour se prolongeait. Il y a trois mois environ, on a remarqué que ce chien laissait une partie de sa nourriture, toussait et maigrissait. On le traita sans succès par diverses préparations toniques. — Un matin, après avoir suivi quelque temps son maître monté à bicyclette, il revint au logis, se coucha et ne toucha pas à ses aliments. Le lendemain, il refusa encore la nourriture qui lui fut présentée et ne quitta pas sa niche. Le jour suivant, on l'amena à l'École.

Il était profondément triste et déjà fort amaigri, le relief des crotaphites était effacé; la respiration était accélérée, discordante; à la percussion, on constatait une zone de matité bilatérale occupant toute la moitié inférieure de la poitrine. La thoracentèse, pratiquée à droite, donna écoulement à un liquide grisâtre, trouble, dans lequel l'examen bactériologique ne décela point de bacilles. Mais l'état de maigreur du malade et la pleurésie laissaient peu de doute sur le diagnostic: ce chien devait être tuberculeux. On consentit à le laisser à l'hôpital. — La température était de 39°8 ; je fis néanmoins une injection hypodermique de 10 centigrammes de tuberculine ; elle provoqua une réaction de 3 dixièmes de degré. — Les deux jours suivants, la température oscilla aux environs de 39°5 ; la respiration devint de plus en plus accélérée et dyspnéique. Malgré une nouvelle ponction, qui donna issue à plus d'un litre de liquide, l'état s'aggrava et la mort survint quarante-huit heures plus tard.

Dans la cavité abdominale, nous ne trouvâmes aucune lésion

tuberculeuse. La cavité thoracique renfermait encore une certaine quantité de liquide grisâtre, trouble, contenant en suspension des grumeaux opaques. La plèvre était épaissie, mamelonnée par places, recouverte ailleurs de granulations et de tubercules. Le médiastin et ses ganglions étaient hypertrophiés. — Sur le poumon gauche, au niveau de la scissure qui sépare les lobes diaphragmatique et cardiaque, on voyait une étroite plaie ulcéreuse, produite par l'ouverture d'une caverne. Dans le lobe diaphragmatique, on percevait un îlot inflammatoire de la grosseur d'une noix, dont la partie centrale, abcédée, était remplie de pus gris verdâtre; à son voisinage, le tissu pulmonaire était creusé de petits foyers purulents. Le poumon droit offrait quelques îlots cicatriciels : sa surface adhérait en plusieurs points à la plèvre pariétale. — A l'examen bactériologique, nous avons trouvé de nombreux bacilles dans le pus des cavernes.

Notre second malade était un chien de montagne, âgé de trois ans, acheté au marché à l'âge de six mois par la personne qui nous l'a présenté. Il passait ses journées en liberté dans une salle de restaurant dont la clientèle est surtout composée d'ouvriers et d'employés de magasin; il avait l'habitude de fouiller les balayures de la salle et les tas d'ordures. — Il y a six semaines, cet animal perdit l'appétit. Depuis lors, il a beaucoup maigri; quand nous l'avons examiné, il pouvait à peine se tenir debout. Le facies était profondément triste, l'œil tiré dans l'orbite; les temporaux et tous les reliefs musculaires étaient affaissés; la peau était sèche, adhérente aux tissus sous-jacents. La respiration était accélérée et pénible; il y avait du souffle labial à l'expiration. A l'auscultation de la poitrine, on percevait, de chaque côté, des râles crépitant et muqueux. Le son de percussion était submat. Il n'y avait pas de jetage.

Soupçonnant la tuberculose, nous avons insisté pour que ce chien fût laissé en observation à l'hôpital.

Le lendemain, nous l'avons soumis à l'épreuve de la tuberculine. La température était de 38°1 avant l'injection, et cinq heures après de 39°3. La tuberculine a donc provoqué une hyperthermie de 1°2. Trois jours plus tard, le malade fut abandonné et sacrifié.

A l'autopsie, nous trouvâmes le mésentère chargé d'une mul-

titude de petits tubercules du volume d'un grain de mil à celui
d'un pois. Les ganglions mésentériques étaient légèrement
hypertrophiés. Le foie, augmenté de volume, était parsemé de
tubercules de toutes dimensions.

Dans la cavité thoracique, la plèvre était couverte de granulations et de tubercules. Le médiastin était très épaissi, bosselé
par des adénopathies, — par ces tumeurs que beaucoup décrivent
encore aujourd'hui sous le nom de « dégénérescence cancéreuse ».
Les poumons renfermaient de nombreux tubercules et quelques
cavernes dont le contenu était riche en bacilles.

A plusieurs reprises déjà, je vous ai entretenus de la tuberculose du chien, de ses diverses formes, des symptômes qui les
expriment et des particularités qu'ont offertes certains de nos
malades. Je vous ai montré aussi que l'affection pouvait facilement être méconnue, même à l'autopsie. Puisque l'occasion
se présente à nouveau, ce matin, de parler de cette maladie,
je vais jeter un coup d'œil d'ensemble sur les observations que
j'ai recueillies et vous en citer brièvement quelques-unes qui
méritent d'être rappelées.

Avant les travaux de Villemin, l'existence de la tuberculose
chez le chien, signalée dans quelques écrits, était contestée par
la plupart des auteurs. La découverte de l'inoculabilité de cette
maladie, puis celle du bacille qui en est l'agent, permirent d'affirmer que le chien peut contracter la tuberculose, et de différencier cette infection des autres processus morbides anatomi-
quement caractérisés par des lésions tuberculiformes.

Pendant près de dix années encore — jusqu'en 1891, — la
tuberculose canine allait être considérée comme exceptionnellement rare. Cette opinion était fondée sur le peu d'observations
qu'on en avait publié, tant en France qu'à l'étranger, durant
cette période, malgré la possibilité d'en assurer le diagnostic
soit pendant la vie des malades, soit à l'autopsie.

Dans le cours de l'année 1891, je portai mon attention sur
cette tuberculose. Je la recherchai, à Alfort, sur les malades
de mon service et parmi ceux qui étaient amenés à la consultation. J'eus bientôt la conviction qu'elle n'était pas ce qu'on
appelle une rareté, et que si l'on continuait à la regarder comme
telle, c'était parce qu'on la confondait avec d'autres affections,
parce que l'on prenait pour de la pneumonie chronique ses

localisations pulmonaires, ou pour du cancer ses autres lésions, notamment celles du foie, des séreuses et des ganglions.

En 1893, j'en avais recueilli quarante observations. Elles me permirent de tracer une description des principales formes de l'infection, de ses localisations et de ses caractères anatomo-pathologiques (1). Poursuivant mes recherches sur les sujets amenés à la policlinique, et aidé en cela par les élèves qui se sont succédé dans le service de chirurgie, j'ai pu en recueillir cent soixante-cinq nouveaux cas pour lesquels le diagnostic a été vérifié *post mortem*.

Chez le chien, les localisations de la tuberculose ne sont pas moins diversifiées que dans les autres espèces. Parfois les lésions sont rares, limitées à quelques organes ou même à un seul ; bien plus souvent elles sont étendues à la plupart des viscères et aux ganglions lymphatiques, assez fréquemment aussi à la plèvre et au péritoine. Sur les 205 autopsies que nous avons faites jusqu'à ce jour (20 novembre 1896), 140 fois les viscères thoraciques et abdominaux étaient envahis, 53 fois les lésions étaient circonscrites aux organes thoraciques et 12 fois aux organes abdominaux. Voici les chiffres qui expriment la fréquence des principales localisations :

Cavité thoracique : Tuberculose du poumon.............. 158 cas.
   — des ganglions bronchiques et médiastinaux.. 114 —
   — de la plèvre .... 83 —
   — du péricarde........... 39 —
   — du myocarde .... 16 —
   — de l'endocarde.......... 3 —
Cavité abdominale : Tuberculose du foie............... 119
   — du rein................ 76 —
   — des ganglions mésentériques............. 62 —
   — du péritoine........... 57 —
   — de l'intestin........... 18 —

La plèvre, le péricarde et le péritoine sont fréquemment le siège d'épanchements séreux ou séro-fibrineux, quelquefois purulents ou hémorrhagiques. J'ai rencontré la pleurésie 90 fois, la péricardite 28 fois, l'ascite 49 fois (2).

(1) CADIOT, *la Tuberculose du chien.* Paris, 1893.
(2) Cette statistique est celle que j'ai communiquée dans mon Mémoire

J'ai insisté sur la fréquence de la pleurésie envisagée comme accident de la tuberculose. L'inflammation spécifique de la plèvre, avec exsudat séreux ou purulent a été constatée sur près de la moitié des sujets que j'ai examinés. Et autant sont communes les phlegmasies pleurales chez les chiens atteints de tuberculose, autant elles sont exceptionnelles chez les sujets non tuberculeux : c'est là, en pathologie canine, une notion définitivement acquise. Compulsant à ce point de vue mes 50 dernières observations de pleurésie chez le chien, — je ne parle ici que de faits pour lesquels le diagnostic a été contrôlé par l'autopsie et l'examen bactériologique, — j'ai trouvé la tuberculose en cause 41 fois, soit dans 82 p. 100 des cas, proportion à peu près semblable à celle établie pour l'homme par de récentes recherches, et qui peut être citée à l'appui de la thèse défendue par M. Landouzy.

La péricardite exsudative, elle aussi, est généralement symptomatique de l'infection tuberculeuse ; comme la pleurésie, on peut la rencontrer sans autre localisation bacillaire.

Certaines altérations de la tuberculose du chien peuvent revêtir des caractères atypiques, parfois très différents de ce que l'on trouve habituellement. Parmi ces altérations, celles du foie et de l'épiploon sont les plus remarquables. Vous savez que dans la forme commune de la tuberculose hépatique, le foie présente un grand nombre de petits nodules blanchâtres, grisâtres ou jaunâtres, de consistance assez ferme et uniforme, la plupart du volume d'un grain de chènevis à celui d'un gros pois. Beaucoup de ceux qui occupent la couche superficielle de l'organe sont hémisphériques ou légèrement coniques — leur base reposant sur la capsule de Glisson, — et leur pourtour est finement dentelé (*fig.* 22). Les plus gros offrent une zone périphérique blanchâtre et une partie centrale un peu déprimée, jaunâtre ; parfois on en remarque quelques-uns, plus petits, de teinte nacrée, avec un point central opaque, caséeux. Sous cette forme, les lésions sont assez analogues à celles de la tuberculose hépatique des gallinacés, et jusqu'à présent elles ont été souvent prises pour du cancer. Straus lui-même, examinant un foie que je lui avais adressé, crut d'abord que je m'étais mépris, tant les lésions ressemblaient

sur la Tuberculose des petits animaux, lu à l'*Académie de médecine* le 17 novembre 1896.

à des noyaux cancéreux. — Chez quelques sujets, au lieu de

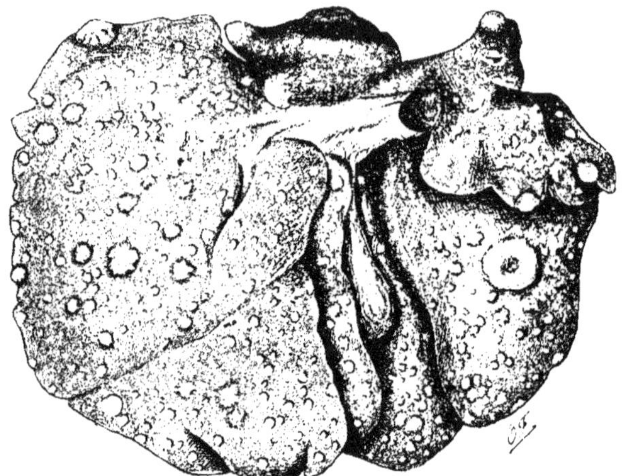

Fig. 22. — Tuberculose du foie.

revêtir cet aspect, la glande hépatique est déformée par de volu-

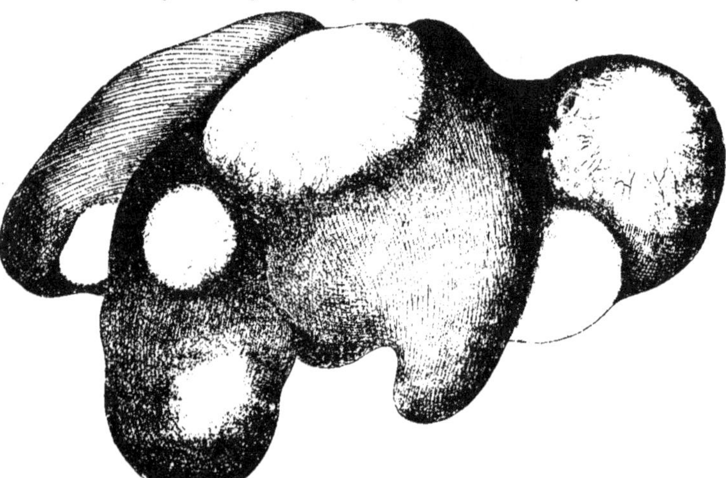

Fig. 23. — Tuberculose du foie. — Forme atypique.

mineux îlots tuberculeux blanc jaunâtre, de consistance sarcomateuse uniforme, ou ramollis, creusés en leur partie centrale d'une

cavité plus ou moins spacieuse remplie d'un liquide grisâtre ou
lactescent. Sur ce foie, qui provient d'un chien tuberculeux sacrifié il y a quelques mois, vous voyez cette forme atypique de la
tuberculose du foie ; vous y voyez des lésions bacillaires qui
se présentent sous l'aspect de volumineuses tumeurs blanc
jaunâtre, kystiques, fluctuantes dans la grande partie de leur
étendue, sillonnées d'arborisations vasculaires et plus consistantes vers leurs bords, où elles sont nettement délimitées
(*fig.* 23).

Le mésentère et l'épiploon, quelquefois un peu épaissis et

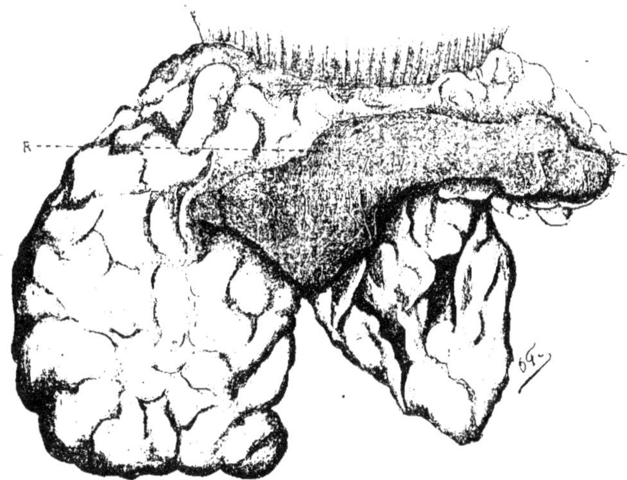

Fig. 24. — Tuberculose de l'épiploon. — R, rate.

indurés, sont le plus habituellement parsemés de granulations
et de tubercules isolés ou confluents. Ils peuvent aussi être
le siège d'une hyperplasie donnant lieu à des lésions atypiques, décrites comme appartenant au *sarcome*. L'épiploon
notamment peut acquérir des dimensions énormes qui le rendent
méconnaissable. Sur un chien mort de tuberculose chronique
généralisée, j'ai trouvé l'épiploon sous la forme d'une masse rec-
tangulaire aplatie, un peu incurvée, dont la surface était inégale,
mamelonnée, marquée de stries vasculaires, masse sur laquelle
reposait la rate absolument indemne (*fig.*24). Son tissu, très dense,
de consistance fibreuse, criait sous le scalpel ; les sections transversales donnaient des coupes larges de plus de 2 centimètres,

blanchâtres, pointillées de granulations caséeuses ou crétacées, assez facilement énucléables.

Deux fois seulement j'ai constaté la « tuberculose septicémique », sur des chiens âgés de moins d'un an. Chez l'un, la bacillémie eut pour point de départ une caverne pulmonaire ; chez l'autre, un abcès ganglionnaire.

L'observation de ce dernier sujet date du mois de septembre 1893. Il nous fut présenté parce que, depuis quelque temps, il maigrissait tandis que son ventre devenait de plus en plus volumineux. A l'ascite et à ce renseignement que le chien appartenait à un *marchand de vin*, je soupçonnai la tuberculose. L'animal fut laissé à l'École pour y être soumis à l'épreuve de la tuberculine. Il succomba le lendemain. — Les lésions trouvées à l'autopsie offraient des caractères tout différents de ceux que l'on rencontre habituellement chez les tuberculeux. J'ai conservé le foie et la rate ; vous pourrez les examiner au laboratoire. Ces organes étaient exempts de tubercules et de granulations ; on était frappé seulement par leur énorme volume et par l'aspect de leur tissu : le foie, qui pesait près de deux livres, était jaunâtre, atteint de dégénérescence graisseuse ; la rate était noirâtre : son tissu, très friable, rappelait — sauf la couleur — la rate lymphadénique. Dans ces deux organes, les bacilles existaient en quantité prodigieuse : à l'examen microscopique, dans les coupes, on les voyait en larges traînées et en amas aussi nombreux que sur les lamelles préparées avec une culture.

Le diagnostic de la tuberculose du chien peut être établi par les signes cliniques et l'emploi de la tuberculine, par la constatation des bacilles dans le jetage ou dans le pus et par l'inoculation.

Si les symptômes habituels n'ont rien de bien caractéristique, ils n'exposent guère à la confusion qu'avec les cancers viscéraux (sarcome ou carcinome). Et quand ces symptômes s'observent, il y a de grandes probabilités pour que l'on ait affaire à la tuberculose, car, chez le chien, contrairement à l'opinion encore répandue aujourd'hui, la tuberculose est beaucoup plus commune que le cancer généralisé. Dans les nécropsies que nous avons pratiquées depuis cinq ans, nous avons eu plusieurs fois des séries de dix, quinze, même vingt cas de tuberculose pour un seul de cancer généralisé.

De même que dans les autres espèces animales, la *tuberculine*
est un bon réactif de la tuberculose. Au début de mes recherches,
j'ai injecté beaucoup de chiens suspects chez lesquels il semblait ne se produire aucune réaction. Mais si la tuberculine paraissait très infidèle, c'était parce que la façon dont je procédais
était fautive : j'injectais ces chiens, le soir, vers 9 heures, et
le lendemain matin seulement, à partir de 6 heures. on prenait la
température toutes les deux heures : chez la plupart, le moment
de la réaction révélatrice était passé. Par les courbes thermiques
de quarante sujets soumis à l'épreuve de la tuberculine, j'ai vu
que la réaction maxima se produit de la quatrième à la huitième
heure. En général, elle a une signification bien nette : avec des
doses de 5 à 10 centigrammes de tuberculine, la température
s'élève de 1 à 3 degrés. — Il est toutefois des tuberculeux, surtout
parmi ceux qui sont très affaiblis ou atteints de lésions généralisées, chez lesquels la réaction est faible ou nulle. Tout récemment
encore, un chien danois relativement peu amaigri, mais qui
présenta à l'autopsie des lésions tuberculeuses considérables,
n'avait point réagi à deux injections de tuberculine, bien que la
température initiale fût, la première fois de 38°, la seconde fois
de 38°3.

Comment le chien contracte-t-il la tuberculose ? — Une première donnée certaine, c'est que la tuberculose canine est
ordinairement d'origine humaine. Les nombreuses enquêtes que
j'ai faites ne laissent aucun doute sur ce point. Ou l'animal
appartenait à un individu phtisique. ou il se complaisait avec
une personne tuberculeuse auprès de laquelle il passait une partie
de ses journées, ou il accompagnait journellement son maître
chez le marchand de vin ou dans un estaminet quelconque, —
lieux où, bien souvent, le sol est souillé de crachats bacillaires.

Chez le chien aussi, il y a deux grandes voies d'infection : — la
muqueuse digestive et la muqueuse respiratoire. A première vue,
en tenant compte de l'extrême fréquence des lésions pulmonaires
et de la difficulté de transmettre au chien la tuberculose par
ingestion de matières virulentes, il semble, comme l'a fait
remarquer Straus, que l'infection s'opère surtout par les voies
respiratoires, à la faveur des poussières que le chien inhale dans
les locaux infectés. C'est aussi l'opinion que j'avais émise dans
mon travail de 1893. Mais, malgré les résultats négatifs qu'ont

donnés les expériences dans lesquelles on a fait ingérer à des chiens des matières tuberculeuses, malgré l'absence assez fréquente de lésions marquant le passage des bacilles à travers la muqueuse intestinale et dans les lymphatiques qui en partent, enfin malgré la prédominance des lésions pulmonaires, l'ingestion de matières virulentes est un mode d'infection pour le moins aussi commun que l'inhalation de poussières bacillifères.

On sait que beaucoup de chiens ont une propension bien marquée à lécher les crachats humains; il en est même qui lapent volontiers dans les crachoirs. — En décembre 1893, j'ai autopsié un jeune chien devenu tuberculeux dans les circonstances suivantes. Son maître, M. V...., demeurant boulevard de Picpus, à Paris, était atteint de tuberculose pulmonaire. Le médecin qui le traitait lui avait recommandé de cracher dans un récipient *ad hoc*. Afin de préserver le chien de la maladie dite *du jeune âge*, Mme V...., suivant le conseil d'une commère, donnait de temps en temps à l'animal le contenu du crachoir! Cela dura plusieurs mois. Le chien finit par s'infecter. — De grosses lésions des ganglions mésentériques et du foie témoignaient que l'infection avait eu lieu par l'intestin.

Quelles que soient du reste la source et la voie de l'infection, le chien peut devenir dangereux pour l'homme dès qu'il est porteur de lésions déversant à l'extérieur les agents de la contagion. Le chien tuberculeux qui séjourne ou pénètre dans les locaux habités par ses maîtres peut y répandre son jetage; s'il joue avec les enfants, s'il est caressé ou soigné par eux, ce jetage peut être projeté sur leurs habits, même sur leur visage. Il est des chiens de luxe qui en souillent jusqu'à la couche de leur maîtresse. En 1894, j'ai été plusieurs fois consulté par Mme C..., habitant rue Favart, à Paris, pour un petit terrier, maigre depuis longtemps, toussant et jetant par intervalles, chien surveillé de très près et qui avait sans doute contracté la tuberculose dans l'une des stations du Midi où chaque hiver il accompagnait Mme C.... Je lui déclarai que son chien était probablement tuberculeux et lui indiquai les précautions qu'il convenait de prendre. Plus tard, elle consentit à s'en séparer. Malade pendant un an, il avait passé la plupart de ses journées dans l'appartement, et toutes les nuits dans la chambre de Mme C.... — L'autopsie de ce chien révéla, entre autres lésions, des cavernes dans les deux lobes pulmonaires et un ulcère tuberculeux du larynx.

Mes registres d'observations contiennent un certain nombre de cas de ce genre. Je ne vous citerai que le plus récent. Le 13 octobre dernier, j'ai fait sacrifier un dogue profondément émacié, que l'on tenait pour un animal de pure race et de grande valeur. Aussi vivait-il en famille, rue de Charenton, à Paris, chez l'ouvrier à qui il appartenait. Les deux pièces du logis étaient communes à cet homme, à sa femme, à un enfant de trois ans et au chien. Pendant cinq mois celui-ci a été malade : il avait de fréquentes quintes de toux, du jetage, des vomissements. Il n'a quitté l'appartement que le jour où on l'a amené à Alfort. — A l'autopsie, nous avons trouvé des lésions tuberculeuses généralisées. Les deux poumons étaient pleins de tubercules et en partie détruits par des cavernes.

Vous avez remarqué que beaucoup de chiens tuberculeux ne jettent pas ou n'ont qu'un faible écoulement nasal ; encore chez la plupart de ceux qui jettent l'écoulement ne se manifeste-t-il qu'à certains moments. Mais d'autres produits de sécrétion peuvent disséminer le contage. C'est ainsi que chez les sujets atteints de tuberculose pulmonaire, les matières fécales sont plus ou moins chargées de bacilles provenant du muco-pus rejeté des bronches dans le pharynx et dégluti ensuite.

On a relaté plusieurs faits établissant que les chiens atteints de lésions des reins ou de la prostate répandent aussi le virus par leurs urines. J'ai publié le premier en 1893. Il s'agissait d'un chien atteint de tuberculose généralisée. Les reins étaient farcis de tubercules qui en avaient presque entièrement détruit la couche corticale. La prostate était décuplée de volume ; son lobe droit était caverneux. En comprimant la glande après avoir incisé l'urèthre, on voyait sourdre de ses canaux excréteurs du pus grisâtre, riche en bacilles. Ceux-ci existaient également en grand nombre dans l'urine que renfermait la vessie. Ces lésions rénales et prostatiques étaient relativement anciennes ; l'animal qui en était porteur a dû répandre pendant plusieurs mois, par ses mictions, le virus tuberculeux.

Dans l'un de nos prochains entretiens, je vous parlerai des tuberculoses externes du chien et du chat. Je vous montrerai que ces animaux peuvent être atteints d'ulcères cutanés tu-

berculeux pris jusqu'à présent pour des lésions banales. (Voy.
p. 127.)

Bibliographie de la tuberculose du chien.

Brusasco, Tuberculosi miliare per contagione diretta dall'uomo ad una cagna.
Il Medico Vet., 1882, p. 1. — Gaggel, Ein Fall von Tuberculose beim Hund.
Wochenschr. für Thierheilkunde, 1884, p. 347. — Andrieu et Nocard, Tuberculose. Transmission de l'homme au chien. *Bullet. de la Soc. centr. de
méd. vét.*, 1885, p. 98. — Filleau et Petit. Deux observations de tuberculose du chien. *Bullet. de la Soc. de méd. prat.*, 1887. — Csokor, Pathologisch-
anatomisch. Studien über den Rotz und die Tuberculose. *Oesterr. Zeitschr.
für Veterinärkunde*, 1888, p. 48. — Bourgignon, Sur un cas de transmission
de la tuberculose de l'homme au chien. *Journal de médecine*, 1888. — Johne,
Ein Fall von übertragen den Tuberculose vom Menschen auf den Hund.
Deutsche Zeitschr. für Thiermedicin, 1888, p. 111. — Marcus, Tuberculose
beim Hund. *Deutsche Med. Wochenschrift*, 1888, p. 101. — Thomassen, Sur
la tuberculose animale en Hollande, *Congrès de la tuberculose*, Paris, 1888.
— Cramer, Drie gewallen van Tuberculose by den Hond. *Gazette vétérinaire
hollandaise*, 1888, p. 241. — Peters, Tuberculosis in a dog. *American
Journal of comp. Med.*, 1889, p. 131. — Weyl, Spontane Tuberculose beim
Hunde, *Centralblatt für Bakter.*, 1889, p. 689. — Beignot et Cadiot, Sur un
nouveau cas de tuberculose du chien. *Bullet. de la Soc. cent. de méd. vét.*,
1890, p. 203. — Bang, Tuberculose unter den Hausthieren in Dänemark.
Deutsche Zeitschr. für Thiermed., 1890, p. 355. — Cadiot, Gilbert et Roger,
Note sur la tuberculose du chien. *Comptes rendus des séances de la Soc. de
biologie*, 1891, p. 20. — Fröhner, Uber die diagnostiche Bedeutung des
Tuberculins beim Hunde. *Monatshefte für praktische Thierheilkunde*, 1891,
p. 542. — Jensen, Tuberculose beim Hund und bei der Katze. *Deutsche
Zeitschr. für Thiermed.*, 1891, p. 295. — Benjamin, Tuberculose du chien.
Bullet. de la Soc. cent. de méd. vét., 1891, p. 37. — Allarousse. *Ibid.*, p. 250.
— Cadiot, Notes sur la tuberculose du chien. *Ibid.*, 1891, 1892, 1894, 1895,
1896, et *Comptes rendus de la Soc. de biologie*, 1893. La tuberculose du
chien. Paris, 1893. — Chantemesse et Le Dantec, Tuberculose spontanée du
chien. *Comptes rendus du IIe Congrès pour l'étude de la tuberculose*, 1891.
— Bernheim, Tuberculose du chien. *Ibid.* — Nocard, art. Tuberculose, in
Dictionnaire de méd. et de chir. vét., t. XX, 1892. — Schindelka, Ein durch
eine Magen dilatation und eine Wanderniere complicirter Fall von Tuberculose bein einem Hunde. *Oesterr Zeitschr. für Veterinärkunde*, 1892, p. 152.
— Liénaux, Un cas de tuberculose miliaire aiguë chez le chien. *Annal. de
méd. vét.*, 1892, p. 649. — Stockmann, A case of tuberculosis in the dog.
The Journ. of comp. Pathol. and Therap., 1892, p. 164. — Eber, Beitrag zur
Kenntniss der Tuberculose bei Hund und Katze. *Deutsche Zeitschr. für
Thiermed.*, 1893, p. 129. — Charrin et Gley, Quatre infections distinctes
chez un chien diabétique. *Comptes rendus des séances de la Soc. de biologie*,
1893, p. 237. — Bissauge, Trois cas de tuberculose chez le chien. *Recueil
de méd. vét.*, 1893, p. 657. — Neyraud, Un cas de tuberculose chez le chien.
Journal de méd. vét., 1893, p. 339. — Nocard, Tuberculose cérébrale
chez un chien. *Bullet. de la Soc. centr. de méd. vét.*, 1894, p. 544. — Hoare,
Tuberculosis in the dog, complicated with ascitis. *The Vet. Journal*, 1894,
p. 167. — Iewtichiew, Tuberculose beim Hunde. *Archiv für Veterinärmedicin*,
1894, p. 89. — Fröhner, Dreizehn weitere Fälle von Tuberculose beim

Hunde. *Monatshefte für Thierheilkunde*, 1895, p. 385. — Stockmann, Tuberculosis in the dog. *The Veterinarian*, 1896, p. 581. — Davis, Tuberculosis of the Dog. *The Vet. Journal*, 1896, p. 113. — Dupas, Un cas de tuberculose du chien. *Recueil de méd. vét.*, 1896, p. 545. — Mouquet, Un cas de tuberculose chez le chien. *Bullet. de la Soc. cent. de méd. vét.*, 1897, p. 422. — Petit, Adénopathie trachéo-bronchique tuberculeuse du chien. *Ibid.*, 1898, p. 529.

XXXIII. — Sur la tuberculose du chat.

L'histoire de la tuberculose du chat est loin d'être aussi documentée que celle du chien. Les faits relatés jusqu'à présent ne permettent d'en donner qu'une description assez incomplète. Je n'en ai trouvé que trente et une observations dans les publications spéciales, tant françaises qu'étrangères, et la plupart mentionnent seulement les lésions rencontrées à l'autopsie. Dans ce relevé sont compris les vingt-deux cas que Jensen a constatés en recherchant la tuberculose sur les chats abattus à l'école vétérinaire de Copenhague pendant une période de treize mois — de novembre 1889 à janvier 1891, — ainsi que les trois cas recueillis antérieurement par Bang et publiés dans l'article de Jensen. A ces faits, je puis en ajouter dix autres concernant des malades présentés à la consultation, malades qui, pour la plupart, ont été abandonnés et ont succombé à la tuberculose ou ont été sacrifiés, — ce qui fait un total de quarante et une observations.

Je les ai analysées afin de me rendre compte de la fréquence des diverses localisations bacillaires. En voici le résultat : altérations des poumons, 29 cas; des ganglions bronchiques et médiastinaux, 10; de la plèvre, 3; de la trachée et des cavités nasales, 1; du péricarde et du cœur, 1; de l'intestin, 4; des ganglions mésentériques, 22; du foie, 5; de la rate, 4; du péritoine (mésentère et épiploon), 5; des reins, 8; des testicules, 1; de l'utérus, 1; des ganglions sous-maxillaires et cervicaux, 2; des muscles, 1; des articulations, 2. — La pleurésie a été constatée quatre fois et la péricardite deux fois. Quatre sujets étaient porteurs de plaies tuberculeuses.

Si l'on compare ces chiffres avec ceux qui expriment la fréquence des principales localisations tuberculeuses chez le chien, on remarque des analogies, mais aussi de notables différences. Dans les deux espèces, le poumon est l'organe le plus souvent atteint; chez le chat, les lésions de l'intestin, des ganglions mésentériques, de la rate, sont plus communes que chez le chien ; les lésions du foie et des séreuses, l'ascite, la pleurésie et la péricardite y sont plus rares. Toutefois, il faut tenir compte de ce fait, que, dans une bonne partie des observations de tuberculose du chat, il s'agit d'animaux sacrifiés, à l'autopsie desquels on n'a constaté que des lésions récentes. Quand on pourra comparer un grand nombre de cas de tuberculose avancée relevés dans ces deux espèces, les différences seront vraisemblablement moins accusées.

Les caractères macroscopiques et microscopiques des altérations de la tuberculose chez le chat sont à peu près les mêmes que chez le chien. On trouve dans les *poumons* des granulations récentes, grisâtres, de consistance homogène, des tubercules

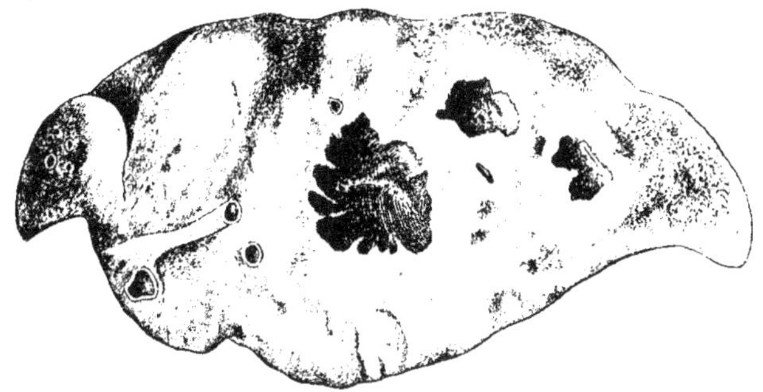

Fig. 25. — Pneumonie tuberculeuse. Coupe du poumon droit. Cavernes.

dont la partie centrale est ramollie, purulente, des îlots gris jaunâtre formés par des tubercules conglomérés, plus rarement de la pneumonie chronique diffuse avec des cavernes *(fig. 25)*. Chez certains sujets, il existe seulement une ou quelques lésions massives ; chez d'autres, les deux lobes sont farcis de granulations. On peut rencontrer aussi des altérations secondaires, — celles de la bronchite et de la péribronchite, de la broncho-pneumonie, de la bronchectasie, de l'emphysème ou de l'œdème pulmonaires.

Affectés dans la presque totalité des cas de tuberculose pulmonaire quelque peu ancienne, les *ganglions trachéo-bronchiques* sont en général modérément hypertrophiés ; ils forment plusieurs petits îlots des dimensions d'un pois, d'un haricot ou d'une amande. Ils peuvent cependant, comme chez le chien, acquérir de grandes dimensions, constituer une masse ovoïde ou irrégulière qui englobe la partie terminale de la trachée, l'origine des bronches, les gros vaisseaux de la base du cœur et les nerfs qui traversent cette région (*fig.* 26); sur les coupes, leur tissu, grisâtre ou marbré de noir, est parsemé de tubercules blanchâtres, durs ou ramollis, caséeux; ils peuvent subir la

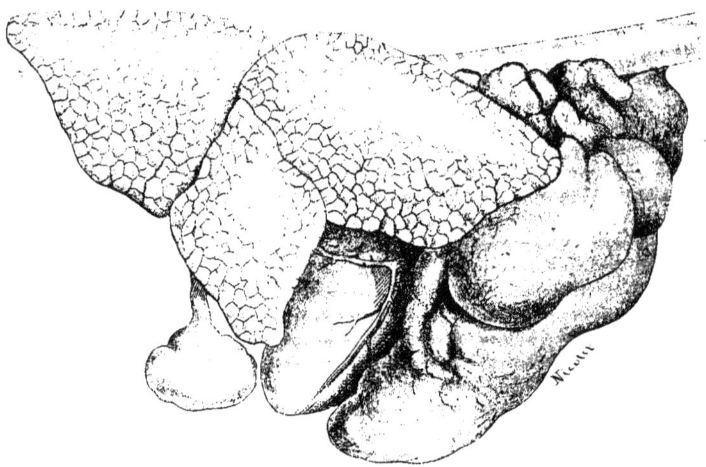

Fig. 26. — Tuberculose des ganglions trachéo-bronchiques et médiastinaux.

transformation kystique : leur centre est alors creusé d'une cavité remplie de liquide grisâtre ou un peu lactescent.

Dans la plupart des cas de tuberculose pulmonaire, le feuillet viscéral de la *plèvre* est le siège de lésions localisées au niveau des foyers pulmonaires; là, il est épaissi, injecté, tapissé de fausses membranes. Tantôt la séreuse est couverte de granulations en ses régions costales et diaphragmatique; tantôt on trouve des altérations du *médiastin* et de ses ganglions. Parfois enfin, les sacs pleuraux ou l'un d'eux et le péricarde contiennent en quantité variable un liquide séreux ou purulent.

La *tuberculose intestinale* est caractérisée par des ulcérations d'étendue et de profondeur variables, plus ou moins nombreuses, quelquefois perforantes. Très communes sont les *adénopathies mésentériques*; ordinairement confluentes au niveau du cæcum, elles forment des masses jaunâtres, bosselées, dont le centre est caséeux ou purulent. — Dans le *foie*, on constate d'ordinaire un très grand nombre de fines granulations isolées ou agminées par places ; on n'y a pas rencontré jusqu'alors ces volumineuses néoformations kystiques qui se voient de temps à autre chez le chien. — La rate est simplement augmentée de volume ou noduleuse sur ses faces ; les coupes faites dans son tissu y décèlent des granulations et des tubercules dont les plus volumineux ne dépassent guère les dimensions d'un pois. — Lors de tuberculose des *reins*, on remarque, à la surface de ces organes et sur les coupes, tantôt de fines granulations, tantôt des tuber-cules ou même des îlots tuberculeux blanc grisâtre, kystiques ou purulents à leur centre ; souvent aussi il y a des lésions de néphrite chronique. Bang croit avoir constaté un cas de tuber-culose primitive du rein droit. — Pour ce qui est de la tuberculose des organes de la génération, très rare, je veux signaler seulement le fait de *tuberculose primitive de l'utérus*, observé sur une chatte, par Jensen, et considéré comme un exemple d'infection *per coï-tum*, — la tuberculose du testicule ayant été rencontrée chez le chat. — La tuberculose du *péritoine* est encore moins commune que celle de la plèvre. Le feuillet pariétal est habituellement indemne ; les lésions sont limitées à l'épiploon et au mésentère, qui se montrent épaissis et parsemés de fines granulations. On peut trouver dans le sac péritonéal une collection plus ou moins abondante de sérosité claire ou purulente, pauvre ou assez riche en bacilles.

On a plusieurs fois observé des lésions tuberculeuses externes, closes ou ouvertes. Je vous en ai rapporté deux exemples dans une précédente séance.

Les voies de l'infection sont multiples, mais les deux princi-pales sont la *muqueuse digestive* et la *muqueuse respiratoire*.

Chez le plus grand nombre des sujets, c'est par la muqueuse intestinale que les bacilles font irruption dans l'organisme ; c'est ainsi que peuvent s'infecter les chats qui ingèrent soit des déchets, du lait ou d'autres produits provenant d'animaux tu-berculeux, soit des aliments souillés par une personne tuber-culeuse ou des crachats virulents. Toutefois, le chat peut aussi contracter la tuberculose en séjournant dans des locaux dont l'atmosphère est chargée de poussières tuberculeuses. On sait que dans toutes les espèces, l'infection s'opère facilement par la muqueuse respiratoire. La pénétration des bacilles par les autres muqueuses et par la peau est exceptionnelle.

Contrairement à l'opinion la plus répandue et à ce que l'on serait porté à croire d'après les conditions de vie et les habitudes du chat, la tuberculose de cet animal est surtout d'origine humaine. Dans plus des trois quarts des cas où l'on trouve indiqué le mode probable de contagion, c'est l'infection par l'homme qui est incriminée : les sujets appartenaient à des individus tuberculeux ou vivaient dans leur intimité. Voici, à cet égard, une intéressante observation que m'a communiquée mon confrère M. Darras, vétérinaire à Paris :

« Mme X..., concierge, possédait, il y a quatre ans, une famille de six chats, tous superbes, vigoureux, en très bonne santé. Vers la fin de 1894, ces animaux commencèrent à maigrir et à tousser. L'un d'entre eux — le plus âgé — ne tarda pas à succomber. L'autopsie, faite à Alfort, montra qu'il avait succombé à la tuberculose. Les lésions étaient étendues aux organes thoraciques et abdominaux. — Peu après, une petite chatte déjà très émaciée présenta des adénopathies multiples ; celles du cou surtout étaient volumineuses. Elle mourut au bout d'un mois. L'autopsie ne révéla aucune lésion intestinale ni pulmonaire ; mais les ganglions mésentériques étaient hypertrophiés, et la rate, très volumineuse, offrait une grande quantité de granulations. L'examen bactériologique ne fut pas fait. — Au bout de six mois, deux autres chats qui avaient maigri, tout en continuant à se bien nourrir, commencèrent à tousser et dépérirent rapidement. Sur mon conseil, on sacrifia le plus malade. Il était atteint de tuberculose abdominale ; l'examen bactériologique décela la présence de bacilles dans les lésions. L'autre, qui toussait fréquemment, mourut deux mois plus tard ; à l'autopsie, on trouva des lésions tuberculeuses des organes abdominaux et du poumon. Enfin l'un des survivants présente des troubles qui me le font considérer comme suspect de tuberculose.

« Tous ces chats s'étaient bien portés avant l'arrivée, dans la maison, d'une famille dont plusieurs membres étaient tuberculeux. Les différents accidents qu'ils ont présentés et le diagnostic porté par plusieurs médecins ne laissaient aucun doute sur la nature de l'affection dont ils étaient atteints. Ces malades, qui aimaient les animaux, recevaient volontiers dans leur appartement les chats de Mme X..., et avaient coutume de leur donner les restes de leurs repas. C'est probablement ainsi que ces chats ont été contaminés. »

La contagion par les animaux tuberculeux et par leurs produits paraît être moins commune que la précédente. Dans les milieux ruraux, où abondent les vaches tuberculeuses, les chats qui vivent ou qui passent la plus grande partie du temps dans l'étable et qui consomment du lait de ces bêtes sont assez exposés à l'infection. Mais à Paris, comme dans toutes les grandes villes et leurs banlieues, le chat n'est que très exceptionnellement contaminé par des produits animaux. Depuis 1892, j'ai élevé trente et quelques chats, en les nourrissant de pain, d'un peu de viande de cheval cuite, surtout de lait cru provenant des vacheries d'Alfort, des localités voisines et de plusieurs quartiers de Paris. L'alimentation par le lait cru a été prolongée, pour la plupart de ces chats, pendant cinq à six mois, et pour quelques-uns pendant plus d'une année. Aucun n'est devenu tuberculeux ; aucun n'a présenté de lésion bacillaire à l'autopsie.

Bibliographie de la tuberculose du chat.

VILLEMIN, *Etudes sur la tuberculose.* Paris, 1868. — VISEUR, Faits nouveaux de transmission de la tuberculose par la voie digestive chez le chat domestique. *Bulletin de l'Acad. de médecine,* 1874, p. 891. — BREZZO, Tubercolosi in una gatta. *Il Medico vet.,* 1883. — ZSCHOKKE, Tuberculose Infection einer Katze durch einen Menschen. *Schweizer Archiv,* 1884, p. 114. — NOCARD, Cas de tuberculose chez le chat. *Bulletin de la Soc. cent. de méd. vét.,* 1888, p. 537, et 1889, p. 66 ; Tuberculose d'origine alimentaire chez une chatte. *Ibid.,* 1890, p. 188. — CADIOT, Pleuro-pneumonie tuberculeuse du chat ; diagnostic par l'inoculation. *Ibid.,* 1893, p. 193. — HENNING, Lungentuberculose bei der Katze. *Repertorium,* 1891, p. 106. — JENSEN, Tuberculose beim Hund u. bei der Katze. *Deutsche Zeitschr. für Thiermedicin,* 1891, p. 295. — EBER, Beitrag zur Kenntniss der Tuberculose bei Hunde u. Katze. *Ibid.,* 1893, p. 129. — FRÖHNER, Zur Statistik der Verbreitung der Tuberculose unter den kleinen Hausthieren in Berlin. *Monatshefte für praktische Thierheilkunde,* 1894-1895, p. 49. — KRAUTHEIM, Tuberculose einer Katze. *München. Wochenschrift,* 1894, p. 126. — RIECK, Uebertragung von Tuberculose durch milch vom Viehhofe auf Katzen. *Sächs. Bericht,* 1897, p. 118.

XXXIV. — **Sur l'hémoglobinurie du cheval.**

Avant-hier, nous avons autopsié un cheval mort en trois jours d'une maladie qui l'a frappé en pleine santé, pendant le travail, provoquant en quelques minutes la paralysie de l'arrière-main et tout un ensemble de troubles d'une extrême gravité. C'était un cheval entier, âgé de huit ans, abondamment nourri et pléthorique, utilisé depuis plusieurs années à un service de livraisons dans Paris. Le 1ᵉʳ et le 2 janvier, il avait été laissé au repos dans une écurie mal ventilée. Le 3, au matin, par un temps froid, on l'attela comme de coutume à une tapissière pour livrer des marchandises. Au bout d'un quart d'heure de travail au petit trot, ce cheval ralentit son allure, l'arrière-main se couvrit de sueur, les membres postérieurs fléchirent, et tandis que son conducteur, qui le croyait atteint de coliques, se demandait ce qu'il convenait de faire, il s'affaissa dans les limons. On le détela et on l'aida à se relever; il fit quelques pas, le membre postérieur gauche traînant sur le sol, puis il tomba de nouveau. On le chargea sur un véhicule *ad hoc* pour le ramener à l'écurie. Là, un vétérinaire lui fit une saignée et des frictions révulsives, puis conseilla de le transporter à l'École.

A son arrivée, on essaya vainement de le remettre debout. On dut le laisser sur la litière de l'amphithéâtre des hôpitaux. Il s'agitait violemment; les muqueuses étaient injectées, les grandes fonctions très accélérées; le pouls était à 80, la respiration à 30, la température rectale à 39°. Les muscles de la croupe, de la fesse et de la cuisse gauches étaient gonflés et durs; à leur niveau, le tissu conjonctif sous-cutané paraissait infiltré. Le cathétérisme de la vessie donna environ un litre d'urine brunâtre.

On fit au malade des frictions sèches sur le tronc et une injection de 10 centigrammes de sulfate d'ésérine, qui provoqua plusieurs évacuations. On le couvrit. On lui donna du lait et des barbotages additionnés de 100 grammes de bicarbonate de soude. — Dans la soirée, pour calmer l'agitation, je prescrivis en outre une injection hypodermique de morphine et des lavements de chloral.

Le lendemain et le jour suivant, on releva le cheval à plusieurs reprises, mais il fut impossible de le maintenir debout ; on le retourna, matin et soir, sur une épaisse litière ; on lui présenta fréquemment des aliments et de la boisson, on évacua l'urine par le cathétérisme et l'on fit la vidange rectale. Malgré ces soins, les symptômes s'aggravèrent. Dans la soirée du troisième jour, l'agitation devint extrème ; les muqueuses étaient cyanosées, le corps couvert de sueur, la respiration très accélérée et embarrassée, le pouls vite, petit, filant. La température atteignit 40°,3. La mort survint dans la nuit.

A l'autopsie, vous avez été frappés par les altérations du système musculaire. Les muscles de la croupe, des cuisses, des fesses et de la région sous-lombaire étaient tuméfiés, décolorés, jaunâtres, infiltrés, ecchymosés par places. Les ilio-spinaux, les pectoraux et les extenseurs de l'avant-bras offraient des altérations analogues, moins accusées toutefois. — Les deux reins étaient légèrement tuméfiés. Sur les coupes, la couche corticale apparaissait hyperhémiée, infiltrée, hémorrhagique ; la couche médullaire, injectée au voisinage de la première, offrait une teinte jaunâtre vers le bassinet. La vessie contenait un peu d'urine noirâtre. — Dans les centres nerveux, nous n'avons pas trouvé de lésions essentielles ; seule la moelle était légèrement congestionnée, surtout au niveau du renflement lombaire. — L'intestin était hyperhémié par places, le foie volumineux, de teinte feuille morte, la rate tuméfiée, déformée par quelques bosselures au niveau desquelles son tissu était ramolli, hémorrhagique, le poumon gauche congestionné et infiltré par l'hypostase, le myocarde décoloré, jaunâtre, l'endocarde maculé de quelques ecchymoses, le sang incoagulé, noirâtre, un peu poisseux. Mais ce sont là des lésions accessoires et d'ailleurs inconstantes.

La semaine dernière, vous avez vu guérir de la même affection un cheval hongre, âgé de huit ans, appartenant à un maraîcher de Maisons-Alfort. Comme le précédent, ce cheval était resté deux jours à l'écurie, quand, le 27 décembre, après le repas du matin, on l'attela pour transporter à Paris des denrées alimentaires. Le temps était froid. Le thermomètre marquait 6° au-dessous de zéro. Le cheval fit, à l'allure du pas, le trajet de Maisons à Alfort, soit environ 2 kilomètres. En passant sur le pont de Charenton, son pas se ralentit, et tout à coup l'animal se mit à boiter du membre postérieur droit. Un peu plus loin il s'arrêta, paraissant éprouver de légères coliques. Son conducteur le laissa reposer quelques instants, lui frictionna l'abdomen avec un bouchon de paille, puis, ces troubles apaisés, on se remit en route.

Deux cents mètres plus loin, le cheval s'affaissa. Débarrassé immédiatement de ses harnais, il put se relever. Après quelques instants de repos, on l'amena à l'École où il arriva trempé de sueur, la physionomie anxieuse, le membre postérieur droit à demi paralysé. Presque aussitôt il expulsa un peu d'urine épaisse, visqueuse, couleur de café. Des frictions sèches faites sur le tronc et l'arrière-main n'empêchèrent pas la paralysie des membres postérieurs de s'accentuer rapidement. Le malade s'étendit sur la litière ; la respiration était précipitée, tremblotante ; le pouls, accéléré et fort ; la température rectale était de 39°1. — On lui injecta dans le tissu conjonctif sous-cutané de l'encolure 8 centigrammes de sulfate d'ésérine ; on le couvrit chaudement et on lui donna de la boisson tiède additionnée de bicarbonate de soude. Dans la soirée, il prit du barbotage, du lait et un peu de foin. Il ingéra près de 300 grammes de bicarbonate de soude.

Le lendemain matin, nous le trouvâmes dans un état assez satisfaisant; il y avait peu d'agitation et la physionomie était bonne ; on comptait de 16 à 20 respirations et de 60 à 70 pulsations par minute ; le thermomètre marquait 38°9. — On le retourna deux fois dans la journée. Comme la veille, il prit un peu de foin, du lait et des barbotages fortement alcalinisés. On pratiqua la vidange du rectum et le cathétérisme de l'urèthre.

Les deux jours subséquents, on continua ce traitement et ces soins. L'état général semblait s'améliorer, mais il fut impossible encore au malade de reprendre l'attitude quadrupédale.

Le quatrième jour, à la visite du matin, on put enfin le maintenir debout ; on le soutint pendant quelques minutes par des barres passées sous le thorax ; on frictionna le tronc et les membres postérieurs, et, toujours en l'étayant, on le conduisit dans un box, où on le plaça sur un appareil de suspension.

Le mieux s'accentua vite. Au bout de quelques jours, ce cheval fut rendu à son propriétaire. La guérison était complète.

Aux symptômes et aux lésions que je viens d'esquisser, vous avez reconnu l'état morbide que l'on a désigné d'abord sous les noms de *paraplégie enzootique*, de *congestion de la moelle*, puis par ceux d'*hémoglobinhémie* ou d'*hémoglobinurie a frigore*, ces dernières expressions empruntées à la médecine de l'homme, où elles sont appliquées à une maladie qui a quelques caractères communs avec l'hémoglobinurie du cheval. L'appellation d'*hémoglobinurie paroxysmale* ou *paroxystique* lui a été donnée par Kuessner, et celle d'*hémoglobinurie a frigore* par Mesnet.

Je veux, aujourd'hui encore, aller au delà de l'exposé des faits cliniques qui nous passent sous les yeux, et vous parler de cette maladie, qui a été en ces derniers temps l'objet d'intéressants travaux.

On connaît depuis longtemps les conditions dans lesquelles l'hémoglobinurie apparaît habituellement. Une première cause dont l'action est certaine, cause incriminée par presque tous les auteurs, c'est le *froid*. Rien d'étonnant donc que les cas d'hémoglobinurie soient particulièrement fréquents pendant l'hiver, vers la fin de l'automne et au printemps. Toutefois, on peut aussi l'observer durant les autres périodes de l'année, si la température vient à s'abaisser brusquement ou si d'autres influences interviennent.

En général, son éclosion est favorisée par la *pléthore* et l'*inaction*. Certes, elle peut frapper des sujets maigres, dont l'embonpoint est ordinaire, qui travaillent quotidiennement, *qui n'ont même pas leur dimanche*, mais cela est rare. Elle a une préférence bien marquée pour les animaux pléthoriques, entretenus dans des locaux calfeutrés, et *qui ont fait le lundi* ou qui sont restés à l'écurie pendant plusieurs jours, soit parce que la besogne a manqué, soit parce que l'état du sol, devenu glissant par la glace ou la neige, n'a pas permis de les utiliser. Son développement est surtout préparé par le repos dans l'abondance. Tout cheval laissé quelques jours à l'écurie, qui reçoit pendant ce temps sa ration de travail, est par cela même prédisposé à la maladie. Que l'animal ainsi préparé soit sorti ou attelé par un temps froid, et l'hémoglobinurie peut éclater brusquement. Il n'est même pas nécessaire que le sujet sorte ou soit directement exposé à l'action de l'air extérieur : un abaissement subit de la température du local, un coup de froid à l'écurie suffit. Il y a quelques années, nous avons eu un cheval qui a été ainsi frappé dans cette écurie V ; il présenta d'abord des symptômes de coliques : on ne fut exactement fixé qu'un peu plus tard, au moment où eut lieu la première miction noire. — Les chevaux de toutes les races, de tous les services et de tous les âges sont tributaires de l'hémoglobinurie, mais celle-ci paraît avoir une réelle prédilection pour les animaux de gros trait, très sanguins, qui consomment de fortes rations d'avoine, et pour les sujets dans la force de l'âge.

Ces notions étiologiques expliquent et l'apparition de la majeure partie des cas d'hémoglobinurie pendant les premières heures du jour, alors que l'action du froid se fait plus vivement sentir, et le caractère enzootique qu'elle semble revêtir quand, à la suite des temps de glace ou de neige qui rendent la circulation impossible, un grand nombre de chevaux, après avoir été soumis aux mêmes influences favorisantes, sont frappés presque simultanément, en quelques jours, parfois dans la même journée. — On s'est demandé si l'hémoglobinurie ne serait pas une maladie infectieuse et si les individus atteints n'auraient pas éprouvé, dans leurs tissus ou dans leurs plasmas, certaines modifications capables de préparer la voie à l'agent pathogène supposé. Les recherches faites pour vérifier cette conception l'ont laissée à l'état d'hypothèse. Après beaucoup d'autres, j'ai vainement tenté de transmettre la maladie à des chevaux, en leur injectant, dans les veines, dans le péritoine et sous la peau, du sang défibriné et des extraits d'organes altérés. — Ces résultats sont du reste en parfaite concordance avec les données de l'observation. La maladie n'est pas contagieuse, elle ne se transmet point des sujets frappés aux animaux sains. Dans les très rares cas où l'on a accusé la contagion ou une infection exogène, les chevaux atteints presque simultanément ou successivement avaient été soumis aux mêmes conditions d'alimentation, d'entretien et d'utilisation, par conséquent aux mêmes influences occasionnelles.

La *symptomatologie* de l'hémoglobinurie est assez complexe, et c'est surtout la diversité de ses manifestations qui a donné lieu aux opinions divergentes émises sur sa nature. Mais, pour être protéiforme, elle n'en a pas moins des attributs hautement significatifs.

Voyons d'abord ses traits généraux.

Très habituellement, je l'ai dit, c'est pendant le travail que l'affection éclate. L'invasion est soudaine. D'autant plus ardent à la besogne qu'il vient d'avoir un plus long repos, l'animal se montre tout à coup inquiet, en proie à un malaise qui s'accentue à vue d'œil, ou à des coliques : l'allure se ralentit, le coup de collier est moins franc ; il y a des frissons, des tremblements, de la sudation localisée à certaines régions ou généralisée ; la respiration est accélérée, parfois plaintive et un peu dyspnéique, la physionomie est anxieuse, les naseaux dilatés, l'œil brillant ; en même temps ou presque aussitôt apparaissent des troubles de la locomotion. Dans la plupart des cas, ces premiers phénomènes de l'accès hémoglobinurique surviennent dix minutes ou un quart d'heure après la sortie de l'écurie ; dans d'autres, au bout d'une demi-heure à une heure, et quelquefois plus tardivement. — Quand l'animal est pris à l'écurie ou pendant qu'on l'attelle, on observe surtout des signes d'agitation, des piétinements, une accélération des mouvements du flanc, de l'anxiété et encore des sueurs. Au moment du départ ou si l'animal est promené pour calmer « les coliques », on remarque, comme dans le cas précédent, que les mouvements sont gênés.

Les *troubles de la locomotion* — l'un des deux grands symptômes de la maladie — sont variables dans leur forme, leur localisation, leur intensité. Tantôt ils consistent en une raideur généralisée ou localisée au train postérieur, semblable à celle provoquée par le rhumatisme musculaire ; tantôt ce sont des phénomènes paralytiques, le plus souvent limités à l'arrière-main : celui-ci est parésié, les deux membres fléchissent et ne se meuvent plus qu'avec une grande difficulté, la pince traîne sur le sol, quelquefois l'appui se fait sur le boulet. Dans nombre de cas, les deux membres postérieurs sont inégalement touchés ou un seul est atteint. Quelques auteurs ont cru remarquer que le membre postérieur gauche serait affecté plus souvent que l'autre. Il n'y a là qu'un effet du hasard : sur dix-huit observations de paralysie d'un seul membre postérieur, j'ai relevé dix cas à droite et huit à gauche. — Parfois, mais bien plus rarement, c'est le train antérieur qui est frappé, tantôt les deux membres, tantôt un seul. On peut observer des contractures de groupes musculaires voisins ou antagonistes de ceux qui sont paralysés. C'est à ces contractures que sont dus la rigidité de l'encolure, le redressement de la queue, la tension douloureuse de certains muscles de l'abdomen et des membres.

Mais, parmi ces troubles de l'appareil locomoteur, ce sont les phénomènes parétiques qui dominent, et souvent ils s'accentuent avec une effrayante rapidité. Quand l'arrière-main est frappé, la paraplégie est bientôt plus ou moins complète; étendus sur le sol, les animaux s'agitent et se livrent en vain, pour se relever, à des efforts désordonnés.

Dans la grande majorité des cas, avec ces akinésies d'origine neuropathique ou myopathique, on constate des polymyosites dénoncées par des tuméfactions circonscrites ou diffuses. Chez certains sujets, une grande partie du système musculaire est affectée : chez la plupart, les myosites sont localisées, superficielles ou profondes. Aucune région n'en est exempte ; toutefois, on les rencontre le plus habituellement aux masses musculaires de la croupe, des cuisses, des fesses, de la voûte lombaire, des reins et du dos, des épaules, de l'encolure et du poitrail. Leurs caractères sont les suivants : tuméfactions variables dans leur étendue et leur volume, produites par le gonflement des muscles que la main perçoit denses, durs, tendus, douloureux, quelquefois un peu œdémateux : à leur surface, la peau est chaude, sensible, adhérente ; peu à peu la sensibilité s'émousse, mais rarement l'anesthésie est complète. Ces myosites persistent en s'accentuant, — ou elles s'atténuent graduellement et disparaissent sans laisser de traces, — ou elles sont suivies d'altérations dégénératives qui entraînent l'atrophie de quelques-uns des muscles intéressés.

Le second symptôme principal de l'hémoglobinurie est la *mélanurie* — la coloration noirâtre ou très foncée de l'urine, — modification due à la présence, dans ce liquide, d'une certaine quantité d'hémoglobine et de méthémoglobine. Ce phénomène, d'une constance presque absolue, est plus ou moins accusé suivant l'intensité du processus lui-même. A peine rougeâtre chez quelques malades, d'une couleur très foncée, *malaga* ou noir d'encre chez d'autres, l'urine peut offrir toute une série de teintes intermédiaires. Le plus souvent, celle des premières mictions est brune ou noirâtre, analogue au purin, et elle reste telle quand la maladie doit se terminer par la mort; elle s'éclaircit peu à peu dans les cas à issue favorable. Cette urine contient une quantité variable d'hémoglobine; l'urée et divers autres produits de désassimilation s'y rencontrent en plus grande abondance qu'à l'état normal. Elle contient aussi une assez forte proportion d'albumine (jusqu'à 30 grammes par litre), des cellules épithéliales desquamées, des leucocytes, des hématies, des

cylindres et quelquefois un peu de glycose. Elle conserve sa
réaction alcaline, mais celle-ci s'atténue dès que les reins sont
altérés. Tant que les malades peuvent se tenir debout, la miction
s'accomplit facilement; ordinairement elle n'a plus lieu lorsqu'ils sont étendus sur le sol.

Beaucoup moins importants sont les désordres qui surviennent
dans les autres appareils organiques. J'ai signalé les coliques.
avec ou sans évacuations de matières excrémentitielles ramollies.
qui se manifestent au début; plus tard, les mouvements péristal-
tiques de l'intestin diminuent de fréquence et d'activité; il y a
de la constipation; la défécation est suspendue; en général,
l'appétit est en partie conservé et la soif vive. — Plus ou moins
accélérée dès les premiers moments, la respiration devient vite
précipitée, haletante, dyspnéique dans les cas graves; on peut
compter de 60 à 80 respirations par minute chez les malades
qui s'agitent violemment. — Les troubles circulatoires sont parfois peu prononcés; mais l'agitation provoque une accélération
croissante de la circulation; le pouls est d'abord plein, fort; ensuite il s'affaiblit et peut devenir presque imperceptible. Les muqueuses, en particulier la conjonctive, sont injectées, cyanosées.
— Chez nombre de malades, la température reste normale ou
s'élève seulement de quelques dixièmes : dans vingt cas sur
vingt-cinq, Friedberger et Fröhner n'ont pas constaté de réaction
fébrile. On peut cependant noter des ascensions thermiques
assez fortes, et parfois la température augmente de plus de
2 degrés. Il faut savoir que l'absence d'hyperthermie n'autorise
point à conclure à la bénignité de la maladie : des cas très graves
peuvent demeurer apyrétiques.

Indépendamment de l'akinésie des membres postérieurs et
des contractures localisées dont j'ai parlé, on peut observer d'autres troubles nerveux, — la paralysie de la queue, du rectum,
de la vessie. — Quand les reins, gravement altérés, ne remplis-
sent plus leur fonction dépurative, les symptômes de l'urémie
apparaissent. Les plus frappants sont les convulsions épileptiformes, des accès dyspnéiques et des contractures généralisées
alternant avec des périodes de coma, puis une dépression
profonde des forces et l'abaissement graduel de la température.

A cet exposé des symptômes qui peuvent apparaître aux divers
stades de l'hémoglobinurie, je veux ajouter quelques mots touchant ses deux principales modalités cliniques. Considérée au

point de vue de son évolution, de sa marche, de ses terminaisons, on peut lui reconnaître : 1° une forme rapide accompagnée de phénomènes paralytiques ; 2° une forme bénigne dans laquelle le processus rétrocède vite et sans avoir provoqué de paralysie.

Dans la *forme paralytique*, celle que nous observons le plus communément, dix minutes, un quart d'heure, une demi-heure après l'apparition des premiers troubles, on constate de la paralysie d'un membre ou de l'arrière-main. Les malades frappés de paraplégie s'efforcent de conserver l'attitude debout, mais bientôt ils se laissent tomber sur le sol ; s'ils cherchent à se relever, ils n'arrivent qu'à se dresser sur les membres antérieurs, le train de derrière est inerte, la masse du corps retombe lourdement. — Durant les premières heures, on observe toujours des signes de vive surexcitation ; la peau, mouillée de sueur, est fumante ; la respiration est précipitée, haletante ; le pouls est vite et fort ; les conjonctives sont cyanosées. Tantôt ces troubles persistent sans atténuation notable ; tantôt ils diminuent peu à peu d'intensité : une période d'accalmie survient, la sudation cesse, le poumon et le cœur fonctionnent moins activement : tout indique une réelle amélioration.

Quand l'issue doit être favorable, le calme persiste, et au bout d'un laps de temps qui varie de vingt-quatre heures à six, sept ou huit jours, mais ordinairement du deuxième au cinquième jour, la guérison a lieu. Souvent elle se produit aussi brusque que l'attaque. Tel malade qui, la veille, était étendu sur le sol, est trouvé le lendemain debout, en train de manger.

Parmi les accidents consécutifs, les plus fréquents sont des *lésions de décubitus*, des plaques de gangrène sèche aux parties saillantes du corps, sur les sujets qui sont restés longtemps en position décubitale, et des *amyotrophies* localisées à certains groupes musculaires, particulièrement aux muscles cruraux, — amyotrophies consécutives à la myosite ou à la névrite. Parfois il subsiste une sorte de parésie des membres postérieurs, due à la myélite ou à la méningite spinale.

Lorsque la terminaison doit être fatale, les phénomènes graves du début persistent en ne présentant que de légères et courtes rémissions, ou leur atténuation est bientôt suivie d'une recrudescence qui se prolonge jusqu'au moment de la mort. Celle-ci est amenée soit par asphyxie lente, conséquence de la congestion pulmonaire, soit par l'urémie ou par une syncope cardiaque. —

Il est des cas où la marche est très rapide. Les symptômes sont d'emblée fort alarmants; le cheval se débat avec violence, les grandes fonctions sont très accélérées, la respiration surtout est précipitée et accompagnée de plaintes répétées, la cyanose des muqueuses augmente, les membres se refroidissent. Avant la fin de la première journée, parfois en quelques heures, la mort arrive au milieu d'une grande agitation ou précédée seulement de quelques convulsions. Il y a quelques années, sur un de nos malades, qui a succombé en dix heures, nous avons vu ces symptômes de l'hémoglobinurie suraiguë.

Dans la *forme bénigne*, avec ou sans myosites, on n'observe que de légers troubles généraux et une difficulté plus ou moins accusée de la locomotion; la démarche est raide, embarrassée, les mouvements sont pénibles, les membres fléchissent par instants; quelquefois l'un d'eux est pris d'une boiterie éphémère. Très rapidement ces phénomènes s'atténuent et se dissipent. La résolution est ordinairement annoncée par une miction hémoglobinurique; parfois la coloration rouge de l'urine est à peine appréciable ou fait complètement défaut.

Les animaux guéris restent prédisposés à une nouvelle atteinte. A ce point de vue, l'hémoglobinurie se comporterait comme les affections rhumatismales. Un même sujet peut être frappé plusieurs fois dans l'espace de quelques semaines. M. Lucet a relaté l'observation d'un cheval qui eut trois accès à dix et cinq jours d'intervalle. C'est ce caractère récidivant qui a fait donner à la maladie le nom d'*hémoglobinurie périodique* ou *intermittente*.

XXXV. — **Sur l'hémoglobinurie du cheval** (suite).

Les *altérations anatomiques* les plus constantes et les plus importantes de l'hémoglobinurie existent dans le sang et dans les muscles.

En général, le *sang* est incoagulé ou diffluent, noirâtre, poisseux. Déjà pendant la vie on le trouve modifié : si l'on recueille dans un cristallisoir celui qui s'écoule de la jugulaire lorsqu'on pratique la saignée, il se coagule d'ordinaire lentement ; parfois le sérum a une teinte rougeâtre, due à une certaine proportion d'hémoglobine dissoute ; quelquefois aussi il renferme des cristaux d'hématoïdine. L'analyse chimique y décèle un taux élevé d'urée et d'autres produits de désassimilation ; sa réaction alcaline est affaiblie. A l'examen microscopique, la plupart des hématies apparaissent avec leurs caractères physiologiques ; quelques-unes sont altérées, déformées, irrégulières.

La plupart des *muscles* frappés de myosite sont tuméfiés, pâles, blanchâtres ou blanc jaunâtre, plus ou moins infiltrés de sérosité ; ceux dans lesquels le processus est récent sont hyperhémiés ; les incisions pratiquées parallèlement aux fibres y montrent des suffusions sanguines ou des ecchymoses. Ces lésions, primitives pour certains auteurs, secondaires pour les autres, se rencontrent surtout, je vous l'ai dit, aux masses musculaires de l'arrière-main. Ainsi que M. Arloing l'a constaté dès 1866, à l'examen microscopique les fibres musculaires offrent les altérations de la myosite aiguë dégénérative : tuméfaction trouble, striation moins nette ou effacée, fragmentation des fibres, dégénérescence vitreuse ou granulo-graisseuse ; dans le tissu interstitiel, souvent on remarque des amas d'hématies. — Dans la grande majorité des cas, les *reins* offrent les lésions de la néphrite parenchymateuse ; ils sont volumineux, hyperhémiés, ecchymosés ; sur la coupe, la substance corticale apparaît fortement congestionnée, marquée de stries et de points hémorrhagiques ; la substance médullaire est jaune rougeâtre, plus ou moins infiltrée. Ces lésions sont parfois très peu prononcées. Au microscope, on voit dans les glomérules et dans les tubes un exsudat granuleux ; parfois l'épithélium des tubes contournés est fortement infiltré de pigment. — Sans être d'une constance absolue, les lésions congestives et hémorrhagiques des *centres nerveux*, de la *moelle lombaire* surtout, et de certains *nerfs*, notamment des fémoraux, manquent rarement. — Il faut signaler encore les lésions congestives de certaines parties de la muqueuse intestinale, la tuméfaction et les hémorrhagies de la rate, la dégénérescence graisseuse du foie et d'autres glandes, l'hyperhémie de la plupart des viscères et de la moelle osseuse.

Ces altérations sont en grande partie la conséquence des modifications éprouvées par le sang, aussi de l'urémie qui vient compliquer le processus lorsque sa durée se prolonge.

La *pathogénie* de l'hémoglobinurie est diversement interprétée. Les plus récents travaux publiés sur cette question ne l'ont point élucidée.

Dans la théorie *nerveuse* ou *médullaire*, acceptée par de nombreux auteurs et dont M. Trasbot a fait un remarquable exposé dans les *Archives vétérinaires*, les symptômes observés sont rattachés à la congestion de la moelle ou à la myélite. Il est incontestable que la moelle offre souvent des lésions hyperhémiques et hémorrhagiques ; mais on peut se demander si elles n'existent pas au même titre que les autres altérations viscérales secondaires ; beaucoup soutiennent qu'elles ne sont pas constantes, et elles n'expliquent ni l'hémoglobinhémie ni l'hémoglobinurie. Sur deux des sujets que j'ai autopsiés en ces dernières années, la moelle m'a paru indemne à l'examen macroscopique. et le microscope n'y a pas révélé de lésions essentielles (1).

A diverses époques, des auteurs ont rattaché la maladie à la *congestion des reins* ou à la *néphrite*. Les produits de déchet ordinairement expulsés par les reins provoqueraient l'intoxication de l'organisme, des altérations globulaires, les myosites et tous les troubles qui apparaissent successivement. M. Lucet, qui considère l'hémoglobinurie comme une affection d'origine rénale.

____

(1) Dans le *Traité des maladies nerveuses du cheval*, qu'il vient de publier, Dexler considère l'hémoglobinurie comme une affection de la moelle. Il fait remarquer que les symptômes dominants sont ceux d'une affection médullaire, et il aurait constaté, dans les cornes antérieures de la moelle lombaire, des lésions qui donnent l'interprétation de ces symptômes.

rapporte les cas bénins à une néphrite passagère suraiguë. — Mais les altérations rénales, elles aussi, paraissent bien être toujours secondaires, consécutives à l'altération du sang. Les lésions des cellules épithéliales des tubes rénaux, — la tuméfaction de ces éléments et les granulations pigmentaires qu'ils renferment, — doivent être la conséquence de l'élimination par le rein des produits résultant de la destruction des hématies ou de la transformation de l'hémoglobine. — Des expériences que j'ai faites avec M. Roger ont établi que l'intoxication urinaire, produite chez le cheval par l'injection dans la jugulaire d'urine de cheval fraîche et filtrée, ne provoque point les symptômes de l'hémoglobinurie. Nous avons également constaté que le sérum fourni par le sang de plusieurs chevaux atteints de cette affection ne possédait pas de propriétés globulicides spéciales. Injecté dans les veines du lapin, il ne nous a pas paru avoir un coefficient de toxicité notablement plus élevé que celui du sérum normal.

La théorie qui considère l'hémoglobinurie comme une *maladie infectieuse* n'est pas nouvelle. En France, elle a été défendue par M. Signol et surtout par M. Arloing. Mieux que toutes les autres, elle rend compte des phénomènes qui se déroulent dans le cours de l'affection. Ceux-ci seraient le résultat d'une auto-infection ou d'une auto-intoxication déterminée soit par un ferment provenant des aliments, soit par des produits de dénutrition se formant en grande abondance sous la double influence du froid et de la marche, chez des sujets prédisposés par un séjour prolongé à l'écurie. On admet généralement aujourd'hui que l'agent nocif altère les hématies ; il en détacherait l'hémoglobine, en détruirait un plus ou moins grand nombre, provoquerait ainsi l'*hémoglobinhémie*, d'où procéderaient toutes les autres lésions. — On objecte à cette théorie que la maladie ne se comporte pas comme les états morbides infectieux ; qu'elle n'est pas contagieuse ; que tous les essais de transmission ont échoué ; que le sang purement recueilli pendant la vie ne donne pas toujours un sérum coloré en rouge ; enfin que les produits de dénutrition qui devraient exister en abondance dans ce sang, en admettant l'hypothèse d'une auto-intoxication, s'y rencontrent parfois en proportion normale. Quoi qu'il en soit, la maladie n'est pas sans offrir quelque similitude avec certains processus infectieux, et il n'y aurait pas lieu de se montrer surpris si un jour cette pathogénie se trouvait confirmée par la bactériologie. Que savait-on, il y a quinze ans, sur la pathogénie du tétanos, cette maladie toxi-infectieuse qui ne se transmet pour ainsi dire jamais d'une façon directe, et dont le développement, comme celui de l'hémoglobinurie, est si singulièrement favorisé par le froid ?

La théorie *musculaire* ou *rhumatismale*, soutenue par Fröhner, assimile l'hémoglobinhémie du cheval à l'hémoglobinhémie paroxystique *a frigore* de l'homme. La cause principale de la première serait l'action du froid ; l'altération essentielle et primitive, une dégénérescence de certains muscles, dont la matière colorante, libérée, et d'autres substances passeraient dans le sang, s'y accumuleraient, provoqueraient des lésions secondaires dans les organes, puis s'élimineraient par divers émonctoires, notamment par le rein, d'où la coloration foncée de l'urine et la néphrite. Ses partisans font ressortir que, presque toujours, il existe de graves lésions à de nombreux groupes musculaires ; que l'action brusque du froid peut déterminer rapidement des altérations des muscles et leur décoloration ; enfin, que le sang des sujets atteints d'hémoglobinhémie contient une proportion excessive d'hémoglobine qui proviendrait de la matière colorante des muscles altérés.

Les données que l'on possède actuellement sur l'hémoglobinurie expérimentale ne sont point favorables à la théorie rénale. L'introduction de différentes substances dans le sang permet de réaliser l'hémoglobinhémie avec ou sans hémoglobinurie. Ces substances provoquent la destruction d'un plus ou moins grand nombre d'hématies et la mise en liberté d'une quantité variable d'hémoglobine, pouvant passer à l'état de méthémoglobine et subir des transformations multiples encore indéterminées. Si la destruction globulaire est faible, il y a *hémoglobinhémie sans hémoglobinurie* : l'hémoglobine est bientôt détruite par le foie, la rate, la moelle osseuse. De même si elle est abondante, mais lentement produite, elle ne s'accompagne ni d'hémoglobinurie, ni d'altérations rénales manifestes. Au contraire, si la destruction globulaire est abondante et rapide, l'hémoglobinurie apparaît et les reins sont plus ou moins gravement altérés. Hémoglobinhémie, hémoglobinurie, altérations rénales : tels sont les trois termes du processus de l'hémoglobinurie expérimentale.

Très probablement il en est de même dans l'hémoglobinurie

spontanée. Reste à découvrir la cause ou l'agent qui, dans celle-ci, opère la mise en liberté de l'hémoglobine.

Les conditions dans lesquelles la maladie éclate, sa brusque invasion, les coliques qui ouvrent la scène, la multiplicité des organes presque immédiatement frappés, portent à penser qu'il s'agit d'une toxi-infection d'origine intestinale dont l'hémoglobinhémie, l'hémoglobinurie, l'atteinte des muscles et de la moelle ne sont que les principaux épisodes. L'intestin n'est pas seulement un vaste foyer d'infection où les microbes pathogènes se chiffrent par milliards, c'est aussi une fabrique de toxines. Or, la suralimentation relative du cheval immobilisé à l'écurie favorise la production des poisons intestinaux, et l'on sait que la symbiose de germes même médiocrement virulents — du coli-bacille, des paracoli-bacilles et du streptocoque — peut déterminer la formation de toxines mortelles. Dans le processus de ce genre, l'intoxication peut jouer un rôle bien plus important que l'infection (1).

Le *diagnostic* de l'hémoglobinurie est ordinairement facile. Cependant, en certains cas, lorsque la maladie est bénigne, elle peut au premier abord être confondue soit avec les coliques intestinales, soit avec le rhumatisme musculaire ; dans d'autres, où les animaux sont déjà étendus sur le sol lorsqu'on les examine, l'idée d'une paraplégie traumatique, d'une fracture de la colonne vertébrale, peut venir à l'esprit ; mais les commémoratifs et la coloration rouge de l'urine suffisent pour se prononcer avec une absolue certitude. Quant aux amyotrophies consécutives que l'on rencontre en diverses régions, celle du triceps crural, la plus fréquente, sera toujours facilement rattachée à l'hémoglobinurie La plupart des autres reconnaissent la même origine ; pour celles-ci également, l'anamnèse met sur la voie. Vous avez vu, il a quelques semaines, un exemple d'atrophie des muscles extenseurs de l'avant-bras droit ; les commémoratifs nous ont permis de rattacher cette lésion à une attaque d'hémoglobinurie dont l'animal avait été frappé l'hiver dernier.

Le *pronostic* varie considérablement avec le degré d'acuité

(1) M. Lignières a trouvé des streptocoques dans le liquide céphalo-rachidien de chevaux morts d'hémoglobinurie. Cette constatation établit seulement que, chez ces sujets, des streptocoques, provenant sans doute de l'intestin, ont fait irruption dans les voies de la circulation. Il reste à démontrer qu'il ne s'agit pas là d'une *streptococcie de l'agonie.*

de la maladie, les locatités où on l'observe et la constitution des
sujets atteints. Les stastistiques accusent une mortalité qui va de
5 à 70 p. 100. — Les chevaux pléthoriques, qui consomment
journellement une ration abondante de grains, surtout d'avoine,
succombent en bien plus grand nombre que les sujets habitués
à une alimentation modérée. C'est ainsi, ce me semble, que l'on
peut expliquer la haute gravité de l'hémoglobinurie sur les
chevaux utilisés dans les villes, et les séries de guérisons
qu'enregistrent les vétérinaires qui exercent à la campagne.
Il est certain aussi que divers auteurs ont pris pour de la paralysie hémoglobinurique, ces paraglégies infectieuses signalées
dans tous les pays et qui causent partout une forte mortalité. — La
bénignité des premiers troubles, l'évolution lente du mal, la
conservation de l'attitude debout, le rythme normal ou peu
modifié des grandes fonctions, la persistance des évacuations, sont
des signes pronostiques favorables. Au contraire, l'invasion
bruyante, une vive accélération de la respiration, des sueurs
abondantes, une forte hyperthermie, la paraplégie, la cessation
des évacuations, sont des symptômes qui laissent peu d'espoir.
— Il faut ajouter que l'évolution de la maladie est assez souvent
insidieuse ; qu'au début, la forme bénigne peut, d'un instant à
l'autre, s'accompagner de paralysie. Aussi est-il prudent de ne
pas se prononcer sans réserve sur la gravité des cas qui
paraissent devoir se terminer par la guérison. — Le pronostic
est toujours sombre lorsque les sujets sont frappés de paraplégie.
Quand celle-ci persiste au delà du troisième jour, l'issue est
habituellement fatale.

La *prophylaxie* comprend des indications déduites de l'étiologie : Éviter autant que possible de laisser les chevaux dans
l'inaction ; les sortir et les promener au moins quelques minutes
matin et soir les jours où ils sont laissés à l'écurie ; propor-
tionner toujours l'alimentation au travail ; réduire la première
à la ration d'entretien les jours de repos ; veiller à une bonne
hygiène du local, surtout au point de vue de la température,
dont les brusques changements peuvent avoir une action particulièrement nocive.

J'ai dit que l'affection éclatait généralement pendant le travail
et qu'elle s'aggravait vite par les efforts de traction, même par
la marche. Aussi, dès qu'il est reconnu malade, le cheval doit-il

être arrêté, dételé, puis abrité dans un local à proximité ou chargé sur une voiture et ramené à l'écurie. On le placera dans un box spacieux, où on le soustraira à l'action du froid et des diverses causes d'excitation. Il sera maintenu debout, si c'est possible, en l'aidant d'un appareil de suspension ; dans le cas contraire, il n'y a qu'à le laisser en position décubitale, sur une épaisse litière,

L'obscurité qui règne encore sur la nature de l'hémoglobinurie rend nécessairement l'intervention quelque peu hésitante. Ainsi que pour toutes les maladies dont l'essence est inconnue, une foule de moyens et d'innombrables agents ont été préconisés ; beaucoup sont plutôt nuisibles, mais il en est qui ont une réelle efficacité. Tout en combattant les manifestations morbides prédominantes, on doit instituer un traitement pathogénique : il faut agir comme dans les toxi-infections.

Dans la forme grave, surtout lorsque la dyspnée est forte, il convient de pratiquer une *saignée :* on tirera de 4 à 8 litres de sang suivant la taille des sujets ; c'est un premier moyen d'extraire des poisons, microbiens ou cellulaires. Quel que soit le degré d'intensité de la maladie, il faut provoquer des évacuations par une injection hypodermique de 2 à 4 centigrammes de *bromhydrate d'arécoline*, de 5 à 10 centigrammes de *sulfate d'ésérine* ou de 10 à 20 centigrammes de *chlorhydrate de pilocarpine* ; il faut ensuite faire sur le tronc et les membres des frictions sèches avec de la flanelle ou un bouchon de paille. Au besoin, cette injection sera répétée les jours suivants.

Lafosse, Collin (de Vassy), Jouquan et quelques autres vétérinaires ont recommandé la réfrigération continue de la région dorso-lombaire, par l'irrigation ou par l'application d'un drap mouillé que l'on arrose fréquemment avec de l'eau froide. C'est un mode de traitement des myosites et de la congestion de la moelle.

Souvent l'agitation est vive ; le cheval se débat violemment, il est couvert de sueur, le corps se meurtrit sur le sol. On doit alors combattre la surexcitation par les narcotiques et les anesthésiques. Si les boissons sont prises avec avidité, on les additionnera de laudanum ; si le malade les refuse, on l'assoupira par la morphine et le chloral. On le retournera assez fréquemment et toujours sur une bonne litière, tant pour conjurer les phénomènes d'hypostase que pour éviter la formation d'eschares au niveau des parties saillantes.

Quant l'appétit est conservé ou dès qu'il est revenu, on doit soutenir le malade par des boissons farineuses et du lait. On peut aussi lui donner du vert, du foin et un peu d'avoine.

Outre les alcaloïdes dont j'ai déjà parlé, la médication interne a pour principaux agents les purgatifs et les alcalins. Après avoir provoqué, au début, une abondante évacuation, on entretiendra la liberté du ventre par l'administration répétée de sulfate de soude. — Cette donnée que l'alcalinité du sang est diminuée au cours de la maladie, comme dans les infections, comme dans les divers processus qui entraînent des destructions globulaires, commande l'emploi des alcalins. Dieckerhoff a préconisé le *bicarbonate de soude* à la dose quotidienne de 200 à 500 grammes, administrée en plusieurs fois dans les boissons, dose que l'on abaisse ensuite à 150-100 grammes. C'est une médication simple, peu coûteuse, facilement acceptée par les malades, et qui, incontestablement, a une influence salutaire. L'alcalinisation des humeurs accroît leurs propriétés bactéricides et antitoxiques ; elle leur restitue ce que l'infection a supprimé, elle favorise l'élimination des toxines et fortifie les hématies (1). — Les excitants sont aujourd'hui presque abandonnés ; on a reconnu que leur action est plutôt funeste. Quant aux altérants, il n'ont aucune efficacité.

Lorsque le décubitus se prolonge, il ne suffit pas de retourner le malade ; il est nécessaire de vider le rectum et de pratiquer le cathétérisme vésical. Il va sans dire que cette dernière opération doit être faite aseptiquement pour éviter l'infection des voies urinaires.

Durant la convalescence, en continuera pendant quelque temps encore l'usage des alcalins, auxquels on pourra ajouter des toniques.

Les eschares de décubitus seront traitées par des lotions avec un liquide antiseptique, surtout avec les solutions sublimée, phéniquée ou iodée, et par des applications de vaseline boriquée.

(1) M. Masoin a reconnu que les sels alcalins exercent une action préventive vis-à-vis de l'intoxication provoquée par les substances dont l'activité nocive se manifeste par une destruction globulaire et la formation de méthémoglobine. En même temps que cette action antiméthémoglobinisante, ils exerceraient aussi une action antitoxique générale. — Leur emploi est donc indiqué non seulement dans le traitement curatif de l'hémoglobinurie, mais encore pour la prophylaxie, en les ajoutant aux autres moyens préventifs dont nous devons la connaissance à l'observation.

Peu de jours après la guérison, les malades peuvent recommencer à travailler. On les utilisera d'abord à une besogne facile, en les préservant autant que possible de l'action du froid, qui pourrait provoquer une récidive. On les remettra ensuite graduellement à leur service ordinaire.

Les lésions musculaires que l'hémoglobinurie laisse après soi ne sont qu'exceptionnellement définitives. Les muscles atteints récupèrent parfois leur volume normal et leur activité par la seule influence du travail. Quand l'atrophie s'y accentue, il est indiqué de recourir à la cautérisation, aux injections musculaires irritantes — solutions de vératine, de sel marin — ou à la faradisation.

La paralysie du triceps crural — l'accident consécutif le plus commun — donne lieu à une claudication qui rend la marche pénible et fatigante. Par le travail et l'application d'un feu en raies, généralement les muscles rotuliens se reconstituent peu à peu, et la boîterie finit par disparaître.

XXXVI. — **Sur le diabète sucré du chien.**

Parmi les chiens présentés à la consultation ou confiés à nos soins en ces derniers mois, vous avez vu plusieurs sujets diabétiques : l'un d'eux était atteint de *diabète sucré*; les autres, de *polyurie simple* ou *diabète insipide*. Tandis que cette seconde forme est d'ordinaire bénigne, l'autre — le diabète sucré — est une affection grave, presque toujours rapidement mortelle. On l'a peu étudiée jusqu'à présent chez les animaux. Je l'ai choisie comme sujet de notre entretien d'aujourd'hui.

Signalé par Leblanc dans la *Clinique vétérinaire* de l'année 1861, observé dans la plupart des espèces domestiques, aussi bien chez les ruminants que chez les carnassiers, le diabète sucré est incontestablement une affection rare ; mais si les publications vétérinaires n'en contiennent qu'un très petit nombre d'observations, cela, il faut le dire sans détour, tient surtout à ce que l'examen de l'urine étant habituellement négligé, la maladie passe inaperçue. — Depuis quelques années, les faits de diabète sucré chez le chien se sont multipliés. Fröhner, à l'École vétérinaire de Berlin, et Schindelka, à l'École de Vienne, en ont observé chacun plusieurs cas. Eber, qui a été spécialement chargé de la clinique des petits animaux à l'École de Berlin, a fait des recherches sur la fréquence du diabète sucré chez le chien. Dans l'espace de deux ans, sur un total d'environ 20 000 sujets présentés à la consultation ou traités à l'hôpital, il en a recueilli 12 cas graves, nettement dénoncés par les signes cliniques, soit 1 diabétique pour 2 000 malades. Il fait remarquer que l'affection est certainement plus commune que ne l'indique cette proportion : les cas légers, les diabètes récents ou frustes, non accompagnés de troubles bien évidents, n'attirent pas l'attention ou ne sont pas reconnus.

Je vous rappelle notre dernier cas de diabète sucré :

Dans les premiers jours de mai, une personne demeurant avenue Kléber, à Paris, nous présentait une chienne âgée de cinq ans, malade depuis trois mois. Bien qu'elle consommât régulièrement et avec avidé la nourriture qu'on lui donnait, cette chienne avait considérablement maigri. Elle buvait souvent et beaucoup ; elle vomissait quelquefois après avoir lapé une grande quantité d'eau ; enfin elle avait des mictions fréquentes et abondantes. M. Almy, qui l'examina avec soin, ne trouvant pas de signes d'affection organique expliquant ces troubles, soupçonna le diabète. L'urine, analysée par M. Lesage, contenait 6^{gr},25 de sucre p. 100. — On ne consentit point à nous laisser cette malade. Comme il arrive fréquemment, la sollicitude que nous manifestâmes pour elle inspira de la défiance à son maître : il craignit que sa bête ne fût soumise à des expériences.

Voici un résumé des faits publiés par Eber, en 1897, dans les *Monatshefte für Thierheilkunde*.

OBSERVATION I. — Griffonne, âgée de sept ans et demi. Depuis six semaines, on a noté des troubles de la vue, une soif vive, un grand appétit.

État actuel (au moment du premier examen). — Embonpoint moyen ; conjonctives rosées ; pouls régulier, de force normale, battant 80 fois par minute. Respiration normale. Appétit conservé. Région abdominale gonflée le long de l'hypocondre. Bord du foie perceptible à deux travers de doigt des dernières côtes. Cataracte double. Température, 38°,8, Polyurie. Urine jaune clair, pâle, exhalant une odeur d'acétone ; réaction acide ; poids spécifique 1 042. 7 p. 100 de glycose.

Traitement. — Diète carnée ; trois petites doses quotidiennes de teinture de valériane. — Mort le sixième jour dans le collapsus.

OBS. II. — Griffon croisé, neuf ans. Mêmes commémoratifs que pour le premier malade.

État actuel. — Maigreur très accusée ; opalescence des deux cristallins. Bord du foie perceptible en arrière des cartilages costaux. Urine jaune pâle, acide ; densité 1040. 6,5 p. 100 de glycose.

Revu un mois plus tard. La maigreur a augmenté. Malgré un régime diététique, l'urine contient 7 p. 100 de glycose.

OBS. III. — Basset, onze ans. Mêmes renseignements que pour les malades précédents.

État actuel. — Maigreur. Opalescence des deux lentilles. Augmentation de volume du foie. Urine claire, jaune pâle, acide ; poids spécifique 1 036. Contenu en glycose, 7 p. 100.

N'a pas été revu.

OBS. IV. — Bassette, dix ans. Soif vive. Depuis trois semaines les deux lentilles sont opalines.

État actuel. — Embonpoint moyen. Cataracte double et totale. Augmentation de volume du foie. Urine jaune-clair, transparente, acide ; densité 1036. 8 p. 100 de glycose.

OBS. V. — Caniche, neuf ans. Commémoratifs habituels.

État actuel. — Toux assez fréquente. Bronchite chronique. Cataracte double. Pas d'augmentation de volume du foie. Urine trouble, couleur d'argile, tenant en suspension de petits flocons gris-jaunâtre ; poids spécifique 1 024 ; réaction acide ; un peu d'albumine ; point de pigment biliaire. 2,6 p. 100 de glycose. — A l'examen microscopique, on trouve dans l'urine, de nombreuses cellules épithéliales, quelques cylindres fortement granuleux, des hématies et des leucocytes.

N'a pas été revu.

Obs. VI. — Carline, dix ans. Abandonnée à la clinique. Pas de renseignements.

Augmentation de volume du foie et cataracte. L'urine contenait une forte proportion de glycose. Pas d'analyse quantitative.

Obs. VII. — Griffonne, douze ans. Anamnèse habituelle. Cécité complète depuis huit jours.

État actuel. — Cataracte bilatérale, cristallin jaunâtre. Augmentation de volume du foie. Surdité et troubles de l'olfaction. Urine jaune pâle, acide ; densité 1 042. 2,5 p. 100 de glycose.

Traitement. — Régime diététique, bicarbonate de soude.

Ramenée quatre mois plus tard à la clinique pour être opérée de la cataracte. A cette date, l'urine était albumineuse, mais ne contenait plus que des traces de sucre. Rien au cœur. — Après l'opération faite à un seul œil, le patient tomba dans le coma. Il mourut quatre jours plus tard.

Obs. VIII. — Carlin, neuf à dix ans. Polyurie. Polydipsie. Amaigrissement. Troubles de la vue depuis six semaines.

État actuel. — Opacité des deux cristallins. Augmentation de volume du ventre simulant l'hydropisie abdominale. Le foie dépasse d'une largeur de main le bord de la cage thoracique. Maigreur et faiblesse. Urine jaune clair, un peu albumineuse, légèrement acide ; densité 1 031. 9,4 p. 100 de glycose.

Obs. IX. — Terrier, neuf ans. Renseignement habituels.

État général mauvais ; trouble diffus des lentilles ; augmentation de volume du foie. Urine jaune paille, légèrement trouble, acide ; densité 1039 ; un peu d'albumine et de mucine. 7,8 p. 100 de glycose.

Obs. X. — Carlin, six ans. Maigrit et tousse depuis un mois. Grand appétit et soif vive. Pas de troubles visuels.

État général mauvais ; léger trouble diffus des deux cristallins. Augmentation de volume du foie. Urine jaune clair, acide, avec odeur intense d'acétone ; densité 1 044. 7 p. 100 de glycose. Salive alcaline. Peu d'albumine.

Obs. XI. — Chienne loulou de Poméranie, douze ans. Depuis quatre mois, parait triste et fatiguée. Inappétence depuis quelques jours. Soif très vive. Polyurie. L'animal répand une odeur fétide. Pas de troubles visuels.

État moyen d'embonpoint ; légère opacité des deux cristallins. Le foie n'est pas tuméfié. Urine pâle, transparente, acide, exhalant une odeur intense d'acétone ; densité 1 033 ; traces d'albumine, 8 p. 100 de glycose. Salive alcaline.

Obs. XII. — Bassette, huit ans. Soif intense, polyurie, amaigrissement malgré la conservation de l'appétit.

État actuel. — Légère opacité des cristallins ; maigreur ; hypertrophie énorme du foie. Urine clair, légèrement jaunâtre, inodore ; réaction alcaline ; densité 1 028 ; traces d'albumine. 5 p. 100 de glycose. Salive alcaline.

Sur les cinq diabétiques qu'il a autopsiés, Eber a trouvé des altérations dégénératives du foie ; un avait le pancréas atrophié ; chez trois, cet organe présentait quelques nodules grisâtres dont la nature n'a pas été déterminée.

Chez l'homme, où l'étiologie du diabète a été très étudiée, les principales causes incriminées sont : l'alimentation défectueuse, la bonne chère, l'abus des matières sucrées et amylacées, la sédentarité ou l'insuffisance d'exercice physique, l'arthritisme, enfin l'âge mûr. C'est de trente à soixante-dix ans que la maladie se montre avec son maximum de fréquence ; mais on l'observe aussi chez des individus à peine arrivés à l'âge adulte, pendant l'adolescence, même chez l'enfant.

Chez le chien, le diabète n'est guère observé que sur des sujets d'un âge déjà avancé. Il est exceptionnel pendant la première moitié de la vie. Sur les douze malades d'Eber, neuf étaient âgés de plus de huit ans. — L'influence qu'exercent les conditions de vie n'est pas moins évidente que celle de l'âge. Presque tous les cas ont été constatés sur des animaux abondamment nourris, qui passaient leurs journées dans l'inaction, ou sur des chiens de luxe, gâtés et choyés. Beaucoup de ces derniers sont très affectueux, très attachés à leur maîtresse ou à leur maître ; ils s'attristent, sont chagrins, jaloux à leur manière, et bien que dans tous les faits l'anamnèse soit muette sur ce point, il se peut que les émotions vives, les troubles psychiques, aient une part dans le développement de la maladie. — M. Gibier a réussi à provoquer un glycosurie transitoire chez une chienne au moyen d'excitations psychiques. Cette chienne, âgée de quatre ans, de nature très affectueuse, craintive et jalouse, avait l'habitude de vivre en liberté, dans un laboratoire, avec d'autres sujets de son espèce. Son urine, examinée plusieurs jours de suite, ne donnait aucune réaction. Enfermée dans une cage, la chienne manifesta des signes de grande agitation ; l'urine conserva ses caractères normaux pendant trois jours ; le quatrième, elle contenait $5^{gr},55$ de sucre par litre. La glycosurie persista tant que dura la captivité ; elle disparut le lendemain du jour où la chienne fut remise en liberté. — Quant au sexe, il ne semble jouer aucun rôle : les cas sont à peu près en nombre égal chez les mâles et chez les femelles. Pour les douze malades d'Eber, on trouve six chiens et six chiennes.

Le diabète de chien s'établit insidieusement. A son début et souvent pendant une période assez longue de son évolution, il ne suscite aucun trouble bien manifeste. Dans nombre de cas, il n'attire l'attention que quand déjà il existe depuis des mois. Comme sur notre malade, chez la plupart des diabétiques

on note, à un moment donné, de la *polyurie*, de la *polydipsie*
et de l'*amaigrissement*.

Les mictions sont fréquentes et abondantes. Certains malades
expulsent quotidiennement un litre et demi à deux litres d'urine.
Les chiens de luxe devenus diabétiques ont de pressants besoins ; ils pissent dans les pièces où ils se trouvent, de préférence sur les tapis ou les coussins. L'urine est ordinairement
limpide, pâle ou jaune clair, assez souvent albumineuse, quelquefois légèrement trouble, d'une densité moyenne de 1030 à
1040 ; elle contient une proportion de sucre qui peut dépasser
10 pour 100. Sur une chienne de douze ans, observée par Penberthy, elle était de 10,62 p. 100. Dès que l'urine contient 3 à
4 grammes de glycose par litre, elle a une saveur douceâtre,
sucrée.

Un autre phénomène important, c'est la soif insatiable qui
tourmente les malades. Conséquence de la polyurie, la polydipsie
est constante, plus accusée toutefois à certains moments qu'à
d'autres, mais surtout vive pendant la nuit. La bouche est
sèche, la salive tend à devenir acide, d'où la gingivite et
l'odeur désagréable qui se dégage de la cavité buccale.

A la polyurie et à la polydipsie — les deux symptômes principaux du diabète, — s'ajoutent bientôt la faiblesse et la maigreur, qui d'ordinaire s'accentuent vite. Sans être d'une constance absolue, l'émaciation est commune, quelquefois précoce,
et d'autant plus frappante que l'appétit est conservé, quand il
n'y a pas polyphagie. Sur les douze diabétiques d'Eber, dix
présentèrent un amaigrissement rapide. — L'hypertrophie du
foie est aussi observée sur presque tous les malades. En général
très accusée, l'hépatomégalie déforme le ventre un peu à la
manière de l'ascite; mais elle est facilement reconnue par la
palpation. — Chez quelques sujets, on observe des troubles
digestifs, surtout des vomissements et de la constipation alternant avec des crises de diarrhée.

Les accidents cutanés — l'érythème, le prurit, l'eczéma, la
furonculose, la gangrène — sont rares ; de même les affections
des voies respiratoires, la bronchite, la pneumonie avec tendance au sphacèle et la tuberculose. — Très fréquents, au
contraire, sont les accidents oculaires. Les trois quarts des
chiens atteints de diabète sont frappés, dans le cours de
celui-ci, de cataracte bilatérale qui entraîne souvent la cécité

complète en quelques semaines. On peut également constater la surdité et des troubles de l'olfaction, des paralysies, des attaques comateuses ou apoplectiformes.

Chez les chiens diabétiques dont la nécropsie a pu être faite, on a trouvé des altérations du foie et du pancréas. Dans la plupart des cas, le foie était très hypertrophié, hyperhémié, en voie de dégénérescence graisseuse ; dans quelques-uns, on a constaté aussi de la cirrhose, mais le siège du processus scléreux n'a pas été précisé ; dans quelques cas aussi, il est fait mention de lésions atrophiques du pancréas. A l'autosie d'une chienne atteinte de diabète maigre, Liénaux a trouvé le foie en voie de dégénérescence graisseuse et le pancréas atrophié. La chienne autopsiée par Penberthy a offert les mêmes lésions du foie et du pancréas.

Quelques mots seulement sur la *pathogénie* du diabète. Dans le courant de ce siècle, mais surtout après les découvertes de Bernard et plus particulièrement en ces vingt dernières années, cette question a passionné les savants et les expérimentateurs. On connaît depuis déjà longtemps les conditions de l'apparition du sucre dans les urines. Indispensable à la nutrition, le sucre existe normalement dans le sang et dans les tissus. Le sang artériel du chien en contient environ 1^{gr},30 p. 1000 et le sang veineux 90 centigrammes. Fabriqué par le foie aux dépens de son glycogène, le sucre du sang est utilisé de diverses manières par l'organisme : une partie est brûlée, l'autre est assimilée par les tissus, A l'état normal, sa proportion est à peu près toujours la même ; mais cet état physiologique — la *glycémie* — peut être troublé soit par une exagération de la production du sucre, soit par une diminution de sa consommation au sein des tissus : dans l'un et l'autre cas, il y a *hyperglycémie*, condition de l'apparition du sucre dans l'urine, — de la *glycosurie*. Celle-ci se produit dès que le sang renferme plus de 3 grammes de sucre p. 1 000 ; or, chez certains diabétiques, la proportion atteint 5 à 6 p. 1 000. — Mais un animal chez lequel on trouve du sucre dans l'urine n'est pas forcément un *diabétique*. La présence éphémère du sucre dans les urines, la *glycosurie transitoire*, est en effet un symptôme commun à divers états morbides, à certaines affections encéphaliques, à des infections, à des auto-intoxications. Ce qui caractérise essentiellement le diabète c'est la *glycosurie constante* ou *permanente*. — On peut provoquer expérimentalement des glycosuries passagères ou le diabète, par la piqûre du plancher du quatrième ventricule au-dessous de l'origine des pneumogastriques, par l'administration de diverses substances chimiques, par l'extirpation du pancréas.

Je ne vous exposerai pas les *théories* du diabète. Il y en a aujourd'hui une trentaine. La plupart font intervenir des troubles de la fonction glycogénique du foie ou un défaut de destruction du sucre, un vice de la désassimilation des tissus. — Pour M. Bouchard, le diabète est une maladie par ralentissement de la nutrition. Il est le résultat d'un trouble nutritif caractérisé primitivement par un défaut ou une insuffisance de l'assimilation, en particulier par un défaut de la consommation du sucre dans les éléments anatomiques. — Pour MM. Chauveau et Kaufmann, les variations de la glycémie dérivent de la production hépatique plutôt que des accidents de consommation, et la production du sucre par le foie est réglée par le système nerveux, le pancréas étant chargé d'une fonction frénatrice et modérant l'activité des cellules hépatiques.

Suivant la rapidité de son évolution, le diabète est distingué en *aigu* et *chronique*. Selon que les malades conservent leur embonpoint ou s'émacient, le diabète est qualifié de *gras* ou de *maigre*. Quelques auteurs rattachent le diabète maigre à des lésions du pancréas, mais, chez le chien, il paraît n'être que l'état ultime du premier : l'amaigrissement, en effet, est toujours fort accusé, et les lésions du pancréas sont rares. On reconnaît aussi un *diabète traumatique*, consécutif le plus souvent à des traumatismes du crâne.

La *marche* du diabète sucré chez le chien est généralement rapide. Certains diabétiques peuvent vivre encore plusieurs mois ; dans quelques cas, la glycosurie diminue sous l'influence d'un traitement approprié, mais l'amélioration n'est que passagère. Tôt ou tard les symptômes s'aggravent brusquement, et la plupart des malades trépassent dans le coma.

Le diabète du chien est une de ces maladies *de flair* qui passent facilement méconnues. On peut le soupçonner par les commémoratifs, à l'indication d'un ou plusieurs de ses symptômes

principaux, — de la polyurie, de la polydipsie, de la polyphagie ;
aussi, dans certains cas, par l'examen clinique : à l'amaigrissement, à la cataracte, à l'hypertrophie du foie. — La constatation du sucre dans l'urine assure le diagnostic. L'épreuve à la
liqueur de Fehling est un moyen facile et rapide de reconnaître
la glycosurie. Vous savez que cette liqueur est titrée de manière
que 1 centimètre cube soit réduit par 5 milligrammes de glycose. Vous connaissez aussi la technique de son emploi : on
verse dans un tube à essai 3 à 4 centimètres cubes de liqueur
de Fehling, et on la porte à l'ébullition (elle doit rester bleue et
parfaitement limpide) ; ensuite on ajoute l'urine filtrée, en la
versant lentement le long des parois du tube ; elle doit surnager
et former une couche qui recouvre la liqueur. Si elle contient
une notable quantité de sucre, à la surface du contact se forme
une couche d'abord verdâtre, qui passe successivement au jaune
et au rouge. — L'épreuve quantitative doit tenir compte de la
présence, dans l'urine du chien diabétique, d'une proportion
variable d'acide urique, ainsi que d'autres corps encore mal
connus, qui se comportent vis-à-vis de la liqueur de Fehling de
la même manière que le sucre.

La guérison du diabète sucré est sans doute possible chez le
chien, mais jusqu'alors on n'en a relaté aucun fait. Tous les malades ont succombé, et la plupart rapidement. Les observations
dans lesquelles la guérison est mentionnée ont trait au diabète
insipide.

Pour les sujets atteints de diabète sucré léger ou récent, le traitement permet de prolonger la vie pendant un temps variable.
On soustraira les malades aux diverses émotions vives ; la plupart ne doivent être ni hospitalisés, ni séparés de leurs maîtres.
On exclura de l'alimentation les matières féculentes et sucrées.
La nourriture sera composée surtout de viande, de soupes
légères aux herbes ou aux choux, de lait et de préparations
diverses faites avec ces aliments. — On laissera le chien diabétique boire à sa soif. On prescrira l'exercice en recommandant
d'éviter toute fatigue.

Le traitement médical comprend les alcalins, notamment le
bicarbonate de soude, et, s'il y a amaigrissement, les préparations
arsenicales ou valérianées.

On se rappellera aussi que les diabétiques sont particulièrement exposés aux infections. On ne pratiquera que des opérations urgentes et en s'entourant de sévères précautions aseptiques. Appelé par un sujet dans le coma diabétique, on essayera de combattre celui-ci par un purgatif drastique, par le bicarbonate de soude à haute dose, par les injections hypodermiques d'éther et de caféine.

Bibliographie du diabète sucré chez le chien.

Leblanc, Du diabète chez les animaux et en particulier du diabète sucré chez un singe et chez une chienne. *La Clinique vét.*, 1861, p. 225. — Thiernesse, Du diabète sucré chez les animaux. *Annales de méd. vét.*, 1861, p. 393. — Schmidt, Diabetes beim Hund. *Wochenschrift für Thierheilkunde*, 1863, p. 65. — Saint-Cyr et Wolff, *Journal de méd. vét.*, 1870, p. 313. — Haltenhoff, Diabetes beim Hund. *Zeitschrift für verg. Augenheilkund*, 1885, p. 65. — Schulz u. Strubing, *Ibid.*, 1887, p. 162. — Eichhorn, Beobachtungen über Zuckerharnruhr bei Hunden. *Sächs. Jahresbericht*, 1891, p. 184. — Fröhner, Ueber Zuckerharnruhr beim Hunde. *Monatshefte für Thierheilkunde*, 1892-93, p. 149. — Charrin et Gley, Quatre infections distinctes chez un chien diabétique. *Comptes rendus des séances de la Soc. de Biologie.* 1893, p. 237. — Schindelka, Zur Casuistik des diabetes beim Hunde. *Ibid.*, 1893-94, p. 132. — Pendragon, Diabetes in a Dog. *The Veterinarian*, 1894, p. 27. — Penberthy, Diabetes in the Dog. *The journal of comp. Pathol. and Therap.*, 1894, p. 124. — Gibier, Production de la glycosurie chez les animaux domestiques au moyen d'excitations psychiques. *Comptes rendus de l'Acad. des sciences*, 1894, p. 939; An. in *Recueil de méd. vét.*, 1895, p. 115. — Liénaux, Diabète pancréatique du chien. *Annal. de méd. vét.*, 1897, p. 190. — Eber, Zwölf Fälle von Diabetes mellitus beim Hunde. *Monatshefte für praktische Thierheilkunde*, 1897-98, p. 97.

XXXVII. — **Goitre exophtalmique.**

Au commencement de cette semaine, j'ai conservé vingt-quatre heures dans le service, pour vous permettre de l'y examiner, un cheval qui présentait des symptômes curieux sur lesquels j'ai appelé votre attention. Agé de quinze ans environ, ce cheval appartient depuis cinq mois à la personne qui nous l'a présenté. Sa santé a été bonne et il a fait un service régulier jusqu'à ces derniers jours. — On nous a dit qu'il laissait une partie de sa ration, que ses crottins étaient rares, durs, et qu'il était moins ardent au travail.

Sur ce malade, nous avons reconnu d'abord l'existence d'une tumeur bilobée, située au niveau de l'origine de la trachée, tumeur dont le lobe gauche était plus volumineux que l'autre, et qui était formée par l'hypertrophie de la glande thyroïde. Les deux lobes étaient mous, élastiques, rénitents, un peu fluctuants, mobiles sous la peau et peu adhérents aux organes profonds. — La bouche était sèche; il n'y avait pas d'irrégularités dentaires. La palpation de l'abdomen n'était pas douloureuse ; on ne percevait pas de signes d'encombrement des réservoirs digestifs.

A l'auscultation du cœur, nous avons entendu un souffle systolique doux ; pas d'autres troubles, pas de tachycardie, pas de palpitations, pas d'intermittences. Les mouvements respiratoires n'étaient pas accélérés. La température atteignait à peine 38°,5. — Ces constatations faites, vous m'avez vu examiner les yeux pour juger de leur volume, de leur saillie. Dans l'observation qui m'a été remise, il est fait mention d' « une légère saillie anormale des deux globes oculaires ». En réalité, il n'y avait pas d'exophtalmie manifeste. Bien que ce cheval ait un goitre et un souffle cardiaque, son inappétence est due surtout à de l'entérite. Assurément il n'est pas atteint de *goitre exophtalmique*. Nonobstant — et puisque j'ai prononcé le mot devant vous, — je ne veux pas laisser passer cette occasion de vous dire ce qu'est le goitre exophtalmique.

Dans la médecine de l'homme, depuis un peu plus d'un demi-siècle, on connaît sous les noms de *goitre exophtalmique*, de *maladie de Graves*, de *maladie de Basedow*, un état morbide dont la nature intime est encore mal déterminée, mais qui est nettement caractérisé par trois phénomènes principaux, — par des *palpitations de cœur*, un *goitre* et de l'*exophtalmie*.

Cette affection avait été à peine signalée lorsqu'elle fut essentialisée et bien décrite en Angleterre, par Graves, en Allemagne, par Basedow. Trousseau en traça un tableau magistral dans le tome II de ses *Cliniques médicales de l'Hôtel-Dieu*. Depuis cette époque, elle a été l'objet, en France et à l'étranger, d'une foule d'observations et d'intéressantes recherches.

Chez les animaux, les premiers cas de goitre exophtalmique n'ont été signalés qu'en 1888. A cette date, le vétérinaire russe Jewsejenko en relata deux faits observés l'un sur une jument, l'autre sur une chienne.

Dans le premier, il s'agit d'une jument de pur sang, âgée de quatre ans, qui, du jour au lendemain, à la suite de courses épuisantes, présenta des troubles graves rapportés d'abord à une affection de l'encéphale. De la faiblesse, de l'apathie, de l'inappétence, une soif vive, une légère accélération de la respiration, de la *tachycardie*, des *palpitations*, un pouls fort, une *hypertrophie de la glande thyroïde*, de l'injection des conjonctives et un peu d'infiltration des paupières : tels furent, pendant deux semaines, les principaux de ces troubles. Le seizième jour, l'*exophtalmie* apparut et devint vite très accusée ; les deux globes oculaires étaient immobiles, et l'occlusion des paupières impossible. *On percevait des battements au niveau des lobes de la thyroïde, dont le volume continuait à s'accroître.* La température atteignit 40°. — La malade mourut d'épuisement au bout d'un mois. L'autopsie ne put être faite.

Le second cas a trait à une chienne de sept ans, dans les antécédents de laquelle on relève une crise épileptiforme survenue au cours d'une promenade par un temps chaud. Il persista des troubles psychiques, de l'agoraphobie, des signes d'une grande irritabilité, puis apparurent successivement de la *tachycardie*, des *palpitations*, l'*hypertrophie de la glande thyroïde*, enfin l'*exophtalmie*. Les globes oculaires saillaient fortement ; les paupières ne pouvaient plus les recouvrir. Sur la cornée de l'œil gauche se développa un ulcère qui perfora cette membrane.

Depuis la publication de ces faits, on a relaté quatre nouveaux exemples de goitre exophtalmique : deux recueillis sur le cheval, un chez la vache et un chez le chien (1).

Ce sont là les seules données que nous possédions sur cette singulière maladie. Elle est assurément rare chez les animaux ; toutefois, si les faits en semblent aussi exceptionnels, c'est bien un peu parce que l'attention des vétérinaires n'a pas été appelée sur les signes qui permettent de la reconnaitre.

En général, chez l'homme, la maladie s'annonce par des *palpitations* qui apparaissent brusquement, à la suite d'un choc physique ou moral, d'un accident, d'une émotion violente, d'une frayeur, d'un travail épuisant, ou qui ont un début insidieux et s'accentuent graduellement. Les battements du cœur sont précipités et violents ; ils soulèvent une large surface de la paroi thoracique ; ils peuvent ébranler le thorax, même le corps tout entier. A l'auscultation, on entend les bruits normaux renforcés avec timbre métallique, ou des souffles dont le siège et l'intensité sont variables, mais le plus ordinairement un souffle systolique doux. Habituellement le pouls est faible à la radiale ; il est quelquefois arythmique ; chez certains sujets, son accélération est telle qu'il devient incomptable ; il peut aussi conserver assez longtemps ses caractères normaux. — Les carotides sont le siège de forts battements, de bondissements simulant la « danse des artères ». L'auscultation avec le stéthoscope permet parfois d'y percevoir des souffles doux ou rudes. — Les veines superficielles, plus spécialement celles des membres et les jugulaires, sont volumineuses, distendues ; aux deux jugulaires on peut voir de fortes pulsations.

L'hypertrophie de la glande thyroïde est tantôt uniforme, également accusée aux deux lobes, tantôt plus prononcée à l'un qu'à l'autre. L'apparition rapide du goitre est rare. Dans la généralité des cas, la glande augmente peu à peu de dimensions, conservant une assez grande élasticité, une certaine mollesse et sa mobilité sous la peau. Cette tumeur glandulaire est

____

(1) Un second cas de goitre exophtalmique chez la vache a été publié en 1898, par Göhrig, dans la *Deutsche thierärztliche Wochenschrift*, et un troisième, chez le cheval, en 1899, par Ries, dans le *Recueil de médecine vétérinaire*.

très vasculaire ; à l'auscultation, on peut y entendre un souffle
artériel isochrone aux battements du cœur. Avec le temps,
parfois elle se sclérose.

L'*exophtalmie* — la saillie anormale des globes oculaires — est
le plus souvent également accusée aux deux yeux. Non seulement la largeur des voiles palpébraux peut être insuffisante pour
recouvrir le globe oculaire, mais l'exophtalmie est quelquefois
si prononcée que la luxation des yeux paraît imminente, et l'on
a vu des exemples de cet accident ; dans certains cas elle est très
faible ; elle peut même faire défaut. Outre la saillie anormale de
l'œil, on note encore l'éclat de sa vitre, la fixité du regard, de
l'épiphora, de l'hyperhémie de la sclérotique. La pupille est
ordinairement normale ; parfois elle est dilatée ou rétrécie. Chez
la plupart des malades, les milieux de l'œil sont intacts et la vue
n'est pas troublée ; sur quelques-uns, il y a une dilatation des
vaisseaux rétiniens, de la myopie ou de la presbytie.

A ces trois symptômes, il faut ajouter le *tremblement*, signe
à peu près constant et non moins important que les premiers.
Tantôt le tremblement est limité aux membres et bien accusé
surtout aux supérieurs, tantôt il est général et souvent tous les
muscles sont le siège de mouvements fibrillaires.

On observe des troubles secondaires variés. L'appétit est
moindre, la digestion se fait mal, des crises de diarrhée surviennent, l'embonpoint et les forces diminuent. Chez quelques
malades, il y a de la toux, de l'oppression, de l'angoisse ; chez
d'autres, des manifestations du côté de la peau : celle-ci est
chaude, sèche ; elle est le siège d'un prurit continuel ; en diverses
régions, des abcès peuvent se développer dans le tissu conjonctif
sous-cutané. — On constate encore d'autres troubles d'origine
cérébro-bulbaire : c'est d'abord l'insomnie, conséquence de la
surexcitation encéphalique ; ce sont ensuite des modifications du
caractère, une irritabilité inaccoutumée, des mouvements d'im-
patience, d'emportement ou de la mélancolie. La polyurie, l'albuminurie et la glycosurie sont fréquentes.

Il s'en faut bien que la maladie de Basedow soit toujours caractérisée par la coexistence des phénomènes que je viens d'énu-
mérer. Assez souvent même sa triade symptomatique si expres-
sive n'existe pas. Dans les formes frustes, le goitre et l'exorbitis
sont peu prononcés ou font entièrement défaut : dans une
première variété, le goitre est peu accusé et la saillie anormale

des globes oculaires nulle ; dans une autre, il y a une forte hypertrophie thyroïdienne et l'exophtalmie est à peine appréciable ; dans une autre encore, on n'observe que de la tachycardie et du tremblement. Les troubles cardiaques sont constants ; ils représentent bien le symptôme primitif et prédominant de l'affection.

Dans la grande majorité des cas. le goitre exophtalmique est une affection chronique. Sa marche est lente, entrecoupée de paroxysmes surtout bien marqués pour les palpitations et l'hypertrophie thyroïdienne. Tout au début, elle peut avoir une évolution aiguë ; elle peut éclater brusquement et être presque aussitôt nettement caractérisée par les palpitations, l'hypertrophie thyroïdienne et l'exophtalmie, mais ensuite elle se déroule avec lenteur. Les cas à marche rapide sont rares.

Après une durée qui varie de quelques mois à dix, douze, quinze ans, la maladie se termine par la guérison ou elle entraîne la mort. Tantôt celle-ci a lieu par hémorrhagie cérébrale, tantôt elle survient par épuisement, ordinairement précédée d'une diarrhée incoercible, ou par un processus infectieux secondaire.

L'autopsie des individus qui succombent au goitre exophtalmique ne révèle pas toujours, dans les organes essentiels, des lésions permettant d'expliquer la mort. — Le cœur est normal, dilaté ou hypertrophié, et dans ce dernier cas l'hypertrophie est totale ou limitée au ventricule gauche. Les valvules sont indemnes ou épaissies. Parfois les carotides ont leur calibre augmenté.

Les artères thyroïdiennes sont dilatées et flexueuses. La glande thyroïde est enveloppée d'une couche conjonctive dans laquelle serpentent de volumineux canaux veineux ; son tissu, de consistance et de couleur variables, mais habituellement de teinte foncée, est le plus souvent très vasculaire, exceptionnellement fibreux, sclérosé.

L'artère ophtalmique elle-même offre souvent un calibre anormal. Les membranes de l'œil, plus spécialement la choroïde et la rétine, sont hyperhémiées ; on a trouvé les artères et les veines rétiniennes ectasiées, la rétine infiltrée de sang et pigmentée, la choroïde fortement injectée.

D'autres lésions peuvent exister dans les principaux viscères.

Parfois il y a de l'hyperhémie de l'estomac, de l'intestin, du foie,
de la rate, des reins, du cerveau. La cirrhose hypertrophique
a été notée dans plusieurs observations; les lésions rénales
de la maladie de Bright, dans d'autres. Il s'agit là d'altérations
accessoires, car, le plus souvent, les viscères n'offrent rien de
particulier.

Le goitre exophtalmique est caractérisé par des manifestations
très spéciales et il constitue bien une entité morbide. Mais quelle
en est la nature?

Une première doctrine considérait cette affection comme une
cachexie. Dans la maladie de Graves tenace et persistante, dans
la forme qui tue, le sang s'altère à la longue, la nutrition
s'alanguit, l'anémie survient et s'accentue plus ou moins rapidement. — Chez le malade dont j'ai relaté l'observation,
l'état de nutrition était mauvais, la maigreur et la faiblesse
étaient extrêmes, des œdèmes se remarquaient aux parties
déclives, la diarrhée était permanente. enfin de nombreux
foyers purulents se sont développés dans le tissu conjonctif sous-
cutané de diverses régions. — En général, dans cette forme, la
mort survient par les progrès de la cachexie. Mais celle-ci n'est
que l'effet des troubles qui se succèdent au cours de l'affection.
Elle fait défaut dans les cas légers, qui évoluent lentement, qui
s'arrêtent, restent stationnaires ou rétrocèdent. On ne saurait
donc considérer le processus lui-même comme une cachexie.

L'*origine nerveuse* de la maladie compte encore quelques
partisans. Pour ceux-ci, le goitre exophtalmique serait provoqué
principalement par des causes qui agissent sur l'encéphale —
par une vive excitation nerveuse, par des chagrins, par une
émotion violente. La physiologie, disent-ils, a démontré l'existence de congestions locales de cause purement nerveuse. Les
phénomènes congestifs qui surviennent à la glande thyroïde
et aux yeux seraient sous la dépendance de « paroxysmes nerveux » qui, par l'intermédiaire du sympathique, provoqueraient
des troubles circulatoires. En sorte que les trois principaux
symptômes relèveraient ainsi d'une même cause, d'une pertur-
bation primitivement encéphalique. La maladie serait donc une
« affection cérébro-bulbaire, une névrose congestive à marche
paroxystique ».

On tend aujourd'hui à la considérer comme une *auto-intoxi-*

cation produite par la suractivité ou la perversion fonctionnelle de l'appareil thyroïdien lui-même. On peut aisément provoquer tel ou tel symptôme ou même le syndrome du goitre exophtalmique, chez les animaux, par l'injection de certaines substances toxiques. Les recherches de M. Bouchard ont appris, par exemple, que l'exophtalmie peut être déterminée en injectant les produits nocifs qui s'échappent par le rein. MM. Ballet et Enriquez ont montré, à la *Société médicale des hôpitaux*, un chien chez lequel les symptômes du goitre exophtalmique étaient apparus à la suite de l'ingestion longtemps prolongée d'extrait de glande thyroïde. — C'est en agissant sur les centres nerveux que des principes toxiques, déversés ou retenus en excès dans le sang, susciteraient les troubles complexes de la maladie de Basedow.

Le goitre exophtalmique nettement caractérisé, exprimé par ses signes essentiels, ne saurait être confondu avec aucune autre affection. Aucune autre, en effet, ne s'accuse par de *gros yeux*, une *grosse glande thyroïde*, des *palpitations* et du *tremblement*. Toutefois, pour les formes ébauchées ou incomplètes, l'erreur est facile. Même chez l'homme, la maladie a été quelquefois prise pour une fièvre typhoïde à évolution lente ou pour la tuberculose. — Jusqu'en ces derniers temps, on n'a pas su la reconnaître dans les espèces animales : elle faisait partie du groupe de ces maladies innomées dont la nature se dérobe aux investigations cliniques et anatomo-pathologiques. Récente, elle peut être confondue avec les palpitations vraies, la « chorée diaphragmatique » ou une affection du cœur. Mais les palpitations cardiaques simples ou les secousses diaphragmatiques n'ont généralement qu'une durée éphémère ; lorsqu'elles persistent un certain temps, leur intensité diminue au bout de quelques jours, et l'on ne voit pas apparaître les autres manifestations du syndrome basedowien. De même dans les cardiopathies pures, il n'y a ni hypertrophie thyroïdienne, ni exophtalmie, ni tremblement.

Le *pronostic* est grave. Dans la plupart des cas, je l'ai dit, la maladie a une marche progressive et elle entraîne la mort au bout d'un temps plus ou moins long ; dans d'autres, elle s'arrête à un stade variable ; tantôt elle disparaît à peu près complètement ; tantôt la guérison est incomplète, — l'hypertrophie thyroïdienne et l'exophtalmie persistent à un certain degré.

Le *traitement* comprend des médications et des interventions chirurgicales diverses. Les moyens hygiéniques à prescrire seraient l'alimentation reconstituante, la vie au plein air, l'exercice très modéré ou le repos. On a conseillé de recourir à l'électricité, surtout aux courants continus, en appliquant les rhéophores de chaque côté du cœur, et à l'hydrothérapie. Les principaux agents qui composent la médication symptomatique sont l'iode et les iodures, les bromures, la digitale, la valériane et l'arsenic. — L'opothérapie thyroïdienne, l'administration d'extrait thyroïdien ou de comprimés d'iodothyrine, est un nouveau traitement qui a donné des améliorations, même des guérisons inespérées.

On a obtenu aussi des résultats encourageants par une intervention chirurgicale sur le corps thyroïde et par la résection du sympathique cervical.

J'ai dû faire cette brève incursion dans le domaine de l'autre médecine, pour attirer votre attention sur une maladie à peine signalée chez les animaux, maladie dont les exemples bien étudiés et soigneusement relatés offriraient un réel intérêt au point de vue de la pathologie comparée.

Bibliographie du goitre exophtalmique chez les animaux.

JEWSEJENKO, Deux cas de maladie de Basedow, *Archives vétérinaires de Pétersbourg*, 1888. An. in *Jahresbericht* von ELLENBERGER u. SCHÜTZ, 1888, p. 126. — RÖDER, Basedow'sche Krankheit beim Rinde. *Sächs. Bericht*, 1891. An. in *Jahresbericht*, 1891, p. 71. — CADIOT, Troubles circulatoires et goitre chez un cheval. *Bullet. de la Soc. centr. de méd. vét.*, 1892, p. 138. — MAREK, Morbus Basedowi. *Veterinarius*, 1894. An. in *Jahresbericht*, 1894, p. 86. — ALBRECHT, Morbus Basedowi beim Hunde. *München. Wochenschrift*, 1895. An. in *Jahresbericht*, 1895, p. 78. — GÖHRIG, Basedow'sche Krankheit bei einer Kuh. *Deutsche thierärztl. Wochenschrift*, 1898. An. in *Berlin. thierärztl. Wochenschrift*, 1898, p. 510. — RIES, *Recueil de Méd. vét.*, 1899, p. 145.

XXXVIII. — Sur l'eczéma du chien.

De tous les animaux domestiques, le chien est celui chez lequel on observe le plus souvent des maladies de la peau. A toutes les périodes de l'année, les chiens atteints d'affections cutanées abondent dans le service, et il ne se passe pas de jour sans que vous en voyiez un certain nombre à la consultation.

L'étude de ces maladies a été longtemps négligée. A une époque qui n'est pas très éloignée, lorsque déjà le microscope était devenu un instrument usuel, bien rares étaient les praticiens qui l'employaient pour établir le diagnostic précis des maladies cutanées du chien. Les progrès réalisés dans le champ de la dermatologie humaine ont porté M. Mégnin et quelques autres vétérinaires à faire une étude spéciale des maladies de la peau des animaux domestiques. Aujourd'hui, la plupart des dermatoses du chien sont bien connues, et la diagnose en est généralement facile.

L'eczéma, dont on a distrait d'abord les diverses gales, puis les dermatomycoses et plusieurs variétés de dermatites, comprend encore des affections assez disparates dans leur physionomie, leur marche, et qui plus tard seront sans doute différenciées. Actuellement donc, le mot *eczéma* ne s'applique pas à un état morbide simple, mais bien à un groupe de dermatoses à marche aiguë ou chronique, diversifiées dans leurs symptômes et leurs lésions, en général tenaces, récidivantes et habituellement liées à un état diathésique.

Cliniquement, l'eczéma se présente comme une dermatite éruptive, survenant d'ordinaire chez des sujets prédisposés, due à des causes externes ou internes, entretenue par le prurit et les grattages, variable dans ses caractères, son évolution, sa gravité. — D'après son intensité, on l'a divisé en *eczéma aigu* et en *eczéma chronique*. Dans bien des cas, le premier n'est que l'entrée en scène d'un processus dont les actes vont se dérouler ensuite avec lenteur, entraînant des lésions rebelles qui ne s'effaceront pas entièrement.

C'est une affection de toutes les races et de tous les âges, qui semble à peu près également fréquente dans les deux sexes, mais qui est particulièrement commune pendant la seconde moitié de la vie ; chez les jeunes chiens, en dehors de l'éruption de la « maladie », on n'observe guère que des poussées vésiculeuses éphémères, bien différentes de l'eczéma des vieux. — On ne rencontre pas l'eczéma avec une égale fréquence en toutes les régions. Il occupe de préférence les parties supérieures du corps, — la tête, le cou, le dos, le rein, la croupe, — l'ars, l'aine, les bourses, la queue, les espaces interdigités. Ancien, chronique, on peut le voir plus ou moins généralisé ; alors il se montre d'ordinaire fort tenace sur le dos, sur les coudes, les jarrets, dans l'oreille et à l'extrémité de la queue.

En tête de l'exposé des conditions susceptibles de faire naître l'eczéma, il faut rappeler cette importante notion, que les éruptions eczémateuses sont souvent subordonnées à un état constitutionnel ou diathésique, — au lymphatisme chez les jeunes chiens, à l'arthritisme, à l'obésité, quelquefois au diabète chez les adultes et les vieux. Cet état général domine l'étiologie de l'affection et commande une thérapeutique spéciale : chez certains sujets, il donne lieu à des troubles dans les fonctions de l'estomac, de l'intestin, du foie, à une nutrition défectueuse s'accompagnant d'auto-intoxication, troubles qui favorisent le développement de l'eczéma, qui le font apparaître sous l'influence de causes occasionnelles insignifiantes, qui même peuvent le créer d'emblée. — Nombre d'eczémateux rebelles sont atteints de bronchite chronique, d'emphysème, d'asthme, et il n'est pas rare de constater l'alternance des lésions eczématiques avec certaines affections ou certains troubles des appareils digestif ou respiratoire. — L'alimentation a également sa part d'influence sur l'évolution de l'eczéma : selon les conditions d'existence du chien, la nourriture exclusivement végétale ou carnée peut être en cause.

D'une façon générale, les éruptions eczémateuses sont précédées d'irritations cutanées de nature et d'intensité variables. Elles peuvent être occasionnées par le tondage, par des frottements répétés, par les pressions qu'exerce le collier, par l'action de solutions alcalines ou acides, par les ectozoaires qui ont précisément pour habitats préférés les régions le plus habituellement atteintes d'eczéma. La malpropreté de la peau, l'accumulation de poussière ou de crasse à sa surface, lui donnent facilement naissance. En revanche, dans certains cas il peut résulter de l'abus des bains ou des savonnages, chauds ou froids. Pendant les mois d'été, il est assez souvent provoqué par l'action de la chaleur solaire sur le tégument.

Le rôle que les appareils circulatoire et nerveux jouent dans la genèse de l'eczéma est encore obscur. Chez le chien, on rencontre rarement de ces éruptions symétriques à marche ente, qui paraissent être sous la dépendance du système nerveux.

L'hérédité exerce une influence incontestable. Elle agit en transmettant la prédisposition aux adultérations humorales ou aux troubles généraux de la nutrition, causes premières des eczémas d'origine interne.

La bactériologie était à peine née que l'on cherchait à édifier la théorie parasitaire de l'eczéma. Sur les plaques eczémateuses, on trouve une flore complexe — des microcoques et des bactéries — dont le rôle dans la pathogénie de l'efflorescence est encore mal connu ; on peut en effet la rencontrer aussi abondante et non moins variée sur la peau saine des parties voisines. Toutefois, les microbes qui pullulent aux placards eczémateux ne sont pas sans influence sur la marche et les transformations de la dermatose : ils aggravent l'eczéma aigu ; ils contribuent pour une part à la persistance des formes chroniques. — Aujourd'hui, on tend à admettre que l'eczéma vésiculeux de l'homme est le résultat d'une infection microbienne, de l'action de *cocci* de dimensions inégales, associés par deux, par quatre ou en amas muriformes, libres dans les espaces intercellulaires ou inclus dans le protoplasma des éléments de la vésicule, — cocci auxquels Unna a donné le nom de *morocoques*. Dans l'impétigo, les microbes pyogènes, notamment les staphylocoques blanc et doré, représenteraient de véritables agents de transmission de la maladie, laquelle serait contagieuse et inoculable. Qu'elle succède à certaines lésions cutanées suppurantes ou qu'elle ait pour point de départ une solution de continuité étroite et superficielle du tégument, cette forme consisterait essentiellement en une infection de la couche papillaire, et s'accuserait par une pustulation suivie d'une sécrétion plus abondante que celle de l'eczéma ordinaire. Mais de nouvelles recherches sont nécessaires pour déterminer la part qui revient aux microbes dans la pathogénie de l'eczéma.

Les *irritations cutanées*, les *troubles de nutrition*, l'*alimentation irrationnelle* et les *conditions de vie anormales* : voilà les grandes causes des affections eczémateuses du chien. — Eu égard précisément à leur étiologie, on peut diviser celles-ci en deux groupes, reconnaître un *eczéma essentiel* et des *eczémas symptomatiques*.

L'*eczéma essentiel* est directement provoqué par des irritations extérieures s'exerçant en une région quelconque du tégument. Chez les chiens à peau fine, cet eczéma peut être causé par les agents mécaniques, thermiques ou chimiques, — par les frottements ou les pressions réitérés, la chaleur solaire et l'action sur la peau d'une foule de topiques. Il s'éteint sur place ; il n'a pas de retentissement sur l'organisme ; il ne récidive que par la répétition des causes qui lui ont donné naissance.

Les *eczémas symptomatiques* sont ceux dont la pathogénie est dominée par une cause interne. Ils sont d'origine diathésique, d'origine alimentaire ou d'origine nerveuse. Diverses altérations humorales, qui résultent d'états morbides antérieurs ou d'intoxications alimentaires, peuvent s'en accompagner. Tantôt ces influences internes sont seules en cause, tantôt, donnant lieu à une irritabilité excessive de la peau, elles sont secondées par quelque action irritante s'exerçant sur cette membrane : pressions, frottements, action du froid ou du calorique.

Quels sont les caractères anatomo-cliniques de l'*eczéma aigu*?

L'éruption s'annonce par de petites taches rouges, du diamètre d'une lentille à celui d'un pois, très rapprochées les unes des autres, souvent presque confluentes. En même temps que leur centre s'épaissit, devient saillant, ces taches hyperhémiques s'agrandissent et d'autres apparaissent : c'est l'*eczéma papuleux*. Lorsque la surface malade est partout enflammée et rouge, l'eczéma est dit *érythémateux*. Alors il y a un vif prurit qui provoque d'incessants grattages. — Dans quelques rares cas, les papules s'affaissent, l'épiderme se desquame à leur niveau, l'état congestif de la peau s'efface ; presque toujours une gouttelette de sérosité se collecte au sein des papules, qui sont ainsi transformées en vésicules : l'eczéma est devenu *vésiculeux*. A peine formées, les phlyctènes sont aussitôt déchirées par les frottements auxquels l'animal se livre sans répit ; la résorption du contenu des vésicules est tout exceptionnelle. La surface malade est plus ou moins dépilée, l'épiderme détruit, la couche papillaire enflammée ; le liquide exsudé est d'abord séreux, puis purulent ; bientôt il forme une couche visqueuse qui dégage une odeur fétide : l'eczéma est dit *humide* ou *sécrétant*. L'*eczéma rubrum* banal n'est qu'une variété de l'eczéma humide, caractérisée par une vive rougeur du tégument dépouillé de son revêtement épidermique.

C'est généralement à ce stade, dont la durée est de quelques jours, que les malades nous sont présentés. Au niveau de la plaque eczémateuse, les poils sont agglutinés par le liquide transsudé ; sur les chiens à longue toison, ils forment une couche feutrée, enduite d'une sorte d'exsudat pseudo-membraneux ; la couche papillaire est enflammée, tuméfiée, rouge, finement granuleuse et extrêmement sensible. Les moindres attouchements provoquent de la douleur ; les malades dociles cherchent à se soustraire à l'exploration ; les autres prennent une attitude menaçante. — Si l'on examine attentivement le tégument de la zone qui entoure les plaques suintantes, on peut y remarquer des vésicules produites par une nouvelle poussée ; c'est ainsi que l'eczéma s'étend, qu'il fait *tache d'huile*, irradiant du lieu où il a débuté aux régions adjacentes. — L'eczéma, parvenu à son apogée clinique, persiste sous cette forme pendant trois à six jours, quelquefois davantage, puis les phases de guérison surviennent. Mais cette évolution est assez souvent troublée par divers incidents qui donnent une physionomie particulière aux lésions cutanées. Lorsque l'inflammation est attisée par les frottements, elle peut envahir profondément le derme : celui-ci bourgeonne ou se crevasse.

Dans les cas ordinaires, le liquide transsudé de la couche papillaire se prend en croûtes grisâtres, jaunes ou brunâtres s'il est mélangé à du sang extravasé : l'eczéma est *croûteux*. — Chez quelques sujets, la couche superficielle du derme, infiltrée de microbes pyogènes, est recouverte de croûtes jaunâtres sous lesquelles la suppuration continue ; bientôt ces croûtes sont partiellement soulevées, elles se fendillent et le pus apparaît à l'extérieur : l'eczéma est dit *impétigineux*. Parfois la suppuration est à peine marquée, les croûtes restent d'abord adhérentes, se dessèchent, puis se décollent. — Dans l un et l'autre cas, une fois les croûtes éliminées, le derme est encore légèrement tuméfié, un peu rouge, et il y a une desquamation épidermique plus ou moins abondante : l'eczéma est *squameux*. — Enfin, si la guérison a lieu, la tuméfaction s'efface, l'hyperhémie et l'exfoliation disparaissent. Au bout de peu de temps, la membrane tégumentaire est revenue à son état primitif et les poils repoussent.

En résumé, rougeur et gonflement de la peau, papules, vésicules qui se transforment ou non en pustules et se rupturent, suintement, croûtes, squames : tels sont les phénomènes essentiels qui caractérisent les stades successifs de l'eczéma aigu. Son évolution est typique ; mais, en réalité, aucune dermatose n'offre une plus grande diversité d'aspect : une série de poussées éruptives pouvant se faire à de très courts intervalles, souvent les symptômes propres à ces différents stades s'observent simultanément sur un même sujet, voire sur une surface très circonscrite ; autour d'une plaque suintante, on remarque des vésicules, des papules ou des taches rouges ; l'éruption peut être localisée, disséminée ou presque généralisée, et des lésions secondaires s'ajoutent fréquemment à celles dont je viens de parler. Le prurit toujours vif qui accompagne l'éruption provoque des grattages continuels, sous l'influence desquels l'inflammation cutanée entraîne des destructions plus ou moins étendues de la couche papillaire. Une fois celle-ci exposée et excoriée, les vaisseaux lymphatiques qui partent des surfaces malades, ainsi que les groupes ganglionnaires auxquels ils aboutissent, peuvent s'enflammer.

Dans l'*eczéma généralisé*, et par ce mot il faut entendre, non pas une éruption se faisant en même temps sur la totalité de la membrane tégumentaire, mais l'existence de foyers disséminés sur le tronc, la tête et les membres, foyers d'âges divers, offrant ces caractères disparates qui font de l'eczéma la plus polymorphe des dermatoses, foyers qui restent isolés ou deviennent en partie confluents ; dans cette forme, dis-je, on peut observer des phénomènes fébriles, de l'inappétence, de l'hyperthermie, des exacerbations coïncidant avec de nouvelles poussées, enfin des troubles dus à des lésions viscérales.

L'affection érythémateuse vulgairement désignée sous le nom de *rouge* — expression que quelques-uns ont appliquée à tort aux gales sarcoptique et folliculaire — n'est pas autre chose que de l'eczéma. L'efflorescence dont il s'agit a pour siège les régions où la peau est fine, peu garnie de poils ou presque glabre, surtout l'ars, l'aine et la face interne des sections supérieures des membres, parfois aussi la face inférieure du thorax et de l'abdomen. On l'observe principalement chez les animaux jeunes ou adultes; mais c'est une erreur de la croire particulière à certaines races; toutes y sont sujettes.

Elle est caractérisée par la rougeur du tégument et par de vives démangeaisons; quand le mal existe en des régions où le poil est blanc, celui-ci prend une teinte rougeâtre. Sur le tégument enflammé se développent de petites vésicules qui se déchirent et sont quelquefois suivies d'ulcérations toutes superficielles et d'un léger suintement. Lorsque l'affection dure un certain temps, il peut se produire une série de poussées vésiculeuses; la peau s'épaissit et se recouvre d'une couche épidermique épaisse, fendillée, rugueuse. — Il est des cas où cet érythème, d'abord localisé, s'étend latéralement sur le thorax et l'abdomen; en arrière, le long du périnée, jusqu'à l'anus; en avant, sur la face inférieure du cou, jusqu'à la tête. Chez le plus grand nombre des malades, l'inflammation est surtout aiguë aux plis de l'ars et de l'aine; on constate là de l'*intertrigo*, quelquefois avec un suintement assez abondant.

Indépendamment de la forme commune de l'eczéma, on peut observer exceptionnellement celle que Unna a décrite chez l'homme, il y a quelque dix ans, sous le nom d'*eczéma séborrhéique*, et qui est caractérisée par un état inflammatoire spécial du derme, de l'épiderme, des glandes sébacées et sudoripares, par la chute des poils sur des surfaces régulières, à bords nets, qui s'étendent peu à peu et parfois guérissent au centre. Cette séborrhéite est sèche, squameuse ou croûteuse. En général, il y a oblitération de l'orifice des glandes sébacées par hyperkératose, hypertrophie de ces glandes et atrophie du follicule pileux.

Les déterminations eczémateuses ont, je l'ai dit, une prédilection bien marquée pour certaines régions, mais on peut les rencontrer partout; aucun territoire cutané n'en est exempt. Il en est qui revêtent des caractères particuliers dus à leur siège : telles les éruptions des paupières, de l'oreille, du scrotum et du tégument interdigité. — Celle des paupières amène un fort gonflement et la dépilation de ces voiles, un vif prurit, de la conjonctivite avec écoulement assez abondant et quelquefois l'occlusion de la fente palpébrale. — Celle de l'oreille s'accompagne d'une sécrétion fétide et donne lieu, comme la précédente, à une douleur aiguë, exprimée par la continuelle agitation des oreilles; parfois le tégument du conduit auditif externe est très tuméfié et ce conduit obstrué. — Celle du scrotum est remarquable par le gonflement et une très vive hyperesthésie de la surface enflammée, aussi par l'abondance du suintement. — Celle de la région plantaire et des espaces interdigités entraîne une claudication; quelquefois elle est suivie d'une dermatite phlegmoneuse du doigt, qui peut se compliquer de fistules difficiles à tarir.

Sur les eczémateux traités en ce moment dans le service, les localisations existent sur le tronc, au cou et à l'oreille. — L'un d'eux présente, sur la face supérieure du cou, sur le garrot et le dos, une large zone enflammée, partiellement dépilée, recouverte dans toute son étendue d'une matière visqueuse, jaunâtre, purulente; la peau est épaissie, infiltrée, plissée transversalement; à sa périphérie, ce placard est nettement circonscrit par une ligne sinueuse rouge foncé, au delà de laquelle se remarque une étroite bande d'hyperhémie. — Sur un autre, la face inférieure du cou est le siège d'une plaque eczémateuse circulaire offrant à peu près les mêmes caractères. — Un troisième présentait, il y a quelques jours, une plaque dorsale suintante et fort douloureuse; le processus y est arrivé à la période de dessiccation; la peau est maintenant recouverte de minces croûtes, elle n'est plus le siège d'aucune sensibilité morbide, elle n'est presque plus tuméfiée. — Sur un caniche atteint d'une double otite externe accusée par un suintement abondant et une grande sensibilité, le tégument du conduit auditif est encore tuméfié et rouge; mais la sécrétion a beaucoup diminué, elle n'exhale plus d'odeur fétide, et le prurit est calmé. — Un autre malade vous a offert un exemple d'eczéma auriculaire compliqué d'*othématome* : l'agitation incessante des oreilles provoqua un décollement de la peau du pavillon et la formation d'un kyste qui occupait les deux faces de la conque.

L'étude histologique des lésions de l'eczéma aigu montre que le processus est en général limité à la couche superficielle du derme. Le corps muqueux est le siège d'une inflammation œdémateuse et d'une immigration plus ou moins abondante de cellules lymphatiques; l'épiderme est gonflé par la sérosité exsudée, il se dékératinise, des vésicules s'y forment, puis il se détache ou s'exfolie. Les vésicules se développent entre la couche cornée et le corps muqueux; elles contiennent un liquide séreux, des leucocytes, de grosses cellules épithéliales polynucléaires et des microcoques. Plus la phlegmasie est intense, plus l'exsudation et l'infiltration leucocytaire sont abondantes. Les altérations inflammatoires qui portent sur toute l'épaisseur du chorion, les foyers purulents qui peuvent s'y développer, les destructions partielles, les pertes de substance qui intéressent la couche papillaire, sont le résultat d'irritations surajoutées. En somme, l'eczéma aigu simple est une épidermodermite exsudative; ses lésions sont celles d'un catarrhe superficiel du tégument.

XXXIX. — **Sur l'eczéma du chien** (suite).

L'eczéma chronique, très commun sur les vieux chiens, succède
à des poussées aiguës ou se développe d'emblée et présente
les caractères de la forme squameuse.

C'est aussi sur les régions supérieures du corps qu'on l'observe
le plus habituellement; chez quelques malades, il est localisé
aux membres, plus particulièrement aux coudes et aux jarrets. Il
peut persister indéfiniment à l'état sec; cependant, comme le
prurit est en général vif, il est fréquent de voir se produire en
certains points, par l'action des grattages et des frottements,
des poussées qui déterminent l'apparition de plaques humides,
suintantes. C'est ainsi que, chez la plupart des sujets atteints
d'eczéma de vieille date, on peut rencontrer des foyers récents
mêlés aux lésions anciennes.

Les surfaces affectées d'eczéma chronique offrent un aspect
lichénoïde; elles sont dépilées ou recouvertes de poils clairse-
més, rigides, irréguliers; la peau est épaissie, sèche, plissée,
squameuse; souvent elle a un aspect granulé ou verruqueux dû
à l'hypertrophie des papilles; sa coloration est habituellement
plus foncée que celle des parties voisines.

Le processus détermine de la sclérose cutanée : il entraîne
des lésions hyperplasiques et atrophiques : les éléments propres
du derme, les glandes, les follicules pileux, s'altèrent à la longue
et peuvent disparaître en partie. Malgré l'exfoliation qui a lieu
dans les couches superficielles de l'épiderme, celui-ci conserve
une assez grande épaisseur.

Comme dans la forme aiguë, on rencontre parfois des plaques limitées à certaines régions, où elles se montrent très
tenaces, très rebelles. — L'eczéma de la région dorso-lombaire
est souvent remarquable par son étendue; là surtout, dans les
cas anciens, la peau est épaissie, plissée, verruqueuse. — Aux
membres, l'eczéma atteint de préférence les coudes, les jarrets
et la région digitée; chez quelques sujets, il finit par entraîner,
en ces régions, une dermatite phlegmoneuse, accusée par la formation de nombreux petits abcès renfermant du pus sanguino-

lent et offrant bien l'aspect des boutons de la gale folliculaire. —
L'eczéma de la queue, quelquefois étendu à la plus grande partie
de celle-ci ou disposé en foyers multiples, est le plus souvent
localisé à l'extrémité de l'appendice : là, le tégument est enflammé, tuméfié, ulcéré dans sa couche superficielle, d'où le nom
de « *chancre de la queue* » ; au voisinage, les poils qui restent
sont raides, secs, fragiles ; la portion terminale de la queue
est souvent indurée sur une longueur de plusieurs centimètres.
Par l'action des dents, par celle des heurts auxquels cet organe
est si exposé, la surface malade devient facilement saignante et
des poussées aiguës s'y produisent ; le mal peut se prolonger ainsi
pendant des mois. A l'extrémité caudale, exceptionnellement
l'eczéma est hyperkératosique et donne lieu à la production de
petits îlots cornés confluents. — L'inflammation eczémateuse
chronique du conduit auditif externe entraîne l'épaississement
du tégument, quelquefois des ulcérations ou des hypertrophies
papillaires, des végétations qui obstruent ce conduit.

Les symptômes de l'eczéma sont assez spéciaux pour que l'on
puisse, par le seul examen clinique, en établir le *diagnostic*
dans la généralité des cas. S'il y a doute, il faut examiner attentivement toutes les surfaces affectées : leur aspect, leurs caractères permettent souvent de se prononcer sans recourir à l'examen microscopique. L'eczéma est toujours facilement différencié
de l'*éruption de la maladie*, des *teignes*, des diverses lésions cutanées d'ordre traumatique ; mais certaines éruptions eczémateuses
peuvent être confondues avec la *gale sarcoptique*, d'autres avec la
gale folliculaire. Nous venons d'observer un chien qui présentait
au cou une plaque d'eczéma impétigineux rappelant bien un îlot
de gale folliculaire, et vous voyez souvent des foyers eczématiques qui simulent la gale sarcoptique récente. Dans ces cas, on ne
peut être exactement fixé que par l'examen microscopique du
produit recueilli en grattant avec le scalpel les surfaces malades.

Le *pronostic* de l'eczéma est plus sérieux que celui des autres
dermatoses du chien, — la gale folliculaire et la dermatite
phlegmoneuse exceptées. On arrive bien à guérir momentanément les sujets, à les *blanchir*, mais fréquemment le mal reparaît
au bout d'un laps de temps variable. — Si toutes les formes
d'eczéma ne sont pas également graves, la plupart impliquent
l'existence d'un état dyscrasique qui domine l'étiologie de l'af-

fection. Le *pronostic* est plus favorable pour l'eczéma aigu que pour l'eczéma chronique, plus aussi pour les formes localisées que pour celles qui sont plus ou moins généralisées. Les éruptions auriculaire, digitale, caudale, sont difficiles à éteindre d'une façon complète chez certains animaux, surtout chez ceux qui ont dépassé l'âge adulte. — Diverses complications sont possibles. Ainsi, l'eczéma auriculaire peut s'accompagner d'ulcération du bout de la conque, — de chancre auriculaire, — d'othématome, d'abcès de la base de l'oreille dus aux frottements, et à la longue il peut amener la surdité ; — l'eczéma palpébral se complique parfois d'entropion, même de kératite ulcéreuse ; — dans quelques cas d'eczéma des bourses, on aurait vu l'orchite provoquée par les frottements auxquels donne lieu le prurit. Quel que soit le siège de l'éruption, les abcès intra ou hypodermiques, ainsi que les pertes de substance de la peau, aggravent l'eczéma, et ces accidents laissent des cicatrices. Enfin le genre de vie du malade a sa part d'influence : sur les chiens d'appartement, l'eczéma est plus tenace et les récidives plus fréquentes que chez les autres.

La *thérapeutique* de l'eczéma est complexe. Beaucoup de praticiens s'en tiennent au seul traitement local ; mais, pour la plupart des malades, si l'on veut obtenir un résultat durable, il importe d'instituer une médication interne et souvent de modifier le régime alimentaire.

Le traitement local de l'eczéma aigu comprend tout d'abord les indications suivantes : couper les poils sur les surfaces malades, et si l'eczéma est étendu, généralisé, tondre le sujet : nettoyer la peau par un savonnage à l'eau bouillie ou à l'eau boriquée chaude, la sécher avec soin, enfin la soustraire autant que possible aux diverses causes d'irritation ; aux chiens de luxe, qui ont l'habitude de porter une couverture, on devra parfois enlever celle-ci ; à tous on supprimera le collier si une plaque d'eczéma est développée sur la peau du cou.

En général, dans l'*eczéma humide*, une fois les surfaces malades nettoyées, désinfectées, l'intervention locale la plus avantageuse consiste à employer les topiques pulvérulents, à recouvrir les plaques, deux ou trois fois par jour, d'une poudre absorbante : — amidon, talc, sous-nitrate de bismuth, oxyde de zinc ou mélange de ces substances. Pour les chiens de luxe, on peut y ajouter un peu d'essence de roses, d'iris, de benjoin, ou employer la poudre de riz.

Si le prurit est très vif, on prescrira les lotions avec les solutions chaudes d'hydrate de chloral ou de bicarbonate de soude à 3-6 p. 100, avec l'eau alcoolisée additionnée de 1 p. 100 d'acide phénique, et l'application d'un glycérolé ou d'une pommade contenant la même proportion d'acide phénique. — Aux membres et aux autres régions où l'animal peut porter la langue, l'eczéma est souvent entretenu et aggravé par le léchement. Il est alors indiqué de protéger les surfaces malades par un pansement ouaté.

On a quelquefois recours à la cautérisation légère du tégument enflammé; à cet effet, on utilise soit l'acide azotique étendu de 10 parties d'eau, soit l'azotate d'argent en solution à 5 ou 6 p. 100. A l'aide d'un pinceau, on badigeonne les plaques avec l'une ou l'autre de ces préparations. On provoque ainsi une escharification superficielle et la formation d'une croûte mince, sous laquelle la peau se dessèche et l'épiderme se reconstitue.

Lors d'eczéma aigu surtout, les lotions et les bains fréquents ont bien plus d'inconvénients que d'avantages; l'eau irrite la peau, entretient ou même augmente l'inflammation, et peut provoquer l'apparition de nouvelles éruptions.

Si l'eczéma est *impétigineux*, il faut, par de légères pressions, faire sourdre le pus collecté sous les croûtes, l'enlever avec de petits tampons d'ouate, puis appliquer un topique antiseptique ou réducteur.

On peut utiliser avec avantage la solution aqueuse d'acide phénique ou de formol à 1 p. 200, la glycérine simple ou iodée, l'onguent de zinc, la vaseline et la lanoline simples ou additionnées d'une petite quantité de talc, d'oxyde de zinc, d'acide borique, d'acide salicylique ou de résorcine.

Vaseline	100 gr.
Cire	20 —
Oxyde de zinc	20 —
Vaseline ou lanoline	}
Oxyde de zinc	} ãã
Vaseline	100 gr.
Talc	50 —
Oxyde de zinc	50 —
Vaseline	100 gr.
Oxyde de zinc	50 —
Acide salicylique	5 —
Résorcine	2 gr. 50

Pour les formes *squameuses* de l'eczéma, le goudron et le crésyl sont les agents thérapeutiques ordinairement usités. Le goudron peut être appliqué associé soit à l'alcool, soit au savon vert.

Goudron........................... 100 gr.
Alcool à 60°....................... 50 —
Goudron........................... (āā
Savon vert......................... \
Crésyl............................. 50 gr.
Savon vert......................... 50 —
Alcool à 60°....................... 25 —

La préparation choisie est appliquée en mince couche sur les parties malades ; il se forme des croûtes feuilletées que l'on détache au bout d'une semaine. Par l'état du tégument, on juge si l'on doit faire une seconde application. — Tant que la peau est humide, ces préparations sont inférieures aux topiques pulvérulents.

On traitera la forme *séborrhéique* par le glycérolé cadique fort (glycérolé d'amidon et huile de cade à parties égales), par les pommades ou les glycérolés auxquels on incorpore 5 p. 100 d'acide pyrogallique, 5 à 10 p. 100 d'acide salicylique ou 10 p. 100 de soufre.

Ramollir les croûtes ou les squames, les détacher, désinfecter les surfaces malades et faire cesser l'état d'hyperhémie cutanée qui entretient la dermatose : telles sont les principales indications du traitement de l'*eczéma chronique*. Le ramollissement et le décollement des squames ou des croûtes seront obtenus par des applications de vaseline, par un lavage au savon vert ou au savon de glycérine. On agira ensuite sur le tégument par des lotions avec la solution chaude de bicarbonate de soude, ou, mieux encore, par des applications de l'un des liniments dont je viens de parler à propos de l'eczéma squameux.

De temps à autre, on fera un savonnage à l'eau bouillie additionnée de 1-2 p. 100 de crésyl ou avec la solution de bicarbonate de soude.

Une foule d'autres préparations et quelques médicaments nouveaux — l'ichtyol, l'anthrarobine, la chrysarobine, la pyoctanine — ont été recommandés, en ces dernières années. Ils n'ont aucune supériorité sur les topiques que nous employons habituellement.

Pour les eczémas qui résultent de causes purement locales, une médication interne est inutile ; mais il est impossible de distinguer cliniquement ces eczémas de ceux qui sont sous la dépendance d'un état diathésique, et lorsque l'eczéma est tenace, rebelle, toujours on doit instituer une médication interne.

Il n'y a pas de traitement général unique de l'eczéma. Aucun médicament ne jouit de propriétés qui doivent le faire considérer comme spécifique antieczémateux. Ni les alcalins, ni les arsénicaux ne conviennent à tous les cas. Bien que les premiers soient utiles aux diverses périodes de l'affection, on y aura particulièrement recours pour les chiens gras ou obèses ; on donnera le bicarbonate de soude dans la pâtée à la dose de 1 à 6 grammes par jour. — Les purgatifs sont utiles contre l'eczéma aigu ; sous leur influence, les plaques cutanées se dessèchent plus rapidement. — Les préparations arsenicales, en particulier les liqueurs de Fowler et de Pearson, sont avantageuses dans les formes chroniques. On donne la solution de Fowler à la dose de 1 à 6 gouttes par jour, et la solution de Pearson à la dose de 2 à 12 gouttes. Souvent, pour les chiens de luxe notamment, on pourra prescrire encore diverses eaux minérales — Vichy, Évian ou La Bourboule — données pures ou mélangées à du lait. Le soufre sublimé, à la dose quotidienne de 1 à 2 grammes, l'huile de foie de morue et les ferrugineux ont aussi leurs indications.

Enfin il importe de savoir que l'hygiène, le régime alimentaire, les conditions de vie, ont une incontestable influence sur l'évolution de l'eczéma. Selon la constitution ou l'état d'embonpoint des malades, on conseillera une nourriture rafraîchissante, le régime carné, le lait bouilli et les diverses préparations lactées ou une alimentation mixte. En général, on devra diminuer non pas le nombre des repas, mais la quantité de nourriture ingérée quotidiennement. Si le malade est obèse, on la réduira au strict nécessaire. On proscrira les pâtisseries. On recommandera l'exercice pour les animaux qui ont une existence sédentaire.

Chez le chien aussi, une bonne hygiène et un régime diététique ont souvent sur la marche des éruptions eczémateuses une action au moins égale à celle des agents thérapeutiques. Nos eczémateux sont plutôt dans des conditions défavorables pour guérir complètement ; aussi, quand nous ne parvenons qu'à améliorer leur état, conseillons-nous de les reprendre, de leur donner de l'exercice, la vie au plein air si possible, de continuer les soins afférents au régime et, huit à quinze jours chaque mois, le traitement interne.

XL. — **Sur l'eczéma du cheval**.

Vous avez observé dernièrement dans le service un cheval atteint d'une maladie cutanée récente, accusée par des symptômes qui offraient quelque analogie avec ceux de la *dermatite granuleuse*. Cet aspect particulier a frappé le vétérinaire qui me l'a adressé ; il me l'a signalé ; pour lui, les caractères de l'affection rappelaient ceux des « plaies d'été ».

A l'examen de ce malade, nous avons constaté à la surface du corps trois plaques tuméfiées, recouvertes de croûtes gris jaunâtre, fendillées, entre lesquelles suintait de la sérosité visqueuse. L'une de ces plaques, qui occupait l'inter-ars, était de forme ovalaire et de dimensions un peu plus grandes que celles de la main ; une autre, développée sur le membre antérieur gauche, était limitée à la face externe du canon et du boulet ; la troisième, qui siégeait aux mêmes régions du membre postérieur gauche, était un peu plus étendue.

On va vous rappeler sommairement l'histoire clinique de ce sujet :

Cheval hongre, bai brun, âgé de sept ans, de tempérament lymphatique. Présenté à la consultation et laissé en traitement le 6 mars.

Atteint d'une bronchite vers le milieu de janvier dernier, il a été laissé au repos pendant près de trois semaines. Depuis sa convalescence, il a peu travaillé. L'affection cutanée dont il est atteint remonte à environ quinze jours. On a remarqué successivement trois plaques dépilées et suintantes au membre antérieur gauche, au poitrail et au membre postérieur droit.

État actuel. — Ces plaques sont situées : la première sur la face externe du boulet et du paturon du membre antérieur gauche ; — la deuxième à l'inter-ars ; — la troisième sur les faces externe et antérieure du jarret droit. C'est cette dernière qui présente actuellement les caractères les plus saillants. Suintante dans la plus grande partie de son étendue, elle est presque complètement dépilée. En certains points, l'exsudation est séreuse, peu abondante ; — dans d'autres, il existe de petites érosions recouvertes d'une mince couche visqueuse, jaunâtre, formée par l'exsudat desséché ; mis à nu, le derme est d'un rouge plus ou moins vif, finement ponctué ; — ailleurs encore, où l'inflammation est plus intense, il s'est développé des granulations qui dépassent de quelques millimètres le niveau de la peau et sécrètent un liquide séro-sanguinolent, lequel, mélangé de détritus cellulaires, forme une matière poisseuse qui agglutine les poils au voisinage de la plaque. Celle-ci est entourée d'une bande cutanée couverte de vésicules produites par une nouvelle poussée; en aucun point on n'y constate de vive sensibilité; mais elle est le siège d'un prurit intense que l'animal accuse par des grattages ou des frottements continuels. Malgré l'application d'un collier de bois, il cherche à y porter la dent, et à plusieurs reprises on a trouvé les bourgeons déchirés et saignants. — Pas de boiterie.

La plaque du membre antérieur gauche, moins dépilée que la précédente, offre une partie supérieure en voie de dessiccation et une partie inférieure suintante. — A première vue, l'aspect est assez celui du horse-pox ou des « eaux aux jambes » récentes; mais l'odeur fétide et les productions végétantes caractéristiques de celles-ci n'existent pas. Examinée de plus près, cette surface présente les mêmes caractères que la plaque du jarret droit. Il y a du prurit et de l'engorgement local. — Pas de boiterie.

Quant au placard de l'inter-ars, il occupe toute cette région et la partie supérieure de la face interne des membres. Recouvert de minces croûtes visqueuses, jaune pâle, le tégument est tuméfié et infiltré; on y remarque une série de larges plis, séparés les uns des autres par des sillons où la sécrétion est abondante. Comme les deux autres, cette plaque est le siège de vives démangeaisons. Les mouvements fréquents des membres entretiennent l'acuité de l'inflammation.

L'état général du sujet est bon. Les grandes fonctions sont normales.

Les attributs de ces lésions, la présence de vésicules isolées au pourtour des plaques, l'apparition presque simultanée de celles-ci en des points très différents et éloignés, ainsi que leur évolution, laissent peu de doute au sujet du diagnostic. Le résultat négatif de l'inoculation de l'exsudat a établi qu'il s'agissait bien d'*eczéma humide*.

Après section des poils autour des placards des membres, le traitement consista en la désinfection de ces surfaces avec une solution crésylée tiède, suivie d'assèchement, et en l'application d'un mélange pulvérulent : poudre d'amidon, 4 parties; oxyde de zinc, 1 partie; enfin en l'administration de sulfate et de bicarbonate de soude.

Dès le troisième jour, on constata des modifications notables. Sur le placard du membre antérieur gauche, le suintement était notablement moindre, sauf au niveau du paturon où, par suite des mouvements, les granulations avaient été déchirées. — Au membre postérieur droit, l'eczéma s'est étendu à la partie inférieure du canon et au boulet, évoluant avec une grande rapidité. — l'éruption, la vésiculation, la rupture s'effectuant en quarante-huit heures. — Sur la plaque de l'inter-ars la tuméfaction avait beaucoup diminué, les croûtes étaient moins épaisses; en les détachant, on mettait à nu une surface rosée, granuleuse.

Le 13, l'amélioration constatée les jours précédents continue. Aux membres antérieur et postérieur, les surfaces malades sont presque complètement sèches, en bonne voie de guérison. Cependant, vers le pli du paturon et dans le creux du jarret, en raison des incessants mouvements de flexion, il s'est formé des crevasses superficielles. — On y applique des pansements à la vaseline boriquée.

Le 15, ces deux plaques sont entièrement guéries : à la troisième, la sécrétion est peu abondante.

Le 20, la plaque de l'inter-ars est squameuse.

La description que vous venez d'entendre donne une idée exacte des caractères des lésions cutanées observées sur notre malade. Il ne s'agissait assurément pas de *dermatite granuleuse*.

D'abord, ce n'est pas à cette époque de l'année qu'elle apparaît ou qu'elle récidive ; d'autre part, je le répète, les plaies toutes superficielles que vous avez vues n'offraient pas les attributs essentiels de cette dermite parasitaire : la tuméfaction de la peau était modérée, les surfaces malades n'étaient granuleuses qu'en certains points, par suite d'irritations surajoutées, et le prurit s'est vite atténué. Il ne saurait non plus être question ni de l'*urticaire*, ni d'une *gale* quelconque, maladies dont les localisations habituelles et les symptômes ne sont pas ceux observés ici. Quant au *horse-pox*, dont les déterminations cutanées offrent souvent les caractères de l'eczéma aigu, nous l'avons éliminé par le résultat négatif des inoculations faites à plusieurs chevaux.

Ainsi que je vous l'ai dit, nous avions affaire à une simple éruption eczémateuse, particularisée par son siège et le peu d'étendue des surfaces affectées.

Dans deux de nos précédentes réunions, je vous ai entretenus de l'*eczéma du chien*, de ses stades évolutifs, de ses formes diverses. Je veux aujourd'hui vous parler de cette affection chez le cheval, où elle est beaucoup moins commune que chez le chien. On y rencontre les formes *aiguë* et *chronique*, tantôt généralisées, tantôt circonscrites à quelques régions.

C'est d'ordinaire l'eczéma plus ou moins généralisé que l'on y observe. Une éruption papuleuse discrète se produit, accompagnée de démangeaisons : les élevures deviennent ensuite plus nombreuses et le prurit augmente ; elles se transforment en vésicules, qui éclatent ou se rupturent par l'action des grattages. Aux régions où la peau est fine, souvent l'éruption est d'emblée vésiculeuse. Le contenu des phlyctènes, étalé sur la peau, agglutine les poils en houppettes, puis se dessèche en formant de petites croûtes jaunâtres ou grisâtres, quelquefois de teinte foncée quand du sang s'y est mélangé. Une légère suppuration se développe sous ces croûtes, les soulève et les détache ; celles-ci entraînent dans leur chute une partie des poils de l'ilot cutané correspondant ; c'est ainsi que se produisent les dépilations qui apparaissent à la période finale des éruptions eczémateuses. Les croûtes tombées, la suppuration se tarit ; le derme dénudé se recouvre encore d'un mince revêtement croûteux sous lequel l'épiderme se reconstitue, et le tégument reprend peu à peu son aspect et ses caractères primitifs.

Il y a quelques semaines, vous avez vu, sur un cheval de gros trait, dans sa huitième année, un remarquable exemple d'eczéma généralisé. La peau du tronc était parsemée de petites croûtes grisâtres, circulaires, épaisses de quelques millimètres, au niveau desquelles les poils formaient autant de houppettes. L'affection remontait à une dizaine de jours. Ce cheval avait manifesté d'abord de l'anorexie, de l'abattement, puis l'éruption s'était produite, étendue d'emblée à une vaste surface. Quand il nous fut amené, nous n'observâmes d'anormal que les manifestations cutanées. Il n'y avait plus le moindre trouble dans l'état général ni dans les diverses fonctions; pas non plus de lésions sur les muqueuses.

Des poussées successives, aiguës ou subaiguës, peuvent se produire, une nouvelle survenant avant que la précédente ait disparu, de sorte que les altérations provoquées par ces poussées se montrent associées, combinées, formant ainsi un tableau clinique complexe, polymorphe. Chez certains malades, la peau presque tout entière finit par être recouverte de croûtes.

Au lieu de se montrer ainsi étendu à la plus grande partie de la membrane tégumentaire, l'eczéma peut être limité à certaines régions. On l'observe le plus ordinairement à celles qui sont exposées aux irritations mécaniques : à la tête, au garrot, à la partie antérieure des épaules, sur le dos, la croupe, au passage des sangles, où les diverses pièces des harnais exercent des pressions et des frottements continuels; — à l'ars, à l'aine, où la peau, souvent couverte de sueur, forme des plis qui frottent l'un contre l'autre pendant les actions locomotrices; — sur la face de flexion des jointures des membres, des articulations inférieures surtout, où le tégument se plisse dans les mêmes circonstances; où il est exposé à l'action de l'humidité, de la boue, ou recouvert de débris épidermiques, de poussière, de purin desséché; — aux surfaces garnies de crins : bord supérieur de l'encolure et queue, régions qu'affectionnent les ectozoaires — poux et trichodectes — et où la peau est tenue humide par les crins mouillés, ou recouverte d'une épaisse couche de poussière, quand la toilette des sujets est négligée. — Les surfaces eczémateuses circonscrites offrent les mêmes particularités que la forme généralisée. Une fois les vésicules déchirées, la peau présente les caractères de la dermatite exsudative, elle est tuméfiée et suintante; à la périphérie de la plaque enflammée, on peut voir encore quelques élevures vésiculeuses.

Au lieu de se terminer par la guérison, l'eczéma peut passer à l'*état chronique*. La peau s'épaissit, devient rugueuse, inégale, squameuse ; quelquefois elle est recouverte d'épaisses croûtes ; elle peut aussi présenter des crevasses superficielles. Cet eczéma chronique détermine des altérations cutanées persistantes. On constate notamment une infiltration cellulaire plus ou moins abondante dans le chorion, en particulier autour des vaisseaux, une dilatation des canaux lymphatiques, l'hypertrophie des papilles, quelquefois une transformation fibreuse du derme avec atrophie des glandes et des follicules pileux. Ces altérations sont, en somme, celles d'une sclérose banale de la peau.

La chronicité de l'eczéma s'établit surtout aux régions constamment irritées par les harnais, et, aux membres, sur les surfaces de flexion du genou, du jarret, des jointures phalangiennes. On a longtemps considéré à tort comme de simples accidents dus à des causes physiques, chimiques ou thermiques, toutes les solutions de continuité transversales de la membrane tégumentaire qui occupent la surface de flexion de ces articulations. Il est certain qu'en de nombreux cas elles sont dues exclusivement à des causes locales : pendant la saison froide, à l'action de la neige, de la boue humide, de l'eau ; mais souvent les fissures cutanées transversales qui se développent en ces régions et y persistent parfois fort longtemps, — les crevasses, les « malandres », les « solandres », — sont de nature eczémateuse. Une « condition intérieure », une influence diathésique en domine l'étiologie et explique leur persistance, leur chronicité. — Le mois dernier, vous avez vu à la consultation un cheval normand, de sept ans, atteint, depuis près d'une année, aux deux paturons antérieurs, de crevasses multiples, peu profondes, qui avaient résisté à une foule de topiques. Le choix de ceux-ci n'avait d'ailleurs pas été heureux. En dernier lieu, on avait fait des applications de pommades à l'axonge, qui avaient entraîné la formation d'une couche de matière sale, irritante, adhérente à la peau, et contribuant à entretenir le mal. Nous avons prescrit un traitement local antiseptique et une médication interne. Ce cheval nous a été ramené, il y a peu de jours, et vous avez pu constater déjà une grande amélioration. J'ai recueilli nombre de faits semblables, dans lesquels le succès parait dû, pour une part. au traitement interne, — ce qui montre d'une façon évidente la subordination de ces accidents à l'état général, à quelque trouble de la nutrition.

Chez le cheval aussi, on observe des *eczémas essentiels* et des *eczémas symptomatiques*; mais presque toutes les déterminations eczémateuses rebelles sont sous la dépendance d'une cause dyscrasique.

Ainsi que je vous l'ai dit encore en vous parlant de l'eczéma du chien, il est probable que les microbes qui vivent sur la peau, du moins quelques-uns d'entre eux, jouent un rôle dans la pathogénie de certains eczémas ; toutefois — même pour la forme séborrhéique, — ce rôle est encore mal défini.

Nous observons de temps à autre, chez les équidés des *affections eczématiformes* du pied et des régions inférieures des membres, remarquables par leurs caractères cliniques et leur ténacité. — La *dermatite chronique exsudative et hypertrophique du paturon*, vulgairement appelée les « *eaux aux jambes* », est surtout caractérisée par un suintement de la peau malade, par le hérissement des poils et par des productions verruqueuses dues à l'hypertrophie papillaire. — La *dermatite chronique végétante du pied* — le *crapaud* — entraîne des altérations hypertrophiques analogues dans le tégument du pied, principalement dans le tissu velouté, en même temps qu'une destruction plus ou moins étendue du plancher du sabot. — La *dermatite chronique des bourrelets* — la *crapaudine* — provoque des troubles de la kératogenèse, et sur la peau de la couronne des lésions hyperkératosiques.

Tandis que cette dernière affection se rencontre principalement sur des sujets doués d'un tempérament sanguin ou nerveux, les deux premières, dont le développement est favorisé par l'action locale de l'humidité et des liquides excrémentitiels, ne sont guère constatées que sur des chevaux lymphatiques, et elles représentent bien des espèces morbides particulières, qui n'ont qu'une vague ressemblance avec les manifestations habituelles de l'eczéma.

Pour les diverses variétés communes de l'eczéma du cheval, le pronostic est favorable. La guérison des formes aiguës est facile. et on l'obtient presque toujours en peu de temps. Les formes chroniques résistent rarement à l'association d'un traitement local convenable et d'une médication interne. Les crevasses, les malandres, les solandres, qui ont le grave inconvénient de provoquer des boiteries, sont les accidents qui montrent la plus grande ténacité.

Lors d'eczéma aigu, l'indication primordiale, c'est de mettre en état de propreté les surfaces malades et de les soustraire aux causes d'irritation qui peuvent s'exercer sur elles. Si la sécrétion est abondante, on doit recourir aux poudres absorbantes, soit à la poudre d'amidon simple, soit à cette poudre additionnée d'un peu de bismuth ou d'oxyde de zinc. — La glycérine, la glycérine iodée, les solutions antiseptiques plus ou moins concentrées et une foule de pommades ont encore été employées avec succès. On s'explique sans peine les résultats obtenus avec tous ces agents, l'eczéma aigu guérissant de lui-même, naturellement, dans un espace de temps qui n'excède guère trois semaines à un mois. Au cas où le prurit serait très vif, on pourrait utiliser les pommades ou les glycérolés, additionnés de 1 p. 100 d'acide phénique, ou encore les analgésiques, notamment les préparations à base de cocaïne, mais il en faut renouveler souvent l'application.

Si l'eczéma se prolonge, ou si, après avoir disparu, il récidive, on doit instituer un traitement interne. On essaiera l'acide arsénieux ou la solution arsenicale de Fowler, les alcalins, voire l'iodure de potassium. Dans certains cas, on devra modifier l'alimentation.

Lorsque l'eczéma est *chronique*, il faut d'abord nettoyer les surfaces malades par des lavages ou par un savonnage à l'eau bouillie, nettoyage que l'on renouvellera assez fréquemment pour entretenir le tégument dans un état de parfaite propreté. Après asséchement, on y fera des applications de vaseline phéniquée, crésylée, ou de l'un des liniments indiqués pour le chien. On peut aussi très avantageusement recourir aux pansements laissés longtemps à demeure, afin de soustraire la peau altérée aux causes d'irritation. Ce dernier traitement est particulièrement avantageux lorsque les animaux, atteints de lésions eczémateuses aux régions inférieures des membres, doivent travailler par des temps humides ou sur des chemins boueux.

La médication interne comprend les alcalins et les arsenicaux. On donnera pendant des périodes de deux semaines, alternativement, le bicarbonate de soude à la dose quotidienne de 30 à 60 grammes, puis, après un repos d'une semaine, l'acide arsénieux à la dose de 0 gr. 50 à 1 gramme.

La *dermatite chronique végétante du doigt* sera traitée par des nettoyages de la peau avec une solution antiseptique chaude, ensuite par les astringents ou des préparations caustiques légères, appliquées quotidiennement ou à des intervalles de quelques jours. La liqueur de Villate, les solutions de sulfate de cuivre à 5 ou 6 p. 100 et d'acide chromique à 2 p. 100, les solutions aqueuses ou alcooliques de sublimé ou de formol à 2-3 p. 1000, sont les agents qui donnent les meilleurs résultats.

La *dermatite chronique des bourrelets* sera combattue par des applications de goudron, de vaseline goudronnée ou de solutions légèrement caustiques, et par l'amincissement de la partie supérieure de la muraille au niveau du mal.

Quant à la *dermatite végétante du pied*, elle exige d'abord une opération par laquelle on découvre toute la surface envahie de la membrane tégumentaire sous-cornée et l'on en excise les végétations. Ensuite on agit sur cette membrane par les antiseptiques, les astringents ou les caustiques, en observant les règles établies en vue d'obtenir des effets suffisants, tout en évitant l'escharification du derme et des tissus sous-jacents.

Pour ces dermatites, il convient aussi de mettre en œuvre la médication arsenicale pendant des périodes de quinze jours, séparées par des repos d'une semaine, et de la continuer longtemps.

IV

RECUEIL DE FAITS CLINIQUES

I. — Tête et Rachis.

A. — Crâne. — Cerveau. — Rachis.

I. — Cheval hongre, trois ans, entré le 23 janvier 1897.

Il y a deux mois environ, apparut à la base de l'oreille gauche une tuméfaction dont les dimensions augmentèrent peu à peu. Le 20 janvier, on remarqua sur la région temporo-maxillaire une traînée de pus. Un vétérinaire consulté parla d'une opération et conseilla l'envoi du cheval à Alfort.

État à l'entrée. — A la base et un peu en avant de l'oreille gauche, existe une saillie dure, de consistance osseuse, du volume d'un œuf de poule. Sur le bord antérieur du pavillon, à environ 5 centimètres au-dessus de la commissure, on voit un orifice fistuleux d'où s'écoule un pus grisâtre, assez abondant.

Diagnostic : Ectopie dentaire.

Traitement. — Le 25 janvier, l'animal est couché sur la table. Les poils coupés et la région préparée, on explore la fistule ; profonde de près de 10 centimètres, elle aboutit sur la saillie dentaire. Sur la tumeur et parallèlement à l'axe de la tête, on fait une incision cutanée de 8 centimètres. Les bords de la plaie écartés, d'un second coup de bistouri on met à nu la dent ectopique. Celle-ci est fixée dans le temporal, au niveau de l'origine de l'apophyse zygomatique. On la saisit avec le davier de Farabeuf et l'on en tente l'ablation ; mais il est impossible de l'extraire. — On nettoie la plaie, on y applique un tampon de gaze iodoformée, on en réunit les lèvres par quelques points de suture. Le tampon est enlevé le lendemain.

Les jours suivants, matin et soir, on fait un lavage antiseptique de la cavité. Le 2 février, sur la demande du propriétaire du cheval, l'opération est reprise.

Le sujet couché, la dent est encore largement découverte ; une nouvelle incision est inutile. — La plaie désinfectée, avec la gouge et le marteau on creuse à petits coups un sillon autour de la dent et l'on cherche vainement à l'ébranler ; elle est très profondément implantée ; l'extraction n'en est pas possible sans danger de complications encéphaliques. On y renonce. — La plaie est détergée et tamponnée à la gaze iodoformée ; on réunit la peau par deux points de suture et le cheval est relevé. — Bien que les manœuvres aient été effectuées avec ménagement, il présente des symptômes graves : la tête est pendante, un peu inclinée à gauche ; la marche est très difficile ; les membres antérieurs, jetés dans l'abduction, fléchissent, et l'animal tombe sur les genoux. Il se relève bientôt, mais les membres vacillent. On prépare un épais lit de paille sur lequel l'opéré s'étend. Il se relève au bout d'une demi-heure et peut être reconduit dans son box. Il prend du barbotage dans la soirée.

Le lendemain, on le trouve debout, très abattu, la tête basse et toujours inclinée à gauche; les membres antérieurs sont écartés en pieds de tréteau. On le sort et on lui fait faire quelques pas : la démarche est lente, incertaine, vacillante. A certains moments, on note un pirouettement des yeux. — La plaie est lavée et comblée par un tampon de gaze iodoformée.

Rentré dans son box, l'animal essaye de manger. Il prend du barbotage et un peu de foin. — On a pensé d'abord à une hémorrhagie intra-cranienne; mais la circulation et la respiration s'accélèrent, la température atteint 40°,3: on croit le traumatisme compliqué de méningo-encéphalite — Affusions d'eau boriquée froide sur la tête, lavages de la plaie avec une solution créolinée à 2 p. 100, iodure de potassium, barbotage et lait.

Le 4 février, la respiration est accélérée et courte (36 par minute). Température, 39°,8. Le pouls est très petit, incomptable.

Le 5, la respiration est toujours accélérée et le pouls faible; il y a de la somnolence et de la dysphagie; le cheval ne peut que mastiquer son foin. Quoique tenue très basse, la tête est moins inclinée à gauche et les déplacements sont moins pénibles. T., 39°,4. — Même traitement. Le soir la température monte à 41°.

Le 6, même état. T., 40°. — Le lendemain, légère amélioration. T., 39°6-39°,9. La respiration est moins accélérée. L'appétit est conservé. Les troubles de déglutition persistent.

Le 8, l'état général est un peu amendé. Le malade recherche moins le coin du box, se déplace assez librement, consomme son avoine et du barbotage. Quant au foin et à la paille, il les broie lentement, rejette les bols, les reprend ensuite, mais ne les ingère que très difficilement. Les paupières sont tuméfiées, les yeux sales, les muqueuses injectées. P., 48; R., 24; T., 39°,5. — Le soir, le blessé est très abattu; il laisse même son barbotage. P., 60; R., 20; T., 40°,2.

Du 9 au 12, l'état s'aggrave; les phénomènes comateux s'accentuent; la température oscille entre 40 et 41°. La mort arrive dans la nuit du 12 au 13 février.

Autopsie. — Le poumon contient quelques abcès métastatiques de la grosseur d'une noisette et un assez grand nombre d'infarctus moins volumineux. Les poches gutturales sont remplies d'un pus liquide, grumeleux. Le crâne est scié sur la ligne médiane : sa surface interne apparaît indemne; à signaler seulement une légère injection des méninges. Dans l'oreille gauche, on trouve une otite profonde suppurative. La caisse est remplie de pus fétide. Malgré les précautions prises au cours de l'opération, le rocher a été fracturé et le foyer traumatique infecté. — Le pus collecté dans l'oreille et celui des abcès pulmonaires contenait des streptocoques.

Quant à la dent, implantée obliquement en bas et un peu en arrière dans le temporal, elle occupait toute l'épaisseur de l'os.

TUMEUR DE L'HÉMISPHÈRE CÉRÉBRAL DROIT.

II. — Cheval entier, quinze ans, présenté à la consultation le 18 août 1896.

Depuis quelque temps, ce cheval présente des signes d' «immobilité». Il est devenu inutilisable : il n'obéit pas plus à la rène qu'au commandement et se heurte aux obstacles rencontrés sur sa route.

Au premier examen du malade, on est frappé par son attitude. La tête et l'encolure sont raides ; celle-ci est un peu concave à droite ; la tête est inclinée de haut en bas, de droite à gauche.

Au repos, l'appui se fait mal sur le bipède latéral gauche. Détaché et abandonné à lui-même, le cheval prend l'attitude du rassembler, les membres à demi fléchis ; puis il se met à tourner vers la droite, rétrécissant de plus en plus le cercle décrit ; il finit par tourner sur place, pivotant sur les membres postérieurs, enfin il chancelle et tombe sur le côté droit. Il lui est très difficile de se relever, il faut l'y aider en le soulevant. La station est particulièrement pénible pour le train postérieur. Si l'on croise les membres antérieurs, le malade conserve cette attitude, comme le cheval « immobile ».

La marche en ligne droite est impossible, le sujet se porte vers la droite, et l'on n'arrive pas à lui faire prendre le trot. Le reculer est assez facile. La sensibilité du rein est excessive ; le pincement de cette région provoque un affaissement brusque.

La vision est abolie à l'œil droit ; les paupières ont conservé leur mobilité ; la pupille est dilatée ; les milieux de l'œil ne présentent aucun trouble. Examinée à l'ophtalmoscope, la papille apparaît fortement hyperhémiée ; les stries vasculaires sont très nettes, surtout vers ses bords. L'ouïe paraît affaiblie.

Pas de paralysie des lèvres, ni de la langue. Pas de troubles de la mastication ni de la déglutition ; l'appétit est d'ailleurs entièrement conservé. La sensibilité générale est atténuée, sauf sur la tête et les membres.

L'état général est médiocre. T., 37°,5 ; P., 56 ; R., 14.

Diagnostic : Tumeur de l'encéphale.

Pendant les quelques jours qu'il nous a été donné d'observer ce malade, les troubles ont persisté sans modifications notables ; pas de vertige, pas de phases d'excitation. La veille du jour où il a été sacrifié, il est tombé sur le côté droit et n'a pu se relever.

Autopsie. — Les lésions sont localisées au cerveau. La surface de l'encéphale ne présente rien d'anormal. A la face interne de *l'hémisphère droit*, dans la substance blanche, on constate un large foyer de ramollissement qui occupe presque toute la partie supérieure du ventricule : il mesure 7 à 8 centimètres d'avant en arrière, 5 centimètres environ dans le sens transversal et 1 à 2 centimètres d'épaisseur suivant les points ; d'ailleurs assez mal circonscrit, il a des prolongements multiples qui pénètrent dans l'écorce. Dans toute l'étendue de ce foyer, la substance nerveuse a une teinte gris rosé, l'aspect d'une gelée et une consistance semi-liquide ; sur les coupes, on distingue quelques petits îlots hémorrhagiques.

Étudié après durcissement dans l'acide chromique, le tissu morbide apparaissait constitué par des cellules à gros noyau, à protoplasma peu abondant, isolées ou réunies en petits groupes et pourvues de prolongements dessinant une sorte de réticulum dans les mailles duquel on voyait des cellules rondes. Il ne s'agissait donc pas d'un foyer de dégénérescence, ainsi qu'on aurait pu le croire au premier abord, mais d'une véritable tumeur, — d'un *gliome*.

TUMEUR DE L'HÉMISPHÈRE CÉRÉBRAL DROIT.

III. — Levrette, sept ans, entrée le 7 octobre 1893.

Très irritable, comme la plupart des sujets de sa race, cette chienne a été élevée par son maître actuel. Sa santé a été bonne jusqu'au commencement de 1892. A cette époque, on a constaté l'existence d'une tumeur mammaire, qui a été enlevée par un vétérinaire. La plaie opératoire s'est cicatrisée rapidement. Dans le courant d'octobre, une autre tumeur mammaire est apparue,

CADIOT. — Pathol. et Clin.   24

on l'a extirpée en juillet 1893. La plaie s'est fermée aussi vite que la première.

Quelques semaines plus tard, la chienne fut affectée d'une toux sèche, rauque, qui se manifestait par quintes prolongées, suivies d'efforts de vomissement ; ces quintes devinrent de plus en plus fréquentes. La malade s'essoufflait vite à la marche ; on la crut « asthmatique ». Avec ses maîtres, elle passa les mois d'août et de septembre au bord de la mer. Là, nous raconte-t-on, son état s'était notablement amélioré, quand, au cours d'une promenade à la campagne, après s'être avancée trop près d'une vache, elle se mit tout à coup à courir en poussant des cris aigus, puis elle s'arrêta, les membres raides, tomba inanimée et resta étendue sur le sol pendant vingt minutes. Bien que l'on ne constatât aucune trace de contusion à la surface du corps, on supposa qu'elle avait reçu un coup de pied. On la rapporta à la maison. Dans la soirée, elle manifesta à plusieurs reprises des signes de vive agitation. Le lendemain, elle était revenue à son état habituel.

Deux semaines après, de nouvelles crises se produisirent sans cause manifeste. Quand elles éclataient, la malade, debout, était prise de contractures : elle portait les membres antérieurs en avant, dans l'extrême extension, puis le train de derrière s'affaissait, elle tombait à gauche et restait étendue sur le sol, le corps secoué par des tremblements ; parfois elle poussait des cris de douleur. Pendant ces crises, dont la durée variait de dix minutes à un quart d'heure, la tête était fortement inclinée à gauche.

Vers la fin de septembre, le mal s'aggrava : l'appétit, conservé jusque-là, diminua peu à peu, la chienne restait des journées entières sans prendre de nourriture ; elle n'aboyait plus ; elle urinait et fientait dans sa niche. Pendant la nuit, souvent elle était en proie à une grande agitation. Cependant, certains jours les troubles étaient beaucoup moins accusés : un matin, elle put faire sans tituber, sans s'arrêter et sans que ses mouvements parussent troublés, un trajet de près de 3 kilomètres.

Tels furent les renseignements donnés lorsqu'on nous présenta la malade.

On la laissa à l'hôpital. Voici les symptômes notés au premier examen : faciès hébété, titubation ; mouvements lents, irréguliers ; membres antérieurs contracturés ; tête tendue sur l'encolure et inclinée vers le sol ou à gauche, voussure de la colonne vertébrale ; parfois marche en cercle vers la droite ; par instants, le train de derrière s'affaisse, l'animal tombe à gauche et ne se relève qu'avec beaucoup de difficulté ; respiration pénible, tremblotante ; circulation légèrement accélérée. Du côté de la tête, rien de particulier, à part l'inégalité des pupilles : la gauche est plus large que la droite. La sensibilité est conservée. T., 39°,5 — 39°,8.

Les premiers jours, la malade consommait encore une partie de sa ration. On lui fit prendre une dose quotidienne de 75 centigrammes d'iodure de potassium. Bientôt elle ne voulut plus accepter que quelques cuillerées de lait. Elle se tenait immobile dans sa niche, soulevant la tête de temps à autre en poussant une plainte. — Mort le 14 octobre.

Autopsie. — Dans les poumons sont développées de nombreuses tumeurs, la plupart du volume d'une noisette, quelques-unes de la grosseur d'une noix. De couleur blanchâtre, bien délimitées à leur périphérie, elles sont constituées par un tissu friable, de teinte claire, rougeâtre par places. Quelques-unes ont leur centre creusé d'une cavité remplie de liquide.

L'aspect extérieur de l'encéphale est, à première vue, celui de l'état normal. A un examen plus attentif, on remarque, dans la moitié antérieure de l'*hémisphère droit*, une surface dont la coloration grise tranche sur celle des parties voisines. Une incision est faite en ce point : il s'écoule un peu de

liquide grisâtre. Dans la paroi de l'hémisphère est développée une tumeur
ovoïde mesurant 3 centimètres d'avant en arrière, 2 centimètres dans le sens
transversal, nettement délimitée à sa périphérie et dont le centre a subi la
transformation kystique; son tissu est de teinte gris rosé.

On ne trouve aucun îlot néoplasique au niveau des cicatrices résultant de
l'ablation des tumeurs mammaires.

Les tumeurs du poumon et celle de l'encéphale offraient les caractères histologiques du *sarcome*. Elles étaient exclusivement composées par de petites
cellules, la plupart arrondies, aplaties en certains points par pression réci-
proque, toutes pourvues d'un fort noyau, et de vaisseaux à parois embryonnaires.

TUMEUR DU CERVELET.

IV. — Jument alezane, dix ans, envoyée à Alfort le 13 mars 1897, par
M. Laurent, vétérinaire à Bar-le-Duc.

Commémoratifs. — L'affection dont cette jument est atteinte date du mois
de septembre 1896. Elle s'est développée sans l'intervention d'aucune cause
violente. Rien qui mérite d'être signalé n'a été relevé dans les antécédents
de la malade.

On a remarqué d'abord des troubles de la locomotion : la démarche
était irrégulière, vacillante, titubante à certains moments; la bête se portant à droite ou à gauche, les membres mus d'une façon dysharmonique,
portés en avant sans mesure, le plus souvent dans l'abduction. A la
moindre excitation, la malade levait fortement la tête et reculait épouvantée.
Attelée avec d'autres chevaux, elle pouvait encore être utilisée, surtout
à la charrue. Rentrée à l'écurie, elle ne semblait pas souffrir et se mettait
à manger.

Ces premiers symptômes se sont peu à peu aggravés. Dans les derniers
temps, lorsqu'on approchait la jument dans l'écurie, elle reculait, effrayée,
titubante, puis s'arrêtait brusquement, les membres postérieurs allongés
sous le tronc. Abandonnée à elle-même, elle reprenait peu à peu l'attitude
normale, levait la tête et restait immobile. Détachée de la mangeoire, si l'on
essayait de la faire reculer, elle s'arc-boutait sur les membres postérieurs.
Ce n'est qu'à grand'peine qu'on pouvait la sortir. Elle refusait d'abord de
marcher, ensuite elle faisait quelques pas, mais à tout instant il y avait
imminence de chute. Pendant ces mouvements, la tête était portée dans
l'extension et à droite. Pas de troubles de la circulation ni de la respiration.

On appliqua un révulsif sur la colonne vertébrale, du garrot à la queue ;
on prescrivit des douches froides sur la nuque, et à l'intérieur, des gra-
nules de sulfate de strychnine.

La jument n'a pu faire qu'à grand'peine et en titubant le trajet de la
gare de Maisons-Alfort à l'École. Entrée dans un box, elle se couche en
décubitus latéral droit. La respiration est très accélérée et pénible. La
motricité est conservée; il y a de fréquents mouvements de l'encolure et
des membres. La sensibilité est amoindrie : des piqûres faites en différentes régions du corps ne provoquent pas de réactions. T., 39°,7. — On la
relève, elle fait quelques pas en chancelant, le corps agité par des tremblements, puis elle se laisse tomber. Au bout de quelques heures, il y a 64 respirations et 80 pulsations par minute; la conjonctive est cyanosée. — Mort
dans la soirée.

Autopsie. — Les viscères thoraciques et abdominaux, la moelle et le cerveau n'offrent aucune altération. Rien d'anormal non plus à l'extérieur du cervelet ; mais, à l'incision de celui-ci, on trouve *dans la partie inférieure du vermis et du lobe cérébelleux droit*, une tumeur du volume d'une noisette, développée surtout dans la substance blanche, sur laquelle elle tranche par sa couleur grisâtre et sa consistance plus ferme que celle de la matière cérébelleuse. Elle contribue à former le plafond du quatrième ventricule dans sa partie droite ; elle n'a pas envahi les pédoncules cérébelleux.

Étudiée au point de vue histologique après durcissement dans l'acide chromique, cette tumeur présentait, en quelques points, les caractères du gliome, mais ses attributs prédominants étaient ceux du sarcome embryonnaire.

TUMEUR DU RACHIS.

V. — Chien de montagne, neuf ans, entré le 17 mai 1894.

Depuis une quinzaine de jours seulement, ce chien, dont la santé a toujours été bonne, manifeste de la gêne dans la marche, surtout dans les mouvements du train de derrière. Cette gêne s'accentua vite. Un matin, on trouva l'animal paralysé du train de derrière.

État actuel. — L'akinésie des membres postérieurs est complète. Si l'on oblige l'animal à avancer, ces membres sont traînés sur le sol. La sensibilité n'est pas abolie : les piqûres d'épingle provoquent des réactions. La respira-

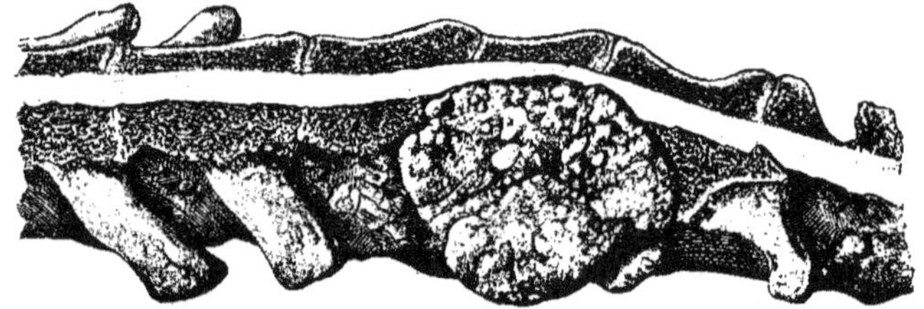

Fig. 27. — Sarcome du rachis.

tion et la circulation sont normales ; l'appétit est conservé. On n'a pas noté de troubles de la défécation ni de la miction. T., 37°,8.

L'exploration rectale ne fournit aucun renseignement. Rien ne permet de préciser la cause de la paralysie.

Le traitement a consisté en l'administration d'iodure de potassium, à la dose de 1-2 grammes par jour. Régime lacté. — Pas d'amélioration. — Mort le 31 mai.

Autopsie. — Sur le corps de la première vertèbre lombaire, on trouve une tumeur dure, sphérique, du volume d'une grosse noix, mesurant 6 centimètres d'avant en arrière et 5 centimètres dans le sens transversal. Elle occupe surtout la portion droite de la vertèbre, dont elle englobe entièrement l'apophyse transverse. Elle est formée de deux lobes, l'un développé sur la face droite du corps vertébral ; l'autre, qui en couvre la face inférieure, d'une apophyse transverse à l'autre, dépassant l'apophyse gauche, au-dessus de laquelle on voit, sur la vertèbre, un assez volumineux ostéophyte. Par son lobe supérieur, elle empiète sur la dernière vertèbre dorsale, qu'elle a refoulée et légèrement déviée. Par son lobe inférieur, elle recouvre une partie de la face inférieure de la deuxième vertèbre lombaire.

La moelle découverte dans la région lombo-sacrée, on peut se rendre compte des caractères et des rapports de la tumeur. Elle forme dans le canal rachidien un relief assez accusé long d'environ 3 centimètres, au niveau duquel la moelle est comprimée, réduite à la moitié de son volume normal. — La consistance de son tissu varie suivant les points : la partie intra-rachidienne du néoplasme est relativement molle, dépressible au toucher; la pointe du bistouri la pénètre sans résistance; vers son centre, les caractères sont ceux du tissu osseux.

A l'examen microscopique, elle apparaissait constituée par des cellules fusiformes et des travées de tissu ostéoïde creusé de cavités étoilées, pourvues de canalicules et offrant l'aspect des ostéoplastes.

B. — ŒEil. — Oreille.

CANCER DE LA PAUPIÈRE INFÉRIEURE ET DU GLOBE OCULAIRE.

VI. — Cheval hongre, onze ans, entré le 18 juillet 1898.

Il y a environ quatre mois, on a remarqué que les paupières de l'œil droit étaient agglutinées tous les matins par du muco-pus. Un vétérinaire consulté pensa qu'il s'agissait d'une simple conjonctivite et prescrivit des lotions boriquées. L'écoulement persista; la paupière inférieure s'épaissit, des végétations se développèrent sur la conjonctive, refoulant cette paupière et en dépassant bientôt le bord libre.

Dans le courant de juin, le malade fut présenté une première fois à la consultation. On crut à une conjonctivite granuleuse. On excisa les végétations avec les ciseaux et la curette. A ce moment, l'œil était encore intact. On prescrivit des lotions avec la solution de sublimé à 1 p. 2000.

La guérison ne survint pas; de nouvelles végétations se développèrent dont le volume augmenta rapidement.

Lorsque le cheval fut laissé dans le service, entre les paupières saillait une tumeur d'aspect framboisé, rougeâtre, aplatie, allongée transversalement. La paupière supérieure avait conservé sa souplesse et sa mobilité; l'inférieure, qui faisait corps avec la tumeur, était éversée. Le globe oculaire était en partie recouvert par le néoplasme et un peu refoulé dans sa cavité. La face droite du chanfrein était dépilée, salie par une trainée purulente.

Opération. — L'animal couché, on reconnut que la tumeur avait envahi le globe oculaire. La cornée, opaque, était perforée en deux points. On dut faire l'ablation de l'œil et d'une partie de la paupière inférieure, en conservant toutefois la presque totalité du tégument de celle-ci.

On détergea la cavité orbitaire; on la tamponna à la gaze et l'on réunit les paupières par trois points de suture. Ce pansement fut enlevé le lendemain. On se borna ensuite à faire dans la cavité des injections antiseptiques.

Du volume d'une grosse noix, allongée transversalement, un peu aplatie, la tumeur était mamelonnée à sa surface et de consistance ferme. La surface des coupes était sèche; par la pression, on en faisait sourdre des filaments ou des grumeaux exclusivement formés de cellules épithéliales.

Les caractères histologiques de la tumeur étaient ceux de l'*épithéliome pavimenteux*. Elle était formée d'un stroma conjonctif et de cellules épithéliales disposées en lobules confluents ou réunis par des travées de même nature.

Sorti le 1er mars, le cheval fut ramené deux mois plus tard pour l'application d'un œil postiche en caoutchouc durci.

La tumeur n'a pas récidivé.

CATARACTE TRAUMATIQUE.

VII. — Terrier anglais, quatre ans, présenté à la consultation le 29 juin 1897. L'avant-veille, en jouant, ce chien s'est crevé l'œil droit sur un bout de fil de fer détaché d'un grillage. On a traité la plaie par des lotions d'eau blanche.

Au moment où nous examinons le blessé, l'œil est fermé, larmoyant, très sensible. Après instillation de cocaïne, nous pouvons facilement nous rendre compte de la gravité du trauma. La cornée est perforée un peu au-dessous de son centre; on y remarque une ouverture étroite donnant issue à de l'humeur aqueuse. Le contour de cette ouverture est assez régulier et un peu tuméfié. A la partie déclive de la chambre antérieure, on voit un dépôt rougeâtre, hémorrhagique ; il n'y a pas de corps étranger.

Traitement. — Désinfection soignée de la cornée, de la conjonctive et des paupières, par des instillations d'eau créolinée chaude. Fréquentes instillations chaudes avec la solution suivante :

> Créoline. . . . . 7 grammes.
> Eau bouillie. . . . . 1 litre.

Le blessé nous fut ramené chaque semaine. L'hypohéma se résorba graduellement. Malgré un bourgeonnement assez fort des bords de la perforation cornéenne, la cicatrisation se fit rapidement et sans complication aiguë. L'opacité de la vitre et la taie s'atténuèrent peu à peu ; elles finirent par disparaître complètement. Mais, à mesure que la cornée s'éclaircissait, dans le fond de l'œil une autre altération était constatée : le cristallin s'opacifiait. La cataracte évolua vite. Trois mois après le début de la lésion cristallinienne, la vision était abolie à cet œil.

Au mois de mai suivant, il ne restait, comme trace du traumatisme cornéen, qu'une très légère dépression, au niveau de laquelle la transparence était d'ailleurs aussi nette qu'aux autres parties de la vitre.

CATARACTE. OPÉRATION.

VIII. — Caniche, six ans, atteint de cataracte lenticulaire double. Entré le 16 avril 1898.

Les premiers troubles oculaires se sont manifestés il y a près de deux ans. Peu à peu le cristallin s'est opacifié aux deux yeux, notablement plus vite toutefois à l'œil gauche qu'à l'autre.

État à l'entrée. — Actuellement, l'opacité est complète à l'œil gauche. Sur le fond blanchâtre de la lentille, on remarque des stries qui lui donnent un aspect étoilé, et, vers son centre, plusieurs petits points grisâtres. A l'œil droit, l'opacité existe également dans toute l'étendue du cristallin, mais un peu moins accusée et plus uniforme que dans le premier.

La vue est complètement abolie. Dans les lieux qui ne lui sont pas familiers, l'animal se heurte contre tous les obstacles.

Traitement. — On demande l'opération. Il est décidé qu'elle sera pratiquée d'abord à l'œil gauche. Pendant trois jours, on prépare celui-ci par des lavages avec des solutions chaudes d'acide borique à 3 p. 100 et de sublimé à 1 p. 3 000.

Le 19, l'animal est anesthésié par l'atropomorphine et le chloroforme. L'opération est faite par réclinaison, suivant la technique habituelle. Une légère hémorrhagie se produit sous la conjonctive, au niveau de la plaie de ponction ; il s'épanche aussi un peu de sang dans la chambre antérieure de l'œil. Dans la soirée, on fait sur l'œil plusieurs fomentations avec de l'ouate trempée dans une solution boriquée chaude. Une couverture est fixée sur la niche de l'opéré, afin de le placer dans une demi-obscurité. Il prend volontiers du lait et un peu de viande.

Mêmes soins les jours suivants. Un léger trouble apparaît dans la chambre antérieure. Au bout d'une semaine, il ne reste rien de ce trouble, de l'hypohéma ni de l'ecchymose sous-conjonctivale.

Déjà on peut constater que l'intervention a donné un certain résultat. Le chien voit suffisamment pour se diriger et éviter les obstacles. Il rentre seul et sans hésitation dans sa niche, ce qu'il ne faisait pas les jours précédents, ni avant l'opération : invariablement il allait se heurter contre le bord du plancher de cette niche.

Remarque. — Les observations de Berlin, de Möller, de Randolph, de Contejean, établissent que, chez le chien, l'accommodation peut se rétablir rapidement. Dans la pratique, il convient de s'en tenir à la *discission* pour les cataractes molles, à l'*abaissement* ou à la *réclinaison* pour les autres. Sans doute ces procédés sont très inférieurs à l'extraction, mais ils ont le double avantage d'être moins dangereux et à la portée du plus grand nombre des vétérinaires.

OTACARIASE SYMBIOTIQUE ET ECZÉMA.

IX. — Chienne havanaise, six ans, entrée le 30 décembre 1898.

Anamnèse. — Dans le courant d'avril 1898, cette chienne, qui vivait dans l'appartement de ses maîtres, présenta subitement un ensemble de symptômes paraissant se rapporter à une affection nerveuse. Avec de l'inquiétude, de la tristesse, de l'anorexie, on constatait des tremblements et de légères contractures se manifestant par accès à des intervalles variables.

Ces symptômes s'accentuèrent peu à peu. Un matin, on remarqua que la malade tournait en cercle à droite, la tête inclinée de ce côté et un peu tombante.

Un spécialiste consulté crut à une lésion de l'encéphale. Il prescrivit une friction de pommade stibiée sur la partie supérieure du cou et de la nuque. Ce traitement n'ayant donné aucun résultat, on eut recours au *séton de la nuque*. Malgré la suppuration provoquée par l'exutoire laissé un mois à demeure, les troubles persistèrent.

Vers la fin d'août, un soir, la malade fut prise d'un premier accès épileptiforme avec forte déviation de la tête à droite et chute de ce côté.

Il y a trois semaines, elle eut un autre accès plus violent et tomba encore sur le côté droit. On prescrivit l'administration de bromure de potassium. Le 29 décembre, nouvelle crise épileptiforme analogue à la précédente. Le jour suivant, dans la soirée, la chienne fut amenée à l'École.

État actuel. — La malade tient la tête inclinée à droite. Elle est déprimée, inattentive à ce qui se fait dans le lieu où on l'examine. Bien qu'elle soit souffrante depuis plusieurs mois, elle a conservé assez d'embonpoint. Pas de contractures. Pas de troubles de la locomotion. Par moments, la chienne secoue les oreilles et se les gratte avec ses membres postérieurs. A peine entrée dans la niche qui lui est affectée, elle est prise d'un accès : elle se précipite en avant, la tête portée à droite, son axe vertical incliné en bas et à gauche, la région temporo-auriculaire droite appuyant sur la paille ; elle tombe sur le côté droit en poussant des gémissements, et le tronc, agité par des convulsions, décrit un mouvement en cercle de gauche à droite, en pivotant sur la tête. Cette crise dure trois minutes. La malade se relève, reste quelques instants hébétée, puis revient à son état antérieur.

Dans la soirée, elle ingère quelques menus morceaux de viande qu'on lui donne à la main. Au bout de cinq minutes, elle est prise de nausées et de vomissements.

A la visite du lendemain, je m'enquiers des antécédents de la malade. Examinant l'intérieur des oreilles, je remarque, à l'entrée du conduit auditif, un abondant dépôt de cérumen brunâtre. Je prescris d'en faire l'examen microscopique ; on y constate de nombreux symbiotes (*symbiotes ecaudatus*, var. *Canis*).

Traitement. — Savonnage de l'intérieur des oreilles, détersion du conduit auditif externe, assèchement à l'ouate ; injections d'une solution de sulfure de potasse à 1 p. 100 et légers frottements sur la base de la conque pour favoriser la pénétration du liquide ; essuyage, puis dépôt, à l'entrée du conduit auditif, de quelques gouttes de baume du Pérou. — Tous les jours jusqu'au 15 janvier, on répète l'injection acaricide et l'application de baume.

Le 6, la malade est moins abattue ; elle prend un peu de nourriture. Sur la face interne des membres antérieurs est survenue une éruption eczémateuse qui provoque un vif prurit. Après section des poils, on désinfecte la peau malade avec une solution chaude de crésyl et on la saupoudre d'amidon.

Le 8, les troubles de l'acariase sont notablement atténués ; mais les deux placards eczémateux de la face interne des membres antérieurs sont transformés en plaies ; sans cesse l'animal se lèche et se mordille le tégument enflammé. — Désinfection de ces surfaces suintantes, puis application de pansements ouatés enveloppant les deux membres jusqu'à l'épaule.

Le lendemain, on trouve les pansements lacérés. On en applique d'autres, qui sont conservés et renouvelés tous les trois jours.

Dès le 15, l'animal ne présente plus de symptômes épileptiformes, ni de troubles de la digestion.

Le 20, la plaie du membre gauche est sèche ; celle du membre droit est encore humide dans une partie de son étendue. Le 27, elle est cicatrisée.

Le 3 février, la chienne sort guérie de son acariase et de son eczéma.

Remarque. — L'otacariase — la pseudo-épilepsie des chiens de meute — n'est pas très rare sur les chiens de toutes races, qui vivent en appartement. Peu d'années se passent sans que nous en observions des exemples. Pour le cas qui vient d'être relaté, le mode de contagion est resté indéterminé. Au dire du propriétaire de la chienne, celle-ci était très surveillée et ne voisinait pas avec d'autres sujets de son espèce.

C. — Nez et cavités nasales.

NÉCROSE DE LA CLOISON NASALE.

X. — Cheval entier, sept ans, entré le 29 octobre 1894.

A reçu, il y a deux mois, un coup de pied sur le chanfrein. Cette région s'est

tuméfiée; la respiration est devenue difficile, bruyante, et l'on a remarqué
un jetage bilatéral.

État actuel. — La respiration nasale est gênée ; on perçoit à distance un bruit
de ronflement. Le chanfrein est déformé ; on y constate, au niveau de la partie
inférieure des sus-nasaux, une tuméfaction douloureuse à la pression, également
accusée de chaque côté de la ligne médiane et qui descend jusqu'à
l'extrémité de ces os. Par les deux naseaux s'écoule un peu de jetage purulent ; sur la cloison, près de l'entrée des cavités nasales, on aperçoit, de
chaque côté, une plaie étroite, à bords indurés, rougeâtres, orifice d'une
fistule profonde de 8 centimètres. Plus loin, on distingue, vers le plafond et
sur la cloison, une saillie ovalaire, allongée dans le sens de la tête, formée
par le décollement de la muqueuse. Les pressions exercées là avec le doigt font
sourdre du pus grisâtre par les orifices fistuleux. Les ganglions de l'auge sont
tuméfiés et durs ; l'adénopathie est un peu plus accusée à droite qu'à gauche.

Diagnostic : Nécrose partielle de la cloison nasale. — L'animal ne pouvant
plus faire son service en raison de la difficulté de la respiration, on demande
la trachéotomie.

Traitement. — Trépanation des sus-nasaux au niveau de la partie la plus
saillante de la tumeur et sur la ligne médiane. — On découvre un îlot de
nécrose sur la cloison cartilagineuse. L'ouverture est agrandie et émoussée
à la rugine. La partie nécrosée est enlevée à la curette. Le foyer traumatique
est lavé à l'eau phéniquée et ses parois touchées avec la teinture d'iode. On
passe dans chacune des cavités nasales une mèche drainante.

Les jours suivants, matin et soir on déterge la plaie avec une solution
créolinée à 1 p. 100, et de temps à autre on remplace les drains.

On supprime ceux-ci le 1ᵉʳ décembre. L'animal est remis en service. — La
guérison est survenue dans la suite. Il n'a persisté qu'un peu de gêne de la
respiration, due à un léger rétrécissement des deux cavités nasales au niveau de l'ancien foyer de nécrose.

NÉCROSE DE L'AILE CARTILAGINEUSE DU NASEAU GAUCHE.

XI. — Cheval hongre, neuf ans, présenté à la consultation le 20 octobre 1895
avec les commémoratifs suivants : « Il y a environ deux mois, ce cheval a été
mordu au nez, dans l'écurie, par un de ses voisins. Traitée par des lavages
à l'eau phéniquée, la plaie cutanée s'est cicatrisée rapidement, mais la partie
interne du naseau s'est tuméfiée, et un jetage a persisté, plus ou moins
abondant suivant les moments. »

État actuel. — Un peu de jetage purulent souille la commissure inférieure
du naseau gauche. Dans toute sa hauteur, mais surtout vers sa partie supérieure, l'aile interne est assez fortement tuméfiée et indurée. A l'exploration
de la cavité nasale, on reconnaît que la tuméfaction est limitée au seuil de
cette cavité, à la partie qui correspond à la plaque cartilagineuse. Le tégument qui recouvre celle-ci et une étroite surface de la pituitaire sont gonflés,
épaissis, quelque peu mamelonnés. A la limite du tiers moyen et du tiers
supérieur de l'aile interne, on voit un bourgeon fongueux, rougeâtre, mollasse, d'où s'écoule du pus lorsqu'on exerce des pressions avec le doigt sur
la partie inférieure de l'aile tuméfiée. Les ganglions sous-glossiens gauches
forment une glande du volume d'une petite noix, assez dure, mobile sous la
peau, adhérente aux tissus profonds de la région. — Dans la cavité nasale
droite, la pituitaire n'est ni tuméfiée, ni injectée, et l'aile interne du naseau
a conservé sa souplesse normale.

L'animal couché sur le côté droit, on constate par le sondage l'existence d'une fistule ouverte au niveau de la granulation, oblique en bas et en dedans, profonde de 3 centimètres. Cette fistule est débridée dans toute son étendue ; on en badigeonne les parois avec la teinture d'iode en se servant de la sonde garnie d'ouate.

Le malade, qui a continué à travailler, n'a été pansé que très irrégulièrement. On a dû faire un second débridement. Peu à peu la tuméfaction du naseau et la suppuration ont diminué. La guérison n'a été complète qu'au bout de quatre mois.

Remarque. — La nécrose du cartilage de l'un des naseaux, qui s'accuse par un jetage muco-purulent unilatéral et par une adénopathie sous-glossienne du côté correspondant, peut éveiller tout d'abord l'idée de la morve. Le diagnostic différentiel sera toujours facilement établi sans recourir à la malléine. Il suffit d'examiner l'intérieur de la cavité nasale : l'aile interne du nez est le siège d'une tuméfaction indurée, circonscrite, qui en occupe ordinairement toute la hauteur, et d'une fistule d'où s'échappe du pus grisâtre, mal lié, quelquefois strié de sang lorsqu'on exerce avec le doigt des pres-

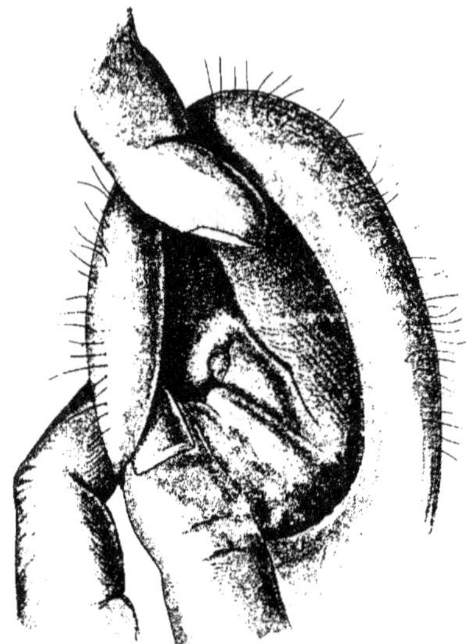

Fig. 28. — Nécrose de l'aile cartilagineuse du nez.

sions sur la zone tuméfiée. Celle-ci est assez souvent irrégulière, mamelonnée ou plissée. La *figure* 28 montre les caractères qu'elle offrait sur un cheval amené à la consultation en septembre dernier, comme suspect de morve. L'aile interne du naseau droit présentait dans toute sa hauteur un fort bourrelet nettement délimité, assez large en sa partie inférieure, où il était irrégulier, creusé de plusieurs étroits sillons ; sur son bord postérieur, saillait un bourgeon charnu mollasse, saignant, qui masquait la plaie fistuleuse.

KYSTES SÉBACÉS DES FAUSSES NARINES.

XII. — Jument, sept ans, entrée le 1er février 1898.

Atteinte de kystes sébacés des fausses narines, dont l'apparition remonte à plusieurs années. En grossissant, ces tumeurs ont fini par gêner la respiration : la jument s'essouffle vite au travail et fait entendre un bruit de ronflement. Au mois de septembre 1897, les tumeurs ont été ponctionnées, vidées, et l'intérieur lavé avec une solution antiseptique, mais elles se sont reformées rapidement.

A son entrée dans le service, cette jument présente sur chaque fausse narine, à quelques centimètres du bord externe du naseau, une tumeur sphérique, dépressible, non fluctuante, sans chaleur ni sensibilité ; celle de droite, un peu plus volumineuse que l'autre, atteint les dimensions d'un œuf de poule.

Le 2 février, on ponctionne les kystes avec un trocart, après avoir rasé et désinfecté la peau. Il s'en écoule une matière grisâtre, épaisse, granuleuse. On injecte dans les poches de la teinture d'iode pure; on malaxe, puis on évacue l'excédent du liquide injecté. — Les jours suivants, tuméfaction inflammatoire particulièrement accusée à gauche. — Le 15 février, le kyste gauche a presque complètement disparu. Le droit a repris ses dimensions premières. L'ablation en est décidée.

Le 18 février, la jument est couchée sur la table. La région préparée, deux incisions curvilignes délimitent un lambeau cutané elliptique, large de deux centimètres en son milieu, que l'on excise en même temps que la paroi du kyste. La partie profonde de celle-ci doit être laissée : la dissection en est délicate, et l'opérée se livre à de violentes réactions. On badigeonne cette partie avec un tampon d'ouate imbibé de chlorure de zinc à 10 p. 100. Réunion des bords de la plaie sur un drain. — Les jours suivants, injections d'eau phéniquée légère et tiède.

Le sixième jour, on enlève ce drain et l'on panse à découvert. Une semaine plus tard, la plaie est cicatrisée.

INFLAMMATION CHRONIQUE ET NÉCROSE DU CORNET MAXILLAIRE.

XIII. — Jument, quatre ans, atteinte d'une tumeur de la cavité nasale gauche.

Antécédents. — Il y a sept à huit mois, on a remarqué sur la face gauche du chanfrein un gonflement qui s'est graduellement accentué; du jetage est apparu au naseau gauche; depuis quelque temps la respiration est gênée, ronflante; pendant la marche, il y a un fort bruit de cornage nasal.

M. Audebert, vétérinaire à Vailly (Cher), ayant reconnu l'existence d'une tumeur de la cavité nasale gauche, m'a fait adresser la malade le 5 février 1899.

État actuel. — Embonpoint conservé. La face gauche du chanfrein est le siège d'une tuméfaction diffuse, peu saillante, dure, à peine sensible à la percussion. Par le naseau gauche s'écoule un jetage continu, grisâtre, muco-purulent. A l'examen de l'entrée de la cavité nasale, l'œil ne distingue rien d'anormal; le doigt perçoit, en dehors et près du naseau, une tumeur qui paraît formée par le cornet inférieur hypertrophié. Les ganglions de l'auge sont à peine tuméfiés. La gêne respiratoire est très accentuée. Exercé au pas, la jument fait entendre un fort bruit de cornage.

Traitement. — Ablation de la tumeur. — Le 9 février, la malade est couchée à droite. La région préparée, une incision de 4 centimètres est faite sur la fausse narine gauche, au niveau de l'angle formé par le sus-nasal et le sus-maxillaire. On peut explorer avec le doigt une partie du contour de la tumeur, mais l'extraction de celle-ci par cette ouverture est impossible.

On fait la trépanation de la cavité nasale gauche : incision de 8 centimètres sur la partie moyenne du sus-nasal; deux coups de trépan aux extrémités de cette incision; ablation au ciseau de la lame osseuse intermédiaire. — On reconnaît que le cornet maxillaire est très hypertrophié dans sa moitié antérieure. Trépané, le sinus maxillaire inférieur est trouvé indemne. — Avec la pince de Farabeuf on arrache d'abord, par l'ouverture inférieure, la partie antérieure du cornet malade; le reste est enlevé par la brèche du nez. Tamponnement de la cavité nasale et du sinus avec de la gaze.

La jument est reconduite dans son box. Température, 38°6. Pendant une demi-heure, un peu de sang tombe goutte à goutte du naseau gauche.

Toute la partie extirpée du cornet est enflammée, épaissie, de teinte violacée; elle mesure 10 centimètres de long et 5 à 6 de diamètre. Sa moitié supérieure est dure, en grande partie ossifiée. Vers son milieu, elle est creusée d'une cavité remplie de pus caséeux et sa paroi osseuse est nécrosée ; son extrémité inférieure forme une sorte de tumeur ovoïde mesurant 5 centimètres de long sur 4 de diamètre, de consistance ferme, homogène, de teinte blanc rosé sur la coupe. — Les caractères histologiques étaient ceux d'une hypertrophie inflammatoire de la partie inférieure du cornet, avec de nombreux petits ilots osseux épars dans le tissu fibreux néoformé.

Le 10, on ôte les tampons et l'on irrigue la cavité nasale à l'eau boriquée chaude. Le liquide entraîne des caillots et quelques parcelles de tissu nécrosé. État général et appétit excellents. T., 38°,5. La cavité nasale est laissée libre ; dans la soirée, on y fait des irrigations boriquées.

Le 11, l'air expiré répand encore une odeur de carie. On alterne les injections boriquées et crésylées. T., 38°,4.

Du 12 au 16, même traitement. Le jetage persiste assez abondant. La tuméfaction des ganglions de l'auge augmente. Température normale.

Le 17, le pus est moins abondant et moins fétide. Continuation des injections créolinées chaudes.

Les deux jours suivants, la malade présente un ensemble de troubles qui font craindre une pneumonie par corps étrangers. La température était de 40°,2 ; on comptait jusqu'à 48 respirations par minute, alors que le pouls n'était qu'à 44.

Le 20, le jetage est moins abondant et l'état général très amélioré. Le 21, il ne persiste rien de ces troubles.

Du 22 au 27, on continue les injections. Peu de suppuration. L'ouverture du sinus maxillaire est entièrement comblée ; celle du sus-nasal est encore béante, mais déjà très rétrécie. Le jetage par le naseau gauche a beaucoup diminué.

Du 28 février au 5 mars, même traitement. L'orifice du sus-nasal est presque comblé. Il n'y a plus qu'un très faible jetage. L'expiration et l'inspiration s'accomplissent normalement ; à peine perçoit-on un peu de gêne dans l'inspiration.

Le 6 mars, la jument, en très bonne voie de guérison, est retournée à son propriétaire. (Extrait de l'Obs. r. p. M. SERDET.)

TUMEURS DES CAVITÉS NASALES.

XIV. — Terrier, cinq ans, entré le 4 mars 1891.

Il y a environ deux mois, on a remarqué une déformation de la face. Du côté droit, sur la joue, à peu près à égale distance de l'œil et du bout du nez, il existait une tuméfaction circonscrite, un peu douloureuse. Un jetage muco-purulent, strié de sang, s'écoulait de la narine droite. La mastication paraissait gênée ; le chien prenait lentement sa nourriture ; il se livrait à de fréquents grattages du nez. La tuméfaction s'est graduellement accentuée.

État actuel. — La moitié droite de la face est le siège d'une tumeur du volume d'un œuf, qui paraît développée dans le grand sus-maxillaire ; au niveau de sa partie centrale, l'os est détruit ; dans le reste de son étendue, sa table externe est soulevée.

La tumeur s'étend, en haut, jusqu'à l'œil, dont la fonction est intacte ; en arrière, jusqu'au maxillaire inférieur ; elle a envahi la bouche et détruit la partie droite de la voûte palatine ; plusieurs molaires branlantes sont englobées dans le néoplasme. Cette portion buccale de la tumeur, assez ferme dans la plus grande partie de sa surface, est ulcérée par places.

Autopsie. — Du grand sus-maxillaire droit il ne reste que les extrémités. La tumeur dépasse d'environ un demi-centimètre le niveau de l'os. La tête sciée près de la ligne médiane, on voit la cloison nasale refoulée à gauche par la tumeur, laquelle a détruit la muqueuse, les cornets, et remplit complètement la cavité nasale droite. Du côté de la bouche, elle s'étend, en arrière, jusqu'à la base du crâne ; la partie antérieure du zygomatique, le palatin, le corps du maxillaire supérieur et presque toute la moitié droite de la voûte palatine sont détruits. Quatre molaires, dont les couronnes ont conservé leur blancheur, sont retenues par leurs racines dans le tissu néoplasique. La paroi antérieure de la cavité orbitaire a disparu ; la gaine fibreuse qui la tapisse est refoulée, mais intacte.

De consistance assez ferme dans ses portions buccale et maxillaire, la tumeur était relativement molle et friable dans le reste de sa masse. Elle était de *nature épithéliale*, formée d'un stroma conjonctif, creusé de cavités irrégulières remplies de petites cellules polyédriques ; sur quelques points, ces cellules tendaient vers la forme cylindrique et à l'implantation perpendiculaire sur le stroma. Dans certains alvéoles, les cellules centrales étaient volumineuses, dépourvues de noyau et disposées en globes épidermiques.

XV. — Chien de montagne, quatre ans, amené à la consultation le 15 décembre 1892.

Malade depuis huit mois. Au début, on a noté de la difficulté de la respiration, de fréquents éternuements et du jetage par les deux narines. L'animal se grattait le nez avec ses pattes, comme pour se débarrasser d'un corps étranger des cavités nasales. Jusque-là grand amateur de bains et très bon nageur, il n'entrait plus dans l'eau qu'à regret, et il en sortait bientôt à bout d'haleine, respirant par la bouche.

Peu à peu la face s'est déformée ; la paroi antérieure des cavités nasales s'est bombée, surtout à gauche ; la peau s'est ulcérée au niveau de la tuméfaction et la tumeur est apparue à l'extérieur.

Lorsque ce chien nous est présenté, un jetage sanguinolent s'écoule des deux narines. Les cavités nasales sont obstruées. Sur la partie moyenne du nez proémine une tumeur rougeâtre, saignante, qui a perforé les os ; elle est entourée d'une zone tuméfiée où la peau est dépilée.

Autopsie. — Les deux cavités nasales sont entièrement comblées par la tumeur. Celle-ci, qui adhère sur une large surface à la muqueuse du plancher de ces cavités et paraît avoir eu là son point de départ, a détruit la cloison et les cornets. En bas, elle s'avance jusqu'au voisinage des narines; en arrière, elle est bilobée, sa portion inférieure s'appuie sur le voile du palais, sa portion supérieure atteint l'entrée des sinus. Ceux-ci sont remplis de pus fétide.

De couleur grisâtre, un peu rosé par places, le tissu de cette tumeur est très mou, friable, sillonné de nombreux vaisseaux.

Dans le lobe postérieur du poumon gauche, on trouve une tumeur du volume d'une noix, ne faisant qu'une légère saillie à la surface de ce lobe. Son tissu friable, rougeâtre, est analogue à celui de la néoplasie nasale.

A l'examen microscopique, cette tumeur s'est montrée presque exclusivement formée de cellules rondes et de vaisseaux ; les cellules, de petites dimensions, contenaient un fort noyau et peu de protoplasma ; par places, on distinguait un fin stroma réticulé. Dans toute l'étendue de la plupart des coupes, les caractères histologiques étaient ceux du *sarcome encéphaloïde.*

XVI. — Bull dog, cinq ans, amené à la consultation le 7 janvier 1893.

Malade depuis dix mois. Le début s'est accusé par une gêne de la respiration nasale, par des éternuements, du jetage, et par des grattages du nez.

Peu à peu la base du nez s'est tuméfiée, puis la peau s'y est ulcérée en deux points ; du pus visqueux, verdâtre, s'écoulait de ces plaies dont les dimensions se sont accrues ; la tumeur est devenue saillante à leur niveau et s'est

Fig. 29. — Sarcome du nez.

étalée « en champignon ». Le bout du nez est dévié à gauche. Dans la région des sinus, entre les yeux, existe une tuméfaction assez forte, plus accusée à droite qu'à gauche, et sur la voûte palatine affaissée, on constate deux perforations.

Autopsie. — La tumeur remplit les cavités nasales et les trois quarts des sinus frontaux. La base osseuse de la voûte palatine (portion antérieure du palatin et apophyse palatine) est détruite en sa partie moyenne sur une surface qui mesure 4 centimètres d'avant en arrière et 2 centimètres dans le sens transversal. En arrière, entre les arcades sphéno-ptérygoïdiennes et le voile du palais, la tumeur forme un épais bourrelet transversal qui proémine dans le pharynx.

Sur la face, de chaque côté de la ligne médiane, l'os nasal, la partie supérieure du maxillaire et la partie antérieure du frontal sont détruits ; sur les bords de cette brèche, le tissu osseux est pénétré en certains points par le néoplasme ; ailleurs, celui-ci lui est simplement juxtaposé.

La cloison médiane du nez est presque entièrement détruite ; il n'en subsiste, en avant, qu'une partie longue de 2 centimètres, haute de 5 millimètres, fixée sur l'os intermaxillaire, et en arrière une portion falciforme qui s'appuie sur le vomer et l'ethmoïde. Détruits aussi les cornets ; on en trouve les vestiges dans quelques petites lamelles papyracées qu'englobe la tumeur. Des volutes ethmoïdales il ne reste que la base déchiquetée.

La tumeur a eu pour origine la portion de la pituitaire qui tapisse le plancher des cavités nasales. C'est de là qu'elle a progressé vers le fond de ces cavités, jusque dans les sinus, qu'elle s'est propagée aux tissus voisins, irradiant dans toutes les directions, perforant la cloison osseuse qui sépare le nez de la bouche et la muqueuse palatine.

Le tissu de cette tumeur est grisâtre, très friable, sillonné de nombreux petits vaisseaux. Histologiquement, il a les mêmes caractères que celui de la tumeur de l'*obs.* XV. Il s'agit encore d'un *sarcome à cellules rondes.*

XVII. — Épagneul, cinq ans, malade depuis six mois. Amené à la consultation le 13 février 1894.

La difficulté de la respiration a été le premier symptôme remarqué. Peu après, on a observé un jetage bilatéral purulent, strié de sang à certains moments, et une tuméfaction du nez particulièrement accusée vers sa partie inférieure et à gauche. Cette tuméfaction a augmenté assez vite. Dans les premiers jours de février, le mal fit de rapides progrès. Le gonflement s'étendit à toute la région nasale ; une seconde fistule s'ouvrit vers sa partie moyenne, la suppuration devint abondante.

A l'examen du malade, on note des symptômes analogues à ceux constatés sur le précédent, sauf la déformation de la voûte palatine et la localisation des lésions nasales, plus accusées à gauche qu'à droite.

Autopsie. — La cavité nasale gauche est complètement obstruée par la tumeur, dont la partie postérieure atteint l'entrée du pharynx et remonte dans les sinus ; le sus-nasal, la partie supérieure du maxillaire e lla table interne du frontal sont amincis, perforés par places ; la cloison nasale et les volutes sont partiellement détruites. Dans la cavité gauche, la tumeur s'avance moins loin en arrière et en haut. Comme chez le sujet de l'*obs*. XVI, le néoplasme paraît avoir eu pour point de départ la muqueuse de la paroi inférieure de la fosse nasale.

Sur les coupes, le tissu de la tumeur est de teinte gris blanchâtre, assez vasculaire. Le microscope le montre formé de tissu sarcomateux et de tissu muqueux (*myxo-sarcome*).

XVIII. — Braque, trois ans, amené à la consultation le 6 août 1894.

A été pris, il y a environ un an, d'éternuements qui sont devenus de plus en plus fréquents. Il rejetait par le nez du muco-pus grisâtre ou strié de sang. Quelques mois plus tard, le chanfrein se bomba ; la déformation s'accentua peu à peu ; la peau finit par s'ulcérer au sommet de la tumeur. Depuis quinze jours, du pus sanguinolent s'écoule en assez grande abondance par la plaie qui existe en ce point.

Quand il nous est présenté, l'animal est très maigre et paraît éprouver de vives souffrances. La déformation de la face et l'existence, en cette région, d'une plaie fistuleuse, d'où sourd du pus grisâtre, révèlent la nature de l'affection. Si l'on fait mine de vouloir examiner la plaie, le chien se met en état de défense et montre les dents. Les cavités nasales sont complètement obstruées. La respiration est exclusivement buccale.

Autopsie. — Ouvertes sur la ligne médiane, les cavités nasales sont comblées par la tumeur. Les sinus sont envahis ; une partie de la cloison, les cornets et les volutes ethmoïdales ont disparu. En avant, la tumeur descend jusqu'aux narines ; sa partie supérieure touche au pharynx. Du pus visqueux, grisâtre, fétide, remplit les anfractuosités des sinus.

Cette tumeur, comme les deux précédentes, semble avoir eu pour point de départ la partie de la pituitaire qui tapisse le plancher des cavités nasales. Les caractères macroscopiques et microscopiques sont semblables a ceux du néoplasme de l'*obs*. XVII.

Remarque. — La plupart des tumeurs des cavités nasales du chien sont des polypes myxomateux, qui tendent à la transformation sarcomateuse. Récentes, on peut les enlever après avoir pratiqué une brèche sur la paroi supérieure des cavités nasales, et obtenir la guérison sans récidive. Mais, en général, quand les malades nous sont présentés, les désordres sont tels que toute intervention utile est impossible.

SINUSITE PURULENTE. MÉNINGO-ENCÉPHALITE.

XIX. — Jument, sept ans, atteinte de sinusite purulente bilatérale, entrée le 2 janvier 1899.

On a fait une double trépanation des sinus maxillaire inférieur et frontal gauches. Malgré l'opération, l'affection des sinus s'est compliquée de troubles encéphaliques. La jument a été envoyée à l'École le 2 janvier dans la soirée. Elle a pu faire, au pas, un trajet de 8 kilomètres.

État actuel. — Les trous de trépanation des sinus frontal et maxillaire inférieur gauches sont encore béants ; leur pourtour est souillé de pus ; par les deux naseaux s'écoule un jetage purulent, fétide, plus abondant à gauche qu'à droite. Les ganglions sous-glossiens du côté correspondant sont tuméfiés, lobulés, du volume d'une noisette. Laissée libre dans un box, la jument est profondément abattue. Les paupières sont tuméfiées, mi-closes ; il y a de l'obnubilation de la vue, principalement du côté droit. — Pendant la nuit, la malade ne prend qu'un peu de barbotage.

Le lendemain, état plus grave. La prostration est encore plus accusée que la veille. La jument ne se déplace qu'à regret; sa démarche est lente, incertaine; ses mouvements sont irréguliers; à chaque pas les membres fléchissent. Rentrée dans son box, elle présente tout à coup des symptômes alarmants, et cela sans aucune excitation provocatrice : elle chancelle, recule et s'appuie au mur, les membres antérieurs croisés; puis, au bout d'une à deux minutes, elle fait quelques pas en titubant, recule de nouveau pour s'arrêter au mur et tombe lourdement sur le sol, s'y étend sur le côté gauche, en proie à une vive agitation, à laquelle succède une période de coma. A ce moment, la température est de 39°,2; il y a 22 respirations et 78 pulsations par minute.

Pendant quelques heures, les phases d'excitation alternent avec des moments d'accalmie. Durant les premières, tantôt la jument se place en position sterno-abdominale, la face antérieure de la tête appuyée sur le sol ; tantôt elle reste en décubitus latéral complet, la tête et les membres sans cesse agités.

Traitement. — Injection hypodermique de morphine et lavements de chloral. — Dans l'après-midi, le coma n'est plus entrecoupé que par des phénomènes d'excitation fugaces. La respiration et la circulation deviennent de plus en plus précipitées ; la température atteint 39°,8. — Mort dans la soirée.

Autopsie. — Rien d'anormal dans les viscères abdominaux. Dans le poumon droit, deux petits foyers de pneumonie chronique.

Détachée du tronc, la tête est sciée longitudinalement près de la ligne médiane. — A l'examen des sinus, on trouve la muqueuse enflammée, épaissie, recouverte de pus gris jaunâtre, putride.

Dans la partie antéro-inférieure du crâne, les méninges sont enflammées, infiltrées, épaissies, souillées d'un exsudat séro-purulent. La surface de la partie correspondante de l'encéphale est injectée, enduite du même exsudat, dans lequel l'examen bactériologique décèle des streptocoques.

Les deux poches gutturales sont enflammées ; celle du côté gauche est remplie de muco-pus sanguinolent et fétide.

D. — Lèvres. — Joues. — Mâchoires. — Bouche. — Pharynx.

PSEUDO-CANCROÏDE DE LA LÈVRE.

XX. — Chatte, quatre ans, présentée à la consultation le 21 avril 1894.

Malade depuis un an. Cette chatte a présenté, au bord libre de la lèvre supérieure et sur la ligne médiane, une petite tumeur aplatie, dure, qui s'est ulcérée. La plaie s'est graduellement étendue de chaque côté, jusqu'auprès des commissures, et en haut jusqu'aux narines.

Sa disposition est assez régulièrement concave. A sa base, on perçoit une mince couche indurée. Sa surface est de couleur rosée ou grisâtre suivant les points. En l'examinant de près, on constate que les points rouges sont réguliers, lisses, comme cicatrisés, tandis que les points grisâtres correspondent à des croûtelettes recouvrant de légères dépressions qui paraissent produites par une extension de la lésion.

L'ulcère est nettement délimité; son bord cutané n'est pas dépilé. Du côté de la muqueuse, il n'y a ni tuméfaction ni induration. Les incisives et les deux canines sont découvertes.

A la partie supérieure du cou, on perçoit, de chaque côté, deux ganglions durs, du volume d'un gros pois.

Particularité intéressante, sur les deux pattes antérieures, au niveau du pouce, à la base de la griffe, existe une plaie ulcéreuse offrant le même aspect que celle de la lèvre supérieure et n'intéressant que la couche papillaire du derme; sa surface est rosée dans la plus grande partie de son étendue; on y observe les mêmes points grisâtres qu'à l'ulcération labiale. La plaie de la patte droite mesure, en largeur, un peu plus d'un centimètre, et en hauteur environ un demi-centimètre; elle a la forme d'un croissant disposé autour de la griffe. Celle de la patte gauche, un peu moins large, est située exactement au même point.

Ces deux ulcères occupent la région où les chats ont l'habitude de se lécher en faisant leur toilette. Ils se sont évidemment développés par auto-inoculation, par les contacts répétés de la peau avec l'ulcère labial.

La malade n'a pas été laissée à l'hôpital. On a prescrit de faire sur les ulcères des lotions avec une solution iodée au 1/5e.

N'a pas été revue.

XXI. — Chat, six ans, entré le 20 mai 1895.

Atteint, il y a deux ans, d'un ulcère labial. La guérison est survenue spontanément au bout de quelques mois. Le 15 avril dernier, on a remarqué une nouvelle ulcération.

Située sur la lèvre supérieure, à droite de la ligne médiane et tout près de celle-ci, cette ulcération est longue de 8 millimètres, profonde de 4; à son niveau, la lèvre est comme taillée à l'emporte-pièce; sa base est un peu indurée, sa surface est recouverte d'une mince couche grisâtre, sèche, adhérente. — Les ganglions sous-glossiens correspondants sont légèrement tuméfiés.

Traitement. — Tous les jours, lotions avec une solution de chlorate de potasse à 4 p. 100. Tous les trois ou quatre jours, badigeonnage avec une solution de bleu de méthylène à 10 p. 100 (B. de M., 10; alcool, 50; glycérine, 50).

Très doux, l'animal se laisse panser sans difficulté. Dès les premiers jours de juin, la légère induration de la base de l'ulcère a disparu; la cicatrisation se dessine aux extrémités ainsi que sur les bords cutané et muqueux. On note aussi une diminution de l'adénopathie sous-glossienne.

On cesse le traitement le 15 juin. Dix jours plus tard, la guérison était complète, — sauf l'encoche produite par l'ulcération.

XXII. — Chatte, deux ans, présentée à la consultation le 9 avril 1896.

Atteinte d'un ulcère labial. Développé sur la partie droite de la lèvre supérieure, cet ulcère a déterminé une perte de substance en croissant, profonde d'un centimètre en son milieu et qui se prolonge jusqu'à la commissure labiale droite. Il est très nettement délimité; sa base est un peu indurée, non douloureuse à la pression; sa surface, de teinte grisâtre, est bordée d'un étroit liséré rouge pâle; examinée de près, elle apparaît creusée d'un grand nombre de petites dépressions.

A l'exploration du cou, on constate du côté de l'ulcère une adénopathie multilobulée.

On prescrit le traitement par le bleu de méthylène.

N'a pas été revue.

XXIII. — Chatte, trois ans, entrée le 4 septembre 1897. Atteinte d'un ulcère labial. — En octobre 1896, a été présentée à la consultation pour une lésion semblable, qui s'est cicatrisée en quelques semaines.

Actuellement, la lèvre supérieure est le siège d'une large ulcération superficielle qui en occupe toute la moitié gauche; la lèvre inférieure du même côté est également envahie sur une longueur d'un centimètre, près de la commissure.

Traitement. — Tous les jours, on fait sur l'ulcère une application de la solution de bleu de méthylène.

Jusqu'au 10, pas de modification. Les jours suivants, de fines granulations apparaissent.

Le 30, l'ulcère est cicatrisé.

Remarque. — Chez le chien, on peut observer aux lèvres, notamment à la supérieure, des ulcères d'apparence cancroïdale qui ne sont pas de nature néoplasique, mais bien des lésions analogues à l'ulcère labial du chat.

Sur un chien de garde âgé de quatre ans, qui présentait à la lèvre supérieure, près de la ligne médiane, un ulcère large de 3 centimètres, à base et à bords indurés, avec adénopathie cervicale, les caractères microscopiques de la lésion étaient les suivants : Pas de néoformation épithéliale sur les coupes faites perpendiculairement à la surface de la lésion, dans un fragment prélevé sur le bord de celle-ci. En un certain point de ces coupes, les éléments anatomiques étaient nécrobiosés et cessaient d'être colorés par le carmin, jusqu'au niveau de la perte de substance.

SARCOME PAPILLAIRE DE LA JOUE.

XXIV. — Cheval entier, six ans, entré le 30 décembre 1896.

Le mal a débuté par une sorte de verrue, développée en arrière de la commissure labiale gauche. D'autres tumeurs n'ont pas tardé à apparaître ; elles ont rapidement recouvert une assez large surface.

État actuel. — La tumeur occupe la plus grande partie de la joue. Elle s'étend de la commissure des lèvres à un travers de main du bord ascendant du maxillaire, remonte haut sur le chanfrein, et se prolonge en arrière jusque dans l'espace intermaxillaire. Suivant les points, son épaisseur varie de 2 à 5 centimètres. Bien délimitée à sa périphérie, où elle s'étale sur la peau saine, elle est formée de deux masses distinctes, séparées par un étroit sillon situé au niveau de l'arcade dentaire inférieure, légèrement oblique en avant et en bas. Le contour de ces deux masses est irrégulier ; leur surface est mamelonnée, saignante. Les interstices lobulaires sont remplis de pus fétide. On perçoit dans l'auge une petite glande, dure, insensible, non adhérente à la peau, fixée aux parties profondes.

Sur le fourreau, on remarque aussi des productions verruqueuses, dont la principale a le volume d'un œuf de poule.

Traitement. — Le 31 décembre, le cheval est couché sur la table. La tumeur est enlevée avec le bistouri ; la base est soigneusement curettée. — L'hémorrhagie est tarie par le cautère.

Sur les coupes, le tissu morbide est grisâtre, ferme, peu succulent. Histologiquement, la tumeur offre les caractères du sarcome fasciculé. Elle est composée de cellules fusiformes, volumineuses, renfermant un ou plusieurs noyaux et groupées en faisceaux diversement dirigés.

Les jours suivants, l'eschare se détache. La plaie est ensuite touchée à la teinture d'iode diluée et recouverte de poudre de tan. Le 12 janvier, quand l'animal quitte les hôpitaux, elle est en grande partie cicatrisée.

Revu deux mois plus tard. Cicatrice plate. Pas de récidive.

FRACTURE DE LA MÂCHOIRE INFÉRIEURE.

XXV. — Caniche, huit mois, entré le 16 avril 1892.

Jouait avec un sujet de son espèce dans une écurie où se trouvaient plusieurs chevaux, quand il reçut un coup de pied. Il sortit en criant, la mâchoire pendante ; un filet de sang coulait de la bouche. Il fut immédiatement amené à l'École pour y recevoir les soins que comportait son état.

État actuel. — La bouche est entr'ouverte ; il en tombe une salive sanglante. L'exploration provoque des cris. En imprimant de légers déplacements au maxillaire inférieur, on perçoit de la crépitation ; cet os est fracturé au niveau du col. Une seconde fracture existe sur la branche gauche, sous le masséter. La joue est tuméfiée, très douloureuse. On constate, en outre, les signes d'une fièvre traumatique assez forte. P., 120 ; R., 34 ; T., 39°,8.

Traitement. — Application d'un bandage inamovible à la poix, confectionné avec des lanières de toile disposées en couches superposées et entrecroisées. Ce bandage recouvre tout le maxillaire inférieur ; en arrière, quelques tours sont passés sur la nuque. L'os fracturé est aussi immobilisé par une bande de tarlatane enroulée autour des mâchoires et du cou, et dont les tours s'entre-croisent sous la gorge. — On nourrit le blessé en lui donnant à la cuillère des aliments liquides. Lavages de la bouche avec de l'eau boriquée.

A plusieurs reprises, on doit raffermir le pansement. L'animal cherchant sans cesse à s'en débarrasser, on lui applique une muselière.

Le 10 mai, on supprime le bandage. Le maxillaire est consolidé ; les fragments sont solidement réunis. Le chien est nourri d'une pâtée faite de pain et de viande désossée.

Le 15, il est remis à son régime habituel. La mâchoire inférieure, un peu déformée par le cal, n'est le siège d'aucune sensibilité anormale.

OSTÉITE DU MAXILLAIRE INFÉRIEUR. NÉCROSE. SÉQUESTRE.

XXVI. — Cheval hongre, six ans, entré le 26 octobre 1897.

L'affection dont il est atteint a été déterminée par le mors. Au début, plaie buccale et tuméfaction du bord inférieur du maxillaire. La lésion fut d'abord traitée par le feu ; la tuméfaction augmenta. On pratiqua ensuite une opération ; elle ne donna qu'un résultat incomplet : une fistule persista. Au bout de six semaines, le cheval étant difficile à panser, on nous l'envoya.

Sur le bord externe de la branche gauche du maxillaire inférieur, au niveau de la barre, existe une tumeur osseuse du volume d'un œuf de poule. A son centre est ouverte une fistule profonde de 5 centimètres. Dans la cavité buccale, on voit la cicatrice de l'incision pratiquée il y a deux mois, lors de la première opération.

Le 29 octobre, le cheval est couché sur la table. On élargit la fistule avec la gouge. Un séquestre du volume d'une noisette est perçu dans l'épaisseur de l'os. La paroi inférieure de la cavité où il est retenu étant très épaisse et très dure, on prend le parti d'opérer par la bouche. Les maxillaires écartés à l'aide du spéculum, on enlève le crochet et le coin du côté correspondant. A la faveur de cette brèche, on peut facilement extraire le séquestre. — Les bords de la plaie sont touchés au thermo-cautère. La plaie est tamponnée à la gaze par l'orifice cutané.

Tous les jours on renouvelle le pansement et l'on déterge la plaie à l'eau iodée. Guérison en trois semaines.

XXVII. — Cheval hongre, dix ans, envoyé à Alfort le 9 juin 1897, par M. Candelot, vétérinaire à Viarmes (Seine-et-Oise).

Il y a environ cinq semaines — dans les premiers jours de mai, — on s'est aperçu que ce cheval avait dans l'auge une tumeur de la grosseur d'un œuf

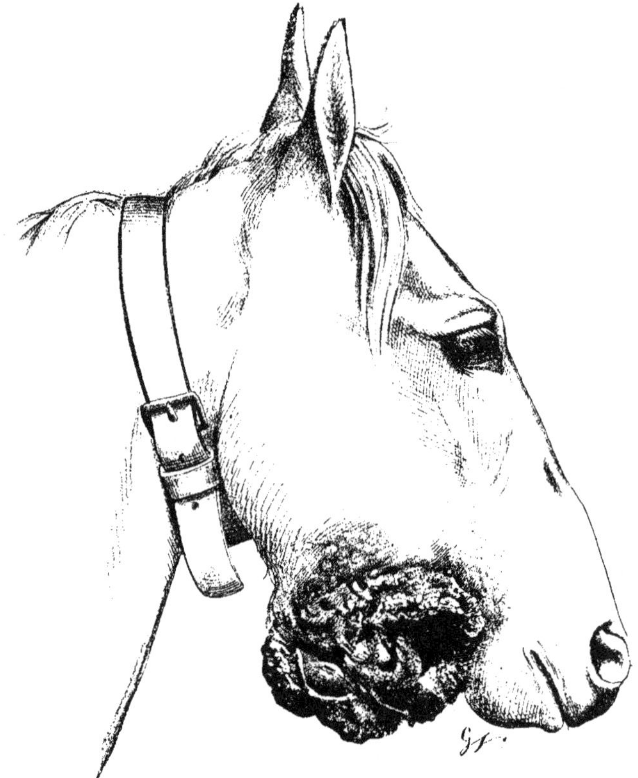

Fig. 30. — Cancer du maxillaire inférieur.

de poule. Un vétérinaire consulté crut à un abcès froid, appliqua un vésicatoire, puis, quelques jours après, quatre pointes de feu. Une semaine plus tard, le volume de cette tumeur était quintuplé, et sur la partie inférieure de la joue une autre se développait, bientôt ulcérée et fistulisée. Le mal s'est rapidement aggravé, sans toutefois provoquer de troubles généraux. Le cheval a conservé tout son appétit et la mastication ne paraît pas gênée.

A son entrée dans le service, le malade est encore en très bon état. La partie inférieure de la joue droite, la ganache et la cavité de l'auge sont le siège d'une volumineuse néoformation ; sur la joue, elle est ulcérée, fon-

gueuse, saignante. — Par les frottements auxquels s'est livré l'animal, le
poitrail, les épaules, les avant-bras, sont souillés de pus et de sang.

La tumeur de l'auge n'est qu'une adénopathie métastatique développée
dans les ganglions sous-glossiens. Elle mesure 20 centimètres de long,
10 de large, et forme, en son milieu, une saillie d'environ 12 centimètres.
Très dure, bosselée, adhérente au tégument, elle est mobile sur le maxillaire
et la base de la langue.

La tumeur de la face occupe la partie inférieure de la joue, depuis le tiers
moyen du masséter jusqu'au menton ; en avant, elle dépasse la ligne de la
crête zygomatique ; en arrière, elle fait sur la ganache une saillie de 7 à 8 centimètres et s'adosse à la tumeur de l'auge. Assez nettement délimitée, elle
présente une zone périphérique recouverte par la peau adhérente, et une
partie centrale ulcérée, végétante, « en chou-fleur », large de 10 centimètres,

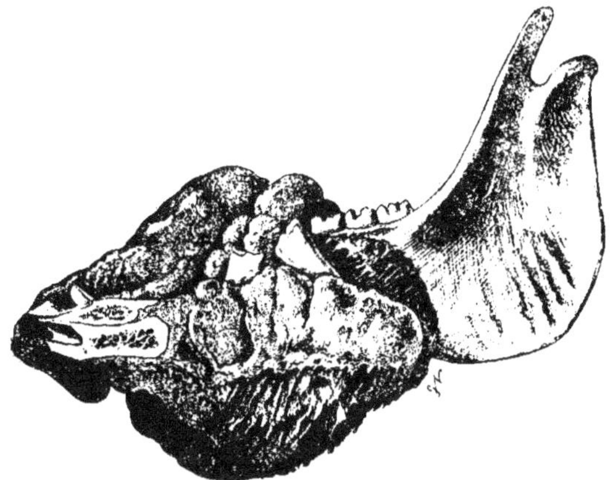

Fig. 31. — Face interne de la branche droite du maxillaire.

au fond de laquelle la sonde pénètre dans l'os ramolli, crépitant. L'atrophie
du masséter est déjà nettement accusée.

A l'exploration de la cavité buccale, qui exhale une odeur fétide, on reconnaît que la tumeur a perforé la table interne du maxillaire et la muqueuse ;
elle comble le sillon gingivo-lingual, formant là une masse allongée, rougeâtre, qui recouvre les premières molaires.

Les caractères de ce néoplasme, mais surtout son point de départ dans le
maxillaire, sa prompte extension aux ganglions, aux tissus de la joue et de la
bouche, dénonçaient sa nature épithéliale. L'examen histologique d'un morceau coupé au niveau du bord de l'ulcère de la face a montré qu'il s'agissait
d'un *épithéliome pavimenteux lobulé*.

Le malade fut laissé dans le service comme sujet de clinique. Aucune intervention chirurgicale utile n'était possible ; aucune ne fut tentée.

Le cancer fit des progrès rapides, accusés par l'affaiblissement du sujet,
l'inappétence, la pâleur des muqueuses. — La mort arriva le 23 juin.

Autopsie. — Lésions de la cachexie. Pas de néoplasmes dans les viscères.

La tête détachée et sciée sur la ligne médiane, la branche gauche du
maxillaire inférieur apparut détruite dans toute sa hauteur, au niveau des
premières molaires. Au voisinage de cette destruction, la branche du maxil-

laire était gonflée, volumineuse, ses lames très écartées l'une de l'autre et son tissu ramolli. La première et la troisième molaire étaient sorties de leurs alvéoles; la deuxième, en plein tissu de granulations, avait perdu toute fixité. La tumeur de l'auge pesait 1 950 grammes. Les deux portions buccale et faciale de l'autre néoplasme, qui occupaient toute la largeur du maxillaire et en dépassaient les bords, pesaient près de trois kilos.

Ce fait est remarquable par la rapidité du développement du cancer. En deux mois, celui-ci a détruit la partie moyenne de la branche droite du maxillaire inférieur, produit des désordres vraiment considérables et causé des troubles qui ont entraîné la cachexie et la mort.

CARIE DENTAIRE.

XXVIII. — Jument, cinq ans, atteinte de carie de la deuxième molaire supérieure gauche. Entrée le 10 novembre 1896.

Depuis quelque temps, on s'est aperçu qu'elle mettait plus de temps que de coutume pour prendre ses repas. Elle triturait mal l'avoine, mangeait péniblement son foin, consommait plus volontiers les barbotages et les aliments de facile mastication. On a remarqué aussi qu'il s'écoulait de la bouche une salive abondante, fétide, chargée de matières alimentaires, et que la face gauche du chanfrein était le siège d'un gonflement douloureux à la pression.

État actuel. — Sur le côté gauche de la face, en avant du petit sinus maxillaire, tuméfaction diffuse, peu douloureuse. Écoulement abondant de salive visqueuse, mêlée de parcelles alimentaires et d'odeur repoussante. Jetage bilatéral, verdâtre, muco-purulent, surtout abondant à gauche. — Dans l'auge, une petite glande dure, indolente, non adhérente à la base de la langue.

— Bouche fétide. Au niveau de la deuxième molaire, excavation de l'arcade dentaire, où sont tassés des aliments. La gencive et la face interne de la joue sont enflammées.

Pendant l'exercice au trot, l'animal fait entendre un bruit anormal de la respiration, dénonçant une déformation de la cavité nasale gauche, déformation constatée par l'exploration avec le cathéter de Günther.

Diagnostic : Carie de la deuxième molaire gauche, avec tuméfaction du plancher de la cavité nasale correspondante.

Traitement. — Repoussement de la dent. Le 11 novembre, la jument est couchée sur le côté droit; les mâchoires sont écartées par un spéculum. Incision en V au niveau de la racine de la dent; dissection des tissus sous-jacents; trépanation du maxillaire : il s'écoule un pus grumeleux, mélangé de matières alimentaires exhalant une odeur putride.

La cavité nettoyée, on applique le repoussoir sur la racine de la dent; on refoule celle-ci à petits coups, tandis qu'un aide, la main engagée dans la bouche, renseigne sur les effets de ces manœuvres.

La dent extraite, la brèche est nettoyée à l'eau phéniquée tiède, puis tamponnée avec de la gaze. Le soir, la température est normale.

Le lendemain, on renouvelle le pansement. L'animal mange bien et semble peu souffrir de l'opération. T., 39°,2. Le jetage est moins abondant, mais la respiration est encore bruyante.

Mêmes soins les jours suivants. Rien de particulier à la plaie.

Le 18, le jetage a disparu. La plaie externe est nette; pas d'esquilles ni de nécrose.

Le traitement est continué jusqu'au 25. La tuméfaction du chanfrein a diminué peu à peu ; la brèche alvéolaire s'est comblée assez rapidement ; le bruit anormal de la respiration a disparu.

XXIX. — Cheval entier, huit ans, atteint d'une fistule dentaire. Amené à la consultation le 19 janvier 1899.

Antécédents. — Le début de l'affection remonte à près de deux ans. A cette époque, le cheval présenta, au niveau de la partie antérieure du maxillaire supérieur gauche, une tuméfaction dont le volume augmenta pendant quelque temps. On y fit sans succès plusieurs frictions résolutives et une ponction. Celle-ci donna écoulement à du pus ; mais le gonflement ne diminua pas et la plaie se fistulisa.

État actuel. — A sa limite avec la joue, au niveau de la racine des deuxième et troisième molaires, la face latérale gauche du chanfrein est le siège d'une tuméfaction mesurant 8 centimètres de diamètre, creusée à son centre d'une fistule d'où suinte du pus grisâtre, putride. La sonde y pénètre de 4 centimètres ; elle paraît s'arrêter sur la racine d'une molaire.

La région est peu douloureuse à la palpation, mais l'introduction de la sonde dans le trajet fistuleux donne lieu à d'assez vives réactions.

L'arcade molaire gauche ne présente rien d'anormal : pas de carie ni de tumeur, pas de fistule ni de gingivite, et la cavité buccale n'exhale point d'odeur fétide.

L'ancienneté de l'affection, la fistulisation de la tumeur et les autres attributs de celle-ci, les caractères du pus, l'absence de lésions du côté de la bouche, laissaient peu de doute sur le diagnostic : il devait s'agir d'une *fistule dentaire* entretenue par une alvéolite circonscrite à la racine de la dent ou par la carie de cette racine.

Traitement. — Le 21 janvier, le cheval couché à droite sur la planche, on fait la trépanation du maxillaire au niveau de la racine de la deuxième molaire ; cette racine est décollée de son alvéole et fistulisée. On repousse la dent avec les précautions d'usage.

L'opération terminée, on déterge la plaie et l'on comble la brèche alvéolaire par un tampon d'ouate entouré de lames de gaze.

La molaire repoussée était cariée dans sa racine. La partie antérieure de celle-ci était détruite et la dent creusée d'une fistule étroite, profonde, dans laquelle le stylet pénétrait jusqu'à environ un centimètre de la face de frottement ; cette dernière était intacte.

Aucun renseignement précis n'a pu être fourni sur l'étiologie de cette fistule dentaire. Celle-ci a été vraisemblablement produite par un traumatisme qui a porté sur le maxillaire, au niveau de la deuxième molaire, déterminant là de l'ostéite, un îlot de nécrose, puis de l'alvéolite et la carie de la racine dentaire.

Faute de place dans le service, le cheval fut laissé en pension au voisinage de l'École. Les jours suivants, on l'amena à la policlinique ; tous les matins, le pansement fut renouvelé, la plaie cavitaire mise à nu, détergée et retamponnée. Au bout d'une semaine, on constata un petit îlot de nécrose dans le maxillaire, à la partie antérieure du trou de trépanation ; on y fit des applications de teinture d'iode ; la parcelle nécrosée s'exfolia.

A partir de la fin de la deuxième semaine, le pansement ne fut plus renouvelé que tous les deux jours. Peu à peu la plaie externe et l'alvéole se rétrécirent. Le 1er mars, ils étaient réduits à un étroit conduit ne donnant que très peu de pus ; du côté de la bouche, la brèche était presque complètement comblée.

A cette date, l'animal pouvait reprendre son service. La guérison était assurée.

(Extrait de l'obs. r. p. M. Dezé.

XXX. — Griffonne, cinq ans, entrée le 17 août 1898.

Depuis près d'un an, cette chienne porte, un peu en avant et au-dessous de l'œil, à la base de la paupière inférieure, une plaie fistuleuse d'où s'écoule du pus fétide, grisâtre, parfois un peu sanglant, qui a irrité la peau de la joue et y a provoqué une dépilation. — On l'a vainement traitée par des injections antiseptiques, des débridements et la cautérisation. — Depuis quelques mois, la malade maigrit.

A l'exploration de la fistule, on reconnait que celle-ci aboutit sur la racine de la dernière molaire. Au niveau de cette dent, la gencive est enflammée et décollée.

La chienne assujettie, on extrait cette molaire à l'aide d'une pince à bec de Corbin. Elle est en partie détruite par la carie. Il n'y a point de nécrose osseuse. L'alvéole est désinfecté avec une solution iodée et tamponné à l'ouate.

Le lendemain et les quatre jours suivants, on renouvelle le pansement. Ensuite on se borne à faire, matin et soir, une irrigation buccale avec l'eau boriquée tiède.

Le 30, la fistule de la face est close, et la brèche alvéolaire en grande partie comblée.

Sortie le lendemain.

XXXI. — Chat, trois ans, atteint d'une fistule dentaire ouverte sur le côté droit du menton. Présenté à la consultation le 31 mars 1896.

La fistule existe depuis environ huit mois. On nous dit qu'elle doit être consécutive « à une morsure de rat ». Ouverte sur la face droite de la lèvre inférieure, son orifice est masqué par les poils : il est étroit, à fleur de peau, sans induration des bords. Un fin stylet introduit dans la plaie parait aboutir sur un ilot nécrosé du maxillaire.

L'animal fixé sur la table et les mâchoires écartées au moyen de deux bouts de bande, on aperçut, au niveau du croc droit, la gencive tuméfiée, rouge, décollée. Cette dent était recouverte à sa base d'une assez épaisse couche de tartre. On l'enleva, puis l'on nettoya la plaie gingivale et le trajet fistuleux avec une solution iodée au tiers.

Au bout de dix jours, les plaies cutanée et buccale étaient cicatrisées.

SECTION DE LA LANGUE.

XXXII. — Cheval arabe, quatre ans, transporté de Marseille à Paris en stalle et attaché avec une longe passée dans la bouche.

Au moment où le destinataire allait prendre possession de ce cheval, il remarqua que les lèvres et la longe étaient souillées de sang. Lorsqu'il voulut examiner la bouche, l'animal se défendit; il put cependant reconnaître que la langue était le siège, un peu en avant des premières molaires, d'une plaie transversale occupant toute la largeur de l'organe.

Le blessé fut amené à l'École trois jours après l'accident. Les commissures labiales étaient souillées de salive sanguinolente; sur la lèvre inférieure et la barbe, on remarquait une plaie superficielle demi-circulaire, faite, comme la blessure linguale, par la pression du lien. Pour procéder à l'examen de la langue, on dut appliquer un tord-nez. La cavité buccale entr'ouverte exhalait une odeur fétide. La partie libre de la langue apparaissait légèrement gonflée et rouge dans sa moitié gauche; flétrie, de teinte verdâtre dans sa moitié droite, qui était mortifiée. Rien n'accusait encore le processus de disjonction : ces deux parties étaient en parfaite continuité dans toute leur étendue, mais entre elles la ligne de démarcation était nettement dessinée : elle occupait exactement le sillon médian, sauf tout à fait en avant, où elle s'incurvait à droite pour atteindre le bord libre de l'organe, à 2 centimètres de la ligne médiane.

La plaie de section, superficielle dans la moitié gauche de la langue, intéressait toute l'épaisseur de la plus grande partie de la moitié droite. Cette inégalité de profondeur de la solution de continuité explique la persistance de la vascularisation dans la moitié gauche de l'organe, et la gangrène de sa moitié droite.

On recommanda de nourrir le blessé avec des aliments liquides ou de facile mastication (lait, barbotage, mash) et de nettoyer fréquemment la bouche par des irrigations froides.

Revu dix jours plus tard. La partie mortifiée de la langue était tombée. Toute la surface de la plaie était granuleuse.

La rétraction cicatricielle s'est faite surtout dans le sens de l'épaisseur de la langue. L'extrémité n'a subi qu'une très légère déviation à droite. — Pas de troubles consécutifs de la préhension ni de la mastication.

XXXIII. — Jument normande, transportée de Caen à Paris en stalle et, comme le blessé de l'observation précédente, attachée avec une longe passée dans la bouche.

La langue a été sectionnée transversalement dans la plus grande partie de son épaisseur, un peu en avant des premières molaires. Les barres, la face interne des lèvres et les commissures labiales étaient gravement vulnérées. Le lien avait dépilé, entamé la peau de la barbe, et entièrement coupé de chaque côté la lèvre inférieure vers son bord libre. — Le cheval fut nourri de barbotages, et la cavité buccale fréquemment irriguée avec de l'eau froide.

Au bout de quarante-huit heures, la partie antérieure de la langue était gangrenée. Elle tomba six jours plus tard. Le moignon se cicatrisa rapidement et la bête fut remise à son régime ordinaire. Elle éprouva d'abord de la difficulté pour manger, mais elle arriva bientôt à consommer très aisément sa ration, — avoine et fourrage.

Revue deux mois après l'accident. Elle était en bon état. La cicatrice linguale était souple, assez régulière, pourtant quelque peu radiée. Le moignon dépassait de 4 centimètres les premières molaires. A son niveau, le sillon gingivo-labial avait disparu : la face interne des lèvres était soudée aux barres.

Malgré cette mutilation et ces adhérences, il n'a pas persisté de gêne bien accusée de la préhension ni de la mastication.

CORPS ÉTRANGER DE LA BOUCHE.

XXXIV. — Dogue de Bordeaux, un an, amené à l'École le 30 novembre 1898, dans la soirée, par une personne de nationalité étrangère, qui ne peut fournir que de vagues renseignements. Elle raconte que l'animal ne mange pas depuis cinq jours, qu'il bave, qu'un vétérinaire l'a examiné et a prescrit un traitement qui n'a pas donné de résultat.

Ce chien n'a pas perdu sa gaieté et ne semble pas souffrir ; des commissures labiales s'écoule une salive visqueuse, striée de sang et d'odeur fétide. Il ne touche pas à ses aliments. On lui fait prendre, à la cuillère, du lait tiède.

A la visite du lendemain, soupçonnant la présence d'un corps étranger dans la bouche ou le pharynx, je prescris l'exploration de ces cavités.

Conduit au laboratoire de chirurgie, le chien est couché sur une table et la bouche largement ouverte à l'aide d'un spéculum. Hors une abondante salive, rien d'anormal n'est d'abord constaté dans la cavité buccale. L'odeur qui s'en exhale est d'une fétidité repoussante. Plusieurs molaires, moins blanches que les autres, attirent l'attention; mais il n'y a ni carie, ni gingivite; il faut

chercher ailleurs la cause des troubles observés. La langue déprimée à l'aide d'une spatule, puis déplacée quelque peu, successivement vers chacune des arcades molaires, on aperçoit dans le fond de l'interstice gingivo-lingual une *ficelle* dont la partie moyenne contourne la base de la langue, dont les bouts traversent le pharynx et sont engagés dans l'œsophage. On la saisit avec les doigts et on l'extrait. Sa disposition est représentée par la *figure* 32.

Elle mesurait 33 centimètres de long ; l'anse seule, 20 centimètres. Son extrémité libre formait un peloton irrégulier, enchevêtré, de la grosseur du petit doigt, où l'on apercevait des fragments de copeaux.

L'anse de la ficelle s'était insinuée sous la langue; arrêtée sur le frein de celle-ci, elle en longeait les bords sur la face inférieure pour gagner le pharynx. La déglutition de ce corps était impossible; son expulsion aurait pu avoir lieu par le vomissement; mais ce réflexe faisait défaut.

A peine débarrassé de sa ficelle, l'animal cherche à manger. Rentré dans sa niche, il se jette sur le contenu de sa gamelle et l'ingère sans désemparer.

Malgré la stomatite, pas de phénomènes consécutifs appréciables.

Sortie le 3 décembre.

PHARYNGITE CHRONIQUE. HYOVERTÉBROTOMIE DOUBLE.

XXXV. — Cheval hongre, quinze ans, entré le 30 juin 1896.

A été laissé en traitement à Alfort, en décembre 1895, pour une pharyngite. Sorti incomplètement guéri. A continué à jeter légèrement par les deux naseaux. Depuis quelque temps, le jetage a augmenté.

A sa rentrée à l'hôpital, ce cheval est un peu amaigri. L'appétit est normal, mais la déglutition est difficile. On remarque un jetage bilatéral, muco-purulent, qui tient en suspension des parcelles d'aliments. Une partie de l'eau de boisson revient par les naseaux, mêlée d'abord à des mucosités purulentes, et parfois l'animal est pris de violentes quintes de toux. Pas de sensibilité ni de gonflement de la gorge. Les régions parotidiennes sont normales. Par la compression du larynx, on ne provoque que difficilement la toux. Les ganglions sous-glossiens forment deux petites masses dures, multilobulées. Les grandes fonctions sont régulières. Rien au poumon.

Fig. 32.

Le 4 juillet, on pratique des deux côtés l'*hyovertébrotomie*, et l'on passe dans chaque poche gutturale une mèche imbibée de teinture d'iode diluée.

Jusqu'au 25 juillet, on fait journellement des injections antiseptiques dans les trajets, et tous les deux jours, on passe de nouvelles mèches imbibées de la solution iodo-iodurée. A cette date, on supprime le drainage.

Le jetage et la difficulté de la déglutition ont diminué peu à peu. Le 28, l'animal sort presque complètement guéri. Les légers troubles qui persistaient encore ont disparu dans la suite.

XXXVI. — Jument, cinq ans, entrée le 11 juin 1897.

Commémoratifs. — Il y a environ trois mois, on a constaté, dans les *régions de l'auge et de la gorge*, une tuméfaction qui remontait de chaque côté, le long des parotides. Peu apparente d'abord, cette tuméfaction a graduellement augmenté. A certains moments, il y aurait un peu de jetage blanchâtre, muqueux, non fétide, qui apparaîtrait surtout pendant le travail et au début de la préhension des liquides. La déglutition est gênée ; la bête est lente à manger et à boire.

Pas de renseignements utiles sur les antécédents de la malade. On nous apprend seulement qu'elle a été achetée il y a quatre mois, et qu'elle est d'origine américaine.

État actuel. — Malgré la difficulté qu'elle éprouve à prendre ses aliments, la jument est en assez bon état. La tuméfaction de la gorge et des régions parotidiennes est assez volumineuse, dure, rénitente, sans fluctuation et presque indolore. La tête est portée dans l'extension.

Dans l'auge, on perçoit une petite glande mal délimitée, un peu œdémateuse à sa périphérie. De temps à autre, surtout lorsque l'animal boit, on constate un jetage blanchâtre, non fétide, qui s'écoule par les deux naseaux, toutefois un peu plus abondant à gauche, bien que la tuméfaction soit à peu près également accusée des deux côtés de la gorge.

Traitement. — Après une semaine d'observation, on pratique l'*hyovertébrotomie.* On ponctionne la poche gutturale droite en sa partie supérieure et l'on fait une contre-ouverture suivant le manuel classique. Il ne s'écoule pas de pus ; néanmoins on passe un drain dans la poche. — Même opération du côté droit ; même résultat négatif.

L'opérée est relevée, reconduite dans son box et laissée en liberté. Pendant la soirée, elle est abattue, touche à peine à ses aliments. On irrigue les sacs gutturaux avec la solution iodo-iodurée tiède.

Les jours suivants, les régions parotidiennes augmentent de volume et deviennent très sensibles. Les mouvements de mastication et de déglutition paraissent douloureux ; de même les mouvements de flexion de l'encolure. La température ne dépasse la normale que de quelques dixièmes de degré. Tous les matins, les drains sont remplacés. La malade est nourrie de barbotages et de lait.

Le 22, du pus de bonne nature s'écoule des drains. La tuméfaction a diminué, surtout à gauche. La dysphagie est moins accusée. Pas de jetage. L'extension et la raideur de la tête subsistent.

Dans le courant de la semaine suivante, la tuméfaction provoquée par l'opération diminue, surtout dans la moitié supérieure des régions parotidiennes ; elle persiste en leur partie inférieure. Immédiatement au-dessus de l'origine de la trachée, on perçoit un gonflement qui devient de plus en plus nettement circonscrit et donne l'impression d'un abcès froid profond ou d'une tumeur. — Pendant la première semaine de juillet, ces phénomènes locaux restent sans modification. Une nouvelle intervention est décidée.

Le 9, la jument est couchée à droite, sur la table. — La tête solidement maintenue dans l'extension et le triangle de Viborg préparé, — tégument savonné, rasé, aseptisé, — on fait une incision cutanée de 15 centimètres, immédiatement au-dessus de la veine maxillaire externe et parallèlement à ce vaisseau. Par une dissection prudente, on décolle la peau, le fascia sous-cutané, la parotide et l'aponévrose sous-jacente. Engagé en arrière de la poche gutturale gauche, le doigt s'arrête sur une sorte de tumeur volumineuse, arrondie, uniformément résistante, sans la moindre fluctuation. Un moment on se demande s'il s'agit d'un néoplasme ou d'un abcès froid des ganglions rétro-pharyngiens. L'extrémité de la sonde cannelée, guidée par l'index gauche, est portée sur la tumeur et poussée dans l'intérieur de celle-ci. En même temps que la main éprouve la sensation d'une résistance surmontée, du pus blanchâtre, bien lié, apparaît. Le trajet élargi, il s'en écoule environ un demi-litre. — L'abcès vidé, sa cavité est détergée, drainée par un tube en caoutchouc fixé à la peau, et la bête relevée. Rentrée dans son box, elle se met tout de suite à manger de l'avoine ; les bols passent sans difficulté. La tuméfaction de la gorge est presque complètement effacée ; les mouvements de la tête et de l'encolure s'effectuent librement. Pendant la soirée et les jours suivants, la cavité purulente est irriguée avec une solution antiseptique. La suppuration est d'ailleurs peu abondante.

Le 14, le drain est retiré. — Le 20, la région gutturale a repris son aspect normal, sauf la cicatrice de la plaie opératoire. La respiration n'est nullement gênée, à quelque allure que soit exercée la jument.

II. — Cou.

PLAIE DE L'ENCOLURE.

XXXVII. — Cheval hongre, neuf ans, atteint d'une plaie de l'encolure. Entré le 18 novembre 1898.

Le 16 novembre, au cours d'une promenade, ce cheval se serait cabré en passant près d'un homme portant une faux ; le tranchant de celle-ci aurait entamé les tissus du cou, y provoquant une large plaie (*fig.* 33).

État à l'entrée. — Le blessé est amené à l'École deux jours après l'accident. Il présente sur la face gauche de l'encolure une plaie longue de 30 cen- timètres, oblique en avant et en bas, étendue du bord supérieur du cou à

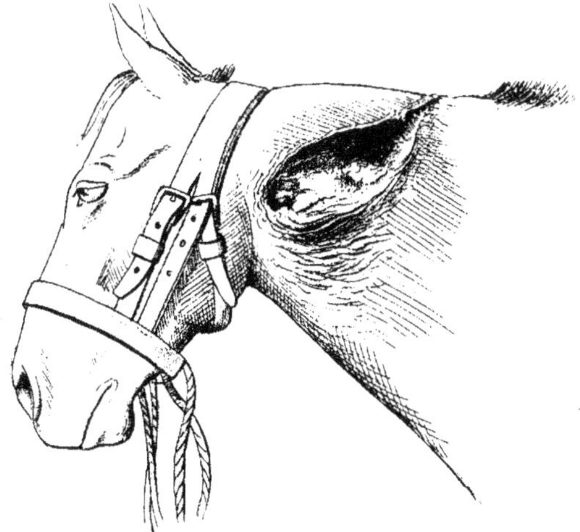

Fig. 33.

deux travers de doigt de la gouttière jugulaire ; son extrémité antérieure ar- rive presque au niveau du maxillaire inférieur ; en haut, elle contourne le bord supérieur de l'encolure et se prolonge sur la face droite, dépassant de 7 centimètres la ligne médiane. Le bord supérieur du cou est ainsi complète- ment sectionné et le ligament cervical partiellement divisé, dans sa moitié gauche surtout.

Vers sa partie moyenne, la plaie est large de 15 centimètres et profonde de 7 à 8 centimètres ; au niveau de la ligne des vertèbres, sa profondeur est de 6 centimètres et il y a des décollements musculaires ; en sa partie supérieure, elle diminue graduellement de profondeur. Dans la plus grande partie de leur étendue, les deux faces de la plaie sont recouvertes d'exsudat desséché, saignantes par places ; elles recèlent des caillots sanguins dans quelques bas-fonds. L'animal est abattu, fébricitant ; il consomme une partie seulement de sa ration. T., 39°5.

Traitement. — Désinfection minutieuse de la plaie avec une solution chaude de sublimé à 1 p. 1000 ; rapprochement de ses bords par des points de suture profonds ; application de compresses humides antiseptiques.

20 novembre. — La plaie se déterge. Quelques parcelles de tissus mortifiés s'éliminent. Peu de suppuration. T., 39°2.

Les jours suivants, la plaie granule dans toute sa surface ; les couches musculaires sont réunies ; les recoins et les décollements se comblent, la suppuration est faible. — Malgré la grande étendue et la profondeur de la solution de continuité, les mouvements de l'encolure sont libres, ils s'accomplissent aisément en tous sens. — L'appétit est bon et la température normale.

Le 5 décembre, on cesse l'emploi des compresses humides. La plaie est simplement détergée matin et soir par une irrigation antiseptique.

Le 20, elle est presque comblée. Déjà ses bords sont très rapprochés : dans sa partie la plus large, la cicatrice n'a pas 3 centimètres.

MAL DE NUQUE.

XXXVIII. — Cheval hongre, quinze ans, envoyé à l'École par l'Institut Pasteur. Entré le 27 février 1898.

Soigné d'abord à l'infirmerie de l'Institut, pour une fistule ouverte sur le côté gauche de la nuque. On a fait, sans résultat, des injections d'eau phéniquée et de liqueur de Van Swieten.

Le 28, le cheval est couché sur le côté droit. La fistule, ouverte près de la ligne médiane, est oblique en bas et en arrière, parallèle au ligament cervical et profonde de 15 centimètres.

Traitement. — Débridement et contre-ouverture ; drainage à la gaze ; injections, matin et soir, de teinture d'iode au tiers et de liqueur de Villate. Injection préventive de sérum antitétanique.

Continué jusqu'au 15 mars, ce traitement par le drainage et les injections n'a donné rien de bon. L'opération du *mal de nuque* est décidée.

L'animal assujetti sur la table, on extirpe le ligament cervical jusqu'à son insertion sur l'occipital et l'on rugine celui-ci. La plaie détergée avec la solution sublimée chaude, saupoudrée d'iodoforme et recouverte de compresses de gaze iodoformée, on applique un pansement ouaté compressif, maintenu par trois bourdonnets.

Le surlendemain, le pansement est levé et la plaie irriguée avec une solution tiède de sublimé. Nouveau pansement à la gaze et à l'ouate. — On le change tous les deux jours, jusqu'au 1er mai. — A cette date, la plaie est partout granuleuse.

MAL D'ENCOLURE.

XXXIX. — Cheval hongre, huit ans, amené à l'École le 27 août 1898.

Depuis trois semaines, ce cheval présente au bord supérieur de l'encolure une tuméfaction diffuse, très sensible, dont le centre est occupé par un volumineux cor en voie d'élimination, étendu profondément au ligament cervical.

Traitement. — Excision de la plus grande partie de la masse mortifiée. On fait deux incisions en croix, une dans le sens de l'encolure, l'autre trans-

versale, et sur la face droite, une contre-ouverture que l'on draine par une
mèche de gaze. — Matin et soir, on désinfecte la plaie, on en saupoudre les
parois de bicarbonate de soude et l'on recouvre la région de compresses trempées dans une solution chaude de bicarbonate de soude à 5 p. 100.
— Ce traitement est continué pendant une semaine. La suppuration persiste
abondante, la tuméfaction forte et douloureuse.

A partir du 5 septembre, on emploie comme topiques la solution légère
de formol et un mélange de protochlorure de mercure et d'iodoforme. Ce
traitement a une action très favorable. La plaie présente bientôt un meilleur
aspect, le pus devient plus épais, moins abondant; la sensibilité de la région
diminue.

Le 30 septembre, les points nécrosés du ligament sont éliminés et toute
la surface de la plaie bourgeonne activement. Il persiste encore une assez
vive sensibilité locale exclusivement due à l'irritation de la peau.

GANGRÈNE HUMIDE DE L'ENCOLURE.

XI. — Cheval entier, treize ans, entré le 28 avril 1893.

Blessé par le collier un peu en avant du garrot. Une forte tuméfaction
se développa autour de la plaie, sur le bord supérieur et les faces de l'encolure. Un vétérinaire appliqua des pointes de feu de chaque côté de la tumeur.
Celle-ci augmenta encore les jours suivants.

État actuel. — Abattement, anorexie, physionomie inquiète, muqueuses
cyanosées, respiration et circulation accélérées. T. 39°,6. L'encolure tout entière est le siège d'une énorme tuméfaction avec sphacèle dans sa moitié
supérieure, œdémateuse dans sa partie inférieure. A son bord supérieur et
sur la ligne médiane existe une fistule dans laquelle on peut faire pénétrer
près d'un demi-litre de liquide. A droite, la disjonction de la partie mortifiée
commence.

Traitement. — On cherche à circonscrire la gangrène sur la face gauche de
l'encolure par l'application d'une trentaine de pointes de feu profondes,
dans lesquelles on injecte de la teinture d'iode diluée au tiers avec addition
d'iodure de potassium. Pulvérisations phéniquées avec la marmite de Cham-
pionnière. Traitement interne : alcool, crésyl, bicarbonate de soude. — Le
soir, T. 40°,2.

30 *avril.* — L'état général est meilleur; les muqueuses sont moins
injectées, la circulation et la respiration moins accélérées. Le blessé consomme une partie de sa ration. Pas de symptômes généraux alarmants. —
La disjonction commence à gauche. — L'eschare qui se détache mesure
35 centimètres de longueur; sa hauteur et sa largeur varient de 10 à 18 centimètres, suivant les points. Tous les jours on fait trois pulvérisations phéniquées. La région malade est recouverte d'une épaisse compresse imbibée de
sublimé à 1 p. 1 000.

3 *mai.* — L'amélioration s'accentue. L'appétit est revenu. Le sillon dis-
joncteur se creuse chaque jour davantage.

6 *mai.* — L'eschare n'est pas encore complètement délimitée; on en excise
la plus grande partie : on enlève au couteau une masse pesant près de 3 kilos; en avant, il reste un îlot gangrené long de 10 centimètres.

Pour éviter la propagation de la nécrose dans la partie funiculaire du
ligament, on fait la *desmotomie cervicale.* On continue le traitement antiseptique.

9 *mai.* — On excise la partie nécrosée qui reste: elle pèse un peu plus
d'un kilo.

10-27 mai. — La plaie achève de se déterger et bourgeonne activement. Peu à peu la brèche se comble. Jusqu'au 10 juin, il persiste, en avant, un trajet fistuleux qui aboutit à une portion nécrosée de la corde cervicale.

L'animal sort le 13 juin. La plaie est partout granuleuse et la guérison assurée.

PHLÉBITE DE LA JUGULAIRE.

XLI. — Cheval entier, cinq ans, entré le 30 décembre 1896.

Une saignée de précaution a été faite. Un volumineux « thrombus » s'est développé.

Depuis la plaie de saignée jusqu'à la parotide, la gouttière jugulaire est tuméfiée, chaude, œdémateuse et douloureuse. La plaie est fistuleuse; la sonde pénètre dans la veine.

La fistule est largement débridée dans le sens du vaisseau; ses parois sont curettées, désinfectées avec la solution phéniquée forte et la teinture d'iode, puis tamponnées à la gaze iodoformée.

Le lendemain et les jours suivants, on renouvelle le pansement : on nettoie la plaie par des pulvérisations phéniquées et on la recouvre de calomel. Elle suppure peu et se comble régulièrement.

Le 8 janvier, on ponctionne un petit abcès périveineux développé à 2 centimètres au-dessus de la plaie. La cavité est détergée et traité par des injections antiseptiques.

Guérison en deux semaines.

XLII. — Jument en état de gestation, sept ans, entrée le 18 février 1897.

Il y a environ un mois et demi, on fit une saignée à la jugulaire gauche. Survint une phlébite, qui fut traitée par le débridement et des injections désinfectantes. Le mal paraissait en voie de guérison lorsque la région parotidienne s'enflamma.

A la consultation du 11 février, on reconnut l'existence d'un abcès sous-parotidien, développé à la limite du tiers moyen et du tiers supérieur de la glande. On en fit la ponction et l'on prescrivit des injections avec la solution iodée au tiers.

L'affection s'aggravant, la malade entra à l'hôpital le 18 février.

État actuel. — Toute la région parotidienne gauche est le siège d'une tuméfaction volumineuse et très sensible. Le gonflement s'étend de la plaie de saignée à la région temporo-maxillaire et à la nuque, cerclant la base de l'oreille. L'abcès sous-parotidien communique avec la plaie de saignée. L'animal jette du naseau gauche. Il ne consomme qu'une partie de ses aliments.

Traitement. — Drainage de la veine et injections dans les fistules d'une solution iodo-iodurée au tiers.

Le 19 février, on ouvre deux petits abcès développés au-dessus du premier; peu de pus.

Le 22, ponction de deux nouveaux abcès : l'un, assez volumineux, développé à la partie postérieure de la parotide; l'autre, près de la base de l'oreille. Détersion des cavités et des fistules avec la solution iodée. Un lambeau de tissu glandulaire est éliminé. Pendant les repas, de la salive s'écoule par les plaies parotidiennes.

Le 25, un abcès profond s'ouvre dans le pharynx; du pus s'échappe par les naseaux.

Le 28, on ponctionne un nouvel abcès parotidien et l'on fait une contre-ouverture dans le triangle de Viborg.

A partir de ce jour, l'amélioration s'accentue peu à peu, sans incident.

Le 17 mars, on supprime le drainage de la veine.

Une semaine plus tard, les plaies sont cicatrisées. Il ne persiste qu'un gonflement modéré de la région parotidienne et de la partie supérieure de la gouttière jugulaire, gonflement qui s'est résolu assez rapidement.

XLIII. — Jument, six ans, entrée le 11 janvier 1897.

Atteinte de la gourme il y a un mois. Une saignée a été pratiquée à la jugulaire gauche.

Amenée en voiture, la malade est très amaigrie et si faible qu'on doit la soutenir pendant la marche; l'appui sur le membre postérieur gauche est presque nul. Dans le box où elle est placée, elle tombe bientôt dans un état comateux; elle reste immobile, les yeux à demi fermés; la tête basse, les membres rapprochés sous le tronc vacillant; de temps en temps, elle s'appuie contre le mur.

La bouche est chaude et sèche; la conjonctive a une teinte safranée; le pouls est à 80, petit, filant. R., 22; T., 39°,5.

La région parotidienne gauche et la gorge sont dépilées par une application vésicante. La gouttière jugulaire présente, dans sa moitié supérieure, une tuméfaction chaude, un peu douloureuse, qui remonte sur la parotide; on y constate une plaie fistuleuse d'où s'écoule du pus strié de sang. Une autre plaie semblable existe vers le milieu de la région parotidienne.

Dans le tissu œdémateux qui remplit la cavité de l'auge, le long de la branche gauche du maxillaire inférieur, on perçoit une tumeur irrégulière, assez volumineuse, peu sensible, formée par les ganglions sous-glossiens tuméfiés.

La région sternale est le siège d'une forte tuméfaction qui s'étend jusqu'au delà de la région xiphoïdienne.

La cuisse gauche est émaciée; la droite est le siège d'un gonflement, sans chaleur anormale, à peine douloureux, surtout accusé au niveau de l'articulation coxo-fémorale. — Le jarret gauche tuméfié, dépilé par un vésicatoire, présente, à la partie inférieure de sa face interne, une petite plaie d'où s'écoule du pus blanchâtre.

Rien d'anormal à la percussion ni à l'auscultation de la poitrine. A l'exploration rectale, pas de signes d'abcès intra-pelvien.

Traitement. — Lavage antiseptique des plaies; injections créolinées dans la partie fistulisée de la jugulaire. Lavements créolinés tièdes dans la soirée. — A l'intérieur : lait, thé de foin, eau-de-vie et bicarbonate de soude. — La malade prend volontiers du barbotage.

Le lendemain, elle paraît moins abattue. Pas de modifications dans les symptômes locaux. On facilite l'écoulement du pus en drainant la portion fistulisée de la veine. La tuméfaction du passage des sangles est fluctuante : ponction qui donne issue à un demi-litre de pus; détersion et injections dans la journée. Le gonflement de la région coxo-fémorale est stationnaire. Pour préparer une intervention, on rase les poils et l'on désinfecte la peau sur une surface de la largeur de la main, mais on doit différer les ponctions exploratrices; on manque de repère pour les faire utilement. — Continuation du traitement interne. — Le soir, T., 40,5.

Le 13, peu d'amélioration. La phlébite suppure toutefois moins que la veille. Dans le but d'arrêter son extension vers les racines de la jugulaire, on applique quelques pointes de feu pénétrantes dans la partie supérieure de la région parotidienne. — On continue les injections antiseptiques dans la fistule veineuse et dans la cavité purulente sous-sternale. T. 40°. Même traitement interne. — Le soir, T., 40°, 3 ; R., 20.

Le 14 janvier, T., 40°,6; R., 26. Rien de particulier à noter, sauf une légère diminution du gonflement de la région coxo-fémorale. Dans la soirée, la jument se couche et se plaint. On lui donne un lavement additionné de chloral. T., 40°,5.

Mort dans la nuit.

Autopsie. — Le péritoine, ecchymosé par places, contient un peu de sérosité jaunâtre. Le foie, la rate, les reins, sont congestionnés. Dans la profondeur de la cuisse droite, le couteau ouvre une collection purulente contiguë à la jointure et entourant celle-ci.

Le lobe pulmonaire gauche renferme une quinzaine de petits foyers purulents. Le péricarde contient environ un demi-litre de sérosité jaunâtre. Pas de lésions du myocarde ; quelques ecchymoses sur l'endocarde.

A la dissection de la région parotidienne, on constate que la phlébite remonte bien au delà de la fistule parotidienne. Le tronc temporal superficiel et la veine maxillaire interne sont envahis.

La tête sciée sur la ligne médiane, les méninges apparaissent enflammées, épaissies, souillées par un exsudat purulent dans lequel l'examen bactériologique décèle des streptocoques et des staphylocoques.

CORPS ÉTRANGER DE L'ŒSOPHAGE.

XLIV. — Cheval entier, sept ans, entré à l'hôpital le 18 février 1897.

Au moment où on venait de le dételer, ce cheval, passant à proximité d'un tas de carottes coupées, en ingéra à la hâte quelques morceaux. Presque aussitôt il manifesta des troubles graves : vive agitation, efforts de déglutition, salivation abondante. On nous l'amena dans la soirée.

Le malade fait de temps à autre quelques efforts de déglutition. Un peu de salive s'écoule de la cavité buccale. La tête est portée légèrement étendue sur l'encolure. La respiration est accélérée; il y a de fréquentes quintes de toux. Dans la gouttière jugulaire, un peu au-dessous du larynx, on remarque une saillie très nette. La palpation ne laisse aucun doute sur la nature de l'accident : il s'agit d'une obstruction de l'œsophage.

Le cheval couché sur la table et assoupi par des inhalations de chloroforme, on écarte les mâchoires à l'aide d'un spéculum et l'on explore l'origine de l'œsophage : la main ne perçoit pas le corps étranger. — Le taxis et le cathétérisme sont pratiqués sans succès. — L'obstruction étant produite par un corps susceptible de se ramollir rapidement, on surseoit à l'intervention chirurgicale.

Le sujet est relevé et placé dans un box, sans litière, afin d'éviter la chute de parcelles alimentaires dans la trachée. On fait une injection hypodermique d'un mélange de pilocarpine (0gr,10 centigr.) et d'ésérine (0gr,04).

Pendant une demi-heure à trois quarts d'heure, la salivation fut très abondante et fréquents les efforts de déglutition. Puis, brusquement, les troubles disparurent. Le corps étranger avait glissé dans l'estomac. — La région où il s'était arrêté resta sensible pendant quelques jours, mais on ne constatait plus aucun trouble de la déglutition.

XLV. — Chien de berger, deux ans, entré dans le service le 2 janvier 1899.

On avait l'habitude de le faire rapporter, et il aimait à jouer avec les objets qu'il voyait entre les mains de ses maîtres. Dans les derniers jours de décembre, il s'est montré triste et a refusé de manger. On a remarqué qu'il avait la gorge tuméfiée.

État à l'entrée. — Le chien est sombre, tient la tête basse et laisse ses aliments. La région gutturale est le siège d'une tumeur du volume d'un petit œuf, dure, indolore, sans hyperthermie et sans point fluctuant. On pense à un abcès froid en voie de formation.

Les deux jours suivants, aucune modification locale. Le sujet ne prend pas d'aliments. On le soutient en lui donnant du lait à la cuillère.

Le 5 janvier, les poils qui recouvrent la partie centrale de la tumeur sont agglutinés par du pus. En cette région, la peau est creusée d'un étroit pertuis. Pour évacuer le contenu de l'abcès, on exerce de légères pressions sur la tumeur, de chaque côté de la plaie. Immédiatement on aperçoit le bout d'un fragment d'*aiguille à tricoter*, long de 6 centimètres, souillé de pus sanguinolent.

La fistule débridée, la sonde pénètre à une profondeur de 4 centimètres environ, dans une direction à peu près perpendiculaire à la surface de la région. La plaie de l'œsophage est cicatrisée. Lorsque l'animal boit, il ne s'écoule pas de liquide par la fistule.

Comme il arrive fréquemment chez les chiens qui ingèrent des corps vulnérants, cette aiguille s'est implantée dans les parois du pharynx ou de l'origine de l'œsophage, les a traversées sous l'action des contractions qu'elle a provoquées, et s'est engagée dans les tissus du cou, où elle a déterminé la tuméfaction susmentionnée ; elle a progressé jusqu'à la peau, dont elle a déterminé l'ulcération.

Le lendemain, malgré la suppression de la cause qui semblait provoquer les troubles observés, l'animal se montre triste, sa démarche est lente ; il refuse ses aliments. On continue à lui donner du lait.

Le 7, même état et constipation. Le malade ne rejette pas d'excréments. Administration de 30 grammes d'huile de ricin et lavements d'eau tiède. Dans la journée, expulsion de quelques excréments secs, terreux, maculés de sang.

Le 8, on continue les lavements d'eau chaude. Tout à coup l'animal fait de violents efforts expulsifs et rejette par l'anus un *peloton de laine*. — Dans la soirée, il est gai, caressant, et consomme une partie du contenu de sa gamelle.

Les jours suivants, l'amélioration s'accentue. Avec l'appétit, la gaieté revient.

Le 10, la tuméfaction du cou est affaissée. Il ne persiste qu'une fistulette d'où suinte un peu de pus séreux.

Sortie le 15. La plaie est cicatrisée.

TRAITEMENT CHIRURGICAL DU CORNAGE CHRONIQUE.
(HÉMIPLÉGIE LARYNGIENNE.)

XLVI. — Jument normande, sept ans, appartenant à M. M..., 232, faubourg Saint-Honoré, à Paris. — Atteinte de cornage chronique intense. Elle ne peut faire cent mètres au trot sans s'arrêter.

Entrée le 16 septembre 1895. — Exercée au manège le lendemain de son entrée, presque immédiatement elle corne fort ; la respiration devient vite pénible ; la dyspnée oblige à cesser l'épreuve.

L'opération est faite le 18. La jument placée en position dorsale, la tête est solidement maintenue dans l'extension. La région préparée, — poils coupés, peau rasée et aseptisée, — j'incise la peau et la couche musculaire sous-cutanée, depuis le corps du thyroïde jusqu'au deuxième cerceau trachéal. L'hémorrhagie arrêtée, j'ouvre le larynx par une incision médiane qui porte sur le ligament crico-thyroïdien, le cricoïde, le ligament crico-trachéal et le premier cerceau de la trachée. Le larynx entr'ouvert, je constate une paralysie complète de l'aryténoïde gauche : il est immobile aux deux temps de la respiration, tandis que l'aryténoïde droit a conservé toute l'ampleur de ses mouvements. — Après avoir introduit dans la trachée une canule recouverte de gaze bouffante, je pratique l'*ablation de l'aryténoïde gauche*, suivant la technique décrite dans notre *Traité de thérapeutique chirurgicale*. Avec des pinces emporte-pièce, j'enlève la plus grande partie de l'îlot cartilagineux que le bistouri a laissé au niveau de l'articulation crico-aryténoïdienne. — Deux tampons de gaze rectangulaires sont disposés de champ dans le larynx. Trois points isolés, à la soie, réunissent la couche musculaire et fixent ces tampons. Suture cutanée et application d'une couche de collodion. — Relevée, la jument est placée dans un box sans litière. Diète absolue. Le soir, T., 38°,8.

Le lendemain matin, on coupe et l'on enlève les fils des deux sutures. On retire le pansement et la canule. Après nettoyage de la plaie avec des tampons d'ouate montés sur pinces, on suture, sur chaque lèvre, la peau et la couche musculaire. L'opérée reçoit la ration ordinaire et la consomme. La déglutition est assez pénible, surtout pour les aliments fibreux. Des parcelles alimentaires et une partie de l'eau de boisson sortent par la plaie laryngienne. T., 38°,6 — 38 , 9.

Les trois jours suivants, la gêne de la déglutition persiste : un peu d'eau de boisson sort par la plaie. T., 38°,5 — 39°,3. On se borne à nettoyer la plaie externe.

Dès le 23, les troubles de la déglutition s'atténuent. La plaie est granuleuse dans toute sa surface.

Du 24 au 30, aucun phénomène particulier à mentionner. La plaie suppure peu et se rétrécit graduellement. Il n'y passe plus ni aliments ni liquide. T. 37°,9 — 38°,3. — A partir du 28, on donne quotidiennement, dans la boisson, 8-10 grammes d'iodure de potassium.

Pendant la première semaine d'octobre, l'opérée présente des signes d'angine, notamment un jetage bilatéral et de la toux. Ces troubles s'atténuent et disparaissent la semaine suivante. Le 16 octobre, la plaie externe est fermée.

Le 20 et le 22, la jument est exercée au trot dans le manège. Il y a encore un léger bruit anormal au temps d'inspiration, mais plus de dyspnée, plus rien de cette gêne respiratoire qui était si accusée avant l'intervention.

Reprise par M. M..., le 28 octobre, la jument a été remise en service dans les premiers jours de novembre. Attelée à un coupé, elle a travaillé sans interruption et sans éprouver aucune gêne de la respiration. Un an et demi plus tard, on nous donnait ces renseignements : « Depuis sa sortie de l'École, la jument a travaillé tous les jours ; pendant les premières semaines, la respiration était encore un peu bruyante. Dans le courant de décembre, ce trouble a disparu, et, depuis lors, jamais, même lorsqu'elle a dû faire un travail pénible, on ne l'a entendue corner. »

XLVII. — Cheval anglo-normand, huit ans, appartenant à M. M..., 232, faubourg Saint-Honoré, à Paris. Entré le 13 juin 1896.

A commencé à corner il y a un an environ. Peu à peu la gêne respiratoire a augmenté. Actuellement ce cheval est incapable de faire un service au trot.

Essayé au manège le jour de son entrée, il cornait très fort au bout de quelques minutes.

Opéré le 15 juin, sous le chloroforme, par *ablation du cartilage aryténoïde gauche*. On laisse une petite portion de l'angle articulaire. Même pansement que pour le premier sujet. — Deux heures après l'intervention, T., 39°, 3. Le soir, 39°,6. — Diète absolue pendant vingt-quatre heures.

Le lendemain matin, on enlève le pansement et la canule. A la plaie externe, on suture, sur chaque lèvre, la peau et la couche musculaire. — Rentré dans son box, le cheval ingère le contenu d'un seau placé par terre et se met à manger. Il consomme sa ration; toutefois la déglutition est un peu douloureuse ; les repas sont entrecoupés par des ébrouements ; de l'eau, des grains d'avoine, des parcelles d'aliments fibreux, sortent par la plaie. — Dans les intervalles des repas, le cheval se montre un peu triste et abattu. T., le matin, 39°,1 ; le soir, 39°,4. — Les soins consécutifs se réduisent à la détersion de la plaie externe, faite matin et soir.

Le 17, l'abattement constaté la veille a disparu. T., 38°,4. L'inspiration est gênée, bruyante. On augmente l'écartement des bords de la plaie. Pendant les repas, il s'en échappe un peu d'eau et des parcelles d'aliments. Les jours suivants, les troubles de la déglutition s'atténuent, la respiration est silencieuse, la température tombe au chiffre normal.

Le 22, on ôte les fils de la suture musculaire. Par la plaie, il ne passe plus ni aliments, ni eau de boisson. Les lèvres sont granuleuses sur toute leur surface. — On commence le traitement ioduré. Peu à peu la brèche se rétrécit et ses angles se rapprochent.

Le 11 juillet, le plancher du larynx est fermé. — Le 17, la plaie est entièrement cicatrisée.

Le 18 et le 19, le cheval est exercé au trot dans le manège. Au bout de cinq à six minutes, le bruit inspiratoire devient fort, mais ce bruit est très différent, quant au timbre et à l'intensité, de celui perçu avant l'intervention.

Dans les premiers jours d'août, cet animal a repris son service de coupé, — service auquel, par le fait du cornage, il était inapte avant l'opération.

En septembre 1897, M. M... me donnait ces renseignements : « Depuis l'opération, le cheval a fait un très bon travail. Par les temps chauds, le bruit de cornage apparaît encore, mais très atténué, et le cheval n'en est pas moins parfaitement utilisable. »

XLVIII. — Jument hollandaise, dix ans, appartenant à M. S..., 6, rue Dieu, à Paris. Atteinte de cornage chronique qui paraît s'être développé à la suite d'une bronchite. Entrée le 20 octobre 1895.

Constaté au moment de la remise en service, le cornage s'est peu à peu accentué, malgré plusieurs médications auxquelles on a eu recours successivement. On utilise encore cette bête, mais pendant le travail la respiration est gênée, dyspnéique.

Exercée au trot, dans le manège, la jument corne fort au bout de deux minutes. En prolongeant l'essai quelques minutes encore, la dyspnée apparaît : les mouvements du flanc sont très précipités, l'inspiration est pénible, le facies anxieux, les naseaux démesurément ouverts. — Rien d'anormal à l'inspection des cavités nasales, du larynx et de la trachée.

Opération le 22 octobre. La région préparée, on incise la paroi inférieure du larynx et le premier cerceau trachéal. Les bords de la plaie écartés, on constate une paralysie de l'aryténoïde gauche. On fait l'ablation de ce seul cartilage, — l'*aryténoïdectomie simple*. — Pansement à la gaze. Double suture musculaire et cutanée. — L'opérée est placée dans un box sans litière. Le soir, T., 38°,7.

Le lendemain, on enlève le pansement et la canule. Sur chaque lèvre de la plaie, on applique trois points isolés qui réunissent la couche musculaire à la peau. Le sol du box est recouvert de litière. On donne les aliments et les boissons comme il est d'usage à la suite de l'opération. T., 38°,3 — 38°,5.

Les jours suivants, de l'eau de boisson, quelques parcelles alimentaires et de la salive sortent par les cavités nasales et par la plaie ; les repas sont interrompus par des quintes de toux. T., 38°,2 — 38°,9.

Le 1ᵉʳ novembre, les troubles de la déglutition ont disparu. La plaie laryngienne, couverte de granulations, est réduite à la moitié de sa longueur primitive. Il n'y passe plus d'aliments ni de liquide. On commence la médication iodurée. — Le 15, cette plaie est fermée.

Sortie le 24 novembre.

Résultat. — Au commencement de décembre, la jument a été remise en service. Alors on percevait encore un léger sifflement pendant le trot. « Au mois de juin 1896, il a disparu. Aux allures les plus vives, on n'entendait plus qu'une respiration forte, mais pas de bruit de cornage; on ne constatait surtout pas la moindre gêne de la respiration. »

XLIX. — Cheval hongrois, neuf ans, appartenant à M. S..., 6, rue Dieu. à Paris. Atteint de cornage chronique. Entré le 24 septembre 1896.

Appartient à M. S... depuis cinq mois. Le cornage est plus ou moins intense suivant les moments. De temps à autre, il y a de la toux et un peu de jetage bilatéral blanchâtre, mousseux. M. S... déclare que l'animal ne peut plus faire un travail au trot, et en le laissant dans mon service, il insiste pour que je pratique sans délai, sans autre traitement préalable, l'opération faite l'année précédente sur son premier cheval.

L'exploration du larynx et de la trachée ne révèle rien d'anormal. Exercé au trot, le cheval fait entendre, au bout de quelques minutes, un bruit de cornage qui s'accentue vite. Cette épreuve est répétée les trois jours suivants, dans la matinée; chaque fois le sifflement, perçu au bout de deux minutes, devient vite très fort, en même temps qu'apparaissent des phénomènes dyspnéiques.

Opération le 28. Anesthésie au chloroforme. Le larynx incisé, je constate une *paralysie de l'aryténoïde gauche.* J'enlève ce cartilage, en laissant dans la partie profonde de la plaie une petite portion de l'angle articulaire. Pas de suture de la plaie intra-laryngienne. Pansement à la gaze. Double suture musculaire et cutanée fixant le pansement et la canule.

Désentravé, l'opéré reste étendu sur la litière. Il se relève au bout de dix minutes. Reconduit dans son box, il est tenu à la diète absolue pendant vingt-quatre heures. T., 38° — 38°4.

Le lendemain, on coupe les sutures, on enlève le pansement, la canule, et l'on nettoie la plaie superficielle. Sur chacune des lèvres de celle-ci, on réunit la peau à la couche musculaire par trois points isolés. Pendant quelques jours, on maintient ces lèvres écartées, afin de faciliter la respiration. L'opéré est remis au régime ordinaire. Il consomme toute sa ration. De la salive, un peu de liquide et quelques parcelles alimentaires s'échappent par la plaie. T. 38°8 — 39°5.

Les jours suivants, on se borne à nettoyer la plaie externe, matin et soir, avec des tampons d'ouate montés sur pinces.

Dès le 7 octobre, les aliments et les liquides ne passent plus dans le larynx. Du 10 au 30, on donne dans la boisson, tous les jours, 8-10 grammes d'iodure de potassium. Le 23, la plaie superficielle est complètement cicatrisée.

Le 28, on essaie le cheval au manège, au trot et au galop. Au bout de dix minutes au trot, de cinq minutes au galop, on perçoit encore un léger bruit anormal de la respiration.

M. S... a conservé cet opéré comme cheval de service. Voici le résultat de l'intervention et l'état de l'animal au 21 janvier 1899. « Dans les mois qui ont suivi sa remise en service, le cheval a pu faire des courses longues et rapides sans manifester autre chose qu'une respiration un peu bruyante. Au départ seulement, pendant le premier kilomètre, il toussait et rejetait par les naseaux des mucosités blanchâtres.

« Aujourd'hui encore, il y a un peu de jetage au début du travail, mais une fois le cheval *échauffé*, même au trot rapide la respiration est normale. *Ce cheval a fait, attelé, des courses continues de vingt-cinq kilomètres, sans être incommodé, et souvent, avec une heure d'arrêt entre l'aller et le retour, cinquante kilomètres.*

« Monté, il corne un peu aux allures vives, mais le bruit cesse quand le cheval a fait quelques efforts violents, un galop rapide et soutenu, ou lorsqu'il a sauté. Il est parfaitement utilisable à tous les services. »

L. — Cheval anglo-normand, six ans, entré le 24 janvier 1895.

Atteint d'une pneumonie en mars 1894. Lorsqu'il reprit son travail, vers la fin du mois suivant, il avait la respiration gênée, bruyante. Pendant la saison chaude, le cornage augmenta. L'animal fut soumis à divers traitements qui ne donnèrent aucun résultat. On l'envoya à Alfort pour y être opéré.

Rien d'anormal n'est constaté à l'exploration des naseaux et des cavités nasales, non plus qu'à l'examen extérieur du larynx et de la trachée. Exercé au petit trot, le cheval corne au bout de cinq minutes. Au trot accéléré, il fait entendre presque immédiatement un fort sifflement, perceptible à une assez grande distance ; alors la respiration est pénible, les naseaux sont dilatés, et le cheval, bien que très vigoureux, doit ralentir son allure.

Préparé pendant quelques jours et soumis à deux nouvelles épreuves qui donnèrent le même résultat que la première, le cheval fut opéré le 28 janvier, sous le chloroforme.

Le larynx ouvert, on constata une paralysie de l'*aryténoïde gauche*. On excisa ce cartilage (en ne laissant qu'une très petite portion de son angle articulaire) *et la corde vocale correspondante*. Pas de suture de la muqueuse. Pansement à la gaze. Suture musculaire fixant celui-ci et la canule, puis suture cutanée.

Diète absolue pendant la journée. — Mêmes soins consécutifs et mêmes phénomènes post-opératoires que pour les opérés précédents. — Du deuxième au cinquième jour, la température oscilla entre 39° et 39°,7. Jusqu'au 10 février, de la salive, de l'eau de boisson et des parcelles alimentaires passèrent dans le larynx. A partir de cette date, la cicatrisation de la plaie extérieure marcha rapidement. Le 8, on avait commencé e traitement iyoduré. — Le 17 février, la plaie est fermée.

Exercé au manège les 1er, 3 et 5 mars, ce cheval cornait beaucoup plus fort qu'avant l'opération.

Sortie le 7 mars. Quelques jours après on dut pratiquer la trachéotomie.

LI. — Cheval normand, quatre ans, atteint de cornage intense qui ne permet plus de l'utiliser.

Entré le 31 août 1898. Exercé au manège, le bruit de cornage apparaît au bout de quelques minutes et s'accentue rapidement.

Opéré le 5 septembre, par *ablation de l'aryténoïde gauche et de la paroi interne du ventricule correspondant*. — Pansement et soins consécutifs comme pour les opérés précédents.

Le lendemain T., 39°1 — 39°8. — Le 7, la température revient au chiffre normal.

Jusqu'au 11, un peu de liquide et des parcelles alimentaires sortent par la plaie laryngienne. A partir du 12, administration quotidienne, dans la boisson, de 6-12 grammes d'iodure de potassium. Léger jetage bilatéral.

Le 22, la plaie externe est fermée. Le jetage persiste ; il diminue graduellement les jours suivants et disparaît au bout d'une semaine.

Le 5 octobre, on commence à promener le cheval au pas, un quart d'heure tous les matins. Les premiers jours, au sortir de l'écurie, chaque fois il est pris d'une toux violente, quinteuse.

Le 7, essai au manège. Le bruit de cornage apparaît après quelques minutes d'exercice. Le surlendemain, nouvel essai au trot ; au bout de trois minutes, on est obligé de suspendre l'épreuve, tant le cornage est intense.

Dans la nuit du 3 novembre, la respiration devint tout à coup extrêmement pénible et l'asphyxie menaçante. On dut pratiquer la trachéotomie provisoire.

Quelques jours plus tard, on rouvre le larynx. On constate, à gauche, au niveau du champ opératoire, une cicatrice sténosante, qui occupe toute la hauteur du conduit.

Remarque. — J'aurais pu relater nombre d'observations à l'appui de l'efficacité de l'aryténoïdectomie, et de l'inefficacité des autres interventions préconisées contre le cornage chronique. J'ai fait choix de celles qui sont particulièrement démonstratives : sur deux chevaux appartenant au même propriétaire, M. M..., et traités par l'ablation de l'aryténoïde, deux succès ; sur deux chevaux appartenant également au même propriétaire, M. S..., et traités de la même manière, deux succès.

Quant aux autres opérations, dont les illusoires avantages ont été si bien mis en lumière, leur vraie valeur est exprimée par les résultats des observations I. et II. Avec elles, on a toutes les chances d'obtenir des insuccès thérapeutiques aussi complets que possible.

III. — **Thorax**.

LII. — Jument irlandaise, dix ans, présentée à la consultation le 30 janvier 1899.

Depuis plusieurs années, on l'utilise exclusivement au service de la selle. Vers la fin de décembre 1898, une tumeur sanguine se développa sur le garrot : on la ponctionna, de chaque côté, en sa partie déclive ; on fit dans la cavité des injections antiseptiques, et, à la surface, des frictions répétées d'onguent vésicatoire.

La plaie du côté droit se ferma au bout de trois semaines ; celle du côté gauche suppura et devint fistuleuse. Le pus, s'écoulant sans doute difficilement, macéra et nécrosa le ligament cervical.

État actuel. — La face droite du garrot est marquée d'une cicatrice. La face gauche est le siège, principalement en arrière, d'une tuméfaction diffuse, très sensible, où l'on voit, à la limite du garrot et du dos, à 2-3 centimètres du sommet des apophyses épineuses dorsales, une plaie fistuleuse dans laquelle la sonde pénètre à une profondeur de près de 10 centimètres, et qui donne issue à du pus sanguinolent.

Oblique en avant et un peu en haut, le trajet fistuleux paraît aboutir sur le ligament surépineux, au niveau de l'apophyse de la cinquième vertèbre dorsale.

Traitement. — Le 30 janvier, on débride la fistule parallèlement à la ligne des apophyses, sur une longueur de 10 centimètres. On met ainsi à nu la partie nécrosée du ligament. On l'excise avec le bistouri et la pince-gouge. On déterge la plaie, on en touche les parois avec la teinture d'iode, on la saupoudre d'iodoforme, on en rapproche les bords par trois points de suture, enfin on la recouvre de lames de gaze iodoformée fixées à demeure par du collodion.

Le pansement est renouvelé tous les deux jours jusqu'au 10 février. A cette date, la plaie bourgeonne en arrière, mais un nouveau point de nécrose existe en avant.

Le 11 février, la blessée est couchée. On débride l'angle antérieur de la plaie. Le disque cartilagineux de l'apophyse de la quatrième vertèbre et la partie du ligament cervical qui la recouvre sont nécrosés. A l'aide du bistouri et de la pince-gouge, on enlève l'îlot mortifié. On irrigue le trauma avec la solution de sublimé à 1 p. 1000 et l'on panse au tannoforme.

Les jours suivants, la suppuration fut d'abord peu abondante ; on espérait arriver vite à la guérison. Après une période de réelle amélioration, une nouvelle complication se produisit : au commencement de mars, le revêtement desmo-cartilagineux de l'apophyse de la troisième vertèbre se nécrosa.

La jument entra à l'hôpital le 5 mars. Ce même jour on fit l'ablation des tissus mortifiés. — Comme agents de pansement, on employa le crésyl à 3 p. 100 et la teinture d'iode, l'iodoforme et la gaze iodoformée.

Le 12 mars, on constata un décollement de la peau sur la ligne médiane, en avant de l'apophyse de la troisième vertèbre, et un point aride au sommet de cette apophyse. On continua le traitement jusqu'au 28 mars sans grande amélioration. A cette date, on voyait, en avant de la plaie, une zone tuméfiée accusant une récidive de la nécrose dans le ligament surépineux. On renonça à une nouvelle ablation. On continua le traitement antiseptique.

Du 1er au 15 avril, l'état de la plaie ne s'amenda point. Elle était cicatrisée en arrière, sur une longueur de 15 centimètres environ, mais le décollement de la peau et la tuméfaction qui existaient en avant de son angle antérieur faisaient craindre la propagation de la nécrose dans le ligament cervical.

Du 15 au 30, le traitement a consisté en quelques applications, sur la

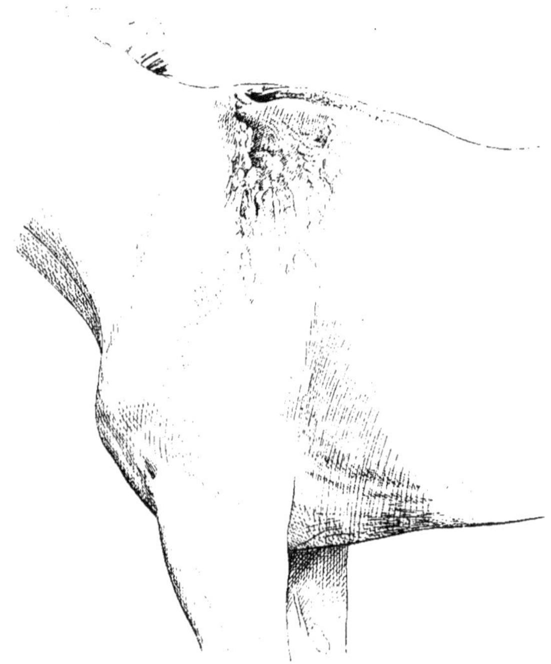

Fig. 31.

partie nécrosée, d'un mélange de sulfate de fer et de sulfate de cuivre, et en des pulvérisations crésylées quotidiennes avec l'appareil de Lucas-Championnière, suivies de pansement au traumatol.

Sous l'influence des pulvérisations et du traumatol, des premières surtout, la suppuration diminue beaucoup et la tuméfaction se circonscrit à la moitié droite de la région. Elle correspond à un décollement dans lequel on perçoit encore un îlot mortifié du ligament. On pratique là un débridement qui permet l'action directe des pulvérisations sur le foyer de nécrose.

On cautérise celui-ci par une application du mélange de sulfate de fer et de sulfate de cuivre. Les pulvérisations de crésyl à 2 p. 100 et de lysol à 1 p. 100 enlèvent l'eschare en quelques jours.

La plaie est enfin partout granuleuse et la guérison assurée.

Les jours suivants, la suppuration est faible. Les deux plaies (*fig.* 34 et 35) marchent régulièrement vers la cicatrisation.

(Extrait de l'obs. r. p. M. MACADRÉ.)

Remarque. — Les traitements antiseptiques, quand les règles en sont ponctuellement suivies, donnent assez souvent de bons résultats dans la thérapeutique du *mal de garrot* proprement dit, comme dans celle des *maux d'encolure* et *de nuque*; mais, même quand on leur associe l'excision de l'îlot mortifié du ligament surépineux et de la couche cartilagineuse qui

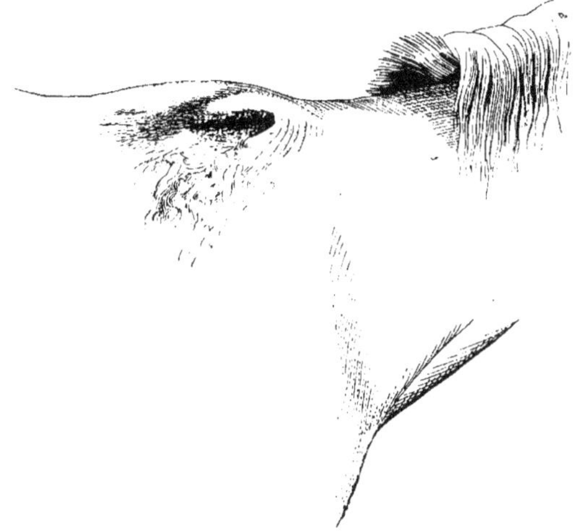

Fig. 35.

recouvre les apophyses, il s'en faut bien que l'on obtienne toujours une guérison rapide. Tantôt l'infection a dépassé les limites de l'ablation, en avant surtout, tantôt — quand on a fait une excision large — la sécrétion purulente qui survient à la plaie opératoire est elle-même la condition de la récidive du mal. Chez le sujet de l'observation précédente, malgré les moyens antiseptiques d'ordinaire usités et l'excision, la nécrose reparut à deux reprises en avant de la plaie, dans le ligament surépineux. On parvint enfin à l'arrêter et à faire plaie nette, *par les pulvérisations chaudes antiseptiques*, qui ont, sur les lotions et les irrigations, le précieux avantage de pénétrer le tissu mortifié et de détruire dans sa profondeur les agents de l'infection.

ABCÈS DE LA RÉGION COSTALE GAUCHE. NÉCROSE DE LA DERNIÈRE CÔTE.

LIII. — Cheval hongre, onze ans, entré le 6 juin 1896.

Il y a un an, ce cheval a présenté sur la face gauche du thorax, au niveau des dernières côtes, une forte tuméfaction qui s'est abcédée. La plaie résultant de l'ouverture de l'abcès s'est fistulisée. L'animal ayant été couché le 5 mai pour la castration, le vétérinaire qui pratiqua cette opération en profita pour débrider l'abcès. On fit ensuite dans la cavité des injections phéniquées, mais sans résultat.

État à l'entrée. — Sur la face gauche du thorax, au niveau de la partie moyenne de la dernière côte, on constate une tuméfaction nettement circonscrite, au centre de laquelle existe un trajet fistuleux, oblique en dedans et en arrière ; la sonde y pénètre à une profondeur de 10 centimètres.

Le cheval couché, on débride la fistule suivant la direction des côtes. A son fond, on perçoit une portion nécrosée de la dernière côte. On en pratique la résection. Introduit dans la plaie, le doigt sent les deux abouts, distants de 2 à 3 centimètres. Après irrigation antiseptique du trauma, un tube de caoutchouc fenêtré y est placé, fixé à la peau par un point de suture.

Les jours suivants, détersions du trauma et injections de teinture d'iode diluée à 1 p. 5 — 1 p. 3. Peu de suppuration.

Le 15, on enlève le tube de caoutchouc. On continue les injections iodées. Tous les jours la plaie est tamponnée à la gaze. Peu de gonflement de la zone adjacente.

Le 25, la partie profonde du trauma opératoire est en grande partie comblée. On cesse le tamponnement. — A dater de ce jour, le traitement à consisté en de simples lavages de la plaie.

Une semaine plus tard, l'opéré a été remis en service. — Revu à la fin de juillet. La plaie était cicatrisée. La légère tuméfaction qui persistait encore n'était plus douloureuse.

MYOME DE L'ŒSOPHAGE.

LIV. — Cheval hongre, quinze ans, présenté à la consultation le 4 janvier 1895.

Il y a une quinzaine de jours, on a remarqué à la base de l'encolure, dans la gouttière jugulaire, un assez fort gonflement. Le propriétaire attribua cette « grosseur » à un violent coup de collier.

Les jours suivants, dès le début du travail, cornage et respiration très accélérée, haletante, avec imminence d'asphyxie. — Pendant la préhension des aliments, les bols traversent lentement la région dilatée ; il y a tendance à la stase. A certains moments, une partie du liquide dégluti est rejetée par les naseaux.

Si l'on fait trotter l'animal, le cornage apparaît presque immédiatement ; en outre, le relief de la région jugulaire augmente, et l'on y constate des alternatives de tension et d'affaissement, coïncidant avec les mouvements respiratoires.

Diagnostic : Jabot ou tumeur développée autour de l'œsophage et comprimant cet organe ainsi que la trachée ou les nerfs de la région.

La lésion étant surtout thoracique, aucune intervention efficace n'est possible. L'animal est sacrifié pour la boucherie.

L'œsophage est ectasié dans le tiers inférieur de sa partie cervicale. Sa portion thoracique, très volumineuse, ferme, dure, constitue une sorte de tumeur allongée d'avant en arrière, fusiforme, mesurant 45 centimètres de longueur, 25 centimètres de diamètre et pesant 13 kilos. Cette tumeur est développée aux dépens de la couche musculaire de l'œsophage ; à l'incision, son tissu, de teinte grisâtre, oppose une assez grande résistance au couteau ; des coupes transsude un suc lactescent.

Le conduit, en partie obstrué par des aliments tassés, a son maximum d'ampleur au niveau du centre de la tumeur ; son calibre diminue graduellement à mesure qu'on se rapproche des extrémités de celle-ci ; vers le cardia sa lumière est fort réduite. Au niveau de la partie moyenne de la tumeur, l'épaisseur de la paroi est de 10 centimètres.

Les grosses bronches et les derniers cerceaux de la trachée, fortement comprimés par la partie antérieure de cette masse, ont subi un aplatissement qui a notablement réduit leur calibre.

L'examen microscopique de la tumeur a montré qu'il s'agissait d'un *myome à fibres lisses (leiomyome)*.

ENDOCARDITE CHRONIQUE.

LV. — Cheval entier, six ans, acheté en Beauce le 14 février 1897. Présenté le 20 à la consultation.

Le lendemain de son arrivée à Paris, il s'était montré triste, fatigué. On l'avait laissé à l'écurie. Il n'avait mangé qu'une faible partie de sa ration. Un vétérinaire appelé crut à une pneumonie au début; il prescrivit l'application d'un sinapisme, et un traitement interne dont les principaux agents étaient l'émétique et l'iodure de potassium.

Les quatre jours suivants, pas d'aggravation notable, mais persistance des troubles notés au début.

Au premier coup d'œil jeté sur ce malade, on a l'impression qu'il doit être atteint d'une affection pulmonaire. Il est un peu courbaturé, somnolent, la tête est tombante, l'œil mi-clos, la conjonctive modérément injectée et un peu infiltrée. Les mouvements du flanc sont accélérés; on compte 22 inspirations par minute; l'expiration est entrecoupée. Le pouls est à 60, petit, irrégulier.

On procède à l'auscultation de la poitrine, en commençant par le côté droit. Le bruit vésiculaire est très affaibli, même effacé par places dans la moitié inférieure du poumon; on perçoit quelques borborygmes; on entend surtout les battements du cœur: ceux-ci sont inégaux, leur rythme est irrégulier. On est ainsi conduit à faire tout de suite l'examen du cœur. L'oreille perçoit un *souffle systolique* fort, sans timbre particulier, souffle qui couvre le claquement systolique et se prolonge pendant le petit silence; en outre, les systoles sont de force inégale, et chaque trois, quatre ou cinq pulsations, il y a une intermittence dont la durée, uniforme, est celle d'une révolution cardiaque. L'auscultation du lobe pulmonaire gauche y décèle, en sa moitié inférieure, comme dans le droit, une atténuation du murmure vésiculaire.

Le *diagnostic* n'offrait pas de difficulté. Évidemment, ce cheval — bien qu'il eût été payé douze cent cinquante francs — était atteint d'une *insuffisance mitrale* ancienne, compliquée actuellement de stase pulmonaire.

On le laissa au repos pendant une semaine. Ramené le 28 février, il ne présentait plus aucun des troubles secondaires notés au premier examen. Il avait le dehors d'un cheval en bonne santé. On ne comptait plus que 14 respirations par minute.

L'interrogatoire du vendeur apprit que ce cheval avait été atteint de la gourme en octobre 1895. Guéri de cette affection au bout d'un mois et utilisé depuis lors aux travaux des champs, il n'aurait jamais présenté de troubles quelconques pouvant faire supposer l'existence d'une affection du cœur (?). Il n'a pas eu de maladie interne autre que la gourme.

LVI. — Cheval hongre, seize ans, présenté à la consultation le 27 mars 1897.

Utilisé au service du gros trait. L'hiver dernier, de décembre au commencement de mars surtout, ce cheval a dû faire un service très pénible.

Il y a un mois, on s'aperçut qu'il avait moins d'appétit et qu'il maigrissait; on remarqua aussi un assez fort engorgement œdémateux des membres. On laissa le cheval au repos pendant une dizaine de jours. Remis en service, il fut atteint d'une affection des voies respiratoires. On l'amena à la consultation.

Par l'œdème, le volume des membres postérieurs est augmenté d'environ un quart. Outre les symptômes d'une bronchite aiguë, on constate de très fortes pulsations des artères carotides et temporales superficielles.

A l'auscultation du cœur, on entend le premier bruit affaibli et dédoublé. Le second est couvert par un souffle qui se continue pendant tout le grand silence, — par un souffle d'*insuffisance aortique*. A toutes les artères explorables le pouls est fort. La carotide et la temporale bondissent à chaque pulsation.

Traitement. — Administration d'iodure de potassium à la dose quotidienne de 10 grammes, quinze jours chaque mois.

Le malade a pu travailler encore assez activement jusqu'au commencement d'août. Peu après, on a dû le sacrifier.

Autopsie. — Lésions de la myocardite fibreuse. Les sigmoïdes aortiques sont épaissies, ratatinées, irrégulières sur leurs faces. La valvule antérieure présente, à droite et près du nodule d'Arantius, une étroite perforation ; à gauche et sur sa face inférieure, tout près du bord libre, une végétation du volume d'un grain de chènevis. Il y a insuffisance avec large hiatus.

Dans le lobe antérieur du poumon droit, on trouve un îlot de pneumonie chronique.

LVII. — Cheval hongre, quinze ans environ, amené à l'École le 5 juin 1898, pour servir aux travaux pratiques de chirurgie.

L'animal est maigre, emphysémateux et tiqueur. A l'auscultation du cœur, on entend un souffle fort, musical, perceptible sur une large surface, souffle qui couvre le second bruit et le grand silence ; le premier bruit est atténué. Pas de danse des artères. Le pouls est de force à peu près normale.

A l'*autopsie*, on a trouvé une myocardite scléreuse, étendue aux deux ventricules, et des altérations des sigmoïdes aortiques. Celles-ci, légèrement épaissies, présentaient quelques petites végétations indurées. Malgré l'existence, sur les valves droite et gauche, d'une perforation parallèle à leur bord libre, l'insuffisance était légère.

Ce fait montre, une fois de plus, qu'un fort souffle d'insuffisance n'implique pas nécessairement de grosses lésions valvulaires. Quant aux caractères du pouls, ils s'expliquent par le très étroit hiatus de l'insuffisance et par les lésions du myocarde.

MYOCARDITES. — INTERMITTENCES CARDIAQUES.

LVIII. — Cheval hongre, douze ans, entré le 29 avril 1896.

Attelé journellement à un coupé, ce cheval a fait pendant plusieurs années un bon service. Depuis quelques mois, il est triste à l'écurie, et la plupart du temps il ne consomme qu'une partie de sa ration. Au travail, il est mou, porte la tête basse ; la sudation apparaît vite.

État actuel. — L'auscultation du cœur décèle des *intermittences* et un « roulement » du premier bruit, qui a fait croire à un souffle systolique. Le pouls, plein, fort, bat 40 fois à la minute. Après quelques instants de trot, les battements du cœur deviennent violents ; le premier bruit est prolongé et le second dédoublé.

On a noté certains symptômes bizarres qui semblent liés à une lésion cérébrale : le sujet est presque constamment abattu, somnolent ; tantôt il tourne en cercle dans son box, tantôt il s'arrête pendant le repas : il « fume

la pipe ». Si on lui croise les membres antérieurs, il conserve quelques
instants cette attitude anormale. Peureux et très irritable, les moindres
gestes l'effarouchent; monté, souvent il s'arrête brusquement devant un
objet quelconque, une feuille de papier, par exemple, et refuse d'avancer.
L'urine ne contient que des traces d'albumine. Pas de lésions oculaires.

Diagnostic : Myocardite chronique et probablement affection chronique de
l'encéphale, - hydrocéphalie ou tumeur des plexus choroïdes. — Le 30 avril,
à l'auscultation du cœur, on constate des intermittences dont la durée est
d'une révolution, et qui se répètent chaque trois ou quatre battements. —
On donne dans la boisson 6 grammes d'iodure de potassium, dose que l'on
augmente progressivement jusqu'à 10 grammes. — L'état du malade s'aggrave ; les intermittences deviennent plus fréquentes et plus longues. —
Averti que son cheval est atteint d'une affection incurable, le propriétaire le
fait sacrifier.

Autopsie. — Le cœur est plus volumineux qu'à l'état normal ; le ventricule gauche surtout est hypertrophié. Les parois des oreillettes sont sclé-
rosées. Le ventricule droit offre également des plaques de sclérose. Aucune
lésion sur les valvules.

Le rein droit est moins volumineux que l'autre ; sa surface est légèrement
capitonnée et sa capsule plus adhérente qu'à l'état normal. Les coupes offrent
les lésions de la néphrite chronique atrophique.

Pas d'hydrocéphalie. Fort épaississement des plexus choroïdes, qui sont
œdémateux et présentent de petits cholestéatomes.

LIX. — Cheval entier, dix ans, entré le 23 décembre 1896.

Atteint d'anasarque il y a trois ans. Depuis cette date, il a fait un bon service. Pas d'autre affection interne. Pendant ces derniers mois, on a remarqué des signes de faiblesse : il s'essoufflait facilement, se fatiguait vite et se
couchait à peine rentré à l'écurie. Présenté à un vétérinaire, celui-ci fut
frappé par la lenteur et les irrégularités du pouls. Il prescrivit de la noix
vomique et de la digitale. Ce traitement n'amenant pas d'amélioration, il
nous fit envoyer le malade.

État actuel. — La conjonctive est pâle. Le pouls est faible, irrégulier,
intermittent. Pas de pouls veineux. A l'auscultation du cœur, on reconnaît
des *intermittences* qui se produisent toutes les trois ou quatre pulsations, et
dont la durée est d'une ou de deux révolutions. On perçoit en outre un
dédoublement du premier bruit.

Traitement. — Iodure de potassium à la dose de 10 grammes par jour.
— L'appétit est conservé ; l'animal mange avidement sa ration.

Le 16 décembre, l'examen du cœur et du pouls révèle les mêmes troubles
qu'à l'entrée. Après quelques instants d'exercice au trot, les systoles cardiaques sont accélérées, violentes, et les intermittences qui, au repos, avaient
lieu chaque trois ou quatre pulsations, ne se produisent plus qu'à des intervalles beaucoup plus longs. Leur durée est d'une révolution. La première pulsation qui leur fait suite est plus forte que les autres. — Le pouls, petit, faible,
contraste avec la violence des battements du cœur.

Après quelques minutes de repos, les intermittences reprennent leurs
caractères primitifs. Les jours suivants, mêmes constatations.

Sortie le 9 janvier. Le traitement n'a donné aucun résultat. On prescrit
de le continuer quinze jours chaque mois.

LX. — Jument, trois ans, amenée à la consultation le 14 décembre 1895.

Achetée depuis huit jours par la personne qui nous la présente. Provient
de la réforme d'une compagnie de voitures. Au travail, elle s'essouffle vite,
ralentit son allure et s'arrête en manifestant les signes d'une violente dys-

pnée : l'encolure est tendue, le faciès angoissé, la respiration très accélérée, les mouvements du flanc courts et irréguliers.

Au premier examen, fait après un certain temps de repos, la respiration est régulière; il n'y a pas de soubresaut du flanc, pas d'entrecoupement de l'expiration. La toux n'a rien de celle de l'emphysème. Le pouls est inégal : après des séries de trois ou quatre battements normaux, on perçoit une pulsation affaiblie. A l'auscultation du cœur, pas de souffle, pas d'altération des bruits; mais le rythme n'est pas tout à fait régulier : il y a des séries de trois ou quatre pulsations normales suivies d'une systole plus lente et faible.

Immédiatement après quelques minutes de trot, les battements du cœur sont violents, inégaux; le deuxième bruit est atténué, presque effacé; l'inégalité des pulsations artérielles est moins accusée. — Au bout d'environ deux minutes, on perçoit des *intermittences* dont la durée est à peu près celle de deux révolutions cardiaques, et qui sont suivies de deux systoles lentes, puis de quatre ou cinq autres précipitées : ces systoles se succèdent de plus en plus rapidement, jusqu'à l'intermittence suivante. Le pouls offre la même arythmie. — Au bout de dix minutes, les intermittences ont disparu, et l'on ne perçoit plus que l'inégalité de force des systoles cardiaques et des pulsations artérielles notée au début.

Si l'on exerce de nouveau le cheval, on constate les mêmes particularités. Des intermittences se produisent deux à trois minutes après la cessation de l'exercice, pour disparaître quelques minutes plus tard.

LXI. — Cheval hongre, dix ans, présenté le 16 janvier 1896.

Appartient depuis quatre ans au propriétaire actuel. A fait régulièrement un service de livraison, tantôt au pas, tantôt au trot. Pas de maladie durant cette période. — Pendant le travail et à l'écurie, ce cheval tousse assez fréquemment. Il y a un mois, on a remarqué qu'il s'essoufflait plus vite et qu'il toussait plus encore que de coutume.

Le malade est emphysémateux. Avec un fort soubresaut du flanc, il y a une toux sèche, petite, quinteuse, des râles sibilant et crépitant sec. L'auscultation du cœur dénote des intermittences qui se produisent toutes les quatre ou cinq systoles, et dont la durée est de deux révolutions. Les intermittences du pouls offrent les mêmes caractères.

Ces intermittences disparaissent par l'exercice, puis se manifestent à nouveau après quelques instants de repos.

On prescrit les traitements ioduré et arsenical pendant des périodes de 8 jours, séparées par des repos de même durée.

LXII. — Cheval entier, sept ans, entré le 31 juillet 1897.

Atteint il y a trois semaines d'une pneumonie dont la marche a été insidieuse, et qui a laissé après elle des troubles rapportés à une affection du cœur.

L'état actuel du malade est satisfaisant. Pas de troubles appréciables à la vue. La respiration est normale. Le pouls est accéléré, petit, intermittent. A l'auscultation du cœur, on note un dédoublement du premier bruit, une atténuation du second et des intermittences séparées par des séries de six à huit systoles bien rythmées, normales comme force, intermittences dont la durée est d'une révolution.

Traitement. — Iodure de potassium à la dose de 10 grammes par jour, dose qui est portée à 15 grammes au bout d'une semaine.

Les jours suivants, les intermittences persistent avec les mêmes caractères. A partir du 10 août, elles s'espacent davantage et se produisent à des intervalles irréguliers. Le 20 août, jour où l'animal quitte l'hôpital, on ne les constate plus qu'après des séries de quinze à vingt pulsations.

LXIII. — Cheval hongre, six ans, entré le 7 décembre 1897.

Utilisé à un très dur service. Il y a trois jours, étant en sueur, il est resté exposé à la pluie pendant près d'une heure. Le soir, il a refusé sa ration. Un vétérinaire l'a examiné et a prescrit un traitement. — On nous l'a amené le lendemain matin.

A ce moment la température est à 40°,5, les conjonctives sont safranées, les yeux mi-clos. Un peu de jetage rouillé. Matité dans le tiers inférieur de la poitrine ; crépitation humide à droite. Pouls large et fort. 56 pulsations et 22 respirations par minute.

Diagnostic : Pneumonie.

Traitement. — Saignée ; sinapisme ; 150 grammes d'eau-de-vie. Régime alimentaire habituel et lait.

Le lendemain : T., 39°,9 ; R., 30 ; P., 63. Le sujet est abattu, somnolent ; il prend toutefois volontiers le lait et du thé de foin additionné d'alcool.

Le 9, souffle tubaire à droite. Les battements du cœur, violents, s'entendent aussi de ce côté. T., 40°,7 ; P., 64 ; R., 32. On ajoute au traitement du sulfate et du bicarbonate de soude.

Le 10 et le 11, le sujet est plus abattu ; il a beaucoup de peine à se tenir debout et paraît atteint de fourbure des pieds antérieurs.

Le 12, ces signes de fatigue et de congestion podophyllienne ont disparu. — La pneumonie est en voie de résolution. On perçoit le râle crépitant humide de retour. T., 38°,5.

Le 13, on note des intermittences du cœur, des arrêts qui se produisent après des séries de quatre à douze contractions. Tout traitement est supprimé.

Le 14, les intermittences sont plus fréquentes : sur cinq arrêts, quatre se produisent d'ordinaire après des séries régulières de quatre pulsations ; la cinquième, après des séries irrégulières de deux à huit pulsations.

Le 16, les intermittences sont moins nombreuses. Elles s'espacent de plus en plus jusqu'au jour où l'animal quitte l'hôpital.

KYSTE HYDATIQUE DU CŒUR.

LXIV. — Cheval hongre, percheron, âgé de huit ans, mort subitement pendant le travail le 9 août 1893. — Autopsie incomplète. On nous apporte le cœur, qui offre une altération rare.

Volumineux, il présente, vers le milieu de la paroi ventriculaire gauche, une tumeur des dimensions d'un œuf de dinde, de couleur blanc jaunâtre, sillonnée à sa surface -- surtout vers la périphérie — de fines arborisations vasculaires, tumeur uniformément fluctuante et à mince paroi.

L'incision de celle-ci donne issue à un liquide séreux, qui tient en suspension quelques flocons blanchâtres. Régulière dans la plus grande partie de son étendue, cette paroi est inégale par piaces, marquée de dépressions et de légers reliefs. — L'examen microscopique du produit obtenu par le raclage de sa face interne y décèle des scolex et de nombreux crochets. — Cette paroi est formée de deux membranes accolées, assez lâchement unies : l'externe, membrane hydatique ou cuticule, offre quelques plaques caséeuses et d'autres calcaires ; l'interne ou membrane germinale, de teinte grisâtre, est mince, très délicate.

Le kyste mesurait 8 centimètres et demi dans son grand axe, sur 6 à 7 de diamètre ; il faisait sur le niveau de la surface ventriculaire une saillie de près de 3 centimètres. La paroi du ventricule était détruite dans plus des deux tiers de son épaisseur ; celle-ci, qui, à l'état normal, devait être d'environ

5 centimètres au point correspondant à la partie moyenne de la tumeur, était réduite à 14 millimètres.

CORPS ÉTRANGER DU PÉRICARDE. HÉMORRHAGIE INTRA-PÉRICARDIQUE.

LXV. — Le 6 juin 1892, un nourrisseur d'Alfort faisait amener à l'École, aux fins d'autopsie, le cadavre d'une vache morte dans la nuit, sans avoir présenté, les jours précédents, aucun symptôme de maladie grave.

L'autopsie montra que cette bête avait succombé à une hémorrhagie intra-péricardique provoquée par un fragment de fil de fer. Celui-ci, parti du réseau, avait traversé la paroi antérieure de ce diverticule et le diaphragme ; il avait pénétré dans le péricarde et atteint le cœur au niveau du sillon vasculaire postérieur, à quelques centimètres de la pointe, par son extrémité antérieure, qui était aiguë, *pailleuse*.

Le corps vulnérant ayant, comme à l'ordinaire, provoqué des lésions inflammatoires chroniques dans les tissus traversés, on pouvait conserver des doutes sur la soudaineté de la mort, sur l'absence de troubles plus ou moins graves, continus ou intermittents, dans les jours qui ont précédé la fin.

Interrogé à cet égard, le propriétaire de l'animal put fournir des renseignements très précis. Les voici :

« Cette vache est entrée dans mon étable le 22 janvier dernier. A part une légère indisposition de quelques heures, qu'elle a présentée peu après son arrivée, jamais sa santé n'a paru altérée. Une chose cependant m'avait frappé : cette bête, qui avait un excellent appétit, n'engraissait pas ; mais j'attribuais cela à ce qu'elle était très bonne laitière. La veille du jour où elle a succombé, j'ai passé dans l'étable, comme d'habitude, vers 10 heures du soir ; il m'a semblé qu'elle ruminait comme ses voisines ; en tout cas, je n'ai rien remarqué d'insolite, et à 6 heures elle avait donné la même quantité de lait que les jours précédents. Le lendemain matin, on la trouva morte.

« Quant à l'ingestion du corps vulnérant ou à la cause même de l'accident, en voici l'explication. Au commencement de février, j'ai reçu de Bretagne du foin en bottes liées avec du fil de fer recuit : un fragment de ce fil sera tombé dans le fourrage donné à cette bête et aura été dégluti. »

La distribution de ce foin ayant cessé dans les premiers jours de mars, le corps vulnérant a dû séjourner environ trois mois dans l'estomac et les tissus qu'il a traversés, avant de provoquer la lésion mortelle.

RUPTURE DE L'ARTÈRE PULMONAIRE.

LXVI. — Setter Irlandais, deux ans, acheté à l'âge de cinq semaines. Atteint à dix mois de la maladie du jeune âge, qui a été grave. Il s'est complètement rétabli et son état de santé était bon.

Le 2 mars 1895, vers trois heures de l'après-midi, il jouait avec un autre chien devant l'habitation de son maître, lorsque tout à coup il se mit à courir, comme affolé ; il fit plusieurs bonds et s'affaissa : il était mort. On crut à un empoisonnement. On apporta le cadavre à l'École.

Autopsie. — Pâleur extrême des muqueuses apparentes. Rate volumineuse et offrant la teinte lilas des rates lymphadéniques. Le foie a également subi un certain degré d'hypertrophie.

Poumons normaux. Le péricarde est considérablement distendu par du sang. Les organes voisins de la base du cœur, les gros vaisseaux qui partent de celui-ci et la trachée sont entourés d'une nappe de sang coagulé, infiltré entre les feuillets du médiastin.

L'incision du péricarde donne écoulement à un peu de sang rouge. Un épais caillot y est contenu, moulé sur le cœur. Le feuillet viscéral présente, au niveau de l'origine des troncs artériels, une déchirure longue d'un centimètre.

Le cœur est soigneusement examiné ; les ventricules, les oreillettes, les appareils valvulaires ne présentent rien d'anormal.

La face externe de l'artère pulmonaire est recouverte d'un épais caillot sanguin. Celui-ci enlevé, on constate, à 1 centimètre de la base du cœur, sur la face droite du vaisseau, deux déchirures transversales, l'une mesurant 5 à 6 millimètres de longueur, l'autre 3 à 4 millimètres. Au niveau de ces déchirures, l'artère est d'une extrême minceur ; on y remarque plusieurs petits points athéromateux. S'échappant par ces déchirures, le sang s'est répandu autour des gros vaisseaux, écartant les lames du médiastin et soulevant le feuillet viscéral du péricarde ; puis celui-ci s'est rompu sous la poussée du sang, dont l'accumulation dans le sac péricardique a provoqué la mort par syncope cardiaque.

IV. — Abdomen et Queue.

NÉCROSE APONÉVROTIQUE DU FLANC.

LXVII. — Cheval hongre, douze ans, entré le 5 février 1894.

Il y a deux mois, ce cheval fut atteint de coliques rattachées à une indigestion intestinale. On fit la ponction du cæcum. Les jours suivants, il se développa autour de la plaie de ponction un gonflement chaud, sensible, œdémateux. Malgré ces symptômes, le cheval continua à être attelé pendant quelque temps. La plaie devint fistuleuse, suppura abondamment et résista à des injections antiseptiques. — On envoya le blessé à Alfort.

Au centre du flanc droit, on remarque une plaie bourgeonneuse, large de deux centimètres, entourée d'une zone indurée qui s'étend jusqu'à la dernière côte. Le pus est abondant, liquide, fétide.

Diagnostic : Nécrose des aponévroses du flanc.

Le cheval est couché sur la table. La fistule, longue de 15 centimètres et profondément située, se termine par un large cul-de-sac. On la débride et l'on pratique une contre-ouverture à la partie déclive du trajet, dans lequel on passe un drain de caoutchouc. — On fait dans la fistule de fréquentes injections antiseptiques (crésyl et sublimé).

Vers le 20 février, la tuméfaction et la suppuration ont notablement diminué; l'animal semble en bonne voie de guérison. — Une semaine plus tard, le gonflement s'étend au-dessous de la plaie inférieure, d'où le pus s'écoule abondant. Un nouvelle intervention est décidée. Introduite dans l'ouverture inférieure, la sonde accuse une fistule de 10 centimètres, oblique en bas et un peu en arrière, qui longe la dernière côte. On fait une contre-ouverture; cette seconde fistule est drainée comme la première. Les injections sont continuées en variant les liquides et le degré de concentration des solutions (acide phénique, sublimé, chlorure de zinc, liqueur de Villate, teinture d'iode). La solution iodo-iodurée à 1 p. 5-3 s'est montrée particulièrement avantageuse.

La guérison n'a été complète que vers le 15 juin ; mais si le sujet n'avait pas été un animal de luxe, on aurait pu le remettre en service longtemps avant cette époque.

Remarque. — Bien que le mal fût remarquablement tenace, à aucun moment nous n'avons cru devoir recourir à une intervention radicale : l'opération eût entraîné trop de délabrements, et elle n'eût pas été sans danger, car la fistule était profonde dans le paroi abdominale. Nous avons préféré nous en tenir aux contre-ouvertures, au drainage et aux injections antiseptiques. En semblable occurrence, c'est le traitement qui mérite la préférence.

HERNIES.

LXVIII. — Cheval entier, de gros trait, présenté à la policlinique le 14 juin 1898. Il y a quelques heures, attelé a un haquet, il a été atteint au flanc gauche par l'une des branches du treuil.

A la hauteur du grasset, le flanc gauche est le siège d'une forte tuméfaction œdémateuse. La main y constate une déchirure de la tunique abdominale et, un peu au-dessus, une solution de continuité des muscles. Pour assurer le diagnostic *hernie ventrale*, on pratique l'exploration rectale : à 10-12 centimètres en avant de l'anneau inguinal gauche, la main perçoit une déchirure de la paroi, longue d'environ 15 centimètres, oblique en avant et en dehors.

Dans l'après-midi, le sujet est couché sur le côté droit, anesthésié au chloroforme, le membre postérieur gauche maintenu dans l'abduction comme pour l'opération de la hernie inguinale étranglée. La région asepsiée, M. Almy fait à la peau une incision de 15 centimètres, oblique en arrière et en dedans, qui met à découvert une anse d'intestin grêle peu congestionnée. Celle-ci réduite, les muscles et les aponévroses qui constituent la paroi abdominale apparaissent irrégulièrement déchirés ; ils forment plusieurs plans rupturés suivant des lignes obliques en différents sens. On réunit la couche musculaire par une première ligne de sutures à la soie, sutures assez difficiles à appliquer en raison de l'état des tissus au voisinage de la déchirure ; un deuxième étage de points à la soie (qui croise obliquement le premier) est appliqué sur le plan aponévrotique ; puis la peau est suturée à son tour. On applique un bandage ouaté.

Désentravé, l'opéré reste étendu sur le lit ; il ne se relève qu'au bout de deux heures. Alimentation : barbotage et lait. — Le soir, T., 38°8 ; R. 16 ; P., 50.

Les trois jours suivants, la température oscille entre 38°8 et 39°7. La tuméfaction œdémateuse péritraumatique est assez forte.

Du 17 au 20, la température atteint encore 39°-39°5. La fréquence des mouvements respiratoires augmente ; on en compte de 45 à 50.

Le 21, la plaie détergée est vermeille, granuleuse dans la plus grande partie de son étendue. On excise plusieurs petits lambeaux aponévrotiques décollés. On enlève quelques-uns des fils de la suture profonde, on saupoudre d'idoforme et l'on applique un pansement à la gaze. La fièvre persiste assez forte ; la respiration est toujours accélérée et petite.

Du 22 au 25, les troubles généraux s'atténuent. L'opéré consomme sa ration. — Le 30 juin, il quitte l'hôpital en excellente voie de guérison.

Ramené le 9 juillet. La plaie est cicatrisée ; l'œdème a disparu ; la hernie est guérie.

LXIX. — Cheval entier, cinq ans. Amené à l'école le 5 mars 1895. Depuis la veille, il souffre de coliques.

L'exploration des bourses et des anneaux inguinaux supérieurs ne laisse aucun doute sur la nature des douleurs abdominales. Il s'agit d'une hernie inguinale aiguë à gauche.

L'animal abattu, convenablement assujetti, assoupi par des inhalations d'éther, et la région des bourses aseptisée, on pratique l'opération. En faisant l'énucléation du cordon, on trouve les enveloppes profondes (crémaster, tunique fibreuse, feuillet séreux pariétal) déchirées en dehors, sur une longueur de 7 à 8 centimètres. La gaine vaginale incisée le long du bord inférieur du testicule, on reconnaît que l'étranglement existe, comme d'habitude, au collet, lequel est situé au niveau de l'anneau inguinal externe, en un point bien plus déclive que celui qu'il occupe d'ordinaire dans le trajet. La tumeur herniaire est composée de deux parties : la première, supérieure au collet, d'un volume un peu plus fort que celui du poing, est formée par une portion d'intestin qui a refoulé la gaine et déplacé le péritoine à travers l'anneau inguinal interne, dont la lèvre antérieure est déchirée ; dans l'autre partie, située au-dessous du collet, l'intestin est déjà gravement altéré, noirâtre, en imminence de gangrène. — On irrigue celui-ci avec de l'eau bouillie salée. Le collet élargi par incision de sa paroi, en dehors, on fait aisément la réduction.

On hésite un instant sur la manière dont il convient de fixer le casseau ; on l'applique sur le cordon et la peau, après torsion de la gaine. On a fait choix de ce procédé, d'abord afin de conjurer sûrement l'éventration, rendue possible par la déchirure de la vaginale et favorisée par la béance de l'anneau inguinal, aussi dans le but de tendre la peau sur le cordon, sous cet anneau, et de provoquer la formation d'un solide bandage fibreux contentif.

Rien d'inquiétant ne survint du côté de la plaie opératoire, mais l'anse herniée se mortifia. Le malade succomba le sixième jour.

L'interprétation des particularités qu'offre ce fait est facile. La hernie présentait deux accidents d'âge et de caractères différents. L'ampleur anormale de l'anneau inguinal interne préexistait à l'étranglement et avait permis la constitution dans la profondeur de l'aine, par la mobilisation de la séreuse des régions adjacentes, d'une tumeur herniaire. Cette tumeur s'est compliquée de hernie inguinale aiguë. Quant à la déchirure de la gaine, elle a pu être déterminée par les manipulations répétées effectuées sur les bourses avant l'opération.

LXX. — Chienne braque, cinq ans, entrée le 5 mars 1893.

Atteinte depuis longtemps d'une *hernie inguinale* dont le volume a beaucoup augmenté depuis quelques mois. Actuellement la chienne en est incommodée, et à certains moments elle paraît en souffrir.

La tumeur, qui occupe la région inguinale gauche, a les dimensions du poing de l'homme. Assez tendue lorsqu'on l'explore sur la bête debout, elle est bientôt affaissée et flasque quand, celle-ci assujettie en position dorsale, on pratique le taxis pour se rendre compte des caractères de la hernie. Elle est entièrement réductible.

Pendant trois jours, on prépare la malade par le régime lacté et l'administration quotidienne de 0^{gr},02 de calomel.

Opération. — Le 9 mars, la chienne est couchée sur la table et assujettie en position dorsale. Pas d'anesthésie.

Sur la tumeur et ses environs, la peau est savonnée, rasée, puis lavée à l'alcool et irriguée avec la solution de sublimé. Des compresses aseptiques sont disposées sur les cuisses et l'abdomen. On fait suivant le grand axe de la tumeur une incision cutanée de 8 centimètres, un peu oblique en arrière et en dedans. On énuclée le sac avec les doigts, en agissant avec précaution, afin de ne pas le déchirer. Par des pressions méthodiques exercées sur la partie supérieure de celui-ci, les organes qu'il renferme rentrent peu à peu dans l'abdomen. L'ouverture herniaire, formée par l'anneau inguinal agrandi, est de forme ovalaire ; il mesure environ 2 centimètres dans son grand axe et 1 centimètre dans l'autre. — On tord le sac tout en exerçant sur lui une légère traction ; avec un fil de soie, on le lie aussi près que possible de l'anneau inguinal et on le résèque à un demi-centimètre au-dessous de la ligature. — Après avoir légèrement avivé à la curette les bords de l'ouverture inguinale, on les touche avec la solution phéniquée forte et on les affronte étroitement par deux points à la soie. Détergée avec des tampons d'ouate, la plaie est saupoudrée d'iodoforme, et la peau suturée par des points isolés. Asséchée, la couture est recouverte de collodion iodoformé. — On applique sur la région inguinale une compresse de gaze, puis une épaisse couche d'ouate maintenue par un bandage.

Les phénomènes consécutifs n'ont rien présenté d'inquiétant. Dans la soirée et les deux jours suivants, l'opérée a été nourrie de lait et de viande. La température n'a pas dépassé 39°,4.

Le 11 mars, on lève le pansement. Les bords de la plaie sont peu tuméfiés. Pas de suppuration.

Le 16, la plaie est cicatrisée dans la plus grande partie de son étendue; en son milieu et sur une longueur de 3 centimètres, il y a entre les bords un suintement séro-sanguinolent. On déterge à l'eau phéniquée; on enlève les fils de la suture cutanée. On lave la couture avec un tampon d'ouate trempé dans l'alcool et l'on applique un nouveau pansement ouaté qui est laissé à demeure jusqu'au 20. A cette date, la partie moyenne de la plaie est comblée.

Sortie le 25.

Remarque. — L'opération de la hernie inguinale aiguë chez la chienne offre parfois des difficultés dues soit aux adhérences que les organes herniés ont contractées avec le sac, soit à la présence d'un fœtus dans une corne utérine ectopiée. — Lorsque l'un des organes herniés adhère au sac, nous incisons celui-ci, nous rompons les adhérences, nous réduisons et nous achevons l'intervention comme à l'ordinaire. Toutefois, quand l'épiploon est le seul organe contenu dans le sac, ou nous l'excisons après l'avoir lié au catgut, ou nous exerçons une traction sur le sac, nous le lions aussi haut que possible et nous le réséquons ainsi que son contenu.

Nous avons en ce moment dans le service une braque Saint-Germain opérée d'une hernie inguinale gauche, dont le sac contenait les deux cornes utérines et une volumineuse masse épiploïque adipeuse. L'ablation de ces parties a nécessité une triple ligature. Néanmoins les phénomènes consécutifs ont été très simples.

Au cas où le sac contient une corne utérine gravide, après l'avoir ouvert largement, nous appliquons sur le pédicule ovarien, sur la base de la corne et sur la moitié correspondante du ligament large des ligatures à la soie fortement serrées, et nous excisons à un demi-centimètre de ces ligatures. Avant de rentrer le moignon de la corne, nous faisons l'abrasion de la muqueuse et nous le purifions avec la solution phéniquée forte.

Dans tous les cas où l'on n'est pas sûr de l'asepsie, il convient d'assurer l'écoulement des sécrétions en suturant la peau sur un drain ou une mèche drainante.

LXXI. — Chien danois, deux ans, entré le 14 octobre 1894.

Il y a trois mois, on a remarqué sur la face inférieure de l'abdomen, immédiatement en avant du grasset droit, un gonflement chaud, œdémateux, douloureux, et une boiterie du membre postérieur droit. Au bout d'une semaine, l'œdème et la douleur disparurent : le chien était atteint d'une *hernie ventrale.*

État à l'entrée. — A la partie inférieure du flanc droit, un peu en avant du grasset, existe une tumeur ovoïde, du volume d'un œuf, indolore, uniformément fluctuante et facilement réductible. — L'animal placé sur le dos, après réduction on peut engager le bout de l'index dans l'ouverture herniaire, assez large et de forme elliptique.

Même préparation que pour les malades précédents.

Le chien est opéré le 18 octobre, sous le chloroforme.

Sur le grand axe de la tumeur, on fait à la peau, préalablement aseptisée, une incision de 7 à 8 centimètres, un peu oblique en bas et en dedans, et l'on énuclée le sac. Tandis qu'un aide exerce une légère traction sur ce sac, on y passe, au ras de l'ouverture, un double fil de catgut; on l'étreint par deux ligatures et on le résèque. On avive avec la curette les bords de l'ouverture et on les réunit par trois points à la soie. On affronte étroitement les lèvres cutanées par des points séparés. La couture est recouverte de collodion. Pansement ouaté et bandage.

L'opéré est nourri de lait et d'un peu de viande. Le soir, la température est à 38°,8.

Les phénomènes consécutifs ont été des plus simples. La température n'a pas dépassé 39°2.

Le 22 octobre, on lève le pansement. La plaie est cicatrisée dans ses deux tiers supérieurs. Dans sa partie inférieure, ses lèvres sont tuméfiées, isolées, suintantes. On les nettoie à l'eau phéniquée et l'on applique un nouveau ouaté.

Le 26, on coupe et l'on enlève les fils de la suture cutanée. Le 30, on supprime le pansement. La plaie est cicatrisée et la hernie guérie.

LXXII. — Chienne braque, cinq ans, entrée le 8 février 1895.

Malade depuis cinq jours. A présenté des signes d'obstruction intestinale : inappétence, tristesse, plaintes, vomissements, constipation, sensibilité du ventre ; pas de manifestations agressives. L'exploration de l'abdomen et du rectum ne fournit aucune donnée diagnostique.

Traitement. — Administration d'huile de ricin : injection de 2 milligrammes d'ésérine et lavements d'eau chaude. Mort le lendemain.

Autopsie. — Un peu de sérosité rougeâtre dans le péritoine ; congestion intense d'une partie de la masse intestinale. En déroulant les circonvolutions, on constate qu'une partie de l'intestin a fait irruption dans le thorax. Le bord supérieur du diaphragme présente, au niveau du pilier droit, une étroite déchirure par laquelle la hernie s'est produite. A l'ouverture de la poitrine, on y trouve la dernière partie du jéjunum (35 centimètres environ). Cette portion d'intestin a une teinte noirâtre, ses tuniques sont fort épaissies, œdématiées. — L'ouverture qui a livré passage à l'intestin est de forme ovalaire, à grand axe vertical ; l'état fibreux de ses bords accuse l'ancienneté de l'accident.

A l'auscultation de la poitrine, on aurait sans doute perçu des borborygmes ; mais le diagnostic fût resté quand même douteux, étant donnée la rareté de la hernie diaphragmatique chez le chien.

CANCER DE L'ESTOMAC.

LXXIII. — Jument, onze ans, amenée à la consultation le 5 juin 1894.

Appartient depuis plusieurs années à la personne qui la présente. A toujours fait un bon service jusqu'au 3 juin. Aucun trouble digestif, aucun signe de maladie quelconque n'a été noté avant cette date. Subitement cette bête s'est montrée abattue, inquiète, sans appétit. On a entendu quelques quintes de toux. Pas d'autres renseignements.

État actuel. — La malade est prostrée. Les muqueuses sont injectées, la respiration est accélérée (18-20 par minute) ; le pouls est petit, à 70 ; la température rectale est de 39°,6.

La percussion de la poitrine est douloureuse ; elle dénote, de chaque côté, un peu de submatité dans la partie inférieure. A l'auscultation, le murmure vésiculaire est atténué en cette région. Les bruits du cœur sont affaiblis et irréguliers. L'abdomen est un peu douloureux à la palpation. On croit la jument atteinte de *pneumo-entérite*.

Traitement. — Saignée, sinapisme et frictions sinapisées, eau-de-vie, digitale.

Dans la soirée, les symptômes s'aggravent; le pouls est à 75 et la respiration à 40. La malade n'a pas touché à ses aliments.

Le 6 juin, au matin, état plus grave. La jument est extrêmement abattue; par instants elle gratte le sol. La conjonctive est rouge foncé. La respiration est courte, tremblotante, discordante. Rien de nouveau à l'auscultation et à la percussion de la poitrine; les parois costales sont toujours fort sensibles; les bruits du cœur sont faibles, le pouls est à peine perceptible. On note quelques frémissements musculaires, surtout au niveau des olécraniens. T., 39°,2. — Une demi-heure plus tard, l'état devient tout à coup alarmant : la malade a le faciès anxieux ; à plusieurs reprises elle se couche et se relève avec précaution; puis, tout à coup elle se plaint, pousse au mur, chancelle et tombe lourdement sur le sol. L'encolure et les membres se raidissent, la physionomie se crispe, la respiration s'accélère de plus en plus. La mort arrive après une courte agonie.

Autopsie. — Quelques litres de liquide rougeâtre dans la cavité abdominale. Lésions de la péritonite ; les diverses parties de la séreuse, surtout l'épiploon, sont congestionnées, hémorrhagiques. — Les plèvres contiennent une certaine quantité de liquide semblable à celui du péritoine et offrent les mêmes altérations que ce dernier. — Tous les viscères sont congestionnés et parsemés d'ecchymoses. — Ces altérations sont secondaires, produites par un processus septique qui a son point de départ dans l'estomac.

Volumineux et très lourd, cet organe est soudé au diaphragme sur une surface qui mesure 22 centimètres dans le sens transversal et 18 dans l'autre. Les adhérences sont particulièrement intimes près de la petite courbure, vers l'extrémité de l'œsophage, où les feuillets séreux de l'estomac et du diaphragme sont confondus; elles sont établies ailleurs par une infinité de courtes brides fibreuses, les unes anciennes, les autres récentes. Les parois stomacales, normales ou à peu près sur la face postérieure de l'organe, sont épaissies, dures, bosselées sur sa face antérieure, autour de la zone d'adhérences. Isolé et incisé le long de son grand bord, l'estomac montre une énorme tumeur ulcérée, développée sur la paroi antérieure du cul-de-sac gauche.

De forme irrégulièrement triangulaire, à base supérieure, ce néoplasme mesure 26 centimètres de long sur 24 de large. Limité en haut par une ligne horizontale qui suit la petite courbure et dont le cardia occupe la partie moyenne, il se prolonge dans le conduit œsophagien, sur la muqueuse qui en tapisse le plancher, formant là une petite plaque rougeâtre, qui tranche nettement sur la teinte blanche de la muqueuse normale adjacente. Cette plaque ne fait qu'une très légère saillie sur les parties voisines; elle ne rétrécit pas sensiblement la lumière du conduit.

La lésion s'arrête exactement au niveau de la ligne de séparation des deux muqueuses qui tapissent l'estomac : la région glandulaire est intacte. A gauche, le contour de l'ulcère principal est très irrégulier; ses bords sont indurés, taillés à pic; par places, la muqueuse est épaissie, soulevée, déchiquetée ou creusée de pertes de substance circulaires, les plus petites simulant des piqûres d'œstres, quelques-unes de la largeur d'une pièce de 50 centimes, toutes produites par l'extension du processus sous la muqueuse et par l'ulcération de celle-ci.

Sur le pourtour de la lésion, les parois stomacales sont partout épaissies, indurées, dans une zone dont la largeur varie de 6 à 10 centimètres. En plusieurs points on constate, en outre, une nappe d'œdème dans la couche conjonctive sous-muqueuse.

La tumeur n'offre pas le même aspect et les mêmes caractères dans toute son étendue. A sa partie supérieure, immédiatement au-dessous du cardia, sur une surface large d'environ 15 centimètres et haute de 10, elle forme un relief très saillant, de consistance molle, de couleur rougeâtre ou violacée suivant les points. Cette première partie est limitée inférieurement par un profond sillon semi-circulaire. Dans le reste de sa surface, l'ulcère est couvert de végétations rougeâtres, mamelonnées, inégales, du volume d'un pois à celui d'une noix, séparées par des dépressions sinueuses, remplies d'une matière ichoreuse qui exhale une odeur putride.

Une coupe des parois stomacales faite du cardia à la partie inférieure de l'ulcération, dans toute la hauteur de la tumeur, montre la *séreuse* et la *musculeuse* fort épaissies et indurées par l'infiltration néoplasique ; mais la musculeuse n'est ulcérée qu'au niveau de quelques-uns des sillons susmentionnés. La masse en relief signalée à la partie supérieure de la tumeur apparaît creusée de cavités irrégulières, communicantes, à parois friables, cavités remplies de débris sphacélés et de liquide ichoreux.

Très certainement le début de cette tumeur remonte à plusieurs mois; mais son évolution silencieuse (elle n'a causé des désordres manifestes que deux jours avant la mort) et surtout l'absence de troubles digestifs s'expliquent par le siège de la lésion : le cardia restait libre, la portion gauche de l'estomac suffisamment ample, et la muqueuse du cul-de-sac droit était indemne.

Sur le clitoris était développée une tumeur de la grosseur d'une noix, à surface mamelonnée, rougeâtre, de même nature que la tumeur stomacale.

Celle-ci était un *épithéliome pavimenteux*. Le microscope la montrait constituée par un stroma fibreux et par des amas de cellules épithéliales, disposées en cordons anastomosés et en lobules volumineux au centre desquels on voyait des ilots de cellules kératinisées (globes épidermiques).

OBSTRUCTION INTESTINALE.

LXXIV. — Épagneul, quinze mois, entré le 5 février 1895.

Chargé de la garde d'un atelier, il en sortait rarement. Le 2 février, il refusa sa ration. On lui présenta en vain de la viande et d'autres substances alimentaires dont il était habituellement friand. Il ne prit que de l'eau froide. Mêmes symptômes les 3 et 4 février. Amené à l'École le lendemain.

État actuel. — Le sujet est fébricitant et paraît éprouver de vives souffrances; il se couche en position sterno-abdominale, la tête étendue sur les pattes antérieures, et reste indifférent à ce qui se passe autour de lui. La bouche est chaude, l'œil tiré dans l'orbite, la conjonctive injectée. Respiration et circulation très accélérées ; battements du cœur tumultueux ; expiration plaintive par moments. — Le malade ne touche pas à sa pâtée, mais il lape avidement l'eau froide. — Urine normale.

L'abdomen n'est pas douloureux. Néanmoins, à ce renseignement que l'animal n'a pas rejeté d'excréments depuis trente-six heures, on soupçonne une obstruction intestinale.

Traitement. — Administration de 40 grammes d'huile et lavements d'eau chaude.

On soutient le malade en lui donnant, à la cuillère, du lait additionné de 5 grammes de bicarbonate de soude.

Le 6 février, à la visite du matin, l'état général paraît meilleur que la veille. Le chien semble avoir recouvré l'appétit ; il prend quelques bouchées d'aliments solides. On trouve dans la niche des excréments liquides. L'exploration de l'abdomen provoque un peu de douleur, mais on ne perçoit pas de corps étranger.

Continuation du traitement.

Le 5 février, l'abattement et la faiblesse sont plus accusés que la veille. L'animal se tient à peine debout. Mort dans la soirée.

Autopsie. — La partie antérieure de l'intestin est dilatée et très congestionnée ; à environ 30 centimètres de l'estomac, on y constate une bosselure. Les tuniques incisées, on trouve là une balle de caoutchouc qui obstrue la lumière du conduit.

Remarque. — On a relaté un certain nombre de faits d'obstruction intestinale chez le chien, avec symptômes rabiformes. Dans celui que nous venons de rapporter et dans nombre d'autres, rien de semblable n'a été constaté. En réalité, ces symptômes rabiformes ne sont guère observés que chez les chiens naturellement méchants ou lorsque le corps vulnérant déchire la muqueuse intestinale.

PERFORATION INTESTINALE.

LXXV. — Chien de montagne, dix-huit mois. Entré le 10 mai 1898.

Habituellement fort gai, très joueur, ce chien est devenu tout à coup triste il y a deux jours et a refusé sa nourriture. Il ne se levait qu'à regret, et seulement quand on l'y obligeait. Pas de phénomènes rabiformes. — On rapporta ces troubles à l'ingestion d'« arêtes de brochet ».

Introduit dans sa niche, le malade s'y étend sur le côté droit et se plaint. Il ne prend aucune nourriture. On lui donne du lait à la cuillère. — Mort le lendemain.

Autopsie. — Lésions de la péritonite aiguë diffuse. Toute la masse intestinale est fortement congestionnée.

Vers sa partie moyenne, l'intestin grêle présente une perforation produite par un fragment d'os (partie supérieure d'un tibia de mouton). En amont de c et os, l'intestin est distendu par de l'herbe que, sans doute, l'animal a ngérée lorsqu'il a ressenti les premières douleurs de l'obstruction.

LXXVI. — Chien braque, trois ans, entré le 5 juin 1898.

Malade depuis trois jours, ce chien reste continuellement couché ; si on l'oblige à se déplacer, il marche lentement, péniblement et se plaint. L'anorexie est absolue. Par moments il y a des nausées, des vomissements de matières jaunâtres, bilieuses.

Quand on nous le présente, l'animal est dans un état grave ; il semble ne pas reconnaître son maître et ne répond plus à ses appels. Il avance à petits pas, le dos voussé, les membres écartés. L'abdomen est tendu, douloureux à la pression. Le pouls est accéléré et faible. Les mouvements respiratoires sont précipités, l'expiration est plaintive par instants. T., 40°.

Conduit au chenil, le malade se couche en position costale, la tête et les membres étendus. Il ne touche pas au lait qu'on lui présente. On lui en donne quelques gorgées. L'état s'aggrave rapidement. — Mort dans la soirée.

Autopsie. — Lésions de la péritonite purulente.

Vers sa partie moyenne, le duodénum est fort tuméfié ; sa surface est enflammée et bourgeonneuse dans sa moitié droite. Là on trouve, retenue dans la paroi épaissie et disposée presque parallèlement à celle-ci, une aiguille longue de 6 centimètres, dans le chas de laquelle est passé un fil de laine, long de 50 centimètres, engagé dans l'épaisseur des tuniques intestinales.

En avant du point d'implantation de l'aiguille, le duodénum est dilaté ; en arrière, il est rétracté, vide d'aliments.

Remarque. — Les phénomènes consécutifs aux étroites perforations faites dans les parois stomacales ou intestinales, par des aiguilles, sont très différents selon que celles-ci sont *nues* ou *garnies d'un fil.* Quand l'aiguille qui traverse les tuniques de l'estomac ou de l'intestin est garnie d'un fil, ce dernier entraîne des matières septiques qui, presque toujours, provoquent une péritonite mortelle. Au contraire, les aiguilles nues cheminent généralement en dehors de l'intestin sans causer de phénomènes appréciables. Lorsqu'elles s'implantent dans le foie, le plus souvent elles s'y enkystent et y demeurent étroitement fixées sans susciter de troubles notables.

COPROSTASE.

LXXVII. — Setter, quatre ans, atteint de constipation qui a résisté à l'administration de purgatifs. Au dire de la personne qui le présente, l'affection remonterait à près de trois semaines. L'animal est laissé en traitement à l'École le 21 janvier 1898.

Il paraît éprouver de vives douleurs abdominales; de temps à autre il se campe et se livre à des efforts expulsifs. A l'exploration du ventre, on perçoit une masse énorme, très dure, formée par le rectum bourré de matières excrémentitielles.

Traitement. — On essaye de vider le rectum par le curettage. Mais le volume et la consistance de la masse excrémentitielle obligent à y renoncer. — Alimentation lactée; lavements abondants d'eau chaude, donnés lentement, répétés six fois dans la journée; injection de 1 centigramme de pilocarpine et massage de l'abdomen.

Ce traitement est continué les quatre jours suivants. Un jour sur deux on y ajoute 5 centigrammes de calomel. Le malade n'expulse que très peu de matières ramollies par les lavements.

Le 26, chaque lavement est suivi de l'évacuation de quelques excréments ramollis. On cesse le calomel.

Le lendemain, le chien rejette une grande quantité de matières semi-liquides et des fragments d'os. A l'exploration, on ne perçoit plus la masse dure formée par le rectum distendu.

Le 28, évacuations d'excréments ramollis.

Le 29, expulsion de fèces presque liquides et un peu sanguinolentes. A chaque instant, l'animal vousse les reins et fait des efforts expulsifs. On le nourrit de lait additionné de quelques gouttes de laudanum et de riz au lait.

Le 30, même régime. Les excréments ne contiennent plus de sang et la diarrhée est moins forte.

Les jours suivants, les selles reprennent leur aspect normal.

LXXVIII. — Chien griffon, six ans, entré le 14 mai 1898.

Aurait présenté, il y a quelques mois, de l'incontinence d'urine. Souffre actuellement de constipation opiniâtre. L'anus est tuméfié; il forme une saillie du volume du poing. Le chien se livre sans résultat à d'incessants efforts de défécation. Le rectum est obstrué par des excréments durcis.

Traitement. — Alimentation lactée. Lavements d'eau chaude, répétés toutes les deux heures.

Le 15, après avoir administré plusieurs lavements, on put, avec l'index, fragmenter une partie de la masse fécale arrêtée dans le rectum et l'extraire. Administration de 2 centigrammes de calomel comme antiseptique intestinal.

Les trois jours suivants, on continua les lavements chauds et le calomel.

Les matières, encore dures, n'étaient évacuées qu'en petite quantité. Les efforts persistaient fréquents.

Le 20, expulsion d'une grande quantité d'excréments ramollis.

Du 21 au 25, les derniers troubles se dissipent peu à peu. L'animal est remis au régime habituel et consomme sa ration.

Le 27, les selles sont normales.

Remarque. — Parmi les moyens de traitement de la coprostase chez le chien, celui qui est surtout recommandé comprend l'administration de purgatifs et le curettage rectal. Je lui préfère les *lavements chauds* fréquemment répétés, la *diète lactée* et le *calomel* à très petites doses.

CORPS ÉTRANGER DU RECTUM.

LXXIX. — King Charles, un an, entré le 15 avril 1898.

Très doux, très caressant d'ordinaire, ce chien est depuis cinq ou six jours irascible et méchant. Ses maîtres ne peuvent plus le toucher sans qu'il cherche à mordre. Il est sans appétit et refuse même les friandises qu'il appétait tout particulièrement. Les excréments sont durs, striés de sang; leur expulsion exige des efforts prolongés et s'accompagne de vives douleurs; le périnée est œdémateux; de l'anus s'écoule un liquide muco-purulent, fétide; la muqueuse anale est tuméfiée. L'introduction de l'index dans le rectum cause une douleur aiguë. A 2 centimètres en avant du sphincter, sur le plafond du conduit, on perçoit une tuméfaction dure, extrêmement sensible, vers le milieu de laquelle est implanté un corps piquant (aiguille ou épingle), dépassant la muqueuse de 2 à 3 millimètres, et dirigé obliquement en bas et en avant.

Le pouce et l'index droits, engagés dans le rectum, saisissent l'extrémité du corps vulnérant et l'amènent au dehors : c'est une aiguille épointée longue de 5 centimètres, dont le chas est garni d'un bout de fil.

Le traitement consécutif a consisté en des irrigations rectales avec une solution de crésyl à 1 p. 150.

La guérison a été complète au bout de quelques jours.

RUPTURE DE L'AORTE POSTÉRIEURE.

LXXX. — Jument baie, douze ans, amenée à l'École dans l'après-midi du 2 février 1894.

Elle venait d'être gravement blessée au boulet antérieur droit par un tramway. De la plaie contuse existant à la face externe de cette région s'échappait un jet de sang rouge provenant de l'artère digitale.

On l'assujettit dans le travail. Malgré de vives réactions, on put désinfecter la plaie; on en sutura les lèvres et l'on appliqua un pansement antiseptique compressif. On se disposait à libérer la blessée quand, subitement, elle s'affaissa en présentant les signes de l'agonie : muqueuses très pâles, mouvements convulsifs, pirouettement des yeux. La mort survint en quelques instants.

Autopsie. — A l'incision du péritoine, un flot de sang jaillit. Une nappe de sang rouge semi-coagulé recouvre la masse intestinale. Les viscères sortis, on aperçoit à la voûte sous-lombaire une énorme tumeur sanguine, formée par une hémorrhagie sous-péritonéale qui a décollé et refoulé le feuillet pariétal de la séreuse. Cette nappe sanguine s'étend depuis l'origine du tronc cœliaque jusqu'au cul-de-sac recto-vaginal. Un peu en arrière de sa partie moyenne et sur la ligne médiane, on remarque une étroite perforation péritonéale par laquelle le sang, d'abord accumulé sous la séreuse, a pu s'épancher dans la cavité abdominale.

La dissection des tissus de la région sous-lombaire a décelé la lésion qui a déterminé l'hémorrhagie. Suivie dans toute sa longueur, la veine cave ne présente aucune solution de continuité. Les parois de l'aorte postérieure semblent être d'une minceur anormale, mais on n'y aperçoit pas tout d'abord de perforation. Enlevée avec précaution, on y remarque, sur sa face supérieure, au niveau d'une exostose de la troisième vertèbre lombaire, une étroite déchirure. Incisée sur sa face inférieure, elle montre deux ulcérations : la plus petite, semblable à un coup d'ongle donné dans la paroi artérielle, mesure un demi-centimètre de longueur ; ses bords sont un peu déchiquetés, sinueux ; la paroi est détruite dans presque toute son épaisseur ; l'autre ulcération, qui occupe, comme la précédente, la face dorsale du vaisseau, offre les mêmes caractères, mais elle est plus étendue (1 centimètre 1/2 de long sur 1/2 centimètre de large) et son fond est rupturé : c'est par cet orifice que l'hémorrhagie s'est produite.

Pas de lésion athéromateuse apparente sur l'aorte postérieure ni sur le tronc aortique.

NÉPHRITE AIGUË.

LXXXI. — Chien de montagne, trois ans, entré le 20 décembre 1893.

Depuis quelques jours, il est triste, ne mange plus et se plaint par instants. La marche est pénible ; les mouvements des membres postérieurs sont particulièrement gênés.

A la visite du lendemain, le malade, très faible, ne se déplace qu'à regret. La conjonctive est terne, infiltrée ; le pouls est à 85 ; la respiration est un peu accélérée, courte, plaintive. Rien à l'auscultation du poumon et du cœur. La palpation du ventre est douloureuse, surtout en arrière. L'exploration rectale ne révèle rien d'anormal dans les organes que renferme le bassin. L'urine recueillie dans la soirée est trouble, un peu rougeâtre ; elle contient environ 3 grammes d'albumine par litre. A l'examen microscopique, on y trouve des cylindres, des leucocytes, quelques globules rouges et des cellules épithéliales.

Diagnostic : Néphrite aiguë.

Traitement. — Régime lacté et bicarbonate de soude. Lavements émollients.

L'état du malade s'est aggravé rapidement. — Le 24 décembre, on constate une boiterie du membre postérieur droit. Rien à l'exploration de ce membre.

Le 27, les bourses sont tuméfiées, chaudes, douloureuses ; on y perçoit un point fluctuant. La ponction donne écoulement à du pus rougeâtre. P., 120 ; R., 28 ; T., 39.

Le 28, la faiblesse est extrême. P., 130 ; R., 30 ; T., 40. — Le malade prend du lait à plusieurs reprises ; mais il le vomit presque aussitôt. L'urine est plus fortement colorée en rouge. Un peu de jetage s'écoule par les deux narines. — Le soir, P., 160 ; R., 25 ; T., 37°. — Mort dans la nuit.

Autopsie. — Les reins sont volumineux, noirâtres. Les coupes, de couleur rouge foncé, sont marbrées de quelques points blanchâtres correspondant à de petits abcès disséminés dans les deux couches. Le bassinet contient un peu d'urine purulente. Le foie, la rate et les poumons sont volumineux, congestionnés.

A l'examen microscopique, le tissu du rein apparaît profondément altéré dans ses deux couches. Les glomérules et les parois des tubes sont enflammés ; les premiers sont comblés par un exsudat granuleux, interposé entre les capillaires et la capsule de Bowmann ; les autres sont obstrués par des cylindres et leur épithélium est granuleux. Le tissu conjonctif péricapsulaire et intertubulaire est infiltré de cellules migratrices. Colorées par les méthode de Gram et de Weigert, les coupes montrent des streptocoques en courtes chaînettes dans les vaisseaux capillaires, dans l'exsudat glomérulaire et dans les tubes. Il y en a aussi dans le tissu interstitiel, en certains points, au sein d'amas leucocytaires.

CANCER DU REIN.

LXXXII. — Épagneul, huit ans, entré le 19 mars 1892.

Amaigrissement très accusé depuis un mois, bien que le chien ait conservé l'appétit. Depuis quelques jours seulement, il a cessé de manger et reste continuellement couché dans un coin humide de la cour à la garde de laquelle il est préposé.

État actuel. — Le malade est très faible. L'émaciation musculaire est profonde, surtout bien accusée aux crotaphites. Haleine fétide. Sur la région lombaire, on remarque, à gauche, une tumeur sous-cutanée volumineuse, assez consistante. A gauche également, dans la région abdominale inférieure, on sent une autre tumeur, dure, arrondie, très volumineuse. Le ventre est énorme, le dos ensellé. — T., 39°4 ; P., 170. La respiration, peu accélérée (25 par minute), est irrégulière, discordante. Il y a des frissons et des tremblements musculaires. A la percussion, submatité des deux côtés du thorax, dans toute la hauteur des lobes pulmonaires.

Diagnostic : Tumeur maligne en voie de généralisation.

Les jours suivants, aucun changement notable. L'urine, de couleur un peu plus foncée qu'à l'état normal, est albumineuse. Pas de glycose, pas de pigments biliaires. Rien à l'exploration rectale. Numération des éléments du sang :

$$\text{H. } 8{,}215\ 875 \text{ par m.m.c.}$$
$$\text{L.} \ldots\ 19{,}058 \qquad —$$
$$\text{R.} \ldots\ldots\ \frac{431}{1}$$

On avertit le propriétaire que la guérison n'est pas à espérer. Abandonné, le chien est conservé jusqu'au 19 mai. Les tumeurs dorsale et abdominale ont augmenté de volume. L'amaigrissement s'est accentué graduellement jusqu'au jour de la mort.

Autopsie.— Lésions de la cachexie. La peau enlevée sur la région dorsale, on trouve une tumeur ovoïde, lobulée, du volume du poing, développée dans l'ilio-spinal, lequel est presque complètement détruit à son niveau.

Le rein gauche est transformé en une tumeur du volume d'une tête d'homme : irrégulièrement ovoïde, bosselée, obscurément fluctuante, elle est pédiculée, flottante dans la cavité abdominale et soudée à l'épiploon ; incisée, il s'en écoule un liquide rouge brun. Poids après issue du liquide : 1100 grammes. Le bassinet est très vaste, irrégulier, tapissé par la muqueuse enflammée. A 2 centimètres de la dépression qui représente le hile, l'uretère est oblitéré et atrophié.

Le lobe gauche du foie est déformé par une tumeur flasque, fluctuante, de la grosseur du poing, développée sur la partie inférieure de ce lobe. L'incision donne écoulement à un liquide brunâtre. — Le lobe droit porte une tumeur du volume d'une noix, de même aspect que la précédente, non ramollie.

A l'ouverture de la cavité thoracique, on remarque sous la tige vertébrale, immédiatement en avant du diaphragme, un néoplasme du volume d'un gros œuf de pigeon. — Les poumons sont couverts de tumeurs mamelonnées, de dimensions et d'aspect variables; les plus fortes ont le volume d'une noix. On en compte près de 200 sur les différents lobes. Dans l'épaisseur de ceux-ci, les coupes en montrent des centaines. Tous ces néoplasmes offrent les mêmes caractères macroscopiques : leur tissu est grisâtre, de faible consistance, assez riche en suc. — Les ganglions bronchiques sont peu tuméfiés.

A l'examen microscopique, ces tumeurs se montrent constituées par des travées conjonctives délicates circonscrivant des alvéoles remplis de cellules épithéliales, la plupart de petites dimensions.

Tentative de greffe sur deux chiens. — On conserve dans l'étuve à 37°, jusqu'au moment de l'inoculation, la tumeur développée dans l'ilio-spinal. Sur le premier chien, la région lombaire est rasée et aseptisée. On y fait une incision cutanée de 2 à 3 centimètres ; on divise l'ilio-spinal après avoir déplacé la peau; on insère au fond de l'incision le fragment cancéreux et on laisse revenir le tégument à sa position première. Suture à la soie et occlusion au collodion. — Sur le second sujet, le fragment cancéreux est déposé dans le tissu conjonctif sous-cutané.

Le lendemain, la zone péritraumatique est un peu tuméfiée. Pas de suppuration.

Ces greffes sont restées stériles. La tuméfaction qu'elles ont provoquée a diminué graduellement; elle a disparu dans le courant de la troisième semaine.

CRYPTORCHIDIE.

LXXXIII. — Cheval percheron, trois ans, entré le 12 août 1892.

Acheté comme cheval hongre il y a environ deux mois.

A l'examen de la région scrotale, pas de cicatrice. Les deux testicules sont ectopiés. L'animal est préparé du 12 au 18 août, par la demi-diète et l'administration quotidienne de 100 grammes de sulfate de soude.

L'opération est faite a droite, suivant le *procédé belge*. Le cheval est couché sur le côté gauche; le membre postérieur droit est porté et maintenu dans l'abduction par deux plates-longes. La zone génitale est soigneusement aseptisée.

A l'entrée du trajet inguinal, on trouve une gaine vaginale rudimentaire contenant une portion du canal déférent (cryptorchidie abdominale incomplète). On creuse l'interstice inguinal dans toute sa hauteur, en dehors de la gaine; le péritoine est perforé avec les doigts au lieu d'élection.

A l'exploration de la région pré-iliale les doigts rencontrent l'épididyme, qu'ils amènent dans le trajet. Le testicule, sorti ensuite, est excisé avec l'écraseur. — On débarrasse la plaie des caillots sanguins qu'elle renferme et on l'irrigue avec la solution de sublimé. Pas de pansement ni de suture.

Une légère hémorrhagie se produit dès que le sujet est relevé ; le sang coule goutte à goutte pendant plusieurs heures. Les jours suivants, irrigation de la plaie avec la solution de sublimé. — Aucun phénomène consécutif inquiétant.

Aplati et flasque, le testicule pèse 72 grammes. Sur la coupe, son tissu est sclérosé, blanchâtre, marbré d'îlots et de lignes noirâtres. Il est creusé de galeries sinueuses à parois hémorrhagiques, dans lesquelles on trouve quatre sclérostomes.

Le 5 septembre, l'opération est pratiquée à gauche. Ici encore, la cryptorchidie est abdominale incomplète. Même manuel que pour la première intervention.

Le testicule pèse 70 grammes. Il offre les mêmes particularités que le premier : son tissu est sclérosé, sillonné de canaux irréguliers dans lesquels on trouve trois sclérostomes.

LXXXIV. — Cheval cauchois, trois ans, entré le 10 mai 1893.

A l'exploration de la région testiculaire, on ne perçoit ni glandes ni cicatrices.

L'animal est soumis pendant six jours à la préparation habituelle.

Le 17, opération par le *procédé belge.*

La séreuse est perforée au fond de l'interstice inguinal. Bientôt la queue de l'épididyme est saisie et le testicule amené dans le trajet. On l'excise avec l'écraseur. Légère hémorrhagie. On cautérise le bout du cordon, on irrigue la plaie avec la liqueur de Van Swieten et l'on en réunit les lèvres cutanées par trois points de suture.

Poids du testicule : 128 grammes.

L'autre glande, rencontrée dans l'interstice inguinal, est également enlevée avec l'écraseur.

Une heure après, l'animal présente des symptômes de légères coliques qui ne durent pas. — Le soir, T. 38°.

Le lendemain, un peu d'œdème du fourreau. On coupe les points de suture. Détersion de la plaie avec une solution crésylée à 2 p. 100. — Les jours suivants, l'état général est bon. L'œdème préputial augmente, mais la suppuration est faible.

Le 31, quatorze jours après l'opération, la plaie est presque fermée.

LXXXV. — Demi-sang, quatre ans, entré le 10 octobre 1893.

A été châtré en Normandie. Le testicule droit étant seul apparent, on s'est borné à l'enlever.

A l'exploration de la région scrotale, on perçoit, à droite, la cicatrice résultant de l'ablation de la glande ; à gauche, le tégument scrotal est indemne.

Préparé pendant quelques jours, l'animal est opéré le 16 octobre par le *procédé belge.* On l'assoupit par des inhalations de chloroforme.

Le premier temps effectué, on doit débrider légèrement la commissure externe de l'anneau inguinal inférieur pour pénétrer dans le trajet. On n'y trouve rien de l'appareil testiculaire. L'interstice inguinal creusé, la séreuse péritonéale est perforée au lieu d'élection. Le testicule est trouvé après quelques minutes d'exploration. On l'excise avec l'écraseur. Très mou, aplati, il pèse 32 grammes.

On place à l'entrée du trajet inguinal un tampon de gaze. On suture les lèvres de la plaie cutanée par trois points séparés.

Le soir, l'état de l'opéré est bon. T., 38°8 ; R., 17 ; P., 45.

Le lendemain, on coupe les points de suture, on enlève la gaze et l'on déterge la plaie par des aspersions de liqueur de Van Swieten tiède.

Le 18, l'œdème est volumineux. Les jours suivants, il s'étend sous le ventre, reste quelque temps stationnaire, puis se résorbe. Très peu de suppuration.

Sortie le 4 novembre.

LXXXVI. — Cheval percheron, quatre ans, entré le 24 mai 1895.

A la palpation de la région scrotale on sent le testicule gauche. La bourse droite est vide.

CADIOT. — Pathol. et Clin.   28

Préparation de l'animal pendant six jours.

Opération le 30 mai, suivant le *procédé danois modifié*. Le cheval est couché sur le côté gauche, le membre postérieur droit porté dans l'abduction. La région scrotale est savonnée, lavée, aseptisée ; le pied du membre levé est entouré d'une serviette mouillée.

Dans l'interstice inguinal, on découvre une gaine vaginale rudimentaire ; incisée, elle ne renferme qu'une partie du canal déférent.

Avec la spatule d'une sonde cannelée, on perfore le petit oblique, le transverse et le péritoine, un peu en dehors et en arrière de la commissure externe (débridée) de l'anneau inguinal inférieur ; l'ouverture est ensuite agrandie, toujours avec la spatule. Introduits dans la cavité abdominale, l'index et le médius droits rencontrent bientôt le testicule et le sortent. On l'excise avec l'écraseur. Le sang est étanché avec des tampons d'ouate, et la plaie lavée avec une solution de sublimé.

La boutonnière du petit oblique fermée par un point de suture, on garnit la plaie de gaze puis l'on en réunit les lèvres cutanées par des points à la soie. Poids du testicule : 95 grammes.

A gauche, la castration est faite à testicule couvert.

Mêmes soins et mêmes phénomènes consécutifs que dans le cas précédent.

LXXXVII. — Cheval percheron, quatre ans, entré le 7 juin 1895.

Le testicule gauche est de moyennes dimensions. A l'exploration inguinale, on ne perçoit pas le testicule droit. Par la voie rectale, on reconnaît que l'anneau inguinal, très étroit, est traversé par un petit cordon. On ne sent pas la glande.

Préparation du sujet pendant une semaine.

Le 14, opération par le *procédé danois modifié*.

On rencontre dans le trajet une gaine vaginale rudimentaire qui contient une partie de l'épididyme et du canal déférent. Le petit oblique, bien détaché, découvert au delà de la commissure externe de l'interstice, est perforé au lieu d'élection. Par l'ouverture un peu agrandie dans le sens des fibres musculaires, deux doigts sont introduits dans le ventre et dirigés vers l'anneau inguinal supérieur. En quelques secondes, le testicule est saisi et amené au dehors. Les tractions exercées sur la glande provoquent l'ascension des parties contenues dans la gaine : l'épididyme est à cheval sur le bord postérieur du petit oblique.

On coupe le testicule avec l'écraseur. Pas d'hémorrhagie. La plaie musculaire est fermée par un point à la soie. Le trauma détergé, on comble avec de la gaze l'entrée de l'interstice inguinal, puis l'on réunit les lèvres de l'incision scrotale par trois points de suture.

Poids du testicule : 50 grammes.

A gauche, castration à testicule couvert.

Dans l'après-midi, l'opéré consomme sa ration. — Le soir, il est un peu abattu. T., 38°,4.

Le lendemain, on enlève les points de suture et le pansement. Lavages avec la solution de sublimé. T., 38°8.

Les jours suivants, les bords des plaies s'œdématient. Le pus, peu abondant, est de bonne nature. Continuation des lavages. La température oscille entre 37°8 et 38°4.

Le 20, on enlève le casseau. La température est normale.

A partir du 23, l'engorgement diminue et les plaies granulent activement. Sortie le 30 juin.

LXXXVIII. — Cheval breton, deux ans et demi, entré le 16 octobre 1895.

A droite, on sent une cicatrice et le moignon du cordon. A gauche, point de cicatrice et l'on ne perçoit pas le testicule. L'exploration rectale est également infructueuse.

On prépare le cheval pendant une semaine.

Le 23 octobre, l'opération est pratiquée par le *procédé danois modifié*.

Le muscle petit oblique largement découvert par débridement de la commissure externe (couche aponévrotique) de l'anneau inguinal inférieur, on ponctionne ce muscle au lieu d'élection. On introduit deux doigts dans la boutonnière ainsi faite. Le testicule est tout de suite trouvé, saisi et amené au dehors. Une pince est appliquée sur la partie vasculaire du cordon. Ablation avec l'écraseur. La pince retirée, il n'y a pas d'hémorrhagie.

Poids du testicule : 110 grammes.

Le cordon rentré dans l'abdomen, on ferme la perforation du petit oblique par un point de suture.

Un tampon de gaze est placé dans la plaie. Les bords de la peau sont réunis par trois points séparés.

Dans l'après-midi, le cheval ne présente pas de signes de douleurs abdominales et consomme toute sa ration. — T., à midi, 37°,9; le soir, 38°,4.

Le lendemain, on enlève la suture et le tampon de gaze. — Lotions avec la solution de sublimé à 1 p. 1 000. — T., matin, 37°,9 ; soir, 38°,4.

Le 25, état excellent. T., le matin 38° ; le soir, 38°,4. On continue les lotions sublimées. — Les jours suivants, la température ne dépasse pas 38°,2. Peu d'engorgement de la région et peu de suppuration.

Sortie le 6 novembre.

LXXXIX. — Cheval cauchois, cinq ans, entré le 15 mai 1896.

A l'exploration de l'aine, on ne perçoit pas les testicules. Le résultat du toucher rectal est également négatif.

Le cheval est opéré le 20 mai suivant le *procédé danois modifié*.

On le couche sur le côté gauche. Le testicule droit n'étant pas rencontré dans le trajet inguinal, on découvre le petit oblique et on le perfore au point d'élection. L'index et le médius droits engagés dans la plaie ramènent l'épididyme après quelques instants d'exploration. Le testicule sorti, une pince hémostatique est placée sur le cordon ; celui-ci est coupé avec l'écraseur. — La pince enlevée, le cordon ne saigne pas. On le rentre dans l'abdomen. — La plaie du petit oblique est fermée par un point à la soie. Pansement à la gaze.

On retourne le cheval. La testicule gauche est aussi dans l'abdomen. La seconde opération est faite comme la première.

Le testicule droit pèse 120 grammes et le gauche 48.

Relevé, le cheval est reconduit dans son box. — A peine arrivé, il consomme sa ration d'avoine. Dans la journée, pas de troubles sérieux. Le soir, T., 38°,5.

Le lendemain, on enlève les sutures et les pansements. Détersion des plaies avec une solution créolinée chaude à 2 p. 100.

Le 22, l'animal consomme la totalité de sa ration. Il présente toutefois des signes d'abattement. T., le matin, 39° ; le soir, 39°,2.

Les jours suivants, la température oscille entre 38°,5 et 39°,5. Aucun phénomène consécutif inquiétant.

Sortie le 30 mai.

XC. — Cheval belge, six ans, entré le 23 juin 1896.

A l'exploration rectale, on perçoit le testicule gauche à quelques centimètres en avant du bord antérieur de l'ilium. Le testicule droit, de plus faible volume, est également senti non loin du bord antérieur du pubis.

Le 28, après une préparation de cinq jours, le cheval est opéré par le *procédé danois modifié*.

Couché sur le côté droit, le membre postérieur gauche porté dans l'abduction et la région aseptisée, on fait au niveau de l'anneau inguinal gauche une incision de 12 centimètres ; on découvre largement le petit oblique et on le traverse avec le perforateur au point d'élection. L'index et le médius gauches introduits dans l'abdomen ne perçoivent ni la glande ni ses annexes. Un aide pratique le toucher rectal et déplace vers les doigts de l'opérateur les organes de la région prépubienne. Au bout de quelques minutes, l'épididyme est saisi. Le testicule extrait, on applique une pince sur la portion vasculaire du cordon, on sectionne celui-ci avec l'écraseur et on le rentre. — On réunit les deux lèvres du petit oblique par un point à la soie. Un tampon de gaze est placé dans la plaie et traversé par un des fils qui réunissent les bords de l'incision scrotale.

L'animal est retourné et l'opération pratiquée à droite. Les doigts introduits dans le ventre rencontrent presque immédiatement le testicule.

Celui-ci est sorti, excisé, et le cordon rentré. On achève l'opération comme du côté opposé.

Poids du testicule gauche, 92 grammes ; — du droit, 55.

Dans l'après-midi, l'opéré consomme une partie de sa ration. Le soir il est abattu. T., 39°,1.

Le 29, l'état général est bon. T., 38°,3. On enlève les sutures et les tampons. On irrigue les plaies avec de l'eau créolinée chaude. On donne dans la boisson 50 grammes de bicarbonate de soude. Dans la journée, le cheval consomme toute sa ration. Le soir, T., 39°.

Le lendemain, matin, T., 38°,4 ; le soir, T. 38°,7. Il y a un peu d'emphysème sous-cutané du flanc. — Même traitement que la veille.

Le 1er juillet, l'œdème péritraumatique est assez volumineux. T., matin, 38°,3 ; soir, 38°,6.

A partir du 7, les plaies sont partout recouvertes de granulations. L'œdème glisse vers l'ombilic.

Sortie le 13 juillet.

XCI. — Demi-sang, trois ans, entré le 18 octobre 1896.

Dans le courant de sa deuxième année, ce cheval a été châtré d'un côté.

A la palpation de la région inguinale, on perçoit du côté droit la cicatrice de castration ; à gauche, on ne sent pas le testicule.

Préparé du 18 au 23 octobre, le cheval est opéré suivant le *procédé danois modifié*.

Couché sur le côté droit, il est assujetti comme d'habitude. — Immédiatement après la perforation du petit oblique et du péritoine, au moment où l'on introduit deux doigts dans le ventre, il s'échappe de la cavité abdominale un litre et demi de sérosité jaunâtre. Le testicule est facilement trouvé et sorti.

L'ablation est faite avec l'écraseur ; le cordon est rentré dans l'abdomen. Un point de suture à la soie clôt l'orifice du petit oblique. On applique un tampon de gaze dans la plaie et trois points de suture sur la peau.

Poids du testicule : 160 grammes.

L'animal est relevé et reconduit dans son box. Le soir, il consomme sa ration. T., 39°.

Le 24 octobre, on enlève la suture cutanée et le tampon de gaze. T., 38°,3.

Les jours suivants, la température n'a pas dépassé 38°,7.

Sortie le 4 novembre. La plaie est aux trois quarts cicatrisée.

XCII. — Cheval percheron, cinq ans, entré le 26 mai 1898.

Le testicule droit est descendu ; l'autre est ectopié.

Préparé du 26 mai au 2 juin, le cheval est opéré par le *procédé danois modifié.*

Le testicule est sorti en quelques minutes. On sectionne le cordon avec l'écraseur. — Du côté droit, la castration est pratiquée à testicule couvert. — Poids de la glande ectopiée : 70 grammes.

Reconduit dans son box, l'opéré consomme une partie de sa ration. Le soir, T., 39°,2.

Le 3 juin, signes d'abattement et emphysème sous-cutané du flanc droit. On enlève le pansement et l'on déterge les plaies avec la solution de sublimé à 1 p. 1 000. Appétit conservé. T., 39°,5 ; P., 40° ; R., 27. — 15 grammes de sulfate de quinine. Lavements crésylés à 1 p. 200.

Le 4, T., 39°,5 ; R., 36 ; P., 52. Le pouls est faible, la respiration petite, l'expiration plaintive. L'opéré consomme une partie de sa ration. — Le soir, T., 41°.

Le 5, l'emphysème du flanc est stationnaire ; les plaies suppurent peu. T., 40°2 ; R., 34 ; P., 54. L'appétit est assez bon. Même traitement. — Le soir, T., 40°,3.

Le 6, T., 40°,6 ; R., 46 ; P., 54. On continue les lavements crésylés. On donne 15 grammes de sulfate de quinine et 250 grammes de sulfate de soude.

Le 7, le malade a laissé une partie de son foin. T., 40°,3 ; R., 46 ; P., 54. On applique un sinapisme. On donne, le matin, 4 grammes de calomel ; le soir, 15 grammes de sulfate de quinine. Les plaies sont détergées avec la solution de sublimé. — Dans l'après-midi, la prostration est très accusée, l'expiration plaintive. — Le soir, T., 40°,8.

Même état les cinq jours suivants.

Le 13, T., 39°,5 ; R., 35 ; P., 50. Injection hypodermique d'un litre d'eau salée à 1 p. 100 ; 100 grammes de bicarbonate de soude, 20 grammes de sulfate de quinine et 6 litres de lait. — Le malade mange peu ; il y a des signes de coliques et de la diarrhée ; la palpation de l'abdomen est douloureuse.

Le 14, l'état général est mauvais. T., matin, 38°,5 ; R., 20 ; P., 44. Injection de 500 grammes d'eau salée. — On fait la paracentèse à la partie inférieure du flanc gauche : on retire quelques litres de liquide jaunâtre, un peu louche, inodore, qui donne un abondant dépôt. On injecte ensuite par la canule 500 grammes d'eau salée et 100 grammes de teinture d'iode diluée au tiers. — Le soir, T., 39°. — Injection de 500 grammes d'eau salée ; 15 grammes de sulfate de quinine, 5 grammes de laudanum et 6 litres de lait.

Le 15, amélioration sensible. Le malade a consommé sa ration ; l'œil est plus vif. T., 38°,6 ; R., 24° ; P., 48. Même traitement que la veille.

Le 16, le mieux s'accentue ; la diarrhée diminue, le sujet est impressionné par ce qui se passe autour de lui. T., 38°,4 ; R., 28 ; P., 40.—Même traitement.

Le 17 et le 18, l'appétit est bon, les excréments prennent de la consistance. T., 38°,2 ; R., 14 ; P., 40. On continue les injections d'eau salée ; on augmente la ration d'avoine.

Les jours suivants, les derniers troubles disparaissent.

Le 23, la température est normale et les plaies presque cicatrisées. Sortie le 26.

Remis en service quelques jours plus tard, ce cheval a vite recouvré son embonpoint et ses forces.

Remarque. — Même chez les solipèdes, le péritoine est assez tolérant. Il est bien défendu contre l'infection. S'il en était autrement, la mortalité à la suite des opérations intra-abdominales effectuées comme on peut le faire dans la pratique serait considérable, car, malgré les précautions que l'on prend, on introduit dans le péritoine des germes morbides, et non seulement les complications sont rares, mais la fièvre traumatique est souvent très modérée.

Dans la castration des cryptorchidies, il importe surtout d'éviter la souillure des mains et de l'écraseur, des pinces hémostatiques ou des ligatures qu'on peut appliquer sur le cordon. Lorsque le testicule se dérobe, l'opérateur ne doit jamais faire lui-même l'exploration rectale, et quand un aide y a procédé il ne doit plus toucher aux instruments, surtout à la chaîne de l'écraseur, même après s'être lavé ou désinfecté les mains. Il y a là une cause d'inoculation de la plaie opératoire contre laquelle on doit se tenir en garde. — Le péritoine peut être infecté par des doigts qui ont été souillés la veille ou l'avant-veille dans un foyer septique. Malgré les lavages germicides, ces doigts restent contagifères pendant deux ou trois jours. Aussi, à moins d'exercer l'art en amateur, l'*asepsie* des mains du chirurgien vétérinaire est-elle presque toujours un leurre.

Depuis quatre ans, tous les cryptorchides entrés dans mon service ont été castrés par le *procédé danois* avec la modification que j'y ai apportée et tel qu'il est décrit dans notre *Traité de Thérapeutique chirurgicale*. Il est d'une très facile exécution, vraiment à la portée de tous les praticiens. Il n'expose pas plus que les autres aux accidents immédiats ou consécutifs possibles, et il a ce grand avantage pour ceux qui apprennent, qu'ils *voient* dans leurs moindres détails les différents actes opératoires.

CRYPTORCHIDIE CHEZ LE CHAT.

XCIII. — Chat, deux ans, entré le 4 mai 1898.

Il y a deux mois, un vétérinaire a excisé le testicule droit. Quelque temps après, on a essayé sans succès d'enlever le testicule gauche retenu dans l'abdomen. Une hernie ventrale s'est développée au niveau de la seconde plaie opératoire.

Le 5 mai, l'animal est fixé sur la table et anesthésié au chloroforme. Après asepsie de la région, M. Almy fait, suivant le grand axe de la hernie, une incision de 5 centimètres intéressant la peau et le tissu conjonctif, puis il ouvre le sac herniaire. Le testicule gauche, trouvé à l'entrée du bassin, est amené au dehors et enlevé par torsion. La déchirure musculaire est fermée par des points séparés à la soie, et l'incision cutanée par une suture au crin pe Florence. La couture recouverte de collodion salolé, l'abdomen est protégé par un pansement.

Le 10, on lève ce pansement; la plaie ne contient qu'un peu de sérosité sanguinolente.

Le 13, on ôte les points de suture. La plaie est cicatrisée dans les deux tiers de son étendue. Les jours suivants, on se borne à la déterger avec un liquide antiseptique.

Sortie le 19 mai.

CANCROÏDE DES BOURSES.

XCIV. — Braque, sept ans, entré le 15 octobre 1898.

Atteint, depuis quatre mois, d'une tumeur scrotale en plaque, qui s'est ulcérée et a été traitée sans succès par des cautérisations à l'azotate d'argent.

État à l'entrée. — La tumeur se présente sous l'aspect d'une plaque arrondie, du diamètre d'une pièce de deux francs, rougeâtre, finement granuleuse, peu douloureuse, nettement délimitée; ses bords sont indurés. A disance et à première vue, elle donne l'impression d'une plaque d'eczéma humide ; mais, examinée de près, elle apparaît avec des caractères qui en trahissent nettement la nature. Il s'agit d'un cancroïde ulcéré. Les ganglions inguinaux ne sont pas envahis et l'état général est bon.

Traitement. — Le 17 octobre, on fait l'ablation de cette tumeur. La région est préparée, aseptisée. L'excision complète est facile, sans entamer les enveloppes profondes des bourses : le néoplasme ne dépasse pas, en profondeur, la couche scroto-dartoïque. Réunion des lèvres de la plaie par des points à la soie et application d'un pansement ouaté maintenu par un bandage. — Malgré les précautions prises, la plaie suppure en sa partie moyenne. Elle n'est complètement cicatrisée que le 4 novembre.

Sortie le 8. — La guérison a été parfaite. Pas de récidive.

La tumeur était un épithéliome lobulé. A l'examen des coupes traitées par le picro-carmin, elle apparaissait constituée par une charpente fibreuse plus ou moins abondante suivant les points, et par des bourgeons épithéliaux confluents avec globes épidermiques.

CANCER DU TESTICULE. INOCULATION. INSUCCÈS DE LA GREFFE.

XCV. — Cheval entier, dix ans, entré le 4 février 1898. — Depuis quatre mois, le testicule droit a augmenté progressivement de volume.

Actuellement, il forme une tumeur des dimensions d'une tête d'enfant, de forme ovoïde, uniformément dure, bosselée ; la peau est mobile à sa surface. La partie inférieure du cordon est tuméfiée. Pas de phénomènes inflammatoires aigus. — A l'exploration rectale, on perçoit sous la voûte lombaire et un peu à droite, une tumeur irrégulière, formée de plusieurs lobes du volume du poing.

Traitement. — L'animal couché sur la planche, le testicule est excisé par écrasement. Le cordon, peu altéré, est coupé à 8 centimètres environ au-dessus de l'épididyme.

La cicatrisation de la plaie opératoire s'est effectuée sans incident et aussi rapidement que celles qui résultent de l'ablation de testicules normaux.

La tumeur pèse 2 kilos et demi ; sur les coupes, son tissu est gris rosé, succulent, formé de lobules de volume variable ; le tissu conjonctif interstitiel, rare dans la zone périphérique et en avant, est un peu plus abondant dans la partie centrale (*fig.* 36).

A l'examen microscopique, cette tumeur se montre constituée par un stroma fibreux assez abondant, disposé en travées limitant de larges alvéoles remplis de cellules épithéliales polyédriques. En quelques points où ces travées sont assez épaisses, elles contiennent des traînées de cellules épithéliales.

Immédiatement après l'opération et avec l'assentiment du propriétaire, on a tenté la greffe du néoplasme sur le côté gauche de l'encolure. Rasée et aseptisée, la peau a été incisée sur une longueur de 2 à 3 centimètres, puis décollée de façon à former un godet dans lequel on a déposé un morceau de tumeur dont le volume dépassait un centimètre cube. La plaie a été fermée par deux points de suture, recouverte de collodion et d'une feuille de taffetas. — Cicatrisation adhésive ; léger œdème qui s'est dissipé en peu de jours, laissant un îlot induré qui s'est entièrement résorbé.

L'opéré a quitté le service le 16 février et a été remis au travail quelques jours plus tard. On nous l'a ramené une fois par semaine d'abord, puis tous les mois. Malgré une besogne journalière pénible, et bien que l'adénopathie sous-lombaire augmentât de dimensions, l'état général s'est amélioré très notablement pendant plusieurs mois. L'animal a travaillé sans interruption jusqu'au 3 novembre.

Ce même jour, on le présente à la consultation pour faiblesse et inappétence; la veille, il avait été attelé comme à l'ordinaire. — Les symptômes sont ceux des états cachectiques; la conjonctive est très pâle; le pouls petit; la circulation et la respiration sont modérément accélérées, la température est à 38°,9. A l'auscultation du cœur, on entend un souffle systolique. La palpation de l'abdomen décèle un épanchement péritonéal. La tumeur

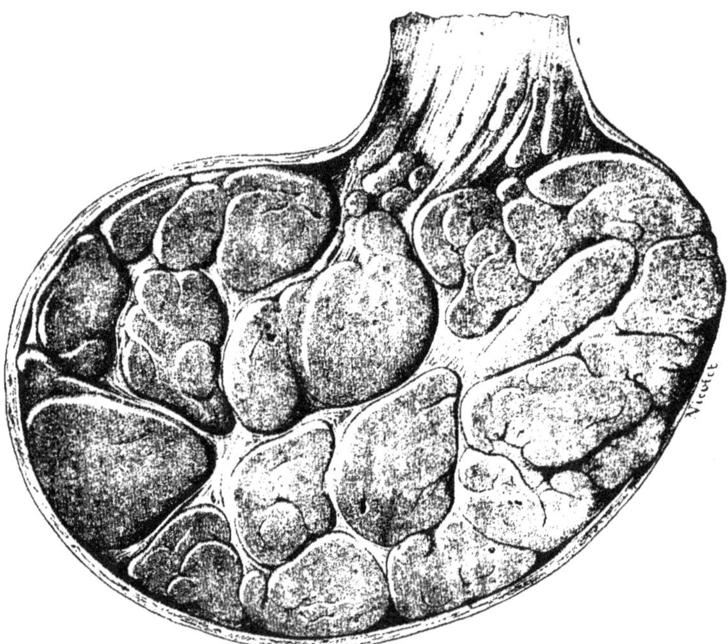

Fig. 36. — Épithéliome du testicule. — Coupe.

formée par les ganglions lombaires est énorme. On croit à des troubles provoqués par la généralisation du cancer. Pas de traitement.

Reconduit dans son écurie, l'animal meurt dans la nuit. Le lendemain on nous amène le cadavre aux fins d'autopsie.

Dans la cavité abdominale, on trouve un épanchement sanguin abondant et les gros vaisseaux indemnes. La masse intestinale ne présente rien d'anormal. La partie supérieure du cordon testiculaire droit est volumineuse, moniliforme; on y voit un chapelet de néoplasmes du volume d'une noisette à celui d'une noix, qui aboutit à la tumeur sous-lombaire. Longue de 40 centimètres et large de 25, celle-ci est bosselée par de nombreuses saillies dont quelques-unes ont les dimensions d'une pomme. Son poids est de 7 kilos et demi. De forme pyramidale, sa base obstrue en partie le détroit antérieur du bassin; son sommet, légèrement dévié à droite, touche au rein corres-

pondant ; sa face supérieure adhère à la voûte sous-lombaire ; sa face inférieure est ulcérée : là existe une déchirure irrégulière, à bords ecchymosés,
par laquelle s'est faite l'hémorrhagie. En avant de la tumeur, l'uretère droit
est ectasié ; en sa partie comprise dans la tumeur, ses tuniques sont indurées,
épaissies, et sa lumière considérablement diminuée ; le rein droit est peu
dilaté. L'uretère gauche est oblitéré ; le rein correspondant offre les lésions
de l'hydronéphrose.

Aucun viscère ne contient de tumeurs secondaires.

(Extrait de l'obs. recueillie par M. Césari.)

NÉCROSE DU PÉNIS.

XCVI. — Braque du Bourbonnais, deux ans, entré le 21 octobre 1898.

Blessé à la base du fourreau dans les premiers jours d'octobre, au cours
d'une chasse. Au bout de quarante-huit heures, forte tuméfaction de l'étui
préputial et difficulté de la miction. Malgré le traitement institué, les symptômes s'aggravent. On nous envoie le malade.

État à l'entrée. — Volumineux, œdématié, le fourreau présente sur sa face droite
deux plaies suppurantes par lesquelles l'urine s'écoule pendant la miction.

Le chien couché sur la table, on fait au fourreau, sur la ligne médiane,
une incision de 5 centimètres ; les lèvres écartées, le pénis apparaît avec les
caractères de la nécrose. Tandis qu'on cherche à en sortir l'extrémité libre
par l'incision, il se rupture au niveau de la partie antérieure de l'os pénien.
On l'enlève, on excise avec les ciseaux quelques lambeaux de tissus mortifiés qui adhèrent à l'os et l'on curette légèrement celui-ci. On tamponne
à la gaze en ménageant une issue à l'urine.

Dans la soirée, plusieurs mictions sanglantes. Les jours suivants, l'urine
est expulsée sans difficulté. Maigre et faible avant l'intervention, le malade
reprend de la vigueur et de l'embonpoint.

Traitement. — Le 4 novembre, on fait sur la face inférieure du fourreau, en
arrière de la première plaie opératoire et au niveau de l'os pénien, une excision en Λ des tissus qui recouvrent cet os, et au moyen d'une pince cou-
pante on élargit la gouttière pénienne. Bien que l'on eût touché au thermo-
cautère les lèvres de la plaie, l'opération fut suivie d'une assez forte hémorrhagie, qui se répéta dans la soirée et pendant plusieurs jours, au moment
des mictions.

Sorti le 15 novembre, ce chien prit tout de suite part au travail de la meute
dont il était l'un des conducteurs. On recommanda de l'observer et de nous
le renvoyer s'il survenait des signes de coarctation de l'urèthre.

Le méat urinaire artificiel se rétrécit assez rapidement. Le chien rentra
dans le service le 19 décembre.

Pour permettre la libre évacuation de l'urine, on débrida sur une longueur d'un centimètre et demi le canal de l'urèthre et les tissus qui le recouvrent. L'hémorrhagie, assez abondante, se renouvela pendant plusieurs jours
au moment des mictions.

Du 26 au 30 décembre, on fit tous les jours une injection sous-cutanée de
40 centimètres cubes de sérum artificiel.

Le 6 janvier, on procéda à un nouvel élargissement de l'orifice uréthral,
cette fois au niveau de la partie postérieure de l'os pénien : débridement de
l'urèthre et excision en Λ des tissus qui le recouvrent. Pour prévenir une
nouvelle déperdition de sang, on cautérisa les lèvres de la plaie sans toucher
à la paroi de l'urèthre.

Le résultat de cette nouvelle intervention a été bon. L'orifice uréthral est
resté largement béant.

CANCROÏDE DU PÉNIS.

XCVII. — Cheval hongre, douze ans, entré le 15 janvier 1897.

Appartient depuis 1889 à la personne qui le présente. Pas de maladie antérieure. Il y a un mois, on a remarqué que ce cheval sortait difficilement verge au moment de la miction. Un vétérinaire consulté à cette date a reconnu l'existence d'une tumeur du pénis et en a conseillé l'ablation. Le cheval a travaillé jusqu'au jour de son entrée à l'hôpital.

Au moment où il nous est présenté, il est en bon état et ne paraît pas souffrir de l'affection dont il est atteint. Le fourreau est engorgé ; il s'en écoule un peu de pus sanguinolent et fétide. Introduite dans le fourreau, la main perçoit une tumeur dure, indolente, développée sur le pénis. Sorti de son enveloppe, celui-ci apparaît volumineux, recouvert sur son tiers inférieur de végétations noirâtres, friables, en « chou-fleur ». Le néoplasme est nettement délimité à sa partie supérieure.

L'examen microscopique d'un fragment de la tumeur montre qu'il s'agit d'un *cancroïde*.

Traitement. — Amputation de la verge au-dessus de la tumeur. — Le 18, le cheval est couché sur le côté gauche et entravé comme pour la castration. La zone génitale désinfectée, on assure l'hémostase par une ligature élastique serrée sur la base de la verge. L'amputation est pratiquée suivant le manuel décrit à la page 82. — Le cheval relevé et reconduit dans sa stalle, une hémorrhagie se produit, mais bientôt le sang ne coule plus que goutte à goutte. Le soir, l'animal manifeste des signes de légères coliques. Les muqueuses sont un peu injectées, le pouls accéléré, la respiration normale. T., 38°5. — L'hémorrhagie reparaît dans la nuit : le sang s'écoule tantôt goutte à goutte, tantôt en mince filet. On fait dans le fourreau des injections d'eau créolinée chaude à 2 p. 100.

La partie excisée de la verge, quintuplée de volume, offrait un aspect déchiqueté. Le gland était couvert de végétations noirâtres, très friables, irrégulièrement disposées, les unes de la grosseur d'une noisette, les autres dépassant le volume d'une noix. L'orifice de l'urèthre, dévié, repoussé à gauche, était masqué par une large végétation. Dans toute sa moitié inférieure, le pénis était hérissé de petites tumeurs grisâtres, offrant les caractères des papillomes.

Le 19, l'état général est bon. Pas de fièvre. La miction s'effectue librement. On fait dans le fourreau des injections antiseptiques tièdes.

Le lendemain, le fourreau est le siège d'un engorgement qui augmente les jours suivants. — Le 26, il est moins œdématié et moins sensible. — Le 27, la partie du moignon mortifiée par la ligature tombe. La miction se fait librement. — Sortie le 29 janvier.

Pas de rétrécissement consécutif.

Sur un cheval d'expérience, après avoir désinfecté et scarifié le tégument du gland, on a tenté la greffe du néoplasme. A plusieurs reprises, dans l'après-midi du 18 janvier, les surfaces scarifiées ont été frottées avec des morceaux de tumeur conservés dans l'étuve à 38°. Résultat négatif.

XCVIII. — Cheval hongre, dix-huit ans, entré le 10 mai 1898.

Depuis longtemps déjà, ce cheval éprouve de la difficulté pour uriner : il se campe, fait des efforts, mais le pénis ne sort pas du fourreau et l'urine s'écoule en nappe. Du pus d'odeur repoussante est rejeté en même temps que l'urine.

État actuel. — A la palpation, la région scroto-préputiale est le siège d'une vive sensibilité. Le cheval assujetti au travail, on sort le pénis. Sur la tête de celui-ci est développée une tumeur du volume du poing, qui en occupe les faces supérieure et latérale droite, laissant libre le tube uréthral. Cette tumeur, grisâtre, molle, ulcérée, est divisée en deux lobes par une profonde scissure antéro-postérieure et recouverte d'un enduit lie de vin, formé de pus, de sang et de matière sébacée. L'animal pisse dans son fourreau : il y a de l'*acrobustite* déterminée par la tumeur pénienne et par l'action irritante de l'urine. — L'état général est satisfaisant ; les grandes fonctions sont normales.

Traitement. — L'amputation du pénis est pratiquée le 19 mai, suivant le procédé habituel. Un lien de caoutchouc assure l'hémostase ; la verge est sectionnée à deux centimètres au-dessous. Peu d'hémorrhagie. — Le soir, T., 38°,5. — Le cheval a consommé sa ration.

Le 20 et le 21, il est abattu, laisse la plus grande partie de ses aliments et manifeste des signes de coliques. Le fourreau est le siège d'un volumineux œdème ; le pénis y est retenu. T.,38°9. — Les deux jours suivants, même état.

Le 25 on couche l'opéré sur la planche. Le fourreau est très rétréci ; son orifice ne permet pas la sortie du pénis. On le débride. L'extrémité pénienne est peu tuméfiée ; la ligature de caoutchouc est éliminée, la plaie uréthrale est recouverte de sébum et de caillots sanguins. On incise largement le fourreau sur la ligne médiane. L'hémorrhagie, assez abondante, est tarie par le thermo et l'application de pinces.

Les jours suivants, la verge sort facilement du fourreau au moment des mictions.

Le cheval est emmené le 1er juin. Les plaies préputiale et uréthrale sont en bonne voie de cicatrisation.

A l'examen microscopique, la tumeur et celle de l'observation précédente offraient les attributs du *cancroïde*. Leur tissu apparaissait constitué par un stroma conjonctif et par des cellules épithéliales pavimenteuses disposées en lobules confluents, de dimensions variées ; dans les petits lobules, tous les éléments étaient vivaces, bien colorés par le carmin ; dans la partie centrale des plus larges, les cellules étaient kératinisées et disposées en globes épidermiques.

PARALYSIE DU PÉNIS.

XCIX. — Cheval entier, quinze ans, entré le 23 décembre 1897.

Peu de jours après une crise de *coliques*, on s'aperçut que la verge, pendante et tuméfiée, ne pouvait plus rentrer dans le fourreau. On eut recours à des mouchetures et aux douches froides. Le volume de l'organe augmenta. Dans le courant de la troisième semaine, l'animal fut envoyé à l'École.

État actuel. — Le pénis, dont les dimensions sont plus que doublées, pend inerte et insensible. A sa surface, on voit les traces des mouchetures qui ont été faites. Un peu d'œdème des bourses. Pas de fièvre.

Jusqu'au 4 janvier, on essaya sans le moindre bénéfice le traitement suivant : mouchetures, douches en pluie répétées plusieurs fois par jour, électrothérapie, iodure de potassium à l'intérieur. Il fallut en arriver à l'amputation.

L'opération fut pratiquée suivant le manuel ordinaire. L'urèthre disséqué, incisé, et ses bords suturés au tégument, on appliqua la ligature d'exérèse et l'on excisa la verge au couteau. L'hémorrhagie fut assez abondante et reparut à plusieurs reprises à la suite des mictions.

Le fourreau et les bourses devinrent le siège d'un fort engorgement œdémateux qui commença à diminuer vers la fin de la deuxième semaine.

Détergée matin et soir par des aspersions avec une solution crésylée chaude, la plaie se cicatrisa régulièrement.

Sortie le 5 février. Il existait encore un peu d'œdème des bourses et du fourreau. L'urine était librement expulsée.

Pas de rétrécissement consécutif.

C. — Cheval hongre, huit ans, entré le 16 mai 1898.

Il y a trois mois, ce cheval fut atteint d'une pneumonie. Pendant la résolution de la maladie, le pénis se paralysa : un matin, on le trouva volumineux, pendant, inerte, avec un bourrelet circulaire nettement délimité à quelques centimètres du bord du fourreau. L'affection fut d'abord traitée sans succès par les douches et les mouchetures.

État actuel. — Le jour de l'entrée, la partie de la verge qui pend hors du

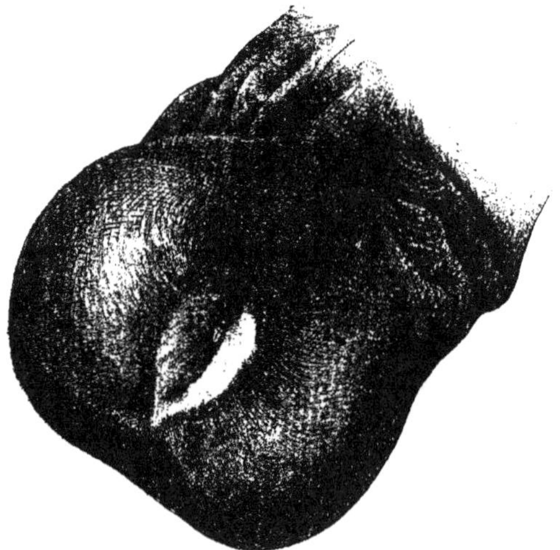

Fig. 37. — Amputation du pénis. Moignon. Orifice de l'urèthre.

fourreau mesure 35 centimètres de long ; tuméfiée, œdémateuse, insensible, elle a environ trois fois le volume du pénis normal. Elle porte des traces de mouchetures ; quelques-unes de celles-ci suppurent encore, les autres sont cicatrisées. Le fourreau est légèrement engorgé. L'état général du sujet est excellent.

Le 18 mai, on pratique l'ablation du pénis, suivant le procédé habituel. On fait sur la face inférieure une incision en V renversé, dont chacune des branches est longue de 7 à 8 centimètres. Les autres actes opératoires sont effectués comme à l'ordinaire. La portion excisée du pénis pèse 3 kilos.

L'animal relevé, le moignon donne du sang, qui tombe goutte à goutte pendant une demi-heure. — Dans la soirée, l'animal ne consomme qu'une partie de sa ration.

Les jours suivants, rien qui mérite d'être signalé. Pas d'hémorrhagie ; la température ne dépasse pas 38°,5. Le fourreau se tuméfie, les plaies suppurent légèrement, la portion gangrenée du pénis est noirâtre, racornie. La miction se fait sans difficulté.

Au bout d'une semaine, les plaies suppurent à peine. L'eschare ne tient plus que par un étroit pédicule. Elle tombe le neuvième jour. La plaie d'exérèse est cicatrisée. L'orifice de l'urèthre est largement ouvert.

Sortie le 28 mai. — Pas de rétrécissement consécutif.

Ce cheval est mort le 3 mai 1899 d'une rupture de l'estomac. La *figure* 37 montre la disposition de l'orifice uréthral un an après l'opération.

CI. — Cheval entier, dix ans, entré le 26 novembre 1898. Atteint de paralysie du pénis consécutive à une pneumonie.

Pendant la convalescence de celle-ci, on s'aperçut que la verge ne rentrait plus dans le fourreau. Les jours suivants, ses dimensions augmentèrent.

Des mouchetures et des douches froides ne donnèrent pas de résultat. Le cheval fut envoyé à Alfort pour y subir l'amputation.

L'état général du malade est bon. Le pénis pend inerte et anesthésié ; ses dimensions sont quadruplées ; il est marqué de bourrelets et de sillons transversaux étagés.

Cette paralysie ne datant que d'un mois, du 26 novembre au 4 décembre, on la traite par les mouchetures, les douches en pluie et par l'administration d'iodure de potassium. — On fait à plusieurs reprises une dizaine de mouchetures ; chaque fois il se produit une hémorrhagie abondante et prolongée. — On n'obtient qu'une légère diminution du volume de l'extrémité de la verge ; celle-ci est toujours inerte, insensible, et son corps aussi volumineux qu'au début.

Le 5 décembre, on l'ampute suivant la technique habituelle, toutefois avec une simplification portant sur la suture : le canal de l'urèthre dégagé, coupé transversalement et incisé sur la ligne médiane dans sa portion découverte, on se borne à réunir la muqueuse uréthrale à la peau par deux points de suture passés à un centimètre de l'extrémité des bords de la plaie. Le tégument pénien est incisé circulairement au niveau de la base de la plaie le lien de caoutchouc est serré dans ce sillon, et le pénis coupé à deux centimètres au-dessous.

Malgré l'application du lien élastique, une hémorrhagie assez abondante a lieu ; on y remédie par la cautérisation et l'application de pinces. — Injection d'un litre d'eau salée dans le tissu conjonctif sous-cutané de l'encolure. Thé de foin. Lait.

Le cheval ayant perdu beaucoup de sang par les mouchetures, l'injection d'eau salée est répétée les trois jours suivants. L'extrémité de la verge est irriguée, matin et soir, avec une solution antiseptique chaude.

Jusqu'au 8, le malade est faible, déprimé ; il laisse une partie de sa ration. T., 38°,1 - 38°,5. — Le lendemain, l'état commence à s'améliorer. Les jours suivants, le mieux s'accentue.

Le 13, l'eschare et la ligature tombent. Les bords de la plaie d'excision sont recouverts de granulations assez volumineuses, mais la miction se fait sans difficulté. Les phénomènes consécutifs n'ont rien offert de particulier.

Sortie le 4 janvier.

ATROPHIE DU PÉNIS.

CII. — Cheval hongre, douze ans, entré le 28 mai 1898.

Acheté récemment, ce cheval urine dans son fourreau ; celui-ci est enflammé, volumineux, rempli de matière sébacée qui exhale une odeur très fétide. La miction est lente, difficile, douloureuse.

Le cheval couché et entravé comme pour la castration, le fourreau est débarrassé de son contenu et désinfecté.

M. Almy procède à l'opération. Engagée dans le conduit préputial, la main ne peut y pénétrer qu'en partie et difficilement ; elle ne perçoit pas le pénis.

Le fourreau est débridé sur une longueur de 10 à 12 centimètres : il se produit une hémorrhagie assez abondante, que l'on tarit par l'application de pinces. Malgré cette incision, il est encore impossible de saisir le pénis. On la prolonge en arrière sur une longueur de 10 centimètres. On trouve enfin la verge atrophiée.

On réunit par des points séparés à la soie, dans les deux tiers postérieurs de chaque lèvre, les téguments interne et externe du fourreau. Quant à la partie antérieure de celui-ci, enflammée et très épaissie, elle est excisée. On enlève les pinces. Les vaisseaux qui saignent sont tordus ou ligaturés.

Le lendemain, l'émission de l'urine est facile : le jet tombe verticalement de la brèche préputiale. Détersions de la plaie avec une solution chaude de sublimé à 1 p. 1000.

Les jours suivants, même traitement. L'œdème, assez fort, s'étend peu à peu sous l'abdomen. Il est graduellement résorbé. La cicatrisation a été rapide.

Le cheval a été revu trois mois plus tard. Le résultat thérapeutique était bon. La tête du pénis demeurait suffisamment dégagée et l'urine était expulsée en jet.

CALCUL DE L'URÈTHRE.

CIII. — Chat de grande taille. Bonne santé habituelle. — Un soir, sans cause apparente, il refusa de manger, se montra très triste, recherchant les endroits retirés pour s'y blottir.

Au bout de quelques jours, on amena le malade à la consultation. On donna ce renseignement que, la veille du jour où il était tombé malade, des enfants s'étaient amusés avec lui, et « l'avaient fait sauter sur les pattes de derrière ».

L'animal était très gras ; on ne put explorer aucun organe interne. Il mourut le jour même de son entrée à l'hôpital.

A l'autopsie, on trouva le péritoine enflammé dans la région abdominale postérieure et dans le bassin. — La vessie, énorme, remplie d'urine trouble, avait ses parois distendues à l'extrême et phlogosées. Elle ne renfermait aucun corps étranger. A la dissection de l'urèthre, on découvrit, non loin de l'origine de ce conduit, un calcul arrondi, du volume d'un grain de chènevis, qui l'obturait hermétiquement.

NYMPHOMANIE. OVARIOTOMIE.

Chez la jument, la mortalité de l'ovariotomie a été considérablement réduite par l'asepsie et la simplification de la technique opératoire, telle que je l'ai décrite en 1888. — Sur 56 juments que j'ai castrées pendant une période de dix ans (1888-1898), une seule a succombé ; elle s'était livrée à de très violentes réactions au moment où je pratiquais la ponction du vagin : l'artère iliaque externe fut touchée près de son origine par la lame du bistouri. Parmi les autres, il en est qui ont manifesté pendant un ou plusieurs jours des signes de douleurs abdominales ; chez la plupart, les phénomènes post-opératoires ont été insignifiants. — Ces résultats confirment ce que j'ai dit de la tolérance du péritoine, à propos de la *Castration des chevaux cryptorchides*. Dans les circonstances ordinaires de la pratique vétérinaire, l'asepsie absolue est un mythe. Quelles que soient les précautions que l'on prenne quand on fait l'ovariotomie, le péritoine est toujours souillé ; mais comme tous les autres tissus, il réagit efficacement quand les germes ne sont pas trop nombreux ou très virulents.

Sur les sept juments castrées par moi au cours de l'année scolaire 1897-98, une a manifesté des signes de coliques qui ont persisté pendant quarante-huit heures. Trois de ces juments, qui appartenaient à la Compagnie générale des Omnibus, ont été envoyées au dépôt d'Alfort et opérées à l'École. Pour celles-ci, M. Mouilleron m'a fait connaître le résultat de l'intervention : l'une de ces bêtes est restée « pisseuse » et a dû être réformée ; les deux autres ont été remises en service au bout de deux semaines, et elles n'ont présenté dans la suite aucun symptôme de nymphomanie.

CIV. — Chatte âgée de dix-huit mois, entrée le 11 juin 1898. Sujette à des chaleurs très fréquentes et prolongées. Son maître, le Dr B..., nous demande de la castrer.

Le 17 juin, l'ovariotomie est faite par M. Almy. La chatte est d'abord placée sous une cloche de verre, où on la soumet à des inhalations de vapeurs de chloroforme. Anesthésiée, on la porte sur la table d'opération et on l'assujettit en position dorsale.

La région abdominale est préparée sur la ligne médiane : peau rasée et désinfectée. Incision longitudinale de 3 centimètres sur la ligne blanche. Le péritoine est perforé avec un instrument mousse. Les lèvres de la plaie écartées au moyen d'érignes plates, on aperçoit immédiatement un petit cordon ferme, rougeâtre, — la corne utérine droite, — cordon à l'extrémité duquel on trouve un ovaire des dimensions d'un petit pois. On l'enlève par torsion en se servant de deux pinces hémostatiques. — La corne utérine gauche est dévidée à son tour, et l'ovaire correspondant enlevé de la même façon que le premier. — Double suture musculaire et cutanée. La couture est recouverte d'une couche de collodion. Pansement ouaté.

Dans la soirée, l'opérée ne prend qu'un peu de lait. T.,39°,3. — Les trois jours suivants, la fièvre persiste. T.,39°,4.

Le 20, on enlève le pansement et les fils de la suture cutanée. Les lèvres de la plaie sont peu tuméfiées, réunies dans leur couche profonde, finement granuleuses par places sur la peau. Désinfection de celle-ci avec des tampons d'ouate trempés dans l'alcool. Nouveau ouaté.

Le lendemain, l'état général est bon et l'appétit revenu. T., le matin, 38 ,7 ; le soir, 39°.

Le 22, les derniers troubles fébriles disparaissent.

Sortie le 25. La plaie est cicatrisée.

DÉGÉNÉRESCENCE KYSTIQUE DE L'OVAIRE ET DE LA TROMPE.

CV. — Chienne danoise, dix ans, présentée à la consultation le 30 juillet 1897. — Ponctionnée à quatre reprises pour ascite. A la deuxième ponction, le liquide extrait était sanglant.

L'appétit est conservé ; néanmoins la malade a notablement maigri. Pas de toux, pas de vomissement, pas de diarrhée. A la palpation de l'abdomen, on perçoit une volumineuse tumeur qui paraît appendue à la voûte lombaire.

Ramenée le 17 septembre. Abandonnée et sacrifiée.

Autopsie. — La cavité abdominale contient quelques litres de sérosité rougeâtre. Les viscères thoraciques et abdominaux sont sains, sauf l'ovaire gauche. Celui-ci, du volume des deux poings, est mamelonné, hérissé de saillies de forme, de dimensions et de consistance variées, la plupart molles, kystiques, de teinte foncée, noirâtre, recouvertes seulement par le péritoine. Poids : 750 grammes.

Sur les coupes, la tumeur se montre constituée en sa partie centrale par un tissu blanc grisâtre, mou, friable, dans lequel sont disséminés un grand nombre de petits kystes qui éclatent sous la pression du doigt. La couche périphérique présente une consistance d'autant plus ferme qu'on la considère plus près de la surface.

Les parois de la trompe gauche sont très épaissies, farcies de petits kystes presque partout contigus, en saillie sur la muqueuse, dans laquelle ils sont comme enchâssés.

Rien dans l'utérus ni dans le vagin.

A l'examen microscopique, le tissu de la tumeur ovarienne apparaissait formé d'un stroma conjonctif, fibreux ou sarcomateux suivant les points, et de nombreuses néoformations épithéliales se présentant la plupart sous l'aspect de petits kystes dont la face interne était tapissée de cellules polymorphes.

PROLAPSUS DE L'UTÉRUS.

CVI. — Chienne de montagne, neuf mois, entrée le 23 février 1897.

Habituellement laissée en liberté dans une cour, cette chienne eut ses premières chaleurs il y a quinze jours et fut couverte. La période cataméniale passée, on constata en arrière de la vulve une tumeur de la grosseur d'un œuf de poule. On n'y prêta d'abord aucune attention.

Au bout d'une semaine, la malade fut présentée à la consultation. La tumeur était formée par l'utérus prolabé. On fit la réduction et l'on appliqua un bandage dont la chienne ne tarda pas à se débarrasser. L'accident se reproduisit le soir même.

Ramenée le 23 février 1897 et laissée à l'hôpital.

Traitement. — Lavage antiseptique de la tumeur, souillée de matières excrémentitielles et de boue ; réduction ; injection d'eau boriquée chaude dans le vagin ; lavements chauds. — Dix minutes après l'administration du lavement, la chienne expulse une assez grande quantité d'excréments durs. Par les efforts, le renversement se reproduit. On réduit, on fait une injection chaude, et l'on tamponne le vagin avec de la gaze et de l'ouate, en ayant soin de laisser libre le méat urinaire afin que la miction puisse s'opérer librement.

Le lendemain, on trouve le tampon dans la paille et la tumeur reproduite, toutefois avec un moindre volume. — Même traitement. — Dans la soirée et les jours suivants, le tampon est encore rejeté, mais les dimensions de la tumeur diminuent de plus en plus.

Le 5 mars, l'utérus ne fait plus saillie au dehors ; le prolapsus reste contenu dans le vagin. Après réduction, on sent se dessiner le col de l'utérus.

Le 9, le vagin est libre et le col fermé.

CVII. — Chienne danoise, dix-huit mois, entrée le 27 avril 1897.

Plusieurs fois déjà, à l'époque des chaleurs, la chienne a été atteinte de renversement de la matrice, qui a cédé à la simple réduction. Cette fois le prolapsus est plus grave ; la matrice complètement renversée forme, en arrière de la vulve, une masse rougeâtre du volume de deux poings. Des lotions astringentes faites dans le but de diminuer les dimensions de la tumeur n'ont donné aucun résultat. La chienne est amenée à la consultation et laissée à l'hôpital.

Traitement. — Lavage antiseptique de la tumeur ; réduction ; injection vaginale ; tamponnement du vagin avec de la gaze et de l'ouate.

Le lendemain, les tampons n'ont éprouvé aucun déplacement. On n'y touche pas. La chienne est gaie; elle ne fait pas d'efforts expulsifs, quoique la miction semble un peu gênée. — Le pansement est renouvelé le 29 avril, le 1er et le 3 mai.

Le 5 mai, la guérison est parfaite.

Remarque. — Le tamponnement de la partie profonde du vagin, tel qu'il a été effectué dans ces deux cas, est le traitement de choix du prolapsus de la matrice chez la chienne. Quand il est convenablement fait, les malades le supportent bien, et si le pessaire est rejeté, il n'y a qu'à retamponner. Depuis 1896, tous les cas de renversement de l'utérus ont été traités ainsi dans notre service. Nous n'avons pas eu à pratiquer l'amputation.

MYXOME DE L'UTÉRUS.

CVIII. — Chienne âgée de dix ans, présentée à la consultation le 1er février 1892.

Depuis deux jours, une volumineuse tumeur pend au-dessous de la vulve. Les dernières chaleurs remontent à six semaines.

Il y a environ un mois, on a remarqué que cette chienne se livrait à de fréquents efforts expulsifs; les mictions étaient peu abondantes, mais fréquentes et accompagnées de violentes contractions des muscles abdominaux, qui persistaient un certain temps après l'émission de l'urine. — Aucun traitement jusqu'au 29 janvier, jour où l'on a vu, en arrière des fesses, une tumeur considérée d'abord « comme la matrice renversée et contenant un ou plusieurs petits ».

En partie recouverte par la queue garnie de longs poils, la tumeur est ovoïde, de consistance assez ferme, régulière, rougeâtre à sa surface; son sommet est arrondi; sa base, effilée, se continue par un pédicule du volume d'un crayon, qui disparaît dans l'orifice vulvaire. Elle mesure 12 centimètres de longueur et 15 de circonférence. Pour en déterminer le point d'insertion, on exerce sur elle une légère traction : son pédicule est fixé sur le côté droit du col; sa surface d'implantation n'a guère qu'un demi-centimètre de diamètre. — La malade a conservé toute sa vivacité; seule la marche est un peu gênée.

La tumeur est excisée au bistouri : un fil de soie est serré sur la base du pédicule et celui-ci est coupé immédiatement en arrière de la ligature.

Le tissu de cette tumeur est peu consistant, blanchâtre vers le centre de la masse, marbré de rouge vers la périphérie ; il est creusé de petites cavités renfermant un liquide rougeâtre.

A l'examen microscopique, il se montre constitué par des éléments arrondis, fusiformes ou ramifiés, uni- ou multinucléaires, disposés dans une trame réfringente, presque amorphe ; sa couche périphérique est pourvue d'assez nombreux vaisseaux. Il s'agit d'une tumeur myxomateuse, de la variété décrite sous le nom de *myxome kystique.*

IMPERFORATION DU VAGIN.

CIX. — Chienne de rue, quatre ans, entrée le 23 juin 1898.

Depuis huit jours elle est constipée et fait de violents efforts de défécation. Elle a notablement maigri.

Entre l'anus et la vulve saille une tumeur fluctuante du volume d'une grosse pomme. On pense d'abord à une hernie périnéale.

Avec l'index introduit dans le rectum, on reconnaît que celui-ci est comprimé sur sa face inférieure par une sorte de kyste. L'animal est assujetti sur la table et opéré par M. Almy.

La vulve entr'ouverte, on constate, à environ un centimètre et demi de cet orifice, une cloison muqueuse fort distendue, qui bombe en arrière et à travers laquelle on perçoit de la fluctuation. On a l'impression de la vessie distendue ou d'un kyste sous-muqueux. Une sonde en caoutchouc introduite dans la vessie donne issue à une petite quantité d'urine normale. Le doigt ne peut pénétrer dans le vagin ; la susdite cloison en ferme l'entrée. Avec le trocart, on ponctionne la tumeur : un flot de liquide s'en échappe. La poche est débridée, et, avec les ciseaux courbes, on excise une partie de la cloison. Il s'écoule environ un demi-litre de liquide visqueux, jaunâtre, d'aspect purulent. On irrigue le vagin et l'utérus à l'eau bouillie, jusqu'à ce que celle-ci sorte claire.

Les jours suivants, on fait dans le vagin des injections d'eau boriquée. Les troubles notés avant l'opération se dissipent rapidement.

La chienne part guérie le 5 juillet.

DÉCHIRURE DU PÉRINÉE. PÉRINÉORRHAPHIE.

CX. — Jument de pur sang, sept ans, entrée le 19 octobre 1897. — Atteinte d'une déchirure du périnée, survenue au cours d'un accouchement laborieux.

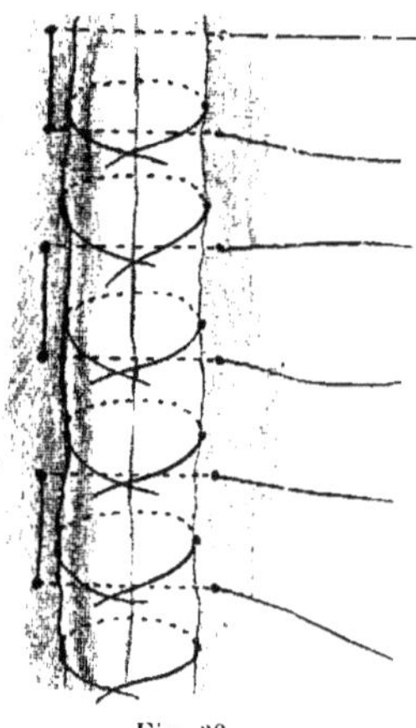

Fig. 38.

La plaie s'étendait de la commissure supérieure de la vulve jusqu'à l'anus, sans toutefois intéresser le sphincter anal. On la laissa se cicatriser telle quelle. — Lorsque cette bête eut ses chaleurs, on la fit saillir, mais sans résultat. Cet échec étant attribué à la déchirure, une suture fut pratiquée par un vétérinaire. La cicatrisation adhésive ne fut pas obtenue. Quelques mois plus tard, on envoya la jument à Alfort.

État actuel. — Santé générale bonne. La déchirure périnéale, dirigée obliquement en haut et à droite, part de la commissure supérieure de la vulve et se termine sous le bourrelet anal. Entre ses bords fibreux, irréguliers, rétractés, il existe une large brèche, où tombe une partie du crottin, ce qui cause une irritation permanente du vagin.

Traitement. — Jusqu'au 26 octobre, on prépare la jument : injections vaginales biquotidiennes d'eau chaude boriquée ou crésylée à 1 p. 100 ; 100 grammes de sulfate de soude tous les jours dans la boisson ; demi-diète les deux derniers jours. — Le 27, on la couche à droite, sur la planche. Le rectum vidé, la région est savonnée et méticuleusement désinfectée.

Dans toute l'étendue des lèvres de la déchirure, les téguments cutané et muqueux sont séparés avec le bistouri sur une largeur d'un centimètre et demi. L'hémorrhagie arrêtée, les surfaces cruentées sont débarrassées des petits caillots qui les recouvrent et asséchées ; on les réunit par une double suture qui en affronte la face interne, tout en portant sur la peau seulement, ainsi que le montre la *figure* 38 : premier rang de sutures en anse à points séparés, avec de la grosse soie, à un centimètre des bords cutanés de la plaie ; seconde suture à points séparés ordinaires avec de la soie fine, de façon à rapprocher d'une manière intime les bords de la peau. La plaie vaginale est saupoudrée d'iodoforme ; la couture cutanée est touchée avec une solution phéniquée, saupoudrée d'iodoforme et recouverte d'une lame de taffetas.

Le 28, nouveau pansement à l'iodoforme et application d'un taffetas protecteur. — Les jours suivants, le traitement est continué. Pas de suppuration.

Le 3 novembre, on ôte les fils. La réunion est obtenue, sauf à la partie supérieure de la plaie, où plusieurs points profonds ont cédé. — Pendant quelques jours encore, le pansement à l'iodoforme et au taffetas est continué par précaution.

Le 24, nouvelle réunion des bords de la partie supérieure de la déchirure. La jument est couchée. Préparation, opération et pansement comme la première fois.

Le 25, le taffetas est décollé ; on le remplace par du collodion iodoformé. On en applique matin et soir jusqu'au 30. La cicatrisation est obtenue sans suppuration. Les points de suture sont enlevés le 1er décembre.

Sortie le 6 décembre.

CANCER DE LA QUEUE. GÉNÉRALISATION A LA SUITE DE L'ABLATION.

CXI. — Cheval hongre, bai-brun, neuf ans, atteint de tumeurs de la queue. Amené à l'École le 11 mai 1896, pour l'ablation de ces néoplasmes.

Sur la face inférieure de la queue, à un travers de main de sa base, on remarque deux végétations sessiles, du volume d'une noix, fermes, rougeâtres, excoriées à leur surface ; un peu en avant, aussi sur la face inférieure de l'appendice, on en voit une autre de la grosseur d'une noisette, et en arrière, trois du volume d'un pois ; à leur pourtour, la peau est épaissie. Les dimensions de la queue sont notablement accrues. Ces tumeurs gênent pour l'application de la croupière ; souvent elles sont blessées par celle-ci.

On en fait l'ablation sur l'animal debout, entravé des membres postérieurs. On les coupe au ras de la peau, d'un coup de bistouri. La surface de section est curettée, puis cautérisée avec la lame du thermo. — En excisant l'une des deux tumeurs principales, au moment d'une vive réaction, le bistouri divise la peau dans toute son épaisseur et sur une longueur de 3 à 4 centimètres ; on tarit l'hémorrhagie par le fer rouge.

Pansement ouaté, renouvelé tous les cinq jours pendant deux semaines, et détersion des plaies avec une solution iodée au tiers. Les eschares détachées, les plaies étaient finement granuleuses, de bon aspect. Le cheval fut remis en service.

Les plaies ne se cicatrisèrent pas ; bientôt le bourgeonnement dépassa d'un centimètre le niveau de la peau. Peu à peu la queue se tuméfia, sa base doubla de volume en six semaines ; le gonflement gagna la partie supérieure des fesses et de la croupe, régions où l'on vit apparaître de nombreuses tumeurs hypodermiques. Le malade présenta des troubles généraux dénonçant la généralisation des néoplasmes ; il s'affaiblit graduellement et dut être sacrifié.

Autopsie. — La queue, dont les dimensions sont énormes, est asymétrique à sa base ; la partie gauche est plus volumineuse que l'autre. Sur sa face latérale gauche, à un travers de main de l'anus, existe une large plaque mamelonnée, dépilée, formée par la confluence de plusieurs tumeurs ; cette plaque empiète sur les faces supérieure et inférieure de l'appendice ; il y a quelques petites tumeurs dans la zone qui l'entoure. La base de la queue est tout entière envahie ; la peau et le tissu conjonctif sont très épaissis. Les muscles sont blanchâtres, durs, sclérosés.

Dans le tissu conjonctif sous-cutané de la croupe et de la partie supérieure des fesses, on trouve de nombreuses tumeurs arrondies, un peu aplaties ; les plus volumineuses ont le diamètre d'une pièce de 2 francs. La plupart des muscles de ces régions sont sclérosés ou détruits par les néoplasmes. — La *rate*, volumineuse, est bosselée sur ses deux faces par des tumeurs blanc jaunâtre, du volume d'une noisette à celui du poing, quelques-unes légèrement déprimées. — Le *foie* est hypertrophié ; on y constate un grand nombre de petites tumeurs de même aspect que les précédentes. — Les *poumons* offrent à leur surface de nombreux nodules blanchâtres, et les coupes y mettent à découvert une dizaine de tumeurs du volume du poing.

A l'examen microscopique, les tumeurs de la queue, celles des muscles et des viscères offraient les caractères du *carcinome encéphaloïde*. Leur tissu était constitué par une charpente conjonctive, disposée en travées et circonscrivant des espaces remplis de cellules épithéliales. Les vaisseaux y étaient nombreux. Les coupes des tumeurs de la queue présentaient, par places, des foyers hémorrhagiques.

Remarque. — En dépit de sa bénignité — encore que la peau ait été entamée accidentellement, — la généralisation a suivi de près l'intervention. L'inflammation causée par le bistouri et le cautère ont provoqué la rapide diffusion des néoplasmes.

V. — **Membres**.

SARCOME OSSIFIANT PÉRIOSTAL DE L'ÉPAULE. GÉNÉRALISATION.

CXII. — Chienne danoise, six ans, entrée le 11 juin 1898.

Atteinte d'une tumeur de l'épaule, qui s'est développée rapidement (en moins de deux mois), sans cause connue.

Profondément triste, la malade reste étendue sur le côté droit et semble en proie à de vives souffrances; la respiration est plaintive à certains moments. Dans l'impossibilité de se mouvoir, elle a été transportée à l'École.

État actuel. — Toute la région de l'épaule gauche est fortement tuméfiée. Au niveau de l'angle cervical du scapulum, on remarque des traces de pointes de feu. La tumeur forme un bloc compact, lobulé, dur, non douloureux à l'exploration, étendu de la partie moyenne du cou jusqu'au milieu du thorax; en haut, elle est en saillie sur le garrot; en bas, elle dépasse la ligne du sternum. Développée sous le scapulum, qu'elle a refoulé en dehors, elle paraît adhérer au cou et au tronc. La peau qui la recouvre a conservé sa mobilité. Les caractères physiques sont ceux du sarcome.

Afin de préciser le *diagnostic*, on fait dans la tumeur deux ponctions exploratrices au trocart, après asepsie du tégument. Une première ponction dans le lobe supérieur ne donne issue à aucun liquide; la pointe du trocart traverse un tissu osseux friable, en provoquant de la crépitation. Une autre, pratiquée dans le lobe inférieur, au-dessous du coude, donne écoulement à un peu de liquide sanglant.

Aucune intervention utile n'était possible. La malade fut sacrifiée par injection intra-veineuse de chloral.

Autopsie. — La partie principale de la tumeur est située sous l'épaule. Intact en sa moitié inférieure, le scapulum fait corps dans sa moitié supérieure avec le néoplasme. Détaché des tissus adjacents, celui-ci apparaît recouvert d'une mince capsule fibreuse dans la plus grande partie de sa surface. Il mesure 46 centimètres d'avant en arrière et 43 centimètres de haut en bas; son épaisseur est de 12 centimètres; son poids, de 6 kilos 500. — Les coupes montrent de nombreuses hémorrhagies interstitielles, surtout abondantes dans la région moyenne, et des trabécules osseuses. Dans les espaces circonscrits par celles-ci, le tissu de la tumeur est mou, friable, grisâtre en certains points, rosé ou rougeâtre en d'autres, partout très vasculaire. Abondantes au voisinage de l'os, de plus en plus rares vers la surface du néoplasme, les trabécules partent de la face interne du tiers supérieur du scapulum; c'est là qu'est née la tumeur. — Les masses musculaires voisines, les côtes, les vertèbres, le ligament cervical, ne sont pas envahis. Le tissu conjonctif interposé entre les muscles sous-scapulaire et grand dentelé contient quelques tumeurs secondaires.

La couche superficielle des deux lobes pulmonaires est parsemée de nodules dont le volume varie de celui d'une tête d'épingle à celui d'une noix, les uns noirâtres, hémorrhagiques, les autres blanc grisâtre, la plupart durs et contenant, comme la tumeur primitive, les éléments de l'os. Les coupes montrent de nombreux néoplasmes disséminés dans les deux lobes. Les valvules *mitrale* et *tricuspide* sont irrégulièrement épaissies par de petits nodules blanchâtres et très durs.

Rien dans les organes de la cavité abdominale.

A l'examen microscopique, la tumeur primitive et les tumeurs secondaires se sont montrées constituées par des éléments polymorphes, mais surtout par des cellules rondes uni- ou multinucléaires. En certains points, on constatait une substance intermédiaire fibrillaire et des travées de tissu ostéoïde.

PLAIE PÉNÉTRANTE DE L'ARS.

CXIII. — Cheval hongre, huit ans, entré le 29 mars 1898.

La veille, attelé à un tombereau, ce cheval, nous dit-on, est tombé d'une hauteur de 7 mètres sur l'une des berges de la Seine. Le brancard gauche du véhicule s'est brisé en bec de flûte; l'extrémité tranchante du fragment libre a pénétré, au niveau du coude, entre les olécraniens et le thorax, traversant de part en part la région sous-scapulaire pour sortir, en avant, près du pli de l'ars. — L'extraction en a été faite aussitôt.

État à l'entrée. — Immédiatement en dedans du coude gauche, on voit une large déchirure à bords irréguliers, oblique en bas et en dedans, longue d'environ 30 centimètres, n'intéressant en sa partie inférieure que la peau et du tissu conjonctif; dans sa partie supérieure, les fibres du muscle annexe du grand dorsal sont divisées transversalement; les olécraniens sont à peine touchés. A l'angle inférieur de cette première plaie, il y a un profond cul-de-sac rempli de sang coagulé. La blessure traverse la couche conjonctive de l'interstice axillaire, le muscle pectoral superficiel, divisé dans le sens de ses fibres, et aboutit à la partie supérieure de la face interne de l'avant-bras. Là existe une plaie rectiligne, oblique dans le même sens que la première, longue de 20 centimètres, distante de 4 centimètres du pli de l'ars, auquel elle est parallèle; les lèvres en sont affrontées quand le membre est à l'appui, elles s'écartent lorsqu'il se meut. Aucun vaisseau important n'a été atteint.

Les régions supérieures du membre, depuis le genou jusqu'au garrot, sont le siège d'une tuméfaction diffuse, indolore, crépitante, due à de l'emphysème sous-cutané.

Les mouvements sont un peu gênés, mais l'appui est ferme.

A signaler encore, une blessure assez large du fourreau et des contusions multiples, du reste sans gravité.

Traitement. — Désinfection du trauma; débridement de l'angle inférieur de la plaie du coude pour éviter l'accumulation des sécrétions dans le cul-de-sac susmentionné; drainage; irrigations antiseptiques tièdes. Injection préventive de sérum antitétanique.

Les jours suivants, la plaie suppure. Peu à peu ses parois se recouvrent de granulations.

Le drainage est continué jusqu'au 20 avril. A cette date, la plaie de l'ars est à moitié cicatrisée, réduite à 12 centimètres. La plaie du coude aussi se comble rapidement; toutefois, sa lèvre externe est fortement tirée dans le trajet par la rétraction des parois de celui-ci. Pour y remédier, la peau est décollée dans toute l'étendue de cette lèvre et sur une largeur suffisante pour obtenir son affrontement à la lèvre opposée. Quelques points de suture à la soie forte sont appliqués.

Le 23 avril, la partie centrale du trajet est comblée.

Sortie le 16 mai. La cicatrisation est presque achevée. Il n'y a ni boiterie, ni gêne de la locomotion.

CXIV. — Setter Gordon, quatre ans, entré le 7 février 1899.

Atteint, depuis le commencement de décembre, d'une claudication sur les causes de laquelle on ne fournit que des commémoratifs vagues. Un matin, on s'est aperçu qu'il boitait du membre antérieur gauche et qu'il portait, au genou, une étroite plaie circulaire. On a cru qu'au cours d'une excursion nocturne il s'était blessé dans les serres d'un maraîcher du voisinage ou dans un piège. On n'a pas attaché d'importance à l'accident. La boiterie a persisté en s'accentuant; peu à peu le genou s'est tuméfié et endolori. Malgré l'usage de divers topiques et de pansements, le mal s'est aggravé. — Ce chien a été amené à Alfort deux mois après l'accident.

État actuel. — Le blessé marche à trois jambes. Le membre antérieur gauche est fléchi, soustrait à l'appui. Le genou, la partie inférieure de l'avant-bras et la partie supérieure du métacarpe sont tuméfiés ; la région carpienne postérieure surtout est le siège d'un fort gonflement; la sensibilité de ces parties est si vive que l'animal pousse des cris lorsqu'on les explore, même sans exercer de pression, ou lorsqu'on veut étendre le métacarpe sur l'avant-bras. La fièvre traumatique est légère. T., 38°,9.

Fig. 39.

Les poils coupés sur la région tuméfiée, on constate, au niveau de la partie moyenne du genou, une cicatrice circulaire et deux étroits orifices fistuleux d'où suinte du pus sanguinolent; l'un est situé sur la face externe, près du pli; l'autre, à la partie antérieure de la face externe.

Ces symptômes et l'ancienneté de l'affection portaient à penser qu'il s'agissait soit d'une nécrose osseuse ou tendineuse, soit d'un corps étranger. Pour éclairer le diagnostic, on assujettit le malade et l'on débrida verticalement les deux fistules. L'exploration ne décela pas de corps étranger ni de nécrose. On détergea les plaies à la teinture d'iode diluée et l'on appliqua un pansement iodoformé ouaté. Dans la journée, la température monta à 39°,4. — Le chien laissa le contenu de sa gamelle; on lui donna du lait. — Le pansement fut renouvelé tous les jours jusqu'au 11.

Le 8 et le 9, état stationnaire. Le malade ne prit qu'une partie de ses aliments. Il accusait toujours une très vive douleur à l'exploration du genou.

Le 10 et le 11, on nota des signes d'amélioration. L'animal se montra plus gai ; il mangea de meilleur appétit, et le genou fut trouvé un peu moins sensible.

Le 12, le chien est enjoué, caressant; sorti de sa niche, il appuie sur le membre blessé. Le pansement enlevé, on aperçoit dans la plaie de la face externe du genou le bout d'un *fil* caoutchouc (*fig.* 39). Avec des pinces on sort celui-ci : il mesure 8 centimètres et demi de long, 2 millimètres et demi de large et 1 millimètre d'épaisseur.

Lavage des plaies à l'eau phéniquée et pansement ouaté. Les jours suivants, le gonflement et l'endolorissement du genou ont rapidement diminué; les mouvements du membre sont beaucoup plus libres.

Au bout d'une semaine, le chien a quitté le service, boitant à peine, et ses plaies cicatrisées.

Remarque. — Après avoir divisé la peau, qui s'est cicatrisée sur lui, ce lien élastique, en raison de sa longueur et de son relâchement, a pu séjourner deux mois dans les tissus du genou sans provoquer de graves lésions. En pratiquant l'un des débridements, il a été coupé. Bien que les mouvements du membre fussent très bornés, sous leur action il s'est déplacé : l'une de ses extrémités est apparue à la plaie.

SYNOVITE SUPPURÉE DE LA GAINE CARPIENNE.

CXV. — Cheval hongre, dix ans, entré le 15 décembre 1896.

Dans le courant d'août, ce cheval est devenu boiteux du membre antérieur gauche. Un vétérinaire consulté appliqua sur le genou, d'abord un vésicatoire, puis, un mois plus tard, un feu en pointes. Deux mois après cette dernière opération, l'animal fut remis à un petit service. Il travailla pendant une quinzaine de jours; ensuite la boiterie se manifesta de nouveau et augmenta d'intensité, en même temps que se développait une tuméfaction du genou.

Il y a trois semaines, on a ouvert un abcès à la partie supérieure du genou, à la limite des faces postérieure et externe. Depuis cette époque, le traitement a consisté en des lotions et des injections antiseptiques.

Le mal s'aggravant, le cheval fut envoyé à Alfort.

État à l'entrée. — Pas d'appui sur le membre antérieur gauche. Pendant la marche, la pince est traînée sur le sol; pas de flexion du genou. Cette articulation est le siège d'une forte tuméfaction, qui remonte à un travers de main sur l'avant-bras et descend jusqu'au milieu du canon. A la partie supérieure de sa face externe existe une plaie fistuleuse; à la face interne, le cul-de-sac supérieur de la gaine carpienne est tendu, fluctuant. Les pressions exercées en ce point et sur la partie inférieure de la gaine provoquent la sortie d'une assez grande quantité de pus liquide, huileux, — de synovie purulente.

A peine entré dans son box, le blessé s'étend sur le côté droit et se plaint. T., 39°. — On le fait relever et on le place sur l'appareil de suspension. On désinfecte la plaie et on lave la gaine avec une solution tiède de sublimé à 1 p. 1000. — Même traitement les trois jours suivants.

Le 19, on couche le cheval sur le côté droit. On fait une contre-ouverture au niveau du cul-de-sac inférieur de la gaine carpienne, en dehors; on passe une première mèche drainante. On ponctionne le cul-de-sac supérieur, en dedans, au centre de la tumeur formée par sa distension : il s'en écoule une certaine quantité de pus. On lave la gaine avec une solution chaude de sublimé; il y a une assez forte hémorrhagie, que l'on arrête par le tamponnement. — Le cheval replacé sur l'appareil de suspension, le genou est irrigué par un faible courant d'eau. Le soir, T., 39°2.

Le lendemain, on retire le tampon et l'on passe un second drain. État général bon. Peu de fièvre.

Du 22 décembre au 10 janvier, la température oscille entre 38°,5 et 39°,3. Tous les trois ou quatre jours, on change les drains.

Le 11, on cesse l'irrigation. Il y a un peu de bouleture et d'encastelure ; néanmoins l'appui est franc. On supprime le second drain.

Les jours suivants, on fait dans la gaine des injections avec la solution de sublimé à 1 p. 1 000. L'engorgement diminue peu à peu ; le pus est moins abondant. La température tombe à 38° et s'y maintient.

Le 30, on diminue le volume du premier drain.

Le 10 février, on supprime le drainage. On continue quelques jours encore les injections antiseptiques.

Sortie le 16 février. Le cheval ne boite plus au pas. Au trot, il y a encore une légère claudication. Elle a disparu peu après la remise en service.

OSSIFICATION DU TENDON DU MUSCLE DEMI-TENDINEUX. HARPER.

CXVI. — Poney, cinq ans, atteint depuis six mois d'une boiterie du membre postérieur droit. Entré le 5 mai 1893.

État à l'entrée. — Au repos, il n'y a rien d'anormal dans l'attitude du membre boiteux. A l'examen de ce membre, on remarque à la partie inférieure de la fesse, sur la ligne médiane et la face interne de la région, une petite bosselure. La main perçoit là un corps dur, une sorte de plaque osseuse, dont le relief est peu accusé et qui, jusque-là, était passée inaperçue. Pendant les allures, outre la claudication, à chaque pas le mouvement de flexion dépasse la mesure normale ; en même temps que se produit la contraction spasmodique du Harper, on voit une assez forte saillie au niveau du tendon du demi-tendineux. L'animal effectue le poser en arrière du point où devrait se faire la battue normale, et en frappant fortement le sol. Pendant le reculer, le membre est porté dans l'abduction.

Diagnostic : Ossification de l'aponévrose jambière et sans doute du tendon de l'ischio-tibial moyen. Le seul traitement offrant des chances de succès était l'ablation de la tumeur osseuse. On proposa cette intervention, qui fut acceptée.

On pratiqua l'opération en prenant les précautions aseptiques d'usage. La plaque osseuse pénétrait plus profondément qu'on ne l'avait cru d'après les signes cliniques. — Un drain fut couché au fond de la plaie et fixé aux lèvres de celle-ci par un point de suture. D'autres points isolés, à la soie, maintinrent les lèvres affrontées dans toute leur étendue.

Les jours suivants, quelques fils cédèrent et la plaie suppura. Elle ne fut entièrement cicatrisée qu'au bout d'un mois ; mais dès la troisième semaine l'animal ne boitait plus. A sa sortie de l'hôpital, il put reprendre son service.

Revu à deux reprises, la première fois huit mois après l'intervention, la seconde fois au bout de deux ans. A aucun moment on n'a noté la moindre irrégularité dans le fonctionnement du membre. Avec la boiterie, le harper a disparu.

De forme triangulaire à base supérieure, d'une longueur de 15 centimètres sur 7 à 8 de large, la plaque osseuse avait sa pointe noyée dans le tendon du demi-tendineux. Sa face interne est concave, surtout en sa partie supérieure, où s'inséraient des fibres musculaires ; sa face externe n'était séparée de la peau que par une couche de tissu conjonctif.

Les causes de cette ossification sont restées inconnues. Dans le passé du sujet, on n'a point relevé de traumatisme ni de forte contusion de la fesse. L'âge ne créait pas de prédisposition, et en aucune autre région on ne constatait d'ossification anormale.

Nota. — M. Laquerrière a relaté, en ces termes, un fait analogue : « En 1874, à Milianah, je rencontrai, chez un cheval boiteux depuis très longtemps, une tumeur sous-cutanée, située dans la partie supérieure et externe de la cuisse droite. Le cheval couché, la peau incisée, je trouvai, à mon grand étonnement, une plaque d'apparence osseuse, mesurant une douzaine de centimètres de hauteur sur 5 à 6 de largeur. Ce cheval avait reçu, quelques années auparavant, une balle dans la partie supérieure de la fesse ; cette balle avait dû descendre par son propre poids, mais en produisant sur sa route des phénomènes inflammatoires ayant déterminé consécutivement de la calcification d'une portion de l'aponévrose de la région crurale externe. Quoi qu'il en soit, la tumeur ayant été enlevée, la guérison de la boiterie survint comme par enchantement. »

LYMPHANGITE SUPPURÉE. ABCÈS DES GANGLIONS POPLITÉS.
TRAITEMENT PAR L'EAU OXYGÉNÉE.

CXVII. — Jument, quatre ans, entrée le 12 novembre 1896.

Achetée il y a dix mois. Atteinte de dermatite verruqueuse des deux membres postérieurs, traitée par des lotions avec des solutions lysolées tièdes. Pas d'amélioration.

Le 7 novembre, au retour d'une course un peu longue, on s'aperçut que cette jument boitait assez fortement du membre postérieur gauche. Le lendemain, ce membre était tuméfié jusqu'à la jambe. Les jours suivants, la tuméfaction augmenta et s'étendit jusqu'à la partie inférieure de la cuisse. La boiterie était intense. Le mal empira malgré le traitement qui lui fut opposé.

On amena la jument à l'École le 12 novembre dans la soirée. Au moment où elle montait dans le véhicule qui devait la transporter, un abcès développé dans la région jambière postérieure s'ouvrit ; il en sortit une assez grande quantité de pus.

État à l'entrée. — Tuméfié dans toute sa hauteur, le membre est très sensible à l'exploration. Le pied ne repose sur le sol que par la pince. Sur la face postérieure de la jambe, à 30 centimètres au-dessus du sommet du calcanéum, existe une plaie d'où s'écoule du pus liquide, visqueux, d'odeur fétide. Autour de cette plaie, la peau est gangrenée sur une surface mesurant 15 centimètres dans le sens vertical et 12 dans l'autre. L'ablation de l'eschare cutanée met à découvert un large foyer inflammatoire avec sphacèle, dans lequel sont compris l'aponévrose jambière, les jumeaux, les fléchisseurs des phalanges et le poplité. La sonde y pénètre de toute sa longueur et aboutit sur le tibia.

Diagnostic : Lymphangite aiguë avec abcédation des ganglions poplités et gangrène humide locale.

Traitement. — Toilette de la région ; excision des tissus gangrenés ; désinfection de la plaie avec la solution phéniquée forte. — L'hémorrhagie, peu abondante, fut suivie de lymphorrhagie. Au fond de la plaie, on apercevait l'artère tibiale postérieure. Un décollement de la peau vers le jarret nécessita un débridement de 7 à 8 centimètres. La surface cutanée envahie par la dermatite verruqueuse (boulet, paturon, couronne) fut tondue, savonnée et désinfectée à l'eau phéniquée, puis traitée par des lotions avec la solution de sulfate de cuivre à 6 p. 100.

Les deux premiers jours, on détergea matin et soir la plaie de la jambe avec la solution phéniquée forte et on la saupoudra de tannin. Des lambeaux de tissus mortifiés s'éliminèrent. La suppuration était très abondante. La plaie exhalait une odeur repoussante.

La tuméfaction du membre ne diminua pas notablement ; mais l'état général était bon et la fièvre modérée. T., 38°,7-39°,3. La malade consommait la plus grande partie de sa ration.

Le 17, on commence le traitement par l'eau oxygénée (eau Maiche). Matin et soir, la plaie est détergée à l'eau bouillie tiède, puis écouvillonnée avec l'eau oxygénée. Les tissus touchés par celle-ci prennent une couleur blanchâtre qui persiste pendant environ une heure. L'animal se laisse panser sans réagir; il paraît n'éprouver aucune douleur. T., 38°,5.

Le lendemain, la fétidité de la plaie est beaucoup moins accusée que les jours précédents et la suppuration a considérablement diminué. La trainée de pus qui souillait le membre et le sol n'existe plus. Il y a encore écoulement d'un peu de lymphe.

Les trois jours suivants, les mèmes effets de l'eau oxygénée sont observés. La plaie granule activement dans toute sa surface. La lymphorrhagie persiste. La tuméfaction du membre a beaucoup diminué.

Le 25, la plaie est à moitié comblée, et la fistule qui part de son fond est très rétrécie.

Le 1er décembre, cette fistule est fermée et la suppuration tarie. Le membre n'est plus que légèrement tuméfié; l'engorgement disparaît par la promenade.

(Extrait de l'obs. r. p. M. VALLÉE.)

Remarque. — Dans plusieurs autres cas de phlegmons gangreneux et de plaies contuses avec sphacèle des lèvres, l'eau oxygénée a exercé la même action remarquable. Elle a rapidement purifié les foyers gangreneux ou septiques, diminué la suppuration et atténué la réaction fébrile.

ÉPARVIN ET BOULETURE.

CXVIII. — Cheval hongre, treize ans, entré le 23 mai 1894.

Boite depuis six mois environ. La claudication, d'abord intermittente, est devenue continue. Depuis un mois, elle a augmenté au point de rendre le cheval inutilisable.

Au repos, le membre postérieur droit n'appuie sur le sol que par la pince, le boulet est fortement fléchi par la rétraction des tendons fléchisseurs du doigt.

Il existe un éparvin volumineux qui s'étend assez loin en avant, avec émaciation très accusée des muscles de la croupe et de la hanche, due au défaut de fonctionnement du membre. La boiterie est forte, même au pas.

Point d'autre lésion apparente.

Traitement : Cautérisation en aiguilles sur la tumeur osseuse et section de la branche cunéenne. Ténotomie du perforant.

Résultat immédiat : disparition de la bouleture. Le pied appuie par toute la surface plantaire. On note un léger ballottement des phalanges pendant la marche.

Les jours suivants, l'action du feu est intense. — Le 29, la plaie de la ténotomie plantaire est cicatrisée. La région des tendons est tuméfiée, chaude, sensible; l'animal appuie peu sur le membre opéré. Pendant la marche, on ne remarque plus le mouvement d'oscillation des phalanges.

Le cheval quitte l'hôpital le 6 juin, — 13 jours après l'intervention. Ramené un mois plus tard. Pas de boiterie à l'allure du pas.

Revu à plusieurs reprises jusqu'en 1896. Bon résultat thérapeutique. L'animal a fait sans interruption un service au pas.

CXIX. — Jument anglo-normande, six ans, atteinte de vessigon prétarsien du membre postérieur droit. Entrée le 29 février 1896.

Il y a quelques mois, on s'est aperçu que le jarret droit était tuméfié sur sa face antéro-externe. Peu à peu le gonflement a augmenté de volume. Un feu en pointes n'a pas donné de résultat.

État actuel. — La partie externe de la face antérieure du jarret droit est le siège d'une tuméfaction allongée dans le sens de cette région et qui en dépasse les limites en haut et en bas; elle forme un relief hémicylindrique, un peu rétréci en son milieu. Indolente, uniformément fluctuante, elle est produite par la distension de la gaine du tendon de l'extenseur antérieur des phalanges. Si on la comprime au niveau de sa partie inférieure, son cul-de-sac supérieur augmente de volume, et réciproquement. On peut renvoyer la fluctuation d'une extrémité à l'autre de la tumeur et s'assurer que celle-ci ne communique pas avec la synoviale articulaire.

Traitement. — Ponction et drainage de la cavité. — Le 2 mars, le cheval est couché sur la planche. La face antérieure du jarret préparée — peau désinfectée et rasée au niveau des extrémités de la tumeur, — tandis qu'un aide comprime celle-ci en sa partie inférieure et refoule le liquide en haut, on ponctionne d'un coup de bistouri le cul-de-sac supérieur du vessigon. Il s'écoule un verre à bordeaux de liquide jaune clair, un peu visqueux, analogue à la synovie. Introduite dans la cavité, la sonde cannelée y pénètre de toute sa longueur et vient soulever la paroi du cul-de-sac inférieur, un peu au-dessous de la marge inférieure du jarret. Au niveau de la saillie ainsi produite, on ouvre le cul-de-sac et l'on agrandit la plaie par un débridement avec le bistouri guidé sur la sonde. On passe dans le trajet un drain de caoutchouc aseptisé dans l'eau phéniquée bouillante.

La jument est rentrée dans son box et attachée au râtelier. Dans la soirée, injections de liqueur de Van Swieten chaude. A sept heures, T., 39°.

Le lendemain, la région est un peu tuméfiée et endolorie; néanmoins on peut faire les injections antiseptiques sans provoquer de vives réactions.

Les jours suivants, le gonflement et la douleur augmentent; le pied n'appuie qu'en pince. De la sérosité purulente s'écoule par la partie inférieure du drain. Continuation des injections. T., 39°,2-38°,6.

Le 6, la région est moins sensible, l'appui meilleur, la sécrétion moins abondante. Avec la pointe des ciseaux, on soulève la partie inférieure du drain; on entr'ouvre ainsi la plaie inférieure afin de permettre l'issue du liquide qui peut être accumulé en cette partie de la gaine.

Le 10, l'inflammation, la sécrétion purulente et la douleur sont beaucoup moindres. Sur l'animal assujetti debout, le drain est remplacé par un autre de plus faible calibre.

Le 12, la suppuration est presque tarie. Les mouvements du membre s'accomplissent sans difficulté.

Le 18, on supprime le drainage. Il n'y a pas la moindre boiterie au pas. Au trot, elle ne se manifeste que par instants, pour disparaître presque aussitôt.

Le lendemain, la jument quitte l'hôpital. Elle a été remise en service peu après. Il n'a persisté qu'une légère induration de la moitié externe du pli du jarret.

Remarque. — Sur un autre cheval d'attelage atteint de la même affection, la double ponction et le drainage ont également donné un résultat excellent.

Ce vessigon offre cliniquement la plus grande analogie avec le vessigon pré-

carpien. La plupart des auteurs classiques ne le signalent pas, non plus
que la gaine qui tapisse la face antérieure ainsi que les bords du tendon de
l'extenseur antérieur, et qui existe dans toute la hauteur du jarret.

NÉVROTOMIE DU MÉDIAN ET DU CUBITAL. ACCIDENT CONSÉCUTIF.

CXX. — Cheval hongre, dix ans, atteint au membre antérieur gauche d'arthrite métacarpo-phalangienne métapneumonique, traitée au commencement
de novembre 1898 par la cautérisation en aiguilles. L'opération terminée, le

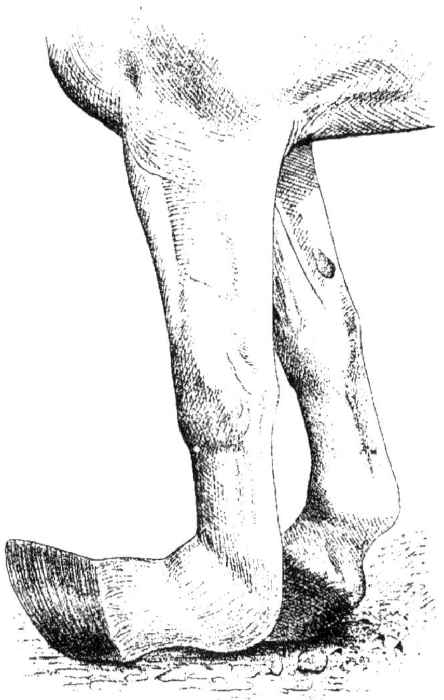

Fig. 40. — Affaissement du boulet à la suite de la névrotomie.

sujet fut remmené chez son maître. La région cautérisée fut souillée de boue
froide ; on n'en prit aucun soin.

Au bout d'une semaine, trois des pointes appliquées sur la face interne du
boulet donnaient écoulement à de la synovie purulente. La région était très
tuméfiée et chaude ; le pied n'appuyait que par la pince. La surface cautérisée,
désinfectée avec une solution chaude de sublimé à 1 p. 1000 et les trois
petites plaies touchées à la teinture d'iode, on appliqua sur le boulet un pansement ouaté maintenu humide par des affusions de la solution de sublimé.
Le pansement fut renouvelé tous les jours. L'inflammation resta circonscrite à une partie de la synoviale. Au bout de deux semaines, les plaies
étaient cicatrisées et le cheval commençait à se servir du membre malade.

La tuméfaction du boulet persista en s'indurant. Matin et soir, on promena l'animal pendant dix minutes à un quart d'heure. La boiterie diminua notablement.

Un feu en raies transversales appliqué sur le boulet amena une diminution du gonflement et de la boiterie ; mais celle-ci était encore trop accusée pour que l'animal pût être utilisé au trot. On décida de faire la névrotomie du médian. Le résultat fut insuffisant. Un mois plus tard, on coupa le cubital. Après l'opération, le cheval ne boitait plus au pas, et au trot il n'y avait qu'une légère claudication.

Le 8 mars — dix jours après la section du cubital, — le boulet du membre énervé s'affaissa. Malgré les lésions dont ce membre était le siège et en raison de l'anesthésie de ses régions inférieures, il participait à l'appui comme les autres, mais la colonne phalangienne était horizontale, l'ergot touchait le sol ; le sabot appuyait par la face postérieure des talons, la pince en l'air. Le canon formait avec les phalanges un angle un peu inférieur à 90°. Le boulet était élargi dans son diamètre transversal sans que l'on pût préciser le siège des lésions. On pensa que les tendons fléchisseurs et le suspenseur étaient rupturés. Sous l'action des mouvements et des frottements réitérés, la peau qui protégeait l'articulation se déchira en arrière, ainsi que la synoviale métacarpo-phalangienne. — L'animal fut sacrifié.

Examen des lésions. — L'incision cutanée met à nu une épaisse couche de tissu fibreux infiltré qui enveloppe les tendons. Ces derniers sont intacts dans leur partie supérieure ; déjetés à droite au niveau du boulet, ils sont enflammés sur une longueur de 8 à 10 centimètres : le perforé a subi une élongation ; ses fibres sont en partie rupturées, meurtries, broyées ; le perforant offre des lésions analogues. Le ligament suspenseur du boulet n'est altéré que dans ses branches : celles-ci sont tuméfiées, enflammées, infiltrées de sérosité et de sang, lésions d'autant plus accusées qu'on examine les branches plus près de leur insertion ; celle-ci est détruite ; là, les fibres sont ramollies, dégénérées. Les surfaces d'insertion sésamoïdiennes sont rugueuses au toucher. Les ligaments inter-sésamoïdiens sont rompus ; les os qu'ils réunissaient sont repoussés de chaque côté de l'extrémité supérieure de la première phalange, d'où l'élargissement du boulet signalé plus haut. Les ligaments sésamoïdiens inférieurs n'ont subi qu'une légère distension. La synoviale métacarpo-phalangienne est enflammée, hémorrhagique par places ; les surfaces articulaires sont indemnes. Pas d'altérations de la synoviale grande sésamoïdienne ni des os.

(Extrait de l'obs. r. p. M. LEFEBVRE.)

JAVART CARTILAGINEUX. NÉCROSE PARTIELLE DU LIGAMENT LATÉRAL ANTÉRIEUR DE L'ARTICULATION UNGUÉALE.

CXXI. — Cheval hongre, dix ans, atteint de javart cartilagineux, entré le 13 octobre 1897. L'affection ne remonte qu'à six semaines. Depuis trois jours, l'animal est dans l'impossibilité de travailler.

État actuel. — Au côté interne du membre antérieur droit, la couronne est le siège d'une tuméfaction diffuse, peu sensible, où l'on voit, en arrière, deux petites cicatrices, et en avant, au niveau de la partie antérieure du cartilage, une fistule profonde de près de 4 centimètres, qui donne issue à un pus abondant, mal lié. Dans presque toute l'étendue du quartier, la paroi est décollée. Pendant la station, le membre, porté en avant de la ligne d'aplomb, est agité par de continuelles lancinations. Même au pas, la boiterie est très forte.

Traitement. — Le pied malade est déferré, paré et enveloppé de compresses humides. T., 38°9.

Le 14, le cheval couché et le pied préparé, on fait l'ablation du quartier, puis l'opération classique du javart. Toute la partie antérieure de la couche cartilagineuse de la plaque scutiforme est nécrosée; au-dessous, la couche fibreuse est presque entièrement granuleuse. Le ligament latéral antérieur de l'articulation est partiellement nécrosé; sa couche superficielle, de teinte jaunâtre, apparaît ramollie, désagrégée.

On enlève la portion restante du cartilage. On excise la couche nécrosée du ligament et l'on touche à la teinture d'iode la partie conservée.

La plaie minutieusement détergée, on en recouvre la surface profonde d'une épaisse couche d'iodoforme; puis l'on panse à la gaze et à l'ouate.

Relevé, le cheval appuie notablement mieux qu'avant l'intervention.

Reconduit dans son box, il consomme une partie de sa ration. Dans l'après-midi, il se couche en décubitus latéral; la respiration est accélérée, plaintive, et le membre agité par de fréquentes lancinations. Le soir, il mange son avoine et une partie de son foin. T., 40°; R., 26; P., 58.

Les quatre jours suivants, l'état général est meilleur; toutefois, d'assez vives douleurs persistent. La température oscille entre 38°,5 et 39°,7.

Le 19, le cheval commence à prendre appui sur le membre opéré. T. 38°,2 — 38°,4.

Du 20 au 23, le mieux s'accentue. L'appui sur le pied malade s'affermit.

Le 24, on renouvelle le pansement. Peu de pus. La plaie a bon aspect et bourgeonne dans toute son étendue, au niveau du ligament comme en arrière. On la déterge; on ferre le pied et on applique un pansement à l'iodoforme. En raison de l'ébranlement produit par la ferrure et de la compression un peu forte déterminée par le nouveau pansement, l'appui est moins bon, la boiterie plus accusée; il y a quelques lancinations.

Du 25 au 29, l'état s'améliore graduellement. Le 30, l'appui se fait indifféremment sur le membre sain et sur le membre malade.

Le 5 novembre, on renouvelle le pansement. Peu de pus. La plaie est presque complètement cicatrisée. Le cheval ne boite plus au pas.

(Extrait de l'obs. r. p. M. Houzeau.)

CXXII. — Jument, dix ans, atteinte de javart cartilagineux au membre antérieur gauche. Entrée le 5 août 1898.

Blessée, il y a deux mois, à la couronne du membre antérieur gauche. Le trauma s'est compliqué de nécrose du fibro-cartilage interne. Le traitement par les injections escharotiques et la cautérisation ne donna pas de résultat. Une opération partielle a également échoué.

État à l'entrée. — Au repos, le membre antérieur gauche est soustrait à l'appui, tenu en avant de la ligne d'aplomb; le pied ne repose sur le sol que par la pince. — Exercé au pas, le cheval boite fortement de ce membre. Au niveau du fibro-cartilage interne, la couronne, qui porte les traces d'un feu en pointes, est le siège d'une tuméfaction assez considérable, surtout au talon. Vers le milieu de la plaque scutiforme, existe une fistule creusée obliquement en avant et en bas, profonde de 3 centimètres, par l'orifice de laquelle s'écoule du pus liquide, verdâtre, assez abondant.

Traitement. — Le pied blessé est déferré et paré; on amincit le talon interne (quartier, arc-boutant, barre, sole et fourchette), on coupe les poils sur la couronne et le paturon, on fait l'emmaillotement humide antiseptique.

Le lendemain, la jument est couchée à gauche sur la planche, et le membre convenablement fixé.

Le pied, la couronne et le paturon désinfectés, on procède à l'opération.

La fistule aboutit sur la ligne du ligament antérieur. Après avoir enlevé ce qui reste de la couche cartilagineuse, la surface du ligament apparaît avec les caractères du tissu desmeux nécrosé : d'aspect terne, ramollie, gris jaunâtre, ses fibres sont gonflées et dissociées. Avec une feuille de sauge bien affilée, on excise ces fibres mortifiées. La portion restante du ligament est touchée à plusieurs reprises avec de la teinture d'iode. La plaie opératoire nettoyée par une irrigation antiseptique (solution chaude de sublimé à 1 p. 1 000), on applique un pansement iodoformé ouaté. Le soir, T., 38°,5.

Le lendemain, l'état général est bon ; le membre malade est le siège de quelques lancinations. T., 39°.

Le 8, T., 38°,3. On note encore quelques douleurs lancinantes.

Le 9, il n'y a plus de lancinations. La température et les grandes fonctions sont normales. Les jours suivants, le pied commence à appuyer.

Le 14, on lève le pansement. La plaie est partout granuleuse, en très bonne voie de cicatrisation. — Pansement avec fer. — L'appui du pied opéré est bon et la boiterie légère.

Le 25, on renouvelle le pansement. La cicatrisation est presque achevée et la boiterie à peine appréciable au pas.

CLOU DE RUE.

CXXIII. — Cheval hongre, dix ans, atteint au pied postérieur gauche d'un clou de rue pénétrant de la zone moyenne.

Traitée d'abord par l'amincissement et les cataplasmes, la blessure s'est aggravée. Le cheval entre dans le service le 14 avril 1896.

L'appui est nul sur le membre malade ; l'animal marche à trois jambes. La blessure plantaire traverse la partie antérieure de la branche externe de la fourchette, laquelle est fortement soulevée en ce point par la tuméfaction des tissus sous-jacents. La fistule donne issue à un pus abondant, jaunâtre, visqueux. Le creux du paturon est tuméfié. T., 39°.

Traitement. — Amincissement de la sole et de la fourchette, immersion du pied pendant vingt minutes dans une solution phéniquée chaude; emmaillotement avec des compresses d'ouate de tourbe trempées dans cette solution.

Le lendemain, on trouve le blessé étendu sur sa litière, le membre souffrant agité par des douleurs lancinantes.

Le cheval couché et le membre fixé en position convenable, on pratique l'opération partielle : ablation d'une partie du coussinet plantaire; débridement du trajet fistuleux, en avant et en arrière; excision en côte de melon des bords de l'aponévrose plantaire, de manière à faire dans celle-ci une boutonnière large d'un centimètre.

La petite gaine sésamoïdienne est remplie de synovie purulente. On l'irrigue avec la solution chaude de lysol à 2 p. 100, puis on saupoudre la plaie de calomel et l'on fait l'emmaillotement ouaté.

Le lendemain, l'opéré accuse de vives souffrances. Il ne se lève que pour manger et laisse une partie de sa ration. T., 38°,6; peu de lancinations.

Les jours suivants, état stationnaire. T., 38°,7-39°,5.

Le 22, on renouvelle le pansement. La plaie opératoire commence à granuler. Peu de pus. Irrigation avec la solution de lysol et pansement au calomel.

Du 23 au 30, l'animal reste couché la plus grande partie du temps. T., 38°,5 — 39°,3.

Le 1er mai, on change le pansement. Le creux du paturon est tuméfié. Un abcès s'y est développé. On le ponctionne et l'on en déterge la cavité. On immerge le pied dans un bain au lysol, puis l'on applique un nouveau ouaté.

Les jours suivants, l'état général est meilleur ; la température tombe à 38°. L'appui du pied blessé s'affermit.

Le 12, on lève le pansement. La plaie opératoire est en bonne voie de cicatrisation ; de même celle qui résulte de la ponction de l'abcès. Le 16, cette dernière est fermée.

Sortie le 19. La boiterie est encore prononcée, mais le cheval marche assez facilement pour regagner son écurie.

CXXIV. — Cheval entier, sept ans, entré le 25 septembre 1897. Atteint d'un clou de rue de la zone moyenne. Une première opération n'a pas donné de résultat.

État actuel. — Le membre postérieur droit est le siège de fréquentes douleurs lancinantes ; dans l'intervalle de celles-ci, l'appui ne se fait que par la pince ; la claudication est très forte, le sabot rase le sol ; le pied est chaud, très sensible. De la plaie opératoire s'élèvent des bourgeons fongueux qui masquent une fistule d'où s'échappe du pus caillebotté, fétide. En aucun point le sésamoïde n'est à nu ; la première excision n'a porté que sur le coussinet plantaire et la couche superficielle de l'aponévrose. — Malgré ces symptômes locaux et fonctionnels graves, l'état général est assez bon et l'appétit conservé. T., 38°,4.

Traitement. — Le pied est paré, désinfecté, puis enveloppé d'un pansement à l'ouate de tourbe maintenue humide par des irrigations phéniquées.

Le 26, l'animal étant couché sur la table, on pratique l'opération complète du clou de rue. Le sésamoïde est décortiqué sur sa face inférieure et déjà en partie granuleux. Sur la partie droite du moignon tendineux, il reste un îlot nécrosé qui remonte assez haut ; en l'excisant avec la feuille de sauge, on ouvre l'une des synoviales du creux du paturon, sans doute le cul-de-sac de la grande sésamoïdienne : un jet de synovie s'échappe de la blessure.

On pratique une contre-ouverture dans le creux coronaire et l'on passe dans le trajet une mèche de gaze ; après détersion soignée de la plaie, on imprègne de teinture d'iode l'îlot nécrosé laissé sur le tendon. Pansement iodoformé ouaté.

Rentré à l'écurie, l'opéré se met à manger. Dans la soirée, on n'observe que des phénomènes réactionnels peu accusés.

Les jours suivants, les grandes fonctions sont normales ; la température n'a pas dépassé 39°3. Pendant une semaine l'appui n'a lieu qu'en pince, et le pied est le siège de douleurs lancinantes.

Le 2 octobre, on renouvelle le pansement. Le fond de la plaie est granuleux. La blessure synoviale paraît cicatrisée.

Dès le 5, les souffrances diminuent ; l'appui se fait mieux, le pied repose de temps à autre par toute la surface plantaire.

Le 9, on lève le pansement. On trouve une assez grande quantité de pus dans la plaie, mais celle-ci est partout granuleuse, sauf au niveau du passage du drain. On la déterge par une irrigation phéniquée et l'on passe une nouvelle mèche drainante. Le lendemain, l'appui est moins ferme. Pas de troubles généraux.

A partir du 12, l'amélioration s'accentue rapidement. On renouvelle le pansement chaque semaine, en diminuant l'épaisseur de la mèche.

Le 28, cette dernière est supprimée. On applique un fer et un pansement avec éclisses. Au pas, le cheval boite à peine.

Sorti le 7 novembre, il a été remis à un petit service quelques jours plus tard.

CXXV. — Cheval entier, cinq ans, atteint de clou de rue au membre postérieur gauche. Entré le 5 mars 1898.

CADIOT. — Pathol. et Clin. 30

Une première opération a été faite il y a trois semaines. La plaie s'est fistulisée.

État à l'entrée. — La boiterie est très forte. Le pied n'appuie qu'en pince. Fréquentes douleurs lancinantes. Le membre est œdématié jusqu'au jarret. La couronne est tuméfiée, surtout en arrière, dans le creux du paturon.

On ôte le pansement qui recouvre la région plantaire. La plaie occupe la zone moyenne de la lacune latérale externe ; ses bords sont très tuméfiés, végétants ; il s'en écoule de la synovie purulente.

Traitement. — Désinfection du pied et de la plaie: bains phéniqués, enveloppement humide. Le lendemain, on trouve le cheval assis en chien, les membres postérieurs étendus sous le corps. On l'aide à se relever.

On le couche sur la table et l'on pratique l'opération complète du clou de rue. La moitié externe de l'aponévrose plantaire est nécrosée jusqu'au bord postérieur du sésamoïde. Celui-ci a été atteint par le clou près de son bord antérieur. Là existe une esquille que l'on enlève avec les pinces ; l'articulation est ouverte en ce point : le ligament interosseux est détaché de l'os naviculaire et le cul-de-sac synovial inférieur est perforé. La plaie articulaire touchée à la teinture d'iode, le trauma opératoire est irrigué avec une solution phéniquée chaude à 2 p. 100, recouvert d'iodoforme et tamponné à la gaze. Emmaillotement ouaté du pied.

Les deux jours suivants, les souffrances sont vives. T., 39°-39°6,.

Le 9, on lève le pansement. La plaie, détergée par une irrigation antiseptique, est recouverte d'un nouveau pansement iodoformé.

Du 10 au 17, l'état général du blessé est bon. L'abaissement de la température, la rareté des douleurs lancinantes, la diminution de l'engorgement du membre, la conservation de l'appétit et de l'attitude debout indiquent que le trauma se répare sans complication.

Le 18, on renouvelle le pansement. La couronne est à peine tuméfiée. La plaie est partout granuleuse. La blessure de l'articulation est cicatrisée.

Le 1er avril, le pied est ferré. Pansement avec éclisses. Une semaine plus tard, on commence à promener l'opéré.

A sa sortie, le 20 avril, il peut être remis à un service au pas.

CXXVI. — Cheval entier, onze ans, entré le 7 novembre 1898.

Atteint depuis cinq semaines, au membre antérieur gauche, d'un clou de rue pénétrant traité sans succès par les escharotiques et les antiseptiques. Le 4 novembre, des signes de complication apparaissent ; le pied malade est soustrait à l'appui. Le vétérinaire traitant conseille l'envoi du cheval à Alfort.

État à l'entrée. — Le blessé ne descend qu'à grand'peine du véhicule dans lequel il a été transporté; pour le faire marcher jusqu'au box qui lui est affecté, on doit recourir au fouet. L'appui du membre antérieur gauche est entièrement supprimé. L'état général est mauvais; le facies exprime la souffrance.

Le pansement enlevé, on aperçoit, dans la lacune latérale externe et vers le milieu de celle-ci, une large plaie végétante, fistuleuse, recouverte d'un exsudat blanc jaunâtre.

Traitement. — Amincissement de la fourchette et de la sole; emmaillotement humide du pied.

Le lendemain, bien que la température ne soit que de 38°,6, l'opération est jugée nécessaire. Le cheval est couché à droite, sur la table. Le membre antérieur gauche étroitement fixé, on pratique la dessolure, puis les temps essentiels de l'opération du clou de rue. La section du coussinet est faite perpendiculairement à la surface plantaire, à environ un centimètre en arrière de l'extrémité antérieure de la lacune médiane. L'aponévrose plantaire est également ménagée le plus possible. On la soulève avec une érigne, pour ruginer la face inférieure du petit sésamoïde. On conserve en entier sa surface d'insertion sur la troisième phalange. — Le ligament interosseux a été blessé par le clou au niveau du bord antérieur du sésamoïde ; on le touche à plusieurs reprises en ce point avec de la teinture d'iode. La plaie est irriguée à l'eau salée tiède et avec la solution de sublimé à 1 p. 1 000 ; puis, à l'aide de la sonde garnie d'un tampon d'ouate imprégné de teinture d'iode, le cul-de-sac supérieur de la petite gaine sésamoïdienne est soigneusement désinfecté.

Pansement au traumatol. Tamponnement à la gaze. Emmaillotement ouaté. — Après l'opération, T., 39°,5 ; le soir, 38°,6. Dans la soirée, le cheval consomme sa ration.

Le lendemain matin, état général satisfaisant. T., 38°,4 ; le soir, 38°,6.

Du 10 au 17 novembre, la température oscille entre 38° et 38°,8. Peu de lancinations. Appétit conservé. Tout indique que la cicatrisation du trauma s'accomplit régulièrement.

Le 18, on lève le pansement : sous la gaze, on ne trouve qu'un exsudat sanglant. Excepté sur l'os naviculaire, la plaie est partout granuleuse. On la déterge, on l'irrigue avec une solution chaude de sublimé, on la saupoudre de traumatol et on la recouvre d'un nouveau ouaté.

Les jours suivants, la température ne dépasse la normale que de quelques dixièmes de degré. Dès le 24, le membre malade participe à l'appui.

Le 1er décembre, la plaie est à moitié comblée. On applique un fer et un pansement avec éclisses. Le cheval marche facilement. Au pas, il n'y a qu'une légère boiterie.

Sortie le 8 décembre.

BLEIME COMPLIQUÉE.

CXXVII. — Jument, douze ans, entrée le 2 novembre 1897.

Depuis près de trois mois, elle boite du membre antérieur droit. Dans le pied, on a trouvé des bleimes que l'on a traitées par l'amincissement. La claudication, d'abord peu accusée, intermittente, est devenue intense durant la dernière semaine.

Actuellement, cette jument est inutilisable. Au repos, le membre antérieur droit est porté en avant de la ligne d'aplomb. Pendant la marche, la boiterie est forte, même au pas. Le pied est très sensible. On y constate, au quartier interne, une bleime suppurée. La couronne est tuméfiée en talon et dans la partie postérieure du quartier.

Traitement. — Amincissement de la sole, de la barre et de la fourchette. Débridement de la fistule. Section des poils sur la couronne et le paturon. Savonnage de ces régions et du pied. Bain phéniqué. Enveloppement antiseptique humide.

Les 2 et 3 novembre, le pansement est arrosé avec une solution phéniquée. Pas d'amélioration.

Le 4, la jument est couchée pour l'opération. On extirpe en talon, sur une longueur de 6 centimètres environ, la paroi décollée, ainsi que la branche de la sole et une partie de la fourchette. Un ilot de podophylle mortifié est enlevé avec la feuille de sauge. Le trajet fistuleux, oblique en haut et en dedans, ouvert dans la commissure, à la limite du quartier et de l'arc-boutant, pénètre loin dans le coussinet plantaire. Ce dernier excisé en côte de melon, après avoir débridé la fistule parallèlement à l'axe du pied, on découvre un bourbillon du volume d'une noisette, formé par la base du cartilage et le coussinet plantaire.

Avec la feuille de sauge et la curette, on fait l'ablation large des tissus nécrosés, puis l'on badigeonne à la teinture d'iode le fond de la plaie. Celle-ci est ensuite irriguée à l'eau iodée, recouverte d'iodoforme, de gaze iodoformée et d'un pansement ouaté.

Relevée, l'opérée appuie mieux du membre malade qu'avant l'intervention. Le soir, T., 38°,6.

Le 5, l'appui est bon, pas de douleurs lancinantes. Les jours suivants, l'amélioration s'accentue. La température est normale.

Le 13, on lève le pansement. La plaie est en bonne voie de cicatrisation : la perte de substance podophyllienne est réparée et la cicatrice recouverte de corne ; la cavité de la face plantaire est partout granuleuse. Peu de pus. Nouveau ouaté.

Le 20, on applique un fer et un pansement maintenu par une éclisse. Au repos, le membre opéré n'est pas porté en avant de la ligne d'aplomb ; exercée au pas, la jument ne boite plus. — Sortie le 24 novembre.

CXXVIII. — Jument, sept ans, entrée le 28 novembre 1897.

Atteinte au talon interne du membre antérieur droit d'une bleime suppurée traitée sans succès par des injections escharotiques.

Au repos, le membre blessé n'appuie que par la pince. A l'allure du pas, la boiterie est forte. Le talon interne, aminci, est très sensible. Dans l'encoignure de l'arc-boutant, une fistule est ouverte qui donne un pus mal lié, assez abondant. La partie interne de la région coronaire est tuméfiée et endolorie.

Traitement. — Désinfection du pied ; amincissement de la sole et de la barre ; bain antiseptique ; emmaillotement humide.

Le lendemain, l'opérée est couchée et le membre droit fixé en position croisée. La fistule, profonde de 3 centimètres, est lavée et débridée. Une double excision en côte de melon met à découvert un large ilot mortifié formé par une partie du coussinet et du fibro-cartilage, ilot attenant à l'apophyse rétrossale. On en fait l'ablation avec la feuille de sauge et l'on curette le fond de la plaie, — la base du cartilage et l'apophyse rétrossale.

Irrigué avec la solution de sublimé, le trauma est saupoudré d'iodoforme, tamponné à la gaze et recouvert d'un pansement ouaté. — Le soir, quelques lancinations. T., 38°7.

Le lendemain, le pied n'appuie qu'en pince ; il y a encore de rares douleurs lancinantes. T., 38°,5. — Les trois jours suivants, l'appui s'affermit.

Le 4 décembre, on examine la plaie. Elle ne renferme que très peu de pus. Après détersion, on constate à son fond un point aride que l'on écouvillonne à la teinture d'iode. Pansement au calomel.

Le 11, ce pansement est levé. Peu de sécrétion à la plaie, qui est partout granuleuse. Les pressions exercées sur la couronne provoquent encore de la douleur. — Application d'un fer à planche et pansement à l'étoupe.

Le 17, le cheval ne boite plus au pas. Sortie le 23.

CXXIX. — Cheval entier, quatorze ans, entré le 19 mai 1898.

Atteint d'une bleime suppurée au talon interne du membre antérieur droit. Opéré une première fois il y a trois semaines. La plaie opératoire s'est fistulisée. La boiterie est intense. Le blessé a dû être transporté à Alfort.

Le pied antérieur droit n'appuie qu'en pince ; il est agité par des douleurs lancinantes. La couronne, tuméfiée, est douloureuse au niveau du talon

interne et de la partie postérieure du quartier. La fistule plantaire donne
écoulement à du pus grisâtre, strié de sang.

Traitement. — On amincit le talon interne ; on désinfecte le pied et on
l'enveloppe de compresses d'ouate de tourbe immergées au préalable dans
une solution phéniquée à 3 p. 100.

Opération le 21. L'animal est couché sur le côté droit et le membre malade
fixé en position croisée. La branche interne de la sole et la muraille du talon
sont décollées ; on les enlève. La fistule est détergée et débridée en avant ; on
coupe de chaque côté de l'incision un lambeau de tissu velouté et de coussinet plantaire. On perçoit un ilot nécrosé, formé par une partie du
coussinet et du fibro-cartilage. On excise cet ilot avec la feuille de sauge et
l'on curette le fond de la plaie. Celle-ci nettoyée avec la solution de sublimé,
on en touche les parois à la teinture d'iode, on les recouvre d'une couche
d'europhène, on tamponne à la gaze et l'on fait l'emmaillotement ouaté.

Les jours suivants, pas de douleurs lancinantes. La température ne dépasse
pas 38°,7. L'appui du pied, d'abord hésitant, devient peu à peu plus franc.

Le 28, le cheval boite peu au pas. On renouvelle le pansement ; peu de
pus à la plaie, qui est en bonne voie de cicatrisation. Second pansement à
l'europhène.

Au bout de quelques jours, l'appui est ferme et la température normale.

Le 4 juin, la plaie est tapissée de granulations. La tuméfaction de la
couronne est presque entièrement effacée. On applique un fer à planche
et un pansement à l'étoupe.

Sortie le 11 juin. Au pas, le cheval ne boite plus.

Remarque. — Avant l'antisepsie, l'opération de la bleime compliquée était
fréquemment suivie d'une récidive de la nécrose dans la plaque scutiforme
ou dans le coussinet, et quelquefois de son extension à l'aponévrose plantaire. Dans l'un et l'autre cas, il fallait ultérieurement recourir à une intervention délabrante. Aujourd'hui, l'ablation large du foyer de nécrose, le
curettage soigné du fond de la plaie et un pansement antiseptique donnent
très généralement la guérison.

RUPTURE DES LIGAMENTS SÉSAMOÏDIENS AUX DEUX MEMBRES ANTÉRIEURS CHEZ LE
CHEVAL.

*(Pièces adressées au service de chirurgie par M. Delarenne, vétérinaire
à Roye. (Somme.)*

Anglo-normand, vingt et un ans, encore très vigoureux, atteint aux quatre
boulets de petites molettes tendineuses et articulaires sur lesquelles on
a fait successivement, aux membres de devant et à ceux de derrière, une
friction vésicante. Quinze jours après la seconde application, le cheval a
été mis en liberté dans une pâture. On l'a conduit en main jusqu'à l'entrée
de l'enclos ; il en a fait plusieurs fois le tour au galop ; on l'a laissé sans
surveillance. — Au bout d'une demi-heure, on le trouve couché, en proie
à de violentes douleurs.

On le fait relever. Il reste debout quelques secondes, les membres postérieurs fortement engagés sous le ventre, les antérieurs anormalement fléchis
au boulet, le fanon touchant le sol. Bientôt il se laisse tomber. A l'examen
des membres, on constate les signes d'une rupture des tendons fléchisseurs
aux deux membres antérieurs. On le sacrifie.

Altérations anatomiques. — Les tissus qui entourent l'articulation métacarpo-phalangienne gauche sont tuméfiés, hémorrhagiques. Le perforé est

indemne. Immédiatement au-dessous du point où il émerge de l'anneau du perforé, le perforant est partiellement déchiré.

Le ligament sésamoïdien latéral externe est rupturé. Le suspenseur du boulet et la bride externe qu'il fournit à l'extenseur antérieur des phalanges sont peu endommagés; sa bride interne est rupturée à son point d'origine. Le ligament capsulaire antérieur est meurtri, épaissi, infiltré de sang. Les sésamoïdes, mobiles, ne sont plus reliés au métacarpien principal et à la première phalange que par les ligaments internes. Le ligament intersésamoïdien est rupturé verticalement.

L'expansion fibreuse qui ceint en arrière les tendons, à leur passage dans la glissière sésamoïdienne, est déchirée au niveau de son attache interne; une portion d'os a été arrachée.

Les trois ligaments sésamoïdiens inférieurs sont rupturés sur une même ligne, à leur insertion supérieure; ici encore le volumineux faisceau que forment ces ligaments a emporté la portion des sésamoïdes qui lui donnait attache. Le sésamoïde interne est fracturé transversalement.

Pas d'autres altérations osseuses. L'extrémité inférieure du métacarpien et la première phalange sont intactes. La synoviale articulaire est déchirée et ecchymosée dans la plus grande partie de sa surface. A signaler enfin une notable différence de calibre des deux branches terminales du suspenseur du boulet : l'interne, chroniquement enflammée, a un volume double de l'autre.

La plupart des lésions du boulet droit sont analogues à celles du premier. Aux deux sésamoïdes, la fracture est comminutive.

VI. — **Maladies infectieuses**.

CXXX. — Cheval percheron, hongre, huit ans, amené à la consultation le 7 avril 1889.

Acheté à un fermier des environs de Chartres il y a environ trois ans, ce cheval a toujours été bien portant et a pu être employé sans interruption au service du gros camionnage.

Vers le 15 février 1889, il a eu une bronchite qui s'est terminée favorablement au bout d'une quinzaine de jours. Il avait repris son service depuis une semaine et paraissait revenu à son état habituel, quand, un matin, le charretier qui le conduisait remarqua la présence, en diverses régions, de tumeurs sous cutanées de dimensions variées ; les plus volumineuses avaient le diamètre d'une pièce de deux francs et l'épaisseur du petit doigt. Il lui sembla aussi que l'animal était moins gai, moins vif et plus essoufflé que de coutume. C'est avec ces renseignements que le malade nous fut présenté quelques jours plus tard.

État à l'entrée. — Dès le début de notre examen, nous constatons à la surface du tronc, en des régions multiples, de nombreuses tumeurs rappelant à première vue des plaques d' « échauboulure », mais qui s'en distinguent nettement par leurs caractères cliniques : toutes sont fermes, dures, de consistance fibreuse ; la plupart sont développées dans le tissu conjonctif sous-cutané ; quelques-unes font corps avec la peau. En poursuivant l'examen, on voit que certains ganglions correspondant aux zones affectées sont hypertrophiés, sphériques ou ovoïdes, mobiles sous la peau et d'une consistance semblable à celle des tumeurs hypodermiques ; plusieurs de ces adénopathies sont symétriques et offrent des dimensions à peu près égales pour une même paire ganglionnaire : en quelques régions, les plus grosses sont reliées aux ganglions par des cordons lymphangitiques.

Sur l'épaule gauche, vers la pointe, et sur la masse des extenseurs de l'avant-bras, on remarque, s'étendant du passage des sangles aux ganglions prépectoraux, une trainée lymphatique qui procède d'une tumeur discoïde, large de trois à quatre centimètres, épaisse d'un centimètre environ, très consistante, indolente et mobile sous la peau. — Les épaules, les côtes, les flancs, mais plus particulièrement la croupe, les cuisses, les fesses, présentent des néoformations analogues dont les dimensions sont comprises entre celles d'un pois et celles d'une pièce de cinq francs. Les ganglions inguinaux, ceux du côté gauche surtout, sont hypertrophiés et indurés. Le tissu conjonctif qui les entoure est un peu œdématié. Toutes ces lésions sont complètement indolores.

L'exploration rectale ne fournit aucun renseignement : les ganglions sous-lombaires sont normaux ; on ne perçoit pas de tumeur dans la partie postérieure de la cavité abdominale ni dans le bassin.

Point de trouble notable des grandes fonctions. N'étaient les lésions cutanées et hypodermiques, on croirait l'animal en bonne santé. La température rectale est de 39°,5. L'urine, de couleur normale, ne contient ni sucre, ni pigments biliaires ; elle est légèrement albumineuse (environ 1 gramme d'albumine par litre). Il n'y a ni pollakiurie ni polyurie véritable.

L'examen du sang ne révèle aucune modification dans le nombre ou l'aspect des globules.

Biopsie. — On excisa l'une des tumeurs sous-cutanées pour l'étudier au point de vue histologique. La structure était celle du sarcome.

Traitement. — Iodure de potassium à la dose quotidienne de 15 grammes.

Quelques jours plus tard, on vit se dessiner, sur l'épaule droite, une lymphangite semblable à celle du côté gauche, laquelle s'effaça graduellement.

L'animal séjourna un mois à l'hôpital. Les quinze derniers jours, la dose quotidienne d'iodure de potassium fut portée à 20 grammes. Aucun amendement notable ne fut obtenu.

Le 6 mai, le propriétaire retira son cheval pour le remettre à un petit service. — Il nous le ramena le 5 juin dans un état plus grave. L'appétit avait diminué, la faiblesse était plus accusée, les moindres efforts provoquaient un essoufflement qui obligeait le malade à de fréquents arrêts.

Nous procédons à un nouvel examen. L'animal se montre très abattu, très faible : la tête est appuyée sur la mangeoire ; les muqueuses sont pâles, la peau est sèche, le poil piqué. On compte 36 respirations et 57 pulsations par minute ; la température rectale est de 39°3. L'accélération de la respiration, rapprochée de l'absence de fièvre, fait songer à un envahissement du poumon par les tumeurs ; à l'auscultation, on perçoit le murmure respiratoire dans toute la hauteur des deux lobes ; il y a un peu de submatité dans les régions inférieures du thorax.

Les engorgements lymphatiques du flanc ont presque disparu, mais les autres persistent à peu près aussi accentués. Les ganglions prépectoraux et préscapulaires sont volumineux, durs, un peu sensibles à la pression.

La face gauche de l'encolure, dans la portion qui correspond au mastoïdo-huméral et à l'angulaire de l'omoplate, est tuméfiée et sensible ; la tige cervicale est légèrement fléchie à droite, comme dans l'entorse du cou.

Enfin, souvent l'un des membres antérieurs est tenu en avant et en dedans de la ligne d'aplomb, ce qui donne à l'animal un certain air d' « immobilité ».

Quelques jours plus tard, on exerça le cheval à l'allure du trot. A peine avait-il fait quelques centaines de mètres que l'on remarqua une difficulté croissante de la respiration et un fort bruit de cornage. Sous la menace du fouet, il conserva le trot pendant environ cinq minutes, puis s'arrêta à bout d'haleine. La sueur était abondante, la respiration très accélérée (70 à 80 par minute), l'expiration entrecoupée ; l'auscultation permettait d'entendre le murmure respiratoire dans toute la hauteur des deux lobes pulmonaires.

Depuis la rentrée du malade à l'hôpital, quelques tumeurs s'étaient affaissées : il en est même qui avaient complètement disparu ; mais d'autres s'étaient manifestées et il s'en développait incessamment.

La maladie paraissant incurable, l'animal nous fut abandonné. Quelques jours plus tard, on le sacrifia.

Nécropsie. — Les lésions trouvées à l'autopsie étaient plus généralisées qu'on ne l'avait d'abord supposé. En enlevant la peau, on mit à découvert de nombreuses petites tumeurs disséminées dans la couche conjonctive sous-cutanée, discrètes en certaines régions, très rapprochées dans d'autres ; un certain nombre faisaient corps avec le chorion cutané. Les plus petites de ces tumeurs avaient les dimensions d'un pois, et les plus grosses celles d'un jaune d'œuf; la plupart étaient arrondies, fermes, de consistance fibreuse.

Çà et là on remarquait encore les traces des lymphangites susmentionnées ; les ganglions de l'entrée de la poitrine étaient hypertrophiés et formés de deux lobes ayant chacun le volume d'une noix.

Des lésions plus graves, qui n'avaient pas été soupçonnées pendant la vie. existaient dans les muscles et dans les viscères.

Un grand nombre de muscles étaient le siège de bandes scléreuses et de petits nodules riziformes, blanchâtres. Ces productions étaient très abondantes dans l'angulaire de l'omoplate, le rhomboïde, les extenseurs du cou, les petits obliques de l'abdomen, mais surtout dans les adducteurs des deux membres postérieurs et les fessiers superficiels ; ces deux derniers groupes musculaires en étaient farcis.

A l'ouverture de la cavité abdominale, on constata que certains viscères, en particulier le foie et la rate, étaient envahis par les tumeurs. Le foie était semé de fines granulations ; la rate en présentait également et renfermait, en outre, trois tumeurs du volume d'une noix. Sur le péritoine, tapissant la face externe de l'estomac, on remarquait une agglomération de granulations simulant tout à fait des productions tuberculeuses récentes. Des divers ganglions lymphatiques abdominaux, les sous-lombaires étaient seuls affectés : ils formaient une masse ovoïde, des dimensions du poing, qui avait échappé à l'exploration rectale.

Tous les autres viscères abdominaux, ainsi que le poumon, le cœur, la plèvre, les centres nerveux et les os étaient indemnes.

Examen histologique. — Il a porté sur les muscles, la peau, le foie et la rate. Les muscles malades offraient les attributs de la cirrhose musculaire tuberculeuse. Dans la peau, le foie et la rate, les tubercules contenaient un grand nombre de cellules géantes, ils tendaient, notamment les spléniques, à la transformation fibreuse ; ils étaient exceptionnellement pauvres en bacilles de Koch.

CXXXI. — Cheval boulonnais, entier, sept ans, amené à l'École le 8 mai 1896, pour y subir la castration.

Anamnèse. — Ce cheval a été acheté en 1894 par la personne qui nous le présente. Déjà les bourses étaient volumineuses ; le vendeur assura que c'était là « un vice de naissance ». L'animal fit un bon service jusqu'en février 1896. A cette date, la tumeur scrotale augmenta de volume ; elle semblait causer de la gêne pendant le travail, et l'animal était devenu mou au travail. On décida de recourir à la castration.

État à l'entrée. — A première vue, le cheval présente les signes extérieurs d'une bonne santé. Le testicule droit est beaucoup plus volumineux que l'autre. Ses enveloppes sont épaissies, œdématiées, mais peu adhérentes à la glande. On ne perçoit pas d'altérations du cordon. — Du côté gauche, même œdème des enveloppes ; le testicule paraît normal. L'exploration rectale ne révèle point d'adénopathie sous-lombaire. — Pas de réaction à la malléine.

Le 11 mai, l'animal est couché sur la table et entravé pour la castration. La région aseptisée, l'ablation du testicule droit est faite par écrasement du cordon. Très peu d'hémorrhagie. Pas de pansement.

Le testicule est doublé de volume. Incisé, le tissu glandulaire apparaît peu altéré. Il n'en est pas de même de l'épididyme, dont la queue est transformée en une tumeur du volume d'une orange, formée d'un tissu blanchâtre, ferme, fibreux. Le cordon paraît sain, sauf sur sa face séreuse, où il est couvert de petites granulations rougeâtres.

Dans la soirée et les jours suivants, la plaie est nettoyée par des asper-

sions de liqueur de Van Swieten chaude. L'œdème du fourreau augmente
jusqu'au 20 mai ; à partir de ce jour, sa résorption commence, et la plaie
paraît se cicatriser régulièrement.

Le 29, la tuméfaction consécutive à l'opération a beaucoup diminué.
Mais les enveloppes du testicule gauche sont plus épaisses, plus infiltrées
qu'au moment de l'entrée. — On fait l'ablation de cette glande. L'énucléation
est rendue assez laborieuse par l'induration du tissu conjonctif sous-
dartosien. Le cordon est coupé avec l'écraseur. Il y a une légère hémorrhagie, qui ne tarde pas à s'arrêter.

Les dimensions du testicule sont augmentées d'un tiers environ. Le tissu
glandulaire est infiltré. La partie excisée du cordon est volumineuse et,
comme celle du cordon droit, recouverte de petites végétations. La gaine
vaginale contenait un peu de liquide rougeâtre.

Les jours suivants, l'état général reste assez bon et l'appétit est conservé ;
toutefois, il y a de l'hyperthermie : la température oscille entre 39°,4
et 39°,8. L'œdème traumatique est volumineux ; la tuméfaction de la région
des bourses s'étend jusqu'à 10 centimètres en avant du fourreau.

Même état général jusqu'au 11 juin. Aucun phénomène inquiétant n'est
constaté.

Le 12, T., 39°,2 ; le soir, 39°,6. Pendant la journée, le malade s'est montré
abattu, déprimé, mais il a consommé toute sa ration. — Le lendemain matin,
on le trouve mort dans sa stalle.

Nécropsie. — Toute la surface des plaies de castration est granuleuse.
Les enveloppes externes, épaisses de 6 à 8 centimètres, sont gorgées de
sérosité. Au centre de chaque bourse, au fond de la plaie opératoire, le
bout du cordon forme une tumeur arrondie, du volume d'une pomme, dont
le tissu est dense, ferme, d'aspect fibreux sur les coupes. Les deux cordons
sont recouverts de petites tumeurs blanchâtres et de végétations semblables à celles trouvées sur les parties enlevées. Le fourreau est volumineux,
œdémateux, mais sans altérations spéciales.

Cavité abdominale. — Le *grand épiploon* est criblé de tubercules durs ou
ramollis, isolés ou agminés en grappes plus ou moins volumineuses. La
partie du *péritoine* qui tapisse la face postérieure du diaphragme est couverte de tumeurs blanchâtres, les plus grosses du volume d'une noisette,
les unes isolées, les autres agglomérées en plaques de surface et d'épaisseur variables, denses, fermes, sans foyers de ramollissement ; confluentes
à la limite de la portion aponévrotique et de la portion musculaire, elles
sont rares sur cette dernière. Au niveau de l'estomac est développée une
plaque mesurant 30 centimètres de long, 15 de large et 5 à 6 d'épaisseur.

La *rate*, dont les dimensions sont doublées, est de teinte lilas. Sa surface
est irrégulière. On y perçoit, dans la profondeur, sept grosses tumeurs
fermes, uniformément dures, trois du volume d'une orange, les autres
des dimensions d'un œuf, toutes de teinte blanc jaunâtre et offrant sur les
coupes quelques points calcifiés. La base de l'organe est infiltrée de granulations. — Les ganglions spléniques sont hypertrophiés. L'épiploon gastro-
splénique est couvert de tubercules à centre caséeux.

Le *foie*, énorme, jaunâtre, présente à sa surface et sur les coupes de nombreux tubercules, du volume d'une tête d'épingle à celui d'un pois, tous
fermes, sans ramollissement.

Les *reins* sont indemnes.

La muqueuse du *gros côlon* est saine dans la plus grande partie de son
étendue. Au niveau de la courbure diaphragmatique, sur une longueur de
50 à 60 centimètres, et en quelques autres points, on y constate de nom-

breuses ulcérations, la plupart du diamètre d'une pièce de 50 centimes, entourées d'une auréole rougeâtre. Dans le *petit côlon* et l'*intestin grêle*, on trouve quelques ulcérations analogues.

Tous les ganglions de la cavité abdominale sont hypertrophiés; beaucoup ont leur centre ramolli, caséeux. Les ganglions sous-lombaires, relativement peu hypertrophiés, se montrent également caséeux sur les coupes.

Cavité thoracique. — Les *poumons*, volumineux, fermes au toucher, sont farcis de granulations récentes, grisâtres, non caséeuses. Le tissu pulmonaire est inaltéré, sauf dans le tiers inférieur des lobes, où existe une zone d'hépatisation. Pas de lésions des bronches ni de la trachée. Les ganglions bronchiques sont à peine hypertrophiés.

Comme l'épiploon, le *médiastin* est épaissi, couvert de granulations. Les autres portions de la plèvre sont peu altérées.

Les deux feuillets du *péricarde* sont épaissis et semés de granulations. Dans le *cœur gauche*, l'endocarde est blanchâtre, épaissi, plissé, recroquevillé. Les valvules mitrale et aortiques sont épaissies et infiltrées. Dans le myocarde, au-dessous de la valvule sigmoïde antérieure, est développé un abcès tuberculeux du volume d'une noix (*fig.* 21). L'aorte et ses divisions présentent plusieurs foyers athéromateux.

A l'examen bactériologique, les bacilles étaient nombreux dans la matière caséeuse des ganglions et dans le produit obtenu par le grattage des ulcérations, assez nombreux aussi dans les granulations pulmonaires, rares dans l'endocarde. Leur présence a été décelée dans les crottins.

Avec une émulsion préparée en écrasant dans de l'eau stérilisée une partie d'un ganglion sous-lombaire et un ilot tuberculeux de l'épiploon, on a inoculé dans le péritoine: un chien (5 centimètres cubes), un lapin (2 cc.), deux cobayes (1 cc.) et deux poules (2 cc.).

Le chien a été sacrifié le 29 juillet (47 jours). Autopsie : nombreuses granulations sur le péritoine et l'épiploon; celui-ci était fort épaissi, au voisinage de la rate il avait l'épaisseur de la main ; adénopathies mésentériques, médiastinales et trachéo-bronchique ; granulie du foie et du poumon.

Le lapin est mort le 25 septembre (104 jours). Autopsie : tuberculose généralisée; lésions énormes du péritoine, de l'épiploon, des ganglions mésentériques, des reins, des testicules et de la prostate.

L'un des cobayes est mort le 25 juin (13 jours). L'examen bactériologique de la pulpe du foie et de la rate a révélé la présence de bacilles dans ces organes.

L'autre a succombé le 4 juillet (22 jours). Déjà fort amaigri, il a présenté les lésions d'une tuberculose en voie de généralisation : fines granulations péritonéales; hypertrophie de l'épiploon, granulie du foie et de la rate (celle-ci était quintuplée de volume). — Avec une émulsion préparée en broyant dans de l'eau stérilisée un peu de pulpe splénique, on a inoculé deux autres cobayes, qui ont succombé, l'un le 1er octobre (89 jours), l'autre le 13 octobre (101 jours), et ont présenté à l'autopsie des lésions bacillaires généralisées, avec énorme hypertrophie de la rate.

Les poules ont été sacrifiées le 16 juin 1898 (2 ans et 4 jours). Aucune lésion tuberculeuse à l'autopsie.

TUBERCULOSES EXTERNES CHEZ LE CHIEN.

CXXXII. — Chienne havanaise, deux ans, amenée à la consultation le 1er mai 1894. Atteinte d'une plaie fistuleuse du cou.

Il y a trois mois, on a remarqué, à la partie supérieure de cette région, une tumeur qui a augmenté peu à peu de dimensions et a atteint le volume d'un œuf. Traitée par l'application de cataplasmes, cette tumeur s'est ramollie, puis ulcérée ; du pus s'en est écoulé, d'abord abondant, bientôt en plus faible quantité. La plaie s'est fistulisée ; on l'a traitée par des injections antiseptiques ; on a fait plusieurs débridements.

État actuel. — La malade est en assez bon état. A l'exploration des cavités abdominale et thoracique, on ne constate aucun symptôme pouvant faire présumer la tuberculose.

A la partie supérieure du cou, au niveau du larynx et sur la ligne médiane, existe une plaie du diamètre d'une pièce de cinquante centimes, à bords un peu irréguliers, déchiquetés, décollés, épaissis et bourgeonneux en certains points, amincis et érodés en d'autres, partout enduits de pus grisâtre, visqueux. Deux fistulettes ouvertes au fond de cette lésion aboutissent profondément sur les côtés de la trachée. — Un peu au-dessous de cette première plaie, on en voit une autre, plus petite, également fistuleuse, séparée de la première par un lambeau cutané large d'environ 6 centimètres. — Sur la face gauche du cou, en arrière de la partie inférieure de la parotide, est développé un abcès froid du volume d'une noisette. La ponction donne issue à du pus grisâtre, mal lié. — L'examen bactériologique de ce pus et de celui recueilli aux plaies y décèle le bacille de Koch.

Nous n'avons pas obtenu l'abandon de cette malade. On ne nous l'a pas ramenée.

CXXXIII. — Chienne de montagne, quatre ans, présentée plusieurs fois à la policlinique dans les premiers mois de l'année 1894. — Appartient à une personne tuberculeuse.

Malade depuis la fin de janvier. On a surtout noté de la toux, de l'amaigrissement qui s'est accentué assez vite, puis de la diarrhée et de la dysenterie. En mars, écoulement nasal, quelquefois strié de sang, qui a persisté jusqu'au jour de la mort.

Au commencement d'avril, un abcès s'est développé sur la face gauche de la partie supérieure du cou. La plaie de ponction ne se cicatrisa pas ; elle persista à l'état fistuleux.

Quinze jours plus tard, un autre abcès survint du côté opposé et à peu près au même niveau que le premier. Il s'ouvrit spontanément et se fistulisa.

Ces fistules cervicales, profondes de 3 à 4 centimètres, ont suppuré assez abondamment pendant deux mois. A leur pourtour, la peau était dépilée, décollée des tissus sous-jacents. Toute la région de la gorge était tuméfiée et indurée.

Au commencement de juillet, l'inappétence devint complète et l'amaigrissement fit de rapides progrès. La malade mourut le 17 juillet 1894.

On apporta le cadavre à l'École.

Autopsie. — Tuberculose pulmonaire diffuse avec nombreuses cavernes. Adénopathie trachéo-bronchique. Tuberculose du foie.

Le larynx et l'origine de la trachée sont entourés d'une épaisse couche de tissu d'aspect sarcomateux, creusé de plusieurs trajets fistuleux. Les coupes faites dans ce tissu montrent des tubercules gris jaunâtre et plusieurs petits foyers purulents. Pas de lésion tuberculeuse apparente sur les muqueuses buccale, nasale, pharyngienne et laryngienne.

De chaque côté de la trachée, les lymphatiques sont envahis dans les deux tiers inférieurs du cou ; on trouve plusieurs tumeurs des dimensions d'un haricot à celles d'une noisette.

Le pus recueilli aux fistules contenait de nombreux bacilles.

CXXXIV. — Griffonne, sept ans, amenée à la consultation le 6 avril 1895.

Malade depuis trois mois. On a constaté surtout de l'inappétence, de l'amaigrissement, de la faiblesse qui s'est accentuée peu à peu. Il y a environ deux mois, pendant une quinzaine de jours, la chienne a toussé et l'on a remarqué aux deux narines du jetage grisâtre.

État actuel. — Très émaciée, très faible, très triste, la malade offre bien l'aspect général des chiens atteints de tuberculose avancée. Rien d'anormal n'est perçu à l'exploration de la cavité abdominale. A l'examen du thorax, on trouve, sur la paroi costale droite, en arrière de l'épaule, une sorte de tumeur ovoïde, à grand axe vertical, recouvrant quatre côtes et les espaces intercostaux correspondants. Ferme, presque dure dans sa zone périphérique, cette tumeur est creusée, vers son centre, d'une étroite fistule d'où s'écoule un pus grisâtre dans lequel l'examen bactériologique décèle des bacilles.

Laissé en observation, l'animal est abattu le 15 avril.

Autopsie. — Tuberculose pulmonaire ancienne avec cavernes. Tuberculose des plèvres ; symphyse pleurale pariétale double. A droite, la plèvre costale est très épaissie, couverte de végétations ; en l'incisant au niveau de l'abcès costal, on ouvre une assez large cavité, dont la paroi interne est formée par la plèvre épaissie, et l'externe par les huitième, neuvième et dixième côtes, dénudées, enflammées, ramollies en quelques points. Au niveau des neuvième et dixième espaces intercostaux, cette cavité communiquait avec celle qui s'est ouverte pendant la vie. Elle contenait un peu de pus grisâtre et quelques lambeaux de tissu nécrosé.

CXXXV. — Épagneul, quinze mois, amené à Alfort le 6 juillet 1896 pour y être sacrifié.

Malade depuis environ un an, il porte au cou une plaie suppurante, traitée depuis longtemps sans résultat.

Autopsie. — Tuberculose du foie. Tuberculose pulmonaire ancienne avec cavernes. — La plaie du cou, située au niveau de l'origine de la trachée, est arrondie, ulcéreuse, du diamètre d'une pièce de deux francs ; ses bords sont dénudés ; la peau y est amincie, décollée. A son fond s'ouvre une fistule qui aboutit profondément aux ganglions rétro-pharyngiens gauches, lesquels forment une tumeur du volume d'un œuf de pigeon, dure, soudée aux tissus adjacents ; on y trouve l'origine de la fistule et plusieurs petits foyers purulents, caséeux. L'amygdale gauche est détruite dans sa moitié inférieure par un ulcère à fond jaunâtre, finement granuleux, dont les bords et la base sont indurés.

La nature tuberculeuse de la plaie cervicale, de l'adénopathie rétro-pharyngienne et de l'ulcère de l'amygdale a été établie par la constatation des bacilles dans ces lésions.

TUBERCULOSE DU CHAT.

CXXXVI. — Chatte, un an, apportée à la consultation le 19 juin 1894. On donne les renseignements suivants :

Il y a environ six semaines, cette chatte a présenté des signes d'une affection de poitrine, en particulier de la toux et de la difficulté de la respiration ; puis l'anorexie et l'amaigrissement se sont ajoutés à ces premiers troubles. Depuis trois jours, la malade n'a pas touché à ses aliments.

Ces commémoratifs, les signes tirés de l'examen clinique, la chronicité de l'affection, font considérer la malade comme suspecte de tuberculose. On ne consent pas à la laisser.

Rapportée le 7 juillet et sacrifiée.

Autopsie. — Au niveau de la partie terminale de l'intestin grêle, quelques ganglions tuberculeux du volume d'une noisette ; en avant de ceux-ci, cinq ganglions moins volumineux et disposés en chapelet, parallèlement à l'intestin. Quelques tubercules de la grosseur d'un pois sur l'épiploon. Sur la muqueuse de l'iléon, deux ulcérations : l'une, ovalaire, à grand axe parallèle à l'intestin, mesurant 15 millimètres de long sur 1 centimètre de large ; l'autre, plus étroite, à bords indurés, saillants. — Foie volumineux, farci de tubercules grisâtres, du volume d'un grain de mil, confluents en certains points ; sur la seule face postérieure de l'organe, on peut en compter plusieurs centaines. — Rate triplée de volume, bosselée sur ses faces par des tubercules dont quelques-uns ont la grosseur d'un pois. — Poumons fermes, denses, fibreux, de teinte grisâtre, présentant des lésions généralisées à tous les lobes, montrant sur les coupes de nombreux tubercules et des îlots de pneumonie caséeuse, lésions très riches en bacilles.

CXXXVII. — Chatte, huit ans, présentée à la consultation le 2 décembre 1895. Malade depuis plusieurs semaines. Appartient à une personne dont l'un des enfants est mort tuberculeux il y a quelques mois. · On a noté particulièrement de la tristesse, de la faiblesse, de l'amaigrissement et une augmentation de volume du ventre.

A l'examen de la malade, avec la maigreur déjà fort accusée, on constate l'existence d'un épanchement ascitique. — Ponction de l'abdomen : il s'écoule environ 400 grammes d'un liquide qui donne un dépôt grisâtre. L'examen bactériologique de celui-ci n'y décèle pas de bacilles. — On inocule deux cobayes par injection intra-péritonéale de 1 centimètre cube de ce liquide.

Le 14 décembre, la malade est rapportée ; on nous dit que son état est meilleur qu'avant l'intervention, mais l'épanchement péritonéal s'est reproduit. On fait une nouvelle ponction, qui donne issue à deux décilitres d'un liquide offrant les mêmes caractères que celui extrait la première fois.

Cette chatte n'a pas été revue.

Le 15 janvier 1896, on a sacrifié les cobayes inoculés. Autopsie : granulations tuberculeuses dans le foie, la rate et sur le péritoine.

CXXXVIII. — Chat, sept ans, présenté à la consultation le 17 mars 1896. Malade depuis plus d'un an.

Appartenait à une personne morte de tuberculose. · On a remarqué surtout de l'anorexie, de la toux, de l'oppression, un peu de jetage et un amaigrissement progressif. Ce chat, qui ne sortait guère de l'appartement, passait la plupart de ses journées dans la chambre de la malade. Il était nourri tantôt d'aliments laissés par ses maîtres, tantôt de viande de cheval.

On relève surtout l'émaciation déjà très prononcée du sujet, l'accélération et la difficulté de la respiration ; on perçoit des râles crépitants à l'auscultation des deux lobes pulmonaires.

Abandonné et sacrifié.

Autopsie. — Les deux lobes pulmonaires sont œdématiés dans presque toute leur étendue. A leur surface et sur les coupes, on voit de nombreux tubercules, les uns fermes, les autres ramollis, caséeux. Lésions riches en bacilles.

CXXXIX. — Chat, trois ans, amené à la consultation le 24 novembre 1896. Malade depuis six semaines. Triste, amaigri, il reste couché la plus grande partie du temps. L'appétit est irrégulier ; il est des jours où l'animal ne prend aucune nourriture. Son alimentation se compose principalement de viande crue et de lait.

L'amaigrissement profond du sujet et la chronicité de l'affection donnent la présomption de la tuberculose. Le propriétaire, las de soigner son malade, le fait sacrifier.

Autopsie. — L'épiploon est parsemé de fines granulations. La partie terminale de l'intestin grêle, le cæcum et la première partie du côlon sont englobés dans une masse indurée, formée par des ganglions hypertrophiés et adhérents aux tuniques intestinales. L'incision de celles-ci montre la muqueuse épaissie, ulcérée en plusieurs points. Le tissu de la tumeur ganglionnaire est ramolli, caséeux par place. Granulations dans le foie et la rate. Quelques végétations sur la plèvre. Tubercules récents dans les deux poumons.

Constatation des bacilles dans le pus de la tumeur ganglionnaire.

TRANSMISSION DE LA TUBERCULOSE DE L'HOMME A LA PERRUCHE.

CXL. — Perruche verte, appartenant à M. A..., demeurant à Paris, 9, rue des Deux-Ponts. Achetée il y a huit ans, par M. A..., et entretenue dans l'appartement qu'il occupe avec sa famille, cette perruche a présenté tous les signes d'une bonne santé jusqu'en décembre 1894. A cette date, on a remarqué sur la joue droite une petite élevure grisâtre, résistante, écailleuse, qui s'est peu à peu étendue en surface, tout en devenant plus saillante.

Le 1er janvier 1895, cette tumeur a été enlevée par un vétérinaire. On n'en a pas reconnu la véritable nature. Quinze jours plus tard, elle était reconstituée avec ses dimensions premières. L'oiseau nous est présenté le 19 janvier.

Sur la joue droite, immédiatement en arrière de la commissure buccale, existe une végétation cornée, de forme conique, de couleur grisâtre, légère-

Fig. 41. — Perruche atteinte de végétations cutanées bacillaires.

ment incurvée vers son extrémité supérieure et écailleuse à sa surface, végétation dont l'aspect éveille l'idée de la tuberculose. Elle adhère peu au tégument ; on la détache avec des pinces. Sa base reposait sur une surface finement granuleuse. L'examen bactériologique du produit obtenu en grattant cette surface y décèle de nombreux bacilles.

Interrogé, M. A... déclare que dans le courant de l'année 1894 il a contracté une « bronchite » ; qu'il a beaucoup toussé et craché du mois d'août au mois de décembre 1894; que son état s'est amélioré à cette date, puis que le mal est revenu et que, malgré divers traitements, il se trouve faible et oppressé. — On fait cracher M. A... dans un cristallisoir et l'on prépare, par le procédé d'Ehrlich, deux lamelles avec une parcelle purulente prélevée dans le produit de l'expectoration. Les bacilles y sont nombreux. — M. A... affectionnait beaucoup cette perruche, bien apprivoisée et très douce ; il se complaisait à la caresser de ses lèvres sur la tête et les joues ; il lui dégurgitait parfois dans le bec des aliments mâchés, et d'ordinaire il lui donnait à la main sa nourriture quotidienne.

A signaler encore la propension de la perruche à se frotter continuellement la tête contre les objets à sa portée, en particulier sur les mains et sur la figure de son maître.

Traitement. — Excision de la tumeur, curettage et cautérisation de la peau malade.

M. A... nous a rapporté sa perruche le 12 février 1895. A cette date, la production cornée était déjà reconstituée. Entre elle et l'œil, une autre petite tumeur analogue s'était développée. — Même traitement que le 19 janvier.

Le 2 mars, nouvelle présentation de l'oiseau. Les deux tumeurs sont en voie de reconstitution ; une troisième apparaît entre la seconde et la mandibule supérieure.

Le 16 avril, la perruche nous est présentée une dernière fois avec ses trois petites cornes *(fig. 41)*. Peu après, M. A... est mort. Nous n'avons pas revu l'oiseau.

En résumé, cette perruche a été achetée par M. A... il y a huit ans, et son état sanitaire est resté excellent jusqu'en décembre 1894. *En avril 1894,* M. A... tousse et crache ; il a une « bronchite » ; en réalité il est tuberculeux. *En décembre 1894,* la perruche présente une lésion tuberculeuse sur la joue. Or elle était le seul oiseau entretenu dans l'appartement, et elle n'avait pas eu de rapport, elle ne s'était pas trouvée en contact avec un sujet d'une espèce aviaire quelconque ; elle ne recevait comme nourriture que des graines, du café au lait, du lait bouilli ou des aliments mâchés par son maître.

BOTRYOMYCOSE.

CXLI. — Cheval hongre, cinq ans, amené à la consultation le 8 novembre 1897. Atteint de fistules inguinales consécutives à la castration. Cette opération aurait été faite en avril, — sept mois auparavant. — Au bout de deux semaines, l'animal a repris son service. La plaie inguinale gauche ne s'est pas cicatrisée ; elle a suppuré assez abondamment jusqu'au commencement de juillet. On l'a traitée par des injections d'eau phéniquée.

État actuel. — L'aine gauche est le siège d'une tuméfaction circonscrite, assez bien délimitée, dure, peu douloureuse, creusée de trois fistules dont l'une est ouverte au fond de la dépression résultant de la plaie opératoire. A l'exploration directe, on sent le cordon volumineux et induré, constituant une sorte de tumeur piriforme, étalée en sa partie inférieure, où elle se confond avec les enveloppes, rétrécie en haut, où on peut la suivre jusqu'à l'anneau inguinal inférieur. Au toucher rectal, on reconnaît que la partie intra-abdominale du cordon est normale. — Le pus recueilli aux orifices fistuleux est grisâtre, assez consistant ; il contient de petites granulations blanc jaunâtre, qui, à l'examen microscopique, se montrent constituées par des botryomycètes.

Traitement. — Du 8 au 20 novembre et du 25 novembre au 10 décembre, ce cheval a pris, dans sa boisson, une dose quotidienne de 10-15 grammes d'iodure de potassium. Tous les jours, on a fait un badigeonnage iodé de la tumeur et des injections de teinture d'iode dans les fistules. Aucun résultat.

Opération le 10 décembre. Ablation de la tumeur. On coupe le cordon avec l'écraseur. Pas de pansement.

Les jours suivants, matin et soir, on nettoie la plaie avec une solution créolinée chaude. Elle s'est cicatrisée rapidement et sans incident. L'opéré a été remis en service au bout de trois semaines.

CXLII. — Cheval hongre, huit ans, entré le 27 septembre 1898. Atteint de

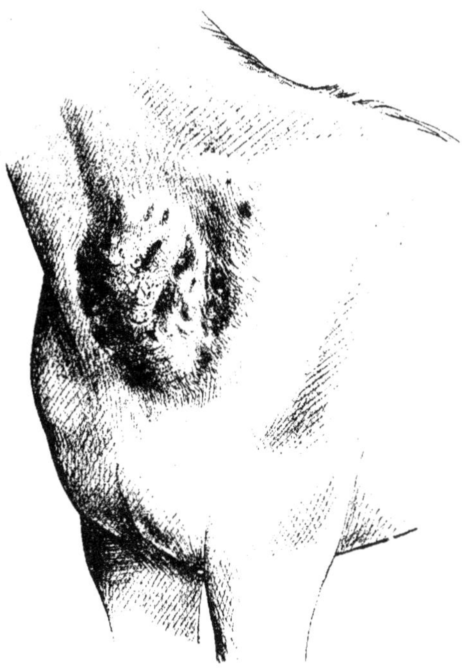

Fig. 42. — Botryomycome de l'encolure.

tumeurs en diverses régions, la plus volumineuse située au niveau de la base de l'encolure. L'affection remonte à un an environ.

Une première tumeur est apparue en avant de l'épaule gauche, puis d'autres se sont développées successivement. — La tumeur cervicale a acquis des dimensions qui ne permettaient plus l'utilisation du cheval. Celui-ci fut envoyé à Alfort pour y être opéré.

État à l'entrée. — Sur les faces latérales du thorax, de l'abdomen et de l'encolure, il existe des nodosités de la grosseur d'une noix à celle d'un petit œuf, presque toutes pénétrées de trajets fistuleux donnant écoulement à du pus dans lequel le microscope décèle des botryomycètes.

La principale de ces tumeurs occupe la gouttière jugulaire. Allongée de haut en bas, elle mesure 25 centimètres de longueur et 15 centimètres de largeur. Elle est constituée par un tissu ferme, résistant; sa partie supérieure adhère peu aux tissus sous-jacents, mais sa partie inférieure, propagée

CADIOT. — Pathol. et Clin.   31

plus profondément, a contracté d'intimes adhérences avec ces tissus et avec la peau. Celle-ci offre un aspect capitonné ; elle est creusée de plusieurs orifices fistuleux d'où sort du pus qui tient en suspension de nombreuses petites granulations botryomycétiques.

Traitement. — Avant de recourir à l'intervention chirurgicale, on essaye le traitement ioduré : administration quotidienne de 10 grammes d'iodure de potassium dans la boisson ; teinture d'iode en badigeonnages sur la tumeur et en injections dans les fistules. Ce traitement est continué jusqu'au

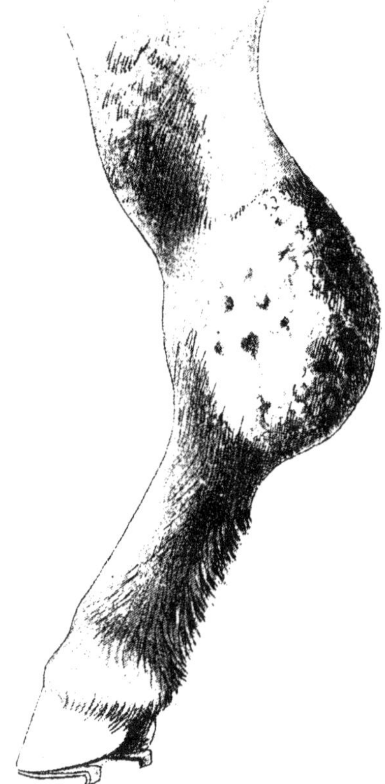

Fig. 43. — Botryomycome du jarret.

13 octobre sans le moindre résultat. Le propriétaire vient voir son cheval ce même jour et demande qu'on l'opère.

Le lendemain, le cheval est couché sur le lit. La région préparée, désinfectée, on procède à l'ablation de la tumeur.

On enlève d'abord la partie supérieure, facile à séparer des tissus adjacents, puis incomplètement la partie inférieure, qui s'étend plus profondément et englobe la jugulaire et la carotide. — Au cours de l'opération, le sang coule abondamment. On fait l'hémostase par l'application de pinces.

On laisse la partie de la tumeur qui entoure les vaisseaux. — Les lèvres de la plaie sont rapprochées sur un drain par des sutures superficielles et quelques points profonds. On recouvre la région d'un pansement ouaté.

Malgré les précautions prises pour empêcher le cheval de se frotter, il se débarrassa du pansement et les lèvres de la plaie se déchirèrent sur les fils. L'animal étant très irritable, la plaie dut être laissée découverte et traitée par les antiseptiques.

Sortie le 20. — Le résultat définitif de l'intervention a été très satisfaisant.

Remarque. — La médication iodurée, préconisée comme traitement de la botryomycose, n'a qu'une médiocre efficacité. J'ai soumis à cette médication 24 chevaux : 16 atteints de funiculite, et 8 de botryomycomes développés en diverses régions : — 1 au poitrail, 2 à l'encolure, 1 à la queue, 1 sur le thorax, 1 au jarret et 2 au boulet. Sa durée moyenne a été de trois semaines environ, et la dose moyenne d'iodure de 200 à 250 grammes. Pour certains de ces malades, le traitement n'a pu être continué que pendant deux semaines ; pour d'autres, je l'ai prolongé, avec des intermittences, pendant six semaines, deux mois et davantage. En 1897, j'ai traité pendant près de quatre mois un cheval atteint de botryomycome du jarret (*fig.* 43), cheval qui a ingéré, sans le moindre résultat, plus de 600 grammes d'iodure de potassium.

Chez trois sujets affectés de *funiculite récente*, la tuméfaction du cordon a diminué assez rapidement et a fini par disparaître ; mais tous les praticiens savent que la funiculite récente peut guérir facilement par un traitement local antiseptique. — Sur un cheval atteint d'un botryomycome en plaque de la paroi thoracique, la tumeur avait très notablement diminué au bout d'un mois ; puis l'animal fut remis en service, on négligea le traitement, et la tumeur revint à son volume primitif. Chez les vingt autres malades, la médication iodurée a été sans action, ou elle n'a eu que des effets peu appréciables, insuffisants au point de vue pratique. Tous les champignons quelque peu anciens ou déjà d'un certain volume ont dû être opérés.

Ces résultats et ceux qu'a publiés Fröhner confirment ce que nous avons avancé, dans notre *Thérapeutique chirurgicale*, en formulant le traitement de la botryomycose : recourir sans délai à l'intervention radicale toutes les fois qu'elle est possible.

PNEUMONIES.

CXLIII. — Jument, six ans, entrée le 28 février 1898.

Au commencement de février, cette jument, atteinte d'une blessure de la couronne du pied antérieur droit, séjourna une semaine dans une infirmerie vétérinaire. Depuis deux jours elle est courbaturée, tousse et ne consomme qu'une partie de sa ration.

État à l'entrée. — Abattement ; tête basse, appuyée sur la mangeoire. Conjonctive jaune terne ; bouche chaude et sèche, anorexie. T., 40°6 ; R., 18 ; P., 61. L'expiration est entrecoupée, plaintive par moments. Le pouls est petit. A l'auscultation, murmure vésiculaire fort dans toute la hauteur des deux lobes pulmonaires.

Traitement. — Sinapisme ; 100 grammes de bicarbonate de soude dans l'eau de boisson.

Le 1er mars, même état général que la veille. T., 41°2 ; R., 21 ; P., 58. Appétit conservé ; toux profonde et assez forte ; jetage muqueux. A la percussion, submatité au niveau de la partie inférieure du poumon gauche ; à l'auscultation, murmure vésiculaire diminué en bas, augmenté en haut. Rien dans le poumon droit. — Le soir, la région inférieure du thorax est mate à gauche. A l'auscultation on n'y perçoit plus le murmure vésiculaire.

Le 2, à la visite du matin, T., 40°; R., 30; P., 80. La zone de matité s'est accrue; elle atteint la région moyenne de la poitrine; sa partie inférieure est silencieuse à l'auscultation; vers sa partie supérieure, on entend un léger souffle tubaire. Les battements du cœur sont affaiblis, irréguliers, intermittents; le premier bruit est dédoublé. — Injection de 150cc de sérum provenant d'un pneumonique guéri.

Le 3, état général meilleur. La malade, plus gaie, consomme toute sa ration. T., 40°4; R., 24; P., 72. Respiration moins pénible; matité stationnaire, souffle tubaire très net. Les systoles cardiaques sont plus régulières. Diurèse abondante; pas de constipation. — Injection de 150cc de sérum.

Le 4, état général stationnaire. T., 38°9; R., 26; P., 54. La zone de matité occupe les deux tiers inférieurs de la poitrine. Le pouls est fort et ample. Pas d'albumine dans l'urine. — Injection de 150cc de sérum.

Le 5, amélioration sensible. Moins d'abattement; appétit conservé. T., 38°5; R., 24; P., 58. A la partie supérieure de la zone hépatisée, la matité est moins accusée; on y perçoit du râle crépitant humide. — Injection de 150cc de sérum.

Le 7, la température est à 38. Submatité et râle crépitant de retour dans la partie inférieure du poumon gauche. Toux grasse et jetage séreux. On cesse les injections de sérum.

Les deux jours suivants, les derniers troubles s'effacent. Le 10, le murmure vésiculaire s'entend dans toute la hauteur du poumon.

(Extrait de l'obs. r. p. M. Sépon.)

Remarque. — Chez ce malade et chez un certain nombre d'autres pneumoniques entrés dans mon service en ces trois dernières années, le *sérum fourni par des sujets guéris de la pneumonie* a généralement exercé une action salutaire sur l'évolution de la maladie. A la dose de 100 à 200 grammes par jour, il est un adjuvant utile du traitement classique.

CXLIV. — Cheval entier, six ans, provenant d'une écurie où la pneumonie contagieuse vient de faire plusieurs victimes. Entré le 19 décembre 1898.

Le 17 décembre ce cheval ne consomma qu'une partie de sa ration du matin. Les deux jours suivants, anorexie et forte accélération des mouvements respiratoires. Amené à l'hôpital dans la soirée du 19.

État actuel. — A peine entré dans sa stalle, le malade, relativement peu abattu, cherche à manger. Les muqueuses sont jaunâtres, un peu infiltrées; la respiration est accélérée, à 25 par minute; l'expiration est entrecoupée. Le pouls est à 60, faible, filant. La toux, provoquée par la pression du larynx, est forte, profonde, avec rappel. Rien à la percussion du thorax. A l'auscultation, râles muqueux à la partie moyenne des deux lobes pulmonaires. Le murmure vésiculaire est atténué dans la partie inférieure du lobe gauche; il est exagéré dans le reste de ce lobe et dans toute la hauteur de l'autre.

Traitement. — Sinapisme sur la partie inférieure du thorax; 200 grammes d'eau-de-vie et 150 grammes de sulfate de soude dans les boissons.

Le 20, même état général que la veille. Appétit conservé. Mêmes signes physiques à l'auscultation et à la percussion. R., 25; P., 65; T., 40°9. On ajoute au traitement 20 grammes de bromhydrate de quinine en 2 doses.

Le 21, état général stationnaire. R., 28; P., 72; T., 40°5. — Afin de se rendre exactement compte de l'*action antithermique de la quinine*, on prend la température du sujet toutes les heures pendant la journée. L'administration de la première dose de quinine est suivie d'un abaissement thermique qui atteint son maximum (1°4) au bout d'une heure ; deux heures plus tard la température est revenue à son chiffre initial. — Après l'administration de la seconde dose de quinine, abaissement de 6 dixièmes de degré au bout de

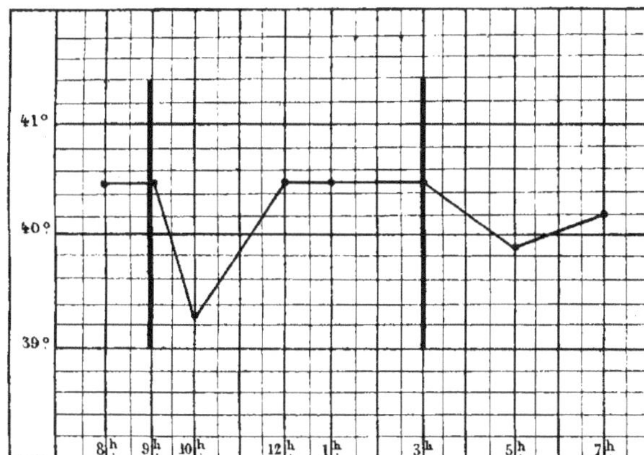

Tracé I.

deux heures ; deux heures après, la température est revenue à 40°2, inférieure seulement de 2 dixièmes au chiffre initial. (Tracé I.)

Le 22, l'état du malade est à peu près le même que la veille. R., 28 ; P., 68 ; T., 40°5. Un peu de jetage rouillé aux deux naseaux ; quelques râles crépitants à l'auscultation. — La première administration de quinine provoque encore un abaissement thermique qui atteint 8 dixièmes de degré au

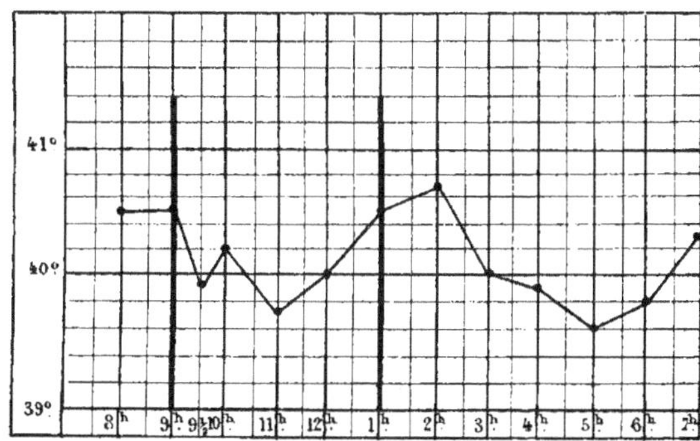

Tracé II.

bout de deux heures, puis la température remonte ; en deux heures elle revient à son chiffre primitif (40°,5). L'administration de la seconde dose est suivie, au bout d'une heure, d'une élévation de 2 dixièmes de degré ; trois heures plus tard, la température tombe à 39°,6 (abaissement de 9 dixièmes) ; à la sixième heure elle est revenue à 40°,3. (Tracé II.)

Le 23, le malade est plus triste, il se tient à bout de longe et laisse une partie de ses aliments. R., 28; P. 69; T., 40°,7. Matité et souffle tubaire dans la partie inférieure du poumon gauche. Dans la journée, on donne 5 litres de lait. — La première dose de quinine provoque un abaissement de 5 dixièmes de degré au bout de deux heures; moins de deux heures après, la température est revenue au chiffre primitif. L'effet de la seconde dose est peu marqué:

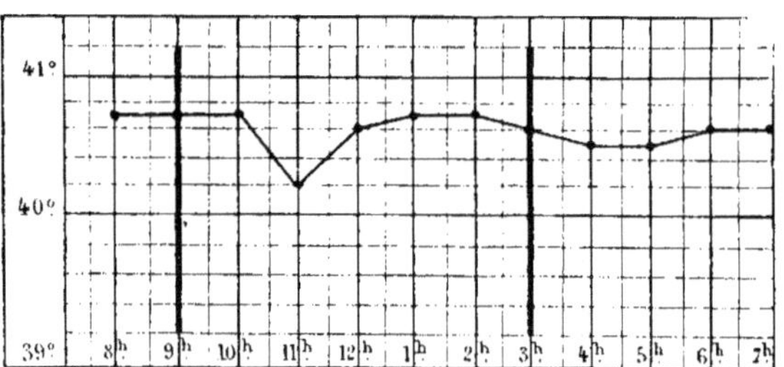

Tracé III.

abaissement d'un dixième au bout d'une heure ; une heure plus tard, la température remonte. (Tracé III.)

Le 24, l'état général est plus satisfaisant, le malade mange bien et boit le lait avec avidité. R. 28: P. 70; T. 40°,5. À la percussion et à l'auscultation, mêmes signes que la veille. La quinine produit, le matin, un abaissement de 7 dixièmes de degré au bout de deux heures, suivi d'une réascension, et

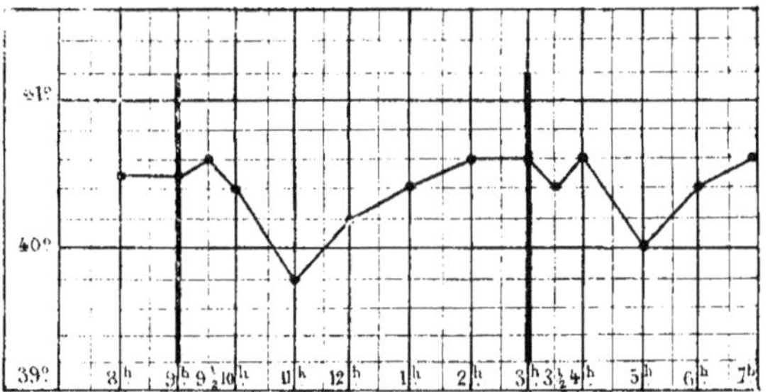

Tracé IV.

le soir, un abaissement de 5 dixièmes en deux heures, avec retour au chiffre initial à la troisième heure. (Tracé IV.)

Le 25, l'état général est bon. R., 29; P., 68; T., 40°,2. Souffle tubaire fort. Systoles cardiaques inégales; pouls faible. — On supprime la quinine; on donne 5 grammes de poudre de digitale en électuaire.

Le 26, même état général que la veille. La défervescence thermique commence. R., 26 ; P., 72; T., 39°,7. Les systoles cardiaques sont plus régulières, le pouls est ample et fort.

Le 27, état général meilleur encore que les jours précédents. R., 24; P., 60; T., 38°,5. Le souffle persiste, la matité est stationnaire.

Le 28, état général excellent. R., 20; P., 52; T., 38°,2. La toux est devenue

plus grasse, plus fréquente; submatité à la percussion ; râle crépitant de
retour.

Les jours suivants les derniers troubles disparaissent. L'animal sort entièrement rétabli le 7 janvier.

(Extrait de l'obs. r. p. M. Schein.)

CXLV. — Cheval entier, douze ans, entré le 26 janvier 1899.

Provient d'une écurie où sévit la pneumonie contagieuse. Quatre sujets ont
été atteints ; deux ont succombé.

Dans la soirée du 25, après un travail pénible, ce cheval n'a pas touché à sa
ration ; la respiration était accélérée et le tronc agité par de légers tremblements. Transporté à l'École le lendemain.

État actuel. — Le malade est abattu, indifférent à ce qui se passe à son
voisinage. La démarche est nonchalante, les membres sont traînés sur le
sol. La peau est chaude, la conjonctive injectée, le pouls faible et mou, à 70 ;
il y a 20 respirations par minute. T., 40°. Les pressions exercées sur le larynx
provoquent une toux profonde ; un peu de jetage brunâtre s'écoule par les
naseaux. — A la percussion, la résonance du thorax est normale. L'auscultation décèle une exagération du murmure vésiculaire dans toute la hauteur
des lobes pulmonaires.

Traitement. — Sinapisme sur la moitié inférieure de la poitrine. Bicarbonate de soude, 100 grammes ; sulfate de quinine, 20 grammes en deux doses :
eau-de-vie, 100 grammes.

Le 26 janvier, à onze heures, la température est de 40°. On donne 10 grammes
de sulfate de quinine en électuaire. A onze heures et demie, la température
est à 40°,3 ; à midi, à 40°,5 ; à une heure, à 40°,8 ; à deux heures, à 41°,3.
En trois heures, la température a augmenté de 1°,2. — En même temps que

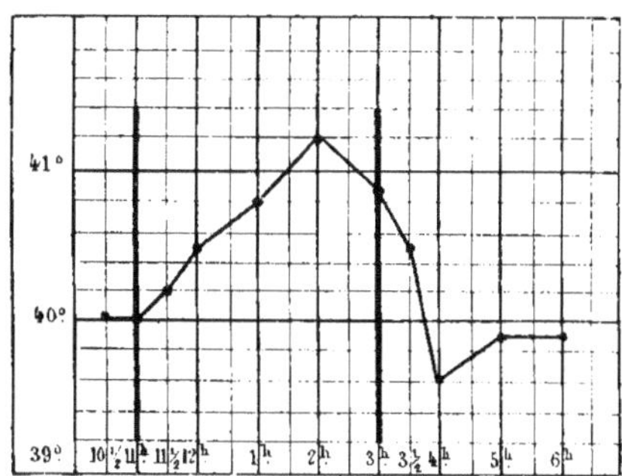

Tracé V.

cette hyperthermie, on a noté, dans les deux premières heures, des phénomènes d'excitation : de l'anxiété, des tremblements, une vive accélération de
la respiration et une dilatation outrée des naseaux. A partir de deux heures,
la température diminue graduellement. A trois heures, elle est à 40°,9. —
On administre le second électuaire. Dans l'heure qui suit, la température
continue à baisser : à trois heures et demie, elle est à 40°,5 ; à quatre heures,
à 39°,6. De quatre heures à six, elle remonte de 3 dixièmes de degré.
(Tracé V.)

Le lendemain, l'état général est stationnaire. La maladie suit son cours
régulier. — T., 39°,9 ; R., 18 ; P., 60. — Le pouls est petit ; la conjonctive

est toujours injectée. A l'auscultation, on constate une atténuation bien
accusée du murmure respiratoire dans la partie inférieure du poumon droit;
à ce niveau, la percussion décèle de la submatité. Dans la partie supérieure
de ce lobe et dans tout le poumon gauche, le bruit vésiculaire est exagéré.
La toux est rauque, profonde, quelquefois suivie de rappel. Jetage rouillé
abondant.

Comme la veille, le malade prend 100 grammes de bicarbonate de soude et
20 grammes de sulfate de quinine en deux doses. La courbe obtenue ce jour-

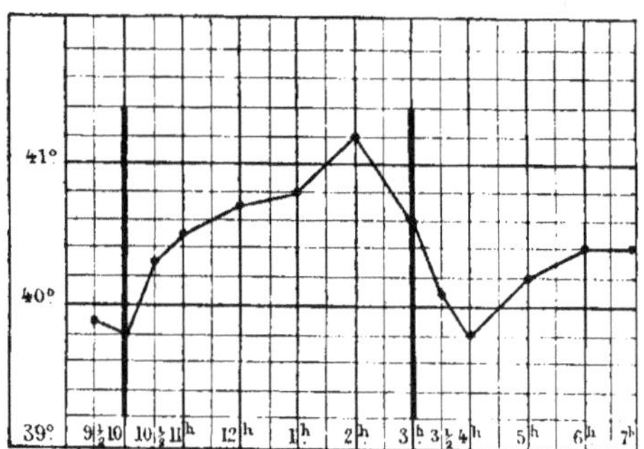

Tracé VI.

là est à peu près semblable à la première. L'ascension thermique qui suit la
première administration de quinine est de 1°,3 en quatre heures : 39°,9-41°,2.
A trois heures, la température est à 40°,6. — On administre la seconde dose
de sulfate de quinine. Une heure après, la température descend à 39°,8,
mais cet abaissement ne se maintient pas; à sept heures le thermomètre
marque 40°,4. (Tracé VI).

Comme la veille aussi, on a noté des phénomènes d'excitation, des frissons, des tremblements.

Le 28, le matin, la température est à 40°,6; il y a 80 pulsations et 25 res-

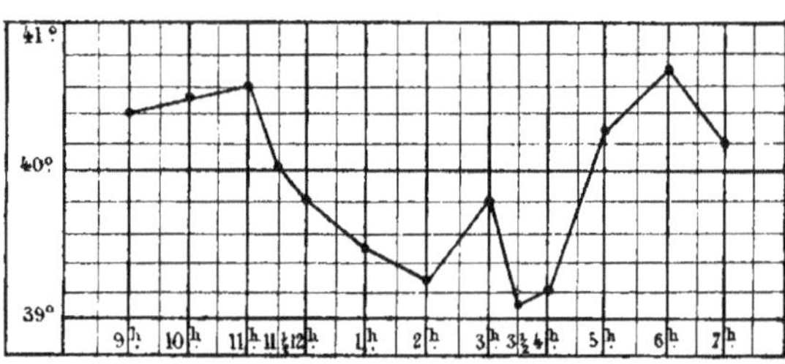

Tracé VII.

pirations. Le pouls est faible. La respiration est pénible, l'expiration entrecoupée. La toux persiste fréquente, quinteuse, et le jetage rouillé assez
abondant. La percussion dénote, dans le poumon droit, une zone de matité
qui en occupe la moitié inférieure. A ce niveau, on perçoit du râle crépitant
humide. Les battements du cœur sont un peu affaiblis et les deux bruits
atténués.

Le malade prend du lait et du barbotage; il touche à peine à l'avoine et laisse le fourrage. On ajoute au traitement trois injections sous-cutanées de 5 centimètres cubes d'éther, des frictions sinapisées sur les deux membres et 4 grammes de digitale. — La dose de sulfate de quinine est réduite à 12 grammes. Température, à neuf heures, 40°,4; à dix heures, 40°,5; à onze heures, 40°,6. — On donne 6 grammes de quinine. A onze heures et demie, T., 40°; à midi, 39°,8; à une heure, 39°5; à deux heures, 39°,3. Pas de phénomènes d'excitation. — A trois heures, T., 39°,8. Administration de 6 grammes de quinine. A trois heures et demie, T., 39°,1; à quatre heures, 39°,2. Dans l'heure qui suit, on note une brusque ascension : à cinq heures, T., 40°,3; à six heures, 40°,7; à sept heures, 40°,2. (Tracé VII.)

Le 29, le malade est très prostré; les membres antérieurs sont portés dans l'abduction; la tête est tenue basse, appuyée sur la mangeoire. Il prend 10 litres de lait, mais refuse les autres aliments. — T., 40°,2; R., 30. — Pouls très accéléré, difficilement perceptible. — La dyspnée est intense; l'expiration soubresautante. A droite, la matité est complète dans plus de la moitié inférieure du thorax; à l'auscultation on entend un fort souffle tubaire. — Traitement : Bicarbonate de soude; sulfate de quinine; digitale. Injections d'éther. — Après la deuxième administration de quinine, la température s'abaisse de 1°.

Le 30, l'état général est meilleur que la veille. La température oscille entre 39°,3 et 40°. La respiration est toujours précipitée et irrégulière. La matité et le souffle n'offrent pas de modifications. — Continuation du traitement. Après la première administration de sulfate de quinine, on note une légère élévation de la température. Après la seconde, la température descend de 1°,3 en une heure, puis remonte peu à peu.

Le 31, le mieux constaté la veille s'accentue. — T., le matin, 39°,5; R., 21; P., 63. — La zone de matité a diminué. A l'auscultation, on entend toujours le souffle tubaire. Le pouls reprend de la force. Le malade est plus gai que les jours précédents; il consomme un peu de fourrage.

Le 1er février, même état. T., le matin, 39°,7; R., 20. Persistance de la matité et du souffle bronchique. Signes d'asthénie cardiaque.

Le 2, on trouve le malade plus abattu. Faible, chancelant, il s'appuie contre les parois de sa stalle. — T., 39°,2; R , 33. Pouls très accéléré et petit. La matité est limitée au tiers inférieur du thorax. Le souffle tubaire est moins fort. — Le cheval ne touche pas à ses aliments et refuse même le lait. Dans la soirée, il se couche en décubitus latéral.

Le lendemain, on le trouve debout, en train de manger du foin. Il manifeste quelques velléités de défense quand on l'ausculte. La zone de matité est limitée à la partie inférieure du poumon droit; au-dessus de cette zone, on perçoit le râle crépitant de retour. — T., 38°,7; R., 15°; P., 80.

Le 4, T., 38°,2; R., 12; P., 64. La faiblesse du pouls persiste. On fait trois piqûres d'éther de 5 centimètres cubes et l'on donne en électuaire 4 grammes de digitale.

Le 5 et le 6, la température et la respiration sont normales. Le pouls est encore à 60, mais assez fort.

Les derniers troubles s'atténuent les jours suivants. Le 11 février, l'animal est guéri.

(Extrait de l'obs. r. p. M. Agier.)

CXLVI. — Cheval entier, six ans, entré le 10 mars 1899, malade depuis deux jours. Provient d'une écurie où règne la pneumonie contagieuse.

État actuel. — Prostré et frissonnant, le malade se tient à bout de longe. La bouche est chaude, la peau froide, les muqueuses fortement injectées.

— R., 24; P., 75 : T., 40°5. — La toux est forte et sèche. Peu de jetage. Les pressions digitales exercées au niveau des espaces intercostaux provoquent de la douleur. La respiration est irrégulière, l'expiration lente et entre-coupée. Submatité à la percussion dans le quart inférieur du poumon droit. A l'auscultation, disparition du murmure vésiculaire en cette région; à l'inspiration, quelques râles crépitants humides. Dans la partie supérieure de ce poumon et dans toute la hauteur de l'autre, murmure vésiculaire exagéré. — Le pouls est faible; les bruits du cœur, forts, sont troublés dans leur rythme; à des intervalles variables, on constate des intermittences dont la durée est d'une révolution.

Traitement. — Sinapisme; sulfate et bicarbonate de soude; eau-de-vie.

Le sinapisme provoque un œdème abondant. Quatre heures après son application, la température rectale est à 39°,8. L'appétit persiste. Le malade prend plusieurs barbotages et 8 litres de lait. — Le soir, pas de modifications notables. — T., 40°3.

Le 11, l'animal est plus abattu que la veille. La conjonctive est safranée. — R., 22; P., 76; T., 40°1. — L'inspiration est courte, l'expiration lente et entrecoupée. Matité dans la zone inférieure du poumon droit; à ce niveau, l'auscultation ne décèle aucun bruit. Au-dessus de la zone mate, le râle crépitant humide est plus accusé que la veille. Le pouls est à peine perceptible, les bruits du cœur sont forts. — On ajoute au traitement 15 grammes de sulfate de quinine en deux fois. L'administration de la première dose a produit un abaissement thermique de 1° à la troisième heure; deux heures plus tard, la température était revenue à son chiffre initial. — Le soir, même action de la quinine. Pas d'exacerbation vespérale; la température rectale n'a pas dépassé 40°.

Le 12, même état général. — R., 26; P., 72; T., 39°9. — La toux est suivie d'un léger rappel. Dans toute sa partie inférieure, jusqu'au niveau du sommet du coude, le poumon droit est silencieux. Au-dessus, crépitation aux deux temps de la respiration, surtout bien accusée à l'inspiration. Dans la partie supérieure de ce lobe et dans tout le poumon gauche, murmure vésiculaire exagéré. — Les bruits du cœur sont modifiés dans leur timbre et leur rythme : le premier bruit est fort, le deuxième affaibli; chaque trois ou quatre contractions, il y a une intermittence dont la durée est celle d'une révolution. — On ajoute au traitement 4 grammes de poudre de digitale. — Le sulfate de quinine produit les mêmes variations thermiques que la veille.

Le 13, le malade, très déprimé, refuse tout aliment. Les extrémités sont froides. — R., 28; P., 76; T., 39°8. — La zone de matité est stationnaire. A l'auscultation, les borborygmes s'entendent loin en avant. Plus de crépitation; léger souffle tubaire. Les intermittences cardiaques sont plus fréquentes; elles se produisent chaque deux ou trois systoles. Le pouls est faible, intermittent comme les battements du cœur. — L'urine contient 2 grammes d'albumine par litre.

La température extérieure étant douce et le temps ensoleillé, le sujet est sorti et laissé au plein air de midi à trois heures. A sa rentrée à l'écurie, il se met à manger; la respiration est moins accélérée, moins difficile. Le pouls est bon. La température est toujours à 39°7. Le sulfate de quinine, donné à la même dose que la veille, en deux fois, ne l'a pas sensiblement abaissée.

Le 14, état général meilleur. Le malade prend plusieurs barbotages, sa ration de foin et 8 litres de lait. — R., 22; P., 72; T., 39°6. — Mêmes signes stéthoscopiques et plessimétriques que la veille; toutefois, on entend par places quelques râles crépitants. Les irrégularités du cœur persistent. — Traitement : sulfate et bicarbonate de soude ; suppression de l'eau-de-vie, de sulfate de quinine et de la digitale.

Le 15, amélioration bien accusée. Le sujet est attentif à ce qui se passe dans l'écurie. — R., 20 ; P., 68 ; T., 39°4. — La respiration est plus libre. La zone de matité baisse. Le râle crépitant humide est perçu sur une large surface. La toux est grasse, suivie de rappel et accompagnée de jetage. Les intermittences, moins fréquentes, sont plus longues qu'au début. Leur durée est notablement supérieure à celle d'une révolution cardiaque. Le second bruit est toujours affaibli, parfois imperceptible. Il n'y a plus de matité ; encore quelques râles humides.

Le 16, l'amélioration s'accentue sans incident. — R., 18 ; P., 58 ; T., 38°9.

Les jours suivants, les derniers troubles s'effacent ; les intermittences du cœur s'espacent de plus en plus et disparaissent.

Le 25, le sujet part entièrement guéri.

(Extrait de l'obs. r. p. M. Hogard.)

CXLVII. — Jument, sept ans, entrée aux hôpitaux le 11 avril 1899. Provient d'une écurie où sévit la pneumonie contagieuse. Malade depuis trois jours. Elle ne prend qu'une partie de sa ration et tousse. Pas d'autres renseignements.

État à l'entrée. — La jument est courbaturée. L'œil est tiré dans l'orbite, à demi couvert par la paupière supérieure ; la conjonctive est hyperhémiée et infiltrée ; les extrémités sont froides. — R., 36 ; P., 84 ; T., 41°1. — Pouls assez fort. Toux rare ; provoquée par la pression de la gorge, elle est petite, sèche, quinteuse, avec léger rappel. Jetage rouillé assez abondant.. Matité dans la partie inférieure du poumon droit ; là, à l'auscultation, on perçoit des borborygmes, les bruits du cœur et quelques râles crépitants ; à la limite du tiers inférieur et du tiers moyen, on entend de la crépitation et des râles muqueux ; dans la région supérieure et dans tout le poumon gauche, le bruit vésiculaire est fort. Excepté la précipitation et la force des systoles, rien de particulier au cœur.

Traitement. — Saignée, sinapisme ; sulfate de quinine, 15 grammes ; bicarbonate de soude, 100 grammes. — Le soir, T., 40°6.

Le lendemain, la malade paraît moins abattue. — R., 36 ; P., 80 ; T., 40°5. — La percussion révèle une augmentation de la zone de matité, surtout en avant. A l'auscultation, on perçoit un léger souffle tubaire. Rien d'anormal dans le poumon gauche. — A 9 heures et demie, le thermomètre marquant 40°5, on donne 10 grammes de sulfate de quinine en électuaire. A 10 heures et demie et dans les deux heures qui suivent, T., 40°8 ; à 1 heure, 40°7 ; à 2 heures, 40°5 ; à 3 heures, 40°2 ; à 4 heures, 40°4. — On administre le second électuaire. A 4 heures et demie, T., 40°6 ; à 5 heures, 40°7 ; à 7 heures, 40°4 ; à 8 heures et demie, 40°2. — L'urine, de couleur très foncée, contient 2 grammes d'albumine par litre.

Le 13 avril, l'état général est mauvais. La malade s'est couchée sur le côté droit ; on a dû l'aider à se relever. — R., 36 ; P., 76 ; T., 40. — La muqueuse oculaire est toujours très injectée. La respiration est courte, plaintive. A la percussion et à l'auscultation du poumon, les signes physiques sont les mêmes que la veille, à part le souffle qui est plus fort. Les bruits du cœur sont affaiblis. — On fait dans la journée trois injections sous-cutanées de 10 grammes d'éther. On donne 15 grammes de sulfate de quinine en deux fois. Avant la première administration, à 9 heures et demie, T., 40° ; à 10 heures, 40° ; à 11 heures, 39°8 ; à midi, 39°6 ; à 1 heure, 39°5 ; à 2 heures 39°4. — La jument se couche ; elle se relève au bout d'une heure. A ce moment, la température est de 40°3; à 4 heures, de 40°6. On donne le second électuaire. T., à 5 heures, 40°4; à 6 heures, 40°5; à 8 heures et demie, 40°2.

Le 14, même état général. — T., 39°3. — La respiration est toujours très accélérée et plaintive. La matité est stationnaire ; le souffle tubaire est fort. — Rien dans le lobe pulmonaire gauche.

On note des signes de fatigue cardiaque, des intermittences irrégulières. Le second bruit est atténué, presque effacé à certains moments. — La malade prend la plus grande partie de ses aliments. On ajoute au traitement 5 grammes de digitale. — A 9 heures, la température étant à 39°3, on donne 8 grammes de sulfate de quinine. T., à 10 heures, 38°9 ; à 11 heures, 38°8 ; à midi, 38°6 ; à 1 heure, 39°1 ; à 3 heures, 39°. — A 4 heures, administration du second électuaire de 8 grammes de quinine. A 5 heures et demie, T., 39°1 ; à 6 heures, 39° ; à 8 heures, 39°. La jument, très faible, s'est couchée plusieurs fois dans la journée. — On a fait trois injections sous-cutanées de 10 grammes d'éther.

Le 15, la malade est toujours très abattue. T., 39°4-39°8 ; R., 48 ; P., 76. A la percussion, la matité persiste dans la moitié inférieure du poumon droit, toutefois atténuée par places ; au niveau des dixième et onzième côtes, à mi-hauteur du thorax, sur une surface large comme la paume de la main, la résonance est tympanique. A l'auscultation, on perçoit des râles crépitants dans la partie postérieure du poumon, et des râles muqueux à la partie moyenne. Rien d'anormal à l'auscultation du lobe gauche. — Le premier bruit du cœur a un timbre métallique ; le second est sourd. La toux reparaît forte, sonore. Il y a un peu de jetage blanchâtre. — 4 grammes de poudre de digitale, 100 grammes de bicarbonate de soude; 100 grammes d'eau-de-vie ; lavements crésylés.

Le 16, T., 39°4. La respiration est moins accélérée, mais toujours courte et plaintive. Râles crépitants dans les deux tiers supérieurs du poumon droit; dans le tiers inférieur, on n'entend que les bruits du cœur. La toux est fréquente. — Dans la soirée, la malade se couche sur le côté droit et manifeste des phénomènes d'excitation qui font craindre une issue fatale. On la relève et on la place sur un appareil de soutien.

Le 17, R., 30 ; T., 39°8. Dans toute la hauteur du poumon droit, on entend de la crépitation et, par places, un bruit de liquide. Les systoles cardiaques sont à peine perceptibles. Le pouls est incomptable.

Même traitement que la veille. La ration de foin est prise en entier; les barbotages sont refusés. L'urine est toujours albumineuse.

Le 18, la faiblesse est extrême. T., 39°6. L'auscultation du poumon droit révèle le même bruit de liquide que la veille. La malade semble souffrir des membres postérieurs. A 9 heures, on la sort; elle se déplace difficilement ; le membre postérieur droit est paralysé ; ses rayons fléchissent, l'appui se fait sur le boulet. Les troubles sont ceux de la paralysie du grand sciatique. La jument refuse d'avancer et s'appuie contre le mur. La sensibilité est abolie dans toute la hauteur du membre, sauf dans la région innervée par le fémoral ; elle est intacte dans le membre gauche et dans les autres régions du train de derrière. — A 3 heures, la malade est couchée sur le côté gauche, en proie à une assez vive agitation; la respiration est plaintive. — Mort dans la nuit.

Nécropsie. — Muscles pâles. Mésentère et épiploon congestionnés; foie volumineux, friable, de teinte lavée ; rate et reins normaux.

Dans les plèvres, un peu de sérosité jaunâtre. Le poumon droit ne s'affaisse pas; il adhère par son lobe antérieur à la plèvre costale, et par sa partie postéro-inférieure au médiastin. Il offre les lésions de la pneumonie lobulaire. Suivant les points, sa teinte est noire, bleuâtre, rouge foncé, rouge clair on grisâtre, teintes correspondant à des foyers d'hépatisation, à de l'œdème ou à de l'emphysème. La palpation y révèle des parties denses, hépatisées, et des zones ou des bandes dépressibles où le tissu pulmonaire n'est pas enflammé. Les coupes montrent, en haut et en arrière, quelques foyers emphysémateux, des parties congestionnées et d'autres œdématiées ; — dans la région moyenne, de l'hépatisation, des foyers purulents et de l'œdème. L'un des abcès renferme un îlot nécrosé des dimensions d'une orange. Quelques bronchioles sont obstruées par des caillots fibrineux. — Le poumon gauche est indemne. — Les foyers hépatisés du lobe droit sont polymicrobiens. Le microscope y décèle principalement des streptocoques et des staphylocoques.

Le cœur est volumineux, ecchymosé le long des sillons vasculaires, particulièrement à la base des ventricules. Il est décoloré, jaunâtre dans la plus grande partie de la surface du ventricule gauche, notablement moins sur le ventricule droit. Les coupes apparaissent avec des teintes rouge foncé, rouge pâle ou jaunâtre. A la section du ventricule gauche, ce qui est surtout frappant, c'est la décoloration du myocarde, dont la teinte est jaune grisâtre, avec quelques taches ecchymotiques dans l'épaisseur du muscle, sous l'endocarde et sous le péricarde. Son tissu est infiltré ; les coupes sont recouvertes d'un enduit visqueux. Les lames de la mitrale sont intactes ; les sigmoïdes aortiques sont épaissies, infiltrées, marquées de quelques taches rouge clair sur leur base ; on y perçoit plusieurs petits ilots durs, fibreux, antérieurs à l'affection pulmonaire. Rien sur l'endocarde et les appareils valvulaires du cœur droit. — Le nerf grand sciatique droit, mis à nu dans toute sa hauteur, présente par places, dans sa partie supérieure, quelques points hémorrhagiques. La moelle parait indemne. — L'examen bactériologique des tissus cardiaque et nerveux n'y a pas révélé la présence de microbes, et l'ensemencement de ces tissus sur gélatine et sur agar est resté stérile.

(Extrait de l'obs. r. p. M. DECAUX.)

Remarque. — Chez les chevaux atteints de pneumonie, le sulfate de quinine, administré à la dose de 5 à 10 grammes suivant la taille des sujets, dose que l'on peut répéter deux fois dans la journée, provoque en général un abaissement momentané de la température. Les doses excessives déterminent des phénomènes d'excitation et de l'hyperthermie, comme chez le malade de l'observation CXLV, qui était de taille moyenne et pour lequel les doses de 10 grammes étaient trop fortes.

CXLVIII. — Cheval entier, six ans, acheté il y a six semaines, entré à l'hôpital le 29 avril 1899.

Provient d'une écurie où les cas de pneumonie sont fréquents.

Atteint d'entérite aiguë au commencement d'avril, il a été laissé près de trois semaines à l'écurie. Le 27 avril, il présente des symptômes qui font craindre une pneumonie. On nous l'envoie deux jours plus tard.

État actuel. — Attaché dans la stalle qui lui est affectée, le sujet se montre très abattu et se tient à bout de longe, la tête basse, les paupières à demi fermées. La conjonctive est jaunâtre, la bouche chaude et humide, l'artère tendue, le pouls faible. Toux petite, quinteuse, avec léger rappel. Rien à l'auscultation ni à la percussion. R., 26 ; P., 68 ; T. 40°5.

Traitement. — Sinapisme (qui provoque un abaissement thermique de 8 dixièmes de degré) ; eau-de-vie, bicarbonate de soude ; injection de 250 grammes d'eau salée ; lavements créolinés tièdes.

Le 30, l'état est plus grave : torpeur, anorexie muqueuses injectées, liséré gingival. R., 35 ; P., 75 ; T., 40°4. A l'auscultation, le murmure vésiculaire s'entend dans toute la hauteur des deux lobes. Pas de bruits anormaux. Rien de particulier au cœur, à part l'accélération des battements. — Le soir, T. 40°6.

Le 1er mai, même état général que la veille. R., 32 ; P., 75 ; T., 39°9. Conjonctives safranées, pouls affaibli, jetage rouillé abondant, respiration dyspnéique, expiration plaintive. Toux fréquente avec rappel. — A gauche, zone de matité atteignant la ligne du coude ; à l'auscultation, on y perçoit de la crépitation et un léger souffle tubaire. — A droite, submatité à la partie inférieure du thorax ; pas de bruits anormaux. Systoles cardiaques fortes, un peu irrégulières. — Même traitement et digitale. Injection de 500 grammes d'eau salée à 8 p. 1000. Dans les heures qui suivent, la température baisse de quelques dixièmes. — Le soir, R., 35 ; P., 84 ; T., 40°4.

Le 2, l'état général est toujours mauvais et l'anorexie presque absolue. Toux fréquente et jetage rouillé. Pouls faible. La matité, notablement aug-

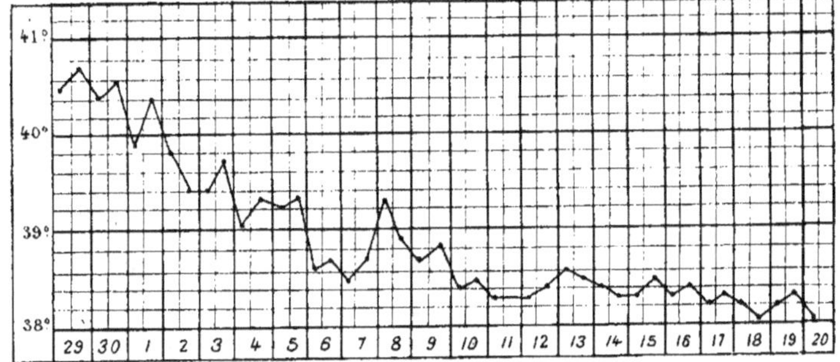

Tracé VIII.

mentée à gauche, atteint le tiers moyen du thorax à droite. Fort souffle tubaire à l'inspiration et à l'expiration. R., 40 ; P., 80 ; T. 39°7. — Dans l'après-midi, le cheval est sorti et laissé plusieurs heures au plein air. — L'examen bactériologique du jetage y décèle plusieurs microbes, mais principalement deux streptocoques, dont l'un prend le Gram. — Dans la soirée, la circulation est très accélérée, le pouls faible, la respiration dyspnéique, le facies anxieux. Injection de 400 grammes d'eau salée et de 20 centimètres cubes d'éther ; friction sinapisée sur le thorax et les membres. — A 7 heures, T. 39°4. Nouvelle injection sous-cutanée d'éther.

Le 3, même état général que la veille. R., 44 ; P., 82 ; T. 39°4. Le jetage a disparu, la conjonctive est rouge foncé, le pouls difficilement perceptible. Matité augmentée des deux côtés. Résonance tympanique à gauche. Aux deux temps de la respiration et des deux côtés du thorax, fort souffle tubaire. Bruits cardiaques affaiblis. — Même traitement. Injection de 10 centimètres cubes d'éther. Le matin et le soir, le cheval est laissé plusieurs heures hors de l'écurie, par un temps doux. L'urine ne contient ni albumine, ni pigments biliaires.

Le 4, R., 44 ; P., 84 ; T., 39°. État général meilleur. Le malade est moins déprimé. Pour la première fois depuis son entrée, il s'alimente volontiers. Le souffle tubaire persiste ; de même la résonance tympanique à droite. On constate un peu d'œdème aux membres postérieurs. — Même traitement. — Le soir, R., 40 ; P., 80 ; T., 39°2.

Le 5, l'accélération des mouvements respiratoires contraste avec l'amélioration des phénomènes généraux. R., 50 : P., 88 ; T., 39°2. La matité et la sonorité tympanique subsistent. Le souffle tubaire est moins fort. On entend de la crépitation et quelques gros râles muqueux. — De petits abcès sous-cutanés se développent en diverses régions. — Même traitement. — Le soir, R., 60 ; P., 78 ; T., 39°3.

Le 6, les symptômes pulmonaires sont toujours accentués, mais le malade prend volontiers les aliments qu'on lui donne. La conjonctive est rosée, le pouls faible. La respiration est plus régulière. R., 42 ; P., 70 ; T., 38°6. — Des deux côtés de la poitrine, l'auscultation décèle du souffle tubaire et de la crépitation. A la percussion, matité avec résonance tympanique. — Le soir, R., 42 ; P., 70 ; T., 38°7.

Le 7, la matité a presque disparu à gauche. A l'auscultation, on y entend encore des râles crépitants et sibilants. A droite, on perçoit le souffle tubaire et de la crépitation. Les systoles cardiaques sont régulières, assez fortes, et le pouls est bon. R., 38,7 ; P., 72 ; T., 38°5.

Le 8, état général excellent. A l'auscultation, le souffle tubaire a disparu ; des deux côtés on entend de la crépitation diffuse et des râles bronchiques. R., 34 ; P., 74 ; T., 39°3. On réduit le traitement à l'administration de sulfate et de bicarbonate de soude.

Le 13, la respiration est encore à 26°, le pouls à 14, et la température se maintient un peu au-dessus de 38°. Les 14 et 15, les mouvements respiratoires diminuent de fréquence. Les jours suivants, les derniers troubles s'effacent. Le 18, la température est à 38°.

Une semaine après sa sortie, ce cheval nous a été ramené. Il avait, comme accident métapneumonique, un abcès profond du garrot. Le pus contenait des streptocoques.

(Extrait de l'obs., r. p. M. Royer.)

CXLIX. — Cheval hongre, cinq ans, entré le 15 mars 1899.

Depuis quelques jours, il est abattu, mange peu et tousse fréquemment. Il a été traité pour une « fluxion de poitrine » au printemps de 1898.

État actuel. — Le malade est courbaturé ; la conjonctive est safranée ; la respiration et la circulation sont accélérées. Toux forte et grasse. La percussion du thorax ne décèle pas de matité. A l'auscultation on entend quelques râles crépitants humides dans la partie inférieure du lobe gauche. Les bruits du cœur sont normaux ; le pouls est bon. L'animal consomme lentement sa ration. R., 25 ; P., 70 ; T. 41°2.

Traitement. — Injection dans la jugulaire de 20 centimètres cubes d'une solution iodée à 1 p. 100. — Le soir, à 7 heures, R., 27 ; P., 60 ; T. 41°4.

Le lendemain, R., 27 ; P., 60 ; T. 40°8. Submatité et râle crépitant dans la partie inférieure du poumon gauche. Rien à droite. — On fait dans la journée trois injections intra-veineuses de 10 centimètres cubes de la solution iodée. L'animal mange lentement son avoine et son foin. — Le soir, R., 32 ; P., 65 ; T., 41°3.

Le 17, R., 30 ; P., 67 ; T., 40°5. Dans le tiers inférieur du poumon gauche, zone de matité limitée par une ligne oblique en bas et en arrière ; on y entend un léger souffle tubaire et, vers la partie supérieure, de la crépitation. L'appétit est conservé. Même traitement que la veille. — Le soir, R., 34 ; P., 70 ; T. 41°.

Le 18, R., 82 ; P., 65 ; T., 40°3. Le malade est moins déprimé que les jours précédents. La zone de matité augmente. Souffle tubaire fort. Plus de crépitation. Bruits du cœur affaiblis, mais réguliers. Toux fréquente et forte, sans rappel. Muqueuses un peu injectées. — On fait deux injections] intraveineuses de 15 grammes de la solution iodée. — Le soir, R., 37; P., 70; T., 40°4.

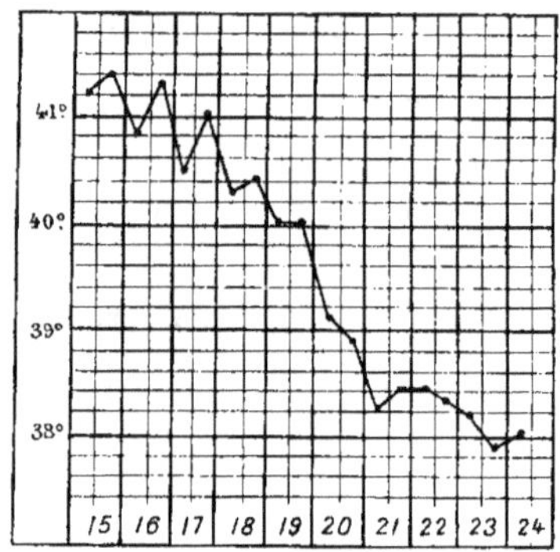

Tracé IX.

Le 19, R., 35; P., 68; T., 40°. Matité dans la moitié inférieure du poumon gauche. Le souffle tubaire persiste fort. Le cœur bat régulièrement; le pouls est un peu affaibli. La respiration s'accélère dans la journée. L'animal s'intéresse à ce qui se passe autour de lui. Il ne laisse rien de sa ration. — Même traitement. — Le soir, R., 50; P., 66; T. 40°.

Le 20, R., 45; P., 62; T., 39°1. La zone de matité est stationnaire. Le souffle subsiste. Le pouls est petit; la conjonctive a une teinte un peu safranée. Appétit conservé. — Même traitement. — Le soir, R., 35; P., 60; T., 38°9.

Le 21, R., 35; P., 52; T., 38°2. La matité baisse. Le souffle tubaire est moins fort. Râle crépitant de retour. Le pouls a repris de l'ampleur et de la force. Le malade est promené un quart d'heure. — Même traitement. — Le soir, R., 37; P., 50; T. 38°4.

Le 22, R., 33; P., 43; T., 38°4. La matité a presque disparu. A l'auscultation, on ne perçoit plus qu'un faible souffle tubaire et quelques râles crépitants. Promené au soleil dans l'après-midi, le malade est gai, vif et marche franchement. Rentré, il mange de bon appétit. — Même traitement. — Le soir, R., 34; P., 43; T., 38°3.

Le 23, R., 30; P., 40; T., 38°2. Encore quelques râles crépitants. Pas de troubles cardiaques. L'animal se couche dans la journée, mais il se lève à la moindre injonction. — On supprime le traitement iodé. On donne 50 grammes de bicarbonate de soude dans la boisson. — Le soir, R., 30; P., 45; T., 38°.

Le 24, R., 22; P., 40; T., 38°. L'auscultation ne révèle plus de bruits anormaux.

Pas de phénomènes consécutifs notables.

(Extrait de l'obs., r. p. M. Mocquart.)

ANASARQUE.

CL. — Cheval entier, six ans, présenté à la consultation le 5 mars 1897. — Atteint d'une bleime interne au membre antérieur droit.

On amincit la barre et la branche de la sole. Le pied referré, on applique un pansement au goudron.

Le 10 mars, ce cheval nous est ramené. Depuis l'avant-veille, les quatre membres sont tuméfiés, œdémateux.

État actuel. — Les engorgements, assez volumineux, remontent jusqu'au niveau des coudes et des grassets, où ils sont nettement délimités par un fort bourrelet. La pituitaire est couverte de pétéchies. Pas d'œdème de la face. La marche est pénible; les membres sont portés en avant sans flexion. L'appétit est conservé. T., 38°,4.

Dans l'écurie d'où provient ce malade, il y aurait eu depuis trois ans quatre cas d'anasarque, dont trois terminés par la mort.

Traitement. — Injection, dans le tissu conjonctif de l'encolure, de 100 grammes de *sérum normal de cheval*. — Les cinq jours suivants, injection de 125-150 grammes de ce sérum à l'encolure, au niveau des muscles olécraniens et au poitrail.

Le 16, l'œdème des membres antérieurs a diminué; celui des membres postérieurs est stationnaire. Peu de fièvre; hyperthermie de quelques dixièmes de degré seulement. Appétit conservé. — Continuation du traitement.

Le 19, l'engorgement des quatre membres est en voie de résorption. Léger jetage blanchâtre bilatéral, qui persiste pendant une semaine. — On alterne, jour par jour, l'injection de sérum et le bicarbonate de soude donné dans la boisson à la dose de 50 grammes.

Sortie le 31 mars. L'œdème des membres est complètement résorbé.

CLI. — Cheval hongre, dix ans, entré le 10 décembre 1897.

Frappé de paraplégie il y a un mois. Atteint ensuite de fièvre typhoïde. Porte encore les traces d'une saignée à la jugulaire et d'une application vésicante sur la région dorso-lombaire.

Laissé à l'écurie depuis le 25 novembre. Le 9 décembre, on constate les symptômes de l'anasarque. Amené à l'École dans la soirée du lendemain.

État actuel. — Les membres sont œdématiés jusqu'au niveau du tiers supérieur de l'avant-bras et de la jambe. Plaques d'œdème sur la face gauche du poitrail et sur la face droite de l'abdomen. Tuméfaction œdémateuse de la moitié inférieure de la tête : le nez et le chanfrein, les lèvres, les joues, sont fortement infiltrés. Jetage bilatéral strié de sang. Sur la pituitaire, ecchymoses noirâtres, presque partout confluentes. La respiration, à 60 par minute, est bruyante. T., 39°,7.

Traitement. — Avec l'aiguille du thermo-cautère, on applique sur l'engorgement de la tête une trentaine de pointes perforantes par lesquelles s'écoule une abondante sérosité rougeâtre. Injection de 150 grammes de *sérum normal de cheval*; 200 grammes de sulfate de soude et 100 grammes d'eau-de-vie dans la boisson. — Dans la nuit, la difficulté de la respiration augmente. On doit pratiquer la trachéotomie provisoire.

Le 11, même état général. La respiration, devenue libre, est beaucoup moins accélérée que la veille. T., 39°. Dans la journée et le lendemain, on fait trois injections de 50 grammes de sérum normal.

Le 13, la tête et les membres antérieurs sont moins tuméfiés. La plaque œdémateuse du thorax est en voie de résorption; celle de l'abdomen a gagné le fourreau, tout en conservant son volume. Une assez large zone d'œdème est développée autour de la plaie de trachéotomie. T., 39°-39°,5. — Continuation des injections de sérum.

Les trois jours suivants, l'œdème de la tête continue à diminuer; les engorgements des membres sont stationnaires; la plaque de l'encolure glisse vers le poitrail et augmente de dimensions ; de même celle de l'abdomen s'avance sous le thorax. T., 38°,5-38°,8.

Le 17, les engorgements du train antérieur ont beaucoup diminué ; ceux des membres postérieurs et celui de l'abdomen sont aussi moins volumineux. On ôte le tube trachéal. On lave la peau avec la solution iodée au 1/5°. T., 39°-39°,3. — On ajoute au traitement l'administration quotidienne de 60 grammes de bicarbonate de soude.

Le 22, la résorption des œdèmes est à peu près complète. T., 38°. On cesse les injections de sérum. — Le malade est promené matin et soir.

Une semaine plus tard, il sort entièrement guéri.

CLII. — Cheval entier, huit ans, entré le 18 décembre 1897, pour une bronchite. Atteint ensuite d'une pneumonie double, à allure insidieuse, mais nettement caractérisée par de la crépitation humide, du souffle tubaire bilatéral et de la matité dans une assez grande hauteur des deux lobes pulmonaires.

La pneumonie a débuté le 8 janvier. Le 22, la température oscille encore entre 39° et 39°,6. La toux persiste, ainsi qu'un jetage muco-purulent bilatéral dans lequel l'examen bactériologique décèle des streptocoques et quelques staphylocoques. L'appétit est irrégulier. La percussion accuse de la matité au niveau de la partie antérieure du lobe droit. Là, à l'auscultation, on perçoit des râles humides. — On croit à l'existence d'un ilot de pneumonie chronique. On prescrit un traitement dont les principaux agents sont l'iodure de potassium et l'essence de térébenthine.

Jusqu'au 26, l'état va s'améliorant.

Le 27, les membres postérieurs sont engorgés et une plaque d'œdème de la largeur de la main est observée sur la face droite de l'abdomen. Quelques pétéchies sur la pituitaire. T.,38°,9 ; R., 17 ; P., 40.

Traitement. — Injection sous-cutanée de 100 grammes de *sérum normal de cheval.*

Le 28, état général mauvais: inappétence. L'engorgement des membres postérieurs a augmenté ; il est limité à la partie supérieure de la jambe par un fort bourrelet. T., 40°-39°8 ; R., 23 ; P., 43. Même traitement.

Le 29, œdème des membres antérieurs et de la partie inférieure de la tête. La respiration est sifflante. T. 39°,7-40° ; R., 18 ; P., 40.

Pendant trois jours, on injecte 200 grammes de sérum. L'état est stationnaire jusqu'au 1er février.

Le 2, l'œdème de la face a diminué ; la respiration se fait librement. L'appétit est bon. T. 39°,5-40° ; R., 20-24 ; P., 45.

Les jours suivants, les engorgements sont moins volumineux. Continuation des injections.

Le 5, l'œdème de la face a disparu ; ceux des membres et du ventre diminuent. On donne dans la boisson 50 grammes de bicarbonate de soude.

Le 9, les engorgements sont presque complètement résorbés. T., 38°,4-39°,3 ; R., 15 ; P., 42. On n'injecte plus que 100 grammes de sérum. On donne tous les jours, dans la boisson, 50 grammes de bicarbonate de soude.

Quelques eschares du scrotum s'éliminent.

Le 17, le cheval est guéri.

TÉTANOS.

CLIII. — Cheval entier, trois ans, entré le 4 novembre 1896.

État actuel. — Contractures surtout accusées aux muscles du cou; tête tendue sur l'encolure ; léger trisme ; globes oculaires en partie recouverts par les corps clignotants, oreilles redressées et immobiles ; queue horizontale ; membres raides. R., 30 ; P., 50 ; T., 38°,5.

Pas de plaie apparente sur la peau ni sur les muqueuses. Sur la face antérieure du boulet postérieur droit, cicatrice résultant d'une blessure qui date de six mois. Aux quatre pieds, la fourchette est échauffée.

Traitement. — On nettoie les fourchettes, on en cure la lacune médiane, on en badigeonne le fond à la teinture d'iode et on les recouvre de goudron.

Le malade est placé dans un box dont les fenêtres sont garnies de couvertures. Tous les jours, 100 grammes de sulfate de soude, 40 grammes de bicarbonate de soude et 10 grammes d'iodure de potassium dans les boissons. Lavements iodés et chloralés.

Les quatre jours suivants, état stationnaire. T. 38°-38°,5.

Le 9, les membres postérieurs sont un peu moins raides. Les lavements sont suivis d'efforts expulsifs assez violents. On les supprime.

Jusqu'au 15, pas de changement notable. Le malade consomme chaque jour une bonne partie de sa ration.

Le 16, état plus grave. T., 39°,8 ; P., 52 ; R., 28. — On craint une pneumonie de déglutition. L'auscultation et la percussion du thorax ne révèlent rien d'anormal. La région de la gorge est un peu douloureuse à la pression. L'animal laisse la plus grande partie de ses aliments.

Du 17 au 20, en donne chaque jour 100 grammes d'eau-de-vie dans la boisson et trois fumigations antiseptiques. Mêmes troubles et quintes de toux.

Le 21, léger jetage muco-purulent bilatéral ; ganglions sous-glossiens tuméfiés et sensibles. T., 39°,6.

Le 22, le jetage est plus abondant ; la pituitaire est rouge foncé. La tumeur formée par les ganglions de l'auge est fluctuante. T., 39°,5 ; R., 22 ; P., 56. — Ponction de l'abcès ganglionnaire et détersion de la cavité avec une solution phéniquée.

Le lendemain, l'état général est meilleur. Les mouvements de l'encolure et de la tête sont plus libres. Le malade ne laisse qu'un peu de foin. T. 39°,2 ; R., 28 ; P., 78.

Les jours suivants, les derniers symptômes d'angine disparaissent et les contractures s'atténuent de plus en plus.

Le 28, il y a encore un peu de raideur des oreilles et de la queue.

Le 30, la guérison est complète.

CLIV. — Cheval entier, dix ans, entré le 3 février 1897.

Depuis trois semaines, ce cheval porte, au bord supérieur de l'encolure, une blessure faite par le collier. Attelé le 3 février, il a travaillé toute la matinée ; vers deux heures de l'après-midi, son conducteur a remarqué de la raideur dans les mouvements et de la gêne de la respiration. Il l'a conduit chez un vétérinaire, qui a reconnu le tétanos. — Le malade est amené à Alfort dans la soirée.

État actuel. — A son arrivée, les symptômes du tétanos sont nettement accusés. La démarche est embarrassée, les mouvements du train postérieur sont particulièrement difficiles ; l'encolure est raide, la tête tendue, la queue horizontale. Léger trismus. T., 38°,3. — Pas d'autre plaie apparente que celle de l'encolure.

Traitement. — Le malade est immédiatement placé dans un box obscur. Désinfection de la plaie avec l'eau phéniquée à 5 p. 100 et la teinture d'iode. 100 grammes de sulfate de soude et 50 grammes de bicarbonate de soude dans la boisson. Lait. — Bien que la mastication soit gênée, le cheval consomme les aliments qu'on lui donne.

Le lendemain, l'état est un peu aggravé ; la respiration, normale la veille, est accélérée et courte. T., 38°,4. — Même traitement et injection sous-cutanée de 250 grammes d'eau salée à 8 p. 1 000, que l'on répète les jours suivants. — A partir du 5, pas d'hyperthermie.

Le 9, on note une légère amélioration. La marche est moins gênée, l'encolure moins tendue, les naseaux moins dilatés, la respiration moins fréquente et plus facile. Les injections de sérum artificiel provoquent d'assez vives réactions. On les continue néanmoins jusqu'au 14.

Du 15 au 25, la médication est réduite à 150 grammes de sulfate et 50 grammes de bicarbonate de soude. Le mieux ne s'accuse que lentement.

Du 25 au 30, on recommence les injections de sérum, mais elles donnent lieu à de si vives réactions qu'on doit les abandonner. De nouveau on se borne à additionner les boissons de sulfate et de bicarbonate de soude.

Dans les premiers jours de mars, la résolution s'accentue. Le 10, l'animal est guéri.

CLV. — Jument, onze ans, entrée le 15 octobre 1897. — A fait une chute dans Paris le 25 septembre ; elle s'est blessée à l'avant-bras et au genou antérieurs droits. — Le 14 octobre, les symptômes du tétanos apparaissent.

On transporte la jument à l'École le lendemain dans la matinée.

Il y a de légères contractures généralisées et un peu de trismus. La température est normale. La malade peut encore s'alimenter.

Traitement. — Désinfection des plaies du genou et de l'avant-bras avec une solution de crésyl à 3 p. 100, ensuite à la teinture d'iode. Injection dans la jugulaire de 250 grammes d'une solution salée tiède à 10 p. 1 000 ; 150 de sulfate et 60 de bicarbonate de soude dans la boisson. Lavements de chloral.

Les deux jours suivants, état stationnaire. Il y a 20 respirations par minute. T., 38°-38°,4. La malade prend du barbotage, du foin et de l'avoine. — Même traitement.

Le 18, le trismus est un peu plus prononcé. T. 38°,2-38°,5. Injection souscutanée de 300 grammes de sérum artificiel.

Ces injections, la médication interne et le traitement local sont continués jusqu'au 26. Ce même jour, l'amélioration est manifeste. L'animal devenant difficile à approcher, on cesse les injections et les lavements.

Jusqu'au 12 novembre, on donne dans les boissons une dose quotidienne de 30 à 50 grammes de bicarbonate de soude, et de temps à autre 100 à 150 grammes de sulfate de soude. A cette date la guérison est complète.

Sortie le 15 novembre.

CLVI. — Cheval hongre, douze ans, entré le 29 novembre 1896.

Castré il y a quatre mois ; l'une des plaies s'est fistulisée. Blessé il y a huit jours dans le creux du paturon postérieur gauche par un fragment de verre.

Le 29 novembre, le propriétaire s'aperçut que son cheval marchait difficilement ; la tête était immobile sur l'encolure, la queue horizontale, les membres raides. Il le fit transporter à l'École.

État actuel. — Le malade présente les symptômes du tétanos aigu. Les contractures sont intenses et généralisées ; raides et écartés dans l'attitude immobile, les membres sont portés en avant sans flexion pendant la marche ; la queue est relevée ; la tête est fortement tendue sur le cou, les oreilles sont droites et immobiles, le corps clignotant recouvre en partie le globe de l'œil ; le trismus est très accusé. L'animal fait d'inutiles efforts pour déglutir sa salive, qui tombe de la bouche en longs filaments. Les diverses causes d'excitation provoquent des paroxysmes. T., 39°,3 ; R., 78 ; P., 85. — Dans le paturon postérieur gauche existe une plaie longue de quelques centimètres, à bords contus.

Traitement. — Désinfection des plaies avec la teinture d'iode diluée ; immersion du pied dans une solution de sublimé à 1 p. 1 000 ; pansement iodoformé ouaté sur le paturon. — Le malade est ensuite placé dans un box obscur. — Lavements alimentaires. — A neuf heures du soir, injection, dans la jugulaire, de 5 grammes d'*antitoxine sèche* de Behring, dissoute dans 45 grammes d'eau tiède stérilisée. — Mort le lendemain matin.

Autopsie. — Lésions de l'asphyxie, Funiculite suppurée ; le bout du cordon testiculaire gauche est tuméfié, du volume d'un œuf, creusé de petits foyers purulents.

CLVII. — Cheval hongre, quatre ans, castré le 27 novembre 1896 dans la banlieue nord de Paris. L'opération fut pratiquée par les casseaux à testicules couverts, non sans quelques précautions antiseptiques. Les jours suivants on fit trois fois par jour, sur les plaies, des aspersions avec la solution de sublimé à 1 p. 1 000.

Le 4 décembre, on enleva les casseaux. Le lendemain, assez fort engorgement de la zone génitale, qui diminue au bout de quelques jours. Peu de suppuration aux plaies.

Jusqu'au 20 décembre, rien d'anormal. Le lendemain matin, on constate les symptômes du tétanos. Le cheval est transporté à Alfort.

État actuel. — Contractures généralisées, queue horizontale ; tête immobile dans l'extension, oreilles droites, corps clignotant recouvrant en partie le globe de l'œil, trismus. Respiration accélérée ; on compte de 32 à 36 inspirations par minute. T. 38°.

Traitement. — Le malade est placé dans un box. Toutes les précautions sont prises pour le mettre à l'abri de la lumière, du froid, des bruits du dehors. Désinfection des plaies. Morphine et chloral. — Pendant la journée et la nuit, les symptômes s'exagèrent.

Le 21 au matin, la peau est couverte de sueur. L'hyperesthésie est très accusée ; l'ouverture du box, les bruits, les attouchements, provoquent des accès. R., 36 ; P., 46 ; T., 38°,2.

On injecte dans la jugulaire 5 grammes d'*antitoxine sèche* de Behring dissoute dans 45 grammes d'eau tiède stérilisée. Pendant la journée, le malade prend le lait et le barbotage qu'on lui présente. Le soir, P., 48 ; R., 36 ; T., 38°5.

Le 22, l'état est plus grave. Il y a de 70 à 80 respirations par minute au moment des accès. On donne dans la boisson 5 grammes d'extrait aqueux de belladone et 150 grammes de sulfate de soude. Injection de morphine et lavements de chloral.

Le 23, les contractures et le trismus ont encore augmenté. La déglutition est impossible. — Même traitement que la veille. — Mort dans la nuit.

Autopsie. — Lésions de l'asphyxie.

CLVIII. — Cheval hongre, neuf ans, entré le 6 mai 1899, atteint de tétanos depuis deux jours.

Provient d'une localité de la banlieue Est de Paris. A fait une chute il y a un mois et s'est couronné.

État actuel. — L'animal se tient immobile, les membres raides, un peu écartés, la tête étendue sur l'encolure. La marche est relativement facile. La physionomie est anxieuse, l'œil fixe, les naseaux dilatés. Les oreilles sont rapprochées, rigides, et la queue relevée. Sous l'influence des moindres excitations, le corps clignotant apparait au-devant du globe oculaire. Mastication lente et légère dysphagie ; trismus peu accusé. — Sur la face antérieure du genou gauche existe une cicatrice circulaire du diamètre d'une pièce de cinquante centimes.

T., 38°8-39°1 ; R., 28-30 ; P., 60-66.

Traitement. — L'animal est placé dans un box obscur. Alimentation : ait, barbotage, foin, avoine. On additionne les boissons de bicarbonate de soude. On fait une injection sous-cutanée de 20 centimètres cubes d'une émulsion de substance cérébrale de chien, et deux injections intra-veineuses de 10-20 centimètres cubes d'une solution iodo-iodurée à 1 p. 100. — Continué du 6 au 15 mai, ce traitement n'a pas exercé d'action manifeste sur la température, la circulation, la respiration et les contractures; toutefois, dans l'heure qui suivait les injections iodées, on remarquait généralement des signes de moindre excitabilité.

Le lendemain, pas de modifications notables. Assez forte constipation. Mictions fréquentes, pénibles. — On ajoute à la boisson 200 grammes de sulfate et 60 grammes de bicarbonate de soude.

Le 7, la tension de l'encolure et le trismus sont moins accusés; la déglutition est plus facile. T., 38°1-38°7; R., 28-32; P., 60-66.

Le 8, l'amélioration persiste. T., 38°-38°9; R., 22-30; P.. 60-62.

Le 9, même état. Le malade va et vient dans son box. L'œil est encore en partie recouvert par le corps clignotant. T., 38°-38°4 ; R., 25-32 ; P., 60-64.

Du 10 au 18 mai, l'état est des plus satisfaisants. Les symptômes s'atténuent lentement. T., 37°9-38°6 ; R., 25-28; P., 52-60.

A partir du 15, on ne fait qu'une injection quotidienne de 10 centimètres cubes de la solution iodée.

Le 19 mai, on cesse le traitement iodé. Le jeu des mâchoires est normal. Il n'y a plus qu'une légère raideur des mouvements de locomotion. La guérison est assurée.

Sortie le 24.

Remarque. — Toutes les médications préconisées jusqu'alors contre le tétanos n'ont qu'une très médiocre efficacité. Chez le cheval, quels que soient les moyens mis en œuvre, la mortalité est d'environ 70 p. 100.

J'ai fait des recherches sur la valeur thérapeutique de *l'excision de la plaie d'inoculation* et sur celle des *sérums antitoxiques.*

Chez nos malades, l'ablation large des parois de la plaie d'inoculation exige l'anesthésie ou provoque une vive surexcitation et de violentes réactions ; elle est moins avantageuse que la désinfection du trauma, faite soigneusement, avec les précautions nécessaires pour ne pas causer de forte douleur.

On sait que les premiers sérums antitoxiques fabriqués en Allemagne et en France ont été reconnus impuissants contre la forme aiguë du tétanos. Ils n'ont donné la guérison que dans des cas de tétanos chronique, forme qui, chez le cheval, guérit assez souvent par les différents moyens qu'on lui oppose.

En novembre 1896, le Pr Dieckerhoff publia, dans la *Berliner thierärztliche Wochenschrift* (1), des faits cliniques paraissant établir qu'une nouvelle antitoxine (antitoxine sèche de Behring) fabriquée par l'Institut sérothérapique de Höchst-sur-Mein, et employée à la dose de 5 grammes (dans 45 grammes d'eau stérilisée), en injection sous-cutanée ou intra-veineuse, donnait la guérison de la forme aiguë du tétanos. Malgré le prix élevé du nouveau remède (7 fr. 50 le gramme), je m'en procurai une quantité suffisante pour en étudier les effets. On a vu que les sujets des observations CLVI et CLVII ont été traités par une injection intra-veineuse de 5 grammes de cette antitoxine. Le premier succomba vingt-quatre heures après l'injection, et le second le quatrième jour.

(1) Dieckerhoff, *B. T. W.* 1896, p. 555 et 592.

Sur trois autres chevaux atteints de tétanos aigu, traités par des injections sous-cutanées d'une émulsion de substance nerveuse et par des injections intra-veineuses d'une solution iodée, l'évolution de la maladie a été moins rapide que chez les deux précédents, mais le résultat final a été le même.

Quant à l'injection intra-cranienne de sérum antitoxique, c'est un procédé encore à l'étude. Son efficacité contre le tétanos aigu n'étant pas péremptoirement démontrée, il convient de s'en abstenir dans la pratique.

VII. — Divers.

CLIX. — Braque de Toulouse, neuf ans, entré le 24 février 1894.

Depuis plusieurs mois, ce chien est couvert de tiques. On peut en compter plus de *300*, fixés principalement sur les oreilles, la face droite de la tête, l'épaule gauche, la poitrine et la région dorso-lombaire. L'animal est maigre et très affaibli ; les muqueuses sont pâles ; il y a un peu de ptyalisme. L'appétit est conservé. T., 37°,8.

On touche avec de l'essence de térébenthine les ixodes fixés sur les oreilles et l'épaule gauche, et avec de la benzine ceux des autres régions. Au bout d'une heure, quelques gros ixodes touchés par la benzine commencent à se détacher et montrent la base de leurs chélicères. Une heure plus tard, la plupart ne tiennent plus que par le rostre et leur corps est noirâtre. Ils se laissent facilement détacher avec des pinces. — Les gros ixodes touchés avec l'essence de térébenthine se détachent plus lentement. Les petits ont partout conservé leur teinte primitive. — Au bout de quatre heures, tous les parasites touchés soit avec la benzine, soit avec l'essence, ne sont plus fixés à la peau que par le bout de leur rostre.

Le malade présente des signes de malaise et de la parésie du train postérieur, provoqués par l'absorption d'une certaine quantité des agents thérapeutiques employés. Il est lavé, séché, frictionné ; on lui donne, à la cuillère, du café et du lait additionné de bicarbonate de soude.

Quelques ixodes ont survécu à l'action de la benzine et de l'essence térébenthine. On les touche avec de l'acide phénique pur. Au bout de dix minutes on peut facilement les détacher.

Il est à noter que les gros ixodes se sont montrés moins résistants que les petits.

CLX. — Caniche, deux ans, entré à l'École le 22 août 1897.

Le 18 août, on a remarqué que ce chien avait une démarche anormale : le train de derrière vacillait ; les membres postérieurs étaient parésiés. On a constaté en outre des secousses de la face, de l'oreille, de l'épaule, ainsi que de la blennorrhée oculaire et préputiale. Le propriétaire ne croit pas que son chien ait été atteint de la maladie — gourme ou variole ; — mais les troubles actuels sont certainement consécutifs à cette affection.

État actuel. — L'état de nutrition du malade est mauvais. A l'examen clinique, ce qui frappe particulièrement, c'est la faiblesse du train postérieur : les membres fléchissent pendant la marche. Les muscles de la tête (les crotaphites surtout), ceux de l'oreille, de l'épaule et de l'avant-bras sont le siège de contractions cloniques très accusées. L'appétit est conservé, mais la préhension des aliments est rendue quelque peu difficile. Pas trace d'éruption cutanée ; aucun trouble des grandes fonctions.

Traitement. — Administration de 30 centigrammes d'iodure de potassium ;

injection hypodermique de 2 milligrammes d'arséniate de strychnine ; électro-thérapie (courants faradiques), après avoir passé un fil de laiton sous la peau au niveau de l'épaule, et un autre à la base de la queue. La durée des séances varie de trois à cinq minutes.

Pendant les quatre ou cinq premiers jours, l'injection hypodermique de strychnine est suivie d'une période d'excitation et de légères contractions généralisées. Au bout d'une semaine, les effets de l'alcaloïde étant moins prononcés, les contractions plus faibles, on augmente quotidien-nement la dose de 1/4 de milligramme ; on la porte ainsi à 3 milligrammes. A cette dose, l'action de la strychnine a toujours été bien prononcée : l'hy-peresthésie de toute la partie antérieure du corps était très nette ; les moin-dres attouchements dénotaient de l'hyperexcitabilité.

Continué pendant un mois et demi, ce traitement a donné un excellent résultat. La paralysie de l'arrière-train et les contractions cloniques ont diminué graduellement. Le 20 septembre, la guérison était presque complète. Il ne persistait qu'un léger tic de l'épaule qui a totalement disparu dans la suite.

(Extrait de l'obs. r. p. M. Favède.)

Remarque. — Dans le traitement de la paraplégie qui survient au cours ou à la suite de la « maladie du jeune âge », la médication qui nous donne les meilleurs résultats est l'association de l'iodure de potassium, administré *per os*, et de l'arséniate de strychnine en injection sous-cutanée, en com-mençant par des doses très faibles, que nous augmentons graduellement jusqu'à effet.

Nous avons eu l'occasion d'essayer ce traitement sur trois pur sang atteints de « mal de chien », affection dont la nature est encore indéterminée, mais qui a bien les caractères d'une myélite chronique d'origine toxi-infectieuse. Il n'a pas produit d'effets appréciables. En ce moment nous avons dans le service un pur sang de deux ans atteint de cette maladie, auquel nous avons fait sans plus de succès, depuis trois mois, des injections sous-cutanées de substance cérébrale et des injections intra-veineuses d'iode.

RHUMATISME.

CLXI. — Chien danois, dix ans, amené à la consultation le 30 sep-tembre 1894.

Depuis plusieurs années, ce chien a présenté, à maintes reprises, des symp-tômes de rhumatisme musculaire : gêne dans les mouvements, raideur du cou, du dos et des membres. A certains moments, il éprouvait des douleurs qui lui arrachaient des cris, notamment la nuit ou lorsqu'il se relevait après avoir conservé quelque temps la position décubitale. Il avait l'habitude d'aller se baigner dans un cours d'eau voisin de la demeure de son maitre, et l'on a remarqué que les crises éclataient surtout à la suite des bains.

A part ces manifestations rhumatismales, le chien jouissait d'une assez bonne santé. Il y a cinq ou six jours, on nota des troubles plus graves. L'animal refusa de manger ; il restait continuellement couché ; il était pris de fréquentes quintes de toux sèche. Si on l'obligeait à marcher, il chancelait et finissait par tomber. Ces troubles persistèrent tout en s'atténuant quel-que peu.

Quand on nous présente le malade, nous constatons seulement de la rai-deur dans les mouvements, accusée surtout à la tête et au cou ; celui-ci est tendu, rigide ; de légères pressions exercées sur cette région provoquent de la douleur. A l'auscultation du cœur, nous percevons un double souffle systolique et diastolique.

Nous prescrivons un traitement hygiénique et l'administration quotidienne de 6 grammes de bicarbonate de soude et de 1 gramme de salicylate de soude. — Dans la soirée et le lendemain, même état.

Le 2 octobre, on trouva le malade mort dans sa niche. Le propriétaire envoya le cadavre à l'École pour qu'il fût procédé à l'autopsie.

Autopsie. — Pas de liquide dans la cavité abdominale. Masse intestinale d'aspect normal. Muqueuse gastro-intestinale légèrement hyperhémiée par places. Foie énorme, noirâtre; caractères du foie cardiaque. Sur la rate, quelques tumeurs noirâtres, la plus volumineuse des dimensions d'une noix. Les deux reins sont de couleur rougeâtre et leur surface est granitée; les coupes offrent les lésions de la néphrite chronique.

Le testicule droit, du volume d'un œuf, est néoplasique; le cordon et les ganglions sous-lombaires sont envahis.

Dans les poumons, nombreux petits îlots cancéreux blanchâtres. Péricarde normal. Cœur volumineux, marbré de taches grisâtres, irrégulières, correspondant à des îlots de myocardite scléreuse. Dans le cœur gauche, lésions d'endocardite chronique : valvule mitrale épaissie, rétrécie, fibreuse à sa base, rouge et végétante vers son bord libre; valvules aortiques épaissies et rétractées. Cœur droit moins altéré; toutefois le ventricule est dilaté, les lames de la tricuspide sont épaissies et rougeâtres, granuleuses sur leur bord libre.

Liquide céphalo-rachidien abondant. Pas d'altérations des méninges craniennes ni de l'encéphale. Dans la région cervicale, les méninges présentent des plaques d'ossification. Rien d'anormal dans le reste de leur étendue, ni dans la moelle.

Les muscles du cou sont hyperhémiés, infiltrés et marqués de quelques ecchymoses. Les articulations sont indemnes.

L'analyse toxicologique n'a révélé la présence d'aucun poison dans les organes.

La tumeur du testicule et celles du poumon étaient des épithéliomes alvéolaires.

Ce fait est intéressant à plus d'un titre. Il montre un chien rhumatisant pendant des années qui finit par faire du cancer; il montre associées les lésions du rhumatisme et celles de la pachyméningite ossifiante; il conduit à se demander si ces dernières ne sont pas l'effet d'une localisation rhumatismale sur les méninges.

RHUMATISME OU PACHYMÉNINGITE ?

CLXII. — « Marquis », chien âgé de six ans, abandonné au laboratoire de chirurgie le 15 janvier 1892.

L'affection dont il est atteint a débuté soudainement il y a environ deux mois : sans cause apparente, il fut pris de vives douleurs se manifestant par accès, au cours desquels il se plaignait et parfois poussait des cris aigus. Plusieurs accès se sont produits le premier jour. Malgré un traitement commencé dès le lendemain, ils se sont renouvelés, plus ou moins fréquents et plus ou moins violents. Jusque-là, ce chien avait eu une excellente santé. Il était fort intelligent, gai et très caressant. On le nourrissait de pâtées à la viande qu'il consommait d'un grand appétit. On nous donne ce renseignement que l'instinct sexuel est chez lui très développé : il poursuivait continuellement les chiennes du voisinage, cherchait à monter même sur les mâles de son espèce, et souvent se fatiguait en se livrant à de vains efforts de coït.

Un premier examen ne révèle qu'une exophtalmie double assez accusée. Laissé en liberté dans le laboratoire, il a manifesté à de fréquentes reprises les signes d'une vive surexcitation génésique; la propension au coït était presque permanente durant les intervalles des crises. Tantôt celles-ci se produisent brusquement, tantôt elles sont annoncées par quelques prodromes : tristesse, raideur des membres, voussure de la colonne vertébrale, attitude immobile, la tête portée basse, le nez près de terre. Qu'elles soient ou non précédées de signes avant-coureurs, toujours elles sont fort bruyantes. Le malade paraît ressentir subitement d'atroces douleurs : debout,

Fig. 44. — Le malade dans l'intervalle des accès.

la tête et le cou tendus, les quatre membres raides ou l'un des antérieurs fléchi, le plus souvent le gauche (*fig.* 44), il pousse, pendant une demi-minute à une minute, des cris perçants auxquels succèdent des plaintes prolongées. Parfois plusieurs attaques se succèdent, mais la première est la plus forte et la plus longue. Il est des moments où l'on peut les provoquer soit en obligeant le sujet à se déplacer, soit par le simple toucher de certaines régions qui semblent hyperesthésiées. Pour les déterminer, il suffit de porter la main sur la tête, la nuque ou l'épaule, de la passer le long de la tige dorso-lombaire, ou encore d'essayer de placer l'animal debout, en le soulevant par les membres antérieurs. Elles se produisent aussi sous l'influence d'une brusque excitation des organes des sens, — du bruit fait par l'ouverture ou la fermeture d'une porte, par la chute d'un corps métallique sur le sol, par exemple. Parfois elles éclatent sans qu'on puisse les rattacher à aucune cause appréciable. Elles laissent à leur suite un état de malaise qui ne se dissipe qu'à la longue. Elles surviennent également pendant la nuit : souvent, le matin, on trouve l'animal abattu, déprimé, avec la physionomie et les allures qu'il présente après une série d'accès.

Pendant ses mauvais jours, le malade n'est bien nulle part. Qu'il s'étende sur sa couche ou qu'il reste debout, il semble éprouver de vives souffrances. Le corps est agité par de légers tremblements ; la physionomie est anxieuse, les yeux encore plus saillants que de coutume, la respiration plaintive. S'il se tient debout, la colonne vertébrale est fortement voussée ; les membres sont portés très en avant de leur ligne d'appui normal, le corps éprouve de

Fig. 45. — Attitude du malade pendant les accès.

légers balancements de l'avant à l'arrière ; l'encolure est tendue, la tête fortement abaissée. Les moindres mouvements provoquent des plaintes. S'il se couche, il prend terre avec précaution : il s'assied d'abord lentement, allonge les membres antérieurs, puis s'étend doucement sur le sol, d'un côté ou de l'autre.

Le 20 février 1892 fut pour lui une journée particulièrement mauvaise. Une première crise fut provoquée par une très légère contusion portée sur le cou. L'animal était encore immobile, le dos voussé, les membres antérieurs allongés quand une seconde attaque se produisit, causée par le bruit de la chute d'une boîte métallique. Quelques minutes plus tard, au moment où il venait de se coucher en poussant des plaintes, un troisième accès survint sans cause extérieure appréciable. Pendant la soirée, d'autres éclatèrent, mais moins rapprochés que les premiers.

En dépit de ces crises si fréquemment renouvelées, l'état de nutrition du malade était bon. Durant les intervalles, quelquefois pendant plusieurs jours consécutifs, il était vif, enjoué, mangeait bien, et, ainsi qu'il a été dit plus

haut, il était très porté à exécuter ou à simulerle coït. Il n'avait rien
perdu de son intelligence. La température était normale ; la sensibilité
de la peau n'était amoindrie en aucune région ; les réflexes étaient conservés ; il n'y avait pas de troubles oculaires ni de lésion auriculaire apparente.

Cet état s'est prolongé, sans modifications notables, jusqu'au 25 mars,
puis la guérison est survenue. Le 28 mars, on amena dans le laboratoire une
petite chienne « en folies ». Marquis, qu'on avait empêché de se précipiter sur
elle, fit une scène à la porte de la salle où elle se trouvait ; pendant
des heures il parcourut les pièces où elle avait passé, cherchant sa trace,
léchant le parquet, montant sur les tables, visitant les vitrines. Malgré cette
excitation prolongée, aucun accès ne se produisit.

Castré en mars 1894, ce chien devint eczémateux et obèse. Il vécut en liberté
dans le service de chirurgie jusqu'en mai 1897. Sorti un dimanche par le
garçon de ce service, qu'il avait l'habitude d'accompagner, il profita de la
foule pour s'enfuir. On ne put le retrouver.

De quelle nature était l'affection qui a persisté pendant près de cinq mois,
provoquant ces crises douloureuses ? Le diagnostic est resté oscillant entre le
rhumatisme et la *pachyméningite*. J'ai observé plusieurs autres malades atteints
d'accès analogues, toutefois moins violents, moins persistants, déterminés par
le rhumatisme. J'incline à croire que chez ce chien, il s'est produit une
localisation rhumatismale sur les méninges et l'appareil de l'ouïe ? L'hypothèse d'une pachyméningite ossifiante a contre elle la guérison parfaite et
durable.

SARCOMATOSE PULMONAIRE.

CLXIII. — Cheval entier, quinze ans, entré le 1er juin 1897.

Depuis deux ans qu'il appartient à son propriétaire actuel, ce cheval n'a
pas été malade. Sur les côtés de la poitrine, on remarque des plaques glabres, traces d'une application vésicante ancienne. Le 25 mai, à la suite d'un
refroidissement, ce cheval a présenté des symptômes assez alarmants, rapportés à une broncho-pneumonie.

État actuel. — Le jour de son entrée à l'hôpital, le malade présente les
signes extérieurs d'une affection grave : muqueuses injectées, un peu safranées ; respiration très accélérée (50 par minute) ; toux facile à provoquer,
sonore, grasse, avec rappel ; jetage muqueux abondant. — L'examen bactériologique y montre, parmi d'autres microbes, un diplocoque encapsulé qui
prend le Gram. — Rien d'anormal à la percussion de la poitrine. A l'auscultation, on entend le murmure vésiculaire dans toute la hauteur des deux lobes
pulmonaires. Rien au cœur. — La circulation est accélérée (70 pulsations à la
minute). — L'appétit est conservé ; l'animal mange toute sa ration ; les
crottins sont normaux. T. 40°,8. — La toux, le jetage, la difficulté de la respiration, la coloration des muqueuses, paraissent indiquer que l'on a affaire
à une pneumonie encore localisée à la couche profonde des lobes ou de l'un
d'eux.

Traitement. — Sulfate de quinine ; sulfate et bicarbonate de soude. Fumigations au menthol (eau chaude additionnée d'une cuillerée à bouche du
mélange suivant : menthol 10 grammes ; essence de térébenthine, 10 grammes ; alcool, 100 grammes).

Du 2 au 14 juin, peu de modifications. La persistance de l'hyperthermie,
de la toux, de la dyspnée, et les signes fournis par l'auscultation et la percussion conduisent au diagnostic *pneumonie chronique* avec abcédation du poumon ou *tuberculose*. — On cesse les fumigations. — Rien d'anormal n'est perçu
à l'exploration rectale. Le jetage ne contient pas de bacilles de Koch. L'urine

est très chargée, faiblement alcaline ; pas de cylindres, pas de sucre, très peu d'albumine. La réaction de l'indican est douteuse.

Le 15 juin, on pratique la thoracentèse dans l'espoir d'obtenir un peu de liquide pleural dont on puisse faire l'examen. Rien ne s'écoule.

La température se maintenant à 40°, on renonce à l'épreuve de la tuberculine.

Jusqu'au 25 juin, l'état du malade s'aggrave lentement. La maigreur et la faiblesse s'accusent de plus en plus. La respiration est très accélérée, toujours pénible. La percussion accuse, en plusieurs points, une diminution de la sonorité thoracique. A l'auscultation, atténuation du murmure vésiculaire dans toute la hauteur des deux lobes, avec bruits anormaux divers, particulièrement des râles crépitants vers la fin de l'expiration.

Le 28 juin, l'animal est sacrifié et saisi à l'abattoir de Villejuif.

Lésions. — Rien dans les organes de la cavité abdominale. A l'ouverture du thorax, la surface du poumon apparaît mamelonnée, bosselée par des tumeurs grisâtres. Sur les coupes à fond rouge clair, formé par le parenchyme pulmonaire sain, apparaissent des plaques blanchâtres résultant de la section des tumeurs, plaques circulaires dont la largeur varie de celle d'une pièce de 50 centimes à celle de la main, nettement délimitées à leur périphérie. Le poids des poumons est de 16 kilos. — Les ganglions bronchiques ne sont que légèrement hypertrophiés.

Rien dans les plèvres. Cœur normal.

A l'examen microscopique, les tumeurs offrent les caractères du *sarcome à cellules rondes*. On fait néanmoins l'examen bactériologique afin d'éliminer la tuberculose. Préparation de nombreuses coupes : pas de bacilles. — Avec une émulsion obtenue en broyant dans de l'eau stérilisée des fragments d'une tumeur pulmonaire, on inocule quatre cobayes par injection intrapéritonéale. Sacrifiés au bout de cinq semaines, ils n'étaient porteurs d'aucune lésion tuberculeuse ni sarcomateuse.

Ces tumeurs du poumon présentaient les mêmes attributs macroscopiques que les lésions de la forme sarcomateuse de la tuberculose. La différenciation ne pouvait être établie avec certitude que par l'examen bactériologique et l'inoculation.

V

PATHOLOGIE EXPÉRIMENTALE ET COMPARÉE

I. — Contribution à l'étude de la Tuberculose aviaire.

EN COLLABORATION AVEC MM. GILBERT ET ROGER
agrégés à la Faculté de Médecine de Paris, médecins des Hôpitaux.
Communication faile au Congrès de la tuberculose. (2ᵉ *session.*)

CHAPITRE I

HISTORIQUE.

De nombreux faits, publiés depuis une trentaine d'années, ont établi que la tuberculose est fréquente chez les oiseaux : Leisering (1), Larcher (2), Paulicki (3), Zürn (4) et bien d'autres en ont rapporté de très intéressants exemples. Mais on pouvait se demander si, dans tous les cas, il s'agissait de la vraie tuberculose, de celle qui relève du microbe que Koch a découvert chez l'homme. Ce doute ne sembla plus permis le jour où Koch, Ribbert, Babès, Cornil et Mégnin (5) trouvèrent, dans les productions tuberculeuses des gallinacés, un bacille possédant les mêmes réactions colorantes que celui rencontré chez les mammifères.

MM. Nocard et Roux (6) cultivèrent ce bacille, et leurs

(1) Leisering, *Sächs. Bericht*, 1862-1866.
(2) Larcher, Note pour servir à l'histoire de la tuberculisation du foie chez les oiseaux. *Recueil de méd. vét.*, 1871, p. 697.
(3) Paulicki, Beiträge zur vergleichenden patholog. Anatomie aus dem Hamburger zoolog. Garten. *Magazin für gesammte Thierheilkunde*, 1872.
(4) Zürn, *Die Krankheiten des Hausgeflügels.* Weimar, 1882.
(5) Cornil et Mégnin, Mémoire sur la tuberculose et sur la diphtérie chez les gallinacés. *Journal de l'anatomie et de la physiologie*, 1885.
(6) Nocard et Roux, Sur la culture du bacille de la tuberculose. *Annales de l'Institut Pasteur*, 1887.

cultures, répandues dans les laboratoires servirent à un grand nombre de recherches. L'identité des deux tuberculoses fut admise sans conteste, et comment en douter quand d'innombrables expériences démontraient l'inoculabilité de la tuberculose aviaire au lapin, quand plusieurs observations semblaient établir la transmissibilité de la tuberculose humaine aux oiseaux?

Bollinger (1), en 1873, rapportait que huit pigeons furent contaminés pour avoir mangé des expectorations de phtisiques; en 1885, il citait d'autres faits semblables. Koch, Nocard, Mollereau, Chelchowsky, de Lemallerée, Durieux, Cagny, publiaient des observations ou des expériences qui semblaient mettre hors de conteste l'inoculabilité de la tuberculose humaine aux gallinacés. Pourtant quelques faits contradictoires surgissaient de temps à autre : on rappelait que Villemin (2) n'avait pu transmettre la tuberculose à un coq et à un ramier ; M. H. Martin (3) échouait constamment, en essayant d'inoculer des poules par injection intra-péritonéale de matière tuberculeuse provenant directement de l'homme ou ayant passé par le cobaye. Mais l'idée de l'unicité des tuberculoses aviaire et humaine était déjà enracinée, et M. Martin se garda bien de conclure que les gallinacés sont à l'abri de la tuberculose humaine; il pensa seulement que ses insuccès tenaient à ce qu'il avait fait des inoculations intra-péritonéales ou introduit un trop petit nombre de bacilles.

Bientôt les faits négatifs allaient se succéder : MM. Straus et Wurtz (4) firent ingérer, pendant six à douze mois, des crachats de phtisiques à six poules et à un coq; les animaux résistèrent, et l'autopsie démontra la parfaite intégrité de leurs organes.

Riffi et Gotti soutinrent également que la tuberculose des mammifères ne se transmet pas aux gallinacés. Rivolta (5) insista sur les différences considérables qui séparent la tuberculose aviaire de la tuberculose humaine ; d'après lui, les

<hr>

(1) Bollinger, Ueber Fütterungstuberculose. *Archiv für experim. Pathol.*, 1873.

(2) Villemin, *Études sur la tuberculose*, Paris, 1868.

(3) H. Martin, Virulence des microbes tuberculeux. *Études expér. et clin. sur la tuberculose, publiées sous la direction de Verneuil*, 1887.

(4) Straus et Wurtz, Sur la résistance des poules à la tuberculose par ingestion. *Congrès pour l'étude de la tuberculose*, 1888.

(5) Rivolta, Sulla tuberculosi degli Uccelli. *Giornale di Anat. e Fisiol.*, 1889.

produits tuberculeux de la poule ne déterminent pas d'infection générale chez le cobaye ; il ne survient qu'un abcès au point d'inoculation. Le résultat est le même chez le lapin ; toutefois, chez cet animal, on voit se développer quelques tubercules dans les poumons.

L'étude de la tuberculose des gallinacés a été reprise par Maffucci (1). Cet auteur reconnut que le virus aviaire se transmettait aux poules ; qu'il se comportait chez le lapin comme l'avait indiqué Rivolta ; que son action sur le cobaye variait suivant la porte d'entrée. Si l'inoculation était pratiquée dans le tissu cellulaire sous-cutané, l'animal résistait généralement après avoir eu une lésion locale ; d'autres fois il succombait dans le marasme, au bout de quelques mois : à l'autopsie on constatait une atrophie du foie et de la rate ; il n'y avait pas de tubercules ; l'examen microscopique et les cultures ne décelaient pas de bacilles. A la suite d'inoculations intra-péritonéales, les animaux mouraient au bout d'un laps de temps qui variait de quatorze jours à trois mois ; si l'évolution avait été rapide, les organes étaient infiltrés d'éléments embryonnaires et renfermaient des bacilles ; dans les cas à marche lente, on ne trouvait qu'une atrophie du foie et de la rate. Quand l'inoculation était pratiquée dans le poumon, il se produisait dans cet organe une inflammation interstitielle ; les bacilles y restaient cantonnés et n'envahissaient pas les viscères abdominaux ; si l'on avait recours à l'injection intra-veineuse, les cobayes succombaient en quinze, vingt ou vingt-cinq jours, et l'examen microscopique montrait que le foie infiltré d'éléments embryonnaires, renfermait de nombreux bacilles. Enfin, Maffucci reconnut encore que la tuberculose des mammifères ne se transmet pas aux gallinacés : vingt poules ont été inoculées sous la peau, dans l'estomac, le poumon, le péritoine, les veines : toutes ont résisté.

Les intéressantes recherches de Rivolta et Maffucci venaient donc remettre en doute l'unicité de la tuberculose dans les diverses espèces animales. Ce doute fut partagé par Koch, qui, au Congrès de Berlin, annonça qu'il avait repris l'étude de la question et qu'il ne pouvait plus assimiler complètement la tuberculose des oiseaux à celle des mammifères.

C'est alors que nous avons publié une première note sur ce

(1) Maffucci, Beiträge zur Ætiologie des Tuberculoses (Hühnertuberculose). *Centralbl. für allgem. Pathologie*, 1890.

sujet (1). Nous basant sur un assez grand nombre d'expériences, nous avons montré que la tuberculose aviaire se transmet chez les gallinacés; que son inoculation intra-péritonéale détermine chez le lapin le développement d'une tuberculose miliaire généralisée, tandis que chez le cobaye elle n'amène le plus souvent aucune lésion ou suscite seulement la production de quelques petits tubercules viscéraux. Dans quelques cas pourtant, la tuberculose des oiseaux est capable de produire chez le cobaye de nombreuses granulations viscérales, comme le fait la tuberculose humaine. Il n'en résulte pas moins que, d'une façon générale, le virus aviaire se comporte différemment chez le lapin et le cobaye; ce dernier animal, si sensible à la tuberculose des mammifères, se montre très résistant à la tuberculose des gallinacés.

Malgré les différences que nous avions constatées entre les deux virus, nous n'osâmes à cette époque rien préjuger de leur nature. Suivant l'importance qu'on attachera à ces caractères différentiels, disions-nous, « on fera des bacilles de la tuberculose de l'homme et des gallinacés deux espèces distinctes ou deux variétés d'une même espèce. Il est très difficile aujourd'hui de trancher la question : l'étude des autres microbes nous a montré que leur forme, leur développement dans les divers milieux de culture, leur résistance et leur virulence n'ont rien de fixe et se modifient dans maintes circonstances. Peut-être pourra-t-on arriver à résoudre le problème, quand on saura comment se comporte le bacille de la tuberculose humaine quand on l'inocule aux oiseaux. » Nous entreprîmes donc des recherches dans cette nouvelle direction (2), et nous fûmes ainsi amenés à considérer les deux bacilles comme représentant deux variétés d'une même espèce.

Pendant ce temps, M. Nocard (3) avait repris ses expériences antérieures; il tenta de nouveau de transmettre aux gallinacés la tuberculose des mammifères; cette fois les résultats furent négatifs, et l'auteur supposa que, dans ses premières recherches, il avait dû tomber sur un lot de poules atteintes antérieurement de tuberculose aviaire.

(1) Cadiot, Gilbert et Roger, Note sur la tuberculose des gallinacés. *C. R. de la Société de biologie*, 1890. p. 532.

(2) Cadiot, Gilbert et Roger, Inoculation aux gallinacés de la tuberculose des mammifères. *Ibid.*, 1891, p. 640.

(3) Nocard, Tuberculose aviaire. *Bull. de la Soc. centr. de méd. vét.*, 1891, p. 113.

Enfin MM. Straus et Gamaleïa, dans un important mémoire (1), ont fait ressortir d'une façon saisissante les différences qui séparent les deux virus tuberculeux. Parmi les faits nouveaux signalés par ces savants, il en est un qui présente une importance considérable : c'est que le chien se comporte d'une façon toute différente vis-à-vis des deux virus; il contracte facilement la tuberculose humaine; il résiste à la tuberculose aviaire. Aussi les auteurs arrivent-ils à conclure que les deux bacilles sont complètement différents et appartiennent à deux espèces distinctes.

Nous avons, de notre côté, continué l'étude comparative de la tuberculose des oiseaux et des mammifères ; nos expériences, entreprises depuis deux ans, sont loin d'être terminées; mais nous avons eu l'occasion d'observer quelques faits qui peuvent être publiés. Nous basant sur nos recherches et sur celles des auteurs qui nous ont précédés ou suivis, nous allons essayer de présenter l'histoire de la tuberculose aviaire.

CHAPITRE II

ÉTIOLOGIE.

La tuberculose frappe les poules aussi bien que l'homme avec une fréquence remarquable. Sur 600 poules autopsiées par Zürn (2), 62 étaient atteintes de tubercules. Si cette statistique est l'expression exacte de la réalité, on voit que la tuberculose entre pour plus du dixième dans la mortalité de ces oiseaux.

Les faisans, les pintades, les dindons, les paons et les pigeons sont de même, moins fréquemment toutefois, les victimes de la tuberculose.

Afin de pénétrer le mode selon lequel cette maladie s'introduit dans les volières et les basses-cours, nous nous sommes livrés à plusieurs enquêtes personnelles, et nous avons adressé un questionnaire à dix-neuf propriétaires ou éleveurs qui nous avaient fait parvenir des oiseaux tuberculeux. Un certain nombre d'entre eux se sont abstenus de nous répondre ; d'autres ne nous ont fourni que des renseignements inutilisables. Nous n'avons pu réunir que huit relations à peu près com-

(1) Straus et Gamaleïa, Recherches expérimentales sur la tuberculose. *Archives de méd. expérim.*, 1891, p. 457.
(2) Zürn, *loc. cit.*

plètes d'épizooties tuberculeuses ayant sévi sur les gallinacés.

Dans trois de ces épizooties, la tuberculose a été manifestement importée par des oiseaux achetés et introduits au milieu des oiseaux sains. La première a sévi sur les poules en respectant les pigeons ; la deuxième, sur les faisans ; la troisième, sur les faisans et les poules, épargnant les paons.

Dans les cinq autres épizooties, l'origine de la maladie est demeurée obscure. Trois d'entre elles ont exclusivement frappé les poules, une les poules et les dindons, la dernière les faisans. Sur les trois épizooties ayant atteint les poules, l'une s'est montrée dans une volière neuve, peuplée depuis huit mois ; une autre, dans une volière peuplée depuis deux ans ; la dernière, dans une volière où aucun nouvel oiseau n'avait été introduit depuis cinq ans. L'épizootie qui s'est abattue sur les faisans n'avait été précédée d'aucune importation d'oiseaux depuis un très grand nombre d'années.

Dans l'un de ces cas, nous avons pu constater que la personne préposée à l'entretien de la volière tousse et crache abondamment, mais l'examen que nous avons fait de ses crachats ne nous a pas permis d'y constater la présence du bacille de Koch, et nous avons tout lieu de croire qu'elle est atteinte de bronchite chronique. Dans un autre, nous avons appris qu'au moment du début de l'épizootie, les poules étaient confiées aux soins d'une jeune domestique, qui toussait et expectorait depuis un an, qui avait maigri et était considérée comme atteinte de la poitrine.

Une seule des épizooties par nous observées prête ainsi à la supposition que les oiseaux ont pu être contaminés par des crachats de phtisiques, comme dans les relations de Bollinger (1), de MM. Nocard (2), Mollereau (3), Chelchowski (4), de Lemallerée (5), Durieux (6), Cagny (7). Dans aucun fait, nous n'avons

<hr>

(1) BOLLINGER, *loc. cit.*

(2) NOCARD, Contagiosité de la tuberculose ; infection d'une basse-cour par un homme phtisique. *Bull. de la Soc. centr. de méd. vét.*, 1885, p. 92.

(3) MOLLEREAU, Contagion aux poules de la tuberculose humaine. *Recueil de méd. vét.*, 1885, p. 583.

(4) CHELCHOWSKI, *Ibid.*

(5) DE LEMALLERÉE, De la contagion de la tuberculose par les poules. *Congrès des Socétés savantes*, 1887.

(6) DURIEUX, Infection d'une basse-cour par un homme phtisique. *Annales de méd. vét.*, 1889, p. 134.

(7) CAGNY, Tuberculose de l'homme et des volailles dans la même maison. *Congrès de la tuberculose*, 1888, p. 332.

été amenés à incriminer le lait d'animaux tuberculeux, ou leur viande, comme dans les relations de MM. Guerrin (1) et Baivy (2).

Lorsque la tuberculose est importée par des oiseaux introduits dans une volière ou dans une basse-cour, ceux-ci succombent les premiers, puis on voit la maladie frapper les autres gallinacés. Rarement le mal se circonscrit et n'emporte que quelques individus ou même un seul sujet, comme dans l'une de nos observations ; d'ordinaire il s'étend successivement à un grand nombre d'oiseaux ; parfois enfin il s'éternise pendant des années (quatre ans dans un de nos faits) et finit par dépeupler entièrement la basse-cour.

Il arrive fréquemment que les propriétaires dont les volières sont décimées, vendent les oiseaux survivants, qui, ainsi disséminés au milieu de sujets sains, leur communiquent la maladie.

Les basses-cours contaminées sont alors nettoyées, désinfectées et repeuplées. Mais, même dans les cas où les volières sont restées désertes pendant plusieurs mois, il se peut que les nouveaux habitants importés sains ne tardent pas à devenir malades et à succomber à la tuberculose.

L'observation des épizooties aviaires ne laisse aucun doute sur la contagiosité de la tuberculose des gallinacés. Celle-ci s'exerce par l'intermédiaire des déjections intestinales, qui, ainsi que nous avons pu le reconnaître, renferment dans certains cas un très grand nombre de bacilles. Ingérés avec les aliments, les bacilles traversent l'intestin et gagnent le péritoine, le foie, la rate, plus rarement les autres organes. Dans la moitié des cas environ, la migration des bacilles à travers la paroi intestinale ne laisse aucune trace. Il est probable que, dans les faits de cet ordre, le contenu intestinal est privé de bacilles, et que les oiseaux restent inaptes à transmettre la tuberculose. Mais, dans les autres cas, l'inoculation est marquée par la tuberculisation et l'ulcération de l'intestin. Les déjections se montrent alors riches en bacilles dont la dispersion sur le sol explique la propagation de la maladie.

(1) Guerrin, Contagion aux poules de la tuberculose animale ; épidémie observée à l'abattoir de Nevers. *Recueil de méd. vét.*, 1885, p. 696.
(2) Baivy, Sur l'identité de la tuberculose des gallinacés et de la tuberculose humaine. *Congrès de la tuberculose*, 1891.

CHAPITRE III

SYMPTÔMES ET ANATOMIE PATHOLOGIQUE.

Symptômes. — Les manifestations qui, pendant la vie, traduisent l'existence de la tuberculose chez les gallinacés, sont en général des plus vagues. On voit les animaux s'amaigrir progressivement, et l'on juge des progrès de l'émaciation en pratiquant la palpation du thorax au niveau du bréchet : les muscles pectoraux sont affaissés et la saillie de l'os est très forte. En même temps, on peut observer quelques autres phénomènes de cachexie: la crête perd sa couleur rouge ; elle pâlit ainsi que les muqueuses. Les animaux succombent dans cet état ; plusieurs fois on a noté, vers la fin de la vie, quelques phénomènes paralytiques.

Un diagnostic rigoureux semble difficile à porter dans ces conditions ; mais l'on soupçonnera la tuberculose, parce qu'elle est la cause la plus fréquente de la cachexie. Dans quelques circonstances pourtant, on sera plus sûr de la nature de la maladie : c'est quand apparaîtront des manifestations extérieures, — des altérations spécifiques des muqueuses de la tête, du tissu conjonctif sous-cutané, des os ou des jointures ; en ce dernier cas, il peut se produire de véritables tumeurs blanches qui semblent surtout fréquentes au niveau des articulations des ailes et des pattes.

Anatomie pathologique. — A l'autopsie, on trouve l'intestin intéressé dans la moitié des cas environ : le péritoine et le poumon le sont quelquefois, la rate et le foie presque constamment.

La bacillose du foie se traduit par l'existence, à la surface et dans la profondeur de l'organe, de tubercules dont les dimensions varient de celles d'une fine poussière à celles d'une noisette et oscillent ordinairement autour de celles d'un pois. Les nodosités superficielles adhèrent à la capsule de Glisson, qu'elles soulèvent parfois pour former un léger relief (*fig.* 46). Qu'elles soient superficielles ou profondes, leur coloration est blanchâtre lorsqu'elles sont petites, grise ou jaunâtre lorsqu'elles sont plus volumineuses. Elles sont sphériques, coniques, ou irrégulières et polycycliques, c'est-à-dire simples ou confluentes. Elles amènent une augmentation de volume du foie et une augmenta-

tion de poids qui sont en rapport avec leurs dimensions et leur
nombre habituellement considérable.

Le tissu hépatique interposé aux nodosités tuberculeuses ne
reste pas toujours inaltéré : à l'autopsie de deux poules atteintes
de tuberculose spontanée, nous avons trouvé dans le lobe hépatique droit une large infiltration hémorrhagique ; chez l'une, le
sang s'était fait jour à travers la capsule de Glisson dans la cavité
péritonéale.

Chez deux faisans atteints de tuberculose spontanée et chez

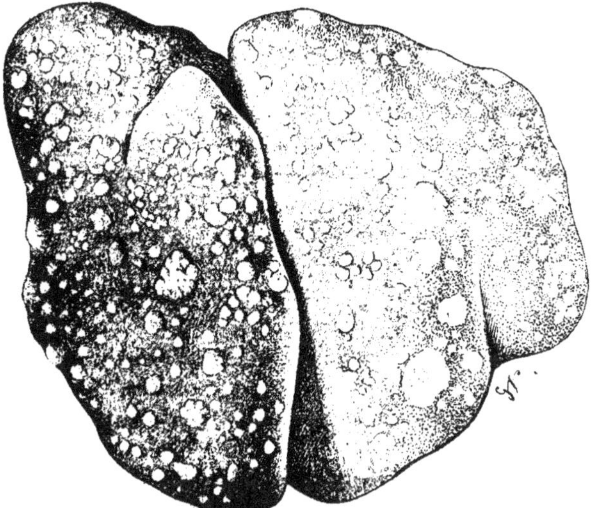

Fig. 46. — Tuberculose du foie (poule).

quatre poules qui ont été inoculées avec de la tuberculose
aviaire, nous avons constaté l'existence d'une ascite fibrineuse ;
trois fois celle-ci existait indépendamment de toute altération
péritonéale et paraissait ainsi sous la dépendance de la lésion
hépatique. Réciproquement, dans six cas, il y avait de la tuberculose péritonéale, sans ascite.

Après le foie, la rate est l'organe le plus fréquemment envahi ;
tantôt son parenchyme est rempli de petites granulations, tantôt
on y constate de volumineux îlots tuberculeux.

Dans toutes nos observations de tuberculose spontanée, les
reins et les poumons étaient intacts.

Dans la moitié des cas environ, nous avons trouvé sur la muqueuse intestinale soit de petits tubercules, soit des ulcérations plus ou moins profondes. Cette lésion, qui représente le point d'entrée de l'infection, sert en même temps à propager la maladie ; l'examen du contenu intestinal nous a en effet montré plusieurs fois la présence de bacilles.

Signalons encore l'existence, assez fréquente d'après Friedberger et Fröhner (1), de lésions tuberculeuses dans le tissu cellulaire sous-cutané, au niveau des os, des articulations et des tissus péri-articulaires. Nous avons vu un remarquable cas d'arthrite tuberculeuse fémoro-tibiale, extrêmement riche en bacilles, chez une poule morte de tuberculose spontanée.

La tuberculose du faisan et celle de la poule ne diffèrent guère macroscopiquement ; mais si l'on emploie le réactif iodo-ioduré, on constate déjà à l'œil nu que les tubercules, chez le faisan, prennent la coloration acajou, caractéristique de la dégénérescence amyloïde.

Histologie. — Histologiquement, la différenciation des lésions chez la poule et chez le faisan s'accuse à un haut degré. C'est ce qui ressort des examens microscopiques que nous avons pratiqués et qui ont porté sur le foie (2) ; cet organe se prête très bien à une étude de ce genre.

Chez le *faisan*, les plus petits tubercules sont formés par un nid de cellules épithélioïdes entouré par des cellules rondes.

Dans les tubercules plus volumineux, on distingue au centre une cavité qui contient des cellules épithélioïdes, ou nombreuses et tassées les unes contre les autres, ou rares et espacées. Plus ou moins arrondie, cette cavité est en général assez nettement limitée par un tissu conjonctif dense et pourrait en imposer pour une cavité vasculaire, si l'on ne prenait le soin de pratiquer des coupes du foie en série. Autour d'elle, se rangent des agglomérats de cellules épithélioïdes. Ceux-ci sont séparés les uns des autres par un tissu conjonctif qui se relie à celui qui entoure la cavité centrale. Enfin les contours des tubercules sont souvent marqués par une collerette de cellules rondes.

(1) Friedberger u. Fröhner, *Pathol. u. Therap. d. Hausthiere*, Bd. II, p. 540.
(2) Cadiot, Gilbert et Roger, Note sur l'anatomie pathologique de la tuberculose du foie chez la poule et le faisan, *C. R. de la Société de biologie*, 1890, p. 542.

Les plus gros tubercules offrent deux zones bien distinctes, l'une interne, l'autre périphérique. La zone interne est essentiellement constituée par un tissu conjonctif compact ou vacuolaire privé d'éléments cellulaires à noyaux colorables. On y retrouve la cavité pseudo-vasculaire qui ne renferme plus que des débris cellulaires informes et des granulations. La zone périphérique est composée d'amas de cellules épithélioïdes séparés par du tissu conjonctif. Elle est bordée par des cellules rondes.

Telle est la structure des tubercules simples. Sur un grand nombre de points, ceux-ci se rapprochent, se touchent, se confondent, si bien que dans la zone interne des plus gros tubercules, par exemple, on trouve habituellement plusieurs cavités d'apparence vasculaire.

Les cellules épithélioïdes qui entrent dans la constitution des tubercules sont pour la plupart pourvues d'un seul noyau. Un certain nombre d'entre elles toutefois en possèdent plusieurs, et quelques-unes, principalement situées dans les cavités centrales des tubercules, énormes, montrent une demi-collerette ou une collerette entière de noyaux, véritables cellules géantes.

Le tissu conjonctif des tubercules prend une coloration rouge acajou sous l'action de l'eau iodée et une teinte rose sous celle du violet de méthyle, présentant ainsi les réactions de la matière amyloïde.

Les bacilles, dans les tubercules, se colorent avec la plus grande facilité par la méthode d'Ehrlich ou par celle d'Herman. Ils sont soit isolés, soit, ainsi que l'ont bien vu et figuré MM. Cornil et Mégnin, réunis en touffes plus ou moins arrondies, incluses dans les éléments épithélioïdes. Nombreux dans les nids épithélioïdes qui composent les plus petits tubercules, ils sont plus nombreux encore dans les tubercules moyens, particulièrement dans leurs logettes pseudo-vasculaires, où ils forment souvent des amas compacts ; ils tendent à disparaître ou disparaissent complètement dans la zone interne des tubercules les plus volumineux.

Le tissu hépatique interposé aux tubercules n'offre aucune altération, et en particulier ne présente ni dégénérescence graisseuse ou amyloïde, ni hépatite nodulaire, ni cirrhose.

Les détails histologiques précédents permettent de concevoir le développement et l'évolution de la tuberculose hépatique chez le faisan, de la façon suivante :

Tout d'abord s'arrête en un point du foie une colonie de bacilles tuberculeux qui se multiplient et provoquent la genèse réactionnelle d'un nid de cellules épithélioïdes. Autour de ce nid se groupent des cellules rondes, puis se forme une coque scléreuse qui, sur une surface de section, prend l'aspect d'une paroi vasculaire. Cette barrière est insuffisante à enrayer l'évolution du processus tuberculeux. Les bacilles la franchissent, se répandent en dehors d'elle, se multiplient, amènent le développement de nouveaux nids de cellules épithélioïdes que circonscrivent de nouvelles bandes fibreuses. Les bacilles gagnent ainsi de proche en proche, suscitant la réaction épithélioïde et la néoformation d'un tissu scléreux, qui, nous l'avons vu, subit la dégénérescence amyloïde. Lorsque les tubercules ont atteint certaines dimensions, dans leurs parties centrales le tissu conjonctif s'épaissit, les éléments épithélioïdes entrent en régression, les bacilles cessent d'être colorables; mais, à leur périphérie, se présente une zone active, extrêmement riche en bacilles et en éléments épithélioïdes dont la progression n'a pour limite que la vie de l'animal.

Chez la *poule*, les tubercules les plus petits sont composés par un amas de cellules épithélioïdes autour desquelles se disposent des cellules rondes et fusiformes.

Les tubercules plus volumineux présentent une partie centrale, nécrosée, vitreuse, colorée en jaune par le picro-carmin. Autour de cette partie vitreuse se dispose une bordure de cellules épithélioïdes, volumineuses en général, et habituellement pourvues d'un grand nombre de noyaux vivement colorés par le carmin. Ordinairement allongées et de forme plus ou moins cylindrique, ces cellules se rangent perpendiculairement à la zone vitreuse; elles sont pourvues de noyaux, principalement agminés à l'extrémité cellulaire la plus éloignée de cette zone. Il pourrait sembler ainsi, à première vue, que la masse vitreuse est incluse dans un canal biliaire, de même qu'à un examen insuffisamment approfondi on pourrait croire à l'existence de cavités vasculaires au centre des tubercules du faisan. En dehors de la bordure que forment à la zone vitreuse les cellules épithélioïdes que nous venons de décrire, existent des amas de cellules épithélioïdes vulgaires. Les confins des tubercules sont marqués par des cellules rondes et fusiformes.

Certains tubercules, de même taille que les précédents, sont uniquement formés par plusieurs amas de cellules épithélioïdes sans que l'amas central offre la zone vitreuse et la bordure de cellules épithélioïdes qui distinguent ceux-ci. D'autres tubercules, au contraire, présentent, au centre de leurs amas épithélioïdes, cette zone vitreuse et la bordure de cellules épithélioïdes distinctes par leur orientation, leur forme, leurs grandes dimensions, la multiplicité, le siège et la coloration de leurs noyaux. Dans quelques-uns de ces tubercules, les zones vitreuses tendent à se réunir les unes aux autres ou se confondent en réalité.

Les plus gros tubercules, composés par un grand nombre d'amas épithélioïdes, montrent sur leurs confins une ébauche de capsule conjonctive. La dégénérescence vitreuse y occupe une large étendue et se substitue aux éléments épithélioïdes. Certains de ces tubercules, semblables à des gommes syphilitiques anciennes, apparaissent uniquement constitués par une masse vitreuse encapsulée.

Dans les tubercules de la poule, les bacilles se colorent aisément par la méthode d'Ehrlich. Ils sont disséminés en très grand nombre dans les cellules épithélioïdes, pour la plupart isolés, quelques-uns réunis en touffes, comme dans la tuberculose du faisan. Ils existent dans les plus petits tubercules uniquement constitués par de simples amas épithélioïdes. Dans les tubercules plus volumineux, leur nombre est plus considérable, particulièrement dans la zone vitreuse où ils sont énormes et tendent à la filamentation ; la bordure épithélioïde de la zone vitreuse en est, au contraire, presque entièrement dépourvue ; elle en renferme en tout cas notablement moins que les amas épithélioïdes placés à la périphérie de ces tubercules.

La première étape de l'évolution tuberculeuse dans le foie de la poule, comme dans le foie du faisan, est donc marquée par le développement, sous l'influence bacillaire, d'un amas épithélioïde, que circonscrivent des cellules rondes et fusiformes. Autour de cet amas initial naissent de la même façon d'autres amas épithélioïdes. Cependant, la partie centrale de l'îlot initial subit la transformation vitreuse ; la partie centrale des îlots consécutifs dégénère bientôt de même, la nécrobiose tend à se substituer à la néoplasie tuberculeuse, pendant qu'à la périphérie du tubercule se dresse une barrière fibreuse. Ce tubercule peut ainsi devenir inactif, transformé complètement en une masse vitreuse enkystée. Mais il n'en est pas ainsi ordinairement : pendant que les parties anciennes des tubercules dégénèrent, les bacilles franchissent la barrière fibreuse imparfaite qui les limite et se répandent dans le tissu sain, dont ils opèrent la tuberculisation.

En résumé, si les tubercules du foie chez la poule et le faisan sont identiques dans leur stade initial, dans leurs stades ultérieurs ils ne tardent pas à se différencier.

Le bacille tuberculeux, chez le faisan, suscite le développement de cellules épithélioïdes qui disparaissent par régression moléculaire, ainsi que la formation d'un tissu conjonctif abondant qui circonscrit des cavités pseudo-vasculaires et subit la dégénérescence amyloïde.

Chez la poule, les cellules épithélioïdes subissent une nécrobiose vitreuse qui, d'abord limitée au centre du tubercule sous la forme d'un foyer bordé de cellules épithélioïdes spéciales, gagne ultérieurement la totalité de la néoplasie et tend à l'enkystement.

L'aspect histologique de la tuberculose du foie diffère tellement chez la poule et le faisan, que l'on pourrait être conduit à penser que les microorganismes générateurs des lésions sont d'espèce différente.

Cette interprétation serait erronée.

Nous avons inoculé la tuberculose du faisan à la poule et, dans le foie de ce dernier animal, nous avons retrouvé les lésions histologiques de la tuberculose spontanée de la poule.

Si la genèse du tubercule est imposée au faisan et à la poule par le bacille tuberculeux, l'évolution du tubercule est donc dirigée par l'organisme infecté. C'est l'histoire éternelle de la graine et du terrain. Non seulement les tubercules hépatiques de la poule ou du faisan se distinguent des tubercules hépatiques des mammifères, mais encore ils se différencient hautement entre eux, bien que développés sur des espèces animales voisines. Nous ne saurions trop insister sur ce fait qui met en relief d'une façon saisissante le particularisme pathologique des animaux, et qui montre combien il est dangereux de généraliser des conclusions tirées d'expériences faites sur une seule espèce animale.

CHAPITRE IV

ÉTUDE EXPÉRIMENTALE.

Une seule méthode se présente pour déterminer la nature de
la tuberculose aviaire : c'est la méthode expérimentale. Ce n'est
qu'après avoir établi comment se comporte le virus des oiseaux
chez les mammifères et comment se comporte le virus des mamm-
mifères chez les oiseaux, que nous serons à même d'aborder le
problème sans cesse renaissant de l'unicité de la tuberculose dans
les diverses espèces animales. Nous pouvons donc diviser ce chapitre en deux parties, et nous commencerons par relater les
expériences que nous avons faites avec la tuberculose des gallinacés.

PREMIÈRE PARTIE. — EXPÉRIENCES D'INOCULATION AVEC LA TUBERCULOSE
DES GALLINACÉS.

Pour étudier les effets du virus aviaire, nous avons inoculé directement les lésions développées chez les gallinacés et
nous avons pu faire servir à nos recherches un assez grand
nombre d'animaux de provenance diverse, ce qui donne, on en
conviendra, un certain caractère de généralité à nos résultats et
explique quelques faits en apparence contradictoires que nous
avons observés (1).

Nous avons pris la matière virulente sur onze sujets, huit poules,
deux faisans et une pintade, — qui nous ont été envoyés par divers
propriétaires ou éleveurs. Chez tous ces animaux, l'autopsie nous
a montré l'existence de lésions tuberculeuses et l'examen bactériologique a révélé la présence de bacilles caractéristiques. C'est
le foie qui a servi à nos inoculations : des morceaux de ce viscère
ont été broyés dans de l'eau stérilisée, et l'émulsion ainsi obtenue
a été injectée à un certain nombre d'animaux. Sauf indication
contraire, toutes les inoculations ont été faites dans le péritoine.

(1) Depuis 1887, nous avons pratiqué tant sur le lapin que sur le cobaye un très
grand nombre d'inoculations de culture de tuberculose aviaire. Nous n'avons
pas voulu joindre à l'étude actuelle le bilan des résultats que nous avons
obtenus, nous étant proposé de relater ici les effets de l'inoculation du
bacille aviaire doué de sa virulence originelle et non modifié par la culture.

Inoculation aux poules. — Que la tuberculose aviaire puisse s'inoculer aux gallinacés, c'est un résultat qui a été mis hors de doute par l'étude des épizooties dans les basses-cours et par un certain nombre de faits expérimentaux. Aussi n'avons-nous pas entrepris de nombreuses recherches sur ce sujet.

Six poules ont été inoculées avec de la tuberculose aviaire spontanée. Deux ont reçu le virus dans la veine axillaire; elles ont maigri et ont succombé au bout de 39 et de 53 jours; le foie et la rate étaient farcis de tubercules; chez l'une, on trouva une ascite fibrineuse assez abondante, avec granulations périto-néales. — Les quatre autres ont été inoculées dans la cavité abdominale; elles ont succombé au bout d'un temps qui a varié de 41 à 93 jours; l'autopsie révéla la présence de nombreuses granulations dans le foie, la rate, et sur le péritoine; dans deux cas, cette séreuse renfermait un liquide fibrineux assez abondant. — Chez tous ces animaux, l'examen histologique du foie a démontré la présence de bacilles et a permis de retrouver des lésions analogues à celles que nous avions rencontrées dans les cas de tuberculose spontanée.

Une autre fois, nous avons tenté de transmettre en série ces productions tuberculeuses; le résultat fut négatif: la deuxième poule, sacrifiée au bout de 165 jours, ne présentait aucune lésion. Ce résultat doit être considéré comme absolument exception-nel: il tient probablement à une résistance individuelle de l'a-nimal inoculé. L'histoire des autres maladies infectieuses offre d'ailleurs bien des exemples analogues. — Dans un autre cas, nous avons également pratiqué des inoculations en série et nous avons vu la tuberculose se transmettre ainsi successivement à quatre poules. (V. p. 535 le tableau qui résume l'histoire de la poule vii.)

Inoculation aux lapins. — Les nombreuses expériences qui ont été poursuivies en France, avec des cultures aviaires, ont démontré que le lapin est très sensible à la tuberculose des gal-linacés. Une inoculation intra-péritonéale détermine la produc-tion de granulations viscérales; une inoculation intra-veineuse aura le même effet, à la condition de ne pas injecter une quan-tité trop considérable de virus : sans cela, l'animal succombe avec des lésions du type Yersin (1).

(1) Chez le lapin, les lésions tuberculeuses du type Yersin peuvent être réa-

Les résultats des inoculations aviaires chez le lapin étant déjà assez bien connus, nous n'avons pratiqué qu'un petit nombre d'expériences : cinq lapins ont reçu dans la cavité abdominale quelques gouttes d'une émulsion préparée avec le foie de poules tuberculeuses. Trois d'entre eux sont morts de 69 à 87 jours après l'inoculation ; un autre a été tué au bout de 108 jours ; chez ces quatre animaux on trouva, à l'autopsie, une tuberculose généralisée ; le péritoine et surtout le grand épiploon étaient parsemés de petites granulations tuberculeuses ; le foie et la rate en étaient farcis ; les poumons et les reins en contenaient un plus petit nombre. Plusieurs fois nous avons pratiqué l'examen microscopique des organes envahis : nous y avons découvert une grande quantité de bacilles ; la structure des tubercules ne présentait rien de particulier.

Il nous reste à parler d'une expérience dans laquelle l'évolution de la tuberculose aviaire a été assez spéciale.

Deux lapins avaient été inoculés le 16 juin 1890 avec le foie de la poule vi (v. p. 535). L'un succomba en soixante-neuf jours à une tuberculose généralisée. L'autre resta en bonne santé jusqu'au 3 janvier 1891 ; à cette époque nous avons remarqué une tuméfaction du jarret droit ; quelques jours plus tard, l'articulation radio-carpienne du même côté était atteinte à son tour. Par la palpation, on pouvait constater que d'abondantes fongosités s'étaient développées autour des articulations primitivement envahies ; bientôt elles firent saillie sous la peau ; à la partie antéro-externe de la région carpienne, elles perforèrent les téguments et apparurent au dehors sous forme de bourgeons rougeâtres et mollasses. Pour être fixés sur la nature des lésions articulaires, nous pratiquâmes, avant l'issue des fongosités, une ponction aseptique avec une seringue de Pravaz, et nous obtînmes ainsi quelques gouttes d'un liquide renfermant les bacilles caractéristiques.

Malgré l'existence de ces tumeurs fongueuses, l'état général resta excellent ; l'animal engraissa même ; le 5 janvier 1891 il pesait 2550 grammes. C'est alors que nous lui injectâmes sous

lisées aussi bien par la tuberculose des mammifères qu'avec celle des gallinacés. M. Yersin lui-même est explicite à cet égard. Ses expériences ont été faites pour une part avec des cultures aviaires, et pour l'autre avec des cultures de provenance bovine. C'est donc à tort que l'on a considéré le type Yersin comme l'une des caractéristiques expérimentales de la tuberculose aviaire.

la peau du flanc droit, 0",25 (soit 0",1 par kilo) de lymphe de Koch ; nous nous étions assurés tout d'abord qu'une dose identique ou même plus élevée ne détermine aucun trouble chez un lapin normal. L'injection avait été faite le matin à onze heures ; toute la journée l'animal ne parut ressentir aucun effet. Mais le lendemain nous le trouvions presque mourant ; il était couché sur le flanc ; la respiration était pénible, la dyspnée intense ; le soir, l'état général s'était encore aggravé. Le 7 au matin l'animal était mort.

A l'autopsie, on trouva les poumons gorgés de sang ; ils renfermaient quelques granulations tuberculeuses disséminées ; le foie était congestionné et contenait cinq ou six tubercules ; on en trouva deux dans la rate, qui était également très volumineuse ; les reins étaient énormes, d'une coloration violette : ils renfermaient seulement deux ou trois petites granulations. L'examen des jointures atteintes montra que les fongosités avaient envahi les synoviales et les tissus péri-articulaires.

Cette observation, que nous avons relatée à la *Société de biologie* (1), nous paraît intéressante à plus d'un titre. Elle fournit un nouvel exemple de la résistance différente de deux animaux de même espèce et inoculés de la même façon ; elle offre un beau type d'arthropathies tuberculeuses expérimentales; enfin elle montre que les animaux atteints de tuberculose aviaire réagissent vis-à-vis de la lymphe de Koch, comme les animaux atteints de tuberculose humaine : dans les deux cas, les fortes doses de ce liquide entraînent la mort avec des phénomènes congestifs intenses, tout à fait semblables à ceux que nous venons de décrire.

En résumé, la tuberculose aviaire, quand on l'inocule dans le péritoine, détermine constamment, chez le lapin, la production de granulations tuberculeuses ; le plus souvent, tous les viscères sont envahis et la mort survient en moyenne au bout de quatre-vingts jours. Dans quelques cas pourtant, les animaux restent bien portants en apparence, et si on les sacrifie, on est très surpris de trouver chez eux une tuberculose généralisée.

On voit combien nos résultats diffèrent de ceux qu'ont an-

---

(1) CADIOT, GILBERT et ROGER, Tumeurs blanches produites chez le lapin par inoculation intra-péritonéale de tuberculose aviaire. *C. R. de la Société de biologie*, 1891, p. 66.

noncés Rivolta et Maffucci. D'après les deux savants italiens, al tuberculose aviaire ne serait guère pathogène pour le lapin et susciterait seulement la production de quelques granulations pulmonaires fort discrètes. Il ressort de nos expériences que ce virus, introduit dans le péritoine, détermine une tuberculose généralisée : il agit sur le lapin comme le fait la tuberculose des mammifères.

Inoculation aux cobayes. — Les recherches de Rivolta et de Maffucci ont montré, avons-nous dit, qu'on ne réussit guère à transmettre la tuberculose des gallinacés aux cobayes. MM. Cornil et Mégnin, qui avaient inoculé deux cobayes, ne trouvèrent aucune altération viscérale lorsque, deux mois plus tard, ils sacrifièrent ces animaux ; il n'y avait qu'un abcès bacillaire au niveau de la paroi abdominale ; ils pensèrent que la généralisation se serait produite si l'on avait attendu plus longtemps avant d'interrompre l'expérience.

MM. Straus et Gamaleïa ont vu les cobayes inoculés dans le péritoine avec la tuberculose aviaire succomber rapidement, en deux à quatre semaines. A l'autopsie, on ne trouvait aucune lésion, ou bien l'on constatait que la rate était volumineuse et rouge ; jamais, quelle que fût d'ailleurs la voie d'introduction, les auteurs n'ont vu se développer de tubercules ; plusieurs fois ils ont décelé la présence de bacilles dans les viscères ; mais ceux-ci n'avaient suscité aucune réaction nodulaire.

Nos recherches ont porté sur 24 cobayes auxquels nous avons injecté, dans le péritoine, des émulsions préparées avec le foie d'oiseaux tuberculeux ; dans plusieurs expériences, nous en avons simultanément injecté quelques gouttes sous la peau.

En ce dernier cas, voici ce qu'on observe. Il se forme au point d'inoculation un petit abcès caséeux qui renferme de nombreux bacilles, mais guérit en quelques semaines. Que cette lésion locale ait ou non existé, on voit généralement se produire un engorgement des ganglions correspondant au point inoculé (ganglions inguinaux) ; seulement, au lieu de s'étendre et de se généraliser, les adénopathies, qui sont surtout marquées du huitième au quinzième ou vingtième jour, rétrocèdent et finissent par disparaître. Le plus souvent les animaux demeurent en bonne santé et ne maigrissent pas. Rien ne peut faire admettre chez eux une maladie quelconque ; il y a bien eu à un moment une infection locale, caractérisée par le tubercule d'inoculation et les adénopathies, mais ces lésions ont été passagères et ont guéri assez rapidement.

Des 24 cobayes que nous avons inoculés, 6 ont succombé spontanément : l'un d'eux est mort rapidement, en 16 jours, comme dans les expériences de MM. Straus et Gamaleïa ; les autres n'ont succombé qu'au bout d'un temps qui a varié de 30 à 164 jours. L'autopsie de ces animaux fut négative, en ce sens que l'examen des viscères ne nous montra aucune lésion analogue à du tubercule. Nous ajouterons seulement que, chez un cobaye, il existait dans le péritoine, au niveau du point d'inoculation, un petit abcès caséeux parfaitement enkysté.

Les autres animaux, restés en parfaite santé, furent sacrifiés du 111° au 248° jour après l'inoculation ; chez neuf d'entre eux les résultats furent négatifs : aucune lésion appréciable, sauf chez un cobaye où l'on trouva encore un petit abcès enkysté dans le péritoine.

En somme, voilà 15 cobayes inoculés de tuberculose aviaire et qui sont morts spontanément ou ont été tués : leurs organes étaient restés absolument indemnes ; on ne trouvait aucune altération appréciable, sauf chez deux sujets où l'on constata un abcès caséeux, comme l'avaient déjà observé MM. Cornil et Mégnin.

Six autres cobayes furent sacrifiés comme les précédents, dans un état de santé très satisfaisant, mais l'autopsie révéla la présence de granulations tuberculeuses ; toutefois le nombre et la localisation de celles-ci différaient totalement de ce qu'on observe quand on inocule de la tuberculose humaine ; au lieu de se généraliser, les lésions se cantonnaient à un ou deux viscères ou au péritoine ; dans un cas, cette séreuse était seule atteinte ; on trouvait 5 ou 6 granulations miliaires dans la portion péri-hépatique. Ailleurs l'infection avait frappé le foie et la rate, mais il fallait un examen attentif pour découvrir, dans chacun de ces viscères, trois ou quatre petites granulations ; aussi l'aspect des organes n'était-il guère modifié ; la rate, notamment, ne présentait pas l'hypertrophie qu'on rencontre généralement dans la tuberculose expérimentale des rongeurs.

Dans deux cas, les lésions furent encore plus différentes de ce qu'on observe d'habitude : les organes abdominaux étaient intacts ; seuls les poumons renfermaient quelques granulations, encore celles-ci étaient-elles fort rares ; il y avait deux ou trois tubercules perlés, gros comme des grains de millet et faisant saillie sous la plèvre.

L'examen microscopique de ces lésions y fit trouver des bacilles remarquables par leurs dimensions un peu plus considérables que celles des bacilles de la tuberculose humaine, aussi par leur aspect plus granuleux.

Les néoplasies pulmonaires étaient constituées par un amas de cellules épithélioïdes : il n'y avait pas de cellules géantes, et l'on ne trouvait à la périphérie de la lésion que quelques rares cellules embryonnaires.

Les tubercules du foie présentaient un aspect particulier. Dans un cas, les granulations étaient formées d'une partie centrale caséeuse, entourée d'une zone fibreuse ; une autre fois, nous avons vu un tubercule tout entier transformé en un bloc fibreux : c'était un véritable tubercule de guérison.

L'étude histologique démontre donc que les lésions produites chez les cobayes par l'inoculation de tuberculose aviaire tendent à se localiser et à guérir. Cette tendance vers la guérison spontanée ressortait déjà de l'évolution du tubercule d'inoculation et des adénopathies.

En résumé, la tuberculose aviaire se comporte tout différemment vis-à-vis du lapin et du cobaye : ce fait, qui avait échappé à Rivolta et à Maffucci, et que nous avons été les premiers à mettre en évidence, a été confirmé par les recherches de divers auteurs et par les résultats des expériences que nous avons poursuivies. Aussi pouvons-nous conclure que la tuberculose aviaire, contrairement à la tuberculose humaine, est plus active pour le lapin que pour le cobaye. Chez ce dernier animal, ou elle ne produit aucune lésion, ou elle donne lieu à un abcès caséeux, ou enfin elle suscite la production de quelques rares tubercules viscéraux, qui ne troublent guère l'état général et tendent à subir la transformation fibreuse, c'est-à-dire à évoluer vers la guérison.

Mais si les règles qui viennent d'être établies sont généralement vraies, elles souffrent quelques exceptions.

Un cobaye qui avait reçu un morceau de foie d'une poule, inoculée elle-même avec le foie d'un faisan, succomba au bout de 103 jours. A l'autopsie, on trouva une tuberculose miliaire généralisée; le péritoine renfermait une certaine quantité de liquide séreux : le foie, qui pesait 52 grammes, et la rate, dont le poids atteignait 9 grammes, étaient farcis de tubercules; les poumons offraient aussi quelques granulations. C'était, en un mot, l'ensemble des lésions qu'on observe chez les animaux qui ont reçu de la tuberculose humaine.

Ce cobaye a servi à en inoculer un second; celui-ci resta en parfaite santé, il ne maigrit pas; lorsqu'on le tua, au bout de 141 jours, son état paraissait tout à fait normal; l'autopsie montra l'existence de quelques granulations tuberculeuses, mais le nombre en était minime; il y en avait 5 ou 6 disséminées dans le foie et les poumons; la rate était saine. Il semblait donc que le virus, loin de s'exalter, s'atténuait par son passage successif sur deux cobayes.

Pour continuer la série, nous inoculâmes, avec le foie de ce sujet, un autre cobaye et un lapin; le premier mourut au bout de 109 jours, et l'on trouva une dizaine de granulations dans son foie; le lapin resta en bon état et fut sacrifié au bout de 139 jours : il y avait chez cet animal d'assez nombreuses granulations remarquables par leur localisation : au lieu d'avoir envahi le foie et la rate, elles occupaient les poumons, les ganglions médiastinaux et les reins.

Afin de savoir ce qu'était devenu ce virus, qui se comportait d'une façon si étrange, nous l'avons reporté sur un cobaye et sur deux poules. Le cobaye resta en bonne santé; mais quand on le sacrifia, au bout de 169 jours, on ne fut pas peu surpris de trouver chez lui une tuberculose généralisée ; les poumons, le péritoine, la rate, le foie, étaient remplis de granulations ; ce dernier organe était le siège d'une cirrhose très marquée qui donnait à sa surface un aspect bosselé et entraînait la production de sillons plus plus ou moins profonds. Quant aux poules, elles furent sacrifiées au bout de 169 et de 176 jours; l'autopsie ne montra aucune lésion appréciable.

Ainsi, après trois passages sur les mammifères, le virus aviaire se comportait comme le fait généralement la tuberculose humaine; il suscitait la production de granulations chez le cobaye, il restait sans action sur la poule. On pourrait donc croire qu'il y a eu dans cette série une inoculation accidentelle avec de la tuberculose de mammifères; cette supposition nous semble inadmissible. Le premier cobaye qui eut de la tuberculose généralisée avait été inoculé en même temps qu'un autre animal de même espèce ; on s'était servi de la même seringue et on avait placé ces deux cobayes dans la même cage ; or, l'un se comporta comme d'habitude, l'autre succomba à une tuberculose généralisée ; une contamination fortuite nous semble d'autant plus invraisemblable qu'à cette époque nous n'avions dans notre laboratoire que des animaux inoculés avec de la tuberculose aviaire.

On voit que, dans quelques cas, la tuberculose aviaire, inoculée dans le péritoine, peut produire chez le cobaye une éruption généralisée de granulations : ce résultat est assez rare, mais il est indéniable ; il a d'ailleurs été confirmé par MM. Courmont et Dor, qui ont obtenu aussi des tuberculoses généralisées en inoculant des cultures aviaires.

Pour qu'on puisse se rendre plus facilement compte de nos expériences, nous les avons résumées sous forme de tableaux. Nous avons indiqué les animaux qui ont servi de points de départ aux expériences, ceux auxquels les inoculations ont été pratiquées, leur survie et les principaux résultats de l'autopsie. Les astérisques désignent les animaux qui ont reçu le virus dans les veines ; tous les autres ont été inoculés dans le péritoine.

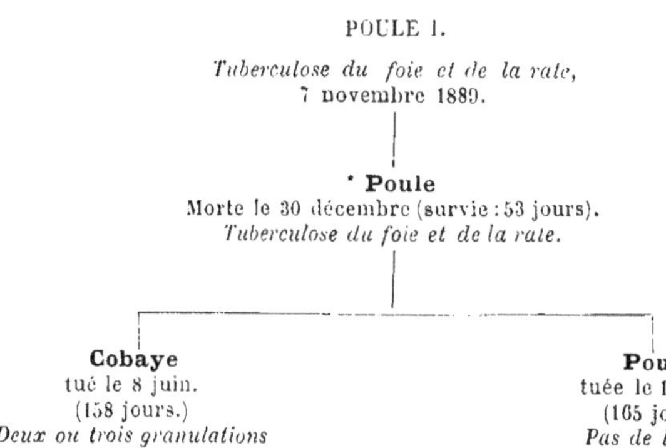

POULE II.

*Tuberculose de l'intestin, du foie
et de la rate.*
30 décembre 1889.

Cobaye
tué le 15 juin.
(165 jours.)
Pas de lésions.

Lapin
mort le 6 avril 1890.
(97 jours.)
*Tuberculose généralisée
(péritoine, rate, foie,
reins, poumons).*

Poule
morte le 10 février 1890.
(41 jours.)
*Ascite, tuberculose
du péritoine, du foie,
et de la rate.*

Lapin
tué le 15 juin.
(70 jours.)
Pas de lésions.

Cobaye
mort le 26 février.
(16 jours)
Pas de lésions.

POULE III.

Tuberculose du foie et de la rate.
25 janvier 1890.

Cobaye
tué le 15 juin (140 jours).
Pas de lésions.

POULE IV.

*Tuberculose de l'intestin, du foie,
de la rate et du péritoine.*
18 mars 1890.

Lapin
mort le 2 juin.
(75 jours.)
*Tuberculose généralisée
(péritoine, ganglions mésentériques, foie, rate, reins,
poumons).*

Cobaye
tué le 3 août.
(138 jours.)
*Deux ou trois granulations
dans le foie et la rate.*

POULE V.

Tuberculose du foie et de la rate.
17 avril 1890.

Lapin
tué le 3 août (108 jours).
*Tubercules de l'épiploon; quelques granulations
dans le foie et la rate.*

Cobaye.
tué le 20 mars 1891 (229 jours).
Pas de lésions.

POULE VI.

Tuberculose du foie et de la rate.
16 juin 1890.

Cobaye
tué le 5 octobre.
(111 jours.)
Pas de lésions.

Cobaye.
mort le 27 nov.
(164 jours.)
Pas de lésions.

Lapin
mort le 24 août.
(69 jours.)
*Tuberculose généralisée
(péritoine, foie, rate
reins, poumons).*

Lapin
tué le 7 février 1891.
(236 jours.)
*Tumeurs blanches.
Quelques tubercules
dans le foie, les reins
et les poumons.*

Lapin
mort le 24 novembre.
(93 jours.)
*Tuberculose généralisée
(péritoine, foie, plèvres, poumons).*

Cobaye
tué le 20 mars 1891.
(208 jours.)
Pas de lésions.

POULE VII.

*Tuberculose de l'intestin, du péritoine,
du foie et de la rate.*
6 juillet 1890.

Poule
morte le 7 octobre.
(93 jours.)
*Tuberculose du foie,
de la rate
et du péritoine.*

Poule
morte le 24 août.
(49 jours.)
*Ascite. Tuberculose du foie
et de la rate.*

Cobaye
mort le 29 novembre.
(146 jours.)
*Abcès au point
d'inoculation.*

Poule
morte le 20 novembre.
(88 jours.)
*Tuberculose du foie, de la rate,
du péritoine et des reins.*

Poule
tuée le 20 mars 1891.
(120 jours.)
*Tuberculose discrète de la rate
et du péritoine.*

Poule
morte le 15 juin.
(87 jours.)
*Tuberculose du foie, de la rate,
du péritoine et des poumons.
Ascite fibrineuse.*

Cobaye
tué le 12 juillet
(114 jours.)
Pas de lésions.

POULE VIII.

Tuberculose de l'intestin et du foie.
6 novembre 1890.

*** Cheval**
tué le 7 janvier 1891.
(62 jours.)
Pas de lésions.

Cobaye
tué le 2 juillet 1891.
(218 jours.)
Grand abcès hépatique.

Cobaye
mort le 8 décembre.
32 jours.)
Pas de lésions.

FAISAN.

Ascite. Tuberculose de l'intestin, du foie
et de la rate.
14 décembre 1889.

Poule
morte le 25 janvier 1890.
(42 jours.)
Ascite. Tuberculose du péritoine,
du foie et de la rate.

Poule
tuée le 2 février 1890.
(50 jours.)
Tuberculose du péritoine
et du foie.

Cobaye
tué le 8 juin.
(135 jours.)
Abcès au point
d'inoculation.

Cobaye
mort le 9 mai.
(103 jours.)
Ascite. Tuberculose généralisée
(foie, rate, poumons).

Cobaye
mort le 4 mars.
(30 jours.)
Pas de lésions.

Cobaye
tué le 8 septembre.
Cinq ou six granulations dans le foie
et les poumons.

Cobaye
mort le 25 décembre.
(109 jours.)
Quelques granulations
dans le foie.

Lapin
tué le 24 janvier 1891.
(139 jours.)
Tuberculose des poumons,
des reins, des ganglions
mésentériques.

Cobaye
tué le 12 juillet.
(169 jours.)
Tuberculose généralisée
(foie [cirrhotique], rate,
péritoine, poumons).

Poule
tuée le 12 juill.
(169 jours.)
Pas de lésions.

Poule
tuée le 19 juill.
(176 jours.)
Pas de lésions.

FAISAN.

Ascite. Tuberculose de l'intestin,
du foie et de la rate.
15 décembre 1889.

Cobaye
tué le 8 juin 1890.
(165 jours.)
Quelques tubercules pulmonaires.

PINTADE

Tuberculose du foie et de la rate.
9 mars 1890.

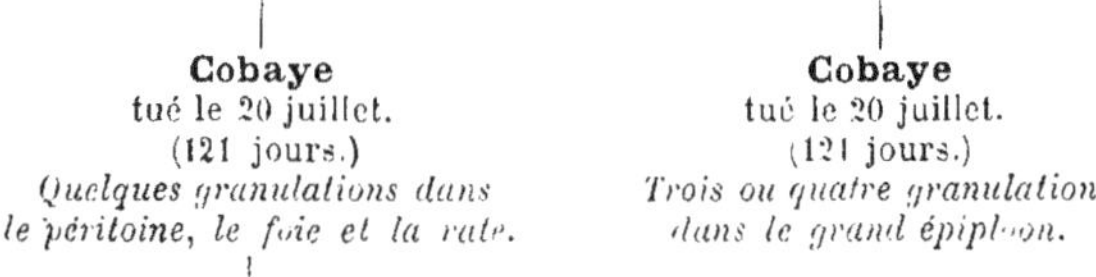

Cobaye   **Cobaye**
tué le 20 juillet.   tué le 20 juillet.
(121 jours.)   (121 jours.)
Quelques granulations dans   *Trois ou quatre granulations*
le péritoine, le foie et la rate.   *dans le grand épiploon.*

Cobaye   **Cobaye**
tué le 15 février 1891.   mort le 29 novembre.
(210 jours.)   (129 jours).
Pas de lésions.   *Pas de lésions.*

Résumé des expériences d'inoculation sur le cobaye. — Si nous envisageons dans leur ensemble les résultats que nous avons obtenus en inoculant la tuberculose aviaire au cobaye, nous voyons que nos animaux peuvent être classés en quatre groupes :

1° Ceux chez lesquels l'autopsie ne démontra aucune lésion appréciable ;

2° Ceux chez lesquels on trouva un abcès caséeux au point d'inoculation ;

3° Ceux qui présentèrent quelques rares tubercules viscéraux ;

4° Ceux enfin où l'infection se généralisa et se traduisit par une éruption de granulations, parfois aussi abondantes que lorsqu'on inocule de la tuberculose humaine.

Ces divers résultats se trouvent consignés dans le tableau ci-après. Dans chacun des groupes que nous admettons, nous avons divisé les animaux en deux catégories : ceux qui sont morts spontanément et ceux qui ont été tués ; pour chacun d'eux, nous avons noté quelle a été la survie à la suite de l'inoculation.

PAS DE LÉSIONS		ABCÈS LOCAL		TUBERCULOSE VISCÉRALE DISCRÈTE.			TUBERCULOSE GÉNÉRALISÉE.	
Animaux morts.	Animaux tués.	Animaux morts.	Animaux tués.	Animaux morts.	Animaux tués.	Organes atteints.	Animaux morts.	Animaux tués.
16 jours.	111 jours.	»	135 jours.	109 jours.	»	Foie.	103 jours.	169 jours.
30 —	114 —	»	»	,	121 jours.	Péritoine.	»	»
37 —	140 —	146 jours.	»	»	121 —	Foie et rate.	»	»
129 —	165 —	»	»	»	138 —	*Id.*	»	»
164 —	208 —	»	»	»	141 —	Foie et poumons.	»	»
»	210 —	»	»	»	158 —	Poumons.	»	»
»	229 —	»	»	»	165 —	*Id.*	»	»
»	248 —	»	»	»	»	»	»	»
5 cas.	8 cas.	1 cas.	1 cas.	1 cas.	6 cas.	»	1 cas.	1 cas.
13 cas ou 54 p. 100.		2 cas ou 8 p. 100.		7 cas ou 29 p. 100.			2 cas ou 8 p. 100.	

Inoculation successive de tuberculose aviaire et de tuberculose humaine. — Aux expériences que nous avons rapportées, nous pourrions en ajouter beaucoup d'autres qui ont été poursuivies en inoculant au cobaye des cultures de tuberculose aviaire; certains animaux ont résisté, ce qui nous a permis d'aborder l'étude d'un nouveau problème : nous avons recherché si, à la suite de cette inoculation, il se produisait une modification dans la réceptivité de l'animal pour la tuberculose humaine (1).

Le 25 mars 1890, nous injectons dans le péritoine d'un cobaye, une certaine quantité de culture aviaire. Le 19 octobre, c'est-à-dire au bout de 200 jours, cet animal, qui était dans un excellent état de santé, fut sacrifié; à l'autopsie, on trouva deux abcès caséeux enkystés dans l'épiploon, l'un de la grosseur d'un pois, l'autre d'une petite noix; le pus de ces abcès, qui renfermait une très grande quantité de bacilles, fut injecté dans le péritoine de trois autres cobayes et d'une poule. Celle-ci resta en bonne santé : on la tua le 9 avril 1891, c'est-à-dire au bout de 172 jours. Pour toute lésion, on trouva dans l'abdomen une masse libre, jaunâtre, aplatie, ayant le volume d'une amande; ce corps étranger était constitué par du tissu fibreux, au milieu duquel on voyait des cellules rondes et fusiformes et des masses vitreuses. Bien que nous n'ayons pu trouver de bacilles sur les coupes, nous pensons que cette production était d'origine tuberculeuse; on peut la rapprocher des grains riziformes de certains

(1) Gilbert et Roger, Inoculation de la tuberculose aviaire au cobaye. *C. R. de la Société de Biologie*, 1891, p. 81.

kystes; mais, en rejetant même cette interprétation, le fait ne démontre pas moins qu'en séjournant six mois dans l'organisme d'un cobaye, les bacilles étaient devenus incapables de déterminer chez la poule une éruption de granulations tuberculeuses. Nous ne pouvons nous empêcher de rapprocher ce résultat de celui auquel nous sommes parvenus en faisant passer la tuberculose du faisan sur trois mammifères; on se rappelle que, dans ce cas, le virus s'était profondément modifié et qu'il était devenu incapable de tuer les gallinacés.

Quant aux trois cobayes qui avaient été inoculés en même temps que la poule, deux ont succombé rapidement en seize et vingt jours, comme cela s'observe parfois quand on inocule des cultures aviaires; l'autopsie ne fit trouver qu'une petite lésion locale au point où l'on avait introduit le virus. Le troisième paraissait bien portant le 12 mars 1891, c'est-à-dire cinq mois après l'inoculation; on lui injecta alors dans la cavité abdominale quelques gouttes d'une émulsion préparée avec le foie d'un cobaye mort de tuberculose humaine; il succomba le 3 juillet 1891. A l'autopsie on trouva une infiltration caséeuse des deux poumons; la rate qui mesurait 7 centimètres et demi de long sur 4 de large, était rouge avec des points blancs; le foie était volumineux et d'aspect muscade; l'examen histologique démontra qu'il s'agissait d'une infiltration tuberculeuse extrêmement étendue.

Voilà donc un cobaye qui avait parfaitement supporté une inoculation de tuberculose aviaire, ce qui ne modifia en rien sa réceptivité vis-à-vis de la tuberculose humaine; il succomba dans le même laps de temps que des cobayes témoins, inoculés comme lui.

De cette expérience, nous pouvons en rapprocher une autre qui est tout à fait semblable. Le 21 janvier 1891, nous inoculâmes deux cobayes avec une culture de tuberculose aviaire; ces cobayes restèrent en bonne santé; ils reçurent de la tuberculose humaine, l'un le 12 mars, l'autre le 12 avril; le premier succomba le 2 juillet, le second fut tué le 15 juillet : chez tous deux nous avons trouvé une tuberculose viscérale généralisée, tout à fait semblable à celle qui suit les inoculations de tuberculose humaine.

Ces expériences peuvent se résumer ainsi : six cobayes reçoivent des cultures aviaires : deux succombent rapidement sans que l'autopsie permette de trouver des lésions viscérales; quatre résistent; trois d'entre eux sont inoculés plus tard avec de la tuberculose humaine; cette dernière infection évolue comme chez des cobayes sains. Sans vouloir tirer une conclusion définitive de ces trois expériences, nous pensons qu'il est légitime d'admettre qu'une inoculation antérieure de tuberculose aviaire ne favorise ni n'entrave l'évolution de la tuberculose humaine.

Pour résumer les faits établis dans cette première partie de nos recherches, nous n'avons qu'à reproduire intégralement les propositions formulées à la fin de notre première note sur la tuberculose aviaire :

La tuberculose des gallinacés est transmissible aux poules; l'inoculation dans les veines ou dans le péritoine est suivie du développement d'une tuberculose généralisée, rapidement mortelle.

Le lapin contracte facilement la tuberculose aviaire, au moins quand on introduit le virus dans le péritoine; la mort survient en deux à trois mois par généralisation de l'infection.

Le cobaye, plus sensible que le lapin à la tuberculose humaine, est bien plus résistant que lui à la tuberculose aviaire. Il est exceptionnel de voir l'inoculation déterminer une infection générale; dans la presque totalité des cas (91 p. 100), ou bien les animaux ne présentent aucune lésion tuberculeuse (54 p. 100), ou bien ils présentent au point d'inoculation un abcès caséeux qui persiste plus ou moins longtemps (8 p. 100), ou bien il se produit une infection viscérale (29 p. 100) qui reste partielle, discrète, et tend vers la transformation fibreuse et la guérison.

DEUXIÈME PARTIE. — INOCULATION AUX GALLINACÉS DE LA TUBERCULOSE DES MAMMIFÈRES.

Après avoir montré de quelle façon se comporte la tuberculose aviaire quand on l'inocule aux mammifères, il nous faut aborder le problème inverse et rechercher si la tuberculose des mammifères est inoculable aux oiseaux.

Nous avons déjà rappelé que les auteurs qui ont étudié la question sont loin d'être arrivés à des résultats concordants : si Bollinger, si Koch, si M. Nocard ont pu transmettre la tuberculose humaine aux gallinacés, la plupart des expérimentateurs n'ont obtenu que des résultats négatifs : Villemin, H. Martin, Straus et Wurtz, Riffi et Gotti, Rivolta, Maffucci, Straus et Gamaleïa ne virent pas les poules contracter la tuberculose des mammifères, et M. Nocard ne réussit pas davantage dans une nouvelle série d'expériences.

Nous avons, de notre côté, poursuivi l'étude de cette question (1). Nous avons inoculé à trente-neuf poules et à un faisan des produits tuberculeux provenant de l'homme ou de divers mammifères.

Inoculation de tuberculose humaine. — Dans la plupart de nos expériences, nous nous sommes servis de tuberculose pulmonaire : nous avons choisi des foyers récents, non ramollis, de façon à avoir une lésion pure et à ne pas injecter à nos animaux des mélanges de divers microbes.

I. — Dans une première série de recherches, nous avons inoculé directement avec du tubercule humain un cobaye et deux poules ; le cobaye mourut en vingt-huit jours d'une tuberculose généralisée classique : une poule inoculée dans le péritoine fut sacrifiée au bout de deux cent onze jours ; ses viscères paraissaient sains, et l'inoculation d'un fragment de son foie à un cobaye ne détermina chez cet animal aucun trouble appréciable. Tout autre fut l'évolution de la tuberculose chez la deuxième poule, inoculée dans les veines. Cette poule fut sacrifiée au bout de quarante-deux jours ; elle paraissait en parfait état de santé. Aussi avons-nous été fort surpris de trouver dans son foie et sa rate un nombre considérable de granulations d'une extrême petitesse ; c'étaient des tubercules gris, demi-transparents et évidemment de date récente. Cette constatation semblait déjà nous indiquer qu'il ne s'agissait pas d'une tuberculose spontanée : les altérations, si elles avaient préexisté à notre inoculation, auraient eu un tout autre aspect. Comme nous l'avons montré plus haut, on trouve, dans ce cas, des masses volumineuses jaunâtres et non un semis de granulations grises. Mais si un doute persiste, il doit disparaître devant les résultats des inoculations pratiquées avec le foie de cette poule. Une émulsion de cet organe a été injectée dans le péritoine d'un cobaye et d'une poule ; le cobaye est mort de tuberculose généralisée en soixante-

(1) CADIOT, GILBERT et ROGER, Inoculation aux gallinacés de la tuberculose des mammifères. *C. R. de la Société de Biologie*, 1891, p. 640.

douze jours ; la poule a été sacrifiée au bout de deux cent sept jours : ses organes étaient sains. Cette expérience nous semble absolument démonstrative. Il s'agissait d'une tuberculose humaine, et le bacille, qui avait suscité chez une première poule la production de granulations tuberculeuses, n'avait pas perdu ses propriétés spécifiques : l'inoculation à une deuxième poule n'a pas donné lieu à la production de tubercules, ce qui serait certainement survenu s'il s'était agi d'une tuberculose aviaire accidentelle. Ce fait, à lui seul, suffirait à démontrer que le bacille de la tuberculose humaine peut *parfois* susciter chez la poule le développement de granulations viscérales.

Suivant notre habitude, nous avons résumé notre expérience sous forme de tableau ; ainsi on se rendra mieux compte de nos séries d'inoculations. Les astérisques désignent les animaux qui ont reçu le virus dans les veines ; pour les autres, nous avons employé la voie intra-péritonéale.

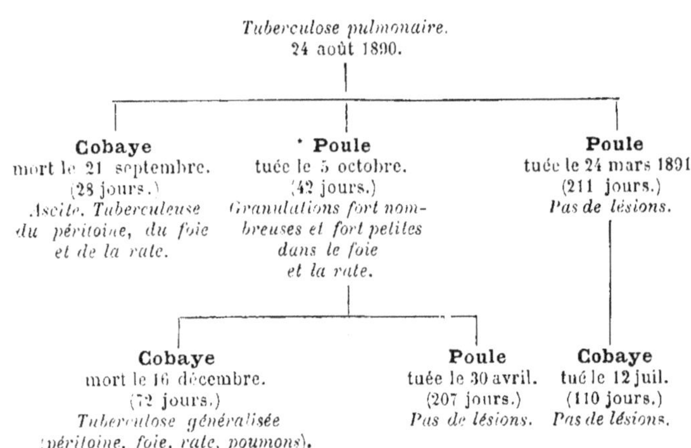

II. La plupart de nos poules ont été inoculées avec des productions provenant de l'homme, mais ayant passé par le cobaye.

Vingt-trois poules ont servi à ces expériences : 15 ont reçu le virus dans les veines, 3 dans le péritoine, 5 simultanément dans les veines et dans le péritoine. Aucun de ces animaux n'est mort ; tous ont été sacrifiés au bout d'un temps qui a varié de onze à deux cent soixante-six jours.

A l'autopsie, nous n'avons trouvé de lésions tuberculeuses
que chez 3 poules. Ces 3 poules appartenaient à une même série
comprenant 5 animaux qui avaient été inoculés simultanément
dans les veines et le péritoine, avec l'émulsion du foie d'un
cobaye. — La première de ces 5 poules fut sacrifiée au bout de onze
jours ; ses organes étaient indemnes. — La deuxième, tuée au bout
de vingt-quatre jours, ne présentait non plus aucune lésion
viscérale ; mais les bacilles de la tuberculose humaine étaient

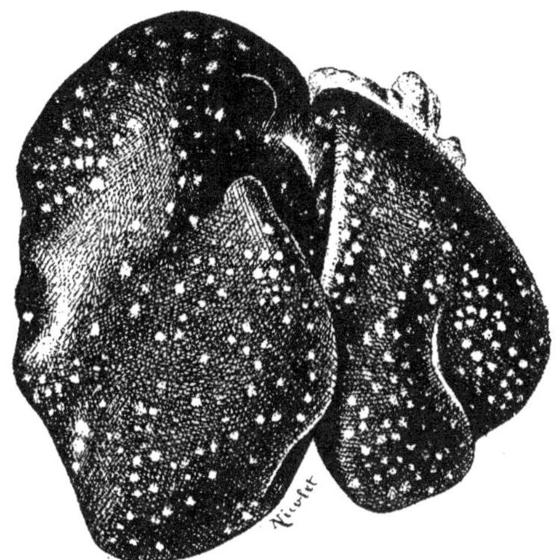

Fig. 47. — Tuberculose du foie. — Lésions provoquées par inoculation de virus
d'origine humaine.

encore présents dans son foie, car l'inoculation de cet organe à
un cobaye détermina une tuberculose typique. — La troisième
fut tuée le trente-cinquième jour ; elle était un peu amaigrie ; à
l'autopsie on trouva une ascite séro-fibrineuse : le foie, légèrement augmenté de volume, était farci de granulations tuberculeuses fort petites ; la rate était un peu hypertrophiée, mais
ne renfermait pas de granulations. — La quatrième, tuée le
trente-huitième jour, présenta également de nombreuses granulations dans le foie et sur le mésentère. — Enfin la cinquième
fut sacrifiée au bout de cinquante-neuf jours ; chez celle-ci,
les lésions étaient moins marquées ; les tubercules s'étaient

développés dans le foie ; ils étaient assez nombreux, mais petits, tout à fait semblables à ceux que nous avions constatés chez la poule inoculée directement avec de la tuberculose humaine.

Avec les produits tuberculeux de la poule tuée au bout de trente-cinq jours, nous avons inoculé une nouvelle poule ; celle-ci est restée en bonne santé ; on l'a sacrifiée au bout de quatre-vingt-six jours ; on a trouvé de l'ascite et de petites granulations dans le foie et la rate.

Tous ces faits se trouvent résumés dans les tableaux suivants :

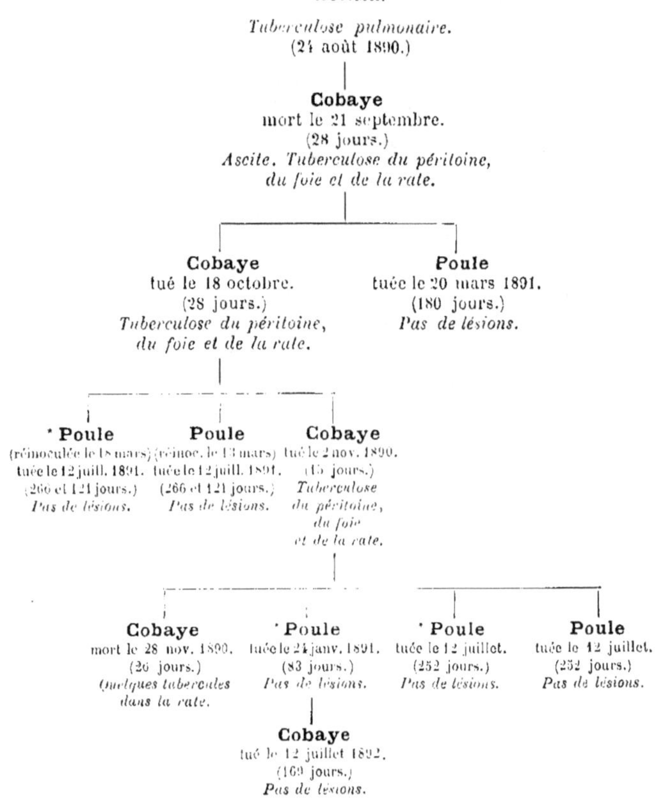

COBAYE.

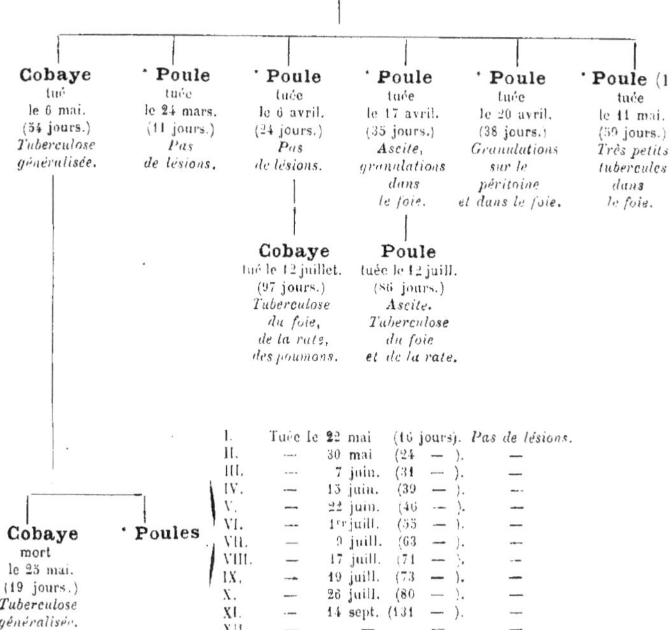

Des 5 premières poules inoculées dans cette dernière série, 3 ont présenté à l'autopsie des lésions tuberculeuses.

Depuis que nous avons fait connaître ces résultats à la *Société de biologie*, on leur a opposé différentes objections qui peuvent se ramener à quatre principales :

1° Le meilleur témoignage de l'immunité des poules à l'égard du bacille humain résiderait dans ce fait qu'aucune n'est morte spontanément ;

2° Nous aurions eu le tort de ne point employer des cultures pour nos inoculations ;

3° Nous aurions pris pour des tubercules, des lésions nodu-

(1) Les cinq poules de cette série ont été inoculées à la fois dans les veines et dans le péritoine.

CADIOT. — Pathol. et Clin.   35

laires provoquées par nos injections de tissus tuberculeux broyés et émulsionnés ;

4° Nous aurions expérimenté sur des poules déjà affectées de tuberculose aviaire.

A la première objection, nous répondrons que si nos poules ne sont point mortes spontanément, c'est pour l'unique et décisive raison que nous les avons sacrifiées.

A la seconde, qu'entre les divers procédés d'inoculation du tubercule humain (inoculation directe ou après culture sur l'animal vivant ou sur milieux inertes), nous estimons qu'aucun n'est supérieur aux autres s'il ne donne les meilleurs résultats.

A la troisième, que l'examen histologique et bactériologique établit expressément la nature tuberculeuse des lésions que nous avons constatées.

Enfin, pour réfuter la dernière objection, nous ne nous retrancherons pas derrière cette affirmation de notre fournisseur d'animaux, que la tuberculose n'aurait jamais été constatée dans sa volière où, depuis quatre ans, aucune maladie contagieuse n'a sévi ; nous ferons remarquer que les 2 poules sacrifiées onze et vingt-quatre jours après l'inoculation étaient indemnes de tout tubercule visible, alors que les 3 dernières poules tuées trente-cinq, trente-huit et cinquante-neuf jours après l'inoculation, étaient devenues tuberculeuses.

Chez ces 3 poules, les tubercules étaient petits, grisâtres, transparents ; ils étaient incontestablement de formation récente.
— A l'examen histologique, ils étaient composés de simples nids épithélioïdes sans trace de dégénération ; nos coupes établissent d'une façon irréfutable, que les granulations de la poule inoculée avec du tubercule humain, sacrifiée le trente-cinquième jour, étaient moins avancées dans leur évolution que celles de la poule inoculée avec du tubercule aviaire et qui a succombé le trente-neuvième jour. (V. p. 526.)

Nous pouvons donc affirmer qu'il s'agissait de tubercules d'inoculation.

Mais le fait qui nous semble le plus important, c'est que la tuberculose humaine a pu se transmettre d'une poule à une autre ; les lésions étaient assez marquées, et pourtant cet animal, comme les précédents, supportait très bien la présence de ces granulations viscérales ; il n'avait nullement maigri et nous avons été fort surpris du résultat de l'autopsie. Ainsi, de même que la tuberculose aviaire peut déterminer chez les mammifères des éruptions granuliques, sans troubler leur état général et sans entraîner d'amaigrissement, de même la tuberculose humaine peut, chez la poule, susciter des lésions spécifiques qui sont assez bien tolérées.

III. Nous avons à rapporter une troisième série d'expériences, dans laquelle nous nous sommes servis du magma caséeux d'une tuberculose du testicule; il nous a semblé intéressant d'opérer avec cette lésion locale ; car un virus atténué pour l'homme pouvait très bien être plus actif pour la poule.

Avec le testicule tuberculeux, nous avons inoculé 4 poules, 1 faisan et 2 cobayes. Ceux-ci ont succombé en cinquante-quatre et cinquante-six jours à une tuberculose viscérale. Quant aux oiseaux, ils ont tous résisté; lorsque nous les avons sacrifiés, après un temps qui a varié de soixante-deux à deux cent quarante-huit jours, nous n'avons trouvé dans leurs viscères aucune altération appréciable.

Ces résultats se trouvent consignés dans le tableau suivant. On verra que nous avons inoculé un cobaye avec le foie de la poule sacrifiée au bout de soixante-douze jours ; le résultat fut négatif, le bacille s'était donc détruit ou transformé en séjournant deux mois et demi dans l'organisme d'un gallinacé.

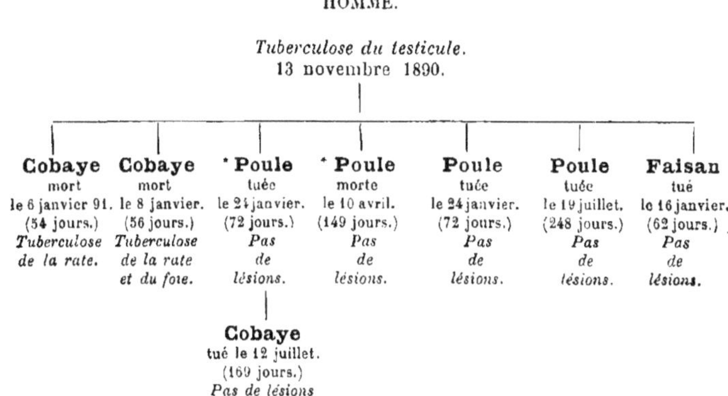

Si nous envisageons l'ensemble des faits que nous avons observés en inoculant aux gallinacés la tuberculose humaine, nous trouvons les résultats suivants :

Trente-deux poules ont été inoculées avec des produits tuberculeux provenant directement de l'homme ou ayant passé par d'autres animaux; 5 ont présenté à l'autopsie des granulations viscérales; chez toutes, il s'est agi d'une tuberculose inoculée, d'une tuberculose produite par le bacille humain et non par le bacille aviaire. Si quelques objections pouvaient encore nous être adressées au sujet de la deuxième série d'expériences. le doute ne semble pas possible pour la poule dont les granulations se sont transmises au cobaye et non à la poule; dans ce cas, le bacille avait conservé ses caractères originels : la nature de l'infection nous paraît établie d'une façon indiscutable.

Inoculation de tuberculose bovine. — Nous ne nous sommes pas contentés d'inoculer de la tuberculose humaine ; nous nous sommes servis aussi de matière tuberculeuse provenant de différents mammifères et particulièrement de bovidés : cette recherche nous semblait d'autant plus indiquée que, en ces derniers temps, on a mis en doute l'identité de la pommelière et de la tuberculose humaine. Nos poules sont restées indemnes, tandis que la maladie s'est transmise au lapin, au cobaye et au chat.

VACHE.

Tuberculose pleuro-pulmonaire.
4 novembre 1889.

Cobaye	Cobaye	Cobaye	Lapin	Lapin	Poule
mort	mort	mort	mort	mort	tuée
le 20 nov.	le 27 nov.	le 27 nov.	le 17 nov.	le 29 nov.	le 20 mars 90.
(16 jours.)	(23 jours.)	(23 jours.)	(13 jours.)	(25 jours.)	(136 jours.)
Quelques tubercules sur le péritoine.	*Tuberculose de la rate, du foie et du péritoine.*	*Tuberculose de la rate, du foie et du péritoine.*	*Quelques tubercules sur le péritoine et dans le foie.*	*Tuberculose du foie, de la rate et du péritoine.*	*Pas de lésions.*

BOEUF.

Tuberculose pleuro-pulmonaire.
15 novembre 1889.

|

Chat
mort 16 décembre.
(31 jours.)
Tuberculose généralisée.

|

Poule
tuée le 3 août 1890.
(230 jours.)
Pas de lésions.

BOEUF.

Tuberculose pleuro-pulmonaire.
18 mars 1890.

|

Poule
tuée le 12 octobre.
(208 jours.)
Pas de lésions.

Inoculation de lésions tuberculeuses du chien, du chat et du cheval.
— Nous citerons enfin deux dernières séries d'expériences où
nous avons emprunté le matériel d'inoculation à des animaux
rarement frappés par la tuberculose.

Dans la première, le virus provenait d'un chien atteint de
tuberculose du poumon et de la plèvre, et dont nous avons rapporté l'observation (1). Avec le foyer pulmonaire, qui contenait
un grand nombre de bacilles, nous avons inoculé 2 cobayes et
2 poules; celles-ci ont résisté, tandis que les cobayes ont succombé à une tuberculose classique.

Dans la deuxième, la matière virulente nous a été fournie par
un cas de tuberculose pulmonaire du chat. L'inoculation a été
positive chez le cobaye, négative chez la poule. Ce qui fait l'intérêt de cette dernière série, c'est que le virus s'est montré
pathogène pour le cheval : une inoculation intra-veineuse amena
la mort en vingt-quatre jours et, à l'autopsie, on trouva, dans
les deux poumons, une tuberculose miliaire constituée par des
granulations extrêmement petites et confluentes : c'était une

____

(1) CADIOT, GILBERT et ROGER, Note sur la tuberculose du chien. *C. R. de la
Société de biologie*, 1891, p. 20.

lésion d'une intensité étonnante. Le bacille inoculé s'étant ainsi montré très virulent — tout le monde sait que le cheval est peu sensible à la tuberculose, — nous pouvions supposer que le virus, encore exalté par son passage sur le cheval, pourrait se développer chez la poule ; mais, dans ce cas encore, l'inoculation a été négative ; la poule, sacrifiée au bout de cent trente-cinq jours, n'a présenté aucune lésion appréciable.

CHIEN.

Tuberculose pulmonaire.
5 janvier 1891.

Cobaye	**Cobaye**	**· Poule**	**Poule**
mort le 13 février.	mort le 23 fév.	tuée le 16 avril.	tuée le 19 juillet.
(39 jours.)	(49 jours.)	(101 jours.)	(195 jours.)
Tuberculose géné-	*Tuberculose géné-*	*Pas de lésions.*	*Pas de lésions.*
ralisée (foie,	*ralisée (foie,*		
rate, poumons).	*rate, poumons).*		

CHAT.

Tuberculose pulmonaire.
20 janvier 1891.

Cobaye	**· Cheval**	**· Poule**	**Poule**
mort le 2 février.	mort le 13 fév.	tuée le 28 juin.	tuée le 28 juin.
(13 jours.)	(24 jours.)	(159 jours.)	(159 jours.)
Quelques granulations	*Tuberculose*	*Pas de lésions.*	*Pas de lésions.*
dans le foie.	*miliaire*		
	des poumons.		

Poule
tuée le 28 juin.
(135 jours.)
Pas de lésions.

Résumé des expériences d'inoculation de la tuberculose des mammifères aux gallinacés. — Quarante gallinacés ont été inoculés avec de la tuberculose de mammifères ; aucun n'est mort spontanément ; tous ont été sacrifiés après un temps variable. A l'autopsie, 5 fois on trouva de la tuberculose, 35 fois on ne constata aucune lésion.

Les résultats obtenus nous ont servi à dresser le tableau suivant, qui résume toute cette partie de nos recherches.

ORIGINE.		MODE D'INOCULATION.	NOMBRE d'animaux inoculés.	RÉSULTATS	
				négatifs.	positifs.
Homme.	Tuberculose pulmonaire.	Directement................	2	1	1
		Après passage par le cobaye.	23	20	3
		Après passage par la poule.	2	1	1
Homme.	Tuberculose du testicule.	Directement................	5	5	»
Bovidés.	Tuberculose pulmonaire.	Directement................	2	2	»
		Après passage par le chat...	1	1	»
Chien...	Tuberculose pulmonaire.	Directement................	2	2	»
Chat....	Tuberculose pulmonaire.	Directement................	2	2	»
		Après passage par le cheval.	1	1	»
			40	35	5

Sans vouloir présenter une étude comparative sur la tuberculose des divers mammifères, nous ferons remarquer que les expériences que nous avons faites avec des lésions provenant des bovidés, du chien, du chat et du cheval, peuvent être invoquées en faveur de l'unicité de la tuberculose; les cobayes et les lapins ont succombé en effet comme lorsqu'on inocule de la tuberculose humaine ; souvent même l'évolution a été très rapide, puisque la pommelière a tué le cobaye en deux à trois semaines, et la tuberculose du chien, en cinq semaines.

Persistance du bacille humain dans l'organisme des gallinacés. — Les recherches que nous avons poursuivies, celles qu'ont publiées d'autres expérimentateurs, établissent que la tuberculose des mammifères ne s'inocule aux oiseaux que d'une façon exceptionnelle. On est conduit ainsi à rechercher ce que devient le bacille quand on l'a introduit dans l'organisme de ces animaux. M. Martin aborda l'étude de cette question : il recueillit le sang d'un certain nombre de poules, auxquelles il avait injecté du tubercule humain dans le péritoine et s'en servit pour inoculer des cobayes. Les résultats furent extrêmement variables : tantôt le sang provenant de poules inoculées trois mois auparavant ne se montra pas virulent; tantôt il transmit la tuberculose alors qu'il provenait d'animaux inoculés depuis six ou sept mois. Nous avons repris la question, mais nous avons cru qu'il valait mieux opérer avec le foie qu'avec le sang, puisque c'est dans les viscères que se localisent les microbes. Nos expériences nous ont donné les résultats suivants : un fragment de foie, provenant d'une poule inoculée depuis vingt-quatre jours, transmit la tuberculose au cobaye ; des fragments du même organe, injectés à d'autres cobayes, soixante-douze, quatre-vingt-trois et deux cent onze jours après l'inoculation, n'ont déterminé aucun accident notable.

Ainsi, un mois après l'inoculation de la tuberculose humaine, les bacilles se trouvent encore dans l'organisme de la poule ; et c'est à ce moment qu'ils semblent trahir leur présence par certaines réactions morbides ; souvent les poules sont malades vers la fin du premier ou au commencement du deuxième mois après l'inoculation ; ce fait n'avait pas échappé à M. Martin, qui vit même 2 poules succomber au quarante-septième et au quarante-huitième jour ; l'autopsie fut d'ailleurs négative. Or c'est justement vers la même époque que nous avons observé des tubercules viscéraux, comme le montre le tableau ci-dessous, où sont relevés les résultats de nos expériences :

| | | | RÉSULTATS | |
			négatifs.	positifs.
Animaux sacrifiés.	Du 11e au 31e jour....	5	5	»
	Du 35e au 59e jour.....	7	3	4
	Du 62e au 266e jour.....	27	27	»
	Total	39	35	4

En somme, pas de tuberculose avant le trente-cinquième jour, pas de tuberculose après le cinquante-neuvième jour (1).

On pouvait se demander, dès lors, s'il ne se produirait pas, vers le deuxième mois après l'inoculation, des lésions qui, le plus souvent, ne seraient appréciables qu'au microscope et expliqueraient les symptômes présentés par les animaux. L'examen histologique, pratiqué dans un cas, n'a pas confirmé cette hypothèse ; le foie d'une poule, sacrifiée au trente-neuvième jour, était stéatosé, mais il ne contenait pas de granulations.

En résumé, l'inoculation aux gallinacés de la tuberculose des

(1) Nous exceptons la poule chez laquelle la tuberculose d'origine humaine s'est transmise en série ; dans ce cas, le virus a pu se modifier en passant par un oiseau.

mammifères n'entraîne très généralement pas la mort ; le plus
souvent elle est bien supportée ; parfois elle suscite, vers le
deuxième mois, quelques troubles passagers ; enfin, en quelques
cas rares, elle détermine dans les viscères une éruption de granulations tuberculeuses (1).

CHAPITRE V

RÉSUMÉ ET CONCLUSIONS.

Arrivés au terme de notre travail, il nous semble nécessaire
de résumer les principaux résultats auxquels nous sommes parvenus.

On sait, depuis longtemps, qu'il existe chez les gallinacés une
maladie infectieuse analogue à la tuberculose et caractérisée
par la production de granulations et de masses caséeuses plus ou
moins volumineuses. Ces lésions occupent surtout le foie, la
rate, le péritoine ; sur l'intestin, on trouve souvent des ulcérations ; dans ce cas les matières renferment des bacilles qui
servent à transmettre la maladie et expliquent certaines épizooties.

Les caractères histologiques des tubercules diffèrent suivant qu'on les étudie chez la poule ou chez le faisan : chez la
poule, on trouve des amas de cellules épithélioïdes, dont la

(1) Poursuivant nos recherches sur cette question, nous avons essayé de
vaincre la résistance des gallinacés à la tuberculose des mammifères : 1° en multipliant les inoculations ; 2° en associant les différents modes d'infection ; 3° en
faisant ingérer des matières tuberculeuses que nous mélangions avec du verre
pilé, afin de provoquer des excoriations de la muqueuse intestinale et de
favoriser ainsi la pénétration du virus ; 4° en insérant la matière tuberculeuse dans les tissus des extrémités (pattes, ailes) ; 5° en abaissant, par
l'immersion prolongée dans l'eau froide et par des injections sous-cutanées
de substances antithermiques, la température des sujets en expérience ; 6° en
inoculant simultanément ou successivement la tuberculose et la diphtérie.

Dans ces diverses expériences, nous n'avons pas obtenu une proportion
plus élevée de résultats positifs que dans nos tentatives antérieures.

Nous sommes parvenus enfin à triompher de la résistance naturelle de ces
oiseaux en leur injectant, tous les huit à dix jours, dans la cavité abdominale, de 20 à 40 centimètres cubes de sérum de cheval, pur ou additionné
de 8 p. 100 de glycérine. Ces injections ne provoquent aucun trouble notable,
à la condition — surtout pendant les temps froids — de porter le liquide à
une température voisine de 40 degrés ; sans cette précaution, on détermine
parfois la mort subite. — Les poulets ainsi préparés contractent facilement la
tuberculose des mammifères.

partie centrale tombe en nécrobiose vitreuse et s'entoure d'une bordure de cellules spéciales ; chez le faisan, la lésion est constituée au début par des nids de cellules épithélioïdes, dont la partie centrale disparaît par régression moléculaire ; en même temps il se produit un anneau conjonctif qui subit la dégénérescence amyloïde et circonscrit des cavités pseudo-vasculaires.

Dans toutes ces productions, on trouve des bacilles présentant le même aspect et possédant les mêmes réactions colorantes que ceux que l'on rencontre dans la tuberculose de l'homme et des autres mammifères.

Pour déterminer le rapport qui existe entre la tuberculose des mammifères et celle des oiseaux, il faut avoir recours à l'expérimentation.

Nos recherches se divisent en deux parties.

Dans un premier groupe d'expériences, nous avons étudié le virus aviaire et nous avons reconnu qu'il se transmet facilement aux poules ; injecté dans les veines ou le péritoine, il suscite la production de lésions semblables à celles qui caractérisent la tuberculose spontanée.

Inoculé au lapin, le bacille aviaire se comporte à peu près comme le bacille humain, au moins quand on l'introduit dans le péritoine : il se produit alors une éruption généralisée de granulations viscérales.

Chez le cobaye, les résultats sont plus variables : nous avons inoculé 27 cobayes dans le péritoine ; 13 fois il ne se produisit aucune lésion appréciable ; 5 fois on trouva un abcès caséeux au point d'inoculation ; 7 fois on rencontra quelques granulations viscérales discrètes ; 3 fois une tuberculose miliaire généralisée.

En traversant l'organisme des mammifères, le virus aviaire se modifie et perd ses propriétés pathogènes pour la poule.

Dans un deuxième groupe d'expériences, nous avons injecté à des poules la matière tuberculeuse provenant de l'homme ou de divers mammifères (bovidés, chien, chat, cheval). Quarante poules ont été inoculées, soit dans les veines, soit dans le péritoine, soit simultanément dans les veines et le péritoine ; aucune d'elles n'a succombé ; chez 5, nous avons trouvé des tubercules jeunes, très petits, transparents : c'étaient des lésions produites par le bacille humain, car, dans un cas, elles purent se réinoculer au cobaye et ne purent se transmettre à une nouvelle poule ; le virus avait donc conservé ses propriétés originelles. Une autre fois le bacille se modifia plus profondément, et les lésions purent se réinoculer d'une poule à une autre.

Les faits que nous avons rapportés, les expériences qui ont été publiées par d'autres observateurs, établissent d'une façon indiscutable qu'il existe de profondes différences entre la tuberculose des mammifères et celle des oiseaux. On peut, en s'appuyant sur les résultats obtenus, établir entre les deux virus le parallèle suivant (1) :

Les bacilles aviaires sont plus longs et plus granuleux. Ils se développent plus facilement sur les milieux de culture artificiels et poussent d'emblée sur l'agar glycériné; les bacilles humains ne peuvent croître sur ce milieu qu'après avoir été ensemencés à plusieurs reprises sur du sérum.

Comme l'ont bien montré MM. Straus et Gamaléïa, les cultures d'origine aviaire sont humides, grasses, plissées et molles; celles qui proviennent de l'homme sont sèches, écailleuses ou verruqueuses, ternes et dures.

Le bacille aviaire pousse à 43° et résiste à 65°; le bacille humain cesse de croître à 41° et meurt à 65°.

Une culture aviaire âgée de dix mois est vivace et peut encore se réensemencer; une culture humaine perd sa végétabilité en six mois (Maffucci).

La tuberculose aviaire se transmet aux poules; elle ne détermine presque jamais de tuberculose généralisée chez le cobaye; elle ne s'inocule pas au chien. La tuberculose humaine ne se transmet qu'exceptionnellement aux poules; elle détermine constamment une tuberculose généralisée chez le cobaye; elle s'inocule facilement au chien.

Voilà les différences qui existent entre les deux virus, et il faut reconnaître qu'elles sont considérables. Mais suffisent-elles pour faire admettre une distinction radicale? Autrement dit, faut-il considérer les deux bacilles tuberculeux comme appartenant à deux espèces différentes?

Si nous reprenons les caractères distinctifs que nous venons d'indiquer, nous voyons qu'ils sont peut-être moins tranchés qu'on aurait pu le croire au premier abord.

Les traits généraux des deux bacilles restent les mêmes et les

(1) CADIOT, GILBERT et ROGER, Sur les relations de la tuberculose des mammifères avec celle des gallinacés. *Bulletin médical*, 26 juillet 1891.

réactions qu'ils suscitent dans l'organisme vivant sont semblables. Qu'on n'objecte pas que le tubercule de l'homme diffère par ses caractères histologiques du tubercule des gallinacés; nous avons montré, dans un précédent chapitre, que les tubercules de la poule et du faisan diffèrent encore plus entre eux; chez les animaux également sensibles aux deux virus, comme le lapin, l'aspect histologique des lésions est identique : c'est le même processus nodulaire, c'est la même tendance à la caséification.

En étudiant la morphologie des deux microbes, on est forcé de reconnaître que leur ressemblance est considérable; les quelques différences qu'on a signalées sont secondaires; on en rencontre d'aussi marquées quand on compare les bacilles tuberculeux chez divers sujets d'une même espèce ; il n'est pas rare de trouver chez l'homme des bâtonnets plus longs et plus granuleux les uns que les autres. Par contre, qu'il s'agisse du bacille aviaire ou du bacille humain, les grands traits spécifiques persistent, notamment les réactions vis-à-vis des matières colorantes, qui nous semblent avoir une tout autre importance qu'un détail de morphologie.

Sans être absolument identiques, les cultures des deux bacilles offrent une certaine analogie : le bacille humain peut croître sur les milieux glycérinés et se rapproche ainsi du bacille aviaire; s'il n'y pousse pas d'emblée, ce caractère est-il suffisant pour établir une distinction fondamentale; une simple variation de race ne suffirait-elle pas à expliquer cette différence?

Nous pouvons faire des remarques semblables à propos des autres caractères différentiels, mais nous avons hâte d'arriver à ceux qui se rapportent plus particulièrement à notre sujet d'étude : nous voulons parler des propriétés pathogènes.

Il est certain que les divers animaux ne réagissent pas de même vis-à-vis des deux virus : MM. Straus et Gamaleïa insistent, à ce propos, sur le fait suivant qu'ils ont découvert : le chien contracte facilement la tuberculose humaine; il est à l'abri de la tuberculose aviaire. Ce résultat présente un intérêt considérable, mais il ne nous semble pas encore suffisant pour faire admettre une distinction spécifique. Il existe souvent des différences aussi marquées entre des variétés avérées d'une même espèce; la bactéridie charbonneuse tue le lapin, le premier vaccin charbonneux reste sans action sur cet animal; pour continuer notre comparaison, nous ferons remarquer qu'au point de vue de la forme et des cultures, il y a certainement autant de différences entre la bactéridie virulente et la bactéridie atténuée qu'entre le bacille de la tuberculose humaine et le bacille de la tuberculose aviaire.

Ce n'est pas, croyons-nous, sur un ou deux caractères différentiels qu'il faut s'appuyer pour trancher la question pendante, c'est sur l'ensemble des propriétés des deux microbes ; à ce point de vue, on doit reconnaître qu'il existe un certain nombre de faits dénotant entre les deux virus une communauté de nature. Le lapin, par exemple, contracte aussi facilement la tuberculose aviaire que la tuberculose humaine, au moins quand les inoculations sont pratiquées dans le péritoine. Si le cobaye, ce réactif par excellence de la tuberculose humaine, résiste le plus souvent à la tuberculose aviaire, il peut parfois succomber avec des granulations viscérales généralisées. Réciproquement, l'immunité de la poule pour le virus humain n'est pas absolue; plusieurs fois nous avons vu se produire dans les organes de cet animal des lésions tuberculeuses et, dans un cas, nous avons pu établir que ces lésions étaient dues au bacille humain, qui avait conservé ses caractères particuliers.

Enfin, nous avons cité dans ce travail divers résultats qui tendent à établir que les deux virus peuvent se modifier et même se transformer : une fois la tuberculose humaine se transmit d'une poule à une autre : une autre fois nous avons vu la tuberculose aviaire, par son passage chez les mammifères, s'exalter pour ces animaux et perdre ses propriétés pathogènes pour les gallinacés.

Les résultats que nous avons obtenus, ceux qui ont été signalés par les autres expérimentateurs, nous portent à penser que les deux bacilles tuberculeux ne représentent que deux variétés d'une même espèce. Sans doute, ces deux variétés sont très différentes, et il est impossible d'appliquer à l'une les résultats obtenus avec l'autre. On devra donc, pour éviter le retour des confusions qui se sont produites, toujours indiquer de quel virus on se sera servi. Mais à côté de caractères distinctifs fort importants, on retrouve un fonds commun qui permet de rapprocher ces deux agents pathogènes et de les considérer comme dérivant d'une souche unique : *l'unicité de la tuberculose des mammifères et des gallinacés*, telle est la conception qui nous paraît cadrer le mieux avec l'ensemble des faits observés jusqu'ici.

II. — La tuberculose des psittacés.

Ses rapports avec la tuberculose humaine (1).

(AVEC MM. GILBERT ET ROGER.)

Lorsque Koch eut découvert le bacille de la tuberculose, on put espérer un moment que la vieille querelle sans cesse renaissante entre les unicistes et les dualistes allait prendre fin. Il n'en est rien cependant ; le problème s'est seulement modifié. On ne met plus en doute l'unicité de la tuberculose chez l'homme ; on discute maintenant l'unicité de la tuberculose chez les animaux. Quelques auteurs ont tenté d'établir une démarcation tranchée, une distinction absolue entre l'agent pathogène trouvé chez les mammifères et celui que l'on rencontre chez les oiseaux ; de telle sorte qu'il faudrait admettre deux espèces distinctes de tuberculose, — la tuberculose humaine et la tuberculose aviaire.

La question n'a pas seulement un intérêt théorique : sa solution importe à l'hygiéniste. En effet, suivant que le bacille aviaire représentera une variété ou une espèce particulière, suivant qu'il sera capable ou non de se développer chez les mammifères, les oiseaux tuberculeux devront être considérés comme dangereux ou inoffensifs pour l'homme ; si le bacille aviaire n'a rien à voir avec le bacille des mammifères, on pourra impunément utiliser pour l'alimentation les gallinacés contaminés et garder auprès de soi les oiseaux atteints de lésions tuberculeuses.

Qu'il existe entre la tuberculose des mammifères et celle des oiseaux des différences importantes, c'est ce que personne ne saurait nier. Nous avons montré (2) que le bacille

(1) **Extrait de la Presse médicale**.

(2) CADIOT, GILBERT et ROGER, Contribution à l'étude de la tuberculose aviaire. *Congrès pour l'étude de la tuberculose*, 1891. — Inoculabilité de la tuberculose des mammifères aux gallinacés. *C. R. de la Société de biologie*, 1895, p. 785.

aviaire, très virulent pour le lapin, ne détermine le plus souvent chez le cobaye que des lésions circonscrites, discrètes, ayant une grande tendance à subir la transformation fibreuse. Réciproquement, le bacille humain est peu nocif pour les gallinacés, et son inoculation, chez ces oiseaux, ne provoque pas, en général, l'éclosion de tubercules.

Mais il y a des exceptions à ces règles : le bacille aviaire produit parfois chez le cobaye des lésions viscérales extrêmement marquées, transmissibles en série. Quant à l'immunité des gallinacés, elle n'est pas absolue : sur 86 poules inoculées avec de la tuberculose des mammifères, nous avons obtenu 9 résultats positifs, ce qui fait une proportion de 10 pour 100.

Si les gallinacés ont une résistance indéniable, il est d'autres oiseaux — les psittacés — qui contractent très facilement la tuberculose des mammifères : l'observation tend à faire admettre cette conclusion, que l'expérimentation permet d'établir d'une façon indiscutable.

* *

C'est à Fröhner (1) et à son assistant Eberlein (2) que revient le mérite d'avoir attiré l'attention sur la fréquence de la tuberculose chez les perroquets, et d'avoir montré que la maladie atteint surtout la peau, les muqueuses, le tissu conjonctif sous-cutané et sous-muqueux, les articulations et les os. Sur 700 perroquets présentés à la consultation de l'École de Berlin, 170 étaient tuberculeux, ce qui fait une proportion de 25 pour 100. Eberlein a relaté sommairement 56 de ces observations; voici quelles étaient les localisations principales :

Œil et région périoculaire	14 cas.
Commissures du bec	11 —
Langue	9 —
Larynx	2 —
Os et articulations	14 —

Dans les observations d'Eberlein, la tuberculose atteignait 29 fois le tégument cutané, ce qui fait une proportion de 50 pour 100.

(1) FRÖHNER, Zur Statistik der Verbreitung der Tuberculose unter den kleinen Hausthieren, in Berlin. *Monatshefte für prakt. Thierheilkunde*, 1894-95, p. 49.
(2) EBERLEIN, Die Tuberculose der Papageien *Ibid.*, p. 248.

Les faits que nous avons recueillis, au nombre de 27, se répartissent de la façon suivante :

Tuberculose de la peau.......... 15 cas, soit 55 p. 100
— des muqueuses...... 6 — 22 —
— simultanée de la peau
et des muqueuses............. 6 — 22 —

Si l'on envisage la localisation plus précise des lésions, on voit que, le plus souvent, les manifestations occupent la tête, spécialement les joues, la région périorbitaire et les commissures du bec. Selon Eberlein, c'est généralement le côté gauche qui est atteint, sans qu'on puisse expliquer le motif de cette prédominance. Enfin il n'est pas rare de trouver, sur un même animal, plusieurs foyers cutanés, rapprochés ou éloignés.

Au point de vue de la localisation des lésions, l'analyse de nos 27 observations donne des résultats assez analogues à ceux d'Eberlein :

Joues, région périoculaire, œil................. 12 cas.
Commissures du bec....................... 7 —
Langue....................................... 8 —
Palais....................................... 4 —
Membres supérieurs et ailes.................. 7 —
Pattes....................................... 3 —
Régions cervicale, dorsale, caudale............. 5 —

Pour que l'on puisse mieux se rendre compte du siège et de l'aspect des lésions, nous allons résumer très brièvement ces observations.

1° *Lésions tuberculeuses des téguments.*

Obs. 1. — Perruche verte, achetée en avril 1886. — En décembre 1894, on remarque sur la joue droite de l'oiseau une petite élevure grisâtre, résistante, écailleuse, qui, peu à peu, s'étend aux parties adjacentes, tout en devenant plus saillante.

Le 1er janvier 1895, cette tumeur est enlevée par un vétérinaire. Quinze jours plus tard, elle est reproduite.

Le 19 janvier, on nous présente cette perruche. Sur la joue droite est développée une végétation grisâtre, conique, légèrement incurvée à son extrémité, écailleuse à sa surface. L'examen du produit obtenu en grattant la peau enflammée à la base de la tumeur y décèle de nombreux bacilles.

On pratique l'ablation de la tumeur, puis un curettage et un attouchement de la peau malade au thermocautère.

La perruche nous est ramenée le 12 février 1895; la production cornée est reconstituée; une autre tumeur analogue est en voie de formation au-dessus de la précédente. Même traitement.

Le 2 mars, les deux tumeurs se sont reproduites ; une nouvelle est apparue entre la seconde et la mandibule supérieure. (V. p. 480.)

Obs. II. — Perruche dont le globe oculaire est presque entièrement recouvert par la paupière inférieure, qui forme un sac à tumeur bourgeonnante, ayant le volume d'un haricot. La partie centrale, caséeuse, contient des bacilles.

Obs. III. — Perruche portant une corne tuberculeuse développée sur la face droite de la tête, immédiatement en arrière de la commissure buccale. Ramenée un mois plus tard, elle présente deux autres petites productions cornées au voisinage de la première.

Obs. IV. — Perroquet porteur d'une corne volumineuse au-dessous de la mandibule inférieure ; la surface d'implantation occupe la moitié de la hauteur du cou ; cette corne a la forme d'une pyramide dont l'arête antérieure mesure 4 centimètres ; elle est dure, cassante, d'apparence pierreuse. Deux petites formations semblables existent en avant de l'œil gauche ; elles ont la dimension d'un grain de chènevis.

Obs. V. — Perroquet, quatre ans, importé du Brésil à l'âge de trois mois. Depuis quelque temps cet animal, jusque-là très bavard, est devenu triste et muet. Sur la joue droite, en arrière de la racine des mandibules, existe une production cornée du volume d'une petite noisette.

Obs. VI. — Perroquet amaigri depuis plusieurs mois. Il porte, sur la face droite de la tête, une plaque cutanée indurée ayant les dimensions d'une pièce de 50 centimes ; à la partie inférieure du cou, une corne de la grosseur d'un haricot ; sur le dos, une plaque analogue, mais plus petite ; enfin, sur le sacrum, une ulcération fongueuse et saignante. L'examen de ces diverses lésions y montre de nombreux bacilles.

Obs. VII. — Perroquet amené le 4 mai 1894. Maigre, triste, il ne parle plus depuis plusieurs semaines. Sur la face droite de la tête, à 1 centimètre de la base du bec, est développée une production cornée, conique, couvrant une surface d'environ 1 centimètre carré. Une autre tumeur analogue est trouvée à la base du cou ; la région lombaire est le siège d'une plaie circulaire, bourgeonnante, saignante, entourée d'une zone annulaire déplumée.

Obs. VIII. — Perroquet, cinq ans, appartenant depuis deux ans à la personne qui nous le présente. Une tumeur cornée est apparue sur l'aile gauche ; une autre s'est développée ensuite sur la tête.

Obs. IX. — Perroquet, cinq ans, appartenant depuis près de trois ans à la personne qui nous l'apporte. Malade depuis cinq à six mois ; sur le côté gauche de la tête, en arrière de l'œil, existe une corne cutanée cylindrique, longue de 1 centimètre, épaisse d'un demi-centimètre.

Obs. X. — Perroquet malade depuis cinq à six mois. Appartient depuis deux ans à son maître actuel. Deux productions tuberculeuses cornées, longues de 1 centimètre, sur le côté droit du cou. Dans le tissu conjonctif souscutané de la gorge, deux tumeurs grosses comme des noisettes. Une plaque tuberculeuse ulcérée sur l'aile droite.

Obs. XI. — Perroquet appartenant depuis dix-huit mois à la même personne. Il y a environ trois mois que la région carpienne de l'aile gauche est le siège d'une tumeur de consistance fibreuse, d'aspect framboisé, dont le centre est occupé par un magma caséeux.

Obs. XII. — Perroquet malade depuis six mois environ. Production cornée sur l'aile droite, au niveau de l'articulation huméro-radiale.

Obs. XIII. — Perroquet atteint depuis deux mois d'une tumeur tuberculeuse ulcérée de la région métatarsienne.

CADIOT. — Pathol. et Clin.   36

Obs. XIV. — Perroquet atteint, à la partie inférieure de la patte droite, de deux tumeurs du volume d'une noisette; les muscles de la patte sont atrophiés; l'animal ne peut se servir de ce membre.

Obs. XV. — Perroquet présentant une tumeur cornée de forme conique à la base de la queue; cette production, constatée seulement il y a dix jours, mesure actuellement 1 centimètre de longueur; elle a envahi l'orifice-anal et provoque une constipation opiniâtre.

2° *Lésions tuberculeuses des téguments et des muqueuses.*

Obs. XVI. — Perroquet malade depuis trois mois. Deux productions cornées, l'une sur la gorge, l'autre sur le côté gauche de la tête. Plusieurs petites végétations jaunâtres sur la muqueuse buccale, en arrière des commissures et sur le palais.

Obs. XVII. — Perroquet présentant deux cornes cutanées sur le dos, au niveau des ailes. Plaques blanchâtres des dimensions d'une lentille à la base de la langue et sur le côté gauche du larynx.

Obs. XVIII. — Perroquet malade depuis deux ans. De chaque côté de la tête, au niveau des commissures, existent de petites productions cornées. Dans la bouche, sur la voûte palatine, est développée une corne conique du volume d'un haricot, dirigée d'arrière en avant, et dont l'extrémité dépasse celle de la langue; sa base, qui a 1 centimètre de diamètre, repose sur une surface finement granuleuse.

Obs. XIX. — Perroquet acheté depuis dix-huit mois; difficulté de la déglutition depuis six mois; amaigrissement. Deux petites tumeurs, l'une au-dessus de la mandibule supérieure, l'autre en arrière de la commissure gauche, toutes deux du volume d'un pois. Une troisième tumeur, ulcérée, existe sur le palais. — L'oiseau a succombé le 15 mars 1895. Pas de lésions viscérales.

3° *Lésions tuberculeuses des muqueuses.*

Obs. XX. — Perroquet présentant, depuis deux mois, sur les commissures du bec et sur la langue, quelques petites élevures grisâtres, qui, peu à peu, ont augmenté de volume, sont devenues confluentes et ont fini par constituer deux tumeurs étalées, assez épaisses, dont la partie externe débordait les branches de la mandibule inférieure. Les plaques linguales détachées avec la sonde cannelée, qu'elles recouvraient la muqueuse est rouge, épaissie, granuleuse. Une autre plaque de même nature, mais moins étendue, occupe le palais.

Obs. XXI. — Perroquet malade depuis cinq mois; déglutition très difficile; depuis un mois, maigreur extrême. Végétations tuberculeuses de la langue et de la voûte palatine.

Obs. XXII. — Perroquet atteint d'une tumeur volumineuse à la base de la langue; très grande gêne de la déglutition. Depuis cinq à six mois, l'oiseau a beaucoup maigri.

Obs. XXIII. — Perroquet présentant sur la voûte palatine une production tuberculeuse arrondie, du volume d'un pois.

Obs. XXIV. — Perroquet atteint de plaques tuberculeuses de la langue.

4° *Lésions viscérales.*

Obs. XXV. — Perroquet malade depuis huit mois. Corne tuberculeuse sur la face droite de la tête; tumeur tuberculeuse à l'aile gauche; corne caudale, longue de 2 centimètres, développée à l'extrémité du croupion. Pattes déformées, tordues; l'animal se tient difficilement sur son perchoir. Il succombe un mois plus tard. —*Autopsie.* — Le foie et la rate sont farcis de granulations tuberculeuses. Aux deux membres existent de profondes lésions des os, des articulations, des tissus périosseux et périarticulaires.

Obs. XXVI (*autopsie*). — Tuberculose de la langue, du larynx, des poumons, du foie. Ces lésions sont semblables à celles qui se rencontrent chez les gallinacés. Deux ilots tuberculeux dans les muscles de la cuisse et de la jambe; tuberculose des jointures tarsiennes; quelques tubercules cutanés.

Obs. XXVII (*autopsie*). — Tuberculose de la langue et des cavités nasales, des poumons et du foie; un ilot tuberculeux dans les muscles de la patte gauche.

Il suffit de parcourir les observations que nous venons de rapporter, pour constater que presque toujours les lésions se présentent sous un aspect tellement spécial, que leur nature ne pouvait être reconnue avant l'emploi de la technique bactériologique. Ces manifestations cutanées diffèrent tout à fait de celles qu'on observe chez les autres animaux; elles ne sauraient être comparées qu'à certaines formes de lupus verruqueux. En géné-

Fig. 48. — Production cornée développée sur une plaque tuberculeuse de la joue. (Eberlein-Krampf.)

ral, il se produit d'abord une chute des plumes; puis la peau s'épaissit, devient verruqueuse; bientôt apparaissent des végétations qui se recouvrent de croûtes épaisses. Parfois ce sont des productions cornées qui peuvent avoir jusqu'à 5 centimètres de longueur et atteignent à leur base une largeur de 1 à 2 centimètres (*fig.* 48). Si l'on détache ces cornes, on trouve au-dessous d'elles un tissu granuleux ou fongueux. Les ulcérations ne sont pas rares; elles se produisent surtout quand la partie malade est exposée à des traumatismes ou à des frottements répétés.

Dans quelques cas, la lésion occupe le tissu sous-cutané : c'est une tumeur de consistance fibreuse, dont le volume peut atteindre celui d'une cerise ; plus tard, le centre se ramollit et se transforme en un magma caséeux.

Il existe enfin une localisation curieuse qui a donné lieu à bien des erreurs de diagnostic : les tubercules se développent en certains points des pattes, qui sont déformées et tordues, absolument comme dans les cas décrits sous le nom de goutte des oiseaux (1).

Ces lésions externes peuvent, par leur siège et leur volume,

Fig. 49.

provoquer divers troubles fonctionnels : elles recouvrent ou elles obturent les yeux (*fig.* 49), gênent les mouvements des mandibules ; quand elles occupent la région anale, elles entravent la défécation ; celles des pattes s'accompagnent d'atrophie musculaire et quelquefois de parésie.

On peut observer sur la muqueuse buccale des végétations analogues à celles de la peau : parfois ce sont de simples plaques dures, blanches ou jaunâtres, peu saillantes ; ailleurs, des tubercules coniques ou arrondis, ayant le volume d'un pois ou d'un

(1) LARCHER, *Mélanges de pathologie comparée et de tératologie.* Paris, 1878, p. 153.

haricot, pouvant par conséquent rétrécir notablement la cavité buccale et entraver la déglutition. Malgré leur développement sur une muqueuse, ces productions conservent une apparence cornée ; une seule fois nous avons vu, au niveau du voile palatin, une saillie ulcérée.

En même temps que les lésions cutanées, articulaires ou buccales, ou en dehors d'elles, on peut observer des manifestations viscérales. Quelques-unes sont reconnaissables pendant la vie ; ce sont la gastro-entérite, qui donne lieu à une diarrhée parfois sanguinolente, et la tuberculose pulmonaire (la localisation viscérale la plus fréquente d'après Eberlein), qui se traduit par de continuels accès de toux.

Le plus souvent, l'évolution des lésions est extrêmement lente. C'est dans des cas dont le début insidieux a passé inaperçu, que l'on a pu croire que des productions volumineuses s'étaient développées en sept ou huit jours.

Quand elle n'entraîne pas de troubles fonctionnels et qu'elle ne s'accompagne pas de lésions viscérales, la tuberculose est bien tolérée ; les animaux restent ainsi, pendant un temps souvent fort long, des vecteurs et des propagateurs du bacille de Koch.

Cependant, tôt ou tard ils deviennent malades ; ils sont tristes, maigrissent, cessent de parler, et succombent d'ordinaire dans le marasme au bout de six mois à un an. Mais la survie est parfois beaucoup plus longue. Nous avons observé des perroquets dont l'état général était encore très bon deux ans après le début des accidents.

Malgré leur marche torpide, les lésions cutanées ne semblent pas facilement curables. Les extirpations pratiquées par Eberlein et par nous n'ont été suivies d'aucun succès ; en quelques semaines la récidive s'était produite.

Il est difficile de dire exactement quelle est la fréquence des localisations viscérales.

Eberlein, qui a pratiqué 15 examens nécroscopiques, a obtenu les résultats suivants :

Pas de lésions viscérales.	7	cas.
Tuberculose des poumons	4	—
— du foie	4	—
— de l'intestin	3	—
— des muscles	1	—
— des os et articulations	2	—
— du cœur	1	—

Le même auteur a constaté plusieurs fois la présence du bacille de Koch dans le foie, sans qu'il y eût de granulations visibles. Il insiste avec juste raison sur la fréquence des lésions pulmonaires, qui sont au contraire très rares dans la tuberculose des gallinacés.

Dans la plupart des faits que nous avons observés, les animaux étaient conservés par leurs propriétaires ; 7 fois seulement nous avons pu faire des autopsies ; dans 3 cas (obs. XXV, XXVI, XXVII) nous avons constaté la présence de tubercules viscéraux : c'étaient de petites granulations miliaires disséminées dans le foie, la rate, les poumons. Dans ces 3 cas, on trouva aussi des îlots tuberculeux dans les os, les articulations et les muscles.

Par l'examen histologique, nous avons pu reconnaître, dans

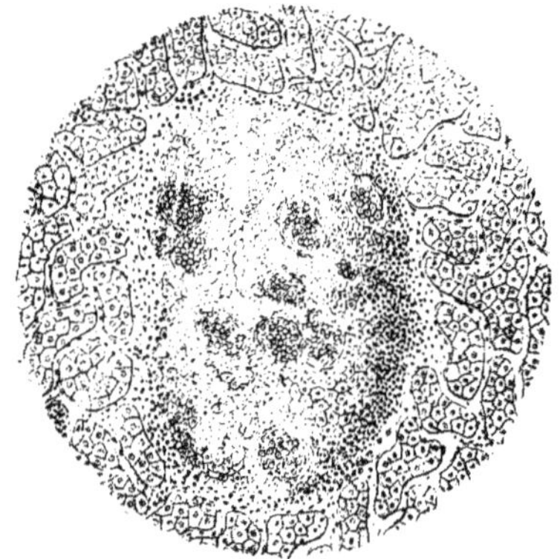

Fig. 50.

l'un de ces faits, que les tubercules du foie du perroquet se rapprochent des tubercules humains et diffèrent de ceux de la poule et du faisan. Ils sont réductibles effectivement en follicules composés de cellules géantes centrales, de cellules rondes ou fusiformes périphériques et de cellules épithélioïdes intermédiaires (*fig.* 50). Les cellules géantes contiennent un très grand nombre de noyaux qui sont habituellement distribués dans la totalité de l'élément ou en occupent le centre, mais non la périphérie, contrairement à ce que l'on observe le plus souvent dans les cellules géantes humaines. Dans ces follicules et notamment dans leurs cellules géantes, les bacilles se montrent très nombreux.

Quelle est l'origine de la tuberculose des psittacés ? Telle est la question qui présente le plus d'intérêt, au double point de vue théorique et pratique.

Il n'est guère admissible, dans la plupart des cas, que les psittacés puissent être contaminés par des gallinacés. Vivant avec l'homme, ne quittant jamais ou presque jamais les appartements, ils n'ont, en général, aucun rapport avec les oiseaux de basse-cour; on ne peut donc saisir comment ils pourraient contracter la tuberculose aviaire.

Ces considérations théoriques trouvent un appui dans les résultats fournis par l'enquête que nous avons faite à propos de nos 27 observations : 7 fois les perroquets contaminés appartenaient à des individus amaigris, toussant depuis plus ou moins longtemps, et dont plusieurs étaient indubitablement tuberculeux, comme l'a établi l'examen bactérioscopique des crachats.

L'observation I rapportée ci-dessus est, à ce point de vue, absolument démonstrative. La perruche était depuis huit ans dans la même maison et s'était toujours bien portée; en avril 1894, son propriétaire commence à tousser; en décembre, l'oiseau présente des plaques tuberculeuses sur les joues; or, l'examen microscopique révèle à ce moment la présence du bacille de Koch dans la production cutanée de la perruche et dans les expectorations de son maître. Celui-ci nous dit qu'il affectionne beaucoup son oiseau; qu'il l'embrasse souvent sur la tête, sur les joues et lui fait prendre dans sa bouche des aliments qu'il lui mâche ; il ajoute que cette perruche est le seul animal se trouvant dans l'appartement, qu'elle n'a jamais eu aucun contact, même passager, avec d'autres oiseaux ; que sa nourriture consistait en graines, café au lait, lait bouilli, enfin en aliments qu'il lui mâchait. Cette observation n'est-elle pas aussi complète et aussi probante qu'une expérience; comment nier la contamination de cet oiseau, chez lequel on constate une tuberculose cutanée, quatre mois après que son maître eût présenté les premiers symptômes d'une tuberculose pulmonaire à laquelle il succomba au bout d'un an ?

Dans l'observation II, l'origine humaine n'est pas moins manifeste. Un homme atteint depuis 1887 d'une tuberculose pulmonaire, qui l'emporta en janvier 1893, avait acheté, en 1890, une perruche fort belle, ne présentant aucune lésion cutanée. Au commencement de 1894, l'oiseau, qui était souvent embrassé par son maître et venait manger dans sa bouche, présenta, à la paupière inférieure de l'œil gauche, un nodule grisâtre qui, peu à peu, augmenta et finit par envahir toute la paupière.

La même étiologie peut s'appliquer au perroquet de l'observation XVI, appartenant à une femme tuberculeuse qui lui donnait à manger de bouche à bec ; la tuberculose se développa simultanément sur la muqueuse buccale et sur la peau. Les observations III, XVII, XXI, ont trait à des oiseaux qui appartenaient à des personnes tuberculeuses, et le perroquet de l'observation IV avait été souvent en contact avec une femme, morte depuis de tuberculose pulmonaire.

Il ne faut pas trop s'étonner que nos enquêtes soient restées négatives dans les autres cas. Les perroquets peuvent se contaminer entre eux ; ils peuvent aussi contracter la tuberculose par des poussières répandues dans les appartements, c'est-à-dire par des bacilles charriés du dehors.

La contamination peut se faire par trois voies différentes. Tantôt les bacilles pénètrent par l'appareil respiratoire ; aussi la tuberculose pulmonaire, qui est exceptionnelle chez les gallinacés, est-elle assez fréquente chez les perroquets : c'est une analogie de plus avec ce qui se passe chez l'homme. Tantôt la pénétration se fait par la peau ; tantôt par le tube digestif. Mais, à l'inverse des gallinacés, qui s'infectent presque toujours par la nourriture et présentent fréquemment de l'entérite tuberculeuse, les perroquets, bien qu'ils ingèrent parfois des aliments souillés de bacilles, s'inoculent surtout par leur contact avec des personnes tuberculeuses, ou en se frottant la tête contre les barreaux de leurs cages. On comprend ainsi la fréquence des lésions au niveau de la tête, des joues, de la langue, du palais ou du pharynx.

Si les observations que nous avons recueillies semblent de nature à faire assigner une origine humaine à la tuberculose des psittacés, il fallait, pour lever tous les doutes, s'adresser à l'expérimentation et chercher à leur transmettre directement la tuberculose des mammifères. Nous avons fait trois tentatives de ce

genre (1) : les résultats ont été tellement nets et tellement
concordants qu'il nous a semblé inutile, pour conclure, de multiplier les expériences.

Expérience I. — Le 20 juin 1894, une perruche verte est inoculée sur la tête
avec de la matière tuberculeuse provenant d'un cobaye, mort lui-même de
tuberculose d'origine canine.

Le 5 juillet, apparition de deux petites nodosités qui se recouvrent de
croûtes épaisses, noirâtres. Le 15 août, les croûtes tombent laissant à nu
une surface rugueuse, chagrinée, verruqueuse. Sur la plupart des nodosités
existe une sorte de corne cutanée que l'on peut détacher facilement. L'examen microscopique d'une parcelle de tissu morbide y révèle de nombreux
bacilles.

Fig. 51.

Le 1er octobre, la lésion gagne la racine du bec et la partie supérieure du
cou ; latéralement, elle atteint les yeux, qui sont recouverts par les végétations
développées à leur pourtour (*fig* 51).

L'amaigrissement de la perruche et une dyspnée croissante pouvaient faire
supposer un envahissement viscéral ; malheureusement, dans la nuit du 20 au
21 octobre, cet oiseau fut en partie dévoré par des rats, de telle sorte que l'autopsie complète ne put être faite. Les résultats obtenus suffisent néanmoins
à démontrer que la tuberculose des mammifères peut provoquer, chez la perruche, des lésions cutanées identiques à celles qui se produisent spontanément.

Expér. II. — Le 10 août 1894, une perruche verte fut inoculée comme la
précédente ; on la réinocula de la même façon en octobre et en novembre.
En décembre, les plumes tombèrent au voisinage du point d'inoculation, la
peau s'épaissit, devint verruqueuse ; peu à peu les lésions s'étendirent au cou,

(1) Cadiot, Gilbert et Roger, Inoculabilité de la tuberculose des mammifères aux psittacés. *C. R. de la Société de biologie*, 1895, p. 812.

au dos, aux pattes; il se forma autour des mandibules une sorte de gaine, surtout marquée sur la supérieure. Les végétations développées sur les paupières couvraient presque entièrement les yeux (*fig.* 52).

Fig. 52.

Fig. 53.

La perruche mourut le 28 septembre 1895. A l'autopsie, on ne trouva pas de lésions viscérales.

Expér. III. — Une perruche fut inoculée, le 17 mars 1895, sur le sommet de

la tête, avec de la tuberculose canine. Dès les premiers jours de juin, la peau
s'épaissit à ce niveau et se couvrit de croûtes ; ces lésions allèrent en s'aggravant : il se produisit des végétations, dont l'une était remarquable par son
volume et par les productions cornées qui la recouvraient (*fig* 53).

La perruche succomba le 13 septembre 1895, ayant survécu cent soixante-dix-
neuf jours à l'inoculation. A l'autopsie, on ne trouva aucune lésion viscérale.
On put constater que le processus tuberculeux développé au point d'inoculation avait envahi et perforé les os craniens sous-jacents. A l'examen histologique, on constata l'existence de bacilles de Koch dans les productions
tuberculeuses.

La tuberculose des mammifères, inoculée à des perruches, a
donc produit des lésions semblables à celles qu'on observe dans
les cas spontanés. Les animaux ont maigri et ont succombé
dans la cachexie, au bout d'un laps de temps qui a varié de
quatre à treize mois. A l'autopsie, nous avons constaté que les
viscères étaient sains et ne renfermaient pas de bacilles ; ceux-ci
étaient restés cantonnés au point d'inoculation ; sur les coupes,
on en trouvait en abondance dans les portions tuberculisées.
Seulement, une inoculation unique ne suffit pas toujours pour
faire apparaître des lésions tuberculeuses : il faut parfois introduire le virus à plusieurs reprises, ce qui explique comment des
perroquets ont pu n'être contaminés qu'après plusieurs mois
ou même plusieurs années passés près de personnes tuberculeuses (1).

* *

Après avoir établi que la tuberculose des psittacés est, ou du
moins peut être d'origine humaine, on doit se demander ce que
devient la virulence du bacille dans l'organisme de cet oiseau.
C'est ce que nous avons recherché en inoculant directement les
productions bacillaires de plusieurs perroquets. Nous nous
sommes bien gardés de faire passer le virus par des milieux
artificiels, car la culture modifie notablement les propriétés pathogènes ; ce que nous voulions connaître, c'était la virulence des
lésions originelles.

Les deux tableaux suivants résument deux séries d'inoculations, qui ont eu pour points de départ, la première, l'amas
caséeux contenu au centre d'une tumeur tuberculeuse de l'aile
(obs. XI), la seconde, une production cornée occupant la joue
droite (obs. V).

(1) Dans une série d'expériences plus récentes, nous avons provoqué, chez les
psittacés, des lésions viscérales par l'inoculation du virus tuberculeux humain.

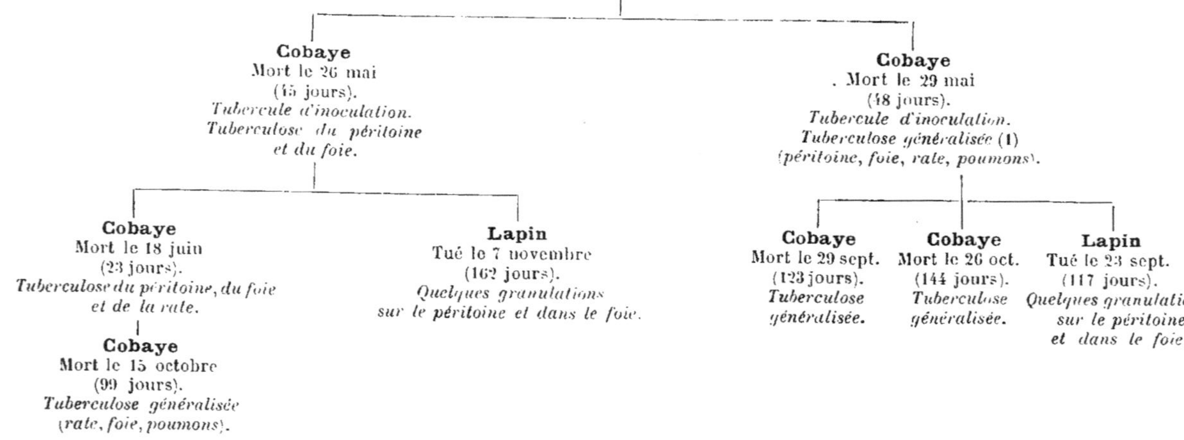

(1) Rarement nous avons vu un pareil développement de tubercules : le péritoine était couvert de granulations; la rate, décuplée de volume, et le foie en étaient criblés. Les poumons renfermaient d'innombrables tubercules volumineux, surtout abondants dans les lobes postérieurs. Les ganglions du médiastin et ceux du mésentère étaient hypertrophiés et caséeux. L'examen bactériologique révéla, dans toutes ces lésions, de nombreux bacilles.

EXPÉRIENCE V

PERROQUET

Corne tuberculeuse de la joue droite.
5 juillet 1894.

Cobaye
Mort le 7 septembre (64 jours).
Tuberculose généralisée (péritoine, foie, rate, reins, poumons).

Cobaye
Mort le 15 octobre (38 jours).
Tuberculose généralisée (foie, rate, poumons).

Cobaye
Mort le 27 septembre (43 jours).
Tuberculose généralisée (péritoine, foie, rate, poumons).

Lapin
Mort le 1er septembre 1895
(278 jours).
*Paraplégie depuis 17 jours.
Tuberculose généralisée
(foie, rate, reins, poumons,
moelle dorso-lombaire).*

Lapin
Tué le 21 novembre 1895
(359 jours).
*Quelques tubercules
fibreux sur le péritoine
et dans le foie.*

Poule
Sacrifiée le 11 novembre 1895
(349 jours).
Pas de lésions.

Poule
Sacrifiée le 5 mars 1896
(454 jours).
Pas de lésions.

Expér. VI. — Cobaye inoculé le 9 juillet 1894, avec une portion d'une corne cutanée siégeant sur le côté droit de la tête (obs. VI). Le cobaye succombe le 30 août, c'est-à-dire au bout de cinquante-sept jours; l'autopsie montre de nombreuses granulations sur le péritoine, dans le foie, la rate et les poumons.

Expér. VII. — Le 28 septembre 1895, trois poules sont inoculées dans le péritoine avec de la tuberculose expérimentale du perroquet (exp. II). L'une est sacrifiée le 24 novembre suivant; une autre, le 5 décembre; la troisième, le 5 mars 1896. On ne trouve à l'autopsie aucune altération bacillaire.

En résumé, 10 cobayes, inoculés avec des produits tuberculeux provenant directement du perroquet ou ayant passé par d'autres cobayes, ont succombé au bout de vingt-trois à cent quarante-quatre jours, soit en moyenne une survie de soixante-sept jours; chez tous, l'autopsie a révélé des lésions intenses et généralisées.

Sur 4 lapins inoculés dans les mêmes conditions, un seul est mort spontanément au bout de deux cent soixante-dix-huit jours; les autres ont été sacrifiés du cent dix-septième au trois cent cinquante-neuvième jour. Or, malgré cette survie beaucoup plus longue, puisqu'elle a été, en moyenne, de deux cent vingt-six jours, nous n'avons trouvé à l'autopsie que quelques granulations discrètes sur le péritoine et dans le foie.

La tuberculose des psittacés, contrairement à la tuberculose des gallinacés, est donc beaucoup plus virulente pour le cobaye que pour le lapin. Elle se rapproche ainsi de la tuberculose des mammifères : elle s'en rapproche aussi par son innocuité habituelle pour les gallinacés (exp. V et VII) (1).

<hr>

(1) Bien que ce soit presque toujours au contact de l'homme que les perroquets contractent la tuberculose, il nous a paru intéressant d'étudier l'action sur ces oiseaux du virus des gallinacés. Nous avons reconnu que le perroquet, comme le lapin parmi les mammifères, est sensible aux deux variétés de tuberculose. — Quatre perruches inoculées dans le péritoine, avec de la matière tuberculeuse provenant d'une poule, ont succombé au bout d'un temps qui a varié de deux à cinq mois, et ont présenté à l'autopsie des granulations bacillaires dans les organes, notamment dans le foie, la rate et les poumons. — Six perruches inoculées par scarification sur le sommet de la tête ont été atteintes de lésions tuberculeuses se présentant sous l'aspect des végétations volumineuses, cornées, analogues à celles que détermine le virus des mammifères. Sur deux de ces perruches, les lésions ont rétrocédé et guéri. Les quatre autres ont succombé au bout d'un temps qui a varié de un à treize mois; chez deux, l'infection était restée locale; chez les deux autres, elle s'était généralisée.

Les résultats obtenus avec le virus aviaire ont donc été tout à fait semblables à ceux que nous avait fournis l'étude du bacille humain (2).

(2) Cadiot, Gilbert et Roger, C. R. de la Société de Biologie, 1898, p. 1113.

En nous appuyant sur les résultats que nous avons obtenus,
envisageons maintenant les relations qui existent entre la tuberculose des mammifères et celle des oiseaux.

La tuberculose aviaire, très fréquente chez les gallinacés,
s'inocule à la poule, au pigeon, au lapin; elle se transmet, mais
plus difficilement, au cobaye ; elle peut s'observer, avec ses caractères particuliers, chez le bœuf et chez l'homme (obs. de
Kruse, Pansini).

La tuberculose des mammifères frappe l'homme, le chien, le
bœuf, le cheval; elle se transmet facilement au cobaye et au
lapin, qui cependant y est peut-être moins sensible qu'à la tuberculose aviaire ; elle s'inocule au perroquet et parfois à la
poule.

Les deux virus atteignent donc les mêmes animaux ; les
épithètes qui les désignent ne se trouvent même pas exactes,
puisque la tuberculose dite des mammifères est également celle
que l'on rencontre très généralement chez les perroquets.

Ces résultats rendent bien fragile la barrière qu'on a voulu
élever entre les deux virus. S'il est parfaitement légitime et
nécessaire d'admettre deux races de bacilles tuberculeux, il
nous semble exagéré d'en décrire deux espèces ; entre les types
extrêmes existent de nombreuses transitions et l'on peut parfois
réussir à transformer une variété en l'autre. Nous avons montré,
par exemple, que le bacille aviaire, après plusieurs passages sur
les mammifères, pouvait perdre sa virulence pour les gallinacés ;
réciproquement quand, par hasard, on a transmis la tuberculose
humaine à une poule, on arrive parfois à faire, chez les gallinacés,
des inoculations en série. Mais, pour obtenir ces résultats positifs, il faut multiplier les expériences et ne pas se contenter
d'opérer sur quelques sujets. Voilà pourquoi nous avons inoculé
le virus humain à 86 poules et le virus aviaire à 42 cobayes ; un
aussi grand nombre d'expériences donne, on l'avouera, une certaine portée à nos conclusions.

En résumé, nous n'avons nullement l'intention d'assimiler
complètement l'une à l'autre, la tuberculose des gallinacés et celle
des mammifères. Il existe entre elles de notables différences que
nous n'avons pas été les derniers à faire connaître ; mais, nous per-

sistons à croire que les caractères distinctifs, pour importants qu'ils soient, ne suffisent pas à ruiner la théorie uniciste de la tuberculose.

Notre conception a d'importantes conséquences pratiques. Chez les perroquets, par exemple, les bacilles acquièrent une virulence extraordinaire pour certains mammifères, comme l'établissent nos inoculations sur les cobayes ; rarement la tuberculose humaine se montre aussi active chez ces petits rongeurs. Or les bacilles se trouvent en grand nombre dans les productions cutanées, les sécrétions buccales, le liquide nasal, parfois dans les excréments ; ils peuvent être facilement disséminés et seront d'autant plus dangereux qu'ils seront mélangés à des particules organiques. Les perroquets contaminés par l'homme deviennent donc à leur tour un foyer permanent d'infection tuberculeuse.

III. — Tuberculose expérimentale de la chèvre.

(AVEC MM. GILBERT ET ROGER.)

(Communication faite au Congrès de la tuberculose (3e session).

Tous les mammifères ne sont pas également aptes à contracter la tuberculose, et l'on a pu soutenir que la chèvre et le chien sont presque complètement réfractaires à cette infection. Les observations et les expériences publiées dans ces dernières années ont déjà démontré, contrairement à l'opinion ancienne, que le chien ne possède aucune immunité notable (1) ; nous croyons qu'il en est de même pour la chèvre.

Les cas de tuberculose spontanée — c'est-à-dire survenue en dehors de toute inoculation — sont, il est vrai, peu nombreux ; cela tient certainement au faible chiffre numérique des sujets de l'espèce caprine, au peu d'attention apporté jusqu'à présent à l'étude de leurs maladies, et aux conditions d'existence de ces animaux. On sait en effet que les chèvres vivent généralement en plein air ; dans les pays pauvres, elles ne quittent pas la montagne ; ailleurs elles sont abritées dans des locaux spéciaux et se trouvent par conséquent peu exposées à la contagion. Or, la plupart des observations relatées se rapportent justement à des animaux cohabitant avec des vaches ou des chevaux.

En 1871, Carsten Harms (2) a publié l'histoire d'une chèvre malade depuis six mois, à l'autopsie de laquelle on trouva des tubercules et des cavernes dans les poumons. Gerlach (3) a observé un fait analogue. Lydtin (4) et Motz (5) en rapportent cinq autres.

Dans un cas de Sluys, Korevaar et Thomassen (6), l'infection

(1) CADIOT, GILBERT et ROGER, Note sur la tuberculose du chien. *C. R. de la Société de Biologie*, 1891, p. 20.

(2) CARSTEN HARMS, Practische und Wissenschaftliche Mittheilungen zum Jahresbericht der externen Schulklinik zu Hannover. *Magazin für gesammte Thierheilkunde*, 1871.

(3) GERLACH, *Die Fleischkost des Menschen*, Berlin, 1875.

(4) LYDTIN, Die Perlsucht. *Berliner Archiv*, 1884.

(5) MOTZ, Zwei Fälle von Miliartuberculose bei Zeigen. *Repertorium*, 1885.

(6) VAN DER SLUYS et KOREVAAR, Tuberculose chez une chèvre. *Gazette hollandaise*, 1890. — THOMASSEN, Tuberculose spontanée de la chèvre. *Congrès pour l'étude de la tuberculose*, 1891, p. 650.

semble due à l'usage du lait provenant d'une vache tuberculeuse;
les lésions constatées à l'autopsie étaient extrêmement étendues;
elles occupaient l'intestin, les ganglions mésentériques, le foie,
la rate, les reins, les poumons. Nous pouvons citer encore une
observation de König (1), où l'on constata l'envahissement des
ganglions mésentériques, du foie, des poumons, et une autre
d'Alston (2), où l'on trouva des tubercules dans les poumons
et les ganglions bronchiques.

La pathologie expérimentale s'est emparée de ce problème et
a fourni un certain nombre de faits démonstratifs. Pas plus que
les autres animaux domestiques, la chèvre ne s'est montrée
réfractaire à l'infection par les voies digestives; les recherches
de Bollinger ne laissent aucun doute à cet égard. Wesener (3),
qui a résumé toutes les expériences poursuivies à ce sujet de
1865 à 1884, a trouvé que pour la chèvre, comme pour le veau
et le mouton, les résultats ont été positifs dans la moitié des
cas environ.

Parmi les faits plus récents, nous citerons une intéressante
expérience de M. Nocard (4). Le 3 novembre 1885, une chèvre
est inoculée en lui injectant dans la veine jugulaire une certaine
quantité de culture de tuberculose. On la sacrifie en 1890. Son
poumon était criblé de cavernes et de nodules caséeux ou calcifiés; l'examen bactériologique démontra dans ces lésions la
présence du bacille de Koch. Cette observation est d'autant plus
remarquable qu'il s'agit probablement du bacille de la tuberculose aviaire, seul cultivé en France à cette époque.

M. Nocard admit que la tuberculose ne s'était développée que
parce que la chèvre sur laquelle il avait opéré était atteinte de la
gale, se trouvait par cela même affaiblie, et il conclut que cet
animal est « presque absolument réfractaire à la tuberculose ou
difficilement tuberculisable ». M. Colin (5) reprit la question. Il
inocula une chèvre sous la peau avec de la tuberculose bovine;

(1) König, Tuberculose ber einer Ziege. *Sächs. Bericht*, 1891.
(2) Alston, One case of tuberculosis in goat. *Journal of comparative Pathol.
and Therap.*, 1892.
(3) Wesener, Kritische und experiment. *Beiträge zur Lehre von der Futte-
rungstuberculose*. Freibourg, 1885.
(4) Nocard, Tuberculose pulmonaire chez une chèvre atteinte de gale généralisée. *Bull. de la Société cent. de méd. vét.*, 1890, p. 401; — art. Tuberculose, *Dict. prat. de méd. vét.*, 1892.
(5) Colin, La chèvre n'est pas réfractaire à la tuberculose. *C. R. de l'Acad.
des Sciences* 1891, t. II, p. 219.

l'animal fut tué au bout de deux mois ; on trouva des lésions caractéristiques au point d'inoculation, dans les ganglions du côté correspondant et dans les poumons ; devant ce résultat, M. Colin n'hésita pas à affirmer que la chèvre n'est pas réfractaire à la tuberculose. C'est aussi l'opinion de M. Galtier (1), qui, tout en admettant la rareté de la tuberculose spontanée, reconnaît que l'infection peut être transmise expérimentalement.

Voilà un ensemble de faits qui paraissent démonstratifs. Sans doute on peut soutenir que, dans les expériences anciennes, il ne s'agissait pas de tuberculose ; mais l'objection n'a pas grande valeur, car les lésions observées étaient aussi typiques que celles du bœuf, et, dans les recherches récentes, la présence du bacille de Koch suffit à lever tous les doutes.

Quelques auteurs continuant à soutenir que les caprins sont réfractaires à la tuberculose, nous croyons devoir rapporter brièvement les résultats de trois nouvelles expériences :

Le 28 janvier 1892, deux chèvres ont été inoculées par injection intra-péritonéale, avec de la matière tuberculeuse provenant d'un chien ; elles furent sacrifiées le 8 mai. — Chez la première, on trouva des tubercules sur le péritoine, dans les ganglions mésentériques, les poumons, les ganglions médiastinaux, et quelques granulations dans le foie et les reins. — Chez l'autre, les tubercules siégeaient également sur le péritoine, dans les poumons et le foie ; il y avait, en outre, un léger épanchement pleural.

Une troisième chèvre fut inoculée, le 29 juillet 1892, sous la peau et dans le péritoine, avec de la tuberculose du cheval. Elle resta en bon état jusqu'au mois d'octobre. A partir de ce moment, elle commença à maigrir, et, malgré la conservation de l'appétit, l'émaciation s'accentua graduellement jusqu'à la mort, qui survint le 6 avril 1893.

L'autopsie révéla des lésions considérables.

A l'ouverture de la cavité abdominale, il s'écoule une certaine quantité d'un liquide grisâtre, tenant en suspension des flocons de fibrine. Le péritoine pariétal et viscéral est couvert de fines granulations et de tubercules qui atteignent les dimensions d'une noisette. Les lésions sont confluentes dans toute l'étendue de l'épiploon et dans les portions de la séreuse qui recouvrent la paroi abdominale inférieure, le diaphragme et le rumen. Il existe de nombreuses adhérences qui soudent les circonvolutions intestinales entre elles et avec le péritoine pariétal. Le foie, la rate, les reins, sont infiltrés de tubercules. Tous les ganglions lymphatiques abdominaux sont envahis. La cavité thoracique renferme quelques décilitres d'une sérosité grisâtre, très chargée de flocons fibrineux. La plèvre est criblée de fines granulations. Sur sa portion diaphragmatique, on voit des tubercules dont le

1) GALTIER, *Traité des maladies contagieuses des animaux.*

volume varie entre celui d'un grain de mil et celui d'un haricot. Les ganglions médiastinaux forment, le long de l'aorte, une masse volumineuse, fusiforme, grisâtre, marquée de nombreux petits tubercules blanc jaunâtre.

A la surface des deux poumons, particulièrement sur leur lobe postérieur, on constate des îlots tuberculeux saillants, grisâtres, ramollis en leur partie centrale; des productions semblables sont développées dans la profondeur de ces organes. Le cœur lui-même est envahi; sur le myocarde du ventricule gauche proémine un volumineux tubercule (*fig.* 54).

Nous avons pratiqué l'examen histologique du tubercule du cœur et nous y avons recherché la présence des bacilles de Koch. Dans presque toute son étendue, ce tubercule était composé de cellules nécrobiosées. Sur ses bords seulement se montraient des agglomérations d'éléments vivaces. Par places, il était transformé en tissu fibreux. Les bacilles y étaient nombreux.

Fig. 54. — Tuberculose du cœur (chèvre).

Les observations et les expériences que nous avons rapportées dans cette note semblent suffisamment nombreuses pour entraîner la conviction. Aussi peut-on s'étonner de voir soutenir, dans un livre récent, que la chèvre est réfractaire à la tuberculose, et que « jusqu'à ce jour, on n'a pas cité d'observation permettant d'admettre qu'on a trouvé des lésions tuberculeuses chez cet animal ». La moindre recherche bibliographique aurait pu convaincre du contraire l'auteur que nous citons et lui éviter cette affirmation erronée.

Si la chèvre n'a pas d'immunité, que devient la méthode

thérapeutique qui consiste à transfuser son sang dans les veines des phtisiques? Aucune expérience sérieuse ne justifiant ce mode de traitement, rien n'autorise son application à l'homme. Il est donc heureux que cette tentative, à peine éclose, soit déjà tombée dans un juste oubli.

IV. — **Les tumeurs malignes chez les animaux** (1).

(AVEC MM. GILBERT ET ROGER.)

Les animaux sont fréquemment atteints de tumeurs comparables à celles que l'on rencontre chez l'homme. L'existence de ces lésions a été reconnue par les plus anciens auteurs qui se sont occupés de pathologie animale. On en trouve une mention dans les écrits des Grecs et des Latins et dans les travaux des hippiatres. Mais c'est à Huzard, au xviii⁰ siècle, que revient le mérite d'avoir fourni, à leur sujet, quelques notions exactes et d'avoir montré leur fréquence chez les carnassiers, notamment chez le chien.

A partir de 1825, époque où parurent les premiers journaux de médecine vétérinaire, la question a été reprise par un grand nombre d'observateurs, parmi lesquels il convient de citer Trousseau et U. Leblanc, Gerlach, C. Leblanc, Trasbot, Plicque.

On sait aujourd'hui que le cancer peut s'observer dans toutes les espèces animales. Si on ne l'a guère signalé chez la chèvre et le mouton, c'est sans doute parce qu'on néglige la pathologie de ces animaux; il en sera probablement du cancer comme de la tuberculose : on en trouvera des exemples quand on prendra la peine de les rechercher.

Parmi les animaux domestiques, c'est le chien qui est le plus souvent atteint de lésions néoplasiques; puis vient le cheval, ensuite le chat, le bœuf, le porc. Chez les oiseaux, les tumeurs ne sont pas rares, mais beaucoup présentent des caractères histologiques assez particuliers.

Étiologie et pathogénie. — L'étiologie des tumeurs est aussi obscure chez les animaux que chez l'homme. L'influence de l'hérédité semble établie par quelques faits. Nous avons observé une chienne qui fut opérée deux fois, à un an d'intervalle, d'un cancer de la mamelle; or, deux chiennes issues de cette bête

(1) Cet article et les figures qui l'accompagnent sont extraits de la **Presse médicale.**

furent également atteintes de cancer mammaire, l'une à quatre ans, l'autre à cinq ans, c'est-à-dire à des âges où les néoplasmes épithéliaux sont assez rares.

L'âge joue en effet un rôle important comme cause prédisposante. Sur 33 observations relatives à des chiens dont nous avons pu avoir l'âge exact, nous trouvons les chiffres suivants : 1 cas à 3 ans, 1 à 4 ans, 2 à 5 ans, 4 à 6 ans, 9 de 7 à 8 ans, 8 de 9 à 10, 5 de 11 à 12 ans, 2 à 14 et 1 à 20. Chez les chevaux, l'âge a varié de 7 à 15 ans. Quant aux tumeurs congénitales qui ont été décrites par quelques auteurs, leur nature n'a pas été établie sur des caractères microscopiques assez précis pour qu'on puisse en admettre l'existence.

Les cancers primitifs apparaissent généralement au niveau des organes glandulaires ou sur les parties externes exposées à des irritations mécaniques. On a même prétendu que, chez le cheval, les frottements exercés par les harnais suffisaient à faire naître le cancer ; il s'agit, en réalité, soit d'indurations inflammatoires chroniques pouvant revêtir l'aspect du fibrome, soit de lésions parasitaires d'origine botryomycosique. L'influence isolée du traumatisme ne suffit pas à créer des tumeurs ; l'observation tend à l'établir ; les expériences que nous avons faites en témoignent également. Sur plusieurs chiennes vieilles et eczémateuses, nous avons pratiqué des irritations mécaniques des mamelles ; ces glandes ont été, tous les jours ou tous les deux jours, comprimées et contusionnées au moyen d'une forte pince en bois ; bien que les expériences aient été prolongées pendant des mois, jamais nous n'avons obtenu de néoplasmes ; deux fois seulement il s'est produit un abcès.

Le traumatisme n'agit donc que comme une cause secondaire. Il en est de même des conditions hygiéniques où se trouvent placés les animaux. Contrairement aux affirmations de quelques auteurs, nous pensons qu'il est impossible de rendre les animaux cancéreux en les soumettant à des régimes spéciaux. Mais il semble, suivant la remarque de Leblanc, que les chiens soumis à une alimentation carnée et privés d'exercice, tenus à l'attache ou séquestrés, sont plus souvent que les autres atteints de lésions cancéreuses.

Parmi les causes prédisposantes, il convient de citer encore l'influence de l'arthritisme. M. Trasbot insiste beaucoup sur le rôle de cette diathèse ; presque toujours, d'après lui, les chiens et même les chevaux cancéreux ont eu, auparavant, des éruptions eczémateuses.

On tend aujourd'hui à considérer le cancer comme une affection parasitaire, et l'on a cité chez l'homme des observations qui paraissent établir sa contagiosité. Nous n'avons rien observé de semblable chez les animaux; toutes les tentatives que nous avons faites pour transmettre les néoplasmes de l'homme au chien, du chien au chien, du chien au lapin ou à la poule, ont constamment échoué; nous n'avons pas réussi davantage en essayant de greffer sur des chiens cancéreux des fragments de leur propre tumeur. Deux fois nous avons cru, au premier abord, avoir obtenu un résultat positif; mais, dans l'un de ces cas, la tumeur secondaire n'avait pas les mêmes caractères histologiques que la tumeur primitive; dans l'autre, il s'agissait de lésions offrant les caractères macroscopiques du cancer et qui relevaient en réalité de la tuberculose.

Ces deux observations nous portent à mettre en doute les faits anciens et tous ceux où l'on n'a pas étudié avec soin la nature histologique ou bactériologique des lésions. Ajoutons cependant que nous avons pu transmettre à des chiens des végétations papillomateuses développées sur le gland d'un animal de même espèce. Les productions ainsi déterminées restèrent locales et rétrocédèrent, se comportant comme de simples greffes MM. Duplay et Cazin ont relaté un fait analogue.

Les résultats négatifs n'autorisent pas à nier la nature parasitaire du cancer; ils incitent simplement à modifier les méthodes expérimentales, car ils tendent à démontrer qu'on n'arrivera pas à résoudre le problème en multipliant les inoculations par les procédés habituels.

Siège des tumeurs. — Chez les animaux, comme chez l'homme, le cancer peut envahir les parties les plus diverses, mais il affecte une prédilection bien marquée pour les mamelles : sur trente-huit observations que nous avons recueillies chez des sujets de l'espèce canine, 18 fois il s'agissait de tumeurs mammaires; c'est ce qui explique la plus grande fréquence du cancer chez la chienne.

Après la mamelle, le testicule est l'un des organes le plus souvent atteints. L'ectopie de cette glande semble la prédisposer aux dégénérescences néoplasiques; il n'est pas rare de trouver le cancer du testicule chez les vieux chevaux monorchides ou cryptorchides.

Les tumeurs malignes s'observent encore assez communément sur certaines parties découvertes et sur certaines muqueuses. Le nez et les sinus de la face sont les points de départ de néoplasmes divers. De même le tube digestif dans ses différentes parties. Le cancer de la langue est exceptionnel; celui des lèvres, rare chez les grands animaux, est assez fréquent chez les vieux chiens, où on ne doit pas le confondre avec une affection particulière qui, pendant longtemps, a été considérée comme étant de nature épithéliomateuse. Ce prétendu cancroïde de la lèvre, qui a été surtout rencontré chez le chat, et que nous avons observé également chez le chien, représente une lésion ulcérative, inoculable, mais guérissant avec une grande facilité. L'examen histologique n'y montre aucun élément comparable à ceux du cancer.

On a publié des faits de cancer du pharynx (Benjamin), de l'œsophage (Lorenz), de l'estomac chez le cheval (Roloff, Mouquet, obs. pers.), du pylore chez le chien (Müller), du rumen (Siedamgrotzky) et du réseau chez la vache (Beylot), de l'intestin (nombreuses observations, de l'anus (Trasbot). Parfois ce sont les viscères abdominaux qui sont frappés, ou le pancréas (Nocard, Martin), le foie (Benjamin, Martin), le rein (Siedamgrotzky, Johne, Harvey), la vessie (Mauri, Stolz), la prostate (obs. pers.), ainsi que les autres parties de l'appareil génital. Nous venons de signaler la fréquence des lésions du testicule. On peut observer aussi le cancer du pénis, du fourreau, de l'ovaire (Krüger), de l'utérus (Gürlt, Lucet), de la vulve (Martin). Contrairement à ce qui a lieu dans l'espèce humaine, le cancer de l'utérus est extrêmement rare chez les animaux.

Parmi les autres organes atteints, nous citerons la parotide (Laugeron, obs. pers.), la glande pituitaire (Mollereau), le corps thyroïde (obs. pers.), le poumon, les maxillaires (Leisering, Barrier, obs. pers.), l'encolure (Müller), la queue (Müller, Mac Fadyean). Plusieurs fois nous avons vu des cancers de l'œil chez le cheval et chez le chien. Mauri a observé, chez le bœuf, un cancer pulmonaire avec noyau secondaire dans le cerveau.

Les cancers viscéraux sont beaucoup plus rares qu'on ne

l'avait cru autrefois. Dans un grand nombre de cas, en effet, des tumeurs rencontrées dans les viscères thoraciques ou abdominaux appartenaient à la tuberculose. La confusion a été longtemps commise chez le chien, car la tuberculose s'y traduit souvent par des productions volumineuses, qui envahissent les viscères, principalement le foie et les poumons, ou les séreuses, surtout le péritoine et la plèvre. L'erreur peut persister, même à l'examen histologique, qui révèle une structure rappelant plutôt le sarcome ou le lymphadénome que le tubercule : il n'y a que la recherche des bacilles et l'inoculation qui permettent de reconnaître la nature de ces productions. Les mêmes remarques s'appliquent au cheval; bien des cas de lymphadénie ou de tumeurs viscérales rentrent dans le groupe des lésions bacillaires.

Longtemps on a pris pour du cancer, notamment pour du sarcome, des altérations provoquées par des végétaux parasitaires : l'actinomycose chez le bœuf, la botryomycose chez le cheval, sont bien connues aujourd'hui et facilement diagnostiquées.

Il semble même que des acariens puissent susciter le développement de néoplasmes. Sur une vieille chienne, nous avons observé des tumeurs de la vulve qui avaient déformé le vagin et, en plusieurs points, avaient perforé ses parois. L'examen microscopique montra que ces productions étaient formées de cellules rondes au milieu desquelles on trouvait des acares.

En résumé, on peut rencontrer chez les animaux des lésions d'apparence néoplasique qui relèvent des processus les plus divers : les unes sont de nature tuberculeuse; d'autres sont dues à des parasites végétaux (actinomycose, botryomycose) ou animaux (acares); d'autres enfin ne constituent que des lésions ulcéreuses, microbiennes, comme le pseudo-cancroïde de la lèvre chez le chat.

La plupart des auteurs n'ayant pas suffisamment tenu compte de ces causes d'erreur, il est difficile de tirer parti des travaux anciens. Même dans les recherches récentes, la confusion a été faite, ce qui explique l'opinion encore admise que le sarcome est plus fréquent que le carcinome.

C'est ainsi que Semmer, étudiant 57 tumeurs malignes recueillies par lui, a trouvé 32 sarcomes et 25 carcinomes. Dans une deuxième série de faits, il relate 56 nouveaux cas de sarcomes. Nous avons réuni dans le tableau ci-dessous les chiffres obtenus par Semmer, et nous avons placé, en face, ceux que fournissent nos observations personnelles.

On voit combien nos résultats diffèrent de ceux de Semmer.

ESPÈCE ANIMALE.	STATISTIQUE DE SEMMER			STATISTIQUE PERSONNELLE		
	Carcinome.	Sarcome.		Épithéliome.	Sarcome.	Tumeurs indéterminées.
Chien........	7	17	30	27	11	»
Cheval......	14	7	12	4	1	»
Bœuf... ...	4	2	4	»	»	»
Porc........	»	1	2	»	»	»
Chat	»	»	»	1	»	»
Oiseaux.....	»	4	6	»	»	3
Poissons	»	1	2	»	»	»
	25	32	56	32	12	3

D'après nos recherches, chez le chien surtout, l'épithéliome est beaucoup plus commun que le sarcome. L'opinion inverse ne tient qu'aux confusions si souvent commises entre le sarcome et la tuberculose (1).

(1) Dans sa « *Pathologie der Geschwülste bei Tieren* », Casper a réuni d'intéressants documents statistiques sur les tumeurs chez les animaux, documents empruntés aux *Comptes rendus* des chaires de clinique et d'anatomie pathologique des écoles vétérinaires allemandes.

Voici les chiffres qui établissent la fréquence des tumeurs chez les animaux traités à l'hôpital ou à la policlinique des écoles de Berlin, Munich et Dresde, pendant une période moyenne de sept années :

Sur 86 113 chevaux malades, 1 113 étaient atteints de tumeurs (1,3 p. 100).
  — 85 537 chiens   —   4 020   —   —   (4,7 p. 100).
  — 4 972 bovidés   —   102   —   —   (2 p. 100).

Fröhner a déterminé la nature de 643 tumeurs extirpées sur des chiens à la clinique des petits animaux de l'École de Berlin. Il a trouvé 306 tumeurs malignes (47 p. 100) : — 262 épithéliomes (40 p. 100) et 44 sarcomes (7 p. 100). — Chez le cheval, sur 47 néoplasmes, il a trouvé 16 tumeurs malignes (34 p. 100) : — 10 sarcomes (21 p. 100) et 3 épithéliomes (6 p. 100). — Sur 75 néoplasmes provenant de bovins et dont l'étude histologique a été faite par Eggeling dans le service de la clinique ambulatoire de Berlin, il y avait 22 tumeurs malignes (29 p. 100) : 20 sarcomes (27 p. 100) et 2 épithéliomes (2,7 p. 100).

Une statistique anatomo-pathologique de Johne comprend tous les néoplasmes constatés sur 4439 animaux autopsiés à l'École de Dresde pendant une période de 16 ans.

Sur 1 181 chevaux, 128 étaient atteints de tumeurs (11 p. 100).
  — 1 600 chiens,   93   —   —   (5,8 p. 100).
  — 1 658 bovidés,   104   —   —   (6,3 p. 100).

Étude histologique. — Tous les auteurs sont d'accord pour admettre la fréquence des *tumeurs mammaires*. Nous en avons étudié 19 ; une d'elles provenait de la jument, les autres étaient d'origine canine.

La tumeur de la jument et 11 des tumeurs recueillies sur les chiennes présentaient les caractères histologiques des épithéliomes. Elles étaient composées, selon le schéma classique, d'un stroma limitant des cavités alvéolaires. Dans celles-ci, les éléments épithéliomateux tendaient, le plus communément, à se disposer en bordure, pour réaliser la production d'acini au

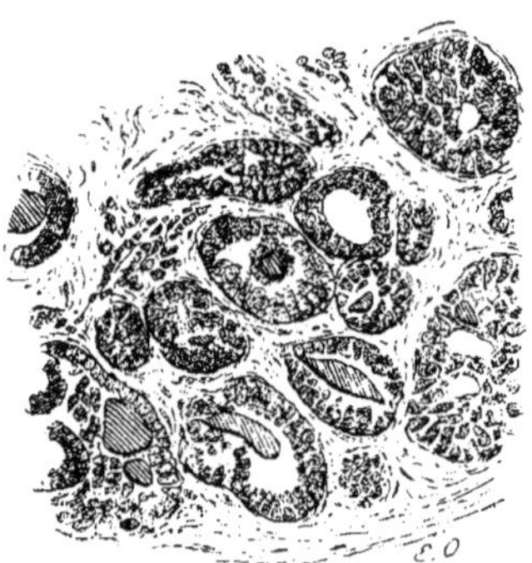

Fig. 55. — Épithéliome de la mamelle (chienne). Substance hyaline au centre des alvéoles.

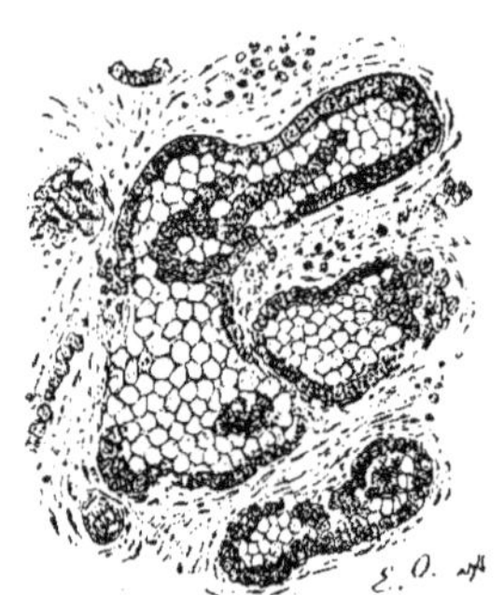

Fig. 56. — Épithéliome de la mamelle (chienne). Nécrobiose des cellules occupant le centre des alvéoles.

centre desquels on trouvait quelquefois une substance claire, exsudée sans doute des éléments néoplasiques (*fig.* 55), et, le

Parmi les 128 tumeurs du cheval, on a trouvé 60 sarcomes (47 p. 100) et 28 épithéliomes (22 p. 100). Les 93 tumeurs du chien ont fourni 48 épithéliomes (52 p. 100) et 26 sarcomes (28 p. 100) et les 104 tumeurs du bœuf 36 sarcomes (35 p. 100) et 8 épithéliomes (8 p. 100).

Les différences relevées en comparant ces statistiques cliniques et anatomo-pathologique s'expliquent par ce fait, que les premières portent presque exclusivement sur les tumeurs externes, tandis que l'autre comprend la totalité des néoplasmes trouvés dans les différents organes. Il convient aussi de remarquer que la plupart de ces documents statistiques ont été recueillis à une époque où l'on faisait rentrer dans le groupe des sarcomes les lésions de l'actinomycose, de la botryomycose et de la tuberculose.

Mais, somme toute, les résultats enregistrés confirment la fréquence plus grande des tumeurs épithéliales chez le chien que chez le cheval et les bovidés, et elles montrent une nouvelle fois que chez les herbivores, ces tumeurs ne sont pas aussi exceptionnelles qu'on l'a généralement prétendu.

plus souvent (*fig.* 56), des cellules nécrobiosées, privées de noyaux, colorées en jaune sale par le picro-carmin. Par places, le néoplasme s'éloignait du type originel et montrait des cellules disposées sans ordre dans des cavités alvéolaires, ou agglomérées en larges nappes. Dans quelques cas, le stroma prédominait, étouffant les éléments néoplasiques et réalisant la production du cancer squirrheux.

Parmi les autres tumeurs développées au niveau des mamelles, nous signalerons d'abord deux sarcomes à cellules fusiformes (*fig.* 57) ; ces cellules renfermaient de gros noyaux pourvus de

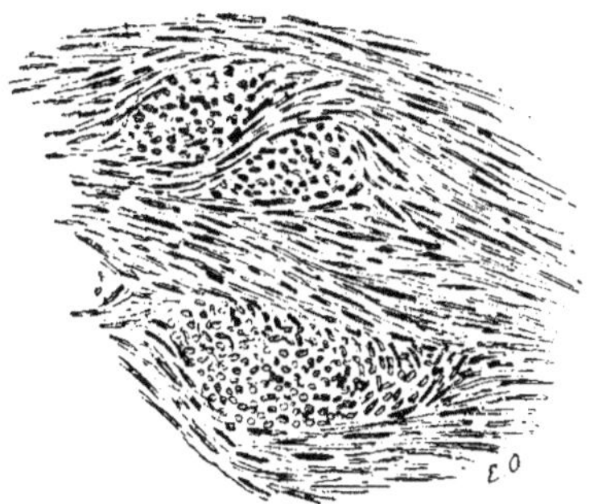

Fig. 57. — Sarcome à cellules fusiformes de la mamelle (chienne).

nucléoles apparents; en certains points on voyait quelques éléments nécrobiosés.

Dans trois cas nous avons trouvé un sarcome dont les cellules, arrondies ou ovalaires, étaient agglomérées par places ou disséminées dans une substance chondroïde, hyaline ou fibrillaire, présentant en plusieurs points de véritables chondroplastes pourvus de cellules cartilagineuses (*fig.* 58).

Ailleurs, l'évolution aboutit à la formation d'un tissu d'apparence osseuse; nous en avons trouvé deux exemples. Une fois la tumeur était constituée par des culs-de-sac glandulaires, mélangés à du cartilage hyalin et à des productions ostéoïdes; on voyait même des ostéoplastes, des ostéoblastes et des canalicules, mais ceux-ci étaient moins nombreux et moins bien dessinés que normalement.

Dans l'autre fait, il s'agissait d'une vieille chienne dont le néoplasme datait de deux ans et avait récidivé après une tentative opératoire. L'animal ayant été sacrifié, on constata qu'il

existait, dans une mamelle et dans les poumons, des tumeurs
d'aspect cartilagineux, ossifiées par places. L'examen histolo-

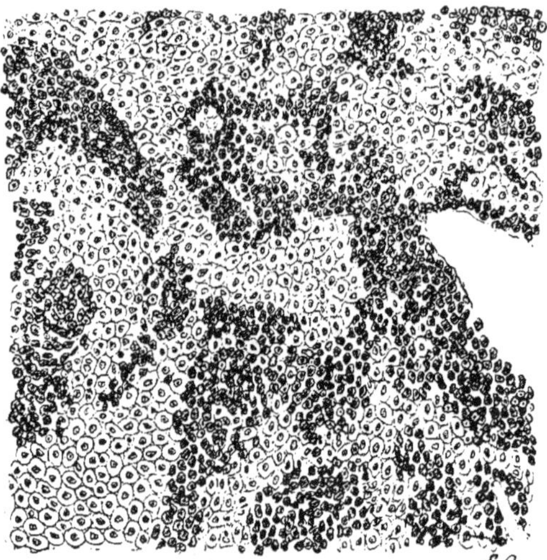

Fig. 58. — Sarcome chondroïde de la mamelle (chienne).

gique montra un tissu analogue au tissu spongieux des os et
limitant des aréoles communiquant diversement entre elles. Les

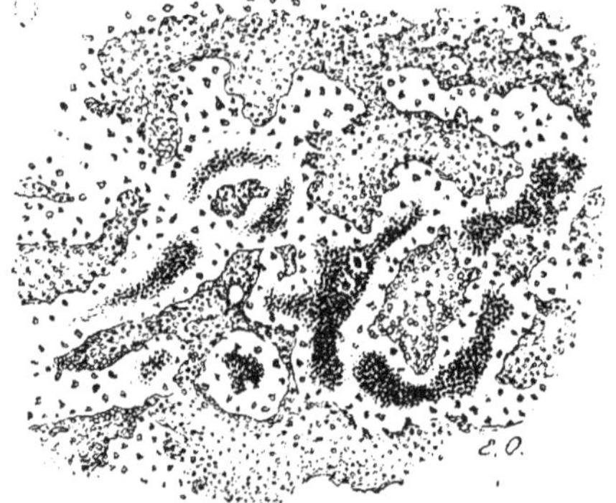

Fig. 59. — Sarcome ostéoïde de la mamelle (chienne).

travées osseuses étaient creusées de petites cavités angulaires,
munies de cellules nucléées; elles différaient des travées normales par leur disposition non lamellaire, par l'absence de cana-

licules de Havers et par la coloration rouge que prenait la substance fondamentale dans les coupes teintes au picro-carmin. Les aréoles circonscrites par ce tissu ostéoïde renfermaient des éléments comparables à ceux qu'on trouve dans la moelle osseuse (*fig.* 59).

Après les tumeurs de la mamelle, celles du *testicule* viennent parmi les plus fréquentes. Nous en avons étudié 5 pièces : 3 provenaient du chien, 2 du cheval.

Chez le cheval, la tumeur peut acquérir des dimensions considérables : dans un cas, elle pesait 2.200 grammes ; dans l'autre. il s'agissait d'un testicule ectopié dont le poids atteignait 3 kilogrammes.

L'aspect histologique des cinq tumeurs était à peu près sem-

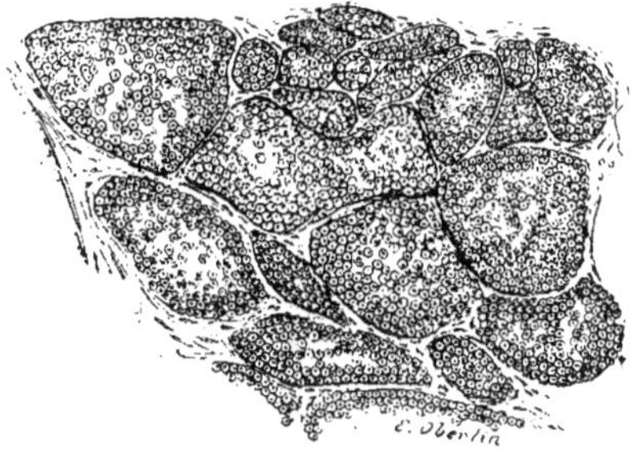

Fig. 60. — Épithéliome du testicule (chien).

blable. Il existait un stroma qui, suivant son plus ou moins grand développement, donnait au néoplasme un aspect encéphaloïde ou squirrheux. Les cellules rappelaient, par leurs caractères individuels ainsi que par leur disposition habituelle en cordons pleins, le tissu du testicule normal, et donnaient aux tumeurs un cachet spécial en rapport avec leur origine (*fig.* 60).

Il est assez fréquent, chez les animaux, de voir le cancer débuter au niveau des *fosses nasales* ou des *sinus* de la face. Parfois, il prend naissance dans les *débris épithéliaux paradentaires* et envahit le *maxillaire supérieur*. Nous avons recueilli trois exemples de ces diverses localisations chez le chien et deux chez le cheval.

Chez un des chiens, il s'agissait d'un lymphadénome, facilement reconnaissable à son stroma réticulé, renfermant de petites cellules rondes et pourvu de vaisseaux à parois normales. Les deux autres chiens portaient des épithéliomes alvéolaires, à stroma peu abondant, à cellules polyédriques ou polymorphes.

Les lésions étaient bien différentes chez les chevaux ; dans un cas, c'était un sarcome globo-cellulaire ; dans l'autre, la tumeur, plus complexe, était formée d'éléments arrondis, entre lesquels s'insinuaient des travées épithéliomateuses.

Le cancer peut débuter dans les diverses *glandes de l'appareil digestif*. Nous avons observé, chez le chien, un épithéliome de la *parotide* (*fig.* 61), remarquable par la présence de globes épidermiques. Cet aspect, qu'on observe également chez l'homme, s'explique facilement par l'origine embryologique de la parotide,

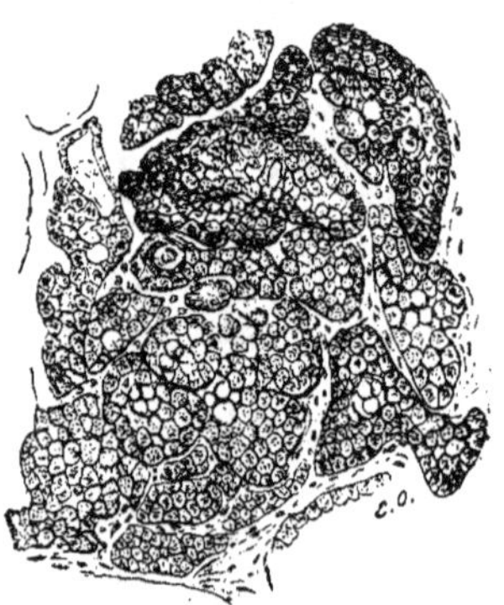

Fig. 61. — Épithéliome de la parotide (chien).

qui représente un simple bourgeonnement de la muqueuse buccale.

De toutes les tumeurs épithéliales, une des plus curieuses a été recueillie sur une jument de onze ans, qui, toujours bien portante, succomba rapidement à une infection accidentelle. A l'autopsie, on trouva un énorme *cancer de l'estomac* qui était resté complètement latent. Le néoplasme occupait la partie gauche de l'estomac ; de forme irrégulièrement triangulaire, à base supérieure, il mesurait 26 centimètres de long sur 24 centimètres de large ; sa surface, ulcérée, était couverte de végétations mamelonnées, rougeâtres. La lésion, qui se prolongeait de 1 centimètre dans l'œsophage, s'arrêtait exactement au niveau de la ligne de séparation des deux muqueuses gastriques, épargnant la zone glandulaire. A son pourtour, les parois stomacales étaient épaissies, indurées, œdématiées par places. Elle occupait la portion de l'estomac dont la muqueuse est constituée, chez le cheval, sur le même type que celle de l'œsophage. L'examen microscopique démontra, comme le faisaient

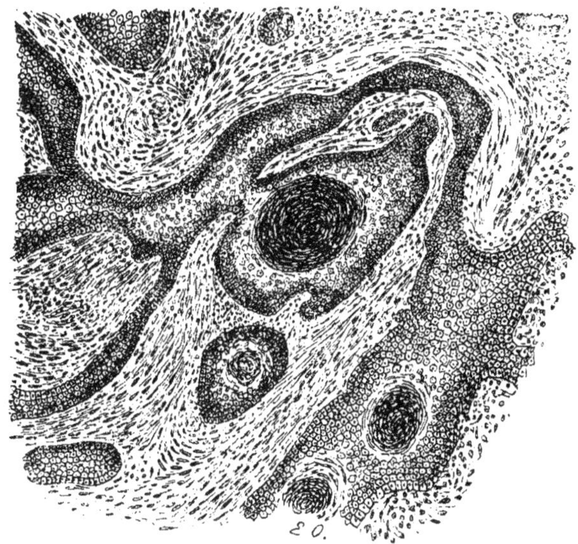

Fig. 62. — Épithéliome pavimenteux de l'estomac (jument).

prévoir ces notions d'anatomie normale, qu'il s'agissait d'un épithéliome pavimenteux (*fig.* 62).

Nous avons eu l'occasion d'étudier une tumeur développée

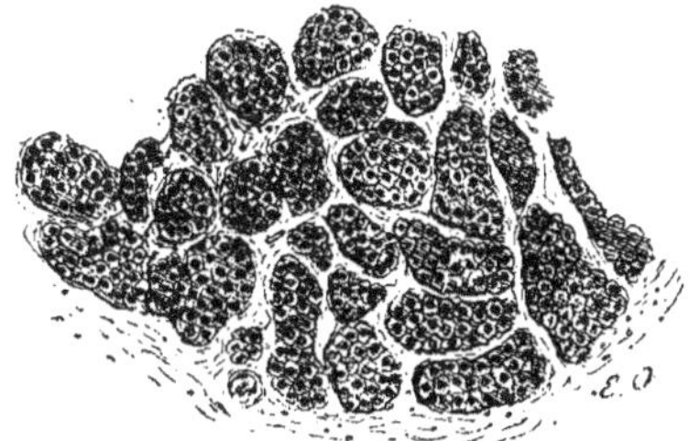

Fig. 63. — Épithéliome des glandes péri-anales (chienne).

au niveau de la *région anale* d'une chienne de huit ans. Cette tumeur, qui datait d'un an et avait atteint le volume d'un œuf, était composée de boyaux cellulaires, divisés et subdivisés, séparés les uns des autres par des cloisons de tissu fibreux ; les cellules, de forme polyédrique, étaient formées d'une couche protoplasmique colorée en jaune par le picro-carmin, et d'un noyau arrondi ou ovalaire ; toutes étaient vivaces, on n'en voyait pas de dégénérées (*fig.* 63). L'analogie qu'offrait ce néoplasme avec certaines tumeurs du foie, du pancréas et du rein, nous a conduits à lui assigner une origine glandulaire. Or, l'examen histologique de la région péri-anale, chez le chien, nous y a montré de nombreuses glandes dont les éléments rappelaient, d'une façon frappante, par leurs caractères individuels ou leur groupement, l'aspect de la tumeur examinée.

Nous avons étudié trois cas de cancer de la *peau*. Dans l'un de ces cas, la tumeur siégeait à la région anale ; c'était un épithéliome pavimenteux avec globes épidermiques. — Dans un autre, la lésion avait pris naissance dans les glandes sébacées. Le malade — un chien de sept ans — présentait sur le corps un grand nombre de tumeurs verruqueuses. Une de ces productions fut excisée : du volume d'une noix, elle était constituée par des accumulations de cellules semblables à celles

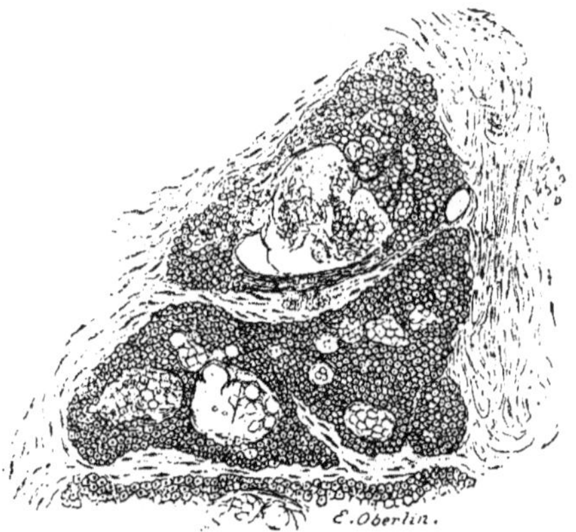

Fig. 64. — Épithéliome sébacé (chien).

de la couche de Malpighi ; les cellules centrales s'étaient infiltrées de graisse et avaient subi la transformation sébacée ; en quelques points, les éléments ainsi modifiés étaient entourés de cellules aplaties, affectant une disposition lamellaire (*fig.* 64). — Dans le troisième, il s'agissait d'un épithéliome alvéolaire à petites cellules arrondies : sur les préparations, on voyait de nombreux éléments analogues à ceux qui sont considérés, par quelques auteurs, comme des coccidies ; nous avons observé des figures de ce genre dans plusieurs pièces, mais elles étaient particulièrement abondantes et remarquables dans celle-ci. Autant l'origine du cancer était évidente dans les deux premières tumeurs, autant elle était obscure dans ce troisième cas.

Nous signalerons encore, sans y insister, diverses *tumeurs épithéliales* développées chez le chien, au niveau du coude, sur les parois thoraciques, dans le poumon, dans le corps thyroïde, sur la verge, sur les lèvres. Chez un chat, nous avons vu un exemple d'épithéliome occupant la paroi thoracique et les poumons.

Pour être plus rare qu'on ne l'a dit, le *sarcome* ne s'en rencontre pas moins assez souvent chez le chien. A la région du

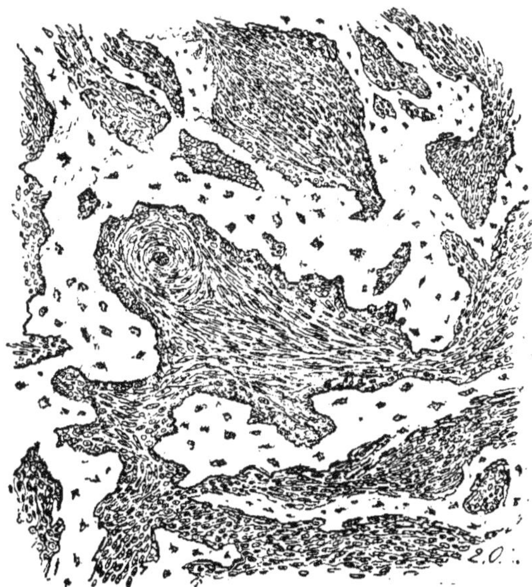

Fig. 65. — Sarcome du rachis à cellules fusiformes (chien).

coude, nous avons trouvé un *sarcome à cellules rondes* ; au niveau de la *fesse*, un *sarcome à cellules fusiformes*. Nous avons observé un chien de montagne, âgé de neuf ans, atteint d'une paraplégie complète avec persistance de la sensibilité cutanée, chez lequel ces accidents étaient dus à une tumeur qui avait détruit le corps de la première *vertèbre lombaire* et faisait une forte saillie dans la cavité rachidienne; son volume atteignait presque celui d'un œuf de poule. Il s'agissait d'un *sarcome à cellules fusiformes* (*fig.* 65); les travées étaient constituées par du tissu ostéoïde, coloré en rose par le picro-carmin, creusé de cavités étoilées pourvues de canalicules et rappelant l'aspect des ostéoplastes.

Nous avons encore examiné, chez deux chevaux, des lésions développées à la suite de *traumatismes répétés*. Dans un cas, il s'était produit une tumeur offrant le volume des deux poings et occupant le bord antérieur de l'épaule, sur la surface d'appui du collier. — Dans l'autre, le néoplasme datait de deux ans; très volumineux et ulcéré à sa surface, il siégeait sur le métatarse du membre postérieur gauche, un peu au-dessus du boulet, et s'était reproduit après une extirpation. Ces néoformations n'étaient pas de véritables tumeurs, mais des *productions inflammatoires chroniques*, constituées par du *tissu fibreux*. Si nous insistons sur ces faits, c'est parce que, sans le secours du microscope, on aurait pu citer ces observations comme des exemples de tumeurs cancéreuses consécutives au traumatisme. La récidive après l'opération, l'ulcération de la surface, auraient pu justifier cette interprétation.

Enfin, nous avons observé trois poules atteintes de tumeurs. Dans un cas, il s'agissait de productions molles développées au niveau des pattes. Chez les deux autres sujets, on trouva dans le foie, la rate, les poumons, sur l'intestin et le péritoine, de nombreuses tumeurs, dont le volume atteignait celui d'un haricot ou d'une noisette. Ces diverses lésions, qui ont été inoculées sans résultat à des poules, à des lapins et à des cobayes, avaient toutes la même structure; elles étaient constituées par de petites cellules polyédriques, pressées les unes contre les autres et pourvues de volumineux noyaux; on voyait un assez grand nombre de vaisseaux, mais on ne trouvait pas de stroma. Ces tumeurs assez particulières différaient notablement de celles qu'on observe chez les mammifères.

Pour que l'on puisse facilement se rendre compte des résultats de nos recherches, nous les avons résumés sous forme de tableau.

ESPÈCE animale.	SIÈGE DES TUMEURS	NATURE DES TUMEURS.	NOMBRE.	
Chien.... 38 obs.	Mamelle.............	Épithéliome adénoïde.................	11	} 18
		Sarcome à cellules fusiformes........	2	
		Sarcome chondroïde.................	3	
		Sarcome ostéoïde...................	2	
	Testicule.............	Epithéliome adénoïde................	3	
	Sinus de la face et maxillaire supérieur	Epithéliome alvéolaire..............	2	}
		Lymphadénome.....................	1	
	Parotide.............	Epithéliome à globes épidermiques...	1	
	Glandes péri-anales.	Epithéliome adénoïde................	1	
	Corps thyroïde......	Epithéliome à petites cellules polyédriques..................	1	
	Peau..............	Epithéliome pavimenteux à globes épidermiques................	1	} 3
		Epithéliome à petites cellules.......	1	
		Epithéliome des glandes sébacées...	1	
	Lèvres	Epithéliome à transformation squirrheuse...	1	
	Verge	Epithéliome adénoïde	1	
	Poumons.............	Epithéliome	1	
	Paroi thoracique....	Epithéliome	1	
	Fesses.............	Sarcome à cellules fusiformes.......	1	
	Région du coude....	Sarcome à cellules rondes...........	1	} 2
		Epithéliome	1	
	Rachis.............	Sarcome à cellules fusiformes.......	1	
	Mamelle.............	Epithéliome adénoïde................	1	
Cheval... 5 obs.	Testicule	Epithéliome adénoïde................	1	
	Sinus de la face.....	Epithéliome......................	1	} 2
		Sarcome globo-cellulaire............	1	
	Estomac.............	Epithéliome pavimenteux à globes épidermiques.....................	1	
Chat.....	Paroi thoracique et poumons.........	Epithéliome cylindrique.............	1	
Poule....	Pattes...	Amas de cellules polyédriques.......	1	
	Viscères.............	Id	2	

Quand le cancer débute au niveau d'une région accessible à l'exploration manuelle, il apparaît d'abord sous l'aspect d'une petite tumeur, qui augmente peu à peu et ne tarde pas à devenir adhérente à la peau. Habituellement, de la lésion primitive partent des cordons lymphatiques durs, irréguliers, qui aboutissent aux ganglions voisins, hypertrophiés. Puis l'on peut voir se développer des tumeurs secondaires, soit autour du néoplasme, soit sur le trajet des lymphatiques indurés. En même temps la tumeur grossit, devient bosselée et parfois s'ulcère en certains points.

L'évolution du cancer est extrêmement variable. D'une façon générale, le sarcome marche plus rapidement que le carcinome, et s'il a moins de tendance que celui-ci à envahir la peau ou les ganglions, plus souvent peut-être il se généralise aux organes viscéraux. L'un de nous a rapporté l'histoire d'un chien de grande taille atteint de sarcome primitif du fémur, qui succomba à un envahissement des poumons, et à l'autopsie duquel on put compter plus de 2 000 tumeurs à la surface de ces organes.

Malgré l'existence d'un cancer, l'état général des animaux peut rester satisfaisant; c'est ce qu'on voit surtout dans les cas de tumeur mammaire. Ce n'est souvent qu'au bout d'un an ou deux que l'amaigrissement s'accuse. Si les lésions se généralisent, les animaux deviennent tristes, faibles, et présentent une série de troubles en rapport avec les organes atteints.

Vers la fin de la vie, l'examen du sang dénote ordinairement une augmentation des leucocytes. Chez le chien dont nous venons de parler, on trouva, quelques jours avant la mort, 1 leucocyte pour 73 hématies.

L'ablation incomplète des tumeurs cancéreuses est toujours suivie de récidive, et généralement la tumeur nouvelle évolue plus rapidement que la première. Mais l'extirpation totale et précoce semble donner des résultats meilleurs que chez l'homme. Nous avons suivi des opérés — chiens et chevaux — chez lesquels, au bout d'un an, dix-huit mois, deux ans, il ne s'était produit aucune récidive.

En résumé, le cancer des animaux semble, d'une façon générale, moins grave que le cancer de l'homme. Il a plus de tendance à rester localisé au point où il a pris naissance; il paraît récidiver moins vite et moins fréquemment. Mais ces différences sont loin d'être absolues, et, malgré les réserves que nous venons de faire, on doit reconnaître que, chez tous les mammifères, le cancer présente les mêmes caractères anatomiques et cliniques.

Nous avons suffisamment insisté sur l'aspect microscopique des néoplasmes; nous n'avons pas à y revenir.

Nous ajouterons seulement que l'examen des tumeurs chez les animaux donne de précieux arguments en faveur de l'origine épithéliale du cancer. On comprend ainsi comment la tumeur présente des caractères particuliers, qui témoignent de son origine; c'est ce que nous avons observé pour les néoplasmes de la mamelle, du testicule, de la peau; ce que nous avons vu également chez le cheval qui présentait un épithéliome pavimenteux développé sur la portion non glandulaire de la muqueuse gastrique. Il est intéressant aussi de noter que les tumeurs de la mamelle ont une tendance à évoluer vers des types complexes, et à subir une transformation chondroïde ou même ostéoïde. Cette évolution s'observe également dans l'espèce humaine, mais elle y est infiniment plus rare.

Nous avons eu surtout pour but, dans ce travail, de rapporter le résultat de nos recherches personnelles. C'est pourquoi nous avons laissé de côté certains néoplasmes, comme les tumeurs mélaniques, qui sont très fréquentes et appartiennent presque toutes au genre sarcome. (Cornil et Trasbot.)

En terminant, nous devons faire remarquer encore combien il est difficile, dans une étude synthétique des tumeurs malignes, d'utiliser les observations anciennes, où l'on a constamment confondu le cancer avec des lésions parasitaires ou avec la tuberculose.

Bibliographie du cancer épithélial chez les animaux.

U. Leblanc, Recherches sur le cancer des animaux. *Recueil de méd. vét.*, 1858, p. 769. — C. Leblanc, Tumeurs épithéliales des animaux domestiques. *Ibid.*, 1863, p. 737. — Leisering, Epithelialkrebs am Penis des Pferdes. *Sächs. Bericht*, 1859, p. 26 ; — Epithelialkrebs am Auge. *Ibid.*, 1863, p. 12 ; — Krebs am Kopfe des Pferdes. *Ibid.*, 1866, p. 13. — Epithelialkrebs am Oberkiefer eines Pferdes. *Ibid.*, 1870, p. 12. — Roloff, Melanocarcinom im Schlauche des Pferdes. *Magazin für Thierheilkde*, 1868, p. 187 ; — Magenkrebs beim Pferde. *Ibid.*, 1868, p. 189. — Trasbot, Quelques observations de tumeurs chez les animaux. *Recueil*, 1869, p. 343, et 1870, p. 10 ; — Épithélioma tubulé du sinus frontal chez une vache. *Archiv. vét.*, 1875, p. 201 ; — Épithélioma lobulé envahissant la muqueuse buccale, le maxillaire supérieur et les sinus du côté droit. *Ibid.*, 1877, p. 401 ; — Carcinome du testicule. *Bullet. de la Soc. cent. de méd. vét.*, 1885, p. 178. — Siedamgrotzky, Cylinderepithelialkrebs im Dickdarm eines Pferdes. *Sächs. Bericht*, 1871, p. 76 ; — Medullarcarcinom beider Nieren einer Kuh. *Ibid.*, 1872. p. 23 ; — Carcinom der Niere eines Pferdes. *Ibid.*, 1877, p. 41 ; — Cancroid der Harnblase eines Pferdes. *Ibid.*, 1877, p. 42. — Laugeron, Cancer de la parotide. *Revue vét.*, 1876, p. 409. — Nocard, Tumeur épithéliale de la tête du pancréas. *Archiv. vét.*, 1877, p. 451. — Barrier, Épithélioma pavimenteux lobulé du maxillaire inférieur chez le cheval. *Ibid.*, 1878, p. 281. — Mauri, Carcinome encéphaloïde du testicule chez le bœuf. *Revue vét.*, 1878, p. 97. — Revel, Cancer intestinal chez la vache. *Ibid.*, 1878, p. 292. — Benjamin, Cancer du foie chez le cheval. *Bullet. de la Soc. cent. de méd. vét.*, 1879, p. 67 ; — Épithélioma de la base de la langue chez le cheval. *Ibid.*, 1885, p. 213. — Cadéac, Note sur un cas de carcinose chez le mulet. *Revue vét.*, 1881, p. 532. — Hahn, Epithelialkrebs im Larynx eines Pferdes. *Wochenschr. für Thierheilkde*, 1880, p. 201. — Johne, Carcinome der Schilddrüse beim Pferde. *Sächs. Bericht*, 1880, p. 44 ; — Carcinome der Nebenniere eines Pferdes. *Ibid.*, 1880, p. 47 ; — Adenocarcinom der Niere eines Schweines. *Ibid.*, 1881, p. 72 ; — Zwei primäre Carcinome der Niere eines Pferdes. *Ibid.*, 1881, p. 74. — Bernard, Cancer du cæcum chez le cheval. *Bullet. de la Soc.*

cent. de méd. vét., 1882, p. 729. — Laborde, Bulletin de la Société anatomique, t. XLVII, p. 503. — Martin, Pathologisch-anatomische Mittheilungen. München. Bericht, 1884, p. 104. — Zschokke, Einiges vom Sectionstisch. Schweizer Archiv, 1885, p. 117-173. — Morot, Carcinome chez une jument de boucherie. Bullet. de la Soc. cent. de méd. vét., 1885, p. 93. — Stolz, Krebs der Harnblase. Berlin. Archiv, 1886, p. 288. — Wolff, Carcinomatose. Ibid., 1886, p. 373. — Schindelka, Endotheliom an dem Brust u. Bauchfelle eines Pferdes. Œsterr. Zeitschr. f. Wissenschaftl. Veterinärkde, 1888, p. 59. — Semmer, Ueber allgemeine Carcinose u. Sarcomatose bei der Hausthieren. Deutsche Zeitschr. für Thiermed., 1888, p. 245. — Heuschel, Carcinomatosis bei einem Rinde. Adam's Wochenschr., 1888, p. 216. — Barrier et Weber, Cancer épithélial de la poitrine chez le cheval. Recueil de méd. vét., 1888, p. 30. — Zschokke, Schilddrüsenkrebs beim Pferde. Schweizer Archiv, 1888, p. 78. — Delamotte, Généralisation de l'épithélioma cylindrique sur toute la surface du péritoine. Revue vét., 1889, p. 65. — Friedberger, Carcinom der Harnblase. Adam's Wochenschr., 1889, p. 265. — Hink, Blasenkrebs beim Pferde. Bad. thierärztl. Mittheil., 1889, p. 93. — Plicque, Les tumeurs chez les animaux. Revue de chirurgie, 1889, p. 521. — Burke, Cancer in herbivora and its relation to « Barsati ». The Veterinarian, 1889, p. 63. — Ostapenko, Krebsgeschwulst. Archiv für Veterinärmed., 1890, p. 93. — Van der Sluys u. Korevaar, Allgemeene carcinomatose met cachexie by een paard. Gazette Holland., 1890, p. 25. — Hutyra, Medulläres Carcinom der Schilddrüse mit adenom Metastasen in den Lungen. Œsterr. Vierteljahrsschr., 1890, p. 20. — Lorenz, Schlundcarcinom bei einem Pferde. Milit. vet. Zeitschr., 1890, p. 102. — Mollereau, Tumeur épithéliale du col de la vessie chez une vache. Bullet. de la Soc. cent. de méd. vét., 1890, p. 216; — Tumeur épithéliale de la glande pituitaire chez le cheval. Ibid., 265. — Harvey, Carcinome of the Kydney in a horse. The Journ. of comp. pathol., 1892, p. 378. — Mouquet, Épithéliome pavimenteux de l'estomac du cheval. Bullet. de la Soc. cent. de méd. vét., 1893, p. 574. — Benjamin, Sur un cas de carcinome de l'ovaire chez la chienne. Ibid., 1896, p. 786. — Lucet, Un cas de carcinome du col utérin chez la vache. Recueil de méd. vét., 1895, p. 728. — Fröhner, Vorkommen der Geschwülste beim Hunde. Monatshefte für prakt. Thierheilkde, 1895, p. 1; — Vorkommen der Carcinom bei Pferden. Ibid., 1896, p. 69. — Bournay, Encyclopédie Cadéac, t. I. — Cadiot et Almy, Traité de Thérapeutique chirurgicale des animaux domestiques. — Casper, Pathologie der Geschwülste bei Tieren. Wiesbaden, 1899.

VI

THÉRAPEUTIQUE EXPÉRIMENTALE

1. — Sur le traitement de la tuberculose.

Dans les recherches faites jusqu'à présent sur la sérothérapie de la tuberculose, on a eu recours à cinq procédés principaux : 1° à l'injection de sang, de sang défibriné ou de sérum d'animaux réputés réfractaires à la tuberculose; 2° à l'injection d'extraits d'organes de ces animaux ; 3° à l'injection de sang ou de sérum d'animaux préparés avec des matières tuberculeuses virulentes ou avec des cultures vivantes ; 4° à l'injection de sérum d'animaux préparés soit avec des produits tuberculeux ou des cultures stérilisés, soit avec de la tuberculine ; 5° à l'injection de sérum d'animaux préparés avec certains produits solubles tirés des bacilles tuberculeux.

En 1888, MM. Héricourt et Richet, dans une *Note* communiquée à l'*Académie des sciences*, faisaient connaître les résultats qu'ils avaient obtenus en injectant, dans le péritoine de lapins inoculés avec le *Staphylococcus pyosepticus*, du sang provenant de chiens normaux (sains) ou inoculés avec ce microbe et guéris de l'infection locale ainsi provoquée. Les injections de sang normal suffisaient à guérir une partie des lapins inoculés; en se servant du sang provenant de chiens préparés, tous les lapins survivaient.

Concluant de ces faits à une action microbicide du sang injecté, MM. Héricourt et Richet se demandèrent si cette influence du sang de chien ne s'étendrait pas à d'autres maladies auxquelles cet animal est peu sensible, et ils appliquèrent l'hémothérapie à quelques-unes de ces maladies, entre autres à la tuberculose. Expérimentant sur des lapins inoculés avec des cultures de tuberculose bovine ou aviaire, ils constatèrent que les sujets transfusés avec du sang de chien succombaient dans la proportion de 17 p. 100 seulement, alors que pour les témoins la mortalité s'élevait à 55 p. 100.

De son côté, et dès 1881, M. Bouchard avait obtenu une augmentation de la résistance au bacille pyocyanique, en injectant au lapin soit du sang, soit du sérum de chien. Un peu plus tard, il avait reconnu que le sérum jouit des mêmes propriétés immunisantes et possède les mêmes effets thérapeutiques que le sang en totalité.

S'inspirant de ces données et de la croyance, alors très générale, que les sujets de l'espèce caprine sont réfractaires à la tuberculose, MM. Bertin et Picq injectèrent, avec du sang de chèvre, des lapins inoculés de la tuberculose. D'après leurs expériences, ce sang, à la dose de 2^{gr},50 par kilo, aurait entravé le développement de la maladie; il aurait même amené la guérison quand le traitement était commencé peu après l'inoculation. Ces auteurs et M. Bernheim appliquèrent à l'homme cette méthode de traitement. M. Lépine essaya également sur l'homme le sérum de sang de chèvre.

Des expériences entreprises par M. Bouchard en 1891 et dont les résultats furent publiés en janvier 1892, établirent que le sang et le sérum des animaux réfractaires ou considérés comme tels, — de la chèvre en particulier, — loin d'avoir une influence favorable lorsqu'on les injecte à des sujets tuberculeux, paraissent exercer sur ceux-ci une action plutôt nocive. « Dans l'ensemble, la maladie inoculée a été plus grave et plus rapidement mortelle chez les cobayes traités que sur les témoins (1). »

La fin de l'année 1890 avait été marquée par une importante découverte qui ouvrait l'ère de la sérothérapie. Behring et Kitasato avaient constaté l'existence d'*éléments antitoxiques* dans les humeurs des sujets vaccinés contre le tétanos et la diphtérie. Ils avaient reconnu que le sang des sujets rendus réfractaires soit au bacille de Nicolaïer, soit au bacille de Löffler, a le pouvoir de neutraliser ou d'inhiber les toxines de ces bacilles ; que cette propriété appartient au sérum aussi bien qu'au sang en totalité ; qu'elle permet d'intervenir préventivement et thérapeutiquement. Tout le monde connaît les résultats de la sérothérapie antidiphtérique et antitétanique.

On chercha à faire pour la tuberculose ce qui était réalisé pour le tétanos et la diphtérie ; on chercha à immuniser des animaux (chèvre, mouton, chien, cheval), à provoquer, par des moyens variés, la production d'*antitoxines tuberculeuses* dans les humeurs de ces animaux. De nombreuses tentatives ont été faites dans cette voie. Il faut citer particulièrement celles de MM. Héricourt et Richet, qui ont préparé des animaux sérumifères en leur injectant de cultures tuberculeuses virulentes, humaines ou aviaires ; — celles de Behring, qui a fabriqué un sérum antitoxique par des injections de tuberculine à différents animaux ; — celles de Nieman, qui a préparé des chiens et des chèvres par des injections d'extrait alcoolique de tuberculine ; — celles de Maragliano, qui injecta d'abord toutes les substances toxiques retirées de cultures très virulentes de tuberculose humaine, ensuite de la tuberculine ; — celles de Babès et Proca, qui ont injecté successivement de la tuberculine aviaire et de la tuberculine humaine, puis des bacilles morts d'origine aviaire et humaine.

D'après les expérimentateurs qui les ont préparés, certains des sérums ainsi obtenus auraient une réelle action antitoxique ; ils entraveraient le développement des bacilles et donneraient la guérison de la tuberculose expérimentale (2). Mais, somme toute, les résultats acquis semblent des plus précaires, et, malgré les conjectures optimistes de l'heure présente, l'avenir réservé à la sérothérapie de la tuberculose reste indécis.

Les expériences que Gilbert, Roger et moi avons entreprises sur cette question remontent à l'année 1892. Des faits d'observation et des expériences nous avaient appris que certains animaux réputés réfractaires à la tuberculose, la chèvre et le chien entre autres, y sont en réalité assez sensibles ; mais, frappés de la résistance des gallinacés à la tuberculose des mammifères, nous avons étudié l'action qu'exercent sur son évolution le sang défibriné et le sérum aviaires. Pour nous procurer des quantités suffisantes de sang

(1) Ch. Bouchard, Sur les prétendues vaccinations par le sang. *Revue de Médecine*, 1892, p. 1.

(2) L. Landouzy, Rapport sur l'emploi des sérums et des toxines dans le traitement de la tuberculose. *Congrès de la tuberculose*, Paris, 1898, — in *Presse médicale*, 1898, t. II, p. 49. — Maragliano, Traitement de la tuberculose par le sérum. *Congrès de la tuberculose*, Berlin, 1899, — in *Presse médicale*, 1899, t. I, p. 263.

et de sérum, nous avons choisi le dindon. Sur cet oiseau, la ponction de la veine humérale donne une assez grande quantité de sang, et l'on peut, du moins pendant quelque temps, répéter la saignée deux ou trois fois par mois.

Plusieurs séries d'expériences faites sur le cobaye nous ont montré que le sérum et le sang défibriné d'oiseau, injectés sous la peau ou dans le péritoine, n'ont pas plus d'action sur la tuberculose que les mêmes produits pris sur des mammifères. Ils ne ralentissent point la marche du processus; il est même arrivé qu'un certain nombre des animaux traités ont succombé avant les témoins.

Nous avons étudié ensuite l'action du sérum fourni par des dindons auxquels nous avions injecté dans le sang de la matière tuberculeuse. Pendant plusieurs mois, à des intervalles de huit à quinze jours, ces oiseaux recevaient, dans les veines ou dans le péritoine, de 2 à 4 centimètres cubes d'une émulsion préparée avec des produits tuberculeux, le plus souvent d'origine canine. Le nombre des injections virulentes a varié de six à douze. Quelques semaines après la dernière, alors que les bacilles n'existaient plus dans le sang, nous utilisions celui-ci défibriné ou son sérum. Sur un certain nombre de cobayes traités au laboratoire de thérapeutique de la Faculté de médecine, par du sérum provenant de sujets ainsi préparés, l'évolution de la tuberculose a été manifestement moins rapide que sur les témoins.

Dans une autre série d'expériences, nous avons préparé les sujets sérumifères en leur injectant dans le sang ou dans le péritoine, à la dose de 1 à 3 centimètres cubes, soit de la tuberculine diluée, soit des cultures vivantes ou mortes d'origine canine, en suspension dans de l'eau stérilisée. Excepté chez les oiseaux où elles provoquaient des troubles, ces injections ont été répétées de huit à douze fois, à des intervalles de une à deux semaines.

Les sérums ainsi obtenus n'ont fait preuve d'aucune efficacité : ou bien les animaux traités sont morts tuberculeux, comme les témoins; ou bien, chez les uns et les autres, nous avons trouvé des lésions tuberculeuses semblables quant à l'intensité et à la généralisation, lorsque, estimant superflu de poursuivre les expériences jusqu'à la mort de tous les sujets, nous avons sacrifié les survivants.

*
* *

On sait que les lésions buccales spécifiques sont relativement rares chez les tuberculeux, bien que dans la bouche de beaucoup d'entre eux les bacilles existent en permanence, portés là par l'expectoration. Partant de cette donnée, M. Bloch, médecin de l'Asile national de Vincennes, s'est demandé si la salive ne jouirait pas d'une action atténuante sur le virus tuberculeux et sur l'infection dont il est l'agent.

Pour la tuberculose surtout, toute conception déduite de faits révélés par l'observation méritant d'être soumise à l'épreuve expérimentale, j'ai recherché l'influence que pouvaient avoir les injections de salive sur l'évolution de cette maladie.

Avec de la salive parotidienne du cheval aseptiquement recueillie, j'ai traité des cobayes rendus tuberculeux par inoculation intra-péritonéale d'une culture d'origine canine en suspension dans un peu d'eau stérilisée. Commencées le 1er septembre 1898, ces expériences ont porté sur un premier lot de huit cobayes, inoculés le 14 août, et sur un autre également de huit cobayes, inoculés le 31 août. Dans chaque série, cinq sujets ont été traités : trois ont reçu tous les deux ou trois jours dans le péritoine 1-2 centimètres cubes de salive ; sur les deux autres, l'injection a été faite sous la peau ; trois sujets ont servi de témoins.

Le 22 septembre, un cobaye du premier lot, qui avait été injecté huit fois dans le péritoine, succomba. — A l'autopsie, on trouva d'énormes lésions tuberculeuses du foie, de la rate, de l'épiploon, avec des adénopathies multiples et un semis de granulations pulmonaires.

Un cobaye du second lot mourut le 29 septembre, après la onzième injection. Chez lui aussi, on trouva des lésions tuberculeuses hépatiques, spléniques, épiploïques et pulmonaires ; ces lésions étaient toutefois notablement moins accusées que sur le premier.

Un second sujet du premier lot, qui avait reçu 24 centimètres cubes de salive dans le péritoine, mourut le 30 septembre. L'autopsie décela des lésions hépatiques et spléniques plus accentuées encore que sur le premier sujet. Le foie était énorme, de couleur jaunâtre, criblé de tubercules. Il y avait de nombreuses granulations pulmonaires.

Bien que ces constatations fussent peu encourageantes, on continua les injections jusqu'au 10 octobre. A cette date, les sujets traités, comme les témoins, étaient très amaigris. Je terminai l'expérience en sacrifiant les cobayes survivants. Tous étaient porteurs de lésions tuberculeuses, et, sauf pour deux cobayes du second lot, traités par des injections sous-cutanées, ces lésions étaient plus intenses, plus généralisées chez les sujets injectés que chez les témoins.

La salive parotidienne du cheval n'exerce aucune action atténuante *in vitro* sur le bacille de Koch. J'ai mélangé à 6 centimètres cubes de salive une parcelle de culture tuberculeuse de même origine que celle utilisée pour l'expérience précédente. Après trois jours de contact et toutes précautions ayant été prises pour éviter l'altération de l'émulsion, j'ai injecté celle-ci dans le péritoine de deux cobayes. En même temps, j'ai prélevé dans la même culture une quantité de virus à peu près égale à celle qui avait été ajoutée à la salive ; en suspension dans un peu d'eau stérilisée, je l'ai injectée dans le péritoine de deux autres cobayes. — Ces quatre animaux ont été sacrifiés au bout de quarante jours. Tous ont présenté à l'autopsie des lésions tuberculeuses du foie, de la rate et des poumons. Sur les deux premiers, on trouvait des granulations péritonéales qui n'existaient pas chez les autres.

II. — **Sur la sérothérapie de la morve**.

De même que pour la tuberculose, on a cherché à utiliser, dans le traitement de la morve, le sang et le sérum des animaux réfractaires. Malzew (1) et quelques autres expérimentateurs ont prétendu avoir réussi à immuniser des animaux par des injections de sérum de bœuf. MM. Chenot et Picq (2), traitant avec ce sérum des cobayes rendus morveux par l'inoculation de virus pris sur le cheval auraient vu, sept fois sur dix, survenir la guérison. Des tentatives analogues faites par MM. Nocard et Leclainche ont échoué (3).

Dans le cours des deux dernières années, j'ai traité, avec du sang défibriné et du sérum de bœuf, puis avec du sang défibriné et du sérum d'oiseau, plusieurs séries de cobayes inoculés par scarification de la peau du flanc ou du front avec du pus morveux. Les résultats n'ont pas été plus satisfaisants que pour la tuberculose. Les injections ne m'ont paru exercer aucune influence réelle sur la lésion locale non plus que sur l'évolution de la maladie. Chez la plupart des sujets, elles n'ont pas empêché l'extension de l'ulcère, les adénopathies ni les lésions viscérales. Sur quelques-uns des animaux injectés, le chancre s'est cicatrisé, mais sur une partie des témoins il en a été de même. Ce fait n'est pas rare dans la morve chronique du cobaye, et comme les lésions secondaires sont également assez ondoyantes dans leur intensité, leur dissémination, parfois réduites à quelques granulations ou à quelques petits îlots caséeux, on s'explique que certains auteurs aient pu croire à l'efficacité du sérum des réfractaires.

J'ai cherché à obtenir un sérum antitoxique en procédant comme nous l'avions fait pour la tuberculose, — en injectant à des dindons, dans les veines et dans le tissu conjonctif sous-cutané, des cultures morveuses stérilisées et de la malléine. Ces oiseaux se sont montrés assez sensibles à l'action du poison morveux : tandis qu'ils supportent bien de fortes doses de tuberculine et de bacilles tuberculeux, ils résistent peu aux injections répétées de malléine ou de bacilles morveux. J'ai pu toutefois conserver plusieurs mois et utiliser des sujets qui avaient reçu de 8 à 12 injections hypodermiques ou intra veineuses.

Avec le sérum qu'ils ont fourni, j'ai traité, en octobre et novembre 1898, des cobayes inoculés au flanc, par scarification, avec du virus morveux pris sur le cheval. Parmi vingt sujets ainsi inoculés le 23 septembre 1898, j'en ai choisi dix chez lesquels la lésion locale était bien développée et à peu près de même intensité : tous étaient porteurs d'un chancre à base indurée, accompagné chez la plupart d'adénopathie pré-crurale. Sept de ces cobayes ont reçu tous les trois ou quatre jours, de 2 à 5 centimètres cubes de sérum ; cinq ont été injectés dans le tissu conjonctif sous-cutané et deux dans

<hr>

(1) Malzew, *Journ. vét. de Pétersbourg,* 1891. An. in *Jahresbericht,* 1894, p. 35.
(2) Chenot et Picq, *C. R. de la Soc. de Biologie,* 1892, p. 9.
(3) Nocard et Leclainche, *Les Maladies microbiennes des animaux.*

le péritoine. Pour quatre d'entre eux, les injections ont été continuées pendant cinq semaines (4 octobre-10 novembre). Sur trois, le chancre s'est cicatrisé assez rapidement, et, en général, l'amaigrissement a paru moins accusé que sur les témoins. Mais, comme ces derniers, les sujets traités ont présenté des accidents secondaires variés, — orchite, abcès, ulcères cutanés, — et si, trois mois après l'inoculation, l'un d'eux était encore en assez bon état, sans accidents apparents, il avait de graves lésions viscérales.

Deux des sujets injectés et un témoin sont morts avant la fin du premier mois; trois injectés et les deux derniers témoins, dans le courant du second mois, et l'un des deux traités survivants le soixante-quatorzième jour.—Tous ces animaux ont présenté à l'autopsie des lésions viscérales multiples, mais principalement des polyadénopathies, des granulations et des nodules plus ou moins nombreux dans le foie, la rate ou les poumons. Quant au dernier des sujets injectés, sacrifié le 27 décembre (95 jours), sa nécropsie a également révélé des lésions ganglionnaires, hépatiques et spléniques.

Je transcris, en les résumant, deux des observations concernant les cobayes injectés.

I. — Cobaye mâle, pesant 405 grammes. Inoculé le 23 septembre.—Le 29, forte tuméfaction de la région scarifiée. — Le 4 octobre, ulcère de la largeur d'une pièce de vingt centimes, à bord circulaire, à fond grisâtre, pointillé de rouge, creusé en godet sur un îlot induré. Poids 390 grammes.

Le 5, on fait la première injection. Le 10, adénopathie pré-crurale du volume d'un haricot et sarcocèle. Le chancre est stationnaire. — Le 16, même état des lésions externes, mais amaigrissement déjà bien accusé. Poids 372 grammes. — Le 23, jetage bilatéral; respiration pénible, sifflante. — Mort le 27. Poids du cadavre, 320 grammes. — A été injecté six fois et a reçu dans le tissu conjonctif sous-cutané de l'abdomen 20 centimètres cubes de sérum.

Autopsie. — L'ulcère du flanc et l'adénopathie pré-crurale sont reliés par une fine corde lymphangitique. Abcès du volume d'un haricot dans l'épaisseur de la paroi abdominale, au niveau du lieu où l'on a fait les injections. — Granulations et quelques nodules purulents dans le foie, la rate et les poumons. Orchite suppurée à gauche; vaginalite aiguë; la partie supérieure de la gaine est oblitérée par un volumineux exsudat fibrineux.

II. — Cobaye mâle, pesant 435 grammes. Inoculé le 23 septembre. -- Le 1er octobre, volumineux îlot induré, rouge vif, au point d'inoculation. — Le 4, ulcère en godet, grisâtre, à bords durs et dépilés. Adénopathie pré-crurale du volume d'un pois.

Première injection le 5 octobre. — Le 16, l'ulcère du flanc s'est un peu élargi et les ganglions pré-cruraux forment une tumeur de la grosseur d'un haricot. --- Poids 390 grammes. — Le 25, l'ulcère du flanc se rétrécit; ses bords sont moins rouges, moins durs. Le testicule droit est enflammé. — Le 8 novembre, on remarque un ulcère cutané vers le milieu de la région dorsale. — Le 22, cet ulcère et celui du flanc sont en voie de cicatrisation. La tumeur formée par l'orchite a le volume d'une petite noix. — Mort le 10 décembre. Poids du cadavre, 340 grammes. — Injecté 11 fois, ce cobaye a reçu près de 30 centimètres cubes de sérum.

Autopsie. — L'ulcère du flanc est cicatrisé; celui du dos ne mesure plus qu'un demi-centimètre de diamètre. Adénopathies multiples avec ganglions caséeux. Dans le foie, quelques nodules purulents. Rate énorme (elle pèse 40 grammes), bosselée par des nodules et des îlots caséeux. Trois ou quatre petits tubercules pulmonaires. Orchite suppurée.

Avec du sérum fourni par des dindons auxquels j'avais injecté de la malléine, puis des bacilles morveux vivant, j'ai traité encore neuf cobayes inoculés par scarification de la peau du front avec du pus morveux pris sur le cheval. Les résultats ont été semblables aux précédenfts. La morve s'est comportée chez les injectés comme chez les témoins. Je n'ai pas constaté de différences nettement accusées dans l'évolution et les caractères de la lésion initiale, dans ceux des adénopathies pré-auriculaires et pré-scapulaires, ni dans ceux des lésions viscérales.

L'influence favorable que les sérums paraissent exercer sur quelques sujets est exclusivement due à la résistance individuelle, à la diversité des allures et de l'évolution de la morve chez le cobaye. Ce qui le montre bien, c'est que les cas à marche lente et à localisations rares se rencontrent aussi bien parmi les témoins que sur les animaux traités.

III. — **Sur l'action de la vanadine.**

Depuis quelques années, on a tenté d'utiliser en thérapeutique les remarquables propriétés oxydantes du vanadium et de ses composés. On a étudié les propriétés de l'acide vanadique (1), du vanadate de soude (2) et de la vanadine (3). On les a recommandés dans le traitement des anémies, du rhumatisme et de la tuberculose.

J'ai fait des recherches expérimentales et thérapeutiques avec diverses préparations à base de vanadium, mais surtout avec la vanadine. On peut injecter aux animaux, dans le tissu conjonctif ou dans les veines, des doses assez élevées de vanadine, sans amener d'accidents toxiques. — Chez le cobaye, une injection sous-cutanée de 2-3 centimètres cubes de vanadine ne provoque pas de troubles appréciables. Le plus souvent on n'observe rien d'anormal à la suite de l'injection hypodermique de 1 centimètre cube par 100 grammes d'animal, mais une dose double est mortelle. Des cobayes de 400 à ¦600 grammes supportent assez longtemps des injections hypodermiques ou intra-péritonéales de 1 centimètre cube de vanadine répétées tous les trois ou quatre jours. — Le lapin supporte bien en injection intra-veineuse, 1 centimètre cube de vanadine par kilo, et il peut survivre à l'action de doses quadruples. Un lapin du poids de $2^{kil},300$ qui avait reçu dans la veine auriculaire 8 centimètres cubes de vanadine, a éprouvé des phénomènes graves (convulsions, parésie, dyspnée, prostration) qui ont persisté plusieurs heures, ensuite il s'est peu à peu rétabli. — Un chien du poids de $7^{kil},500$ n'a pas présenté de troubles à la suite d'une injection intra-veineuse de 8 centimètres cubes de vanadine. Rien non plus n'a été constaté sur un chien pesant 37 kilos et qui avait reçu dansla saphène 60 centimètres cubes de vanadine. — Un cheval de 240 kilos n'a rien éprouvé d'appréciable à la suite d'une première injection intra-veineuse de 50 centimètres cubes de vanadine, et quelques jours plus tard, après une autre de 60 centimètres cubes. Sur un cheval de 270 kilos, une injection de 100 centimètres cubes de vanadine dans la jugulaire a déterminé de l'agitation, des tremblements, des évacuations avec ramollissement des matières et un abaissement thermique qui a atteint 1°C.

Les doses excessives de vanadine provoquent toute une série de troubles graves, mais particulièrement des nausées, des vomissements alimentaires ou glaireux, puis de l'hématémèse, de la diarrhée à laquelle succèdent bientôt des évacuations sanglantes, une soif vive, de la sidération, des souffrances que l'animal traduit par des plaintes ou des cris aigus, un ralentissement de la circulation et de la respiration, des accès de dyspnée, enfin de l'hypothermie. J'ai noté ces troubles sur un chien du poids de 6 kilos, qui avait reçu dans la saphène 20 centimètres cubes de vanadine.

(1) Laban, *C. R. de la Soc. de Biologie*, 1898, p. 221, et *Presse médicale*, 1899, t. I, p. 190.

(2) Lyonnet, Martz et Martin, *Presse médicale*, 1899. p. 191.

(3) Hélouïs et Delarue, Congrès de la tuberculose, 1898, in *Presse médicale*, 1898, t. II, p. 82.

J'ai employé la vanadine dans le traitement d'un certain nombre d'affections du cheval et du chien, principalement dans la pneumonie, la maladie typhoïde, la maladie du jeune âge et ses complications, les états cachectiques et l'anorexie persistante liée à l'atonie gastro-inestinale. J'ai injecté cette substance dans le tissu conjonctif sous-cutané, à la dose de 1 à 5 centimètres cubes chez le chien, de 20 à 50 centimètres cubes chez le cheval. Actuellement, je n'ai pas recueilli de faits assez nombreux pour dire ce qu'elle peut donner dans le traitement des maladies aiguës. Mais dans ces affections, dans les pneumonies en particulier, où la lésion locale est loin d'avoir l'importance qu'on lui attribuait, où les phénomènes morbides relèvent de la diminution du champ de l'hématose, de l'auto-intoxication, de l'insuffisance de l'élimination ou de la transformation des poisons, la vanadine paraît exercer une action salutaire, comme tout agent possédant des propriétés oxydantes. — Injectée à faibles doses répétées quotidiennement ou tous les deux ou trois jours, elle agit à la manière des toniques : elle augmente l'appétit ou le fait renaître, stimule la nutrition, favorise l'assimilation, relève les forces et active la réfection des organismes émaciés. Elle peut rendre des services dans le traitement des affections chroniques avec adynamie ou cachexie.

J'en ai aussi étudié les effets sur des cobayes rendus tuberculeux par injection d'une culture d'origine canine en fine suspension dans de l'eau stérilisée. Une série de huit cobayes inoculés le 9 août 1898 dans le tissu conjonctif sous-cutané du flanc, et une deuxième, également de huit cobayes, inoculés le même jour dans le péritoine, ont servi à des recherches. Deux sujets de chaque série furent conservés comme témoins ; les autres reçurent, tous les trois ou quatre jours, une injection hypodermique de quelques gouttes à 1 centimètre cube de vanadine. Commencées le 17 août, ces injections furent continuées jusqu'au 15 octobre.

Au cours de l'expérience, cinq cobayes succombèrent : trois inoculés dans le péritoine, — deux traités et un témoin ; — deux inoculés sous la peau, — un traité et un témoin. Tous présentèrent à l'autopsie des lésions tuberculeuses plus ou moins généralisées suivant le temps écoulé depuis l'inoculation. Sur le cobaye traité qui avait été inoculé au flanc, cette région était le siège d'un large ulcère tuberculeux.

Quant aux survivants, les injectés comme les témoins ont perdu peu à peu de leur poids, et sur aucun de ceux qui, inoculés au flanc, ont eu un chancre, celui-ci ne s'est cicatrisé.

Sacrifiés le 15 octobre, tous ces cobayes avaient des lésions tuberculeuses. Chez plusieurs des sujets traités par de petites doses de vanadine, les lésions étaient seulement un peu moins nombreuses ou moins diffuses que chez les autres.

MM. Laran et Hallion ont obtenu de plus intéressants résultats en traitant, par des injections hypodermiques d'acide vanadique à doses infinitésimales, des cobayes rendus tuberculeux par inoculation sous-cutanée. Sous l'influence de ces injections, M. Laran a « souvent constaté la guérison du chancre tuberculeux chez les animaux... Chez un cobaye ainsi inoculé et traité par l'acide vanadique, la mort n'est survenue qu'au bout d'un an et demi. M. Hallion, qui a fait l'étude histologique des lésions pulmonaires, y a constaté une transformation fibreuse très accusée. »

IV. — Sur les injections intra-veineuses d'iode.

La thérapeutique vétérinaire n'utilise encore qu'un très petit nombre de
substances introduites directement dans le sang, et l'on peut dire que, jusqu'à présent, ce mode d'administration des médicaments n'est guère sorti
des laboratoires et des livres. Si les premiers essais d'emploi de certains
remèdes, — de l'iode en particulier, — en injections intra-veineuses, remontent
à une époque déjà ancienne, longtemps on a cru que le procédé était dangereux, et que l'iode introduit dans le sang pouvait amener brusquement la
mort par les modifications qu'il exerçait sur le cerveau et sur la moelle épi-
nière. A la vérité, cet accident s'est produit à la suite de quelques-unes des
injections intra-veineuses d'iode faites sur le cheval, mais on se l'explique
sans peine par les doses excessives et par la manière dont on a procédé (1).

C'est à Cezard, vétérinaire à Varennes-en-Argonne, que revient le mérite
d'avoir reconnu la remarquable tolérance du sang pour les solutions
iodées. Dans son *Mémoire sur la médication antivirulente*, il rapporte qu'il
injecta en une seule fois dans la jugulaire, à un cheval affecté de morve
chronique et pesant 480 kilos, 8 grammes d'iode additionné du double
d'iodure de potassium. Cette injection, faite lentement, ne produisit qu'un
peu d'excitation passagère. L'animal put prendre son repas presque immédiatement après, et être attelé deux heures plus tard. L'auteur ajoute : « Pour
les injections intra-veineuses, on peut employer une solution à 2 p.100, dont
un cheval de taille moyenne supporte sans inconvénient 400 grammes
en une seule fois.... Les injections à 4-5 p. 100 sont aussi sans danger
pourvu qu'on les fasse lentement... On peut introduire sans inconvénient,
dans l'organisme des grands animaux, par les différentes voies, de 10 à 40
grammes d'iode en vingt-quatre heures (2).

Rossbach, qui a fait des recherches sur ce sujet, déclare également que
les injections intra-veineuses de doses relativement fortes d'iode n'entraînent
pas d'accidents chez le cheval (3).

Des expériences plus récentes ont appris que d'autres animaux supportent bien l'iode et les iodures introduits directement dans le sang.
D'après Bohm, le chien n'éprouverait pas de troubles notables à la suite de
l'injection d'une solution aqueuse de $0^{gr},02$-$0^{gr},03$ d'iode par kilo d'animal,
l'iode étant dissous à la faveur du double ou du triple d'iodure de sodium ;
mais une dose de $0^{gr}04$ provoque de la faiblesse générale, des troubles de la
respiration, parfois des convulsions et la mort au bout de douze à vingt-quatre
heures (4). G. Sée et M. Lapicque n'ont pas observé de troubles manifestes
sur un chien de 8 kilos auquel ils avaient injecté lentement dans la saphène, à

(1) Pattu, Essai sur l'emploi de l'iode par infusion, *Journal théorique et pratique*, 1835 ; an. in *Recueil de Méd. vét.*, 1837, p. 405.

(2) Cezard, Mémoire sur la méthode antivirulente. *Recueil de méd. vét.*,
1874, p. 674.

(3) Rossbach, in *Traité de thérapeutique vétérinaire* de Kaufmann, p. 357.

(4) Bohm, in *Traité de thérapeutique* de Manquat, t. i, p. 87.

un quart d'heure d'intervalle, deux doses de 1 gramme d'iodure de potassium (1).

L'iode introduit dans le sang passe vraisemblablement à l'état d'iodure de sodium ou se combine à l'albumine, formant des composés peu stables qui donneraient lieu à un dégagement d'iode en présence du protoplasma vivant. Son élimination par le rein commence vite : au bout de quelques minutes, on peut déceler sa présence dans l'urine, à l'état d'iodure de sodium. Mais il en reste une partie dans le sang, et l'iode semble avoir une prédilection pour divers organes, principalement pour les muscles, le rein et le cerveau. M. Gallard a constaté qu'il se fixe dans celui-ci en proportion assez considérable (2).

En vue d'étudier l'action thérapeutique de l'iode et l'emploi de cet agent dans le traitement de certaines maladies des animaux, j'ai déterminé les doses auxquelles on peut sans danger l'introduire dans le sang. Je me suis servi de solutions dont le titre variait de 1 p. 100 à 1 p. 20, la dissolution de l'iode étant obtenue par l'addition d'iodure de potassium (iode, 1 ; iodure de potassium, 1,5; eau, q. v.). Mes expériences, faites sur des sujets de différentes espèces, ont donné des résultats qui, tout en confirmant la tolérance de l'organisme pour l'iode, montre qu'elle a été fort exagérée ; elles font voir que de faibles doses de cette substance suffisent pour provoquer des effet très appréciables. Voici, en ce qu'elles offrent d'intéressant à cet égard, quelques-unes de ces expériences.

I. — Chien, 18 kilos. — Le 14 février 1899, à deux heures, injection dans la veine saphène de 20 centimètres cubes d'une solution iodo-iodurée à 1 p. 100. — Pas de troubles manifestes.

II. — Chien, 19 kilos. — Le 18 février, à trois heures, injection dans la veine saphène de 30 centimètres cubes d'une solution iodée à 1 p. 100. — Au bout d'une demi-heure, on note de l'inquiétude, puis des signes d'abattement et des frissons d'abord localisés en quelques régions, notamment au niveau des muscles cruraux et des fessiers, ensuite généralisés. A cinq heures, élévation thermique de 5 dixièmes de degré et légère accélération de la circulation. Peu après, les troubles s'atténuent. A huit heures il n'en subsiste rien. L'animal est gai, vif, et mange avidement la nourriture qu'on lui donne.

III. — Chien, 36 kilos. — Le 20 février, à trois heures, injection dans la saphène de 24 centimètres cubes d'une solution iodée au 1 p. 20 (un peu plus de 0^{gr},03 d'iode par kilo). — Au bout d'un quart d'heure, signes d'inquiétude, agitation et quelques plaintes. Vingt minutes plus tard, tremblements d'abord localisés, légers et intermittents, qui s'accentuent peu à peu et se généralisent. Ils s'atténuent ensuite et disparaissent au bout de quatre heures. — A huit heures, l'animal ne présente plus aucun trouble. Il ingère avidement la nourriture qu'on lui donne. Dans la nuit, miction hémoglobinurique.

IV. — Chien, 14 kilos. — Le 24 février, à dix heures, injection dans la jugulaire de 11 centimètres cubes d'une solution iodée à 1 p. 20 (0^{gr},04 par kilo). — Au bout de quelques minutes, expulsion de fèces. Sauf des signes d'inquiétude et un peu d'agitation, pas de troubles manifestes; à peine quelques tremblements. — Dans l'après-midi, le chien expulse de l'urine noirâtre, hémoglobinurique. — Pas de phénomènes consécutifs.

V. — Chèvre, 37 kilos. — Le 25 février, à deux heures injection, dans la jugulaire de 26 centimètres cubes d'une solution iodée à 1 p. 20 (0^{gr},035

_____

(1) Germain Sée et Lapicque *in* Manquat.

(2) Gallard, Localisation de l'iode dans certains organes, *C. R. de l'Acad. des Sciences*, 1899, p. 1117.

d'iode par kilo). — Avant l'injection, T., 39°,2. — A trois heures, mouvements de mastication à vide. — A quatre heures, légers tremblements dans les muscles de la cuisse et de la fesse. Évacuation d'urine hémoglobinurique. A six heures, T., 40°,6, prostration. Les tremblements persistent. — A 8 heures, T., 40°,2. Nouvelle miction hémoglobinurique. Les troubles s'atténuent ensuite graduellement.

VI. — Vache, 282 kilos. — Le 25 février, à neuf heures, injection dans la jugulaire de 56 centimètres cubes d'une solution iodée à 1 p. 20 (0^{gr},01 par kilo). — Au bout d'un quart d'heure, salivation. Vingt minutes plus tard, expulsion de fèces normales et d'urine jaunâtre. Pas de troubles manifestes de la circulation ni de la respiration. — A trois heures, légers tremblements dans le train de derrière, qui persistent pendant deux heures. Hyperthermie que atteint son maximum (1°4) à la huitième heure. — A quatre heures, émission d'urine brunâtre, hémoglobinurique. — Dans la soirée les troubles s'effacent.

VII. — Cheval, 239 kilos. — Le 28 février, à une heure injection de 40 centimètres cubes d'une solution iodée à 1 p. 100. — Au bout de quelques minutes, défécation. Une demi-heure plus tard, tremblements d'abord localisés au train de derrière, bientôt généralisés, qui s'atténuent vite et disparaissent au bout d'une heure.

Le lendemain, à deux heures, injection de 50 centimètres cubes de la même solution. Immédiatement avant l'injection, T., 39°3; R., 12; P., 45. Défécation au bout de trois minutes. — A deux heures et demie, tremblements dans les muscles rotuliens et fessiers, bientôt observés dans tout le train postérieur, puis généralisés; léger ptyalisme et mastication à vide; oreilles et extrémités froides. — A trois heures, T., 39°8, respiration et circulation peu troublées; tremblements généralisés; somnolence. Ensuite les troubles disparaissent.

VIII. — Cheval 288 kilos. — Le 11 mars, à neuf heures, injection dans la jugulaire de 57 centimètres cubes d'une solution iodée à 1 p. 20 (0^{gr},01 par kilo). Avant l'injection. T., 38°; R., 17; P., 45. Dans les deux heures qui suivent, la température s'élève notablement; la respiration et la circulation s'accélèrent. — A onze heures et demie apparaissent des tremblements musculaires, de la salivation, du mâchonnement, de la toux et un peu de larmoiement, troubles qui persistent pendant près de deux heures. — A une heure, T., 39°,1; R., 30; P., 78. Respiration dyspnéique. — Une heure plus tard, les tremblements s'atténuent, les grandes fonctions se ralentissent, la température s'abaisse. — Pas de troubles consécutifs.

IX. — Cheval, 310 kilos. — Le 18 mars, à trois heures, on injecte dans la jugulaire 62 centimètres cubes d'une solution iodée à 1 p. 20 (0^{gr},01 par kilo). Avant l'injection : T., 38°,2; R., 18; P., 46. — Au bout d'une demi-heure, un peu de salivation et de mâchonnement; légère accélération des mouvements respiratoires (25 par minute). — A quatre heures, tremblements surtout accusés dans le train de derrière et à la tête. Expulsion de crottins durs. Évacuations gazeuses. T., 38°,7; R., 22; P., 45. — A cinq heures, nouvelle expulsion de crottins moins fermes que les premiers. Les évacuations gazeuses et les tremblements persistent. T., 39°,1; R., 15; P., 42. — A six heures dix minutes, miction hémoglobinurique. Encore quelques tremblements. — A sept heures, hors un peu d'abattement on n'observe plus rien d'anormal.

X. — Cheval, 410 kilos. — Le 21 mars, à deux heures cinquante, injection dans la jugulaire de 82 centimètres cubes d'une solution iodée à 1 p. 20 (0^{gr},01 par kilo). Avant l'injection : T., 38°; P., 38; R., 10. — Au bout d'un quart d'heure, mouvements de mastication à vide et salivation; expulsion de gaz par l'anus. — Un quart d'heure plus tard, T., 38°,5; P., 38; R., 18, respiration gênée; expiration irrégulière. Tremblements d'abord localisés dans les muscles rotuliens et fessiers, bientôt généralisés; signes d'abattement. — A trois heures et demie, ptyalisme plus abondant; contractions spasmodiques des mâchoires; trépignements et phénomènes d'excitation, alternant avec des phases d'abattement. Expulsion de fèces molles. Borborygmes forts et persistants. — A quatre heures, T., 38°,4; P., 39; R., 11. Le ptyalisme et les tremblements continuent. Les signes d'abattement s'accentuent. Nouvelle expulsion d'excréments mous. — A cinq heures, T., 38°,1; P., 45; R., 13. Miction hémoglobinurique abondante. L'abattement, la salivation et les tremblements diminuent. — A six heures, T., 38°,4; P., 47; R., 13. Encore quelques tremblements. — A sept heures, T., 38°,4; P., 52; R., 14. Le cheval paraît revenu à son état normal.

XI. —Cheval, 270 kilos.—Le 29 mars, à une heure, injection dans la jugulaire de 86 centimètres cubes d'une solution iodée au 1 p. 20 (4^{gr},30 d'iode, soit un peu moins de 0^{gr},016 par kilo). Avant l'injection, T., 38°,1. — Au bout de trois minutes, défécation. — Un quart d'heure après, salivation, efforts de vomissement, accélération de la respiration. — Vingt minutes plus tard, agitation, signes de coliques. — A deux heures, persistance du ptyalisme et des efforts de vomissement. Évacuation d'excréments ramollis. T., 38°,5. — De la deuxième à la quatrième heure, tremblements et signes d'abattement. T., 39°,1-39°,8. — A cinq heures, miction hémoglobinurique. A partir de six heures, les troubles s'apaisent. Pas de phénomènes consécutifs.

Introduit dans le sang à dose de 0^{gr},001 par kilogramme du poids de l'animal (0^{gr},40 pour un cheval de 400 kilos) avec addition de la quantité d'iodure nécessaire pour le dissoudre, l'iode est bien supporté; il ne provoque pas de phénomènes extérieurs manifestes. — A la dose de 0^{gr},002 par kilo (0^{gr},80 pour un cheval de 400 kilos) et quel que soit le degré de la dilution, il détermine, chez la plupart des sujets, des troubles plus ou moins accusés suivant l'espèce animale et la susceptibilité individuelle, troubles parmi lesquels le ptyalisme, les tremblements, les convulsions localisées sont les plus constants.— Les injections de doses plus fortes ne conviennent que si l'on veut produire une action immédiate intense, ou les espacer de plusieurs jours, ou ne les répéter qu'un petit nombre de fois. — A la dose de 0^{gr},01 (4 grammes pour un cheval de 400 kilos), l'iode détermine des troubles graves, de l'hémoglobinurie, et généralement aussi des lésions du rein qui s'accompagnent d'hématurie.

Dans mes essais thérapeutiques, je n'ai pas dépassé, chez le cheval, la dose de 0^{gr},50 à 2 grammes par jour, suivant le poids des sujets.

Selon quelques auteurs, l'iode injecté dans le sang n'aurait pas d'effets utiles parce qu'il se combine avec des substances alcalines; il serait sans action sur les agents pathogènes des infections; pour annihiler ceux-ci, il en faudrait de telles quantités que les animaux mourraient fatalement d'iodisme aigu. En visant le microbe, on anéantirait les cellules, on abattrait le malade. Mais d'abord, l'iode, comme les iodures et d'autres antiseptiques, peut avoir une réelle efficacité dans les toxi-infections sans en détruire les microbes. Des quantités minimes d'antiseptiques et d'autres agents chimiques peuvent être salutaires soit en diminuant la production des poisons microbiens, soit en activant leur destruction par les organes ou en actionnant les émonctoires, soit en provoquant une incitation à la défense, en modifiant le terrain, en le rendant moins propice aux agents pathogènes. Considérées à ce point de vue, les injections intra-veineuses de certains antiseptiques semblent susceptibles de maintes applications. Pour n'en citer qu'une, si les faits de guérison de la morve par les injections intra-trachéales de solutions iodées sont authentiques — je fais surtout allusion à ceux de Chelchowski et de Neïmann, — les injections intra-veineuses de ces solutions mériteraient d'être essayées pour les chevaux que la malléine déclare suspects, et qui sont tenus en observation parfois pendant des mois. Les lésions spécifiques dont ils sont porteurs finissant par s'éteindre naturellement chez nombre d'entre eux, il est permis de penser que l'on pourrait seconder l'organisme dans sa lutte contre l'infection et l'aider à en triompher.

Beaucoup d'autres agents thérapeutiques peuvent d'ailleurs être administrés avantageusement par la voie veineuse. C'est en injection dans le sang que l'*argent colloïde* (*argentum colloïdale Credé*), à la dose de 0^{gr},40 à 0^{gr},80, en solution dans 40 à 50 grammes d'eau, s'est montré d'une remarquable efficacité dans l'anasarque du cheval (Dieckerhoff, Meissner, Kröning) et le coryza gangreneux du bœuf (Meissner, Tannebring, David) (1).

C'est de cette manière encore, que, pour obtenir rapidement des évacuations, on utilise le *chlorure de baryum* dans le traitement des « coliques » du cheval. Malgré les accidents qui se sont produits après l'administration de doses excessives ou chez des sujets déjà intoxiqués par les poisons intestinaux, beaucoup de praticiens continuent à l'employer. On évite les accidents syncopaux en injectant, à un quart d'heure ou vingt minutes d'intervalle, des doses fractionnées, comme je l'ai indiqué en 1897 dans le *Formulaire du vétérinaire praticien* : Faire une première injection de 25 à 60 centigrammes ; puis, un quart d'heure plus tard, une autre de 20 à 30 centigrammes, que l'on répète au besoin au bout d'un quart d'heure à vingt minutes.

Chez les animaux, le manuel des injections intra-veineuses est très simple, sans être cependant, comme celui des autres modes d'administration des médicaments, à la portée du premier venu. En général, la substance employée est très active, la quantité de liquide injectée peu abondante, et il n'est besoin d'aucun instrument spécial : la seringue de 20 centimètres cubes et une aiguille forte, longue de 6 à 7 centimètres, suffisent. Chez les grands animaux, même chez le chien, la jugulaire est le vaisseau de choix.

La veine étant comprimée en sa partie inférieure, distendue par la stase et bien apparente, on introduit l'aiguille sur l'axe du vaisseau et suivant une direction assez oblique pour ne pas le transpercer ; on lui fait traverser la peau, la couche sous-cutanée et la paroi de la veine, en exerçant sur la première, un peu au-dessus du lieu de la ponction, une légère traction vers la tête.

La sortie du sang par le conduit de l'aiguille indique que celle-ci est bien dans la veine. Pour être sûr que son extrémité engagée dans le vaisseau ne l'a pas quitté au moment où l'on a cessé la compression — surtout si l'animal a réagi, — on provoque à nouveau, au bout de quelques secondes, la stase et la sortie du sang. On saisit ensuite entre le pouce et l'index le pavillon de l'aiguille, on y adapte le bec de la seringue et l'on pousse le liquide dans la veine. Il convient de faire lentement l'injection si l'agent thérapeutique est très actif ou la solution concentrée.

En raison de l'étroitesse du conduit de l'aiguille, la pénétration de l'air n'est pas à craindre. L'introduction de quelques bulles est du reste sans importance.

(1) Dieckerhoff, *Berliner thierärztl. Wochenschrift*, 1808, p. 541, et 1899, p. 143.

TABLE DES MATIÈRES

I

HOPITAL ET POLICLINIQUE

II

PATHOLOGIE ET CLINIQUE CHIRURGICALES

III

PATHOLOGIE ET CLINIQUE MÉDICALES

IV

RECUEIL DE FAITS CLINIQUES

I. — Tête et rachis.

II. — Cou.

VI. — **Maladies infectieuses.**

VII. — **Divers.**

V

PATHOLOGIE EXPÉRIMENTALE ET COMPARÉE

VI

THÉRAPEUTIQUE EXPÉRIMENTALE

3280-98. — CORBEIL. — Imprimerie ÉD. CRÉTÉ.